甘薯生物学

李坤培 张启堂 主编

SWEET POTATO
BIOLOGY

西南师范大学出版社

国家一级出版社 全国百佳图书出版单位

图书在版编目（CIP）数据

甘薯生物学 / 李坤培, 张启堂主编 . -- 重庆 : 西
南师范大学出版社, 2019.11（2020.5重印）
　ISBN 978-7-5621-9697-6

　Ⅰ.①甘… Ⅱ.①李… ②张… Ⅲ.①甘薯－生物学
－研究 Ⅳ.①S531.01

　中国版本图书馆 CIP 数据核字(2019)第 095458 号

甘薯生物学
GANSHU SHENGWUXUE

李坤培　张启堂　主编

责任编辑：赵　洁　伯古娟
责任校对：杜珍辉
书籍设计：起源
排　　版：重庆大雅数码印刷有限公司·黄金红
出版发行：西南师范大学出版社
印　　刷：重庆荟文印务有限公司
成品尺寸：210 mm × 285 mm
印　　张：33.75
字　　数：750千字
版　　次：2020年1月　第1版
印　　次：2020年5月　第2次印刷
书　　号：ISBN 978-7-5621-9697-6
定　　价：168.00元

作者简介

李坤培

　　研究员，主要从事甘薯繁殖栽培、病害防治、形态解剖、生殖发育、生理生化、生物技术、加工利用等研究，国务院政府特殊津贴获得者。

张启堂

　　研究员，主要从事甘薯栽培育种、病虫防治、繁殖贮藏、生殖发育、生化生态、加工利用等研究，国务院政府特殊津贴获得者。

内容简介

　　《甘薯生物学》一书涉及甘薯的根茎叶功能及形态解剖学、花果实种子的发育生物学及胚胎学、生理学、生物化学、生态学、分子生物学、实验生物学以及基因工程等内容。同时，为了使本书更具系统性和便于读者阅读、参考，书中也较精练地介绍了甘薯遗传育种、栽培、良种繁育、储藏工艺和加工工艺等内容。

Sweet Potato Biology presents a comprehensive discussion of the morphological and anatomical studies of sweet potato, and the functions of its roots, stems and leaves. The book also covers all aspects of the reproductive organs of sweet potato, especially its flowers, fruits and seeds, concerning sweet potato embryology, physiology, biochemistry, ecology, molecular biology, experimental biology and genetic engineering. In addition, the monograph, which is oriented toward constructing sweet potato science and with the emphasis of readers' reference, demonstrates ways of sweet potato genetic breeding, cultivating, storage and processing technologies.

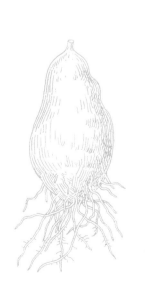

编委会

　　甘薯是世界上重要的作物,广泛栽培于热带以及亚热带地区,全球有100多个国家种植甘薯。甘薯块根富含淀粉,在世界粮食生产中甘薯总产量排第七位。我国是甘薯生产大国,进入21世纪,我国甘薯种植面积和总产量分别约占世界的60%和80%。甘薯自传入我国以来,在各个历史时期对推动国民经济的发展都起到了积极的作用。开展甘薯科学技术的基础研究和应用研究,对推动甘薯产业的发展具有重要作用。

　　西南大学生命科学学院(前身为生物系、生命科学系)的甘薯科研可以追溯到20世纪50年代。当时从事植物生理教学的汪正瑄先生曾开展过胡敏酸对甘薯增产效应的研究,到20世纪70年代中期有了长足的发展。作为曾经担任西南师范学院生物系主任和后来西南师范大学校长的我,见证了学校甘薯科研起步和发展的全过程。李坤培研究员于1974年白手起家组建了学院的甘薯科研团队,张启堂研究员于1981年创立了甘薯育种研究方向。1992年,经重庆市人民政府批准,在当时西南师范大学甘薯研究室的基础上成立了"重庆市甘薯研究中心",由李坤培研究员首任中心主任,2000年以后由张启堂研究员继任中心主任。西南师范大学和西南农业大学合并成立西南大学后,2009年以重庆市甘薯研究中心为主体,整合学校生命科学学院、农学与生物科技学院、食品科学学院、药学院、植物保护学院以及重庆三峡农业科学院的甘薯研究力量，组建重庆市科技平台"重庆市甘薯工程技术研究中心"（在学校仍保留原"重庆市甘薯研究中心"这一机构），下设甘薯遗传育种与栽培、生理生化、生物技术、产后加工和三峡库区甘薯五个研究室。生命科学学院除张启堂研究员（2009—2018年）、傅玉凡研究员（2019年及以后）任中心主任外，从2009年至今，廖志华教授任中心副主任，傅玉凡研究员（兼）、唐云明教授、杨春贤副研究员分别担任遗传育种与栽培、生理生化、生物技术研究室主任。2008年，农业部在生命科学学院成立"国家甘薯产业技术体系重庆综合试验站"，第一任站长由张启堂研究员兼任，第二任站长为傅玉凡研究员。

1974年以来，西南大学生命科学学院先后有近40名教学科研人员从事过甘薯科学研究，涉及甘薯种质资源研究、遗传育种、繁育栽培、示范推广、病虫防治、贮藏保鲜、形态解剖、生殖发育、生理生化、环境生态、组培脱毒、人工种子、分子育种、基因工程、产品加工等研究领域。生命科学学院的甘薯科学研究促进了学院学科发展、人才培养、学术交流和社会服务：学院（含原生物系）党政主要负责人钟肇新、李清漪、谈锋、何平、孙敏、陈定福、王明书、高峰、汤绍虎、阳义健、罗克明等先后研究过甘薯，其中孙敏、高峰还以甘薯为研究材料完成博士毕业论文并获得博士学位；2004年，学院以甘薯遗传育种研究为主申报获准"遗传学"硕士研究生学位授权点，现已招收甘薯研究方向硕士研究生31名和博士研究生1名，均已毕业并获得学位；学院甘薯科研骨干中有3人享受国务院政府特殊津贴，有的还担任过中国遗传学会理事会理事、中国作物学会甘薯专业委员会常务理事、农业农村部薯类专家指导组成员、重庆市遗传学会常务副理事长（任法人）、重庆市作物育种学科学术带头人和重庆市甘薯育种首席专家等学术职务；学院甘薯研究团队承担并完成国家部委、省（市）科研项目30余项，育成甘薯各类型新品种34个（其中"忠薯1号"和"渝薯27"等品种多次在全国性行业品种大赛中荣获一等奖，并实现了科研成果转化），编写出版了《中国西部甘薯》等著作、译作6部，发表学术论文200多篇，翻译发表译文23篇，获得国家部委、省（市）科学技术进步奖二等奖3项、三等奖6项、四等奖2项。特别值得提及的是，1997年重庆市直辖后，重庆市科学技术协会第一次代表大会的工作报告中有两处提及西南师范大学的甘薯科研，这也是当时学校唯一被写入该大会报告中的科技工作。并且，直辖后重庆市教委指示在渝各高校各自推选两项科技成果在市教委展示橱窗中展出，当时西南师范大学推选的其中一项就是生命科学学院的甘薯新品种选育成果，育成的甘薯新品种"渝薯34""渝苏303"等已在国内17个省（市、自治区）推广应用。学院甘薯研究团队注重加强与国内外学术的交流与合作。先后与中国科学院北京植物研究所和成都生物研究所、北京农业大学、江苏省农业科学院、江苏徐州甘薯研究中心等都建立了紧密的学术交流与合作关系；先后邀请国际马铃薯中心、韩国农村振兴厅高岭旱地作物研究所、美国北卡罗莱纳州立大学和肯塔基大学、加拿大农业与农业食品部马铃薯研究中心等国外著名甘薯科研机构的专家、学者来学院进行学术交流和讲学，其中美国肯塔基大学的李保纯博士被学校聘为客座教授；学院学、储藏工艺学和加工工艺学等内容。因此,该书是前所未有的一部较全面而系统反映甘薯各方面科学技术成就的著作。该书各章编写人员分别为:绪论、第10、14、16章(张启堂),第1~3章(包少康),第4章(胡文华),第5~7章(李坤培)等,第8章(谈锋),第9章(叶小利),第11章(邱瑞镰、谢一芝),第12章(唐佩华),第13章(刘小强),第15章(傅玉凡),第17章(赵海、靳艳玲),第4~7章的全部照片由 高石汉 先生拍摄,书中大部分绘图由何兴柱先生绘制,冷晋川对本书第10章的内容做了大量工作。全书由张启堂统稿。

该书不但可作为从事甘薯科研、教学人员和涉农大专院校学生的参考书,而且也是广大农业技术推广人员和从事甘薯种植、加工的企业及专业户等的必读书籍。

《甘薯生物学》一书的出版得到了中国科学院植物研究所和成都生物研究所,江苏省农业科学院,西南大学研究生院、教务处、科技处、生命科学学院负责人的关心和支持。西南大学教务处、生命科学学院以及国家甘薯产业技术体系重庆综合试验站为此给予出版资金资助。西南师范大学出版社米加德社长、伯古娟和赵洁编辑等对该书的问世付出了大量辛勤劳动。在此一并致谢!

此书在编写过程中,由于时间仓促、收集资料有限,加之编者的水平有限,书中错误和遗漏之处在所难免,恳请广大读者批评和指正。同时,因成稿较早,少量数据没有来得及更新,请读者谅解。

张启堂

2018年12月于重庆北碚

目录

绪 论

第一篇　甘薯的形态解剖

第一章　根的形态解剖

第二章　茎的形态解剖

第三章 叶的形态解剖

第二篇 甘薯的有性生殖

第四章 花的形成

第六章 果实的形成

第七章 种子的形成

第三篇　甘薯生理生化及生态

第八章　甘薯生理

第九章 甘薯生化

第十章 甘薯生态

第四篇 甘薯遗传育种及生物技术

第十一章 甘薯遗传与育种

第十二章 甘薯生物技术

第五篇 甘薯应用

第十四章 甘薯良种繁育

第十五章 甘薯生物学特性的栽培运筹

第十六章 甘薯贮藏

第十七章 甘薯加工技术

甘薯，英文名为Sweetpotato或Sweet Potato，在中国因地区不同又有不同的名称，如北京市和辽宁省称白薯，山东省称地瓜，江西、湖南、湖北等省称红薯，浙江省称番薯，江苏省称山芋，安徽省北部称白芋，四川、贵州、重庆等省（市）称红苕。在历史上还有朱薯、红山药、番薯蓣、金薯、番茹、土瓜、红韶等名称。

1.1 甘薯的来源及进化

1.1.1 甘薯的植物分类学地位

甘薯[*Ipomoea batatas*（L.）Lam.]隶属于旋花科（Convolvulaceae）甘薯属（*Ipomoea*），是甘薯属的一个栽培种，一年生或多年生草本植物。属同源六倍体，染色体数目为$2n=6x=90$。

1.1.2 甘薯的起源

关于甘薯的地理起源，《栽培植物的起源》（Alphonse de Candolle，1883）一书介绍了3种假说——亚洲说、非洲说和美洲说。目前公认的说法为美洲说，这种假说得到植物学、考古学、语言年代学的支持。研究结果表明，大多数甘薯属植物自然地生长在热带美洲，并在该地驯化出许多栽培品种。大约在公元前2500年，美洲的秘鲁、厄瓜多尔、墨西哥一带开始种植甘薯。大约在公元1世纪，甘薯首先传入萨摩亚群岛，之后扩大到夏威夷、新西兰。哥伦布发现新大陆后，甘薯才在旧大陆广泛推广。植物学研究也表明，甘薯的大多数近缘植物自生于热带美洲，并且在该地区驯化出大量栽培种。Zhang等（2000）用AFLD标记对热带美洲4个地理区域的

13个国家的69个品种进行多样性分析,用8个引物扩增出210条多态性带,发现美洲中部品种具有高遗传多样性,验证了美洲中部是甘薯多样性起源中心的假说。

亚洲说的依据是李时珍所著的《本草纲目》中有关甘薯的记载。He XQ等(2004,2005)通过RAPD、ISSR和AFLD方法分析研究表明,中国甘薯地方品种间遗传距离变异幅度大,尤其是广东地方品种的遗传变异程度最高,与国内其他地区相比差异达极显著水平,从分子水平上证实了中国为甘薯次生多样性中心。周源和等通过地理生态和人文条件的分析研究认为,中国也是甘薯起源的中心之一,但此学说尚未得到公认。

非洲说只是依据传教士、旅行者们的传说,不足为信。并且后来Vogel、Waite等(1909)指出,所谓在非洲栽培的"甘薯",实际上是 *I. paniculata* 或者 *I. andurata*,是完全不同于甘薯的物种。

1.1.3 甘薯的进化

甘薯是由野生型植物进化为经济价值较高的栽培型植物,是随着染色体倍性的进化而进化的,其进化也同其他物种一样,经历了漫长的岁月。根据染色体多倍体形成的途径可以推测出甘薯由野生型进化为现今甘薯的途径有以下三条。第一条途径,二倍体种、四倍体种、六倍体种都是野生型,六倍体经世代分化成栽培型的甘薯,该途径的特征是六倍体种同时存在野生型和栽培型。第二条途径,二倍体种和四倍体种为野生型,一旦成为六倍体种就变成栽培型。第三条途径,二倍体种发生突变导致出现栽培型化现象,进而发生染色体数目加倍,形成栽培型的四倍体种和六倍体种。

第一条途径已被完全证实,第二条途径和第三条途径至今还未得到证实。目前人们认为 *I. trifida*(6*x*)是甘薯的直接原始种,*I. leucantha* 和 *I. littoralis* 分别是 *I. trifida* 复合种的二倍体和四倍体。迄今为止,世界范围内的调查结果表明,甘薯是六倍体,但也无证据否认低倍体甘薯栽培型的演化。

根据《中国高等植物科属检索表》,甘薯属约有300个种,我国有20个种。但据《作物遗传改良》一书介绍,甘薯属在全世界约有400个种,由于其中同名者较多,加上分类体系尚未确立,常常造成混乱。以细胞学和植物学研究结果为依据分类,甘薯及其近缘野生种统称为甘薯组。Zeven(1975)在所著的《栽培植物及其多样性中心辞典》一书中指出,甘薯(2*n*=90)染色体组为BBBBBB,可能是从墨西哥的 *I. trifida*(2*n*=90,染色体组亦为BBBBBB)派生出来的,与 *I. littoralis*(2*n*=60,染色体组为BBBB)有亲缘关系。*I. littoralis* 可能是 *I. leucantha*(2*n*=30,染色体组为BB)的二倍体,这两个种都是墨西哥的野生型甘薯(Nishiyama,1963,1971)。Huang等应用ISSR标记分析了旋花科甘薯属40个种的亲缘关系,发现I. trifida与栽培甘薯的亲缘关系最近。目前比较容易被大家接受的分类方法是依据同甘薯的杂交亲和性,将甘薯组植物分为两个群,即同甘薯杂交亲和的第Ⅰ群和同甘薯杂交不亲和的第Ⅱ群。第Ⅰ群是Teramura(1979)的B群(B系列),包括甘薯和I. trifida复合种;第Ⅱ群是A群(A系列)和X群,包括二倍体种和四倍体种。

1.1.4 甘薯的传播

Barrau(1957)认为甘薯的传播途径存在三条不同路线,后来Yen(1974)又根据甘薯的地方变异性对这三条路线做了修改。即Kumara路线,指史前的迁移,从秘鲁、厄瓜多尔、哥伦比亚→波里尼西亚(Marquesas→Easter岛)、Society群岛、夏威夷→库克群岛→西萨摩亚群岛、汤加→新西兰;Batata路线,指15至16世纪后期,通过葡萄牙船只运输,从加勒比海群岛→欧洲→非洲→印度→印度尼西亚→新几内亚→拉美尼西亚(新不列颠、所罗门群岛、新赫布里底群岛、新苏格兰、斐济群岛)→菲律宾群岛→中国→日本;Kamote路线,指16世纪通过西班牙船只运输,从墨西哥→密克罗西尼亚→菲律宾群岛→中国→日本。而且,甘薯从中国还传到了朝鲜、俄罗斯、德国等国。

目前,甘薯广泛栽培于热带以及亚热带地区,但主要分布于北纬40°以南,全球有113个国家种植甘薯。在世界粮食生产中,甘薯总产量排名第七位。据联合国粮食及农业组织(FAO)统计(2002),世界甘薯种植面积为9.765×10^6 hm²,鲜薯总产量为$1.361\ 3 \times 10^8$ t,平均单位面积产量为1.394×10^4 kg/hm²。

1.1.5 甘薯传入中国的历史及其在国内的发展

明朝万历年间甘薯传入中国,至今已有400多年的种植历史。据《中国作物栽培史稿》介绍,甘薯分两路传入中国,一路是16世纪末由陈振龙从吕宋传入福建;另一路是18世纪从越南传入广东电白,后来又传入广东南部,之后在广东普遍栽培。有学者认为云南是中国最早种植甘薯的地方,何炳棣在20世纪50年代中期提出,依据《云南通志》的记载,1576年在临安、姚安、景东、顺宁四府已种植了甘薯,该四府离缅甸较近,有的就在中缅边境上,所以甘薯可能由缅甸传入。陈树平在《玉米和番薯在中国传播情况研究》中指出,万历八年(1580年)广东东莞人陈益从安南已引进甘薯。他又根据《云南通志》推断,云南引进甘薯比福建早10~20年,比广东也早7～8年,并认为云南的甘薯由缅甸传入。陈氏的观点颇有影响,以至于不少论著皆从此说,如1983年出版的《古代经济专题史话》(中华书局版),即为其例。此外,云南的地方志中也有记载,根据《蒙自县志》的记载,甘薯是云南蒙自人王琼由缅甸携回种植的,《蒙自县志》中还有"无论地之肥硗,无往不利,合县种植"的记载。也有云南从越南引进甘薯的记载,推测从越南传入的时间为1563—1594年。当然也有学者持不同的意见。

据《中国作物栽培史稿》介绍,甘薯传入中国后,从福建省的漳州、泉州向北逐渐普及到莆田、长乐、福清,再向北传播,于17世纪初到达江南淞沪等地,然后向南传播到广东。于17世纪、18世纪传入河南、山东、河北、陕西等省,随后又向西推广到湖南、贵州。据《中国西部甘薯》介绍,甘薯于清代初开始传入广西,而且在传入初期种植面积很小,一直到了清代中期才出现较大的发展,民国时期,广西甘薯栽培面积有了进一步的扩大;1723—1733年,甘薯传入四川;甘薯传入重庆(原属四川)的最早时间记载于《江津县志》,于1765年由广东人受时任县令之命,从广东带来薯种,教民种植;甘薯最早在清朝乾隆九至十一年(1744—1746年)开始传入陕南地区,至少已有270多年的历史,首先在陕南各县相继引进种植,至咸丰、同治年间引入关中,1953年后才逐步发展到陕北,20世纪60年代初才开始在延安、榆林地区大面积种植。

可以推断,我国宁夏、青海、甘肃、西藏、新疆、内蒙古以及东三省种植甘薯的时间在民国以后,甚至是在中华人民共和国成立后的短短几十年。

学者万国鼎根据清代乾隆以前的地方志提出,各省最早的甘薯种植时间记载如下:(1)台湾为1717年,(2)四川为1733年,(3)云南为1735年,(4)广西为1736年,(5)江西为1736年,(6)湖北为1740年,(7)河南为1743年,(8)湖南为1746年,(9)陕西为1749年,(10)贵州为1752年,(11)山东为1752年,(12)河北为1758年,(13)安徽为1768年。

1.2 甘薯在中国国民经济中的作用和意义

1.2.1 甘薯在中国的发展概况

甘薯在中国分布很广,南起海南诸岛,北至内蒙古,西北达陕西、陇南甚至新疆,东北经过辽宁、吉林延伸到黑龙江南部,西南抵云贵高原和藏南。其中四川盆地、黄淮流域、长江流域和东南沿海各省是主产区。《中国农业年鉴2000》中的数据显示,全国甘薯种植面积达$5.815\,0\times10^6\ hm^2$,每公顷产量为$2.028\,8\times10^4\ kg$,总产量为$1.179\,7\times10^8\ t$。2002年,中国甘薯种植面积占世界的

62%,总产量占世界的84%（FAO数据）。就全国范围而言，1950年中国甘薯种植面积为 $5.811\,0\times10^6\,hm^2$，之后逐年上升，到1962年达到最高，为 $1.089\,4\times10^7\,hm^2$，当时每公顷平均产量为 $7.628\,0\times10^3\,kg$，总产量为 $8.310\,8\times10^7\,t$。20世纪60—70年代，其种植面积下降到 $8\times10^6\sim9\times10^6\,hm^2$，20世纪80—90年代基本稳定在 $6\times10^6\sim7\times10^6\,hm^2$。甘薯种植面积下降的原因是我国经济发展、国民膳食结构改变，以甘薯为主食的农民日益减少，饲料甘薯也逐渐被饲料玉米替代。虽然甘薯种植面积下降，但是单位面积平均产量因生产条件的改善、栽培技术的改进和优良品种的推广而显著提高，如1999年每公顷平均产量为 $2.121\,5\times10^4\,kg$，比1962年提高了178%，因此总产量增加到 $1.261\,4\times10^8\,t$，比1962年增加了52%。进入21世纪，中国甘薯常年种植面积在 $5\times10^6\,hm^2$ 左右，总产量为 $1.06\times10^8\,t$，种植面积由占世界总面积的80%下降到57%，而总产则一直保持在80%以上。

1.2.2 中国甘薯的经济作用演变

甘薯在我国的经济作用随着时代变迁和国力的发展而变化。最初引入甘薯是由于我国东南沿海地区自然灾害频发，广大劳动人民饥寒交迫、粮食奇缺。所以，甘薯在传入我国后相当长的一段时期内，是作为人们的食粮和饲料被加以利用的，曾有"一年甘薯半年粮"的说法。人们的消费形式几乎全部为食用薯块，而甘薯茎叶的消费以饲用和充饥为目的。特别是遭遇自然灾害后，甘薯往往充当救灾粮的"主力军"。在中华人民共和国成立后的"三年困难"时期，有"甘薯救活了一代人"的说法。

中共十一届三中全会以来，随着国家工农业生产和经济的发展，全国甘薯加工消费比例上升，直接食用比例下降。近年来国民对甘薯的保健作用非常重视，鲜食用、叶菜用比例有所增加，鲜食甘薯对市场需求的拉动集中表现在城镇郊区甘薯的发展。当前全国许多省区把甘薯作为农业产业结构调整中的优势作物，甘薯正逐步向效益型经济作物转变，加工和饲用的比例不断提高。随着我国石油消费日益增加，石油进口量与日俱增，天然油气紧缺，甘薯作为新型能源作物呈现出良好的势头。专家认为甘薯作为一种新型能源作物应当得到重视，利用甘薯生产燃料乙醇添加到传统石油燃料中除了能缓解能源紧张的局面外，还将大幅度减轻环境污染。

1.2.3 中国甘薯发展的主观优势

1.2.3.1 生产优势强

甘薯高产、稳产,抗旱耐瘠,适宜于山区丘陵和平原旱地种植,是土壤贫瘠地区的主要作物。当遇到台风、冰雹、虫畜危害后,仍能保持一定的产量。遭灾后茎叶恢复生长快,地下部分的薯块仍可继续膨大,因此甘薯是重要的救灾度荒作物。甘薯对光能的利用率虽不如玉米、水稻等作物高,但它从块根形成开始一直到收获,能长时间通过光合作用不断积累干物质,故实际栽培中,甘薯单位面积干物质产量比水稻、玉米都高。

近年来,随着人们生活水平的提高和膳食结构的调整,甘薯的用途已由单一的粮食作物转变为重要的饲料、能源和经济作物,尤其是近年来甘薯产后加工业的发展及新产品的不断开发,更加快了甘薯新品种选育、种质资源保存创新、甘薯高效栽培技术研究及新品种示范推广的进程,甘薯的产量和品质都有了较大幅度的提高。甘薯的增产潜力巨大,特别是脱毒甘薯良种栽培技术的推广应用,使鲜薯产量高达 $7.5×10^4 \sim 9.0×10^4$ kg/hm²,经济效益增长显著。目前,我国工业生产对甘薯的需求量越来越大。

1.2.3.2 营养价值高

甘薯营养丰富,富含淀粉、糖类、蛋白质、维生素、纤维素以及各种氨基酸,是非常好的营养食品,与粮食作物相比有其独特的优点。甘薯光合能力强,淀粉含量高,一般块根中淀粉含量占鲜重的15%～26%,高者甚至可达30%。据检测,每100 g鲜薯中含糖29 g,可溶性糖类3%,蛋白质2.3 g,脂肪0.2 g,粗纤维0.5 g,无机盐0.9 g(其中钙18 mg、磷20 mg、铁0.4 mg)。此外,甘薯的维生素含量丰富,每千克鲜薯含维生素C 300 mg、维生素 B_1 0.4 mg、烟酸5 mg。维生素 B_1 和维生素 B_2 的含量为面粉的2倍,维生素E含量为面粉的9.5倍,纤维素含量为面粉的10倍。维生素A和维生素C的含量较高,而大米、面粉中这两种维生素含量极低。

据报道,甘薯蔓顶端15 cm的鲜蔓叶,蛋白质含量为2.74%,胡萝卜素每100 g的含量为5580国际单位,维生素 B_2 每千克含量为3.5 mg,维生素C每千克含量为41.07 mg,铁每100 g含量为3.94 mg,钙每100 g含量为74.4 mg,其蛋白质、胡萝卜素、维生素B的含量均比苋菜、莴苣、芥菜叶等高。因此,甘薯兼具粮食和蔬菜的功能。

1.2.3.3 用途广，工业价值高

近年来，由于食品加工业以及发酵工业的发展，利用甘薯作为原料的工业已遍及食品、化工、医疗、造纸等十余个工业门类，利用甘薯制成的产品已达400多种。甘薯同化效率高，在巴西及菲律宾被认为是能源作物。以甘薯为原料生产的酒精可作为石油的代替品，巴西已制造出以酒精为燃料的汽车。我国已试验成功将酒精按10%～15%的比例加入汽油中作为燃料，现有发动机不经过任何改装即可正常运行。以薯干为原料生产的果葡糖浆，可以在糕点中代替蔗糖，用此果葡糖浆制成的糕点，色、香、味均优于使用蔗糖制成的糕点，可防止食品干燥、变硬。在饮料中加入甘薯果葡糖浆，还可避免因过度食用蔗糖而引起的血管硬化、身体发胖等。糖果及饮料中的柠檬酸也是以甘薯薯干为原料制成的，当前我国生产的柠檬酸不仅可以满足国内需要，而且还有部分可出口。用甘薯渣制造的天然色素，可用于食品着色，避免了合成色素对人们健康的危害。在纺织工业中，近年来用甘薯淀粉代替精粉浆纱，1 kg甘薯淀粉可抵3 kg精粉浆纱。生产味精也可用甘薯薯干作原料，每吨甘薯薯干可生产味精150～200 kg，这样不但节省了大量小麦，还可降低成本。利用发酵法提取的5-肌甘醇是高级调味品，可以提高食物的鲜味。利用甘薯淀粉制造的甘氨酸，甜味是蔗糖的35倍，可以取代糖精。以甘薯薯干为原料可提取赖氨酸，而一般食品中缺乏赖氨酸，如果在面包中加入1%的赖氨酸可提高营养价值30%，动物饲料中添加赖氨酸，可使饲料价值提高，缩短饲养时间，加快动物生长速度。用甘薯薯干制成的色氨酸可进一步转化成乙酸，将此类激素喷洒到果树或蔬菜上，既可当肥料又可刺激植物生长，还能改进果品及蔬菜的品质。用甘薯薯干作原料生产的乳酸，可以广泛用于食品、饮料、皮革等生产中。从甘薯薯干中提取的衣糖酸是合成纤维的基本原料，还可以改进油漆的性能。甘薯薯干淀粉经合成法可制造磷酸淀粉，它是一种胶黏剂，广泛应用于工业中，具有黏度大、产品纯净、性能稳定、不易脱水收缩等优点。淀粉发酵可制成普鲁士蓝，它是一种白色粉末，经处理可制成透明薄膜，无味无毒，可用于食品包装，有防止食品变质的功能。将由甘薯淀粉制成的阳离子淀粉掺入纸浆中，可改善纸张的物理性能，增强纸张的张力。甘薯淀粉的另一个化工产品为多孔环状糊精，可用来包装农药和化妆品，使药物不易散失，化妆品能够长期保存。利用鲜薯做工业锅炉除垢剂已试验成功，这种除垢方法成本低，操作简便，深受欢迎。随着发酵技术的不断发展，用甘薯薯干或淀粉为原料的化工产品日新月异，新品种、新产品层出不穷。

1.2.3.4 具有药用及保健价值

甘薯俗称"土人参",有健身和防病之功效,不但对某些疾病有一定疗效,而且也是一种保健食品,经常食用甘薯可以起到健身防病、延年益寿的作用。

甘薯中纤维素含量多达7%~8%,它进入人体后可刺激肠壁,加快消化道蠕动并吸收水分,有助于排便。这样可减少因便秘引起的人体自身中毒,延缓人体衰老过程,有助于防治糖尿病,预防痔疮和大肠癌的发生。甘薯所含的矿物质(如钾、钙、铁、镁、钠等)也非常丰富。据报道,甘薯中钾含量丰富,钾是保护心肌的重要元素,可以减轻因过度摄取盐分而带来的弊端。钙具有构成骨骼、镇定神经、帮助血液凝结等多种功能,甘薯含钙量显著高于大米、面粉等。同时,甘薯中磷、镁、碘等含量也较多,因此,常吃细粮的人配以甘薯可以弥补缺乏的维生素。据相关资料显示,成年人每天食用100~150 g鲜甘薯,即可满足人体对各种维生素的需求。甘薯中含有多种维生素和氨基酸,有一定的防病效果。如维生素A可抗干眼症;维生素B对脚气、心脏跳动异常、便秘有一定的减缓作用;维生素C不仅能阻碍致癌物质的形成,防止动脉硬化,而且还有预防老年斑出现的作用。日本科学家对40多种蔬菜的抗癌成分及抑癌试验结果进行分析,他们从高到低整理出20种对肿瘤有显著抑制效果的蔬菜,其中熟甘薯(98.7%)、生甘薯(94.4%),分别位居第一、第二位。此外,甘薯还是美容食品。美国新墨西哥大学的科学家发现,甘薯内含有类似雌性激素的物质,进入人体后对皮肤特别有益,能使皮肤滋润、柔软,具有很好的美容功效。

1.2.3.5 饲用价值高

甘薯是发展畜牧业的主要饲料。甘薯的块根和蔓叶中均含有丰富的营养成分,是良好的饲料。据分析,甘薯干蔓叶中含粗蛋白0.2%,比干花生秧中含量稍高,比干谷草中含量高1倍;甘薯秧粗脂肪的含量为2.6%,比苜蓿草中高0.3%,比谷草中高0.7%;鲜薯块中除含有15%~20%的淀粉外,还含有比较丰富的粗蛋白、糖类及纤维素。薯块、蔓叶或其工业加工后的副产品,如粉渣、糖渣、酒糟等,通过简单的加工可制成各种饲料,如青贮饲料、混合饲料和发酵饲料,这样不仅能提高饲料的营养价值,还可以延长饲料的供应期。

1.2.3.6 市场前景好

随着科学技术的发展,甘薯的综合开发利用工作将进一步深入,已不再局限于粮食生产,而是开始逐步将其发展为用途广泛、高产、高效的经济作物,充分显示"甘薯浑身都是宝"的特点。在改变人类食物结构,提高人民生活水平方面,甘薯将会发挥越来越大的作用。

近年来随着人们保健意识的增强,国际、国内市场鲜食甘薯的消费量剧增,甘薯蔓叶更是成为公认的绿色无污染蔬菜。由于美国宇航局把甘薯蔓叶作为宇航员在太空工作期间的绿色蔬菜,因此,在国外甘薯被誉为"太空保健食品"。甘薯蔓尖在日本、东南亚地区已作为蔬菜畅销,在闽、粤一带也有一定的消费,其开发前景极好。

面对全球能源危机,我国已启动生物质能源工程,利用淀粉产量高的植物产品生产燃料乙醇或甲烷气体等。甘薯在这方面具有很好的发展优势。

1.2.4 中国甘薯发展的客观优势

1.2.4.1 国家西部大开发战略政策促成了我国西部甘薯的发展

西部地区特指陕西、甘肃、宁夏、青海、新疆、四川、重庆、云南、贵州、西藏、广西、内蒙古等12个省(自治区、直辖市)。国家西部大开发战略"三步走"方案提出,西部地区应该在调整结构和搞好基础建设、建立和完善市场体制、培育特色产业增长点、投资环境初步得到改善的基础上,进入西部开发的冲刺阶段,巩固提高基础,提高特色产业,实施经济产业化、市场化、生态化,实现专业区域布局的全面升级和经济增长的跃进;步入全面推进现代化阶段,普遍提高西部人民的生产、生活水平,全面缩小差距。国家制定的西部大开发系列战略措施,集中反映出国家对西部12个省(自治区、直辖市)的发展政策优先、注资力度加大。由国家对该区域农牧业的优惠扶持政策和资金投入增加,这必将同时带动该地区甘薯生产和科技的进一步发展。

1.2.4.2 国家生物质能源发展推动了我国甘薯产业的发展

生物质能源是国际上关注的可再生新型能源,引领着能源发展的方向与国家战略的实施。随着我国社会经济的快速发展和随之而来的汽车持有量的增加,石油消费快速递增,进口引领带动度日益增加,这一现状已经对我国能源安全和经济发展形成了巨大的影响和制约。从国家能源安全考虑,寻找合适的替代品是当务之急,其中燃料乙醇是日前世界上使用量最大、最现实、最可靠的替代石油的生物燃料。国家有关省、市政府主管部门及企业通过充分论证,把甘薯列为本地区生产燃料乙醇的首选原料,并且此计划方案也得到了国务院主管部门的初步肯定。这也将为我国有关省市甘薯产业的发展带来契机。

1.2.4.3 农业生产新技术的推广带动了我国甘薯产业的发展

我国西部地区的西藏、青海、新疆、甘肃、陕西、宁夏以及云贵高原和四川盆地周围的高海拔地区,按照原来的传统栽培技术是不能种植甘薯的,温室、塑料大棚以及保护地栽培技术的不断推广应用,带动了这些地区甘薯生产的发展。

1.2.4.4 农副产品加工产业的发展拉动了我国甘薯产业的发展

国家农业产业化项目鼓励政策的贯彻增强了我国东部沿海地区有关企业开展甘薯产品研发和生产的积极性,并且激励了这些地区的甘薯加工企业积极前往新疆、宁夏、陕西、云南等省(自治区)从事甘薯产前、产中、产后系统产业化开发,从而拉动了这些地区甘薯产业的发展。

1.2.4.5 中国部分地区优越的自然条件促进了该地区甘薯产业的发展

新疆、西藏等地日照强、昼夜温差大,甘薯病虫害不易发生;广西以及云南、贵州南部地区,一年四季气候温暖,甘薯田间生长期长;川、渝盆地无霜期长,适宜甘薯生长,且种植甘薯不与其他作物争地。这些有利条件再配合先进栽培技术的推广应用,切实提高了这些地区种植甘薯的经济效益。

1.3 中国甘薯的栽培区划

甘薯是多年生作物,只要气候条件适宜就能够长年生长,但应用到生产上,往往都是以一年生的栽种形式完成其从种植到收获的一生。我国幅员辽阔,南北方气候条件差别很大,依人们对甘薯的需要和各地的栽培制度,传统的栽培区划全国分为5个薯区。

1.3.1 北方春薯区

本区是斜跨华北、东北和西北边缘的一条狭长地带,冬季长夏季短,甘薯生产多为一年一季,以春薯为主,南部种植少量夏薯,主要用作留种。该区甘薯一般在5月中下旬栽插,同年9月下旬至10月初收获,生长期为130～140 d。

1.3.2 黄淮流域春夏薯区

本区包括河北省南部、山东省全部、河南省中南部以及江苏、安徽淮河以北各地,是我国种植面积最大的薯区。该区生产春薯和夏薯,夏薯主要是麦薯两熟,少部分地区为两年三熟,春薯占一定种植面积。春薯4月下旬至5月中旬栽插,同年10月上旬至下旬收获,生长期为150~180 d。夏薯多在6月下旬至7月上旬栽插,收获期与春薯相同,生长期约120 d。

1.3.3 长江流域夏薯区

本区甘薯栽培制度主要是麦薯两熟制,前茬作物收获后接种夏薯。于4月下旬至6月中下旬栽插,同年10月下旬至11月中旬收获,生长期140~170 d,比北方薯区的春薯生长期还长,能获得高产。

1.3.4 南方夏秋薯区

本区是位于北回归线以北的狭长地带。夏薯一般在5月份栽插,同年8至10月份收获。早稻和秋薯一年两熟制,有一定种植面积。水田或旱地的秋薯,一般在7月上旬至8月上旬栽插,同年11月下旬至12月上旬收获,或延迟到第二年的1月份收获,生长期为120~150 d。本薯区无霜期300 d以上,年平均气温在20℃左右,很适宜甘薯生长。其栽插期和收获季节都可以根据前茬作物收获期的早晚灵活安排。

1.3.5 南方秋冬薯区

本区位于北回归线以南的沿海陆地和岛屿,终年无霜,年平均气温在22℃左右,甘薯一年四季均可生长。本薯区主要是秋薯和冬薯,秋薯又有水田秋薯和旱地秋薯两种。水田秋薯7月中旬至8月中旬栽插,旱地秋薯7月上旬至8月上旬栽插,同年11月上旬至12月下旬收获,生长期为120~150 d。秋薯也能越冬生长,推迟到第二年春季收获。冬薯多在11月份栽插,翌年4~5月份收获,生长期为170~200 d。

2014—2015年,国家甘薯产业技术体系专家组制定出中国甘薯产业布局优化方案,全国形成四大优势区域,即北方淀粉用和鲜食用甘薯优势区、西南加工用和鲜食用甘薯优势区、长江中下游食品加工用和鲜食用甘薯优势区、南方鲜食用和食品加工用甘薯优势区。

我国西南地区生态环境特殊,长期以来该区甘薯生产有别于长江中下游流域其他省(市)的种植模式,产后利用重点也不同,将川、渝、黔、滇以及西藏能种植甘薯的低海拔河谷地带列为独立薯区,有利于其产业更好地发展。2017年开始已独立开展西南区甘薯联合鉴定试验。

该区域特别是川、渝、黔地区,甘薯种植多为与玉米间(套)作或分带轮作的夏薯,生长期为140~170 d。

1.4 中国甘薯的发展展望

甘薯生物产量高,淀粉产量高,能量产量达到 $10.4\,kcal\times10^4/(hm^2\cdot d)$,远高于马铃薯、大豆、水稻、木薯、玉米,是生产燃料乙醇的理想原料。随着世界石油消费的日益增加,生物质能源的开发和利用受到世界各国的高度重视,甘薯作为新型能源植物已经引起许多国家的重视。各国对能源产业的关注程度已上升到敏感状态,美国、巴西等国已早于中国开始大规模发展燃料乙醇替代车用汽油,现已拥有成熟技术。2005年起,美国开始做乙醇原料的高淀粉甘薯品种引种与育种。目前,中国也已开始投资将甘薯作为燃料乙醇原料的基地建设,并支持大型企业集团的生产燃料乙醇技术改造。

中国未来甘薯产业发展趋势的重点领域包括培育出淀粉含量高、产量高、乙醇转化率高的能源原料用甘薯新品种,利用丘陵山地、旱地建立能源用甘薯生产基地,保障企业原料供应,提高企业效益;培育专用、优质鲜食甘薯品种(鲜食和菜用),研究保障市场常年供应以及功能性食品(富含胡萝卜素、花青素等)的综合开发技术;提升增值潜力大的甘薯方便食品的加工技术水平,保证食味优美、营养丰富;同时提高企业效益、薯农收益及国民的保健水平。

第一篇
甘薯的形态解剖

第一章 根的形态解剖

甘薯是重要的薯类作物之一,它的用途十分广泛,特别是根的经济价值很高。因此,较深入地了解甘薯根的形态结构、块根的形成过程及其膨大机制,在生产栽培上有重要的意义。

1.1 根的形态与类型

1.1.1 种子根(定根)

当甘薯由种子繁殖时,种子经过机械或化学的方法处理后,在适宜的土壤条件下萌发,由胚根形成一条主根(或称初生根),这就是种子根。主根上可依次发生侧根,并形成双子叶植物所具有的直根系(图1-1)。

主根与侧根都能膨大成块根,但生产栽培上通常都不用种子繁殖。

1.1.2 不定根

在生产上,甘薯常用带几个节的苗或茎段来栽培繁殖,也可用块根或带叶柄的叶进行繁殖。用营养器官繁殖时,从块根上、薯苗的茎节上或切口处、

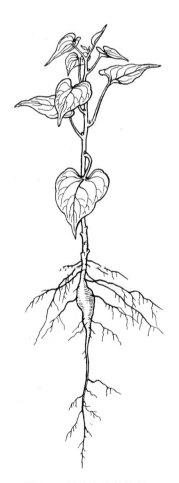

图1-1 甘薯实生苗的根系

叶柄或叶片上生出的根,都叫不定根(图1-2)。

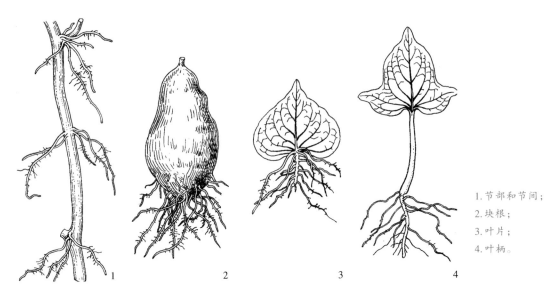

1. 节部和节间;
2. 块根;
3. 叶片;
4. 叶柄。

图1-2 甘薯的茎节、块根、叶片和叶柄上的不定根

不定根初期(幼根阶段)质地幼嫩,呈白色,具有双子叶植物幼根的特征。之后由于内部发育情况不同,会形成三种不同类型的根(图1-3)。

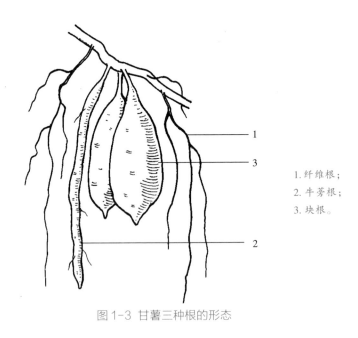

1. 纤维根;
2. 牛蒡根;
3. 块根。

图1-3 甘薯三种根的形态

1.1.2.1 纤维根

纤维根又叫细根或吸收根。这种根细而长,分枝多。纤维根前期生长较快,分布较浅;后期生长较慢,但向深处发展,形成一个强大的根系网,有利于吸收水分和养料。纤维根在土壤中扎得很深,最长可达130 cm,但80%以上的根群分布在30 cm深的土层内,越往下层根群越少。甘薯纤维根上的根毛很发达,单株根毛总长约8.11 km,是大豆的10多倍,所以甘薯纤维根吸收水分和养料的能力较强,较抗旱、耐瘠。

1.1.2.2 牛蒡根

牛蒡根又称梗根或柴根,粗如手指,直径1 cm左右,粗细较均匀,长度约30 cm或更长。这种根是幼根在生长发育过程中由于气候和土壤条件不佳,致使根内组织发生变化,中途停止加粗而形成的。

牛蒡根徒耗养分,没有经济价值,在生产上应采取措施,加强排涝,改善土壤通气性,以减少牛蒡根的发生。

1.1.2.3 块根

在适宜的条件下,幼根经过一系列组织分化和养分积累的过程发育为块根。

块根的形状变化较大,一般可分为纺锤形、球形、圆筒形和块形四种(图1-4)。纺锤形又可分为长纺锤形、短纺锤形、上膨纺锤形和下膨纺锤形。块根的形状虽然是甘薯品种的重要特征之一,但由于土壤、栽培条件的变化,块根的形状也要发生变化。如栽培在疏松、氮肥丰富或潮湿的土壤中,薯块偏长;栽培在板结、钾肥丰富或干燥的土壤中,薯块多呈球形或纺锤形。有些品种的块根表面光滑平整,有些则具数条纵沟。

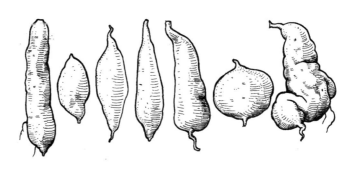

图1-4 甘薯块根的形态

块根的皮色和肉色也因品种而异,是鉴别甘薯品种的主要特征之一。皮色大体可分为紫、红、黄、褐、白五种,是由周皮中的色素所决定的。薯肉的颜色大体可分为白、淡黄、黄、杏黄、橘红或带紫晕等。黄肉和红肉品种中胡萝卜素含量较高,营养价值较高。

甘薯一般每株结薯2~5个或更多,但因品种和栽培条件的不同也有较大的差别。在同一条件下,春薯单株结薯大而少,夏薯小而多。深斜栽,结薯少;浅平栽,结薯多。块根多分布在5~25 cm深的土层内。

1.2 根的初生生长

甘薯的种子根和不定根在幼根时期都只有初生结构。同其他双子叶植物一样,都是由根尖的顶端分生组织分裂、生长和分化而形成的。

1.2.1 根尖及其分化

甘薯的根尖(指从根的最顶端到着生根毛的这一段)与其他被子植物一样,可分为根冠、分生区、伸长区和成熟区(根毛区)。现分别叙述根尖各区的结构(图1-5)及其功能。

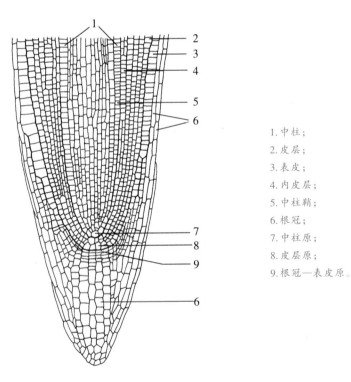

1. 中柱;
2. 皮层;
3. 表皮;
4. 内皮层;
5. 中柱鞘;
6. 根冠;
7. 中柱原;
8. 皮层原;
9. 根冠—表皮原。

图1-5 甘薯初生根根端纵切面

1.2.1.1 根冠

根冠由顶端分生组织产生,形如帽状,套在分生区之外,对容易遭受损伤的顶端分生组织起保护作用。

甘薯的根冠由几层细胞组成,并且位于尖端的细胞可再次平周分裂,因此,在根冠的中央部位就形成了几个纵向细胞列,致使它的顶端较边缘厚。这些细胞的分裂和增大,使侧边的细胞在方向上不规则。

根冠外层细胞含有大量黏液物质,且外层细胞不断被磨损进而脱落。而顶端分生组织又可不断分裂产生新的细胞进行补充,故根冠能始终维持一定的形状和厚度。

近年来,通过电镜观察、化学分析以及根尖在放射性葡萄糖中培育后的自显影研究,已基本弄清了根冠外黏液的性质及其分泌方式。这种分泌产物是高度水合的多糖,可能是果胶物质,由外层细胞所分泌。分泌过程中高尔基体呈现出膨大的槽库,并产生含有分泌物的大型泡囊,泡囊与沿着细胞外壁的质膜合并在一起,将黏液释放到质膜和细胞壁之间的空间。由此,分泌物经细胞壁至外面,凝成小滴。这种黏液的覆盖作用被认为可以保护根尖免受土壤引起的损害,能够防止根尖干燥,也可作为一种吸收表面,促进离子交换、溶解和螯合某些营养物质。

生长在土壤中的根尖,或多或少都覆盖着黏液,根冠可能是这种黏液的主要来源。这种黏液还覆盖在根冠以外的幼根表面,并且一直延伸到根毛区。这种黏液可使土壤颗粒黏附到根尖与根毛上。

实验证明,根冠也是感受重力的部位,可使根发生向地性生长。根冠细胞中所含的淀粉体有平衡石的作用。垂直生长的根,淀粉体沉积在细胞的远端水平壁上。如把根放在水平位置数分钟后,淀粉体就移向纵向壁上。当根恢复垂直生长后,淀粉体就恢复到原来的远端水平壁上。

1.2.1.2 顶端分生组织

由根冠所套覆的分生区就是根的顶端分生组织部分。在甘薯的胚根或不定根根冠内都有一团成圆锥状的顶端分生组织。

顶端分生组织可进行活跃的细胞分裂,其衍生细胞可分化为根的各种组织。从甘薯初生根的正中纵切面上可看到,在分生区最顶端的中心部分有三层原始细胞,称为组织原(图1-5)。其中,中柱原位于最里面,皮层原位于中间,它们分别形成幼根的中柱和皮层,两者的界限比较分明;这三层组织原细胞的最外一层称为根冠—表皮原,根冠与表皮就是由此层细胞分裂分化而成的。

表皮是由根冠—表皮原层最侧面排列的细胞最后平周分裂产生的。每次最后分裂的结果是形成两层子细胞,里面的一层变为表皮原始细胞,而外面的就形成根冠的一部分。靠近根顶端的部分,其外表面是不平滑的,表皮细胞由表皮原垂周分裂产生,而根冠通过一系列分裂可形成多层细胞。

根顶端除了可以用组织原理论来说明外,还可以从分生组织的性质来说明。根尖最顶端(位于根冠内)一团原始细胞及其刚衍生而很少分化的少数细胞就称为原分生组织。由原分生组织分裂产生的衍生细胞,虽已初步分化,但仍具有分裂能力,这些细胞称为初生分生组织。初生分生组织由外至内可分为原表皮、基本分生组织和原形成层,它们经分裂、分化形成表皮层、皮层和中柱(维管柱)。

1.2.1.3 伸长区

甘薯的初生根、不定根乃至侧根的顶端分生组织上面,细胞一般都不再分裂。这些细胞在生长,体积不断增大,特别是长度增加最显著,因此该区域称为伸长区。伸长区的细胞已显著液泡化,并逐渐分化为不同的组织。所以,伸长区是从分生区到成熟区之间细胞逐渐生长与分化的区域。

1.2.1.4 成熟区

在伸长区之后,细胞停止伸长生长,根内已分化出各种组织,这便是成熟区。因其外表密生根毛,故又称根毛区。

根毛的寿命很短,经过几日则逐渐枯萎,当根毛区上部的根毛枯死后,其下的伸长区又逐渐形成根毛,转为成熟区,在原伸长区的下部又出现新的伸长区。这样,通过根顶端产生新细胞,并进行生长和分化,就使根不断向前推进。

1.2.2 幼根的结构

甘薯的幼根与其他双子叶植物的幼根一样,从外至内,由表皮层、皮层和维管柱三部分组成(图1-6)。

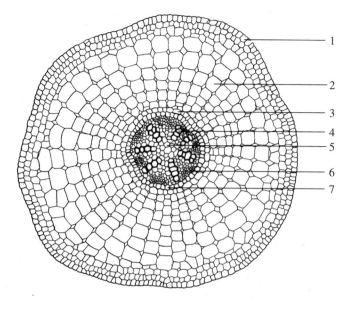

1.表皮；

2.皮层；

3.内皮层；

4.原生木质部；

5.后生木质部；

6.韧皮部；

7.中柱鞘。

图1-6 甘薯幼根的横切面

1.2.2.1 表皮层

表皮由一层排列紧密的小型细胞构成。幼根的表皮层其外壁角质层很薄,是特化的吸收组织。表皮层上发育出根毛,能明显扩大根的吸收面积。

根毛是表皮细胞的细胞壁向外突出伸长而形成的。根毛呈管状,外壁无角质层,与原表皮细胞无横壁,其原生质互相连通。根毛长约5 mm,细胞壁较薄,只含有纤维素,其内有一薄层细胞质,中央为大液泡,细胞核常移至根毛的尖端。进入植物体中的物质必须通过根毛或幼嫩表皮的细胞壁与质膜,再经由皮层、内皮层、中柱鞘,最后进入输导组织的木质部,由此传到叶或植株的其他部分。

1.2.2.2 皮层

皮层由多层排列疏松的薄壁细胞构成。皮层的细胞层数,在不同品种之间,甚至在同一品种的不同根之间,都有较大的差异。往往靠近表皮的一至二层细胞体积较小,排列也较紧密,可称为外皮层。皮层中部为大型薄壁细胞,具发达的胞间隙,靠近维管柱的皮层细胞又逐渐变小。皮层的最内一层称为内皮层,细胞排列紧密,无胞间隙。在根的吸收区域,内皮层细胞的径向壁与上下端壁局部增厚和木栓质化,呈带状围绕在细胞的径向壁和上下端壁上,这个增厚的带叫凯氏带。由于木栓的沉积是横过中层的,而且内皮层细胞的细胞质较牢固地附着于凯氏带上,所以这种结构对根的吸收有很重要的意义,它能加强控制根对物质的吸收和转运。因为根吸收的物质不能自由地通过内皮层细胞的细胞壁和胞间隙(离质体通道已被凯氏带阻断),必须通过内皮层细胞的原生质体(共质体通道)进行传输,这样便可受到质膜的控制。

1.2.2.3 维管柱

维管柱包括中柱鞘与维管组织,它们由中柱原分化而来。

中柱鞘由一层较小的具有分生能力的细胞组成。中柱鞘具有潜在的分生能力,可以产生侧根原基、部分维管形成层,甚至木栓形成层也由它的衍生细胞发生。因此,中柱鞘有周边形成层之称。

甘薯幼根的维管组织在排列与成熟方向上,也与其他双子叶植物的幼根相同。整个维管柱由初生木质部和初生韧皮部组成。初生木质部居于根中心,往往形成实心的中央柱,并自中心向外形成几个棱脊,在横切面观呈辐射状。初生韧皮部与初生木质部呈相间排列,初生木质部脊为原生木质部,而甘薯原生木质部的数目因种子根与不定根、品种,乃至同一根的基部与远基部不同而有差异。通常甘薯幼根的原生木质部为4~8原型(即4~8个辐射脊),大多为5~6原型。种子根的初生木质部一般为4或5原型(图1-7)。不定根的原生木质部数目较多,有的还形成双中柱(图1-8)。

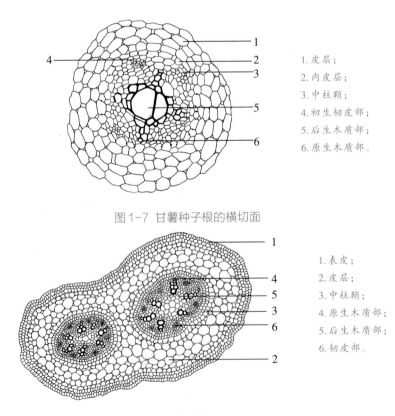

1. 皮层;
2. 内皮层;
3. 中柱鞘;
4. 初生韧皮部;
5. 后生木质部;
6. 原生木质部。

图1-7 甘薯种子根的横切面

1. 表皮;
2. 皮层;
3. 中柱鞘;
4. 原生木质部;
5. 后生木质部;
6. 韧皮部。

图1-8 甘薯幼根横切面,示双中柱

甘薯的初生木质部是按向心的次序成熟的,即按由外向内的方向成熟,所以称为外始式。原生木质部脊的导管细胞分化成熟最早,越近中心的导管成熟越晚,后生木质部的导管最后分化成熟。初生木质部这种由外向内逐渐成熟的方式具有很重要的生理意义,因为根中柱周边部分的导管最先成熟,其与皮层位置最近,便于接受由根毛和幼嫩表皮吸收进来的水分和无机盐。

原生木质部导管的壁呈环纹或螺旋纹次生增厚,细胞口径较小。后生木质部导管的次生壁增厚程度高,并形成梯纹、网纹或孔纹,细胞的口径也较大。甘薯幼根的中央常分化出一至几个较大型的中央后生木质部导管。

初生韧皮部的成熟方向也是外始式,它同样分为原生韧皮部和后生韧皮部,但界限不像初生木质部那样明显,它们由筛管分子、伴胞及少量薄壁组织细胞组成。在初生韧皮部与初生木质部之间,还有分化程度较低的薄壁细胞,这些细胞可发生反分化,形成次生分生组织。

1.2.3 侧根与不定根的发生

1.2.3.1 侧根的发生

甘薯的种子根与不定根都能发生侧根,其发生过程与其他双子叶植物相似。在根毛区初生结构基本分化完成后,原生木质部脊的中柱鞘细胞进行垂周分裂和平周分裂,形成侧根原基,进而由侧根原基形成侧根的生长锥(顶端分生组织)及其外面的根冠,并向外生长,穿过皮层与表皮,伸入土中(图1-9)。侧根发生的部位在皮层内的中柱鞘处,故称为内起源。

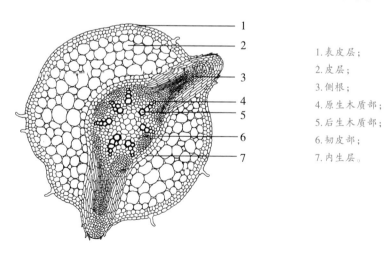

1.表皮层;
2.皮层;
3.侧根;
4.原生木质部;
5.后生木质部;
6.韧皮部;
7.内生层。

图1-9 甘薯幼根横切,示侧根的发生与生长

当侧根形成并向外生长时,在侧根中就分化出与母根相同的结构,其中的韧皮部分子和木质部分子就与母根中相当的组成分子连接起来,从而使各级侧根与母根形成互相贯通的运输系统。

1.2.3.2 不定根的发生

甘薯的不定根可从不同器官上发生,因生产上常以茎段作栽培材料,这里就只介绍茎节上发生不定根的过程。

通常在甘薯茎的节部叶柄两侧发生不定根。匍匐地面生长的茎或刚栽入土中1～2 d的茎段,取节部作横切面观察,就可看到不定根原基的分化与不定根的形成过程(图1-10)。

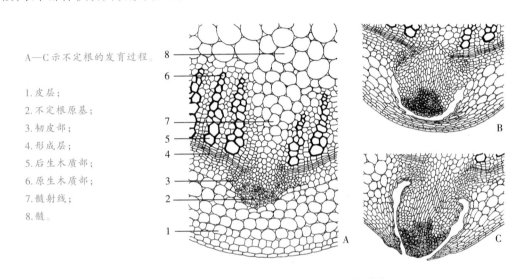

A—C示不定根的发育过程。

1. 皮层;
2. 不定根原基;
3. 韧皮部;
4. 形成层;
5. 后生木质部;
6. 原生木质部;
7. 髓射线;
8. 髓。

图1-10 甘薯茎节部分横切面,示不定根发生

甘薯不定根的发生也属内起源。在节部稍下方的皮层以内,有数个不定根原基,它们都可形成不定根,但通常在叶柄两侧的不定根原基优先生长,形成不定根。从切片观察知道,在茎节皮层内部维管束之间的髓射线部位,相当于中柱鞘的一些细胞发生反分化,形成原生质浓厚、核质比例较大的一团细胞,这就是不定根原基。接着这团不定根原基细胞经过分裂和分化形成根的生长锥,并继续向外生长,穿破茎的皮层与表皮,伸入土中。不定根中的韧皮部与木质部的组成分子便与茎中的相应结构连接起来。

用甘薯的苗或茎段在适宜栽培条件下或在营养液中做水培试验,可在节部周围和切口处生出多条不定根。但在相同栽培条件下,壮苗发根较多、较粗,弱苗发根较少、较细(图1-11)。

图 1-11 甘薯弱苗(A)与壮苗(B)的发根情况

1.3 根的次生生长

1.3.1 初生形成层的发生与活动

　　甘薯的幼根,当其初生结构分化形成后,首先在初生韧皮部与初生木质部之间,由那些分化程度低的薄壁细胞形成不连续的形成层弧(图1-12)。接着原生木质部脊所正对的中柱鞘细胞也发生分裂,形成了部分形成层,并与初生韧皮部和初生木质部之间的形成层弧相连接,这时便连接为波状形成层环(图1-13)。之后形成层不断进行平周分裂活动,向外产生次生韧皮部,向内产生次生木质部。由于分裂速度不同,特别是在初生韧皮部内侧的形成层部分,向内分裂的次生木质部量远比向外分裂的次生韧皮部量多,所以逐渐使形成层成为一个圆环。

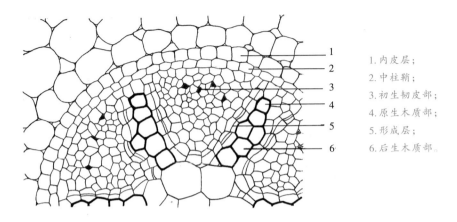

图1-12 甘薯幼根部分横切面,示形成层发生与活动

1. 内皮层;
2. 中柱鞘;
3. 初生韧皮部;
4. 原生木质部;
5. 形成层;
6. 后生木质部。

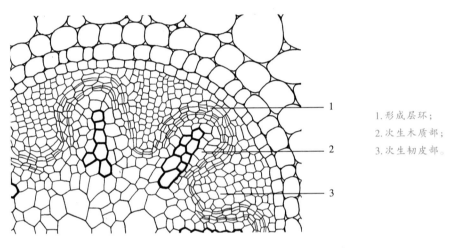

图1-13 甘薯幼根横切面,示波状形成层环已形成

1. 形成层环;
2. 次生木质部;
3. 次生韧皮部。

幼根初生韧皮部与初生木质部之间的薄壁细胞和部分中柱鞘细胞所形成的形成层,称为维管形成层,这与大多数双子叶植物的根相同。但甘薯根要发生异常生长,还要另外形成不同起源的形成层,因此,甘薯根的维管形成层又称为初生形成层,由初生形成层分裂、分化形成的结构称为次生结构。

1.3.2 次生结构

甘薯的纤维根、牛蒡根和块根都要进行次生生长,产生次生结构。但纤维根的次生活动很弱,次生结构极不发达。牛蒡根和块根的次生生长都很强,因此,它们都有发达的次生结构。块根的次生生长时间很长,直到收获时期初生形成层才停止分裂活动,进入休眠状态。

次生结构包括次生韧皮部和次生木质部（图1-14）。初生形成层环活动不久就会形成一整圈。

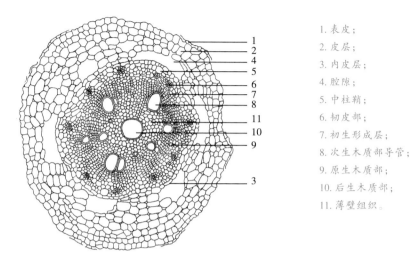

1. 表皮；
2. 皮层；
3. 内皮层；
4. 腔隙；
5. 中柱鞘；
6. 韧皮部；
7. 初生形成层；
8. 次生木质部导管；
9. 原生木质部；
10. 后生木质部；
11. 薄壁组织。

图1-14 甘薯幼块根横切面,示次生生长初期

　　次生韧皮部环绕在初生形成层之外,在次生韧皮部中间,除呈团分布的筛管、伴胞外,还有大量的薄壁组织和分散的乳汁管。在膨大的块根中,韧皮部内径向排列的筛管和伴胞由于中轴的异常生长而稍呈不规则排列。甘薯的乳汁管由多个乳汁细胞纵向连接而成,细胞横壁溶解成为贯通的不分支管道(图1-15)。在年幼的韧皮部中,乳汁管的管腔大,含有白色黏滞的乳汁,因此较显著。但在较老的韧皮部组织中,由于周围邻接细胞的增大,致使乳管的管腔变小,不易分辨。

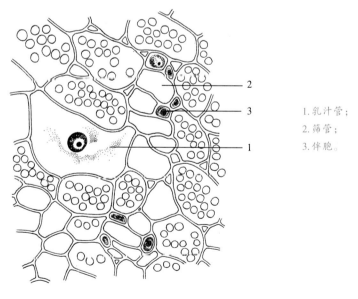

1. 乳汁管；
2. 筛管；
3. 伴胞。

图1-15 甘薯块根韧皮部的部分横切面结构

次生木质部位于初生木质部与初生形成层之间,除分散的大型导管外,主要是由大量薄壁组织细胞构成。导管为单个存在或两三个一组。在次生木质部中还有或多或少的纤维形成。

在次生长初期,初生木质部无明显变化,但初生韧皮部被挤压在次生韧皮部之外,已不容易分辨。

随着次生生长的不断进行,根内部次生维管组织的体积增大。这样就使得内皮层细胞呈切向延伸,皮层薄壁细胞在短期内也可分裂,增加细胞数目,以适应根的增粗和生长。之后,皮层细胞的胞间隙增大,进而因受到内部的挤压,部分皮层细胞解体,成为溶生腔。表皮细胞破裂,皮层外部的细胞木栓化,形成暂时的周皮,起保护作用。此时,在皮层及中柱的薄壁细胞内都已经出现淀粉粒,同时幼小块根开始进入次生形成层活动的时期。

在次生生长初期,牛蒡根与幼小块根的构造相似,但牛蒡根的次生木质部导管周围纤维细胞较多,木化程度较高。

1.4 块根的形成与膨大过程

1.4.1 次生形成层的发生与活动

直到次生生长初期,甘薯根的发育与一般双子叶植物根都是一致的。但次生生长不久,甘薯的幼小块根又形成了次生形成层,开始进行异常生长活动,从而导致块根的形成与膨大。

次生形成层首先在原生木质部导管周围的薄壁细胞中发生,进而在后生木质部导管周围以及根中心的其他薄壁细胞区域发生(图1-16)。在中央后生木质部导管周围能形成一个分裂活跃的分生细胞带,而且此带能增加宽度直至扩展到相当大的区域。由于次生形成层的活动和薄壁细胞本身的分裂产生大量的薄壁组织,因而使开始膨大的块根,其原生木质部束与后生木质部导管相互发生分离,其间由薄壁细胞所占据。所以,在已经开始膨大的小块根中,原生木质部束就相当分散,不易分辨。

次生形成层也称额外形成层,它们主要在次生木质部导管周围发生,通常形成次生形成层圆筒,在横切面上呈圆形或半圆形(图1-17)。次生形成层还可在次生木质部导管分子内侧面的薄壁组织中发生(图1-18),甚至在与导管无关的木质薄壁组织中发生(图1-19)。次生形成层的形状与发生部位有关,如在导管周围发生,则为圆形或半圆形;如在薄壁组织中发生,则为弧形或不规则形。在少数情况下,次生形成层可以在韧皮部薄壁组织中发生。

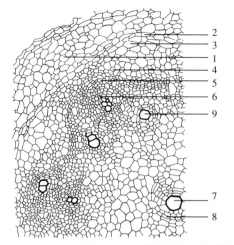

1. 皮层；

2. 内皮层；

3. 中柱鞘；

4. 韧皮部；

5. 初生形成层；

6. 原生木质部；

7. 中央后生木质部导管；

8. 次生形成层；

9. 次生木质部导管。

图1-16 甘薯幼块根部分横切面,示次生形成层的发生

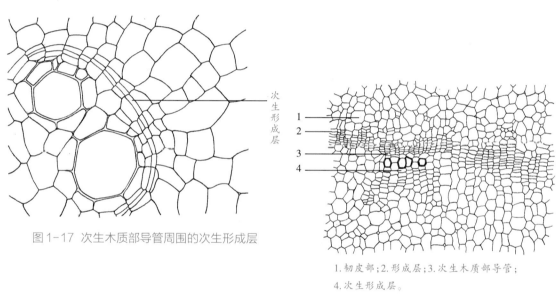

图1-17 次生木质部导管周围的次生形成层

1. 韧皮部；2. 形成层；3. 次生木质部导管；

4. 次生形成层。

图1-18 较大肉质根形成层区的部分横切面,示次生
形成层在木质部分子内侧形成(伊梢)

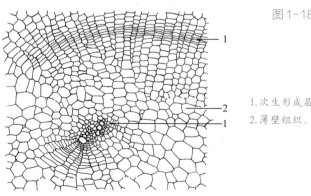

1. 次生形成层；

2. 薄壁组织。

图1-19 甘薯块根薄壁组织中的弧形次生形成层

（李曙轩等）

通过次生形成层的活动,可产生大量的三生结构,三生结构包含三生木质部和三生韧皮部,它们主要分散在次生木质部中。在三生木质部中,除分散极少量的导管外,绝大部分为薄壁组织。靠近初生形成层的薄壁组织呈放射状排列,而由次生形成层所产生的薄壁组织为不规则排列,但在次生木质部导管周围可局部形成放射状排列(图1-20)。

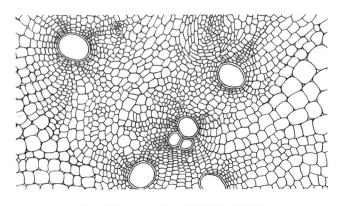

图1-20 较大块根木质部部分横切面

三生韧皮部主要由筛管和伴胞构成,这些细胞或多或少成束分布于次生木质部中,在横切面观为分散的筛管、伴胞团(图1-21)。

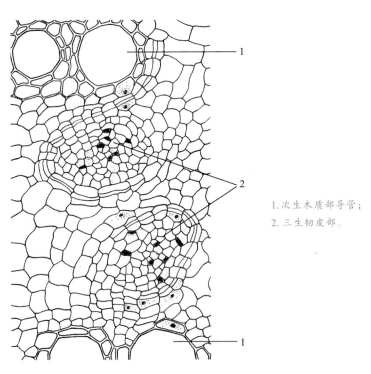

1.次生木质部导管;
2.三生韧皮部。

图1-21 甘薯块根部分横切面,示三生韧皮部

次生形成层活动的结果除产生少量三生木质部导管分子和分散的三生韧皮部束外,主要是产生薄壁组织。这些薄壁组织又不断积累淀粉,所以,膨大的块根主要由富含淀粉的薄壁组织构成。

1.4.2 三生形成层及其活动

有的甘薯品种在三生结构中又可产生新的形成层,并由它产生薄壁组织和少量导管。根据其来源,这种形成层可称为三生形成层。但这种生长活动很罕见,而且是出现于活动较久的次生形成层的衍生组织内,所产生的结构与次生形成层所产生的结构也很难分辨。

1.4.3 周皮的形成

甘薯的幼根在发生次生生长后不久,随着根的增粗,皮层细胞还可分裂与增大,以适应中柱的增粗生长。但表皮逐渐被破坏,由皮层外围形成暂时周皮。

在块根形成与膨大的初期,皮层也逐渐被破坏,皮层外的暂时周皮不断剥落。这时,在内皮层之内的中柱鞘细胞形成木栓形成层,并产生新的周皮(图1-22,A)。整个周皮由木栓层、木栓形成层与栓内层组成。在整个块根生长过程中(直至停止生长)都有周皮包围着。甘薯块根在受到创伤后,还会产生愈伤组织,形成创伤周皮(图1-22,B-C)。

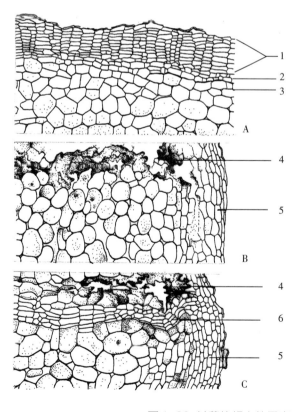

A. 自然周皮;
B. 田间堆起痊愈的;
C. 暖房中痊愈的。

1. 木栓层;
2. 木栓形成层;
3. 栓内层;
4. 死的表面细胞;
5. 自然周皮;
6. 创伤周皮。

图1-22 甘薯块根上的周皮

(伊梢)

在周皮内,中柱鞘区由充满淀粉粒的大量薄壁细胞组成,这些细胞又与韧皮部邻接。

周皮即我们通常称的薯皮。有的品种周皮含有花青素,由于花青素色泽不同,故甘薯呈现不同的皮色。

1.4.4 块根形成的机制

1.4.4.1 初生形成层的活动及中柱细胞木化程度与块根形成的关系

李曙轩等强调指出,次生形成层的活动是甘薯块根形成的最主要动力。户苅义次指明,初生形成层的活动对块根的形成具有重要意义。无疑,次生形成层最活跃的时期也是块根膨大最迅速的时期。在次生形成层活动的同时,初生形成层也在继续活动,不断形成次生木质部和次生韧皮以及大量的薄壁组织。实际上,无论是初生形成层还是次生形成层的活动,对于块根的形成与膨大都是很重要的,前者为次生形成层的形成创造了条件,决定块根能否形成,后者决定开始形成的块根能不能迅速地膨大,二者任缺其一都不能形成肥大的块根。

户苅义次详细分析了块根形成与初生形成层活动程度和中柱细胞木化程度之间的关系。他把甘薯根分为幼根、细根、梗根和块根四种,而细根、梗根与块根都是由幼根发育成的。从解剖上看,细根(即不膨大的根)与梗根、块根发育初期是基本相同的,但细根初生形成层的活动非常弱,次生生长极不明显。再者,中柱细胞木化以后,中柱内的薄壁细胞也木化了,因此,无次生形成层分化。所以,细根的直径一直不能增粗。

梗根与薯梗部分初生形成层的活动性很强,由初生形成层产生的细胞大部分都成为次生木质部,但中柱细胞很快木化,没有薄壁组织形成。因此,无次生形成层分化,它们就不可能膨大。

户苅义次以上述观察为基础,主张以初生形成层的活动程度和中柱细胞的木化程度为标准,来考察幼根形态的转变。初生形成层活动弱,中柱细胞木质化程度高,便形成细根(纤维根);初生形成层活动强,中柱细胞木化程度高,便形成梗根(牛蒡根);初生形成层活动强,中柱细胞木化程度低,便形成块根。可见,不膨大的根是由于在发根初期中柱细胞的木化程度高,并且初生形成层的活动很弱而造成的。

1.4.4.2 薄壁细胞与块根膨大的关系

甘薯的块根主要由形成层所分生的薄壁细胞构成。李曙轩等以"南瑞苔"品种为材料,对块根薄壁细胞的生长进行了观察(表1-1)。7月10日,块根的平均直径为0.21 cm,薄壁细胞的平均直径为 40.1 μm；到 10 月 10 日，块根的平均直径增加到 6.70 cm，即增加了约 30 倍，而薄壁细胞的平均直径才增加到 120.4 μm，只比原来增加了 2 倍，而且自 7 月 15 日块根平均直径接近 2.00 cm 以后，薄壁细胞的平均直径基本上就不再增加。这个观察说明，薄壁细胞直径的大小并不随块根的增大而成比例增加，块根的膨大主要是靠形成层的分裂活动。由于次生形成层数量多，分散在整个中柱中，并进行强烈的分裂活动，分生出大量薄壁细胞，这些薄壁细胞在进行分裂的同时不断地累积淀粉，使得块根迅速膨大（图 1-23）。

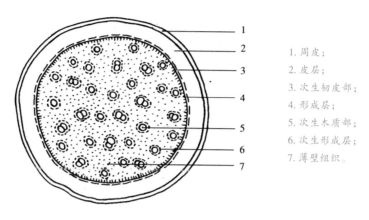

1. 周皮；
2. 皮层；
3. 次生韧皮部；
4. 形成层；
5. 次生木质部；
6. 次生形成层；
7. 薄壁组织。

图 1-23 甘薯块根（直径 6 mm）的横切面图解

表 1-1 甘薯"南瑞苕"品种块根薄壁细胞大小的变化（李曙轩等，1956）

采收日期	块根平均直径/cm	薄壁细胞平均直径/μm
7 月 10 日	0.21	40.1
7 月 15 日	1.80	91.8
7 月 20 日	2.60	99.8
8 月 30 日	5.60	117.6
10 月 10 日	6.70	120.4

1.4.4.3 原生木质部的数目与块根膨大的关系

很多学者认为，在甘薯幼根中，原生木质部数目多者，易形成块根，因为次生形成层的分化首先是在原生木质部的导管周围发生。所以，在幼根中，原生木质部的数目增加，在结构上就增加了次生形成层发生的范围。原生木质部数目多，产生的次生形成层数量也就多，块根就容易膨大；相反，原生木质部数目少者，块根膨大慢。原生木质部位点多的根，就具有更好的营养条件，有利于块根的膨大。但是，原生木质部数目的增加不是形成块根的决定因素。

陆漱韵等(1981)通过试验,认为原生木质部数目与块根膨大没有多大关系。

1.4.4.4 根原基与块根发育的关系

根据户苅义次的观察,根原基大小、发根快慢与块根的形成也有一定的关系。在薯苗茎节部位形成的不定根原基中,粗而长的根原基发根早,生长快,形成块根的机会多;相反,细而小的根原基发根晚,生长慢,形成块根的机会少。

弱苗或薯蔓的老化部分,根原基细小,形成细幼根,虽然幼根初生形成层活动强,但中柱细胞木质化程度高,多数形成小块根和梗根;壮苗或薯蔓较幼嫩部分,根原基较粗大,形成粗幼根,幼根中初生形成层的活动强,中柱细胞的木化程度低,故易形成块根。如育长苗,由于各段苗质不同,发根快慢不同,对产量有明显的影响。一般顶部苗最好,中部次之,基部最差(表1-2)。

表1-2 甘薯春薯不同苗段生长性状与产量的比较(华南农学院,1964)

苗段	单株发根数/条	单株结薯数/个	缺株率/%	薯蔓产量		薯块产量	
				总产量/(斤/亩)	产量比率/%	总产量/(斤/亩)	产量比率/%
头段苗	53.4	1.95	0	3 282	143.9	2 295	192.7
二段苗	37.9	1.30	18.3	2 880	126.3	1 662	139.5
三段苗	21.3	0.35	20.0	2 484	108.9	1 533	128.7
四段苗	26.3	0.65	30.0	2 280	100.0	1 191	100.0
基段苗	19.1	0.10	50.0	1 656	72.6	1 092	91.7

注:每段苗均长20 cm;产量比率以四段苗为基准。

1.5 根的主要功能

甘薯的根具有固着、吸收、贮藏和合成等多种功能,但影响甘薯产量的主要是吸收和贮藏两种功能。

1.5.1 吸收作用

甘薯根系的吸收作用是靠幼根的根毛区来进行的,无论幼根将来形成什么根,其根尖部分的根毛和幼嫩表皮都能吸收水分和无机盐。但在甘薯的整个生育期中,吸收根扩展范围大,大部分水分与矿质养料要靠吸收根来提供。

栽苗后地上部恢复生长的阶段是吸收根迅速发展的时期。春薯适期栽植后3~5 d开始发根,正常情况下栽后30 d的吸收根数量约为全生育期总根数的70%。夏薯适期栽植后20 d根数基本稳定,约为全生育期总根数的90%。根的长度也增长很快,每天增长1.0~1.5 cm。这一时期由于地上部分生长较慢,根系生长快,故吸收力强。

当其地上部分进行分枝,迅速进行茎叶生长时,地下的粗幼根开始积累养料形成块根,吸收根还可继续伸长,但长势已较前减弱。不过这时已形成强大的根系,吸收能力很强,能适应分枝与结薯的需要。

1.5.1.1 甘薯对水分的要求

甘薯既需水又怕水,甘薯一生适宜的需水量是土壤最大持水量的60%~80%。过去一般认为甘薯是比较耐旱的作物,这是由于甘薯的根系较庞大,因而,在遭遇干旱的情况下,甘薯比其他粮食作物减产幅度小。实际上,干旱对甘薯的产量影响也很大,生长前期遇旱,浇水一般可以增产20%;生长后期遇旱,浇水一般可以增产10%以上。

甘薯最怕涝害。1974年,山东烟台地区农技植保站在3个地区通过调查发现,挖排水沟防治涝害,能使甘薯平均增产6 018.8 kg/hm²,比不排涝区平均增产34%(表1-3)。

表1-3 挖排水沟防治涝害的增产效果(1974年)

地区	调查单位数/个	产量/(kg/hm²)		排涝后增产数	
		不排涝区	排涝区	增产量/(kg/hm²)	增产率/%
山东省文登	10	19 743.8	26 294.3	6 550.5	33.2
山东省蓬莱	6	15 808.5	22 338.0	6 529.5	41.3
山东省莱西	15	17 055.0	22 515.0	5 460.0	32.0
合计或平均	31	17 535.8	23 715.8	6 180.0	35.2

甘薯的蒸腾系数比其他旱地作物略低,一般为300~500,这是由于甘薯生产力高,生理需水量较低,有经济用水的特征。甘薯的田间耗水量一般为6 000~7 500 m³/hm²,比一般旱地作物高,这主要是因为甘薯单位面积生产干物质多,总耗水量也多,同时,在垄作条件下,由于增加了表面积,在生育前期株间蒸发量较大。所以,甘薯是耗水量较大的作物。甘薯一生的田间耗水量因环境条件不同而异,但整个生育期中的需水动态有共同的规律:栽插初期耗水量小;随着茎叶的生长,蒸腾面积增加,温度上升,耗水量增大,到茎叶生长盛期达最高值;以后茎叶生长由缓慢到停止,植株表现衰退,耗水量又降低(表1-4)。所以,甘薯整个生育期的耗水量动态是低—高—低。

表1-4 甘薯各生育期一昼夜耗水量

生育期	一般耗水量/(m³/hm²)	最高耗水量/(m³/hm²)
发根还苗期	19.5~27.0	30.0
分枝结薯期	21.0~31.5	49.5
茎叶盛长块根膨大期	31.5~76.5	82.5
茎叶衰退块根充实期	19.5~24.0	33.0

注:表中所示为山东省、河北省、广西省、广东省、四川省综合材料。

1.5.1.2 甘薯对氮、磷、钾的需求

甘薯是产量高、需肥多的作物。甘薯的根系(包括蔓节生根)强大,吸肥力强,所以甘薯后茬地的肥力比禾谷类作物后茬地低。试验证明,在不同产量水平下,不论增施哪种肥料,甘薯均表现出增产,而且氮、磷、钾配合施用比施一种肥料增产幅度大。在相同施肥量的情况下,产量水平低的比产量水平高的增产幅度大,特别是产量水平在2.625×10⁴ kg/hm²左右的甘薯,氮肥增产效果突出。但施肥过多,或肥料配合不合理也会引起减产。

甘薯利用土壤中的氮肥能力强,试验证明,在瘠薄的土地上栽种甘薯和陆稻,经分析甘薯的氮含量是陆稻的1.8倍。烟台地区农科所试验表明,在土壤全氮含量600 mg/kg以下,施土杂肥3.0×10⁴ kg/hm²,再增施纯氮素60 kg/hm²,甘薯仍显著增产。所以,对土壤肥力低的土壤,应适当施用氮肥,但对土壤肥力高的高产田就应少施氮肥或配合增施钾肥。氮肥过多或过少,都不能提高块根的产量。

甘薯吸肥的最大特点是在整个生长过程中对钾肥的需求量最多。收获500 kg鲜薯需施

氮、磷、钾的量分别为钾（K_2O）2.75 kg，氮1.75 kg，磷（P_2O_5）0.875 kg，三者的比例约为3∶2∶1。所以，甘薯是需钾肥较多的作物。试验证明，凡钾肥添加合理的甘薯增产幅度都较大，钾肥对提高薯块产量有重要作用。

甘薯整个生育期中吸收磷肥数量最少，对磷肥的需求变化也小。但磷肥仍是不可缺少的，磷肥不足会导致薯块小、产量低、品质差。

1.5.2 贮藏作用

甘薯的块根是集中贮藏光合产物的场所，块根的突出特点是含有大量贮藏薄壁组织，光合产物就转化为淀粉贮藏在薄壁细胞中。

春薯在栽后35～70 d，夏薯在栽后20～40 d，是粗幼根开始积累养分和形成块根的时期。粗幼根在环境条件（土温、湿度、通气性和肥料等）较好的部分，即10～25 cm的范围内，几乎同时开始增粗，因而表现在形态上先是变长，之后才是变粗。春薯在栽后70～100 d，夏薯在栽后40～65 d，是块根膨大较迅速的时期。这一时期块根积累光合产物较多，体积增加快，鲜薯重约为最高薯重的50%，出干率也明显提高，但尚未达到最高值。茎叶生长高峰期过后，一般在栽后60 d的一段时间，是以块根增重为主的时期。块根质量增加快，块根内水分逐渐减少，出干率不断提高，这一时期是块根干物质积累最多、最快的时期。

甘薯块根的淀粉累积在块根形成初期就已开始，之后随着块根膨大，细胞内淀粉粒数逐渐增多，淀粉粒体积也由小变大，块根的淀粉含量相应随之提高。到临收获前30 d，淀粉含量达到最大值，此后几乎不再增加。

第二章 茎的形态解剖

2.1 茎的形态

2.1.1 茎的外形特征

甘薯属于蔓生性草质藤本,它的茎通常称为薯蔓或藤。多数品种伏地生长,也有少数半直立型品种能直立生长一定高度后再呈蔓状。茎的长度可因品种不同变化较大,分为长蔓、中蔓与短蔓三种类型。长蔓类型蔓长可达3~7m,短蔓类型蔓长不足1m。土壤肥力、栽培密度对蔓长也有很大的影响。茎粗一般为0.4~0.8cm,而有的品种其茎粗可达1.6cm。幼茎常具茸毛,到老茎时茸毛常常脱落则会较光滑。茎的颜色可分紫、绿两种,也有绿带紫色的。老茎表面还可见许多皮孔。茎的类型、长短和颜色是鉴定甘薯品种的特征。

甘薯茎内有乳汁管,能分泌白色乳汁。采苗时,如乳汁多,则表明薯苗营养丰富,生活力较强,可作为诊断薯苗质量的指标之一。

茎上有节,每节生一片叶,叶腋有明显可见的腋芽。茎节内部有多个不定根原基,在适宜的条件下,根原基生长并伸出茎外成为不定根,伸入土中的不定根,有的能膨大为块根。生产上常利用茎节生根结薯的特性,剪苗栽插繁殖。

2.1.2 茎的生长和分枝

甘薯的薯苗栽插后,在适宜的温度和水分条件下,在入土的节部两侧和薯苗的切口部位,先长出不定根(幼根)。新根吸收水分和养料,薯苗地上部分开始抽出新叶或新腋芽时,称为还苗或活棵。这时大量发生的吸收根是生长中心,地上部也慢慢开始生长。大约20 d以后,转为茎叶生长与块根形成这两个生长中心。地上部腋芽伸长,陆续生出分枝,有的品种主蔓突出生长。

甘薯的单株分枝数因品种和栽培条件不同而异,单株培养的可达500~600个,在肥水条件最差的情况下只有3~4个,一般情况下为7~20个。长蔓品种分枝较少,短蔓品种分枝较多。分枝增长速度在封垄期增长最快,一般在茎叶生长高峰期达最高值。肥水条件好的情况下,后期分枝总数略有增加(指死、活分枝总数),但后期分枝多属10 cm左右的小分枝。

主蔓生长开始较快,以后早期分枝的生长速度往往超过主蔓。在封垄期前后,虽分枝数增加较快,但分枝总长增加较慢,之后则迅速增加,到茎叶生长高峰期时,分枝总长达最高值。这以后又因分枝死亡数不断增加,导致分枝总长减少,总蔓长的变化取决于分枝总长的增减。

2.2 茎的发育

2.2.1 芽的类型与发生

2.2.1.1 顶芽

甘薯的主蔓或分枝的顶端都具有一个顶芽。顶芽的顶端中心是一个圆锥形的突起,叫生长点(生长锥),它由一团分生细胞组成,是茎的顶端分生组织。在顶端分生组织的下侧周围,可依次看到叶原基、幼叶和腋芽原基(图2-1)。叶原基是由顶端分生组织下侧一定位点的第二、三层细胞经平周分裂和垂周分裂而形成的突起。叶原基发生的位置与茎上叶序的相应位置是一致的。腋芽原基处于幼叶的腋生位置。腋芽原基比叶原基发生晚,往往在第二或第三个叶原基出现时,才在该叶原基(或幼叶)的叶腋处发生。腋芽原基是在叶原基的基部内侧,由茎端下侧表面下第二、三层细胞通过平周分裂和垂周分裂形成的小突起,初期的突起与叶原基相似,之后进一步分裂和分化形成生长点,与顶芽的生长点相似,并产

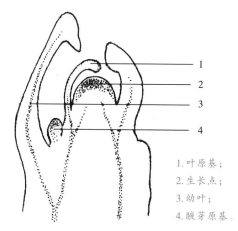

1.叶原基;
2.生长点;
3.幼叶;
4.腋芽原基。

图2-1 甘薯顶芽纵切面

生自身的叶原基,形成腋芽。不过,在离开顶端一定距离之前,叶原基发生得很少。叶原基通过顶端生长和边缘生长形成幼叶。

叶原基与腋芽原基是由茎顶端分生组织表面第一、二层或第二、三层细胞发生的,这种起源方式叫外起源。

2.2.1.2 腋芽

腋芽是由腋芽原基形成的。在成长的甘薯茎上,每个叶腋往往只能看到一个明显的腋芽。但从切片观察,甘薯叶腋均为叠生芽,常为3~4个芽叠生。同一叶腋中,最上方的1个芽最大,已完全分化,是通常所见的腋芽;其余2~3个芽与最上方的芽呈纵列叠生,发育顺序是按向基方向进行,最下方的芽最小,处于初始发育阶段,常仅有生长点形成。同一叠生芽中,下方几个不同发育程度的芽,隐藏于叶腋中,可称为潜芽(图2-2、图2-3)。

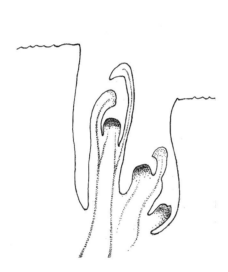

图2-2 甘薯(不开花品种)茎节部纵切,
示叶腋的叠生芽

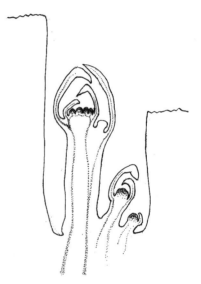

图2-3 甘薯开花品种(高自1号)茎节部
纵切,示叠生芽

对开花与不开花的几个品种进行切割试验表明,打顶(切除顶芽)后,再将近顶端的几个腋芽切除,紧靠此腋芽最上面的1个潜芽2~3 d后即可生出。按此方法,每个潜芽都可在该叠生芽上方的芽切除后,加速发育并生出叶腋。切割试验还表明,不开花品种整个叠生芽中每个芽(或芽原基)都发育为营养芽;而开花品种最上方一芽(显芽)为花芽,伸展后常为一小聚伞花序,此显芽下方的第一个潜芽,发育后常为混合芽,既长枝叶,又可开花。各个品种,不打顶的薯蔓,切除腋芽(显芽)后,没有潜芽生出,说明顶芽对潜芽的生长具有抑制作用。

2.2.2 茎尖的发育

甘薯的茎(主蔓或分枝)都是由芽发育而成的,茎的伸长生长和初生结构是靠茎尖(顶芽)分生组织的活动而形成的。

甘薯茎的顶端与根的顶端相似,具有顶端分生组织。但茎端无根冠这种保护结构,并在茎端周围产生侧生器官(叶原基与腋芽原基),又比根端复杂。

茎尖最顶端一团未分化的胚性细胞属于原分生组织。在茎的生长期中,原分生组织细胞不断分裂,向后产生新细胞。这些新细胞一方面能继续分裂,一方面开始增大和分化,并形成原表皮、基本分生组织和原形成层三种初生分生组织。

原表皮层为最外一层细胞,排列较紧密;基本分生组织在原表皮内,细胞较大型,排列不规则,所占比例最大;原形成层细胞较小,呈矩形,易与基本分生组织相区别,并呈束状分布于基本分生组织中,在横切面上可见原形成层排列成环状。由初生分生组织所产生的幼小细胞继续长大和分化,并沿茎的纵轴方向显著伸长,在分生组织区之后,构成了较长的伸长区。甘薯生长旺盛时期,茎尖伸长区可超过10 cm,远比根尖的伸长区长,这是甘薯的蔓生茎能迅速伸长的主要原因。

随着茎尖细胞的伸长和分化,伸长区逐渐转入成熟区,形成茎的初生结构。

2.3 茎的结构

2.3.1 幼茎的结构

幼茎是由茎端的初生分生组织分裂、分化形成的,即原表皮形成茎的表皮,基本分生组织形成茎的皮层、髓和髓射线,原形成层形成茎的中柱鞘、初生韧皮部和初生木质部。

2.3.1.1 表皮

甘薯茎的表皮为幼茎的最外一层细胞,属初生保护组织。表皮细胞的壁较薄,具有角质层,表皮上有许多腺鳞和表皮毛。腺鳞是由一个扁平的基细胞及多个细胞构成的扁盘形头部组成,常着生在卜陷的表皮部分(图2-4A)。普通表皮毛是多细胞单列不分枝的毛,它有一个来自单个表皮细胞或一群表皮细胞的柄部和两个或几个细胞构成的管状部分(图2-4B)。这两种毛状附属物是否直到茎成熟时都存在,往往取决于品种的特征。由于副卫细胞与保卫细胞平行,气孔器常常稍高于邻近的表皮细胞(图2-4C)。

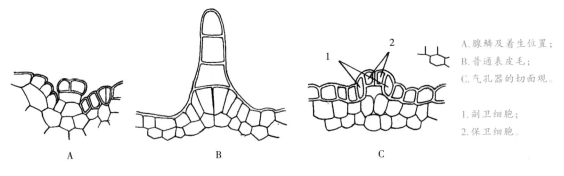

A.腺鳞及着生位置;
B.普通表皮毛;
C.气孔器的切面观。

1.副卫细胞;
2.保卫细胞。

图2-4 甘薯茎表皮附属结构
（Hayward）

2.3.1.2 皮层

甘薯皮层结构较复杂,常由多种细胞构成,但皮层薄壁细胞是最主要的构成部分。靠近表皮有2~3层厚角组织细胞,排列紧密,细胞内含叶绿体,致使幼茎呈绿色。在皮层中有许多纵向分布的乳汁道。有的皮层薄壁细胞内含有草酸钙形成的簇晶体。内皮层较明显,其细胞内有丰富的内含物。

2.3.1.3 初生维管组织

在茎尖发育的早期,原形成层环就已形成,因此,在幼茎的维管束之间无明显的间隔,形成连续的维管柱。维管柱外围的一层或两层细胞是中柱鞘细胞,它们紧邻内皮层。中柱鞘内是外韧皮部,多连成环状。筛管和伴胞成小团地分散在较大型的韧皮薄壁细胞之间(图2-5)。维管形成层为圆环状,由几层壁薄、体积小、排列很紧密的细胞构成,介于外韧皮部与初生木质部之间。初生木质部的导管呈辐射状排列,仅由少数螺纹或各式网纹导管分子组成。内韧皮部与外韧皮部相似,由薄壁且小型的筛管与伴胞组成。但内韧皮部不连成环状,仅为孤立的小团分布在初生木质部之内。

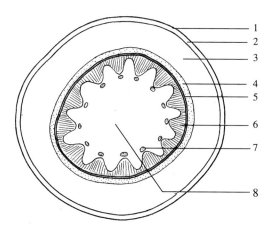

1. 表皮;
2. 厚角组织;
3. 皮层薄壁细胞;
4. 外韧皮部;
5. 形成层;
6. 木质部;
7. 内韧皮部;
8. 髓。

图2-5 甘薯幼茎横切面简图

2.3.1.4 髓和髓射线

髓由大型薄壁细胞组成,具有较大的细胞间隙。与皮层薄壁细胞相似,在髓中具有许多乳汁管和簇晶体。

初生维管束之间的薄壁细胞称为髓射线。髓射线细胞呈辐射状分布,外邻皮层细胞,内与髓部相接。在小维管束之间,仅有1列髓射线细胞;在大维管束之间,可有1～3列髓射线细胞。

2.3.2 老茎的结构

2.3.2.1 表皮

甘薯的茎次生生长不发达,老、幼茎在粗度上变化不大,因此,老茎仍具有表皮层。随着茎的变化,表皮细胞的壁进一步增厚和角质化,腺鳞和普通表皮毛减少,茎的表面较光滑,具有明显的皮孔。

2.3.2.2 周皮与皮层

当初生生长完成后,邻接气孔器的表皮细胞或外皮层细胞进行平周分裂,产生扁平的薄壁木栓细胞,并呈辐射状排列。在老茎部分,木栓细胞的壁进一步木栓化增厚,形成木栓层,它与木栓形成层及其内侧的一层栓内层细胞共同组成茎的周皮。

周皮内是皮层。紧接着周皮的是1～2层厚角组织细胞。皮层薄壁细胞仍是皮层的主要部分,它们经切向延伸和垂周分裂以适应中柱的次生生长,因此,内侧的皮层薄壁细胞较大型。

乳汁管由于邻近细胞的增大而被挤压,已不易区分。内皮层较明显,由块根的不定芽直接发育的茎,其地下部分的内皮层还有明显的凯氏带发育。

2.3.2.3 维管柱

中柱鞘由1~3层细胞组成,并分化出连续的中柱鞘纤维带,纤维细胞具有非常厚的壁。外韧皮部包括初生韧皮部与次生韧皮部,但两者无明显的区别。外韧皮部中除筛管和伴胞外,还有含簇晶体的薄壁细胞和乳汁管。外韧皮部与次生木质部间是显著的形成层,由几层扁平细胞构成,形成连续的圆环(图2-6)。由形成层向外产生少量的次生韧皮部(外韧皮部的主要部分),向内产生较多的次生木质部。在整个中柱内,通常有2~3个较大的维管束,与其他小维管束相比,它们有更大型的导管。大导管有具缘纹孔,并被小导管和壁增厚的薄壁细胞所围绕。木薄壁细胞的纹孔为单纹孔,但薄壁细胞与导管邻接处为半具缘纹孔。在原生木质部和内韧皮部之间有一薄壁细胞区,它可产生较不活跃的内形成层,但很少能形成连续的形成层环。内形成层可向心地产生内韧皮部,在极少情况下,可离心地产生少量次生木质部。内韧皮部仍由分散的筛管和伴胞群组成。

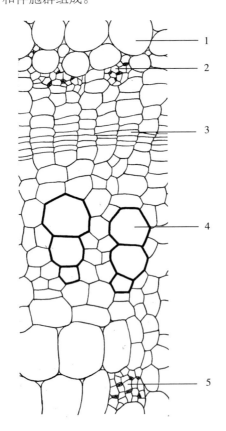

1. 皮层;
2. 外韧皮部;
3. 形成层;
4. 初生木质部;
5. 内韧皮部。

图2-6 甘薯幼茎部分横切结构

髓居于茎中心，与幼茎时相似。髓射线细胞仍具特征性的辐射向排列，但有的较难辨认，有的壁增厚为厚壁细胞(图2-7)。

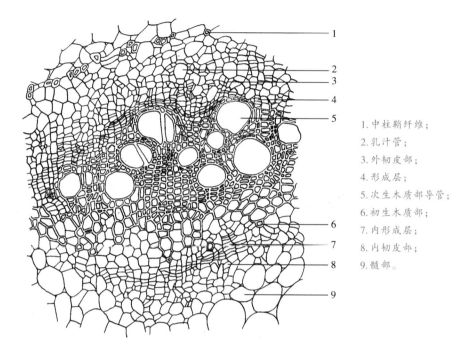

1. 中柱鞘纤维；
2. 乳汁管；
3. 外韧皮部；
4. 形成层；
5. 次生木质部导管；
6. 初生木质部；
7. 内形成层；
8. 内韧皮部；
9. 髓部。

图2-7 甘薯老茎中柱的部分横切结构
（Hayward）

第三章 叶的形态解剖

甘薯由种子萌发所长成的植株,在幼苗期具有子叶与真叶,随着植株的生长,两片子叶逐渐枯萎脱落,仅剩营养叶(真叶)。由块根或茎段繁殖的植株,则只由营养叶组成。

3.1 叶的形态

甘薯的子叶在种子中是卷曲的。经过处理的种子,在适宜的条件下萌发,胚根首先突破种皮伸入土中,接着下胚轴伸长,子叶与胚芽伸出土面,种皮随即脱落。这时子叶柄伸长,子叶也随之彼此分离开。两子叶中部深裂,裂片顶部钝或亚尖,基部呈浅心形,两侧具突出的叶耳。随着子叶的扩张,上胚轴开始伸长,并且第一营养叶逐渐增大。长到21 d的幼苗,有3~4片营养叶,初期的营养叶是全缘的单叶,顶端呈急尖或尖尾状。

甘薯的营养叶均为单叶,由叶片与叶柄组成,无托叶。叶互生,为2/5的螺旋排列,即从第1片叶开始与第9片叶都在同一垂直线上,并且绕茎2周。或者说,经过5片叶后,已绕茎2周,才与第1片叶在同一相对位置上。叶片有种种形状,基本叶形有心形、卵圆形、三角形、掌状等四种(图3-1)。按叶缘分为全缘、齿缘、浅裂或深裂、单缺刻或复缺刻等。甘薯叶形变异多,有些品种同一植株的上部与下部有两种叶形,幼苗期与蔓期的叶形也会有所变化。叶片大小因品种及栽培条件有很大差异,叶幅宽5~15 cm。叶色主要有浓绿、绿和淡绿几种。叶脉(背面观)有紫、淡紫和绿色。顶叶色一般有绿、褐、紫三种。叶片的形状、叶色、叶脉色、柄基色等均属鉴别品种的重要特征。叶脉为掌状网脉,有的品种叶脉间的叶肉隆起使叶面呈皱缩状。叶片两面均有毛,以嫩叶上的最密。

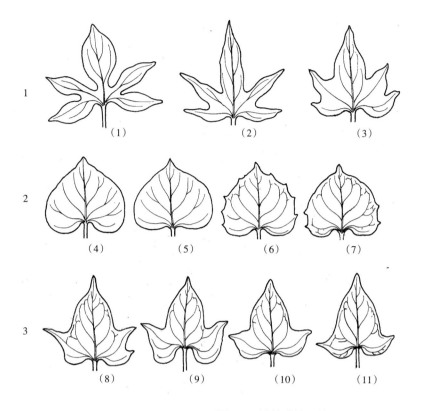

图3-1 甘薯叶的形状

叶柄长短差异很大,且与品种有关,为6~40 cm不等。有的品种如"福南3号",叶柄特长,可达40 cm。不同的栽培条件和气候条件,对叶柄的影响也很大。肥水过多或高温多湿能促进茎叶生长,叶柄生长也快,所以,叶柄过长是茎叶徒长的一种象征。叶柄受光的作用可转动叶片,使相邻的叶片在空间中分布均匀,并呈镶嵌状态,可充分接受阳光,从而提高光合效能。

3.2 叶的发育

叶的发生是在芽形成时就开始了。甘薯的顶芽或腋芽,在其顶端分生组织的远极区周围一定部位上,产生侧生突起,这些侧生突起就是叶发生的最早期,称为叶原基。叶原基是由茎顶端分生组织侧面的一二层细胞经平周分裂形成的。叶原基形成的部位与先形成的叶的位置有一定关系,而且受叶序所决定。

叶原基刚发生时,为一团圆锥形的幼嫩细胞,先进行了顶端生长,使叶原基伸长为锥体状。接着伸长的叶原基两侧也进行细胞分裂,使叶轴两侧扩展,这便是边缘生长。通过叶原基顶端分生组织与边缘分生组织的分裂活动,伸长的叶原基在基部从横切面观差不多成为新月形或三角形,由基部向上逐渐变小,尖端成为圆形或近三角形(图3-2,A)。这时在叶轴中已出现原形成层束,在叶原基的基部逐渐形成叶柄,叶柄中的叶原基在伸长生长中,近轴面两侧的细胞分裂活动加快,形成了原始的叶片(图3-2,B)。幼叶进一步发育,叶片两边的上表面彼此相对生长,这样,叶片的两边与中脉呈直角,叶片边缘朝向茎轴(图3-2,C)。随着叶片的分化,叶柄通过细胞分裂而逐渐伸长和增大。

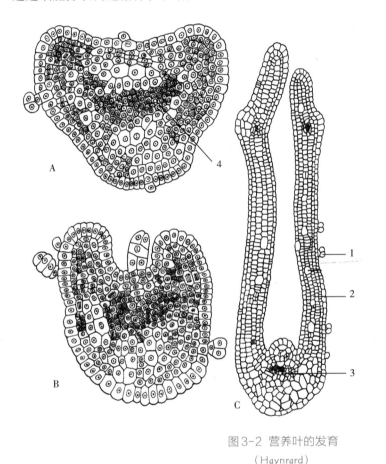

A.幼叶原基近基部横切,示原形成层束和分生活动区域;
B.同一原基较上部位的横切,示叶片的发育;
C.幼叶横切,示叶片与中脉的方向。

1.腺鳞;
2.幼叶叶肉组织;
3.中脉;
4.原形成层束。

图3-2 营养叶的发育
(Haynrard)

叶发育的初期,幼叶的叶肉组织是非常紧密的,是由边缘分生组织所形成的有限数目的细胞层,这些细胞层可进行垂周分裂,使叶片继续增大,而基本不增加细胞的层数。在幼叶的叶肉组织进行垂周分裂(板状分生组织活动)的同时,沿中轴两侧还分化出侧脉与细脉的原形成层,原形成层发生时,有垂周的、平周的和斜向的分裂。

随着幼叶的生长与发育,叶肉组织出现明显的分化。首先是将要形成栅栏组织的细胞层开始向垂周方向延长,并结合有垂周分裂;而将要形成海绵组织的细胞层很少分裂,并保持近乎等径的形状。当栅栏组织细胞还在继续分裂时,海绵组织细胞早已停止分裂,并发生细胞间的部分分离,形成胞间隙。栅栏组织细胞在停止分裂后,才沿着垂周壁彼此分离,因此,栅栏组织与海绵组织的细胞在排列上明显不同。当栅栏组织细胞仍在分裂时,表皮细胞则停止分裂且继续增大,特别是在沿着与叶表面平行的方向上扩张。因此,常常可看到几个栅栏组织细胞附着在一个表皮细胞上。

在甘薯幼叶的叶肉中,还形成大型薄壁分泌细胞(图3-2,C)。但在成熟叶中,这些分泌细胞很不明显。

当叶肉组织分化时,中脉、侧脉与细脉的原形成层也分化为叶中的维管组织。首先从中脉的原形成层开始,依次为侧脉与细脉的分化。

腺鳞和表皮毛是在正发育的幼叶的表皮上形成的。腺鳞在叶的下表面较上表面多,其形态结构与幼茎表皮上的腺鳞类似。

3.3 子叶的结构

甘薯的实生幼苗通常具有两片子叶。子叶由叶片与叶柄两部分组成。

3.3.1 子叶柄的结构

子叶柄与其叶片等长或稍长,但它的向轴面具沟槽,以致在横切面上呈新月形(图3-3)。子叶柄基部具有4条维管束,有2个大的中央双韧维管束,外韧皮部由几团分散的细胞组成,而内韧皮部更简化,仅由2束或3束筛分子组成。在某些情况下,木质部可以被不连续的韧皮部分子环包围,所以这个维管束基本上是周韧的。两个较小的侧束是外韧的或半周韧的。围绕着各维管束的基本组织是薄壁细胞,具有较大的胞间隙。在背轴面,外侧几层细胞是排列紧密的厚角组织,而且含有叶绿体。向轴面的业表皮层细胞也是具有叶绿体的,但排列不甚紧密,而且有较多的气孔通向大的胞间隙。

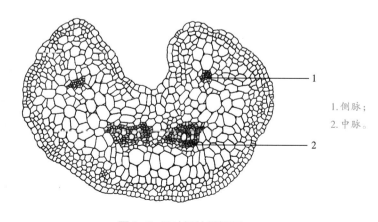

1.侧脉;
2.中脉。

图3-3 子叶柄的横切面

叶柄中维管束的排列直到叶片稍微靠下的地方都未变化,在叶柄与叶片相连处两个中央束联结形成单个宽大的维管束。

3.3.2 子叶叶片的结构

子叶叶片的结构包括上下表皮、叶肉和叶脉。上表皮细胞较下表皮细胞大,而且在大小上不规则,上表皮细胞外壁多少有些外突,致使表皮略显粗糙。气孔在表皮层的两面均有发生,但在下表皮层上更多。下表皮还具腺鳞。在叶肉中,

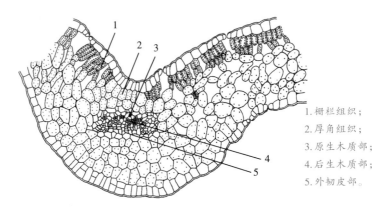

1. 栅栏组织;
2. 厚角组织;
3. 原生木质部;
4. 后生木质部;
5. 外韧皮部。

图3-4 子叶叶片横切面

栅栏薄壁组织较疏松,通常由两列细胞组成,其间有与双层栅栏组织细胞等长的细胞分散在它们之间。除主脉穿过的部位外,海绵组织有4～5层细胞厚,由等直径的细胞组成,具有较大的腔隙和孔下室。在主脉区域细胞排列较紧密,主脉上下近表皮部分均为厚角组织(图3-4)。

子叶叶片的叶脉呈掌状(图3-5,A)。在叶片基部,2个小维管束(图3-5中1,1′)突然向外弯曲供应叶耳,中束分离出2个侧枝(图3-5A中2,2′),这2个侧枝又立即产生2个更小的侧枝(图3-5A中3,3′),以供应叶片的基部。中束最后在叶片缺刻的正下方分叉,其分枝延伸进入每个裂片(图3-5A中4,4′),并且这两个分枝与先前的分枝(图3-5A中2,2′)一起,供应子叶的裂片。

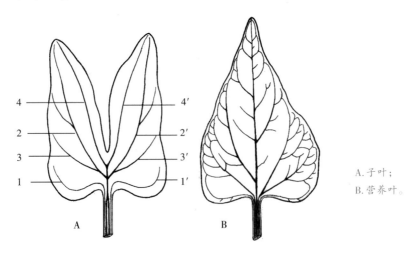

A. 子叶;
B. 营养叶。

图3-5 叶片与叶柄的脉序
(Hayward)

中束在叶片基部仍然是双韧的,但内韧皮部(在向轴面)在维管束分叉前呈盲端终结了。其他叶脉贯穿于整个叶片都是外韧的,并且在相继的分枝中,韧皮部组织的数量逐渐减少,直到最后小脉仅由单个螺纹管胞组成。

初生木质部在叶柄中呈切向排列,在分化方式上与茎中的内始式相当,原生木质部分子朝向子叶的上表面。

3.4营养叶的结构

3.4.1叶柄的结构

叶柄横切面呈肾形,向轴面具凹沟。表皮细胞1层,角质层较发达。在叶柄周围表皮上均具气孔。幼嫩叶柄上具腺鳞与表皮毛,之后会脱落。表皮下有2~3层细胞排列较紧密,为厚角组织,含有叶绿体。在厚角组织内,围绕着维管束的为薄壁组织,细胞较大型,排列疏松,具明显的细胞间隙。叶柄中的维管束排列成半圆形(图3-6,A)。靠近叶片基部,有5个主要维管束,中央维管束在叶柄的中部分离为3个小束。近叶柄基部的两个侧束与左右亚中央束联结,由此形成2个大的侧束和1个小的中央束。叶柄维管束在结构上与茎维管束相似,均为双韧维管束(图3-6,B)。每个维管束的外韧皮部呈带状与木质部内外并生,在外韧皮部与木质部间有微弱的形成层活动,木质部为内始式发育,在原生木质部内侧为呈小团分布的内韧皮部。

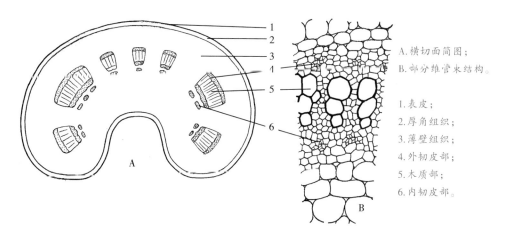

A.横切面简图;
B.部分维管束结构。

1.表皮;
2.厚角组织;
3.薄壁组织;
4.外韧皮部;
5.木质部;
6.内韧皮部。

图3-6 甘薯叶柄横切

3.4.2叶片的结构

甘薯的叶片具有典型的双子叶植物异面叶结构,由表皮层、叶肉组织和维管束(叶脉)三部分组成(图3-7)。

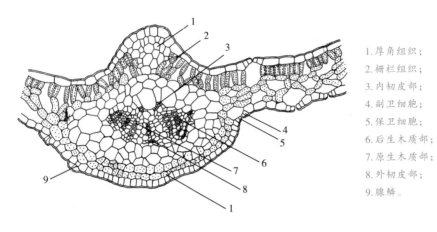

1.厚角组织;
2.栅栏组织;
3.内韧皮部;
4.副卫细胞;
5.保卫细胞;
6.后生木质部;
7.原生木质部;
8.外韧皮部;
9.腺鳞。

图3-7 甘薯叶的横切面

3.4.2.1 表皮层

甘薯叶的上下面均具有单层细胞的表皮层。表皮细胞排列紧密,无胞间隙,为不规则的扁平细胞,不含叶绿体。表皮层除普通表皮细胞外,还有气孔器、表皮毛等结构。表皮层直接与外界环境接触,因此,具有较发达的角质膜。

1.角质膜

甘薯成熟叶的上下表皮层外壁上都有较显著的角质膜,尤其是上表皮层的角质膜更为发达。角质膜往往形成一层不透水的脂肪性物质层,覆盖于叶片的表面。近年来根据电镜下的观察,研究者认为角质膜是一种非常复杂的结构,主要由角质层和角化层两部分组成。角质层由角质和蜡质组成,而其下的角化层由角质与纤维素壁物质组成。角质和蜡质(或它的前身物质)是由生活的原生质体合成,通过细胞壁转移到表面。角质渗透的过程称角质形成作用。角化层是在最外壁层的纤维素微纤丝之间沉积角质而形成的,果胶质和半纤维素也会存在于这一层,这个角质沉积过程称角化作用。在角化层与平周的纤维素壁之间为富含果胶质的果胶层,此果胶层与表皮细胞垂周壁的胞间层是连续的。

甘薯叶表皮的角质层表面还沉积较厚的蜡质物,所以表面较光滑。在扫描电镜下观察,可见表皮细胞与气孔器副卫细胞的外壁表面,有蜡质物形成非常精致的结构。蜡质物在不同类型的表皮细胞外又有不同的形状:在普通表皮细胞的外壁表面,形成条纹状堆积物,条纹无一定方向;在副卫细胞的外表,蜡质物条纹与副卫细胞的长轴呈垂直排列;保卫细胞外表蜡质物沉积较少,仅有少许蜡质条纹沿细胞的长轴边缘分布;腺鳞的分泌细胞表面较光滑,蜡质物不明显(图3-8)。

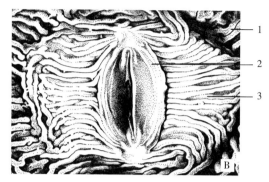

1.普通表皮细胞;2.保卫细胞;3.副卫细胞;4.腺鳞。

图3-8 甘薯叶上表皮(A)及气孔器(B)的表面结构
(由李坤培等根据扫描电镜照片绘制)

表皮上这种角质膜和表面蜡质非常重要,它不仅可以减少体内水分的丧失,而且影响表面能够受湿的程度。因此,叶片对除草剂的敏感程度或对杀菌剂的有效性等,均与表皮细胞外壁上角质膜的构造和发育程度相关。一般认为,蒸腾作用的控制主要在于气孔的开闭,角质膜仅能透过一部分水分,不是主要的蒸腾途径。现在也有人认为,角质膜的厚薄不是其透过多少水分的决定因素,而是取决于其蜡质含量。

角质膜还有其他重要的生理作用,如有较强的抗风害能力,可防止阳光中紫外线对叶肉细胞的伤害,以及帮助控制叶内温度等。角质膜也是抵抗病菌侵入的重要保护层。如果病菌要侵入叶片内部,首先要使病菌孢子附着在叶表面,孢子萌发又需要适当的水分,如果叶片表面较光滑,不易形成水膜,那么病菌孢子就不易萌发,也就能比较抗病。

黄湛等(1987年)报道,通过扫描电镜对甘薯叶表皮的观察得知,耐寒性较强的甘薯品种与耐寒性较差的甘薯品种相比,前者叶表面的结构条纹(即蜡质条纹)细密,结构紧凑,且叶背面的气孔数目比较少;同时,在低温期间,耐寒品种的气孔关闭比较严密。这种叶表面的细微结构说明耐寒性强的品种具有较好的调节体内水分平衡的能力,能够避免由于环境条件的变化,导致体内散失水分过快、过多而受害。

2.气孔器

甘薯属于中生性喜光植物,叶为典型的中生叶结构,叶片的上下表皮层均具气孔,而且下表皮层上的气孔数较上表皮的多得多(图3-9)。不过,甘薯的品种不同及在不同环境条件下生长,特别是在不同大气湿度条件的影响下,单位叶面上的气孔数目会有变化。从甘薯品种"高自1号"的叶表皮观察得知,每平方毫米叶表面的气孔数目为:上表皮平均78个;下表皮平均164个。

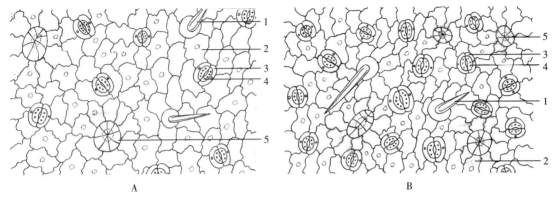

1.表皮毛;2.普通表皮细胞;3.副卫细胞;4.保卫细胞;5.腺鳞。

图3-9 甘薯叶的上表皮(A)与下表皮(B),示气孔分布情况

甘薯的气孔器除有2个保卫细胞外,紧靠保卫细胞两侧,还有与其长轴平行的2～3个副卫细胞,所以气孔器属于平列型。气孔器的细胞与普通表皮细胞处于同一高度,这也是典型中生叶的特征。

甘薯叶表皮气孔的发育是在幼叶原表皮分裂活动的主要时期开始的,整个叶片增大过程中,气孔都在继续发育。气孔器的发育来源于原表皮细胞的不等分裂。不等分裂的结果是产生1个较大的细胞与1个较小的细胞,其中较小的细胞就是气孔器的原始细胞(气孔器母细胞),气孔器原始细胞再经过2～3次连续的平行方向的分裂,产生3～4个大小不等的细胞,外侧2～3个稍增大而成为副卫细胞,而内面被围绕的最小的1个细胞就是保卫细胞母细胞,这个母细胞经过最后一次纵分裂分化为2个肾形的保卫细胞(图3-10)。2个保卫细胞相对的初生壁之间的胞间层膨胀,细胞之间的连接逐渐变弱,接着彼此分离而形成气孔的孔缝。当其有3个或4个副卫细胞时,仅有2个副卫细胞与保卫细胞紧紧相连。

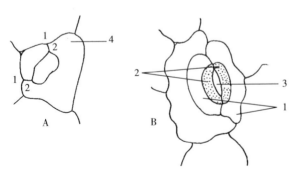

A.气孔形成的早期阶段;
B.成熟气孔。

1.副卫细胞;
2.保卫细胞;
3.气孔;
4.表皮细胞。

图3-10 甘薯叶气孔的发育

日本九州农业试验场吉田智彦等曾研究了甘薯叶片气孔数与产量的关系,研究结果表明,叶片气孔数与光合作用呈正相关。河南省农林科学院粮食研究所毛建华于1978年对甘薯叶片气孔数与甘薯产量的关系也进行了研究。对6种材料观察的结果表明,甘薯叶片上的气孔数(或密度)变化很大。以蔓顶展开叶为第1叶,向下10叶,总的趋势是越向下气孔越少,10叶以下气孔数变化较小。其变化范围各品种均不相同,但幼嫩叶的气孔密度大这一特点是相同的。气孔数变化范围与蔓的长短有明显关系,长蔓型在7~8片叶以上,中、短蔓型在3片叶以上,气孔数与其他叶有明显不同。这种差别可能与叶龄有关,长蔓型出生速度较快,叶多,幼叶数量也较多;反之,短蔓型出生速度慢,幼叶也较少。

一般来说,同一品种的成长叶彼此之间气孔数应该相同,但气孔分布密度明显不同,如表3-1所示,同一品种同蔓上叶气孔密度与大小呈负相关($r = -0.787\,2$)。甘薯叶在生长发育过程中,受许多因子限制,高温、高湿、氮肥足的条件下,叶片较大;反之,低温、干旱、少氮的条件下,叶片较小,这种大稀小密的负相关关系恰好说明同一品种叶片气孔数基本上相同。

表3-1　叶片大小与气孔密度的关系

叶片大小	叶面积/cm²	单位视野内气孔数/个
大叶片	187	10.4
	197	11.2
	202	10.2
小叶片	159	13.8
	145	16.0
	142	11.4

气孔数与蔓长呈正相关($r = 0.902\,2$),蔓愈长气孔数愈多(表3-2)。气孔数与光合作用呈正相关关系。综合观测材料发现,高产田在适宜叶面积系数情况下,叶片小而多,更易获得高产。这一观察结果还可以解释打顶促进分枝的增产原理,主要在于叶小、叶多、气孔多,提高了光合作用效能。

不过,长蔓型甘薯虽然光合产量高,但因养分分配问题,经济产量不一定高。因此,在进行高光效品种筛选时,除要考虑蔓的长短外,还应测定植株的*T/R*值,这样才能选出经济产量高的株型。

表3-2　蔓长短与气孔密度的关系

品种名称	蔓长/cm	气孔密度/ (单位视野内气孔数/个)
蓬尾	349	20.58±12.8
南阳本地种	327	21.5±8.4
胜利百号	296	16.4±9.5
宁薯1号	280	15.8±8.4
华北52-45	190	13.6±5.2
南瑞苕	232	13.0±7.2

注:气孔密度为5点取样10叶平均数。

植物叶气孔的运动与叶的生理功能密切相关,而维持正常的甘薯叶片气孔运动必须有根系的存在。许旭旦、娄成后对带茎和不带茎的离体叶进行了实验研究,结果表明蒸腾强度急剧下降的离体叶,随着不定根在蒸汽所饱和的空气中的大量形成,气孔又能正常开放,蒸腾作用也大幅度上升,数日内可提高6～10倍,能达到或超过离体初期的水平。若将此种不定根全部切除,气孔又重新关闭,蒸腾作用也随之下降。他们还证明了这种根直接吸水与否无多大影响,以及外加的生长素、赤霉素、激动素对蒸腾作用已降得很低的甘薯叶片的影响亦很小,不能代替根的作用。因此,显示出气孔的正常运动与根系的存在有密切的相关性。他们推想根系可能产生某种微量活性物质,或许是一种新的内源激素,这种物质被运到叶片,并且是维持正常气孔功能所必需的。

3.表皮毛

甘薯叶柄与叶片表皮上均有表皮毛。叶柄上的表皮毛与茎上的表皮毛相同,大多数为多细胞不分枝的茸毛,其间生有由多细胞扁平头部与单个柄细胞构成的腺鳞。叶片上的表皮毛以叶脉上分布较突出,但比叶柄上的稀疏很多。叶脉间的普通表皮毛较少,而且多为单细胞毛。在叶片上分布的腺鳞,常混杂在气孔之间,或许有一定的位置效应。

3.4.2.2 叶肉组织

甘薯的叶肉组织分化成栅栏组织和海绵组织(图3-11)。栅栏组织由两层细胞组成,紧靠上表皮的一层细胞较长,但有时仅由一层细胞构成或在双层细胞间混生有单个栅栏细胞。海绵组织细胞排列较疏松,形成发达的胞间隙。在成熟叶中,分泌细胞已不易分辨,而簇晶体在叶肉组织中存在较普遍。

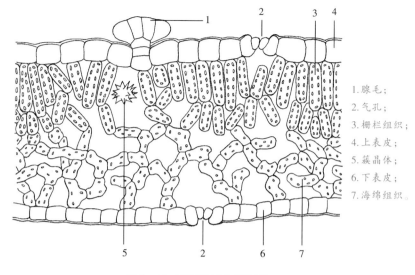

图3-11 甘薯叶部分横切面

1. 腺毛;
2. 气孔;
3. 栅栏组织;
4. 上表皮;
5. 簇晶体;
6. 下表皮;
7. 海绵组织。

栅栏组织细胞排列较紧密,含有较多的叶绿体,有利于叶片进行光合作用。靠近下表皮的海绵组织,其细胞中含叶绿体较少,但排列很疏松,有利于吸收大量的二氧化碳,提高光合效能。

叶肉细胞中的超微结构,特别是叶绿体等细胞器的超微结构,与一般双子叶植物的叶肉细胞相似。黄湛等的研究显示,甘薯不同品种由于耐寒性不同,在低温条件下,叶肉细胞的超微结构也明显不同。耐寒性强的品种在低温期间,由于叶绿体内的淀粉转化为可溶性糖类,增大了细胞内液的浓度,从而保护了细胞内各细胞器免遭破坏,叶绿体的基粒片层和基质片层完整,使叶绿体能维持正常功能。而不耐低温的品种,在低温后期,叶绿体等细胞器完全被破坏而解体。

3.4.2.3 叶脉的结构

叶脉是叶中的维管组织。甘薯营养叶的脉序属于掌状网脉,沿叶片的中央纵轴有一粗大的中脉,在它的基部与侧面分出较大的侧脉,这些侧脉又依次分出小脉(图3-5)。

叶中的维管组织分布于整个叶片,并居于栅栏组织与海绵组织之间的中央平面上,形成与叶表面呈平行分布的互相连接的运输和支持系统。可见,叶肉组织与维管组织有着十分密切的空间关系,这都与叶片的光合作用和蒸腾作用密切相关。

中脉的结构与叶柄的结构相似,但越是远基部分就越简化。在中脉与大的侧脉中,其维管组织周围是薄壁组织,在正对叶脉的上、下表皮内有2~3层细胞是厚角组织,尤其叶脉下侧的厚角组织较发达。所以,中脉和较大的侧脉在背轴面都具有柱状突起。中脉的维管束仍为双韧维管束,但内韧皮部的量逐渐减少,至中脉顶端仅为外韧维管束,向轴面的韧皮部(内韧)已不复存在。侧脉是外韧维管束,但侧脉的韧皮部组成分子在数量上也逐渐减少。小脉周围常围绕着1层排列紧密的束鞘细胞。束鞘细胞不含或含有少量叶绿体,它一直延伸到小脉的末端,因此,小脉与细脉的维管组织都是通过薄壁的束鞘细胞与叶肉组织接触。细脉的束鞘细胞内仅由少量导管分子与筛管分子构成。至叶脉末梢,就仅有少量管胞分子存在。从甘薯叶片的平皮切面上可看到,叶脉越分越细,最后的分枝形成网孔,将叶肉组织围成小区域,称为脉间区(图3-12)。有的细脉末梢游离于脉间区中。

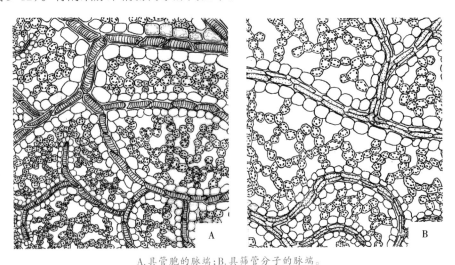

A.具管胞的脉端;B.具筛管分子的脉端。

图3-12 甘薯叶部分平皮切面,示细脉

3.5 叶的寿命和落叶

甘薯叶最重要的功能是进行光合作用,光合产物是甘薯生长的物质基础和能量来源。所以,生产上要创造一定的条件,使甘薯正常生长,达到合适的叶面积,增加光合产物的生产,以提高甘薯的产量。

甘薯植株一生出叶数量较大,在高产栽培中,茎叶盛长期单株绿叶数可多至200片。但甘薯叶的寿命(从展开至变黄脱落的天数)差异甚大,并与光照、水肥条件密切相关。据观察,甘薯叶片寿命一般为30～50 d,最长可达80 d。气温高或叶面积系数超过5则寿命短,气温低或叶面积系数低于3则寿命较长。甘薯生长期中老叶与新叶不断替换更新,如果条件不适,老叶成批死亡,就要消耗大量养分。采取合理的栽培措施,防止叶片徒长和旱、涝灾害以及避免翻蔓等,就能延长叶的寿命。减少生育期中老叶集中化成批更新的次数,是增加植株干物质积累和提高块根产量的一个重要途径。

甘薯开始落叶是在分枝结薯期。茎叶生长由缓慢逐渐加快,这一阶段末期已达到分枝高峰,春薯最高分枝数可达80%左右,夏薯可达90%左右。正常情况下茎叶已覆盖地面,称为"封垄期"。随分枝数的增加,叶片数增加很快,春薯可达最高绿叶数的70%~80%,夏薯可达80%~90%,之后开始出现黄叶、落叶。

到茎叶盛长,块根膨大期,春薯一般在栽后70~100 d,夏薯在栽后40~65 d,茎叶生长达到高峰,块根也迅速增粗膨大,绿叶数在较短时间内达最高值,然后稳定在一定数量上,之后黄叶、落叶数增加较快。这说明新生叶和黄叶、落叶的数目接近平衡,因此,这个时期是新、老叶更换较多的时期。

在生长后期,即茎叶衰退块根充实期,茎叶生长逐渐减慢,逐渐停止生长,绿叶数减少,黄叶、落叶数增加,叶色转淡,田间长相表现为落黄。

甘薯叶衰老和落叶的生理机制虽然不甚清楚,但正常落叶都是由茎基部的老叶逐渐发生。一般认为主要是经过一定时期的生理活动后,叶肉积累了大量的矿物质,细胞机能衰退,核糖核酸(RNA)和蛋白质合成速率下降,叶绿素消失,致使叶肉细胞衰老。叶趋向衰老时,叶内所含生长素下降,这是叶柄基部产生离层的原因。离层形成后,由于叶的重量,再加之风雨等外力的影响,叶片就从离层脱落。在断口处的细胞则进一步栓质化和木质化,从而形成保护层,将断面封闭。

第二篇
甘薯的有性生殖

第四章 花的形成

在全球范围内,农业生产上甘薯都是利用无性繁殖的方式来繁殖,似乎与花的关系不大。但是要进行甘薯的有性杂交育种,就离不开对其化的研究。

4.1 花的结构

甘薯在植物学上属被子植物亚门,旋花科,甘薯属,一年生或多年生蔓生草本,属于短日照植物,具有开花本能。由于人工的栽培、育种、选择和传播而广泛分布于世界各地,各甘薯种植区自然条件差异大,不同品种甘薯开花所要求的外界环境条件有别,所以,甘薯在各地的开花情况也有很大差异。在北纬23°以南,我国夏秋薯区的南部以及秋冬薯区,一般品种均能自然开花;而在我国偏北地区长日照条件下,则很少自然开花,偶尔在长期干旱等特殊条件下会出现开花现象,但也不易结实。

4.1.1 花序

甘薯的花单生,集数朵至数十朵丛集成二岐聚伞花序,或变态的二岐聚伞花序(图4-1),生于叶腋或茎顶。花序梗长2.0～10.5 cm,稍粗壮,无毛或有时被疏柔毛。苞片小,呈披针形,长为2～4 mm,顶端呈芒尖或骤尖,早落。每株植株上一个花序所包含的花朵数量因品种、地区而异。

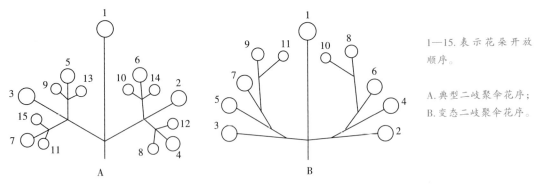

图4-1 甘薯的花序及其开放顺序

4.1.2 花的结构

甘薯成熟的花形状呈漏斗状（又称喇叭筒状），类似牵牛花但略小。花冠直径3~5 cm，筒长2.5~3.0 cm，在甘薯属中是比较小的一种。花色上部较浅，淡红色或紫红色，花筒基部发黑。花蕾期卷旋。

甘薯花具有花萼5片，分离，呈覆瓦状排列，萼片长圆形或椭圆形，不等长，外萼片长7~10 mm，内萼片长8~11 mm，顶端骤然成芒尖状，无毛或疏生缘毛。花萼由表皮组织、薄壁组织和维管系统构成，绿色，宿存。花瓣5片，合生，花冠呈漏斗状或钟状，基部有多细胞的刚毛，近缘有裂。花瓣也由表皮组织、薄壁组织和维管系统构成。花瓣的颜色主要与薄壁细胞中的有色体和液泡中的花青素类色素（类黄酮）有关。甘薯花瓣薄壁细胞的液泡中含有比较丰富的花青素苷，在不同pH条件下呈现不同的色彩，多呈紫红色或淡红色，花瓣基部常有蜜腺存在，这些都有利于虫媒传粉。

甘薯花是两性花。具有雄蕊5枚，长短不一，其中2枚较长，雄蕊与花冠裂片等数互生，着生于花冠管基部。据沈稼青的观察，各品种最长雄蕊花药与柱头的位置比较固定，大体可分为高出柱头、低于柱头以及与柱头平齐三种类型，亦有混合型的品种。雄蕊由花药和花丝两部分组成。花药以底着药方式着生在花丝上，花丝基部被毛。花药膨大呈囊状，发育成熟的花药结构包括表皮、药隔、花粉囊三部分。花药被药隔分成2个药室，每个药室具有2个花粉囊，呈纵裂状。花药的壁由表皮层、纤维层、中间层和绒毡层构成。绒毡层为花粉囊周围的特殊细胞层，具双核或多核结构，细胞内含较多的RNA和蛋白质，并有油脂和类胡萝卜素等营养物质，具有供应花粉粒发育所需养料的作用。每个花粉囊产生很多花粉。花粉呈球形，表面有许多对称排列的小突起。花有雌蕊1个，柱头多呈2裂，子房上位，外被有毛或有时无毛，由2心皮组成，由假隔膜分为4室。中轴胎座，每室有1枚倒生无柄胚珠。甘薯为异花授粉作物，自交结

实率很低。蒴果,种子有1~4粒不等,无毛。(图4-2、图4-3)

甘薯的花程式为 $K_5C_5A_5G_T(2:4:1)$(图4-4)。

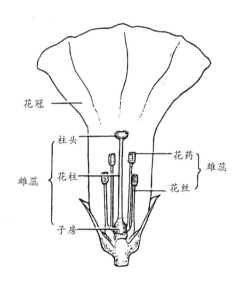

图4-2 甘薯全花解剖结构图

图4-3 甘薯花瓣基部密腺及子房外刚毛

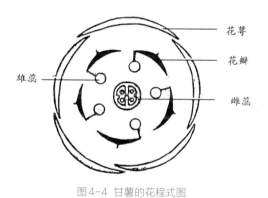

图4-4 甘薯的花程式图

4.2 花的发育

甘薯的花芽分化是指植株由茎生长点分生出叶片、腋芽转变为分化出花序或花朵的过程。花芽分化是由营养生长向生殖生长转变的生理和形态标志,是一个复杂的形态建成过程。这一过程由花芽分化前的诱导阶段及之后的花序与花分化的具体进程所组成。一般将花芽的分化分为生理分化、形态分化两个阶段。芽内生长点在生理状态上向花芽转化的过程,称为生理分化。化芽生理分化完成的状态,称作花发端。此后,便开始花芽发育的形态变化过程,称为形态分化。生理分化期先于形态分化期1个月左右。花芽生理分化主要是积累组建花芽的营养物质、激素调节物质以及遗传物质等,是各种物质在生长点细胞群中从量变到质变的过程,这一过程是为形态分化奠定物质基础。但是,这时的叶芽生长点组织尚未发生形态变化。生理分化完成后,在植株体内的激素和外界条件的影响下,叶原基的物质代谢及生长点组织形态开始发生变化,逐渐可区分出花芽和叶芽,这就进入了花芽的形态分化期。一般是花序主轴最先分化,然后由低位级向高位级分化枝梗。同一花序轴上,苞片和枝梗原基的分化顺序一般为向顶分化。花序上各个花原基的分化顺序因花序种类而异:无限花序的花原基按向顶次序分化,有限花序的花原基按离顶次序分化。先分化的花原基先开花,易于发育、结实;后分化的花原基后开花,常退化、脱落。花原基上各轮花器的分化顺序一般为向心分化,即从花托的外周开始,先分化花萼,然后逐渐向心分化花瓣、雄蕊、雌蕊。

4.2.1 花序的形成

一般认为植物完成成花诱导后,花的发育分2个阶段:首先是茎的分生组织转变为花的分生组织;然后是花模式的形成和花器官的形成。甘薯花包括两种花序类型,即典型的二歧聚伞花序和变态的二歧聚伞花序,每个花序由3~15个花朵构成。聚伞花序花蕾离心发育,单生花花蕾向心发育。生长锥相对平坦,其表面包括两层小的、排列整齐、分裂迅速的细胞(分生组织)。这些细胞具有浓密细胞质,更大的细胞核。在表皮层下的原体包括大的、分裂缓慢的细胞,这些细胞有液泡和较低浓度的细胞质。花蕾分化期的特点为在隆起的半球形生长点上分化产生1~3个突起,即为花蕾原基。花蕾原基经过生长锥原基平周分裂首先形成。

4.2.2 花的形态发育

甘薯从花原基发育到成熟花的过程(图4-5、图4-6)大致分为以下4个阶段。

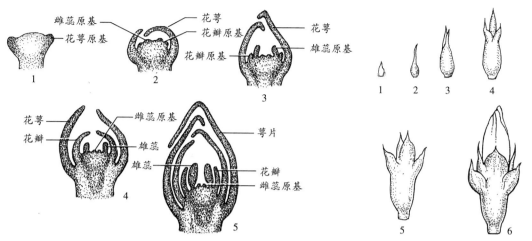

图4-5 甘薯花芽分化解剖图　　　　　　　图4-6 甘薯花芽不同时期外形图

4.2.2.1 花萼形成阶段

随着花蕾原基的扩展,5个重叠成瓦状的花萼原基形成。花萼原基上部向上快速生长,下部向下发育成围绕其他花结构的弯曲重叠萼裂片。在花成熟期,由于花瓣快速生长,萼裂片变直。成熟萼片绿色,大小不等,长圆形到椭圆形,前端骤尖,密布由表皮衍生的多细胞毛。

4.2.2.2 花瓣形成阶段

在萼片停止发育前,5个凸状的花瓣原基在其内基面发育而成。花瓣原基向上生长,同时逐渐扩大并侧生融合。成熟花冠钟状、浅裂。花瓣生长很快,开花前几天突破萼片的包围,花冠便由此形成。如图4-7为花瓣发育过程的横切示意图。成熟花冠主要呈粉红色或紫色,其内部表面覆盖着由表皮衍生的多细胞毛。

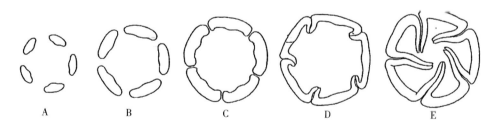

图4-7 甘薯花瓣的发育过程

4.2.2.3 雄蕊形成阶段

花瓣原基形成初期,5个雄蕊原基在花瓣内基面形成。其尖端和侧面分生组织生长时,雄蕊原基逐渐发育为5个短圆柱状结构。这些结构上部发育为花药,下部分化为花丝。最初花丝生长很慢,当花药快成熟时,在居间分生组织的作用下花丝持续快速生长。花丝细长、圆柱状、长度不等(通常2长3短)。花丝基部在花瓣侧融合过程中附着于花冠内表面。

成熟花药浅黄色,4室,约含1 200个花粉粒。花粉粒呈球状体,浅黄色,直径80～100 μm,其萌发孔多被3～4 μm或8～10 μm的乳头状突起。魏秀玲等对几个甘薯品种的花粉粒大小及所占比例进行了比较(表4-1),他们认为,甘薯栽培品种中花粉粒大小不同表明其染色体数目存在差异。染色体数异常是导致品种间杂交结实率低或不结实的重要原因。

表4-1　甘薯不同品种花粉粒大小及所占比例

品种	35 μm以下			35～70 μm (包含35 μm)			70～105 μm (包含70 μm)			105～140 μm (包含105 μm)			140 μm及以上			总计	
	n	$\bar{X}$	所占比例/%	n	$\bar{X}$	所占比例/%	n	$\bar{X}$	所占比例/%	n	$\bar{X}$	所占比例/%	n	$\bar{X}$	所占比例/%	n	$\bar{X}$
河北3511							16	100.3	7.7	188	121.8	90.3	3	140.0	1.4	207	
南丰							68	98.1	18.2	126	120.2	70.0	44	144.6	11.8	238	
美-1-130	4	34.3	1.3	90	51.0	29.1	172	88.2	55.7	43	118.3	13.9				309	

注:n表示观察的花粉数,单位为"个";$\bar{X}$表示花粉粒的平均直径,单位为"μm"。

4.2.2.4 雌蕊形成阶段

当雄蕊原基的短圆柱状结构产生后,其内基面产生2个心皮原基,向上生长形成浅锥。上部心皮向心融合形成花柱和柱头,下部向内弯曲形成有2个小室的子房。成熟雌蕊由子房、花柱和柱头构成。柱头两裂,有很多乳头状突起。花柱圆柱状,中心分化出引导组织。上位子房被橙黄色腺体包围,单细胞毛覆盖。子房具有2小室,进一步分裂形成各含1枚倒生胚珠的

4小室。胚珠具有厚珠被和薄珠心。

一些人认为孢原细胞在薄珠心胚珠中能直接替代大孢子母细胞。但作者等人的研究表明,薄珠心胚珠中孢原细胞不能替代大孢子母细胞,必须有进一步细胞分裂。尽管甘薯胚珠属3核型,孢原细胞仍分化形成外壁细胞和造孢细胞。甘薯胚珠另一个特性是绒毡壁。

作者以往的研究显示,甘薯开花的最佳温度是22～28 ℃,最佳相对湿度是80%～95%,最佳土壤含水量是20%～25%,对一些光敏感的甘薯品种还需要一段时间的黑暗处理。当平均温度突然从30 ℃下降至18 ℃以下时,小孢子母细胞会产生大量败育四合体花粉粒。这可能是甘薯结实率很低的原因之一。

M. A. Holl认为,防止植物近亲繁殖最好的方法之一就是雄蕊和雌蕊异时成熟。作者等人的研究表明,虽然甘薯雄蕊发育早于雌蕊,但雄蕊和雌蕊都在开花前成熟,因此甘薯的自交不育与异时成熟可能无关。

4.2.3 花蕾大小和雄蕊、雌蕊发育阶段的关系

作者对栽培于重庆市北碚区西南大学甘薯科研地的甘薯品种"高自1号"的花蕾大小和雄蕊、雌蕊发育阶段的关系进行观察测定,其结果见表4-2。

表4-2　花蕾大小和雄蕊、雌蕊发育阶段的关系

花蕾大小(长×宽)/mm	雄蕊发育阶段	雌蕊发育阶段
1.5×0.7	雄蕊原基	—
2.4×1.1	孢原细胞	心皮原基
3.2×1.3	造孢细胞	胚珠形成
4.5×1.8	小孢子母细胞分裂	孢原细胞
6.2×2.1	小孢子母细胞成熟	大孢子母细胞
8.2×2.7	小孢子	大孢子母细胞
9.8×3.2	单核花粉粒	大孢子
14.1×4.5	二核花粉粒	八核胚囊
20.6×5.9(开花头天)	三核花粉粒(成熟)	成熟

4.2.4 甘薯花粉生活力检测方法

花粉是甘薯的雄性配子体,在有性繁殖过程中起传递雄性亲本遗传信息的作用,因此甘薯花粉是甘薯遗传、育种、进化、生殖的重要研究对象。花粉生活力指花粉生长、萌发或发育的能力。在农业生产及作物常规杂交育种中,研究花粉的生活力和育性是不可缺少的基础性工作。农业生产和育种工作通常会遇到花期不一致带来的困难。为解决这一难题,保存花粉的活力成为重要手段,而在贮藏花粉之前必须先检测花粉的活力。不同种类植物花粉的自然寿命、适宜的贮藏方式及花粉活力适宜的测定方法不同。魏秀玲等认为,甘薯花粉粒中有的花粉粒大小与正常花粉粒相等,但其内含物少,在光学显微镜下呈透明状态,其生活力也必定很低,一般不发芽授精。因此,掌握花粉活力的检测方法对提高育种效率有较大的作用和意义。现在一般将花粉生活力的检测方法归结为四大类:①染色法;②萌发测定法;③田间授粉检测法;④形态测定法、无机酸检测法。

河北省农林科学院粮油作物研究所马志民等人认为,因不同植物花粉自身特性不同,导致某种染色方法只适合某些植物花粉生活力的测定。他们以能够在河北省石家庄地区自然开花结实的甘薯品种"河北351"及其不同的自交后代为试验材料,以目前常用的4种花粉染色法(I-KI染色法、TTC染色法、过氧化物酶染色法和蓝墨水染色法)分别测定甘薯花粉的生活力,以筛选出适宜的甘薯花粉生活力测定方法,并利用该方法对"河北351"自交各世代群体中自然开花株系的花粉生活力进行检测,以验证各方法的可行性以及检测结果的可靠性。结果表明,适宜甘薯花粉生活力检测的方法为TTC染色法,该方法可行性强,结果可靠。该方法测定甘薯花粉生活力具有操作简便快捷、成本低、适合大批量检测等优点,可为开展甘薯亲和性相关研究奠定基础。

4.3 开花

甘薯具有开花的本能。由于人工的栽培、育种、选择和传播,甘薯产生了适应不同地区的变异类型,表现在开花方面差异较大。在我国北纬23°以南,气温适宜,日照较短,甘薯的大多数品种能够自然开花。一般说来,向南开花早且多,而且花期延长。但甘薯的品种不同,开花的难易程度也相差较大。人们根据甘薯不同品种成花诱导对日照长度的需求不同,将甘薯品种划分为短日照型、中间型和光不敏感型三类。如"河北351""农大红""高自1号""向阳红""徐州12-21"等属于光不敏感型品种,在北方长日照地区也能自然开花。而对于一些短日照型品种,如"北京553""华北117""夹沟大紫"等在广东湛江一带(北纬22°)平均每株开花也只有

0.2～0.3朵。郭小丁将我国北方地区的甘薯品种根据其开花性能分为三类:第一类是不开花类型,绝大多数品种属于这一类型;第二类是偶然开花类型,少数品种受到一些环境因素影响而开花,如干旱、病虫害等;第三类是自然开花类型,也就是光不敏感型。他又根据自然开花情况,将开花评价标准分为四级:(1)只现蕾而不开花者,称为现蕾,如"河北15""徐州1-2"等;(2)30%以下的枝条开花者为开花量少,如"红头8号""台农45号"等;(3)31%～65%的枝条开花者为开花量中等,如"农大红""丰74-1-1"等;(4)66%以上的枝条开花者为开花量多,如"高自1号""西农58-1"等。

4.3.1 开花的时间

甘薯现蕾后经25 d左右开花。开花时,花被渐渐张开,雌蕊、雄蕊伸长,柱头分泌黏液,花药裂开,花粉散出,这是开花的过程。甘薯开花一般在早上,花瓣细胞迅速吸水膨胀,旋开花冠冠折。一朵花从花冠开始旋开到花冠完全张开,需要30～50 min。在开花当天中午,花冠开始凋萎,至次日早晨花冠脱落。甘薯初露花冠到花冠脱落的时间,一般要经过3 d左右(表4-3)。

表4-3 甘薯初露花冠到花冠脱落的时间观察

开花数/朵	挂牌日期	开花日期	经历时间/d
8	7月26日	7月28日	3
1	7月26日	7月29日	2
1	7月26日	7月30日	4

具体开花经过时间的长短,与品种、生态因子密切相关。甘薯的花药一般是在开花前一天的下午3时左右开始部分纵向裂开,至开花当日全部裂开,花药里面的花粉全部散落。甘薯雌蕊的柱头在开花当天的傍晚开始枯萎,并在晚上脱落。

甘薯开花的具体时间因品种、地区、气温等条件不同而异。据作者1982年在重庆地区(北纬30°左右)对"高自1号"品种开花时间的观察,始花期是6月4日,终花期是同年11月29日,整个花期长达179 d。在夏季,甘薯的花一般于早上6时左右开放。进入9月份,随着气温逐渐下降,开花时间向后延迟到早上8时左右,且花朵变小。10月中、下旬气温更低,一般不能自然开花。甘薯开花的盛花期一般是在高温、高湿的7、8月份。

根据研究,对甘薯进行人工授粉的适宜时间是开花当天上午的6~11时,在这段时间内授粉的结实率较高,而11时之后授粉的结实率显著下降。

4.3.2 开花的规律

甘薯易开花品种,每一植株上的花序可达30~75个,每个花序上有3~15朵花,属于有限花序。甘薯植株开花顺序有先后之分,从整个植株部位的角度来看,一般是由植株基部的花序逐渐向顶部的花序开放;植株分枝上的花序也是形态学下端的花序先开放,然后逐渐向形态学上端的花序过渡(图4-8)。

从图4-8可以看出,植株单株纵向第一、第二位花呈螺旋状按由下而上的顺序开放,但第三位花以后,这种关系就不明显了。从一个花序来看,是花序主轴上的花先开,然后以第一对侧枝、第二对侧枝、第三对侧枝的顺序左右交叉开放,但也常见同一花序中有2~3朵花同时开放。一个花序的开花期长的可达1个月左右。

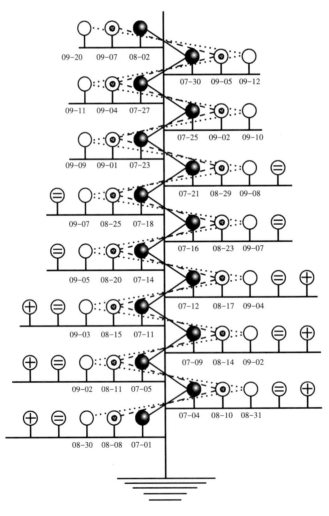

图4-8 甘薯开花时间顺序及部位

4.3.3 影响开花的非生物生态因子

植株营养生长到一定时期,在一定外界因素诱导下,开花决定基因被启动,使顶端分生组织代谢类型发生变化,使其形态、结构也发生变化,生长锥发生花芽分化。花芽的分化是植物由营养生长到生殖生长的转折点,是植物从幼年期转向成熟期的标志。花芽分化是一个高度复杂的生理生化和形态发生过程,是植物体内各种因素共同作用、相互协调的结果。由于甘薯原产于美洲的热带地区,对当地气候环境条件有一定的适应性,因此,甘薯花的形态建成需要一定的光照、温度、水分等自然条件的诱导才能完成。虽然人们不断的改造和选择使其遗传素质发生了一定程度的改变,但甘薯的开花与光照、温度、水分等自然条件仍然有着密切的关系。

4.3.3.1 甘薯开花与光照的关系

光照对甘薯的影响主要有两个方面:其一,光照是甘薯植株进行光合作用的必要条件,为植株生长、发育提供所必需的有机物;其二,光照强度和时间能调节植株的整体生长和发育。

由于甘薯属于短日照植物,它的成花需要一定的短日照条件。因而,大多数甘薯品种在北纬23°以上的长日照地区不能自然开花,偶尔在长期干旱等特殊条件下出现开花现象也难以结籽。据姚璞等对光不敏感型品种"高自1号"在北纬30°地区的观察发现,光照充足也有利于开化,详见表4-4。

表4-4 各月日照量与甘薯开花数的比较(姚璞等,1998)

时间	6月			7月			8月			9月		
	上旬	中旬	下旬	上旬	中旬	下旬	上旬	中旬	下旬	上旬	中旬	下旬
平均日照量/h	3.63	4.03	4.35	3.14	5.63	6.80	6.87	5.62	4.70	4.08	2.04	1.26
开花数/朵	0	10	11	82	113	224	112	226	231	264	173	122

注:甘薯品种为"高自1号",开花数为8株总数。

4.3.3.2 甘薯开花与温度的关系

1918年,Gassner就温度影响作物栽培品种开花问题进行了研究。在低温下,花原基并不发生,只有将植株转移到有利于生长的较高温度下,花原基才发生。由于甘薯起源于热带地区,开花需要较高的温度条件。据李坤培在重庆地区对甘薯品种"高自1号"的观察发现,甘薯开花的高峰期主要集中在7、8月份,日均气温在22~28℃,温度过高或过低都会导致开花数减少(图4-9)。

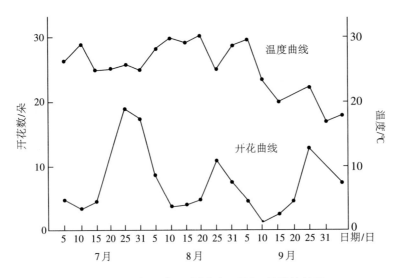

图4-9 大气温度与甘薯品种"高自1号"开花数的关系

　　7、8月份正是重庆地区的酷暑高温季节,有些时间段甘薯开花的数量明显下降,导致其开花数减少的生态因子主要是高温。经观察发现,高温天气对开花数的影响表现出延迟效应,即并不表现在高温当日,而是推迟1~2 d。进入9月份以后,随着温度的降低,开花数也逐渐减少。低温对开花数的影响也常常表现出延迟效应。降温的当天,虽然对开花数没有多大影响,但花冠张开的时间要比正常情况推迟1~2 h。气温回升1~2 d后,开花数才回升。据作者1984年观察,9月中旬以后,温度变化较大且偏低,植株好出现了2朵像豆科植物花一样的畸形花。

　　土壤温度的高低由气温决定,由于土壤颗粒的传热性较差,土壤温度的变化表现出一定的延迟性,而且相对稳定。气温与土温之差一般在±2 ℃,中午时分两者的差异会更大。土温的相对稳定可以减缓气温剧烈变化对甘薯开花的影响,从而为开花创造比较有利的温度条件。

4.3.3.3 甘薯开花与大气湿度的关系

　　大气湿度不仅影响植株自身的水分代谢,而且影响植株的矿质营养代谢。由于甘薯原产于高湿地区,故其开花也需要较高的湿度条件。据作者于1982年在重庆地区对甘薯品种"高自1号"开花情况的观察,适宜甘薯开花的日均相对湿度为80%~90%,其观察结果见图4-10。

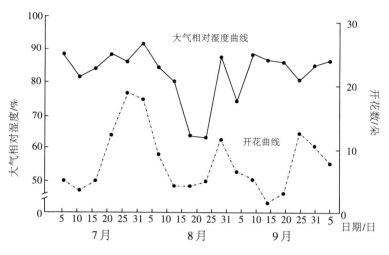

图4-10 大气相对湿度与甘薯品种"高自1号"开花数的关系

在较高的气温条件下,高湿度(常是阴天或雨天)有利于甘薯开花。例如,在重庆地区,1982年7月下旬是甘薯开花的一个高峰期,日均气温是26 ℃,日均大气相对湿度是90%,在80%～90%的大气相对湿度范围内,湿度增大,开花数增多。在温度较低的情况下,若连续多天下雨,造成的高湿度反而不利于开花。湿度过大,水分过多,往往会导致花粉吸水过多而易破裂,使有效花粉粒减少,杂交结实率降低。据作者于1984年的观察,在重庆8月份的高温伏旱期,几场暴雨导致甘薯落花、落蕾、落果较多,结实率降低(表4-5)。湿度降低,甘薯开花数减少。如果相对湿度低于50%,不仅甘薯开花数减少,还会影响其花冠的正常开放及开放时间。

表4-5 各时期杂交结实率比较(1984年)

花期	杂交期	杂交数/朵	收果期	收果数/粒	结实率/%	备 注
初花期	7月13日	57	8月2日	13	22.8	
	7月28日	140	8月18日	39	27.8	
	8月2日	100	8月25日	9	9.0	
盛花期	8月8日	100	8月29日	34	34.0	8月4日至6日有暴雨,8月2日下暴雨,8月13日至14日两天继续下雨
	8月12日	100	9月6日	9	9.0	
	8月16日	100	9月15日	39	39.0	
末花期	9月7日	40	10月12日	30	75.0	
	9月11日	38	10月21日	10	26.3	
	9月14日	39	10月26日	17	43.6	

注:杂交组合为"高自1号"ד88-3"。

4.3.3.4 甘薯开花与土壤含水量的关系

水分不仅是植物体的组成成分之一,而且在植物体生命活动的各个环节中发挥着重要的作用。首先,它是原生质的重要组成成分,同时,它还直接参与植物的光合作用、呼吸作用、有机质的合成与分解过程;其次,水分是植物进行物质吸收和运输的溶剂,水分可以维持细胞组织紧张度(膨压)和固有形态,使植物细胞进行正常的生长、发育。所以,没有水分就没有植物的生命。水分是甘薯开花必不可少的环境条件之一。

土壤含水量的多少直接影响植株的生长发育,从而影响开花。据作者于1982年在重庆地区的观察,适宜甘薯开花的土壤含水量在20%～25%(图4-11)。土壤含水量过多或过少都不利于甘薯开花。若土壤含水量连续几天过高,连绵雨天使土壤中水分增多,空气减少,这会导致根系细胞的呼吸作用降低,甘薯开花的数量大为减少;反之,土壤含水量连续几天过少,植株吸水能力下降,影响植株自身的各种生命活动,也会引起开花数减少。一般短时间的土壤含水量过多或过少,对开花数的影响不大,只是对花冠张开或关闭的时间产生影响。

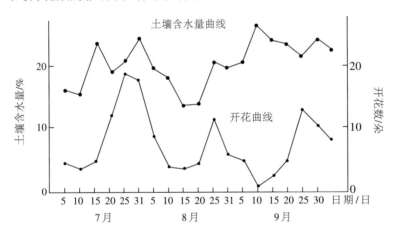

图4-11 土壤含水量与甘薯开花数的关系(1982年)

4.3.3.5 甘薯开花与土壤肥料的关系

甘薯植株生长发育所必需的营养元素有C、H、O、N、P、K、Ca、Mg、S、Fe、Cl、Mn、Zn、Cu、Mo、B等,这些营养元素除了C、H、O外,其他元素均由土壤提供。这些营养元素一是作为植物细胞结构物质和代谢产物的组分;二是作为植物细胞各种生理代谢的调节者,如渗透平衡、离子平衡、胶体稳定、电荷平衡等,对维持正常的生命活动有重要作用。通常土壤中N、P、K的含量不足以满足植物生长发育的需要,必须通过施肥补足,而且N、P、K的需要量很大,被称为肥料的"三要素"。矿质营养元素在植物的花芽分化过程中起很大的作用。如N元素是花和花序发育所必需的,在一定范围内N能增加花量;P用于合成ATP,为花芽的形态分化提供能量。碳氮比理论对农业生产实践有一定的指导意义,即通过控制肥水的措施来调节植物体内的碳氮比,从而适当调节植株营养生长和生殖生长。如果在作物的生育中后期,N肥施用量过大,会降低植物的碳氮比,使营养生长过旺,甚至导致徒长,造成生殖生长延迟而影响开花。

邱才飞等研究了不同的施肥处理对甘薯开花情况的影响。通过实验发现,不同的施肥处理对甘薯的花形、花色、花香与单花花期基本没有影响;而对花冠直径、花筒长、花梗长以及开花量具有一定的影响,且对开花量影响最大。不同的N、P、K配比施肥对甘薯开花的影响也不同,其中N:P_2O_5:K_2O=2:1:2和N:P_2O_5:K_2O=1:1:2的开花量较对照(N:P_2O_5:K_2O=1:0:0)分别提高了33.12%和24.16%,分别达到极显著和显著水平,其他施肥处理也较对照有不同程度的提高,但均不显著。N:P_2O_5:K_2O=2:1:2的单枝花蕾数和花梗数分别较对照增加了16.67%和7.73%。试验表明,单独增施N肥、P肥和K肥均可提高甘薯开花量,其中,以增施K肥的效果最好,N肥次之,P肥较差。而且以N、P、K配合施用,配比为N:P_2O_5:K_2O=2:1:2效果最佳,最有利于甘薯开花。

谭文芳等以3个甘薯品种"8810-1""徐薯18""8129-4"为实验对象,研究了农用稀土对甘薯开花结实的影响。结果表明,喷施农用稀土后,单株平均开花数、单株结蒴果数和单株种子数显著高于对照,而对结实率影响不显著。

李秀英等于20世纪80年代开展了利用不同方法诱导甘薯开花的研究,研究了各种方法对亲本植株生长发育的影响及体内干物质和矿质元素分配的规律(表4-6、表4-7)。他们认为增施P肥能够促进甘薯开花,并且还应适当增施K肥。

表4-6 不同诱导方法下植株各器官含P_2O_5率(李秀英等,1990)

(单位:%)

诱导方法	叶片	叶柄	茎	根	全株
重复法	0.318	0.295	0.262	0.268	0.291
短日照法	0.338	0.248	0.250	0.232	0.298
嫁接法	0.295	0.220	0.245	0.284	0.255
对照	0.298	0.200	0.245	0.220	0.267

表4-7 不同诱导方法下植株各器官含K₂O率(李秀英等,1990)

(单位:%)

诱导方法	叶片	叶柄	茎	根
重复法	3.130	5.532	1.910	1.738
短日照法	3.030	3.885	2.565	1.300
嫁接法	2.992	6.315	1.792	2.120
对照	2.678	3.605	2.438	1.325

中川昌一认为,植物开花主要受温度和光照等外界条件的影响。对于甘薯不同类型的品种,诱发其成花效应的主要生态因子也不同。对于光敏感型的甘薯品种,日照时间的长短就是限制其开花的主要生态因子。对于光不敏感型的甘薯品种,虽然光照时间的长短不是决定其开花情况的主要生态因子,但足够长的光照时间,对于花芽的分化发育是有利的。若光照时间过短,则光合作用的产物积累减少,使花芽发育所需要的营养条件恶化,导致花芽发育不良,花蕾变小,甚至脱落。

对于光不敏感型的甘薯品种如"高自1号",温度就是影响其开花的主要生态因子,特别是开花前30~35 d内的温度是影响其开花最重要的条件。卢仲氏通过观察发现,甘薯开花的最低温度为12℃,最高温度为24℃,最适温度为17~18℃。而黄氏通过观察发现,甘薯开花的最适温度为22~24℃,最高温度为28℃,最低温度为6℃;在9℃时,大多数甘薯的花停止开放,但当气温低至6℃时,仍有少数甘薯品种能够开花。据作者在重庆地区的观察,甘薯最适开花温度为22~28℃,最低温度为12℃,最高温度为35℃。这说明甘薯虽然原产于美洲热带地区的高温环境,但由于人工传播、杂交育种和选择作用,已形成众多能够适应各地不同自然环境的品种,表现出开花习性对温度反应存在一定的差异。

在适宜的温度范围内,较高的温度有利于甘薯开花。杨鸿祖等通过楼顶和楼底(垂直高度相差8 m)不同场地的甘薯开花实验发现,楼顶的气温高于楼底,中午楼顶的气温为26.5~33.2℃,楼底的气温为23.7~26.8℃,二者温差3~6℃,楼顶甘薯开花的株数和开花的朵数都明显增加。

温度过高,土壤水分被大量蒸发,加上植物自身的蒸腾作用,造成土壤水分缺乏,使植株缺水。而且,高温会影响蛋白质结构的稳定性,特别是酶的催化作用易受高温的影响,从而使植物各组织的生理活动受到干扰,造成花芽的分化发育受阻及花的开放数量大量减少。植物花的分化发育和开放所要求的温度条件要比营养器官生长发育所要求的温度条件高,若甘薯长期处于低温条件下,则不能开花。一般进入10月中下旬,甘薯植株茎上高节位产生的花芽,多数不能正常发育为成熟的花而开放。

W.拉夏埃尔认为,昼夜不同的温度交替有利于植株的生长发育。也有人认为,甘薯的天然开花数与变温有关,温差大,开花数多。从作者对甘薯品种"高自1号"开花情况的观察来看,还看不出前一天及当天温差大小对开花数有多大的直接影响。当然,温差大小对花芽的分化发育也有重要的影响。

在温度适合甘薯开花时,湿度就成为影响其开花的重要因素。因此,有人认为阴天或雨天比晴天更有利于甘薯开花。但高温、高湿条件易造成落蕾、落花和落果,降低结实率。若温度较低(日均气温为18～25℃),相对湿度较大,甘薯结实率相对提高。

由于甘薯原产于高温、强光、雨量充沛的热带地区,故一定程度的高温、高湿和强光条件有利于甘薯开花。除此之外,土壤和空气条件对甘薯的成花以及开花也起着重要的作用。这就要求我们在分析诸多非生物生态因子对甘薯开花的影响时,既要考虑诸多因子的综合影响,又要考虑在一定条件下起主导作用的生态因子,以及在一定条件下主导因子的转化问题。针对不同时期的具体情况,采取相应的促控措施,提高开花的数量和质量,甘薯为有性杂交育种奠定基础。

4.3.4 花粉萌发与气温的关系

烟台市农科所于1977—1978年连续两年对甘薯花粉萌发与气温的关系进行观察,他们发现适宜花粉萌发的温度是23～26℃,在此温度范围内,花粉萌发的速度快,萌发率高达45%～56%。当气温在20℃以下或34℃以上时,花粉萌发率低,仅有1.00%～3.94%(表4-8)。他们还通过观察发现授粉时间也会影响花粉萌发率。在20～29℃条件下,上午9时授粉,花粉萌发率达到高峰(45%～56%);若下午3时授粉,花粉萌发率则明显降低;晚上7时授粉,花粉仍有一定的萌发率;到晚上8时授粉,花粉则丧失萌发能力。在高温条件下,花粉萌发速率加快,但丧失萌发能力亦快。如气温在34～38℃,且在上午7～8时授粉,花粉的萌发率达到高峰。在38℃时,上午9时授粉,花粉即丧失萌发能力。

表4-8 授粉时间和温度与花粉萌发率的关系(1978年)

萌发温度/℃	授粉时间														
	6:45	7:00	8:00	9:00	10:00	11:00	12:00	13:00	14:00	15:00	16:00	17:00	18:00	19:00	20:00
	观察时间														
	7:00	8:00	9:00	10:00	11:00	12:00	13:00	14:00	15:00	16:00	17:00	18:00	19:00	20:00	21:00
	花粉萌发率/%														
14.5～15.0	0	0	0	0	0	0	0	0	0	0	0	0	0	0	0
20	0	0	0	5.40	4.65	4.72	0.95	1.67	—	3.95	—	1.27	—	0.80	0
23.5～24.5	0.40	0.63	12.00	45.00	32.40	25.20	21.50	22.80		24.80		7.50		3.30	0
28～29	0	6.50	18.00	19.00	25.00	26.70	15.30	18.40		12.80		7.70		1.87	0
34	1.38	3.38	0.90	1.94	1.54	2.86	1.37	0	0	0	0	0	0	0	0
38	0	1.27	3.94	0	0	0	0	0	0	0	0	0	0	0	0

注:"—"表示相应条件下没有观测数据。

　　山东省农科院王庆美等用4种不同的温度、湿度处理离体的甘薯花粉,以研究不同温度、湿度对甘薯花粉生活力的影响。结果发现降低空气湿度、温度能够有效地保持甘薯花粉生产力,在低温干燥条件下可以保持甘薯花粉生活力6 d。而且用此类花粉人工授粉,杂交结实率仍达30%左右,这在一定程度上解决了人工杂交中亲本花期相差1周左右的问题。沈稼青等在20世纪80年代的研究表明,甘薯花粉的萌发主要受气温制约,当日平均气温低于16℃、下降陡度超过2～4℃、最低气温低于11℃,都会明显影响花粉的萌发。

4.3.5 诱导开花

　　由于甘薯是短日照异花传粉植物,一般在北纬23°以上的长日照地区不能自然开花。虽然我国近年也培育出一批光不敏感型的品种,但品种资源有限,加之甘薯自交不育,品种间亲和力差,故杂交结实率较低。因此,我国大部分地区的甘薯有性杂交育种工作的进一步开展被限制。要开展甘薯有性杂交育种工作,首先就要解决如何使杂交亲本能开花的问题。为了打破开花对育种工作的限制,我国广大甘薯育种工作者积极探索各种促进甘薯开花的方法,对不能开花的亲本采取人工诱导开花措施,这对于甘薯育种工作具有重要的现实意义。20世纪30年代以前,甘薯杂交育种工作仅局限于能自然开花的低纬度地区。自Miller于1937年报道了利用割蔓处理结合搭架整枝等技术诱导甘薯开花和结实的成功经验以后,国内外先后开展了有关研究。原四川省农业改进所(1940年)采用切割结合搭架整枝等处理,前中农所(1947—1948年)利用嫁接加短日照处理,均取得诱导开花的良好效果。A. E. Keh(1952年)、S. L. La(1955年)等报道利用旋花科的近缘植物作砧木,以甘薯作接穗进行嫁接,通过温度和短日照处理等诱导甘薯开花。中国农科院江苏分院于1951年曾用甘薯为接穗与蕹菜嫁接诱导了甘薯开花。1954年以来,四川省农科院应用嫁接法,以牵牛花、月光花等为砧木,将一般较难诱导开花的"南瑞苕""鸡爪莲"等品种诱导开花。目前,常见且比较有效的方法有短日照处理法、嫁接法、植物生长调节剂处理法及重复法等。

4.3.5.1 短日照处理法

由于甘薯属于短日照植物,特别是一些光敏感型的甘薯品种,它们的成花诱导需要一定时间的短日照处理。而对短日照植物而言,日照时间长度必须小于其临界日长(Critical Day Length)时才能开花,而日照时间超过其临界日长时则不能开花。也有研究者认为,短日照植物实际上就是长夜植物(Long-night Plant),而长日照植物实际上是短夜植物(Short-night Plant)。特别是对于短日照植物而言,其开花主要是受暗期长度的控制,而不是受日照长度的控制。植物通过光周期诱导所需的光强较低,为50~100 lx,而暗期所需的光强亦很低,处理的时间也很短,一般不超过30 min就足以阻止成花。虽然暗期对植物成花反应起着决定性作用,但光期也是不可缺少的条件。短日照植物的成花反应需要长暗期,但光期过短亦不能成花,可能是因为光照时间不足,植物缺乏营养物质。若每天光照时间太长,达不到暗期的作用,就会使生殖生长受到抑制。因此,甘薯通过生殖生长需要较长时间的黑暗条件和一定时间的正常光照。一般对甘薯的短日照处理是待甘薯植株长到一定高度搭架挂蔓后,将每天的光照时间控制在8~10 h,能诱导甘薯开花结实。河北省农林科学院1963年的试验结果表明,在每日8~14 h的不同光照时间条件下,植株产生的花蕾数以8 h光照处理时最多(表4-9)。因此,目前以短日照处理诱导甘薯开花时,一般都采用每天8 h的光照。不同甘薯品种经短日照处理后20~50 d开始现蕾。现蕾后仍然需要继续进行短日照处理,以保证花芽不断形成。

表4-9 甘薯植株现蕾数与日照长度的关系（河北省农林科学院，1963）

重复		光照时间/h			
		8	10	12	14
现蕾数/个	I	362	184	23	1
	II	252	89	45	1
	合计	614	273	68	2
	比较/%	100.0	44.5	11.1	0.3

注："比较"表示以8 h时长诱导的现蕾数为基本参数。

在长期开花诱导研究中，人们一直认为某种或某些开花物质（如开花素）的形成是促使植物开花的主要原因。随着分子遗传学的发展，越来越多的实验表明，开花诱导过程是受一个极其复杂的网络状信号传导途径调控的。近年来，随着大规模模式植物——拟南芥、水稻等突变体的创制，被鉴定的开花突变体越来越多，为开花诱导途径的研究提供了很好的材料。特别是在拟南芥开花过程中起重要作用的基因相继被克隆后，这个复杂的网络状信号传导途径被逐步揭开。研究表明，拟南芥开花诱导受四种反应途径调控：光周期途径、自主途径、春化途径和GA（赤霉素）途径。

原来认为甘薯不能开花是由于缺乏开花素，而短日照处理能够诱导甘薯开花。有研究者认为是通过光周期途径产生了开花素，即成花素假说。苏联植物生理学者柴拉轩（Chailakhyan，1958）在1937年就提出，植物在适宜的光周期诱导下，叶片会产生一种类似激素性质的物质即"成花素"（Florigen），成花素传递到茎尖端的分生组织，从而引起花芽分化。但经过几十年的努力，人们还未能分离和鉴定出这种物质。由于成花素假说缺乏充足的实验证据，难以让人们普遍接受。到目前为止，寻找成花素的工作仍未取得任何明显的进展，而且不少长日照植物，如倒挂金钟（*Fuchsia hybrida*）、多花山柳菊（*Hieracium florbundum*），在非诱导的短日照条件下，赤霉素处理不能促进其花的分化。按照成花素假说，短日照植物在长日照条件下，体内含有丰富的赤霉素，而长日照植物在短日照条件下体内的开花素也不缺乏。但将处于营养生长状态的短日照植物和长日照植物相互嫁接，最终也未能观察到植物开花的现象。

还有一些研究者认为光周期刺激与叶片细胞中的蛋白色素——光敏素密切相关。光敏素的两种不同形式（Pr与Fr）的吸收光谱不同。Pr（r = red，红）型为蓝色，吸收峰在波长660 nm的红光部分;Fr(Fr=far red,远红)型为黄绿色,吸收峰在波长730 nm的远红光部分。两种形式的光敏素吸收相应波长的光后分别转化成另一种形式。由于两种形式的吸收光谱有部分重叠,只是吸收率不同,所以在不同波长的光下进行不同程度的相互转化,形成不同的Pr/Fr比值。在调节植物光形态发生中起作用的是Fr,Pr则为生理钝化型。有人认为光敏素的两种类型Pr和Fr的可逆转化在植物成花中起着重要的作用:当Pr/Fr的比值高时,促进长日照植物开花;当Pr/Fr的比值低时,可促进短日照植物开花(图4-12)。

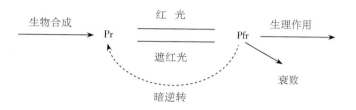

图4-12 光敏素的合成、转化与衰败

　　感受光周期刺激的光敏素传递到茎端分生组织,引起花芽分化。在花芽分化前,分生组织的细胞分裂加速,分裂活跃区的分布有所改变,细胞内蛋白质合成及核酸代谢活动均明显加速。

　　近年来随着分子生物学的快速发展,大量与光周期信号通路相关的基因已被发现和克隆,植物开花基因(*FT*)是光周期途径植物开花时间决定的关键基因,人们认为*FT*基因表达的产物可能就是长期寻求的开花刺激物质(有可能就是光敏素),这种开花刺激物质通过叶片到茎尖的长距离运输,最终引起茎顶端开花起始。然而到目前为止,大量的研究都集中于探讨*FT*的转录调控,对于其他层面的调控机制仍不是很清楚。

　　人们通过实验发现,单纯的短日照处理对大多数不能自然开花的甘薯品种来说效果并不理想,如我国的"夹沟大紫""北京168""烟薯8号",日本的"农林3号""农林9号"等品种。

4.3.5.2 嫁接法

　　嫁接是把植物的一部分器官移接到另一植株的适当部位,使两者愈合生长成新植株的繁殖方法。接在上部的枝或芽,称为接穗,承受接穗的植物体称为砧木。通过嫁接使砧木和接穗在结合处形成愈伤组织,进而分化形成形成层细胞,与砧木和接穗间形成层相接,形成一种新的形成层。这些新形成层细胞分化产生新的维管组织,并向内产生新木质部,向外产生新制皮部,实现了砧木与接穗之间维管系统的连接。砧木与接穗之间营养细胞的结合,共质体的形成,使得砧木与接穗之间能够进行物质交换,相互影响。甘薯通过嫁接蒙导法能够使一些难以开花的品种开花。

1.砧木的选择

嫁接成功的关键在于其亲和力。亲和力是指嫁接中砧木与接穗之间通过愈伤组织愈合在一起形成新植物体的能力。如果砧木与接穗之间没有亲和力,嫁接苗不能成活,这是由砧木和接穗两者的遗传特性所决定的。亲缘关系近的树种,亲和力大,所以,种内嫁接容易成活,种间嫁接就稍难,属间嫁接更难。因此,甘薯的嫁接一般采用容易开花的近缘植物(如牵牛、茑萝、月光花等旋花科植物)作为砧木,以难开花的甘薯品种作为接穗。

江苏省农业科学院在20世纪70年代用甘薯和蕹菜嫁接的方法,不需经短日照处理,即可诱导甘薯开花,这为江苏省及其类似地区甘薯有性杂交育种开辟了新途径。研究人员采用这个方法,合理选配亲本,经复合杂交选育出"宁薯1号""宁薯2号"等优良新品种。李秀英等的研究也表明,不同的砧木对亲本接穗开花的诱导作用有一定的差异,其中以茑萝作砧木诱导甘薯开花的效果最为明显。

朱崇文等总结了甘薯部分常用亲本与不同砧木的亲和性(表4-10),并将接穗对砧木的亲和性分为三类:砧木广谱亲和型,如"徐薯18""宁180"等品种;砧木专一亲和型,如"徐34"品种只适用月光花作砧木,如用其他砧木则发生25%~55%的死亡率;砧木专一不亲和型,如"南丰""南后"等品种,不能用本地牵牛作砧木,而与其他砧木嫁接时均表现为亲和。

总的来看,我国北方和日本多以牵牛为砧木,我国的中南部多以蕹菜、牵牛和月光花作为砧木。甘薯嫁接常采用劈接法。

表4-10 甘薯部分常用亲本与砧木的亲和性(朱崇文等,1992)

亲　本	亲和砧木	亲　本	亲和砧木
徐薯18	茑萝、日本牵牛、本地牵牛、月光花	北京553	茑萝
宁180	茑萝、月光花、日本牵牛、本地牵牛	北京284	月光花
丰收白	月光花、本地牵牛、日本牵牛	徐34	月光花
AISO122-2	本地牵牛、茑萝	华北52-45	月光花
南丰	月光花、茑萝、日本牵牛	CN1038-16	月光花
群力2号	本地牵牛、月光花	新大紫	月光花

亲　本	亲和砧木	亲　本	亲和砧木
栗子香	本地牵牛、日本牵牛、月光花	金千贯	月光花
AIS35-2	本地牵牛、月光花、茑萝	烟薯3号	月光花、蕹菜
华北166	月光花、牵牛花	CN1108-13	茑萝、月光花
南后	月光花、日本牵牛、茑萝	农业10号	茑萝、月光花
高系14	月光花、茑萝、日本牵牛	台农21	茑萝、月光花

上述砧木植物,除粗茎野牵牛很难获得种子,因而通常利用其嫩枝作砧木外,其他几种都是利用种子播种长的苗作嫁接砧木。通常在砧木长出2～3片真叶后摘去顶芽以促进茎变粗。培育砧木至其茎粗与接穗茎粗相当时再进行嫁接较容易成活。

2.多次嫁接

甘薯的一次嫁接诱导常常不能取得比较满意的诱导效果,这时就需要采用多次嫁接诱导的方法。可利用现有能自然开花的甘薯材料中间砧木作为蒙导体对不能自然开花的材料接穗进行无性蒙导,以促进开花。四川省南充市农科所的雍华、何素兰于20世纪90年代在南充地区自然条件下进行甘薯有性杂交育种时,选择茑萝作砧木,4月中下旬嫁接,获得较好的诱导甘薯现蕾开花效果;且在6、7月上旬、8月进行杂交,其结实率较高。对难开花的甘薯品种需进行二次嫁接蒙导开花,二次嫁接必须在5月上旬以前进行。

山东农业大学的董海洲在20世纪80年代开展了甘薯两次嫁接法(实质与上面的嫁接蒙导法相同)诱导开花和结实的研究。他们利用大牵牛花作砧木,能自然开花的甘薯品种为中间砧木,杂交亲本为接穗,经过两次嫁接后,能诱导甘薯一般品种在北方地区自然开花且效果显著。邓良均等于1986年开展了以嫁接诱导甘薯开花进行杂交育种的初步研究。以茑萝、蓝花牵牛为砧木,以本所选育的"80-397""81-26"两个自然开花材料为中间砧木,选择"徐薯18""恩薯1号""浙薯1号""绵1564""湘薯7号"等11个各具特色的甘薯品种(系)为亲本。在温室和塑料大棚内,用劈接法进行一次、二次嫁接诱导开花、杂交配组制取杂交种子,取得了较好的结果。

西北农学院农学系为了提高诱导甘薯开花的效果,在20世纪60—70年代开展了应用嫁接蒙导法促进甘薯开花的研究。嫁接蒙导法的砧木采用大花牵牛和圆叶牵牛,中间砧木蒙导体选用具有良好自然开花性能的甘薯品种,接穗被蒙导体即欲促进开花材料。根据杂交育种需要共选用20多个甘薯品种(系)。由于这些材料开花有难有易,故将其分为容易开花、一般和难于开花三类,分别采用三种不同的蒙导办法,即嫁接一次、嫁接两次和重复蒙导。嫁接方法绝大多数采用劈接法,极个别采用靠接法。从三年的试验结果可以看出,利用嫁接蒙导法能使在北方地区不能自然开花的20多个甘薯品种均不同程度地现蕾、开花、结实。

嫁接重复蒙导这种方法对绝大多数甘薯品种均具有良好的蒙导效果,只要掌握适期嫁接,就能达到适期开花杂交的要求。研究发现,影响蒙导效果的重要因素之一是中间砧木和接穗的年龄与长度。在牵牛上第一次嫁接的接穗中间砧木采用30 cm以上、已现蕾的老龄壮苗,与未现蕾的3 cm左右的幼嫩苗相比,前者不但成活率高而且发育快,可以提早第二次嫁接的时间,延长有效蒙导期。控制中间砧木的长度和分枝的去留是调节蒙导效果大小的重要措施。中间砧木过短,不留分枝,蒙导的作用小,现蕾所需时间长,且蕾少、脱落严重,甚至不现蕾。中间砧木过长,分枝留得过多,则嫁接时间推迟,不利于管理,株间通风透光不良,增加花蕾脱落率。试验结果表明,中间砧木的长度以保持在30 cm左右,并在其上留1个分枝,待分枝长到30 cm左右时,然后打顶,比较适宜。

3.关于植物嫁接诱导成花的机理

(1)成花素假说。

植物生理学者柴拉轩(Chailakhyan,1958)在1937年就提出,植物在适宜的光周期诱导下,叶片会产生一种类似激素性质的物质,即"成花素",成花素传递到茎尖端的分生组织,从而引起花芽分化。大量嫁接试验证实,叶片经光周期诱导后产生的成花素可在不同植株间通过韧皮部进行传递,甚至可以引起不同光照周期类型的植物开花。然而到目前为止,成花素这种物质尚未被分离鉴定出来。随后,Lang(1956)发现赤霉素在某些长日照植物中可代替长日照条件,诱导其在短日照条件下开花。尤其是一些营养生长呈莲座生长特性的植物,赤霉素处理后的一个明显作用就是促进抽薹和花的分化。对冬性长日照植物而言,赤霉素处理还可代替低温的作用促进开花。这说明赤霉素并不是人们一直寻找的开花激素。

(2)遗传转化。

刘用生等根据他人近年来的许多研究成果认为,嫁接杂交的机理主要是遗传转化。Ohta对辣椒砧木茎干所做的显微分析表明,被染成蓝绿色的呈现不同形状和大小的染色质团,从被染成浅紫褐色的即将木质化和死亡的细胞中,穿过细胞壁和细胞间隙向维管束方向转移。他把接穗看作受体,把砧木看作NDA供体。采用蒙导法进行嫁接杂交时,接穗就像寄生在砧木上,完全依赖来自砧木染色质中的遗传物质,这就可能使砧木的遗传信息转移到接穗以及由接穗产生的后代中。Taller 等在嫁接诱导的辣椒变异体中检测到了砧木 DNA，据此认为 DNA 直接从砧木转移到接穗的配子中是嫁接诱发变异的原因。

近年来也有越来越多的研究表明，内源 mRNA 能在韧皮部长距离运输系统中移动。如 Xo-constle-Gazyes 等将黄瓜嫁接到南瓜砧木上，在黄瓜接穗的韧皮部汁液中发现了南瓜的 mRNA，表明这些大分子已进入黄瓜接穗中。Kim 等在番茄嫁接中也发现 mRNA 能从砧木转移到接穗中，并引起相应的形态变异。众所周知，反转录转座子在植物中是普遍存在的，它能把 mRNA 反转录成 cDNA，而 cDNA 又能够整合到细胞的染色体组中。据此，刘用生等认为，砧木中的 mRNA 转移到接穗中，并被反转录转座子反转录成 cDNA，然后整合到接穗细胞的染色体组中可能是嫁接杂交机理的关键。

但是，通过嫁接诱导甘薯接穗产生变异，即从不能开花到能够开花，这一变异性状不能遗传。在转基因研究中，木本果树转化所用的试验材料通常局限于种子和幼苗组织(如合子胚、胚轴和子叶)，而成龄植物一般不能用于转化。现在农作物中广泛应用的"受精后外源 DNA 导入植物"技术主要是通过直接导入外源 DNA 来转化尚不具备正常细胞壁的卵、合子或早期胚胎细胞。据此，刘用生等曾做出如下假设：植物体产生的生殖细胞和胚胎细胞以及幼龄实生苗的体细胞均处于感受态，比较容易接受外源遗传物质的转化；而在阶段性上老龄的植物体细胞处于非感受态，相对难以接受外源遗传物质的转化。果树在进行嫁接繁殖时，接穗一般取自成年结果树，其体细胞处于非感受态，不容易接受来自砧木的遗传物质的转化，故接穗一般能保持其品种特性。甘薯嫁接诱导开花的机理会不会是砧木产生与开花有关基因表达的 mRNA，通过砧木与接穗共建的韧皮部长距离运输系统运输到接穗，启动接穗细胞中的开花基因，而砧木细胞产生并运输的 mRNA 很快又失去活性，并没有反转录成 cDNA 整合到接穗细胞的染色体组中，这一理论还有待进一步研究。

(3)营养物质假说。

有研究者认为，甘薯不开花是由于地下根系膨大，茎叶不能积累足够的营养物质以形成花芽。原河北省农作物研究所对甘薯开花与不开花植株各处理器官间的脉冲进行了比较，结果见表4-11。

表4-11 开花甘薯与不开花植株各处理器官间脉冲的比较(河北省农作物研究所,1979)

放射性 部位	多花株		少花株		无花株	
处理	脉冲	百分比/%	脉冲	百分比/%	脉冲	百分比/%
根	306.3	6.49	152.4	9.51	67.3	10.83
茎	870.5	18.44	334.3	20.86	309.3	49.78
叶	1 699.6	36.00	1 115.9	69.63	244.7	39.39
花(蕾)	1 844.2	39.07	—	—	—	—
合 计	4 720.6	100.00	1 602.6	100.00	621.3	100.00

　　研究表明,开花植株茎叶中的氮和磷含量显著高于不开花的植株。并且,开花越多的植株对养分(^{32}P)的吸收越强,其吸收能力依次为:多花植株>少花植株>无花植株;在多花同一植株中^{32}P的分布量为:根<茎<叶<花;同时,开花植株较不开花植株其糖的含量和碳氮比(C/N)均较高,且开花结实多的植株较开花结实少的植株高。所以,诱导甘薯开花的途径就是限制营养物质向根部转移。用不结块根的近缘植物作砧木,用甘薯不开花品种作接穗,进行嫁接就可以减少营养物质向根部转移。此外,环剥茎蔓韧皮部对限制营养物质向下运输有一定的作用,对某些甘薯品种诱导开花也有一定的效果。R. D. Lardizabal等在1986年分别以液体培养和泥炭土培养进行对比,实验结果是液体培养虽然能够抑制块根的形成,但开花量反而比泥炭土培养的减少了。李秀英等于20世纪80年代利用不同诱导开花的方法,研究其对亲本植株生长发育的影响及体内干物质和矿质元素分配的规律,研究结果之一见表4-12。该研究结果与营养物质假说不一致。

表4-12 不同诱导方法下植株各器官干物率比较(李秀英等,1990)

(单位:%)

诱导方法	叶片		叶柄		茎	
	平均	幅度	平均	幅度	平均	幅度
重复法	16.75	16.5～17.0	8.93	8.0～10.7	22.90	19.6～27.2
短日照法	14.98	14.0～16.3	7.80	7.0～9.4	14.00	10.7～17.8
嫁接法	17.52	16.3～20.2	9.00	7.0～10.7	22.25	19.8～25.5
对照	15.65	14.0～16.5	8.42	7.0～9.0	14.42	10.7～17.1

4.3.5.3 植物生长调节剂处理法

Howell等(1954)运用生长调节剂2,4-D和赤霉素(GA₃)处理可以增加一些甘薯品种的开花数量,但是他们在同试验内没有分别比较2,4-D和GA₃作用的效果。

R. D. Lardizabal等在1986年分别用生长调节剂、ABA、BA、乙烯利、GA₃处理实验材料,实验结果表明,生长调节剂的作用因品种不同而异,乙烯利、GA₃处理对少花品种具有促进开花的作用,并且GA₃的处理效果更好。

为了解释赤霉素在开花中的作用,柴拉轩提出了成花素假说。他认为成花素必须由形成茎所必需的赤霉素和开花素(Anthesin)结合起来才具有活性。植物必须形成茎后才能开花,即只有当植物体内存在赤霉素和开花素两种物质时,植物才能开花;而长日照植物在长日照条件下、短日照植物在短日照条件下,都具有赤霉素和开花素,因此,都可以开花;但长日照植物在短日照条件下缺乏赤霉素,而短日照植物在长日照条件下缺乏开花素,所以都不能开花;冬性长日照植物在长日照条件下具有开花素,但无低温条件时,无赤霉素形成,所以仍不能开花。赤霉素是长日照植物开花的限制因子,而开花素则是短日照植物开花的限制因子。因此,用赤霉素处理处于短日照条件下的某些长日照植物可使其开花,但用赤霉素处理处于长日照条件下的短日照植物则无效。

人们通过模式植物拟南芥来研究植物的成花诱导,其中一条途径就是GA途径。GA途径通过GAMYB激活LFY基因的表达已为人们普遍接受,但是Achard等人研究发现,表达的miR159转基因植株的MYB33和LFY表达量也会减少,特别是在短日照下表现出晚花的表型,这说明GA途径很可能有miRNA参与调控。研究表明,miR159的表达受到了GA的正调控和GAI、RGA的负调控,预示了miR159在GA途径中的作用和其调控机理的复杂性,其具体机理还有待人们进一步研究。同样,对于遗传结构更加复杂的甘薯,弄清植物激素特别是GA作为信息分子如何参与开花基因的表达调控,以及成花形态建构过程中的生理分化和形态分化如何完成就更具有挑战性了。

4.3.5.4 重复法

20世纪70—80年代及以前我国主要采用嫁接法、短日照处理法、植物生长调节剂处理法等单一的诱导方法促进甘薯开花,但对于一些难于开花的甘薯品种来说,效果常常有限。人们在甘薯育种实践过程中观察到一些难开花品种,如"夹沟大紫""烟薯8号""北京169"等。据国外报道,"农林3号""农林9号""aVieooa"等亦属于难开花品种。于是人们就利用多种方法组合共同诱导(重复法)促进甘薯开花。河北省农作物研究所于1979年对嫁接法、短日照法、重复法等促进方法进行了比较,其结果见表4-13。结果显示重复法(嫁接法+短日照处理法)的效果最好。

表4-13 促进甘薯开花的方法效果比较(河北省农作物研究所,1979)

项目 处理	嫁接法	短日照法	重复法	环状剥皮法	自然光照(对照)
开花数(朵/株)	11.3	2.9	767.3	7.1	0.2
比较/%	565	145	8 365	355	100

西南大学农学与生物科技学院的李艳花等人还研究了嫁接法与短日照法处理下三种植物生长调节剂对诱导甘薯开花结实的影响。研究发现,短日照处理法、嫁接处理法及植物生长调节剂处理法等这些方法均在一定程度上促进了甘薯的开花结实。更多的研究表明,利用植物生长调节物质处理甘薯能够延长其花器寿命,提高受精率。诱导甘薯开花和结实,促进作用最显著的植物生长调节剂处理为25 mg/L的6-BA,其次是50 mg/L的NAA和400 mg/L的GA$_3$。江苏徐州甘薯研究中心的李秀英等比较了不同诱导开花的方法,研究其对亲本植株生长发育的影响及体内干物质和矿质元素分配的规律。他们以"徐薯18"为接穗亲本,以月光花为砧本。其处理方法有:(1)亲本嫁接后每日进行8 h的短日照处理(称重复法,下同);(2)直接栽插亲本,每日进行8 h短日照处理(称短日照法,下同);(3)嫁接后给以正常日照(称嫁接法,下同);(4)直接栽插亲本,给以正常日照(作为对照,下同)。每年5月上旬嫁接,下旬移栽,7月初开始

短日照处理。试验持续3年,其结果如表4-14。实验结果也表明,重复法诱导效果明显优于嫁接法和短日照法。

表4-14 不同处理下单株开花数比较

(单位:朵/株)

诱导方法	7月	8月	9月	10月	合计
重复法	16.5	201.6	370.0	218.5	806.6
短日照法	0	59.0	108.0	25.1	192.9
嫁接法	0	2.1	16.6	28.0	46.7
对照	0	0	0	0	0

李大跃于20世纪80年代研究了3种诱导方法对较难开花的甘薯品种"红皮早"开花情况的影响,并对不同方法、不同砧木及处理间的诱导效果进行比较。实验结果表明,重复法和嫁接蒙导法普遍具有良好的诱导效果,嫁接法较差。砧木以茑萝诱导效果最好,牵牛次之,月光花最差。9个处理中,红/茑+短日,红/高/牵、红/高/茑和红/牵+短日等处理诱导效果较好。

王庆美等于20世纪90年代以甘薯亲本"济薯10号"为材料,开展了不同砧木结合短日照处理、重复嫁接蒙导法,嫁接结合植物生长调节剂处理法对开花影响比较的研究。通过试验发现,在第一种处理方法中,不同的砧木(本地牵牛、茑萝、巴西牵牛)对"济薯10号"的开花情况有显著影响,其中茑萝的蒙导开花效果最好,植株开花早、花多、花期长。在第二种方法中,以甘薯品种"高自1号"为中间砧木,也取得较好的诱导效果。在第三种方法中,以茑萝、本地牵牛为砧木嫁接成活后,分两次分别用300 ppm的GA_3溶液和水喷洒植株,适量喷洒GA_3能有效促进"济薯10号"品种开花,而且对植株无不良影响。通过对上述三种方法进行比较,以茑萝做砧木,结合体外喷洒GA_3的效果最好,开花数最多,简便易行。重复蒙导法虽然效果也不错,但需要二次嫁接,较为费时,且影响植株成活率。

第五章 胚胎发育

甘薯的形态解剖学研究早已引起很多植物学家的重视,先后有Juliano(1935年)、Heyward(1932年、1938年)、Maheshwari(1944年)和Martin(1967年)等人对其进行过研究。近年来,由于遗传和育种实践工作的需要,甘薯的胚胎学研究也引起了广大科研工作者的重视。Teiji等于1982年对受精作用和胚胎发生进行了报道,但系统的研究资料还很少。

作者从1980—1985年,一直对甘薯胚胎学进行研究,这些研究成果可为甘薯育种工作提供理论基础。

研究采用可亲合的杂交组合,母本为"高自1号",父本为"88-3"。试验材料种植于西南大学甘薯试验地,试验地位于东经106°59′,北纬29°33′,紫色壤土,肥力中等,露地育苗,5月上旬起垄栽植,垄宽约1 m,垄高24~30 cm,垄距30 cm,单行栽植,株距30 cm,用竹竿搭架。栽植后25 d左右现蕾,6月开花,花期可达150~160 d。据观察,开花最低温度为10~12 ℃,最高温度为35~38 ℃,最适温度为22~28 ℃。本地以7~8月份为盛花期,开花适宜相对湿度为85%~90%。试验期间,共杂交5万朵花用于甘薯胚胎学研究取材。

5.1 甘薯大小孢子的发生及雌雄配子体的形成

5.1.1 小孢子和雄配子体

5.1.1.1 小孢子的发生

甘薯花药的发育过程与被子植物一般的花药发育过程相似。从花药横切制片观察,甘薯花药具有典型的花药构造,由4个长形的小孢子囊组成。花药早期横切面上可见最外层排列整齐的原表皮层和原表皮下层,中央部分为尚未分化的薄壁细胞。随后,在原表皮层内方4个角隅处的原表皮下层各分化出一纵列的孢原细胞。孢原细胞大型,具有大且显著的细胞核,其细胞核和细胞质染色均较深,可明显区别于周围的细胞(图5-1A)。孢原细胞经过一次平周分裂,形成外方的初生壁细胞和内方的初生造孢细胞(图5-1B)。初生造孢细胞经过一次垂周分裂,产生2个纵列的小孢子母细胞,最初2个小孢子母细胞之间有一定距离(图5-1C),随后由于小孢子母细胞体积的增大,2个小孢子母细胞彼此紧密相接(图5-1D、E)。随着花药的不断发育,小孢子母细胞的体积迅速增大、变圆,细胞壁逐渐消失,被一层厚的胼胝质所代替。小孢子母细胞始终保存染色深、核大、核仁明显的特征,与周围其他细胞区分显著(图5-1C、D、E)。小孢子母细胞进行正常的减数分裂,形成4个小孢子。减数第一次分裂之后没有细胞壁形成,紧接着进行减数第二次分裂,为同时型的孢质分裂(图5-1H、I)。每个小孢子分别被胼胝质壁所包围,4个小孢子又被共同的胼胝质壁包围在一起,四分体的排列方式为正四面体形(图5-1J、K)。当四分体共同的胼胝质壁溶解之后,4个小孢子被释放到小孢子囊内。

在小孢子发生的同时,小孢子囊的壁层也相应地不断发生变化,原表皮层、初生壁细胞与初生壁细胞相邻的原表皮下层的部分细胞,加上初生造孢细胞内方的部分薄壁细胞,共同参与了小孢子囊壁层的形成。

原表皮层的细胞只进行垂周分裂增加细胞数目,以适应内部组织体积的增长。当花药增大时,表皮细胞逐步扩展成扁长形,初生壁细胞和与其相邻的原表皮下层的细胞先进行一次平周分裂,形成内方的绒毡层和外方的一层外层细胞。然后外层细胞再进行一次平周分裂,产生与绒毡层相邻的中间层细胞和外方的一层次生外层细胞。次生外层细胞最后进行一次平周分裂,形成另一层中间层细胞和表皮层下的药室内壁。各层细胞在花药增大时也不断发生垂周分裂,以增加细胞数目,适应体积的增大(图5-1C、D、E)。初生造孢细胞内方的一部分薄壁细胞也参加了花药内方部分壁层的形成,它们分化形成小孢子囊内方的绒毡层、中间层和药室内壁。在分化早期,由这些薄壁细胞分化形成的药室内方的壁层与初生壁细胞,和与其相邻的原表皮下层分化形成的药室外方壁层之间,可以看到明显的界限(图5-1C、D中箭头所指处)。不过后来这两者的细胞因发育而靠拢,合为一体,界限完全消失(图5-1E)。在小孢子母细胞进行减数分裂前,壁层的分化达到高峰,由1层表皮层、1层药室内壁、2层中间层和1层绒毡层组成。绒毡层的细胞分化出来之后不断进行垂周分裂,而且体积迅速增大,在小孢子母细胞进行减数分裂前发育达到高峰,每个细胞向轴纵向伸长,并且有两个核,两核的连接线则与壁层相

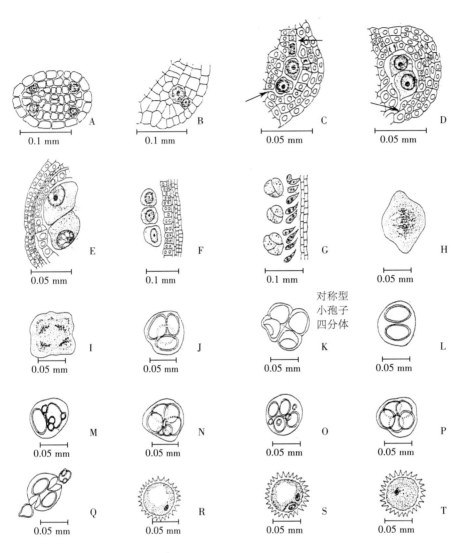

对称型
小孢子
四分体

A. 花药原基横切，示4个孢原细胞；B. 花药横切（局部），示初生造孢细胞和初生周缘细胞；C. 花药横切（局部），示壁层的发育和小孢子母细胞的形成，箭头所指为壁层不同来源早期细胞的分界线；D. 同图C，示进一步的发育；E. 花药横切（局部），示壁层的结构和小孢子母细胞；F. 花药纵切（局部），同图E，并示双核的绒毡层；G. 花药纵切（局部），示变形绒毡层，中间层细胞已消失；H—I. 小孢子母细胞的减数分裂；J—K. 正四面体排列的小孢子四分体；L—Q. 各种异常的小孢子"四分体"；R. 单核花粉粒；S. 二核花粉粒；T. 三核花粉粒。
（图H—Q. 根据压片法观察绘图，其他是根据切片绘图。）

图5-1 甘薯的小孢子发生和雄配子体的发育

垂直(图5-1E、F)。当小孢子母细胞进行减数分裂时,两层中间层已完全解体而消失,绒毡层细胞也同时开始解体,细胞的内含物进入小孢子囊内,绒毡层属于变形绒毡层(图5-1G)。直到花粉粒完全成熟发育为3个细胞时,绒毡层才完全消失。此时花药壁由1层表皮层和1层药室内壁组成。表皮层细胞并不破碎,只是原生质体大部分消失,有的细胞仅残留1个很小的核,而细胞的外切向壁因体积缩小而发生明显的皱褶。花药成熟时,药室内壁的细胞已完全观察不到任何原生质内含物,细胞的体积增大,整个细胞的径向方向发生显著的栓质性加厚,用苯胺蓝可以染上鲜艳的蓝色。花药分裂前同侧2个小孢子囊之间的外壁破裂而连通,且在同侧2个小孢子囊外壁连接处,其药室内壁的细胞不发生栓质性加厚处开裂。

5.1.1.2 雄配子体的发育

小孢子四分体共同的胼胝质膜溶解之后,小孢子分散到小孢子囊内,每个小孢子就是单细胞的花粉粒,它们吸收绒毡层的原生质团,体积迅速增加并且细胞迅速液泡化,在中央形成1个大的液泡,细胞质分布到细胞边缘,细胞核也被挤向一侧。同时,花粉壁迅速加厚,表面的乳头状纹饰已基本形成。随后单细胞的花粉粒进行有丝分裂,形成1个大的营养细胞和1个小的生殖细胞,生殖细胞位于花粉粒内的一侧,花粉粒的壁层继续加厚,表面的乳头状纹饰进一步突起,在二核花粉粒时期,花粉壁层和纹饰已大体定形。最后,生殖细胞经过一次有丝分裂形成2个精细胞,每个精细胞的核都异常小。花粉粒内各细胞之间的界限在切片上难以观察。

1. 成熟花粉粒

成熟花粉粒呈淡黄色,球形,平均直径为85 μm。具散孔,孔口圆形,孔的数目为45～110个,具明显的孔膜。外壁厚7～8 μm(不包括乳头状突起)。花粉粒外表面每个萌发孔周围有3～4个乳头状突起,乳头长8～10 μm。按照萌发孔分类的NCP(数目、位置、特征)标准,甘薯应为746,即多、散孔型(图5-2)。

2. 不正常减数分裂产生的"四分体"

正常情况下,小孢子母细胞进行减数分裂形成4个大小均等的小孢子。但作者在1981年9、10月份的低温期中,观察到由花粉母细胞经过不正常减数分裂而产生的异常"四分体"。这种异常"四分体"大致有以下几种情况:(1)1个"四分体"共同的胼胝质内仅包含2个小孢子;(2)1个"四分体"的胼胝质内包含2个小孢子和4个直径比正常小孢子小1/3左右的小孢子;(3)1个"四分体"共同的胼胝质内包含4个小孢子和2个直径比正常小孢子小1/3左右的小孢子;(4)1个"四分体"共同的胼胝质内包含4个小孢子和4个直径比正常小孢子小1/3左右的小

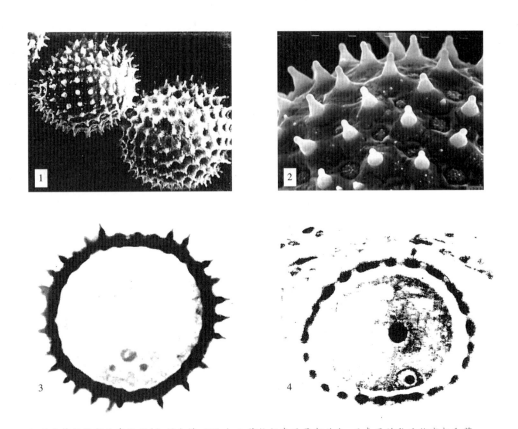

1.成熟花粉粒整体表面观(扫描电镜,500×);2.花粉粒表面局部放大,示表面的乳头状突起和萌
发孔的结构(扫描电镜,2 000×);3.三核花粉粒(800×);4.二核花粉粒(800×)。

图5-2 甘薯的花粉粒及成熟药壁的结构

孢子;(5)1个"四分体"共同的胼胝质内具有5个小孢子;(6)个别小孢子具有1个乳头状的突
起。特别以第(2)(3)(4)这3种情况居多。根据观察时的气象情况记载,当平均气温在48 h之
内从30 ℃左右下降至18 ℃以下时,会大量出现这种不正常的减数分裂现象。

对于不正常减数分裂产生的小孢子,特别是比正常形态四分体中的小孢子直径小1/3左右
的小孢子是否可以发育为花粉粒,我们也进行了观察,发现不正常的小孢子至少有一部分是可
以发育为花粉粒的。那些直径比正常小孢子小1/3左右的小孢子,仅能形成较小的花粉粒,这
种花粉粒的直径为正常花粉粒的1/3左右。它们的表面同样具有乳头状纹饰,不过内部结构在
切片中不能显示出来。

Ting等(1953)指出,甘薯小孢子母细胞的减数分裂有部分不正常的情况。Wang(1964)报
道了甘薯具有大量不育性花粉粒。作者所观察到的因非正常减数分裂而产生的各种异常的小

孢子"四分体"也证实了上述结论。根据我们的资料,从产生这种异常小孢子"四分体"的环境来考虑,低温是其影响因素。有关温度和甘薯小孢子母细胞的非正常减数分裂之间的数量关系,有待于做进一步研究。

3.关于花药壁层的问题

植物学家普遍认为除花药的表皮层之外,其余都是花药的壁层,包括药室内壁、中间层和绒毡层,都是由初生壁细胞分化而形成的。但作者在对甘薯花药壁层发育的观察中,发现与初生壁细胞相邻的原表皮下层细胞以及花药中部与初生造孢细胞相邻的薄壁细胞也参与了药室部分壁层的形成。这一部分的壁层细胞与初生壁细胞形成的壁层细胞之间,于小孢子囊发育的早期阶段,有比较明显的分界线,细胞之间有显著的距离,不过后来两者的细胞相互靠拢,这种界限完全消失了。因此,作者认为花药壁层的来源,除表皮之外,应该包括初生周缘细胞、与初生周缘细胞相邻的原表皮下层细胞和与初生造孢细胞相邻的内方部分薄壁细胞。如果将花药原基中除了原表皮层和孢原细胞之外的其他细胞统称为薄壁细胞,那么过去认为花药仅仅是由原表皮层和孢原细胞分化而形成的,而不考虑薄壁细胞的发育和分化,似乎带有相当的局限性。根据作者的观察,花药原基中的薄壁细胞,除了分化为花药的维管束和维管束周围及4个小孢子囊之间的薄壁组织之外,至少有一部分薄壁细胞还参与了部分药室内方壁层的形成。因此,除去表皮层之外的花药壁层的形成并不是某一特定细胞(初生壁细胞)分化的结果。根据Yeoman(1976)对植物组织中薄壁细胞的研究,他认为这些薄壁细胞都具有各种分化的潜力,但要受环境条件的影响。我们可以做出如下推测,与之相邻的薄壁细胞总是由内向外分化为绒毡层、中间层和药室内壁。但这种推测还有待于今后用实验胚胎学的方法加以检验。

Juliano认为甘薯的药室内壁没有次生加厚现象。自他1935年得出这个结论之后,至今无人提出异议,并先后被Mahesiwari等人引用,写进专著中。在用苏木精和番红—固绿对染的成熟花药切片中,作者确实看不出药室内壁的次生加厚现象,但根据作者的观察,其化药卝裂的位置恰好位于同侧2个药室之间外方连接处。据此,作者推测甘薯的药室内壁可以有次生的加厚。后来改用苯胺蓝WC染色,药室内壁显示出鲜明的蓝色次生加厚。Eames(1961)认为药室内壁的次生加厚是木质的或栓质的。Swamy(1980)认为它不是木质的,而是栓质的。Bhojwari(1970)引用Fossard的结论,认为药室内壁主要由高比例的α-栓质素组成,仅在成熟时略有木质化。根据作者的观察,甘薯的药室内壁在成熟时仅对苯胺蓝WC发生显色反应,而不对番红显色,说明它的组成成分是栓质性的,与Swamy和Bhojwari的结论大体是一致的。

Juliano(1935)报道,他所观察到的甘薯成熟的花粉粒是二细胞的。Brewbaker(1957)基于

花粉粒萌发的位置和花粉管伸长所受的抑制,估计甘薯的成熟花粉粒应该是三细胞的。Teiji
(1982)报道,甘薯成熟花粉粒是三细胞的,三细胞花粉粒的核难以观察的原因是因为壁染色太
深,核被掩盖,他也指出在甘薯三细胞花粉粒的切片中很难找到。作者的观察与Teiji的观察完
全是一致的,这也证实了Brewbaker的估计是正确的。

5.1.1.3 甘薯小孢子母细胞减数分裂过程的观察

李惟基、陆漱韵等对甘薯小孢子母细胞减数分裂观察的试验结果如下。

1.甘薯小孢子母细胞的减数分裂

甘薯小孢子母细胞的减数分裂经历了前期I(含细线期、偶线期、粗线期、双线期和终变期5个
阶段)、中期Ⅰ、后期Ⅰ、末期Ⅰ、前期Ⅱ、中期Ⅱ、后期Ⅱ、末期Ⅱ、胞质分裂和四分子形成等时
期。细线期细胞中有明显的亮区,其中有深色的核仁和紧密缠绕的染色体。偶线期染色体开
始松弛。粗线期染色体的个体性渐趋鲜明。双线期染色体明显变粗,可见交叉结。终变期细
胞中亮区不明显,但仍可见核仁,染色体成对分布于细胞中,细胞周围的胼胝质层清晰可见。
中期Ⅰ染色体集中于赤道板,纺锤丝形成,核仁消失。后期Ⅰ可见纺锤丝将染色体向两极牵
引。末期Ⅰ细胞两极均出现新的亮区,形成2个子核。前期Ⅱ细胞两极出现染色体。中期Ⅱ
细胞中央出现两组染色体和纺锤丝。后期Ⅱ纺锤丝将染色体向两极牵引,细胞中的染色体被
分成4组。末期Ⅱ细胞四极各出现1个亮区,形成4个子核。接着,亮区之间的细胞质出现凹
陷和裂痕,直至形成四分体,其中每个四分孢子的周围也被胼胝质包围。综上所述,甘薯小孢
子母细胞具有一般植物小孢子母细胞减数分裂各时期典型的染色体特征:由终变期至四分体
时期,并可见到明显的胼胝质层存在于细胞周围。

2.甘薯小孢子母细胞的胞质分裂

据观察,甘薯小孢子母细胞的胞质分裂同大多数双子叶植物一样,属同时型。其证据有:
一次分裂形成2个新子核时,并没有形成二分体;2个子核的分裂在1个细胞质中进行,经中期
Ⅱ、后期Ⅱ到形成4个子核,然后胞质才一次分裂而形成四分体。

3.甘薯幼蕾发育与小孢子母细胞的关系

当甘薯幼蕾长7 mm时,开始发现小孢子母细胞,其体积明显大于周围的药壁细胞。后者
直径约$1×10^{-2}$mm;前者约$5×10^{-2}$mm,并有亮区、核仁和染色体。前期Ⅰ细胞此时还见于
8 mm和9 mm幼蕾的花药中,细胞直径在$6×10^{-2}$~$8×10^{-2}$mm之间,胼胝质层直径约$10×10^{-2}$mm,
在9 mm幼蕾中,前期Ⅰ的频率达85.4%,可见,所占时间最长;而其中的终变期极短,以致有

记载的全部9 mm幼蕾中仅有2%能见到终变期分裂相。幼蕾9.0~9.5 mm时,可见到中期Ⅰ至末期Ⅱ,并往往可在同一幼蕾中见到上述分裂期范围内的不同分裂期,这可能是由于此阶段各期经历的时间较短。此时细胞直径在$8×10^{-2}$~$10×10^{-2}$mm之间。胼胝质层直径在$10×10^{-2}$~$12×10^{-2}$mm之间,当幼蕾长9.5~10.0 mm时,可见到胞质分裂至四分体形成期,其中每个四分孢子细胞直径约$4×10^{-2}$mm。

5.1.1.4 甘薯小孢子发生的超微结构观察

甘薯小孢子发生过程中,细胞质超微结构发生显著变化,唐云明等的研究结果如下。

1.小孢子母细胞时期

在甘薯小孢子囊中,当造孢组织转化为小孢子母细胞时,最初2个小孢子母细胞之间有一定距离,随后由于小孢子母细胞体积的扩大,2个小孢子母细胞彼此紧密相接,随着花药的不断发育,小孢子母细胞的体积迅速增大,形状变圆。减数分裂前的小孢子母细胞,细胞核的体积特别大,其形状比较规则,有明显的双层核膜,核内有1个电子密度极高而且较大的核仁,有时在核仁中央有核仁泡。核内除核仁外,还常有一至多个额外核仁,细丝状染色质聚集成团,在核内呈不均匀分布(图5-3A),细胞质中含丰富的内质网和质体(图5-3A、B),内质网主要分布在细胞核周围和细胞壁附近,常2~4个弯曲相互呈平行状,质体在细胞质中分布较均匀,多为椭圆形或球形。质体内片层结构不明显,电子密度低,有许多小泡,呈退化趋势。线粒体也比较丰富,多为棒状或哑铃形。高尔基体的数量不多,稀疏分布(图5-3B)。核糖体的密度特别高。

2.减数分裂时期

甘薯小孢子母细胞减数第1次分裂之后没有形成细胞壁,紧接着进行减数第2次分裂,核膜消失,细胞质的结构同减数分裂前的小孢子母细胞相似,减数第1次分裂Ⅰ之后,细胞质的结构发生了明显的变化,原有细胞器退化,但细胞核的电子密度特别高,核仁明显,未形成核膜,细胞质中有大量大小不等的小泡和电子致密的颗粒,一些小泡和电子致密颗粒向细胞的赤道板靠近,但未形成胼胝质壁(图5-3X)。接着进行减数第2次分裂,之后在赤道板上迅速形成胼胝壁,此时细胞质中仍然可见大量的小泡,同时在细胞的赤道板附近可见脂质体(图5-3Y)。在减数分裂期间内质网、质体、核糖体及线粒体退化(图5-3X、Y)。

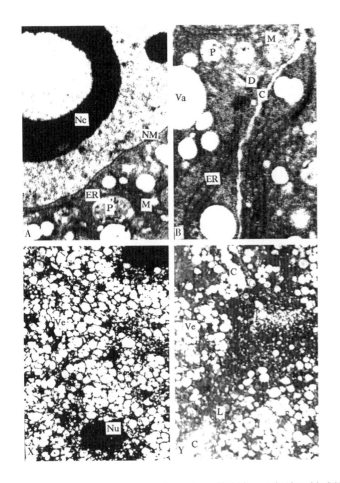

C. 胼胝质壁;

D. 高尔基体;

ER. 内质网;

L. 脂质体;

M. 线粒体;

Nc. 核仁;

NM. 核膜;

Nu. 细胞核;

P. 质体;

Va. 液泡;

Ve. 小泡。

A. 小孢子母细胞,示核膜、核仁、额外核仁、内质网、质体、线粒体和核糖体(11 600×);

B. 小孢子母细胞,示内质网、线粒体、高尔基体和质体(16 700×);

X. 减数分裂Ⅰ后期,示小泡和细胞核(3 500×);

Y. 减数分裂Ⅱ后期,示小泡和胼胝质壁(3 500×)。

图5-3 甘薯小孢子母细胞及其减数分裂的超微结构

3. 小孢子时期

小孢子母细胞经过减数分裂形成小孢子四分体。四分体的各个孢子都由较厚的胼胝质壁包围。细胞质中可见比较丰富的细胞器(图5-4A)。质体的数量较多,呈椭圆形或球形,其内开始出现电子致密的片层结构,多数位于小孢子中央部分,线粒体多呈球形,在细胞壁附近分布较多(图5-4B),小液泡仍然较多,集中在小孢子中央分布,其内含有电子致密的物质,内质网虽然极少,但在细胞质中可见比较丰富的内质网小泡,且多数位于细胞质的外围(图5-4B),细胞核大,呈椭圆形,位于小孢子中央,此时花粉外壁尚未形成从四分体释放出来的小孢子,细胞核变为长梭形,而且向花粉壁靠近(图5-4X),质体特别丰富,多呈棒状或哑铃状,主要分布在细胞核的周围,尤其是细胞核的两端更丰富,质体内的电子密度较高,多数含有淀粉粒,有的正在进行分裂(图5-4X),线粒体也非常丰富,其内有明显的嵴,主要分布在细胞核周围和细胞壁附近(图5-4Y)。在细胞壁附近具有丰富的内质网小泡(图5-4Y)。在细胞中央仍然具有各种大小不等的液泡。在核附近可见一些短的粗糙内质网,核糖体的密度又开始升高。

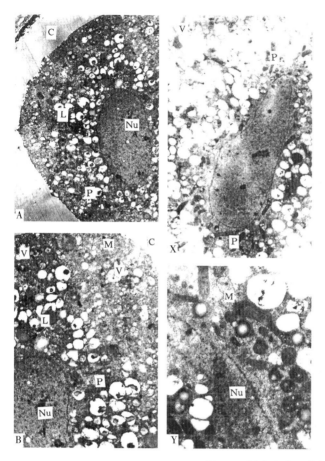

C. 胼胝质壁；
L. 脂质体；
M. 线粒体；
Nu. 细胞核；
P. 质体；
V. 内质网小泡。

A. 四分孢子，示细胞核、质体和脂质体(3 600×)；
B. 四分孢子，示线粒体和内质网小泡(6 200×)；
X. 小孢子，示细胞核、质体和内质网小泡
(4 300×)；
Y. 小孢子，示内质网、线粒体、质体和核糖体
(11 200×)。

图5-4 甘薯小孢子的超微结构

5.1.1.5 甘薯精细胞的质体和线粒体及DNA存在状况

袁宗飞、胡适宜、刘庆昌等研究发现,甘薯花粉粒中的2个精细胞大小和形状基本相似,细胞质中含丰富的质体和线粒体。细胞质DNA特异荧光显示精细胞及产生它们的前细胞——生殖细胞中均含有丰富的类核,1对精细胞中类核的数量无明显差异。精细胞中存在两种形态的类核,大而荧光强的类核可能为质体类核,小而荧光弱的类核为线粒体类核。

开花时花粉中生殖细胞的形态为细长形。授粉后,生殖细胞在有丝分裂前变为短而粗的形状,呈纺锤形。无论是早期还是后期(有丝分裂前)的生殖细胞的细胞质中均有大量的、分布较均匀的类核。对40个生殖细胞中类核荧光点进行计数发现,每个生殖细胞中的类核数目在120～160个之间。荧光点的大小及强度表现有差别,可大致区分为较大而荧光强的与较小而荧光弱的两类,其中大而荧光强的荧光点数显著得多,是小而荧光弱的荧光点数的2倍以上。

精细胞中的细胞质DNA生殖细胞分裂形成的2个精细胞,其大小及形态基本相同,初形成的精细胞,其核位于精细胞钝的一端,细胞器类核几乎均等地分配到2个子细胞中,精细胞中

的类核同样也有大而强及小而弱的两类,及在量上前者多于后者(图5-5)。

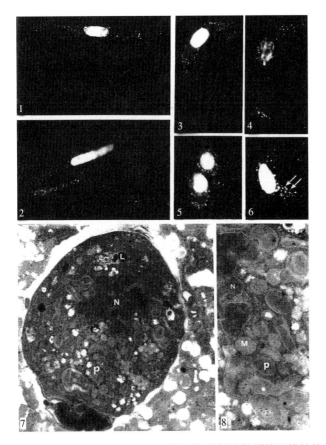

1—6.经DAPI染色的压片。

1—2.成熟花粉的生殖细胞,示细胞呈长梭形,细尖的两端常弯曲,细胞质中遍布荧光点(650×)。

3—4.半离体培养30 min后水合花粉中的生殖细胞,注意形状变得短而粗,呈纺锤形,细胞质中的荧光点仍存在。其中4为生殖细胞有丝分裂前期(670×、700×)。

5—6.半离体培养的水合花粉中的精细胞。其中5为相互贴近的1对精细胞,与其在花粉中的状态相似(930×),6为另一花粉中的1个精细胞放大,详示大的(箭头)和小的(箭头)荧光点(1 200×)。

7—8.半离体培养40 min后花粉的电镜照片。其中7为花粉的一部分,示1个精细胞,可见细胞质中具丰富的质体和线粒体(9 800×),8为7的局部放大图,详示质体及线粒体的结构(19 600×)。

L.脂体;
M.线粒体;
N.核;
P.质体。

图5-5 精细胞的质体和线粒体及DNA存在状况

2个精细胞在超微结构上是相似的。根据连续切片的观察,2个精细胞并列位于营养核的一侧,其中1个精细胞的尾部与营养核连接,即形成雄性生殖单位。精细胞具明显的电子透明包被,核形状不规则,及具深的瓣裂,细胞质内含丰富的质体和线粒体,且质体的数量明显多于线粒体。结合上述荧光观察结果可以判断大而荧光强的类核应是质体的类核,小而荧光弱的类核是线粒体的类核。此外,细胞质内还含有内质网及一些电子透明的小泡和电子致密体。

5.1.2 胚珠的发育和组成

甘薯雌蕊由柱头、花柱、子房三部分组成。柱头呈二裂,其上有许多乳头状突起。子房上位,二室由假隔膜分为四室,每室有1个胚珠。甘薯为多胚珠作物。

5.1.2.1 胚珠的发育

胚珠的原基由子房壁内表皮下的细胞局部平周分裂所产生。原基的前部由薄壁细胞组成的突起构成珠心组织,基部成为珠柄。珠心是胚珠的主要成分,被包藏在珠被内,胚囊就在珠心中形成。据唐云明对甘薯珠心细胞超微结构的研究发现,甘薯珠心细胞在衰退前的发育过程中超微结构有变化。一般珠心表皮细胞和离胚囊较远的珠心细胞以及胚囊发育初期靠近胚囊的细胞有较大的核质比和清晰的核被膜;细胞质中线粒体、核糖体、高尔基体和内质网等细胞器十分丰富,功能也非常活跃;细胞中有较多小液泡;细胞壁上具有较多胞间连丝,随着胚囊的扩展和珠心细胞的发育,在离胚囊稍近的珠心细胞中,出现平行内质网槽库和同心内质网环。同心内质网包围的细胞质被消化后形成小液泡,通过新液泡的形成,原有液泡扩大与合并,珠心细胞形成大的中央液泡。此时,珠心细胞由具有分生组织细胞特征转化为呈现薄壁组织细胞的典型特征。之后,胚囊的进一步扩展将导致珠心细胞衰亡。

位于珠被和发育的胚囊之间的珠心组织细胞,在胚囊发育初期具有分生组织细胞的特征,以后逐渐发育为典型的薄壁组织细胞类型。

5.1.2.2 胚珠的组成

胚珠有短柄,着生于胎座上,胚柄与珠被相连处为合点,胚珠顶端有珠孔。位于珠孔处的珠心细胞产生胚囊,胚囊内产生卵细胞,胚囊是被子植物重要的生殖器官。

当珠心增大时,由于珠被有不同程度的生长致使胚珠本体形成弯曲,之后胚珠倒转过来,因此珠孔与合点二者紧密贴近,发育成倒生胚珠。甘薯具有单一肥厚的珠被,成长后并不将珠心顶部封闭,而是留下1个孔——珠孔。珠被以内为珠心,甘薯为薄珠心,并且有珠被绒毡层。

5.1.3 大孢子和雌配子体

5.1.3.1 大孢子的发生

1.胚珠中大孢子的形成

当胚珠开始形成珠被时,珠心细胞也进行分裂与分化。当胚珠开始弯曲时,珠孔端直接靠近珠心的表皮下方,有1个珠心细胞体积增大,细胞质浓稠,核很显著,这个细胞称孢原细胞(图5-6A)。孢原细胞进一步增大,成为胚囊母细胞(大孢子母细胞)。孢原细胞经过一次平周分裂,产生2个细胞,内方1个称为造孢细胞(图5-6C),外方1个称为周缘细胞(盖细胞),盖细胞保持原状,不再分裂。而造孢细胞长大后,形成大孢子母细胞,即胚囊母细胞。

2.大孢子母细胞减数分裂过程

大孢子母细胞到了成熟期,逐渐伸长,位于胚珠的相当里层,靠近合点的一端。大孢子母细胞经过一段时间生长后进行减数分裂,连续分裂两次形成4个细胞的四分体,大孢子四分体呈直列形。这4个细胞都是通过减数分裂而来的,所以每个细胞中的染色体都比胚囊母细胞少1/2。这4个细胞(又称大孢子)中的1个后来会发育成胚囊。没有参加胚囊构成的大孢子则败育消失。

5.1.3.2 雌配子体的发育和八核胚囊的形成

甘薯大孢子四分体产生以后,珠孔端3个大孢子退化,合点端的1个大孢子继续发育成胚囊。胚囊发育时,这个大孢子的细胞核经过三次有丝分裂形成八核胚囊。即第一次分裂成为2个核,分别移到两极;第二次分裂产生珠孔极的1对核与合点极的1对核;第三次分裂后形成各有4个核的两群。珠孔极的4个核分化成1个3细胞的卵器(1个卵细胞,2个助细胞)和1个上极核(图5-6G),而合点端的4个核则分化成3个反足细胞和1个下极核(图5-6H)。这种发育基本上属蓼型胚囊。

1个大孢子经过上述分裂、分化的过程后成为成熟的胚囊,它是被子植物的雌配子体,其内的卵细胞又称雌配子。

甘薯的卵器包含1个卵细胞及2个助细胞,它们近乎洋梨形,以较窄的一端附着于胚囊的珠孔端,呈三角形排列(图5-6I)。通常卵细胞的体积比助细胞大一些,细胞核和细胞质主要集中在细胞的近合点一端,近珠孔的一端被1个大液泡所占据。作为雌配子的卵细胞与雄配子结合形成合子,由合子发育为新一代的孢子体。

卵细胞长60~70 μm,宽38~52 μm。卵器的助细胞较卵细胞小一些,表现为与卵细胞相反的极性。助细胞的远珠孔端有1个液泡,其细胞核和细胞质集中在近珠孔的一端。通常助细胞在受精后就会破裂。助细胞一般长52~62 μm,宽30~40 μm。

甘薯胚囊的3个反足细胞,位于合点端,其形状在不同时期是有变化的。它的寿命短暂,当胚囊成熟时,反足细胞早已退化消失或仅留残迹。

胚囊中除有卵器和反足细胞外,在中央还有1个大的中央细胞。中央细胞里含有2个极核,每个极核内有1个染色较深的大而明显的核仁。极核直径为7~12 μm,核仁的直径为2~3 μm。中央细胞长为38~59 μm,宽为20~24 μm(图5-6J)。通常极核靠近卵器,在它的周围有细胞质围绕,细胞质索与卵器一反足细胞以及胚囊周围的原生质薄层相联系。

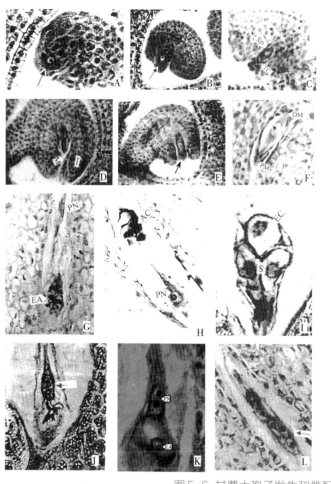

A.原细胞；

B.大孢子母细胞；

C.造孢细胞(TC)和盖细胞(SP)；

D.示珠孔(M)和单一珠被(I)；

E.示甘薯的薄珠心；

F.示大孢子四分体,珠孔端3个退化(PM),
合点端1个为有功能的大孢子(DM)；

G.示珠孔端卵器(EA)和1个极核(PN)；

H.示合点端的3个反足细胞(AC)和1个极
核(PN)；

I.示卵细胞(EC)和2个助细胞(S)；

J.示极核(箭头处)；

K.示极核(PN)与卵器(EA)的关系；

L.示八核在胚囊里的位置(箭头处)。

图 5-6 甘薯大孢子发生和雌配子体发育

5.1.3.3 甘薯大孢子的发生与外界条件的关系

据作者观察,同一甘薯品种的不同植株,同一植株不同部位上的花枝,其大孢子的发生随温度、光照、湿度等条件的不同分化有早迟之别。1982年,作者观测到大田温度、湿度、光照时间与开花数量的关系如表5-1所示。

表5-1 大田温度、湿度、光照时间与开花数量的关系

月份	开花数/朵	月平均温度/℃	月平均湿度/%	光照时间/h
7	630	25.34	85.6	86.9
8	1 761	27.73	76.0	172.9
9	961	22.65	88.6	87.3

注:表中的"开花数"为"高自1号"品种10株的开花数。

从表5-1可以看出,8月份的温度、湿度、光照等条件都较适合,因而花器形成正常,开花也多。

据观察,大孢子母细胞及胚囊的发育过程是按花蕾外形大小取材的。从4 mm到14 mm的花蕾材料中依次采取、固定、制片、观察,结果很不理想,在许多切片里都未找到大孢子母细胞。其原因是忽视了内部的阶段发育,只关注了花蕾发育的外部形态大小。所采集的材料来自不同的植株和不同的花枝,植株个体的差异,各器官发育与环境条件的差异,导致了大孢子母细胞发育的差异。虽然按花蕾大小制片似乎包括大孢子的发育过程,但实际缺乏内在联系。因此尽管制作了上千张切片,但一无所获。改变取材方法(即不仅注意植株个体与外界环境的关系,还考虑到将花蕾外形大小和采集整个花枝相结合)后,按节位顺序,依次固定、制片、观察,其结果如下。(1)外界气温在25~28℃,光照时间为87~172 h,湿度在76%~85%,大孢子发育正常,开花也多。(2)在一个花枝上,第6~7个节位的花蕾长8.2~9.5 mm,宽2.3~2.6 mm,出现孢原细胞;第8~10个节位的花蕾长10.2~12.3 mm,宽2.8~3.5 mm,出现大孢子母细胞。但由于采摘花枝的时间不同以及外界环境条件的变化,孢原细胞的发生有时在第7~9个节位,大孢子母细胞则相应地延至第12~13个节位才发生。

5.2 甘薯的受精

成熟的花粉粒借外力作用从雄蕊花药上传到雌蕊柱头上的过程称为传粉。传粉是受精的前提,是有性生殖的重要环节。

雌、雄性细胞,即卵细胞和精细胞互相融合的过程叫受精。被子植物的卵细胞在珠心的胚囊内,必须借助花粉粒形成花粉管,把精细胞送入胚囊,才能受精。受精之后形成合子,再由合子发育成胚。

5.2.1 花粉与雌蕊的相互作用

植物传粉后,花粉从萌发到与卵融合完成受精作用,这一系列过程无一不是在花粉与雌蕊的相互作用中完成的。花粉粒落到雌蕊的柱头上后,并不是所有的花粉粒都能萌发,只有那些生理生化相协调的才能萌发。

5.2.1.1 花粉与雌蕊的相互识别

"识别"一词是用来表示在分子基础上的选择作用,有极为重要的生物学意义。花粉与雌蕊的相互作用,首先体现在二者之间的相互"识别",通过相互"识别",防止遗传差异过大或过小的个体交配,而选择生物学上最相适合的配偶进行交配,这是植物长期进化过程中形成的一种维持物种稳定和繁荣的适应现象。远缘杂交和自交不亲和就是"识别"的具体表现。

现已证明在"识别"中,来自绒毡层的花粉粒外壁蛋白质是"识别"物质。在柱头乳头状突起的外表上,有一层蛋白质薄膜覆盖在角质膜上,它是"识别"的感受器。花粉粒落在柱头上不久,花粉粒外壁释放出蛋白质,与柱头的蛋白质薄膜相互作用从而决定之后一系列代谢过程。如果二者是亲和的,随后由花粉粒内壁释放出来的角质酶前体(即内壁蛋白质)便被柱头蛋白质薄膜活化,柱头蛋白质薄膜内侧的角质膜被溶解,花粉管得以进入柱头。如果二者是不亲和的,柱头的乳头状突起随即产生胼胝质,阻碍花粉管的进入,产生排斥反应。实验证明,由不亲和花粉外壁提取的蛋白质或绒毡层分离碎片均可诱导柱头出现胼胝质这一"拒绝信号"。用蛋白酶人工除去柱头蛋白质薄膜,不亲和花粉管也无法穿透角质膜。这就证明柱头蛋白质薄膜执行着"感受器"的功能。此外,各种植物柱头分泌液的成分和浓度各不相同,特别是所分泌的酚类物质的变化,对某些植物的花粉粒萌发也有促进或抑制作用。

5.2.1.2 花粉管在雌蕊中的生长

花粉管起载运精细胞到雌配子体中的作用。

经过相互"识别"或选择,亲和的花粉粒就开始在柱头上吸水、萌发,内壁从萌发孔突出形成花粉管。这时花粉的呼吸作用迅速增强,聚核糖体增多,蛋白质合成显著增加,RNA也有合成,用于花粉粒的萌发与生长。并且,花粉开始突出前高尔基体非常活跃,产生很多小泡,带着多种酶和果胶质造壁物质,在花粉管形成和生长时,循着细胞质向前流动的方向,将小泡释放出去,参与管壁的建造,使花粉管不断延伸。花粉管生长的部位是它的尖端,这个生长尖端大约有 $5\mu m$,高尔基体产生的小泡带着多种酶和果胶质,就在此区参与壁的建成。

花粉管生长的营养物一部分来自花粉本身,但大部分是雌蕊提供的。柱头和花柱能为花粉管的生长提供水、糖类、脂肪等营养物,借内壁蛋白质的作用取得。柱头和花柱常含有很多硼,硼能促进花粉管吸收糖,增强对氧的吸收,增加果胶质的合成。

什么力量使花粉管沿着柱头—花柱—子房—胎座—胚珠—胚囊方向定向生长?

已有研究认为,花粉管定向生长和进入珠孔依赖于胚珠产生的向化性物质的作用。一些新的资料支持向化性信号来自胚囊的助细胞。吸引花粉管的生长物质,现在认为至少包括三类物质:钙、单糖、低分子量的酸性蛋白。实验证明,在助细胞中含高浓度的钙,而卵与中央细胞中其含量相对较少。钙的积累动态变化与助细胞的退化有关。

现在不少资料表明助细胞是吸引花粉管定向生长的中心。助细胞具有分泌细胞的超微结构特征,特别是其中的丝状器,似乎有分泌诱导物质的作用。丝状器位于助细胞的珠孔端,丝状器的基部向着珠孔端,上部有许多不规则的片状结构,主要由多糖组成。丝状器周围部分较疏松,丝状器和细胞质之间有一层质膜相隔,但能互相渗透。有人推测助细胞分泌酶溶解丝状器,产生某种多糖和蛋白质,从而吸引花粉管的生长。

通常花粉管在已进入的助细胞中停止生长和释放精子,这一现象被认为是由于当花粉管进入助细胞后,它周围的环境发生改变所触发。在这一环境中除高钙因素的作用外,还可能有其他无机元素及受紧张压、氧分压或一些未知因素的影响。另一方面,也可能存在内在的因素,如内在渗透压的驱动力可使花粉管本身非常脆弱。在综合因素作用下,通常花粉管通过末端的孔释放出精子及其中内容物。

5.2.2 甘薯的受精及组织化学研究

实验材料采自西南师范大学(现西南大学)甘薯科研地,用可亲和的杂交组合,母本为"高自1号",父本为"88-3",于1984—1985年的7—9月份每天上午8时左右进行人工授粉。授粉后1~7 h每隔10~30 min固定20朵花,固定液为纳瓦兴氏液,采用常规石蜡切片法制片。切片厚度为5~12 μm,铁矾—苏木精染色,部分切片应用PAS+铁矾—苏木精染色(部分材料用4%的戊二配合醛溶液固定,制成1~2 μm厚的薄切片,用PAS+卡马氏蓝染色法染色)。PAS反应用于检查不溶性多糖,卡马氏蓝用于检查总蛋白质。观察结果如下。

5.2.2.1 成熟花粉粒和成熟胚囊

成熟花粉粒为三细胞,营养细胞占据大部分位置,细胞核呈圆球形,位于中央;2个精细胞位于一侧,近于圆形。细胞核染色较营养细胞深,花粉外壁具乳突状雕纹。花粉萌发时花粉管从乳突之间的萌发孔生出(图5-7C)。

成熟胚囊由1个卵细胞,2个助细胞和中央细胞的2个极核构成。反足细胞较早退化;助细胞高度极性化,细胞核与大部分细胞质位于近珠孔端,在其合点端有1个大液泡。助细胞的一个显著特征是在珠孔端壁上有丝状器,PAS反应染色极为强烈;助细胞的壁呈不规则加厚,从珠孔端至合点端壁逐渐变薄,助细胞与卵细胞相接触的部位几乎没有壁。授粉后不久,助细胞在形态和内部结构上发生明显的变化,接着即行退化。2个助细胞退化的时间及程度是有差别的,通常是花粉管进入的那个助细胞先退化,退化的时间是在受精之前。助细胞中不溶性多糖积累甚少。助细胞是代谢活跃的细胞,主要有以下几方面的作用。

(1)助细胞有从珠心吸收代谢物质运进胚囊的作用,有的研究者特别强调丝状器在这方面起作用。

(2)助细胞合成和分泌向化性物质,在引导花粉管的定向生长方面起作用。在棉花中发现液泡中含有灰分,推测是磷和钙,这与花粉管的生长有关。

(3)受精时退化的1个助细胞常常是花粉管进入和释放内容物的场所。在棉花中见到退化助细胞的质膜在精子进入前消失,被认为有助于精核转移至卵细胞中。

卵细胞表现出与助细胞相反的极性,细胞核和细胞质集中于合点端,珠孔端被一大液泡占据。受精时或受精后卵核常位于其中央或偏于一侧。在受精前或受精后卵内多糖积累少。

中央细胞占据胚囊体积的大部分,2个极核各有1个染色较深且显著的核仁。在受精前或受精的极核中可见到1至数个小核仁(图5-7F)。两个极核在卵器附近紧密相连,在受精之前并不融合,极核周围多糖积累较多。

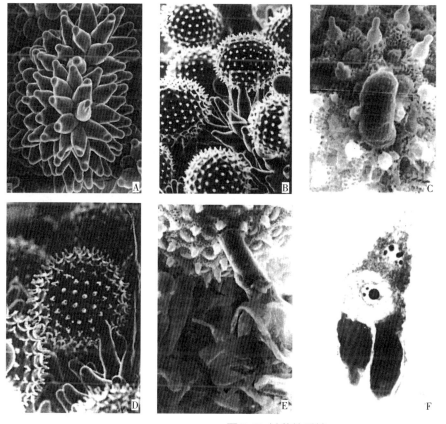

A.雌蕊的柱头;
B.花粉粒落在柱头上;
C.授粉后0.5 h,花粉管从萌发孔伸长;
D.柱头表面未萌发的花粉粒;
E.授粉后1 h,花粉管穿过乳突细胞基部进入柱头;
F.卵核(A)内除有1个大的雌性核仁外,还有2个小核仁,次生核(B)已受精,其内有多个核仁。

图5-7 甘薯的受精

还可观察到,胚囊周围及珠孔附近的细胞内多糖积累较多,尤其是珠孔道两侧的珠被细胞多糖积累甚多。

5.2.2.2 双受精作用

1.花粉萌发与花粉管生长

正常情况下,授粉后大约10 min,花粉在柱头表面的乳突上开始萌发。1 h后花粉管穿过乳突细胞基部进入柱头(图5-7E),授粉后2 h在花柱中可见花粉管(图5-8B箭头处),花柱为实心类型(图5-8A),其中央为引导组织,花粉管就在引导组织的细胞间隙中生长。花柱中有时可有多个花粉管,各个花粉管的生长速度不一致,通常只有一两个花粉管能够继续生长。授粉后3 h花粉管达到子房基部珠柄附近,4 h后花粉管进入珠孔道,珠孔道由珠被内层细胞形成,其细胞内多糖积累甚多。授粉后5 h,花粉管进入胚囊,其途径是经丝状器进入退化的助细胞内,不久即释放内含物。

薄切片及组织化学观察表明,花粉管壁的PAS反应较强烈,其内的蛋白质被卡马氏蓝染成蓝色,但染色深浅不同。花粉管内还有多糖粒,其形状和大小与胚珠其余部分的多糖粒是不相同的。值得注意的是,花粉管在生长过程中,从其顶端起产生一些横型将其分为节段,在横型处没有内含物,在横型周围卡马氏蓝染色强烈,表明为蛋白质性质,此特征表现出类似"胼胝质塞"一样的结构。在薄切片上,花粉管分节现象非常明显(图5-8E)。

花粉管内的2个精子的核染色深,呈椭圆形,精子核周围有一明显的亮区(图5-8D),推测可能是精子薄层细胞质鞘的区域。

2.卵细胞受精

授粉后7 h卵细胞开始受精。首先是精子贴于卵膜上,接着精子的核进入卵内并贴于卵核膜上(图5-8F)。精核进入卵核内,其染色质变松散,同时出现小的雄性核仁(图5-8G)。雄性核仁接近大的雌性核仁,两者融合成一个大核仁,致此合子已形成(图5-8H)。合子形成时间是在授粉后11～12 h,随后合子进入"休眠"状态。可见,甘薯受精类型属于有丝分裂前类型。

合子在休眠期,其形态及内部结构都发生较大的变化,主要特点是:由于液泡化程度降低,合子体积减小,形状近于圆形,细胞质浓密,核位于中央或一侧。

授粉后15～16 h,合子进行第一次有丝分裂。合子及其分裂形成的细胞内多糖积累甚少,少数合子中有多糖检出。

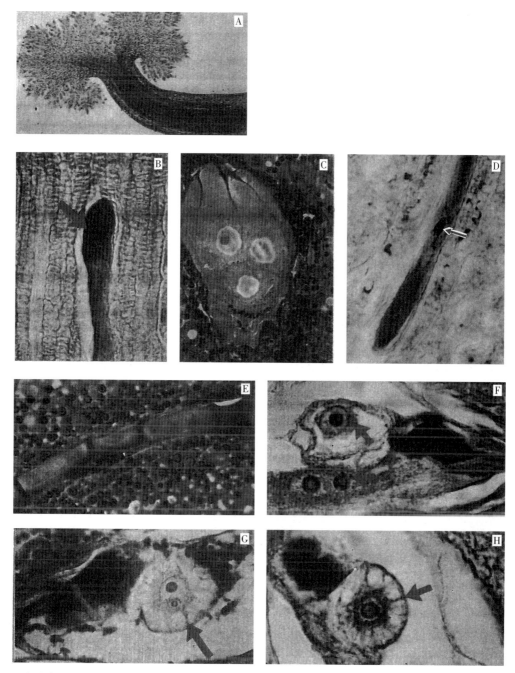

A.柱头表面的乳突状细胞和实心花柱中央的引导组织;B.花柱的引导组织中正常生长的花粉管;C.成熟胚囊纵切,示2个助细胞和1个卵胞,胚囊周围有多糖粒积累;D.花粉管内有1个精子(另1个精子未切上);E.珠孔道内的花粉管被"蛋白质塞"分隔成几个节段,珠孔两侧的珠被细胞内多糖粒积累较多;F.双受精发生,1个精子(松散的染色质)贴于卵核膜上,另1个精子正接近1个极核的核仁;G.受精过程中,精核贴于卵核膜上,卵上方为1个退化的助细胞;H.受精卵(合子)。

图5-8 甘薯双受精及组织化学

3.极核受精

授粉后8h,极核开始受精,其过程与卵受精相似。受精时,2个极核紧密相连,但不融合,精子贴在1个极核的核膜上(图5-9B)。接着精核进入极核内(图5-9C),2个极核同时接触,精子的核仁与1个极核的核仁融合,另1个极核的核仁又与该融合体融合,最后形成1个大的初生胚乳核(图5-9D)。在初生胚乳核内可见多个小核仁,尚未观察到具1个大核仁的初生胚乳核。初生胚乳核没有休眠期,在授粉后11~12h开始进行第一次有丝分裂(图5-9E)。初生胚乳核的分裂比合子的分裂早3~4h,时常也有合子与初生胚乳核同时分裂的情况。PAS反应观察表明,受精之前的极核和初生胚乳核及其所形成的游离胚乳核的周围多糖积累较多。

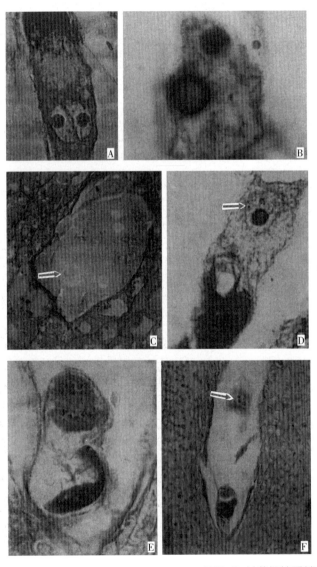

A.2个极核接近,周围有较多的多糖粒;

B.1个精子位于极核附近,极核内有数个小核仁;

C.2个大的核仁为极核的核仁,小的为精核,周围分布有多糖粒;

D.初生胚乳核内有2个核仁;

E.合子第一次有丝分裂末期,其上方为退化助细胞残迹;

F.合子分裂为二细胞胚,初生胚乳核内有多个核仁。

图5-9 甘薯极核受精

综上可知,甘薯授粉到双受精完成的时间是15~16 h,其中卵受精过程经历4~5 h,极核受精过程经历3~4 h,合子的"休眠期"为3~4 h。

观察发现,甘薯的受精过程与外界环境因素有密切的关系,特别是受温度因子的影响较大。

4.受精的异常现象

(1)在花粉柱中可见到生长异常的花粉管,表现为顶端呈显著的畸形膨大,与正常的花粉管相比,异常花粉管的生长速度较缓慢。花粉管顶端的畸形膨大有可能导致花粉管的生长受阻。

(2)在花柱至子房之间,观察到花粉管生长错向的现象。花粉管不是从正常部位进入胚珠内,而是在花柱与子房之间的任意部位横向生长,不能进入胚珠,致使胚珠无法受精。

(3)授粉对照试验表明,未授粉的胚珠(或胚囊)不能继续发育,助细胞与卵细胞较早退化。在授粉材料中,观察到花粉管不进入胚珠内,使卵不能受精而退化。据统计,大约有50%的胚珠没有花粉管进入而自行退化。此外还发现,少数进入胚囊助细胞内的花粉管不释放内含物,始终保持完整的形态。

5.2.3 甘薯雌蕊引导组织的超微结构研究

甘薯雌蕊由二心皮组成,柱头呈浅二裂,表面有许多不规则的乳头状突起。成熟时,柱头表面覆盖许多黏液性物质,因此它属于"潮湿"型花柱,是实心的,成熟时整个雌蕊长约18 mm。甘薯雌蕊中引导组织的分布状况,从形态解剖结构上看,柱头和花柱由四种基本成分构成,分别是表皮、皮层、引导组织和维管束。

1992年,唐云明等对甘薯雌蕊引导组织的超微结构进行了研究,其结果如下。

5.2.3.1 甘薯雌蕊引导组织细胞的原生质体

从横切面上观察开花前和开花后引导组织的细胞,可见其体积较其他几种类型的细胞小,排列也较紧密,细胞质十分浓厚,通常有1个体积特别大的核,并常常有分裂,其形状不规则。这样核膜与细胞质保持较大面积的界面,核内染色质明显地分散,许多染色质紧贴在核模上。核仁小,常常在开花后变得不明显,核膜孔多而明显。核的这种状态表明,可能有核信息向细胞质传递。细胞质中线粒体的数量较多,体积较大,尤其在开花后的细胞质中更为明显,特别是子房引导组织细胞中的线粒体,其体积更大,嵴更丰富,数量也更多。这说明细胞的耗能很多,主要用于合成花粉管伸长所需的营养物质。在整个细胞质中,内质网分布广泛,开花后内质网的数量有明显增加的趋势。内质网上常常附着许多多聚核糖体,细胞核周围的内质网平行于核膜分布。在细胞质中可见有些内质网呈同心环状,有的内质网槽库末端膨大,可能是细胞质中小泡的一个来源。除结合在内质网上的多聚核糖体外,在细胞质中还具有十分丰富的游离核糖体,高尔基体也非常发达。高尔基体的槽库多达7~8个,有时还可见高尔基体小泡的产生,质体较显著,随机分布,有各种形状,多数为造粉质体(淀粉粒),细胞质中除具有1个大液泡外,还具有许多小液泡,有的液泡中还含有絮状物和细胞质结构的物质,这可能是液泡内吞作用和内质网的作用形成的,说明液泡也参与了细胞的代谢活动。上述特征表明,甘薯雌蕊引导组织细胞的原生质体具有传递细胞的特征。

5.2.3.2 甘薯雌蕊引导组织细胞的壁与胞间物质

在引导组织细胞中,最容易引起人们关注的是细胞壁及其胞间物质。在低倍电镜下观察,可见细胞的壁特别厚,从柱头到子房的引导组织细胞壁内突越来越明显,特别是在接近开花时壁内突更为显著。引导组织细胞壁(包括壁内突)都为PAS反应阳性,说明壁的成分主要是多糖类物质。

通过对甘薯雌蕊引导组织细胞进行电镜观察,我们认为甘薯引导组织细胞也具有典型的分泌型传递细胞的特征,具体体现在以下几个方面。

(1)细胞质中富含各种细胞器,特别是线粒体、内质网和核糖体更为丰富。

(2)细胞核大,并伴有瓣裂,核膜孔多且显著,染色质分散,表明它处于活跃的功能状态。

(3)细胞壁向内生长,形成了体积较大的壁内突,这样既有利于增加细胞原生质体的表面积,又有利于细胞物质的分泌外排。

(4)引导组织细胞间隙有大量的颗粒状或小泡状结构物质存在,这可能是细胞进行活跃分泌功能的一个标志。

另外,根据细胞壁中电子致密层的位置变化过程,似乎可以看出有如下分泌过程:引导组织细胞由细胞核提供有关遗传信息,细胞质进行物质合成和转输,再经质膜的外排作用,最后通过细胞壁分泌到细胞间隙。

5.3 甘薯胚乳的发育

胚和胚乳同是双受精产物,它们在发育过程中有着密切的联系,胚最后成为新一代独立生活的孢子体,而胚乳则作为一种特殊的营养组织,或迟或早被胚发育所吸收。

甘薯是核型胚乳,在授粉后12~16h,初生胚乳核开始第一次有丝分裂,比合子早3h进行。初生胚乳核分裂及其后核的分裂不伴随形成细胞壁,这样,在胚囊中央细胞中形成的核呈游离状态分布在细胞质中。

在二细胞原胚时,游离胚乳核分成8~10个;四细胞原胚时为12~16个,八细胞原胚时,增加到24~32个;多细胞原胚时,游离胚乳核迅速增多,沉浸在细胞质中(图5-10E)。球形胚阶段,游离胚乳核之间发生细胞壁,形成细胞胚乳;心形胚阶段以后,胚周围的胚乳细胞开始解体,从珠孔端逐渐向合点端发展;鱼雷形胚阶段,胚乳细胞解体更多,并向合点端推进。授粉后

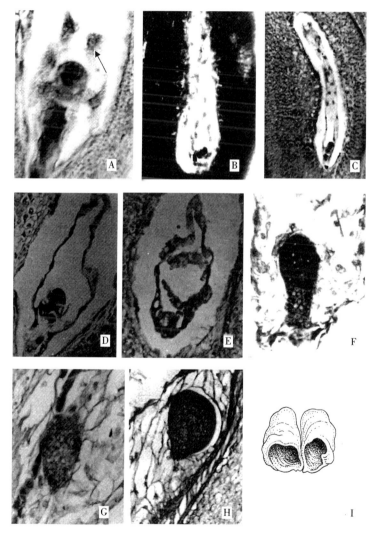

A.初生胚乳核分裂成游离胚乳核(箭头处);

B.二细胞原胚时,游离胚乳核分成8~10个;

C.四细胞原胚时,游离胚乳分成12~16个;

D.八细胞原胚时,游离胚乳核增加到24~32个;

E.多细胞原胚时,游离胚乳核迅速增多;

F.球形胚时,游离胚乳核之间发生细胞壁,开始形成细胞胚乳;

G.球形胚阶段,形成细胞胚乳;

H.心形胚的细胞胚乳;

I.甘薯种子残留胚乳套。

图5-10 甘薯胚乳细胞发育

10 d,子叶逐渐伸长,胚乳细胞解体更多;授粉后 12 ~ 16 d,子叶生长迅速,下胚轴和胚根已能区别,胚乳细胞变得更少了;到成熟胚时,子叶占据了胚囊,此时胚乳细胞就被胚吸收而成一层薄膜状,覆盖在两片折叠的子叶外面(图 5-10I)。

甘薯种子是否有胚乳,专家们还有不同的看法。Ju Liano 报道,甘薯胚乳属于核型胚乳,在发育中演变成细胞,但没有全部被胚吸收。Teiji 观察认为,授粉后 5 ~ 7 d 胚乳开始从珠孔端向反足细胞端退化,在胚接近成熟时,胚乳几乎完全消失。Hayward 认为,甘薯种子是有胚乳的,它的胚乳是纸浆质的,盖在重叠的子叶之上,萌发时,胚乳变成胶质的,并被子叶吸收,作者的观察与 Hayward 是一致的。胚成熟时,子叶占据了胚囊,此时胚乳细胞被子叶吸收而成一层薄膜状,覆盖在两片折叠的子叶外面。作者将甘薯萌发种子解剖后,剥离出胚乳套(图 5-10I)。

5.4 甘薯胚胎的发育

作者于 1984—1985 年,在甘薯科研地采用可亲合的甘薯杂交组合,母本为"高自 1 号",父本为"88-3",从授粉的第 1 d 开始,每隔 0.5 h 取材 1 次;1.0 ~ 2.5 d 内每隔 1 h 取材 1 次;2.5 ~ 4.5 d 内每隔 2 h 取材 1 次;4.5 ~ 6.5 d 内每隔 4 h 取材 1 次;6.5 ~ 8.5 d 内每隔 8 h 取材 1 次;8.5 ~ 10.5 d 内每隔 12 h 取材 1 次;以后每隔 1 d 取材 1 次,直到种子形成为止,每次取 10 个子房。材料采用钠瓦兴氏液固定后保存在 70% 的酒精中,用常规石蜡法切片,切片厚度为 10 ~ 12 μm,用铁矾苏木精染色、番红对染。

5.4.1 胚的发育

受精的卵细胞称为合子(图 5-11A)。胚的发育是从合子开始的,合子形成以后,经过休眠期,才进行分裂。因此,胚开始发育一般比初生胚乳核晚 3 ~ 4 h。甘薯在授粉后 15 ~ 18 h,合子进行第一次分裂,形成顶细胞和基细胞(图 5-11B)。授粉后 1.0 ~ 1.5 d 进行第二次分裂,顶细胞横向分裂,成为 2 个细胞,基细胞纵向分裂也成为 2 个细胞(图 5-11C)。授粉后 2 d 左右,顶细胞发育成具有 4 个细胞的胚体,基细胞发育成由 4 个细胞组成的胚柄(图 5-11D)。在授粉后 2.5 ~ 3.5 d,发育成多细胞原胚(图 5-11E、F);授粉后 4 ~ 5 d 发育成球形胚(图 5-11G);授粉后 6 ~ 7 d 发育成心形胚(图 5-11H);授粉后 7 ~ 8 d 发育成鱼雷形胚(图 5-11I);授粉 10 d 以后子叶逐渐伸长发育成幼胚(图 5-11J);授粉 21 d 左右,胚胎发育完成(图 5-11K、M)。

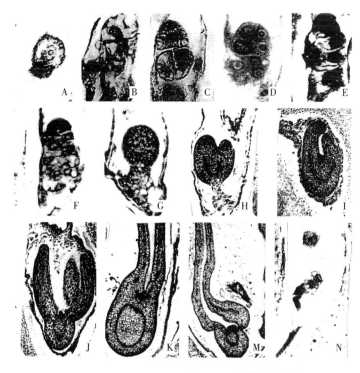

A.受精卵(480×);
B.二细胞胚(480×);
C.四细胞胚(800×);
D.八细胞胚(380×);
E—F.多细胞原胚(380×);
G.球形胚(500×);
H.心形胚(450×);
I.鱼雷形胚(375×);
J.幼胚(375×);
K.子叶胚(270×);
M.成熟胚(270×);
N.合子分裂末期,初生胚乳核不分裂(450×)。

图5-11 甘薯胚胎发育

5.4.2胚的整体观察

甘薯胚胎发育外形如图5-12所示。授粉后8 d的胚胎,外形发育成鱼雷形(图5-12A);授粉后12 d的胚胎发育成幼胚,子叶和胚根已能明显区分(图5-12B);授粉后16 d的胚胎,子叶伸长,胚体进一步分化(图5-12C);授粉后20 d的胚胎,子叶皱折弯曲于胚体附近,并分化出2个叶耳,紧贴于胚根两侧(图5-12D);授粉后24 d的胚胎,子叶发育更长,皱褶更多,胚体进一步分化(图5-12E);授粉后28 d的胚胎,子叶折叠于胚体顶部,胚体分化出胚芽、胚轴、胚根雏型(图5-12F),授粉后32 d的胚胎,子叶的2个叶耳发育更明显,胚体已分化完全(图5-12G);授粉后36 d的胚胎,因失水而胚的体积缩小(图5-12H);授粉后40 d的胚胎,胚的子叶折叠弯曲更明显(图5-12I);授粉后44 d的胚胎,除去种皮后,发现有一层淡黄色薄膜物将胚包裹,小心揭去膜物,子叶卷缩将胚体包围(图5-12J),只是胚根与叶耳明显可见;风干果实后,解剖出的胚胎,发现子叶更加紧密地折叠于胚体之外,因失水而胚胎体积变小(图5-12K);干种子的胚胎,子叶和胚都因失水变得更小,胚根两侧仍可见叶耳存在(图5-12M)。

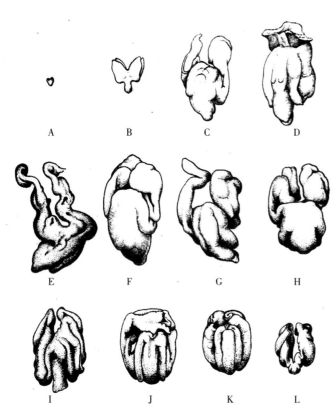

A. 授粉后 8 d 的胚；
B. 授粉后 12 d 的胚；
C. 授粉后 16 d 的胚；
D. 授粉后 20 d 的胚；
E. 授粉后 24 d 的胚；
F. 授粉后 28 d 的胚；
G. 授粉后 32 d 的胚；
H. 授粉后 36 d 的胚；
I. 授粉后 40 d 的胚；
J. 授粉后 44 d 的胚；
K. 成熟胚；
L. 干种子胚。

图 5-12 甘薯胚胎发育（背面）外形图

授粉后不同日期测得的胚的大小如表 5-2。

表 5-2 甘薯胚发育外形比较

测定日期	授粉后的天数/d	胚的发育	
		长度/μm	宽度/μm
8月20日	8	520	550
8月24日	12	2 190	1 340
8月28日	16	4 000	3 220
9月1日	20	4 650	3 665
9月5日	24	4 770	4 020
9月9日	28	4 680	3 970
9月13日	32	4 535	3 470
9月17日	36	3 870	2 890
9月21日	40	3 290	2 560
9月25日	44	3 115	2 215

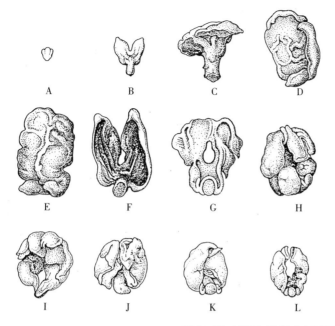

A.授粉后8d的胚；
B.授粉后12d的胚；
C.授粉后16d的胚；
D.授粉后20d的胚；
E.授粉后24d的胚；
F.授粉后28d的胚；
G.授粉后32d的胚；
H.授粉后36d的胚；
I.授粉后40d的胚；
J.44d的胚；
K.成熟胚；
L.干种子胚。

图5-13 甘薯胚胎发育(腹面)外形图

从图5-13和表5-2可以看出,甘薯胚胎发育在授粉后前12d较缓慢,12d以后发育加快,不仅长度、宽度增加,而且胚的外形也有很大变化:(1)子叶的皱褶不断增加,最后折叠弯曲于胚囊中;(2)胚根的分化愈来愈明显;(3)子叶的叶耳正在分化,授粉后12d的胚只能区别出胚根与子叶,叶耳不明显,12d以后的胚在子叶靠近下胚轴的两边,各有1个突起称为叶耳,之后突起继续延伸,几乎与胚根等长,并在胚根两边紧贴在一起,直到种子成熟。除子叶加长折叠外,叶耳仍与胚根保持原来的方位,只是因失水而变小。从成熟种子纵切面上可见胚是折叠的,这与Martin所描述的旋花科的胚为折叠型是一致的。

5.4.3 关于结实率低的问题

曾有不少学者研究过甘薯自交或杂交结实率低的原因,诸如减数分裂不正常、不育花粉、不正常的胚珠数目、花粉萌发后的障碍、花粉生长错向、花粉败育及环境因素的影响等,另外花粉管分节段、花粉管顶端畸形膨大、花粉管不放出内含物等。作者在观察甘薯胚胎发育的过程中,发现了如下几个导致结实率低的原因。(1)胚囊发育不正常。作者在开花前观察成熟胚囊,有的无卵细胞,通过授粉后,有花粉管进入胚囊,但无受精现象。(2)胚发育中断。在切片观察中,合子已发育为多细胞原胚,由于高温(39~40℃)伏旱的影响,使胚胎停止发育。在解剖幼果中,明显看出有的胚珠在受精后停止发育,幼胚体积不再增大,而且失去了叶绿素。在田间植株上,已看到子房明显膨大,但遇到干热风和高温影响,子房壁由绿色变成浅黄色,最后变成黄白色而停止发育,此现象称为胚胎败育。通过对解剖胚的观察,作者认为胚中有无叶绿素的存在是种子能否成熟的标志,即胚中有叶绿素的就能发育成种子,否则胚胎就不能发育成种子。(3)胚乳败育。在切片观察中,发现合子已经分化成二细胞胚,但胚乳核没有分裂(图5-11N),由于无胚乳的发育,胚的发育就没有营养,最后导致胚的死亡。因此,作者认为在考虑结实率低的原因时,应联系众多因素,针对各种原因,采取有效措施以提高结实率。如针对远缘杂交不亲和的问题,中国农业大学陆漱韵、李惟基等采用植物生长调节剂提高远缘杂交结实率,其作用在于促进受精卵细胞的分裂发育和延长子房寿命;山东省农业科学院高健伟、王荫墀用药剂诱导甘薯子房孤雌发育提高结实率。作者认为还可采用多次授粉,发挥花粉的群体效应,使四个胚珠都能受精,从而提高结实率。

目前,许多花粉培养的试验都证明,当增大花粉播种密度时,萌发率及花粉管长度都增加。一般认为在较密的情况下,花粉有相互刺激的作用,原因是花粉粒本身分泌出对花粉萌发有效的物质——花粉生长要素,这是一种或多种高度扩散性的水溶性物质。

5.5 甘薯胚胎发育生物工程

5.5.1 甘薯体细胞胚的发育和植株再生

与其他作物相比,甘薯的组织培养特别是体细胞胚发生的研究显得十分薄弱。Henderson等(1984)曾对1981年以前甘薯组织培养的概况做了全面介绍,其中只有1例(Tsay H. S. 等,1979)由花药诱导体细胞胚的报道。自1978年Murashige首次提出利用植物组织培养中具有体细胞胚发生的特点制造人工种子的观点以来,体细胞胚的诱导成为甘薯组织培养的热点,但由于甘薯体细胞胚发生较为困难,品种间差异很大,所以研究进展缓慢,直到20世纪80年代国外才有一些报道(Chée R. P. 等1988、1989、1990,Jarrer R. L. 等1984,Liu J. R. 等1984),而品种主要集中于"白星"(White Star),且这一品种的生产性状表现较差。1993年,谈锋、李坤培等对国内栽培面积较大的一些甘薯优良品种进行了体细胞胚的诱导和胚性愈伤组织的解剖学观察。利用含不同浓度2,4-D的修改的MS培养基对7个甘薯品种进行茎尖脱毒培养,产生了形态和解剖特征明显不同的3种愈伤组织,证明胚性愈伤组织的诱导频率与品种和2,4-D的浓度有关。将胚性愈伤组织转移到不含激素修改的MS培养基上,有3个品种的胚性愈伤组织进一步发育成鱼雷胚和子叶胚。其中将高淀粉品种"苏薯2号"的子叶胚转移到含1.6%蔗糖和0.1 μmol/L NAA 修改的MS培养基上能发育成植株,移入土壤中能正常生长发育。详细的实验方法和结果如下。

5.5.1.1 材料和方法

1. 植物材料

供试甘薯品种7个:"徐薯18""南薯88""苏薯2号""渝薯34""渝薯20""西蒙1号""高自1号"。其中"西蒙1号"为药用甘薯,"高自1号"是研究甘薯合子胚发育的良好材料,其余均为国内栽培面积较大的高产优质品种。

2. 外植体

在苗圃或大田选择健壮枝条,取2 cm长的茎尖,用自来水冲洗30 min,用1.2%的次氯酸钠加0.1%的吐温20(约每100 mL加2滴)消毒5 min,用无菌水冲洗4~5次。在体视双目显微镜(40×)下剥取带2个叶原基的茎尖分生组织(长0.5~1.0 mm)作为外植体。

3. 培养基和培养条件

培养基A:胚性愈伤组织诱导培养基。MS无机盐+肌醇500 μmol/L,烟酸10 μmol/L,盐酸硫胺素5 μmol/L,盐酸吡哆醇5 μmol/L(以上为修改的MS培养基,以下简称MS′培养基)+3%的蔗糖+0.6%的琼脂粉+2,4-D(设0.5 μmol/L、2.5 μmol/L、5 μmol/L、10 μmol/L 4个浓度处理),pH 5.8,培养温度27 ℃±1 ℃,暗培养。

培养基B:胚发生培养基。MS′培养基+3%蔗糖+0.7%琼脂粉,pH 5.8,培养温度27 ℃±1 ℃,光照培养,光照强度1500 lx。

培养基C:植株再生培养基。MS′培养基+1.6%蔗糖+0.8%琼脂粉+0.1 μmol/L NAA,pH 5.8,培养温度27 ℃±1 ℃,光照培养,光照强度1500 lx。

外植体在培养基A上培养8周转移到培养基B上,形成鱼雷胚或子叶胚后转移到培养基C上再生植株。

4. 胚性愈伤组织的解剖学观察

"高自1号"甘薯的外植体在培养基A上培养6周后,选择3种不同类型的愈伤组织,用FAA液固定,石蜡包埋连续切片,切片厚度10 μm,用0.1%苏木精染色,用加拿大树胶封片,采用Olympus显微镜观察摄影。

5.5.1.2 结果和讨论

1.胚性愈伤组织的形态解剖观察

将带2个叶原基的甘薯茎尖接种于培养基A上,4周后就能在体视双目显微镜(40×)下区别出不同类型的愈伤组织,它们在外形、色泽、生长速率上都有明显差异。将不同类型的愈伤组织做石蜡连续切片观察,差别会更显著(图5-14A、B、C)。这些愈伤组织的形态学和解剖学特征如下:(1)胚性愈伤组织(图5-14A、D),表面致密,有瘤状突起,金黄色,生长速率较慢,细胞排列紧密,细胞直径 30 ~ 60 μm,在瘤状突起的内部有分生组织结节,它是由愈伤组织中的少数细胞转变成迅速分裂的细胞而形成的,其细胞直径仅 10 ~ 20 μm;(2)非胚性愈伤组织(图5-14B),结构疏松,白色、黄色或黄褐色,生长速率快,细胞间隙较大,细胞直径 40 ~ 160 μm,在同一外植体上,早期可能观察到胚性和非胚性愈伤组织并存,但由于后者生长迅速,最后导致全部成为非胚性愈伤组织,这种情况往往发生于外植体过大时,在转移或继代培养时应将非胚性愈伤组织的部分切除;(3)黏液状非胚性愈伤组织(图5-14C),表面光滑,无瘤状突起,淡黄绿色,用接种针挑动时呈黏液状,生长速率介于前两者之间,细胞直径 20 ~ 40 μm,细胞间存在大量黏液状物质,这种愈伤组织只在"高自1号"中观察到,并且未见报道过。上述3种愈伤组织中只有第一种胚性愈伤组织能进一步从瘤状突起的部位产生胚状体。结合切片观察表明,甘薯体细胞胚是以在胚性愈伤组织内部先形成分生组织结节的方式发生的,这与欧阳权等(1981)报道在桉树愈伤组织内部发生体细胞胚的方式十分类似。

2.影响胚性愈伤组织诱导的因素

甘薯胚性愈伤组织的诱导频率与品种和培养基中2,4-D的浓度有密切关系。从表5-3可知,此试验所选用的7个品种均能诱导产生胚性愈伤组织。在培养基A上培养8周后的统计结果表明,在2,4-D浓度为 0.5 ~ 10 μmol/L 的范围内,各品种在最适2,4-D浓度下的诱导频率为20.0%到37.5%不等。

3.体细胞胚的发生和植株再生

在含2,4-D的培养基上,胚只能发育到球形胚或心形胚阶段而不能继续发育,这与Chée等(1988)和Liu等(1984)在品种"白星"中观察到的结果是一致的。只有将胚性愈伤组织转移到除去2,4-D的培养基B上,某些品种才能继续发育(表5-3),但并非都能发育到子叶胚。在本试验中只有高淀粉品种"苏薯2号"形成了子叶胚,其子叶数为2 ~ 4个不等,子叶呈棒状(图5-14F),这种子叶胚很容易从愈伤组织上剥离,将它转移到培养基C上,3周左右生根,5周左右发芽,8周左右即可移栽,且移栽极易成活(图5-14G、H)。经5批试验,由"苏薯2号"体细胞诱

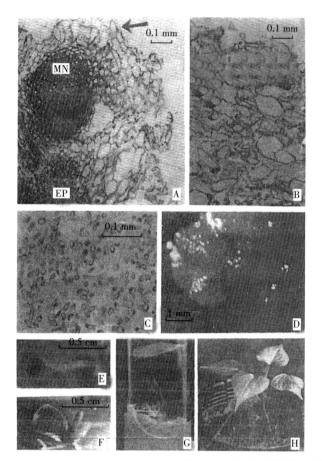

A—E.甘薯品种"高自1号"。

A.胚性愈伤组织一部分的纵切面,示分生组织结节(MN)和外植体(EP),箭头所指为有瘤状突起的表面;

B.非胚性愈伤组织一部分的纵切面;

C.黏液状非胚性愈伤组织一部分的纵切面;

D.胚性愈伤组织,示不平坦和有瘤状突起的表面;

E.鱼雷胚生根。

F—H.甘薯品种"苏薯2号"。

F.子叶胚;

G.由子叶胚再生植株;

H.试管植株移入土壤中。

图5-14 甘薯休细胞胚的发生和植株再生

导的胚性愈伤组织再生植株的频率从0到14.3%不等,平均为6.3%。另外,"渝薯34"和"高自1号"的胚性愈伤组织在培养基B上能发育到鱼雷胚阶段,发育到鱼雷胚之前的胚状体转移到培养基C上往往可以分化出根,但不能形成芽(图5-14E)。Chée等(1990)和Schultheis等(1986)也观察到胚的各个发育时期都能产生根,但鱼雷期之前不能形成芽。所以,芽的分化是甘薯体细胞胚再生植株的关键。

表5-3　2,4-D对甘薯不同品种胚性愈伤组织诱导和体细胞胚发生的影响

| 品种 | 外植体数/个 | 培养基A | | 培养基B |
		最适2,4-D浓度/(μmol/L)	胚性愈伤组织/%	胚发育阶段
徐薯18	33	2.5	23.3	—
南薯88	38	5.0	20.0	—
苏薯2号	82	2.5	31.8	子叶胚
渝薯34	131	5.0	37.5	鱼雷胚
渝薯20	36	0.5	33.3	
西蒙1号	42	2.5	25.0	
高自1号	98	2.5	35.0	鱼雷胚

注:"—"表示未进一步发育或发育不全。

5.5.2 甘薯及其近缘野生种的原生质体融合和种间体细胞杂种植株再生

甘薯组存在的种间、种内交配不亲和性是甘薯育种中一个非常重要而又一直未能解决的难题,严重限制了甘薯育种中的资源利用和亲本选配。近年来,为了克服这些交配不亲和性,体细胞杂交的应用已引起广泛的重视。目前,已成功从甘薯及其近缘野生种原生质体再生出完整植株(Murata T. 等 1987,1994;Sihachakr D. 等 1987;Liu Q. C. 等 1991,1992;Perera S. C. 等 1991;刘庆昌,1994)。关于甘薯及其近缘野生种体细胞杂交的报道极少,Kokubu 和 Sato(1987)及 Liu 等(1993)对甘薯及其近缘野生种原生质体融合做了初步探讨;Liu 等(1993)用 PEG 融合法融合甘薯和 I. triloba 的原生质体,获得少量再生植株,但未对再生植株进行细胞学鉴定;Belarmino 等(1993)用电融合甘薯和 I. triloba(4x)的原生质体,仅获得 1 株再生植株,也未对其进行细胞学鉴定。1994 年,刘庆昌等以甘薯品种"高系 14 号"(2n=6x=90,BBBBBB)及与甘薯杂交不亲和的近缘野生种 I. triloba(2n=2x=30,AA)为材料,对其原生质体融合及体细胞杂种植株再生进行了研究。用 PEG 融合法融合甘薯品种"高系 14 号"(6x)及其近缘野生种 I. pomoea triloba(2x)的原生质体,融合率达 28%。将融合原生质体培养在含有 0.05 mg/L 2,4-D 和 0.5 mg/L 激动素(KT)的改良 MS 培养基中,4~5 d 后,再生细胞发生首次细胞分裂。培养 12 周后,将直径约 2.0 mm 的小愈伤组织转移到添加了 0.05 mg/L 2,4-D 的 MS 培养基上培养 4 周,愈伤组织迅速增殖。将其中的 37 个愈伤组织转移到添加了 0.2 mg/L IAA 和 1.0 mg/L BAP 的 MS 培养基上

培养,获得2个愈伤组织再生植株。将未再生植株的35个愈伤组织培养在MS基本培养基上培养,获得17个愈伤组织再生植株。由其中仅存的7个愈伤组织所获得的再生植株的染色体数为44~50个,在形态学上相似于 I. triloba,但又有一定变异,表明为体细胞杂种植株。详细的实验方法和结果如下。

5.5.2.1 材料和方法

1.植物材料

供试材料为甘薯品种"高系14号"及其近缘野生种 I. triloba。用其离体培养植株的幼嫩叶柄分离原生质体。

2.原生质体分离和融合

根据 Liu 等(1991)的方法,从"高系14号"和 I. triloba 分离得到原生质体。在融合处理之前,用 W_5 液(125.0 mmol/L CaCl$_2$·2H$_2$O、154.0 mmol/L NaCl、5.0 mmol/L KCl、5.0 mmol/L 葡萄糖和5.0 mmol/L MES,pH5.8)洗涤原生质体1次(200×g、4 min离心)。收集原生质体,悬浮于 W_5 液中,使原生质体密度为 $1×10^6$ 个/mL,然后以2∶1的比例混合"高系14号"和 I. triloba 的原生质体悬浮液。将原生质体混合液滴于培养皿底部,在其上滴加PEG融合液,处理10 min。PEG融合液的组成为:30.0%的PEG6000、0.1 mol/L的 Ca(NO$_2$)$_2$·4H$_2$O 和0.5 mol/L的甘露醇,PH9.0。融合处理后,将融合原生质体用 W_5 液洗1次,再用培养基洗2次后进行培养。

3.融合原生质体培养

用含1/2MS的无机盐(不加 NH$_4$NO$_3$)、MS维生素类、50.0 mg/L的CH、0.6 mol/L的甘露醇、0.05 mg/L的2,4-D、0.5 mg/L的KT和1.0%蔗糖的改良MS培养基(pH5.8),将融合原生质体置于27℃、黑暗条件下静置培养。培养4周后,将培养基的甘露醇浓度降到0.3 mol/L、蔗糖浓度增到2.0%,其余成分不变。培养8周后,将形成的小愈伤组织转入含有0.05 mg/L的2,4-D、0.5 mg/L的KT和3.0%蔗糖的MS培养基中,在上述条件下继续培养。

4.愈伤组织增殖和植株再生

培养12周后,将直径约2.0 mm的小愈伤组织转移到添加了0.05 mg/L 2,4-D的固体MS培养基上,在27℃±1℃、黑暗条件下培养4周,愈伤组织迅速增殖。将其中的37个愈伤组织转移到添加了0.2 mg/L的IAA和1.0 mg/L BAP的MS培养基上,在每日13 h3000 lx光照、温度为27℃±1℃条件下培养6周,2个愈伤组织再生植株,将未再生植株的愈伤组织进一步培养在MS基本培养基上,使其再生植株。

5.再生植株的细胞学观察

将再生植株继代培养于MS基本培养基上，1周后长出幼根。用0.002 mg/L的8-羟基喹啉在4℃下预处理幼根2 h，然后在4℃下用甲醇∶冰醋酸=3∶1的固定液固定24 h，用1 mol/L盐酸在60℃下解离1 min，用45%的醋酸软化10 min，最后用卡宝品红染色、压片。

5.5.2.2 结果和讨论

1.原生质体融合和培养

采用此研究所设计的融合程序，使"高系14号"和 *I. triloba* 的原生质体迅速融合，融合率达28%（图5-15A）。由于二融合亲本的原生质体相似，故很难辨认异核体。将融合原生质体和非融合原生质体共同培养在改良的MS培养基中，4～5 d后再生细胞发生首次细胞分裂（图5-

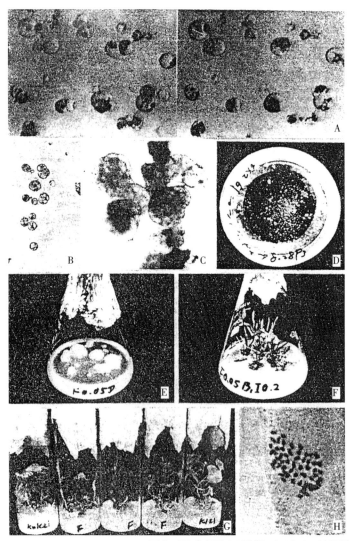

A."高系14号"和 *I. triloba* 的原生质体融合；

B.培养4～5 d后发生的首次细胞分裂；

C.培养4周后形成的细胞团；

D.培养10周后形成的小愈伤组织；

E.在添加0.05 mg/L 2, 4-D 的 MS 培养基上愈伤组织迅速增殖；

F.由愈伤组织再生的植物；

G.体细胞杂种植株和二亲本形态学比较（左："高系14号"、右：*I. triloba*、中间3株：体细胞杂种）；

H.体细胞杂种植株的根尖细胞染色体。

图5-15 "高系14号"和 *I. triloba* 的原生质体融合

15B），表明融合处理后原生质体活性很高。培养2周后，植板效率约为50%。培养4～5周后，形成肉眼可见的细胞团（图5-15C），之后细胞团生长成小愈伤组织（图5-15D）。培养12周后，大多数小愈伤组织的直径可达2.0 mm左右。

2.愈伤组织增殖和植株再生

将直径约2.0 mm的小愈伤组织转移到添加了0.05 mg/L 2,4-D的MS培养基上，愈伤组织迅速增殖，4周后直径为5.0～7.0 mm（图5-15E）。将其中的37个愈伤组织转移到添加了0.2 mg/L的IAA和1.0 mg/L BAP的MS培养基上培养6周，2个愈伤组织再生植株（图5-15F）。将未再生植株的35个愈伤组织进一步培养于MS基本培养基上，17个愈伤组织再生植株。

3.体细胞杂种植株的鉴定

对仅存的7个愈伤组织（克隆）的再生植株的根尖细胞染色体数进行观察发现，再生植株的染色体数出现变异，为混倍体，平均染色体数分别为44条、45条、45条、46条、47条、49条和50条，并且绝大多数细胞染色体数处于40～50条的范围内（表5-4和图5-15H）。这些再生植株在形态学上与 I. triloba 相似，但叶片比 I. triloba 小，叶色比 I. triloba 浓绿，茎呈淡黄色，而 I. triloba 和"高系14号"的茎呈淡绿色，表现出明显的野生性状（图5-15G）。

表5-4　体细胞杂种植株的根尖细胞染色体数

克隆	观察细胞数/个	染色体数/条	
		平均值	变异范围
2-1	20	47	38～62
2-2	27	45	38～54
2-3	31	46	39～60
2-4	22	50	41～60
2-5	33	49	38～67
2-7	30	45	31～61
2-10	22	44	30～80

在植物体细胞杂交中，再生植株的倍数性变异可能是由体细胞杂种染色体数有选择性丢失所致，也可能是由细胞无性系变异所致。I. triloba 的细胞无性系变异所造成的染色体数变异

也不可能集中在44～50条范围内，染色体数变动于30条左右的个体应占一定比例。因此，这些再生植株不可能是 I. triloba 的细胞无性变异系。这些再生植株也不可能是 I. triloba 同种原生质体的融合产物，因为这种融合体应为同源四倍体（AAAA），其染色体数应变动或稳定在60条左右；并且 Shiotani 和 Kawase（1987）曾人工合成 I. triloba（BB）的同源四倍体（BBBB）和 I. triloba（AA）的同源四倍体（AAAA），对它们进行细胞学观察发现，染色体数皆稳定在60条，未发现有倍数性变异。因此，由上述7个愈伤组织再生的植株为"高系14号"和 I. triloba 的体细胞杂种。至于其染色体数远少于两个亲本染色体数之和，我们认为是在长时间的培养过程中染色体有选择性丢失所致，这也是远缘杂交中普遍存在的现象，因为"高系14号"（BBBBBB）和 I. triloba（AA）的染色体组是非同源性的，二者又是有性杂交不亲和的。王家旭等（1994）曾对通过胚胎培养获得的"徐薯18"（BBBBBB）和 I. triloba 的种间杂种植株进行细胞学观察，也表明杂种植株存在严重的染色体丢失现象，其染色体平均条数为44.6（37～48）条，这与本研究结果是完全一致的。

这些杂种植株可能在很大程度上保留了 I. triloba 的染色体，而"高系14号"的染色体被选择性地部分丢失，所以在形态学上与 I. triloba 相似，但又有一定的变异，表现出明显的野生性状，这是甘薯组种间杂种的普遍表现特征。值得注意的是，所获得的体细胞杂种植株的茎呈淡紫色，不同于两个亲本的淡绿色，我们认为茎色是由多基因控制的遗传性状，杂种植株茎呈淡紫色，是由两个亲本茎色基因加性效应所致，这又进一步证实了这些杂种植株的真实性。

该研究建立了甘薯组原生质体融合和培养的程序，并且在世界上首次获得了甘薯组种间体细胞杂种植株。这充分显示了体细胞杂交对克服甘薯组交配不亲和性的可行性，表明体细胞杂交在甘薯育种中具有广泛而且重要的应用前景。

5.5.3 甘薯杂交胚发育过程中的生理变化

杂交育种仍是目前甘薯育种的主要手段，而品种间存在的不亲和性和杂交结实率低是制约甘薯杂交育种效果的两个主要因素（Martin F. W., 1965）。迄今为止，已知甘薯存在着15个不同的杂交不亲和群，同群品种间杂交不结实或结实率极低（0～5%），而异群品种间杂交结实率较高（20%～50%）（沈稼青，王庆南，1990）。对于杂交结实率低的原因和解决途径，只有少量基于解剖学的观察（李坤培等，1987；Teiji K., 1982）和利用嫁接、植物生长调节剂提高结实率的报道（Charles W. B. 等，1974；Lardizabal R. D. 等，1988，1990）。在生理基础方面，1994年谈锋、李坤培等进行了一些研究，他们的研究选择"高自1号"和"88-3"这一杂交组合（结实率为13.3%±

1.8%）。在8月份的每天（除雨天）上午8时至10时进行田间杂交授粉,于同一天分别采集授粉后5 d、10 d、15 d、20 d、25 d的子房于室内分两批剥取幼胚测定部分生理指标。呼吸速率用呼吸比重瓶法（沈曾佑,1990）在26 ℃下测定;过氧化物酶活性按张志良法（1990）测定;IAA氧化酶活性按张志良法（1990）测定;淀粉酶活性按山东农学院的方法（1980）测定;可溶性蛋白含量按Lowry法（1951）测定（以牛血清白蛋白为标准蛋白）。每个处理重复3次,结果如下。

5.5.3.1 胚发育过程中呼吸速率和干物质积累速率的变化

据解剖学观察,甘薯杂交胚的发育过程分为4个时期（图5-16）:（1）授粉后约5 d内为原胚期,授粉后5~12 h即可完成双受精过程,合子经细胞分裂在第5 d左右发育至球形胚;（2）授粉后5~15 d为分化期,细胞分裂和器官原基分化迅速,由球形胚经心形胚、鱼雷胚、子叶胚发育成幼胚;（3）授粉后15~25 d为成熟期,干物质积累迅速;（4）授粉25 d之后为休止期,胚脱水成熟。随气候条件的不同,各个时期特别是休止期的长短会有一些变化。

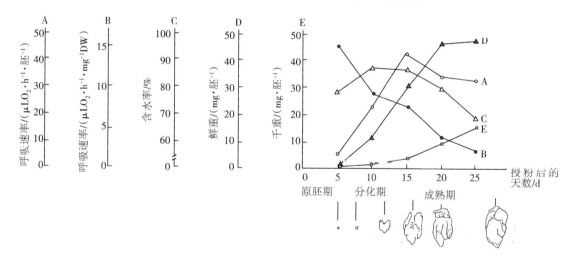

图5-16 胚在发育过程中生长和呼吸速率的变化

由图5-16可见,在原胚期每胚的呼吸速率很低,授粉后5 d只有5.8 $\mu LO_2 \cdot h^{-1} \cdot$胚$^{-1}$;分化期迅速上升直到幼胚形成,各器官原基的分化完成时（授粉后15 d）呼吸速率达到峰值（40.4 $\mu LO_2 \cdot h^{-1} \cdot$胚$^{-1}$）。成熟期后有所下降,由于物质积累迅速增加,呼吸速率仍维持在较高水平。以每毫克干重表示的呼吸速率随胚的发育和分化的进行而逐渐下降,与细胞分裂的活跃程度一致,细胞分裂旺盛的早期胚比成熟胚的呼吸速率高。在胚的分化期每胚的呼吸速率和鲜重都迅速增长。成熟期尽管干物质增加迅速,但含水量开始下降,每胚鲜重仅缓慢增加。鲜重的增长与细胞数量、干物质和含水量的变化有关。水分增加有利于养分的运输和酶促反应的活跃进行。分化期若遇干旱,呼吸作用和细胞分裂受抑制,胚的正常发育和杂交结实率都会受到影响,是甘薯杂交胚发育的水分临界期。所以,重庆地区夏季高温干旱情况下,已明显膨大的绿色子房会停止发育而褪绿并出现的败育现象可能与分化期缺水有关(李坤培,张启堂,1987)。

5.5.3.2 胚发育过程中几种酶活性的变化

甘薯杂交胚发育过程中无论是按每胚计算还是比活衡量,过氧化物酶和IAA(吲哚乙酸)的活性变化趋势均相似,即从授粉到分化期末的15 d内活性都极低,进入成熟期后酶活性急剧增加并达到高峰。在甘薯杂交胚发育过程中,淀粉酶活性随胚的发育和分化逐渐增高,其中 α-淀粉酶的活性在授粉后第10 d达到峰值,其峰值出现的时间比 β-淀粉酶早5 d左右,但在整个发育过程中 β-淀粉酶的活性约占总淀粉酶活性的4/5以上。

第六章 果实的形成

甘薯的花器为完全花，雌雄同株，其子房解剖结构一般为二室四胚珠（图6-1）。甘薯的果实为蒴果，呈球形或扁球形，直径4~8 cm，幼嫩时呈绿褐色或紫红色，成熟时果柄枯萎，果皮呈枯黄色。果实成熟后极易爆裂，每蒴果含1~4粒种子。

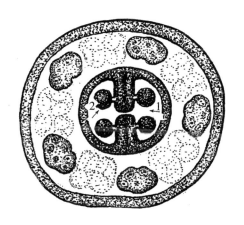

1.子房室（箭头处）；
2.胚珠（箭头处）。

图6-1 子房解剖结构（示子房二室四胚珠）

据四川省农科院叶凤淑等（1987—1990）报道，在甘薯育种的杂交组合"8129-4"×"徐薯18"中，首次发现蒴果中结5~6粒种子。4年期间共进行人工授粉15 122朵花，结蒴果8 016枚，平均结果率为53%，其中含4粒以上种子的蒴果数占蒴果总数的2.75%。他们对"8129-4"无性系的花器子房做徒手切片镜检，观察到子房横切面明显地表现为子房三室，每室含胚珠2枚，这就从解剖结构上阐明了其蒴果可以含有种子5~6粒。他们还观察到子房三室和柱头三裂结构的建成是同步的。"8129-4"无性系子房三室的出现是局部的，在同一植株上可以同时出现子房三室和子房二室花朵的异形现象。

柱头三裂或二裂的表征是子房三室或二室的指示性状。他们认为柱头三裂和子房三室雌蕊的建成需要较多的营养物质,增施磷肥有利于籽实形成,可满足建成子房三室所需营养。他们于1990年做增施磷肥试验,其结果显示柱头三裂和子房三室雌蕊出现频率比对照高11.1%,可获得更多的蒴果和杂交种子。

6.1 甘薯果实的生长过程

试验材料采用可亲合的杂交组合,母本为"高自1号",父本为"88-3"。露地育苗,5月上旬分别栽插于西南师范大学生物系(现西南大学生命科学学院)甘薯科研实验地。采用紫色石骨子土,肥力中等。栽后25 d左右现蕾,6月24日开花,7月至9月为盛花期。

6.1.1 果实的增大期

为了观察果实发育的全过程,作者于1983年8月25日进行授粉杂交,授粉后第2 d开始取材,观察胚珠发育情况,直到形成果实和种子。于1983年8月27日至9月24日取材,解剖横切子房,每次取10个果实观察,统计胚珠发育与败育数目,结果见表6-1。

表6-1 甘薯胚珠的发育情况

测定日期	授粉后的天数/d	正常胚珠数/个	败育胚珠数/个
8月27日	2	20	20
8月29日	4	10	30
8月31日	6	10	30
9月2日	8	10	30
9月4日	10	10	30
9月6日	12	20	20
9月8日	14	20	20
9月10日	16	10	30
9月12日	18	20	20

测定日期	授粉后的天数/d	正常胚珠数/个	败育胚珠数/个
9月14日	20	10	30
9月16日	22	20	20
9月18日	24	10	30
9月20日	26	10	30
9月22日	28	20	20
9月24日	30	20	20

表6-1中的数据说明,有8次只有25%的胚珠能发育成种子;有7次有50%的胚珠能发育成种子。

为了进一步观察胚珠的发育情况,作者从8月29日至10月2日,从授粉后第4 d开始,每隔4 d取材解剖。每次取10个子房剥出胚珠,然后在解剖显微镜下分离出胚囊与幼胚,分别测量胚的大小,确定正常胚珠与败育胚珠的大小,结果见表6-2。

表6-2 甘薯正常胚珠与败育胚珠比较

测定日期	授粉后的天数/d	正常胚珠		败育胚珠	
		长/mm	宽/mm	长/mm	宽/mm
8月29日	4	2.32	1.89	1.32	0.61
9月2日	8	4.00	2.72	2.10	1.34
9月6日	12	4.82	3.19	2.24	1.68
9月10日	16	5.02	4.06	2.53	1.69
9月14日	20	5.10	4.32	2.66	1.75
9月18日	24	5.30	4.90	2.80	1.82
9月22日	28	5.20	4.78	2.70	1.87
9月26日	32	5.18	4.56	2.50	1.80
9月30日	36	5.16	4.14	2.10	1.83
10月2日	40	5.30	4.90	2.08	1.92

从表6-2中的数据可以看出,正常胚珠长2.32～5.30 mm,宽1.89～4.90 mm;败育胚珠长1.32～2.80 mm,宽0.61～1.92 mm。

6.1.2 果实的充实期

甘薯从授粉后3～4 d子房开始膨大,逐渐形成果实,果实就是成熟的子房。

为了观察子房发育的全过程,作者于1985年9月10日进行授粉杂交,授粉后第4 d开始,每隔2 d取材测定,从9月14日至10月8日对子房大小进行测定,结果见表6-3。

表6-3 甘薯果实的发育

测定日期	授粉后的天数/d	子房大小		每个子房的平均质量/mg
		长/mm	宽/mm	
9月14日	4	1.8	2.0	50
9月16日	6	2.2	2.6	
9月18日	8	3.4	2.9	130
9月20日	10	3.5	4.0	
9月22日	12	4.0	5.0	300
9月24日	14	4.9	5.2	
9月26日	16	5.0	5.5	320
9月28日	18	5.4	5.7	
9月30日	20	5.7	5.8	350
10月2日	22	5.8	5.8	
10月4日	24	5.8	6.3	370
10月6日	26	5.9	6.5	
10月8日	28	6.0	6.5	380

表6-3中的数据表明,甘薯子房发育长1.8～6.0 mm,宽2.0～6.5 mm,每个子房的平均质量从授粉后第4 d的50 mg逐渐增重,授粉后第12 d子房的平均质量达300 mg,果实成熟时,即授粉后第28 d,子房平均质量达380 mg。从表6-3可以看出,授粉后10 d,子房宽度一般大于长度。除外形有明显的区别外,果实质量也在不断增加,表明果实内的种子干物质在不断积累。

甘薯成熟种子的营养成分主要由蛋白质、总糖、脂肪、灰分、干物质等组成。

作者对甘薯不同成熟度的种子进行分析测定,发现种子的有机物积累随授粉后天数的增加而递增,成熟种子中蛋白质含量最高、总糖含量次之、粗脂肪含量最少,结果见表6-4。

表6-4 甘薯种子部分有机物含量随授粉后天数变化的情况

授粉后的天数/d	总糖含量/%	粗脂肪含量/%	蛋白质含量/%
5	8.58	—	—
10	18.62	3.92	24.22
15	24.33	6.50	24.97
20	25.68	6.96	28.41
25	26.32	7.60	30.63

表6-4中的数据说明,授粉后5～15 d种胚中总糖、粗脂肪等有机物增加快;15 d以后增加减慢。这是由于受精卵初期细胞迅速分裂,细胞内代谢旺盛,有机物合成多,以满足形成种子所需的营养。之后,种子逐渐成熟,代谢减弱,因而有机物积累减缓。在适宜的温度(22～28℃)条件下,授粉后21～30 d蒴果与种子达到成熟。

6.2 甘薯果实的结构

甘薯的果实发育从授粉受精后开始,作者于1983年9月10日开始取材(未授粉),9月12日授粉后,每隔2 d取材1次,至10月12日,包括成熟果实共取材16次,观察甘薯果实发育外形及横切面结构(图6-2)。

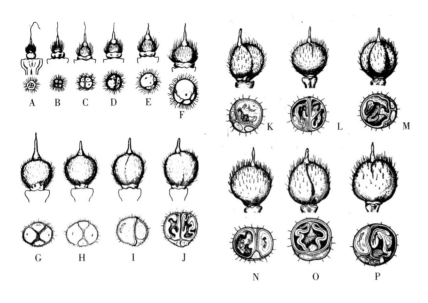

A. 未授粉的子房；
B. 授粉后 2 d；
C. 授粉后 4 d；
D. 授粉后 6 d；
E. 授粉后 8 d；
F. 授粉后 10 d；
G. 授粉后 12 d；
H. 授粉后 14 d；
I. 授粉后 16 d；
J. 授粉后 18 d；
K. 授粉后 20 d；
L. 授粉后 22 d；
M. 授粉后 24 d；
N. 授粉后 26 d；
O. 授粉后 28 d；
P. 成熟的果实。

图6-2 甘薯果实发育外形(上)及横切面(下)

图6-2表明,正常的甘薯子房内有4个胚珠(图6-2A、B);授粉后4 d的子房,其内4个胚珠开始有不同的变化(图6-2C);授粉后6 d的子房,其中1个胚珠开始发育,另外3个发育停滞(图6-2D);授粉后8 d的子房,1个胚珠明显发育,另外3个败育(图6-2E);授粉后10 d的子房,变化同图6-2E(图6-2F);授粉后12 d的子房,2个胚珠发育,另外2个有败育趋势(图6-2G);授粉后14 d的子房,发育同图6-2G(图6-2H);授粉后16 d的子房如图6-2I,1个胚珠正常发育,另外1个中途败育,还有2个早期败育;授粉后18 d的子房如图6-2J,其中2个胚珠正常发育,2个早期败育;授粉后20 d的子房如图6-2K,1个胚珠发育,另外3个早期败育;授粉后22 d的子房如图6-2L,1个胚珠发育,另外3个早期败育;授粉后26 d的子房如图6-2N,2个胚珠发育,但其中有1个不能形成饱满种子,还有2个早期败育;授粉后28 d的子房,仅1个胚珠发育成种子(图6-2O);授粉后30 d的成熟果实子房如图6-2P,1个胚珠形成饱满种子,另1个为瘪粒,2个早期败育。

作者为了观察甘薯果实的结构,于1985年8月23日起连续在试验地进行杂交授粉,试验材料母本采用"高自1号",父本采用"88-3"。自授粉当天开始,每隔2 d取材1次,直到第30 d。每次取10个果实横切,观察子房内胚珠授精发育成种子的情况。在试验地共采收4 000个果实,分别解剖剥出种子,观察每个果实的结籽数,每果结1、2、3、4粒种子,分别统计数量。图6-3表明,除胚珠未受精而不发育成种子外,在子房内的4个胚珠都受精发育成4粒种子。然而,从解剖的果实结构看,4 000个果实中,只有10个果实为4粒种子(图6-3P);有208个果实为3粒种子(图6-3O);有1 175个果实为2粒种子(图6-3J、L);有2 607个果实为1粒种子(图6-3I、K)。从图6-3M和N中可以看出,1个果实中有2个胚珠受精已发育了,但其中2个胚珠败育不能形成种子。从果实解剖结构可以看出,子房内胚珠败育是结实率低的原因之一。

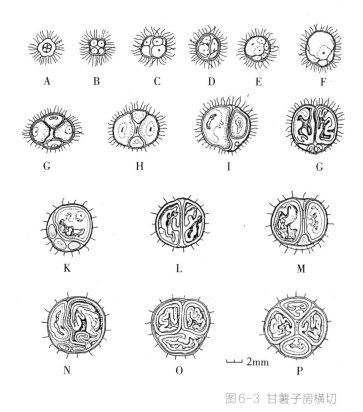

A.授粉当天,4个胚珠大小相同;

B.授粉后2 d的胚珠;

C.授粉后4 d的胚珠;

D.授粉后6 d的胚珠;

E.授粉后8 d的胚珠;

F.授粉后10 d的胚珠;

G.授粉后12 d的胚珠;

H.授粉后14 d的胚珠;

I.授粉后16 d的胚珠;

J.授粉后18 d的胚珠;

K.授粉后20 d的胚珠;

L.授粉后22 d的胚珠;

M.授粉后24 d的胚珠;

N.授粉后26 d的胚珠;

O.授粉后28 d的胚珠;

P.授粉后30 d的胚珠。

图6-3 甘薯子房横切

6.3 影响甘薯果实发育的因素

甘薯花早晨开放,中午即凋萎,次日花冠脱落。开花后4～5 h的结实率最高,一般上午6时至10时授粉结实率高,上午11时以后授粉结实率下降。

一切有机体都不能脱离生态条件而生存。甘薯的生长发育也必然受所处生态条件的影响,不同的生态因素对甘薯有机体产生不同的影响,而甘薯的不同生长时期,对同一生态因素的要求也是不同的。此外,各种生态因素之间也互相影响,一种生态因素的变化相应地带来另一种生态因素的变化。例如气温在很大程度上影响土温变化,而土温在一定条件下又受土壤水分和空气含量比例的影响,空气热容量小,导热率低,土壤中空气含量高时,白天升温快,夜间降温也快,水分又可以调节土温、土壤空气和养分状况;又如空气流动可以改变大气温度和湿度,空气中水汽多、尘土多,可以减弱光照强度,改变光质等,这就构成了甘薯与其周围生态环境各因素间以及生态因素相互之间错综复杂的关系。为此,必须充分考虑各生态因素对甘薯的综合影响,采取相应的农业技术措施,利用一切有利条件,趋利避害,以满足甘薯生长发育的要求。

6.3.1 温度对甘薯果实发育的影响

甘薯原产于热带,喜温暖,对低温反应敏感,最忌霜冻。生长期至少要求有120 d的无霜期,盛长期的气温不低于21 ℃,这有利于甘薯的生长发育和结实。甘薯现蕾的最适温度为22～28 ℃,高于30 ℃或低于15 ℃花蕾容易脱落。现蕾后20～30 d开花。

通常在授粉后3～4 d子房开始膨大,30 d左右蒴果与种子达到成熟。蒴果的发育与温度关系密切,一般平均气温在25 ℃以上,从授粉到果实成熟只需20～28 d,当平均气温降到25 ℃以下时,需要30 d左右,当气温降到20 ℃左右时,需延长到40～60 d。因此,在重庆地区甘薯杂交授粉最适宜在7月至9月进行,有利于果实与种子成熟。如延至10月授粉,由于气温降低,一方面花朵发育不良影响授粉结果,另一方面晚期授粉影响果实和种子的正常成熟。

适合甘薯开花的土温为23～27 ℃,由于土温比气温稳定,为开花创造了有利条件。在适宜的土温条件下,子房发育正常,结蒴果率高。

6.3.2 水分对甘薯果实发育的影响

植物细胞的生命活动必须以水为介质,任何时候甘薯体内的实际含水量仅是生长过程中吸收水分的极小一部分。水分是甘薯有机体的重要组成部分,含水量少的部分略高于55%,含水量多的部分可超过90%。活的细胞原生质是不可能没有水分的,水分保持着细胞的膨压,维持着固有形态。同一切高等植物一样,甘薯体内所有生理活动过程都是在水的存在下进行的。土壤中的矿物元素必须溶于水才能被吸收,这些元素被带到生长中的甘薯的各部分,并合成植物体中的重要物质。水分在光合作用过程中也是不可缺少的,它同二氧化碳一样是合成碳水化合物的基本原料。

甘薯不仅耐旱能力较强,而且需水量较大,并且又是怕涝渍的块根作物。土壤水分状况与甘薯生长关系极为密切。甘薯叶片数、茎总长与土壤水分呈显著正相关。一般将土壤水分状况分为四种类型:(1)重旱,土壤相对湿度为30%～40%;(2)轻旱,土壤相对湿度为40%～50%;(3)湿润,土壤相对湿度为60%～70%;(4)多湿,土壤相对湿度为70%～85%。

茎叶重增长速度"重旱"较"湿润"低38%,前期土壤含水量70%～85%,后期保持湿润,薯块产量最高。土壤含水量降至45%以下时,块根产量降低。

在土壤水分充足的条件下,由于气孔扩散阻力的减小,CO_2不断进入体内,从而增强了光合作用,增加了干物质的积累,有利于果实和种子成熟。

甘薯生长前期要求土壤水分充足,后期土壤水分适中。甘薯从现蕾至开花的大气相对湿度为80%～95%;湿度过大或过小都将影响开花数量和质量。从现蕾至开花,土壤必须保持适当干燥,以维持植株不凋萎为度。据研究,适宜开花的土壤含水量在22%～25%范围内,一般随湿度的降低,现蕾提早,开花增多,结实率也升高。土壤含水量大于28%或小于19%,开花数均会大大减少。

野田(1936)研究表明,接近开花时刻的气温低而湿度高时开花少,温度高时开花增多。一般湿度高有阻碍开花的倾向,认为开花数与开花时的温度成正相关,与开花时的湿度成微弱的负相关。

6.3.3 光照对甘薯果实发育的影响

甘薯是短日照作物,通常生殖生长阶段需要较长时间的黑暗条件和一定时间的强光照,以维持其正常的有性生殖发育。绝大多数品种在北纬23°以北的长日照自然条件下,一般不能自然开花。偶尔在长期干旱等特殊条件下,出现开花现象,但不易结实。

野田(1936)报道,甘薯在全日光下生长因有充足的光照,开花数多,而在遮阴的情况下甘薯开花数少,前者情况下的开花数是后者的135%。他的研究还表明,大部分甘薯品种为短日照型,也有少数为中间型和不敏感型,因此认为甘薯的光照期反应因品种不同而有很大差异。可将甘薯品种划分为短日照型、中间型和不敏感型三类。国内的研究也表明,现有品种可分为三类,像"高自1号""河北351""农大红""向阳红"等属不敏感型品种,均能在北方地区长日照条件下自然开花。

据原河北省农作物研究所研究,甘薯开花以每日8 h光照为最好,每日光照6 h以下和每日光照10 h以上,开花效果均较差。每日光照时间太长,达不到暗期作用,会使生殖生长受到抑制,现蕾速度减缓;每日光照时间太短,则没有足够的光合作用产物,使孕蕾营养条件恶化,花蕾发育不良,结实率低。光周期的研究证明,一定的暗期对短日照作物现蕾开花很重要,而且暗期不能中断。甘薯经短日照处理现蕾开花后,若再给一段时间长日照,会明显地看到花芽分化转入营养生长的现象。这也说明光周期现象中的暗期对短日照作物产生足够的成花素有着重要作用。甘薯杂交以7月至9月光照更好,开花数多,结实率高,有利于种子、果实成熟。

6.3.4 营养对甘薯果实发育的影响

甘薯在生长发育的整个阶段中,营养供给地上茎叶生长和地下块根膨大,如需要进入生殖生长,则植株体内的碳氮比必然会发生改变。对甘薯开花结实营养生理机制的研究有助于人为满足有性生殖所需营养条件,从而调整上述营养的分配。据原华东农业科学研究所对"胜利百号"品种开花植株和未开花植株养分分析的结果,开花植株的氮素含量显著增加,尤以已开花植株顶部 5 ~ 6 片叶明显,较未开花植株相同部位氮素含量高出 45.14%。

原河北省农作物研究所的研究指出,开花越多的植株,对养分(^{32}P)的吸收越强。多花植株为无花植株的 7.6 倍,少花植株为无花植株的 2.6 倍。多花同一植株 ^{32}P 的分配按根(6.49%)、茎(18.44%)、叶(36.00%)、花(39.07%)的顺序逐渐增加。同时开花结实植株(或品种)的含糖量和碳氮比(C/N)较不开花植株(或品种)更高;开花结实多的植株较开花结实少的植株更高。野田(1936)的研究表明,甘薯开花盛期在日光下及遮阴下的 C/N 比为全日光条件下为 23 ~ 24,遮阴条件下为 18 ~ 23。这说明在遮阴条件下的甘薯较全日光条件下甘薯含糖量少,因为全日光条件下光线强,光合作用旺盛,所以含糖量增多,在相对情况下,C 增多而 N 减少,故 C/N 增高,全日光区比遮阴区开花多。因此,甘薯开花的多少受 C/N 的影响。同样,甘薯蒴果的多少也受C/N 的影响。因为,开花多,结蒴果也多。

野田(1936)的研究还表明,施用适量氮肥可促进花芽的形成。平间(1935)的研究结果表明,在自然条件下开花的品种,施肥虽可促进开花,但开花数较少,在施钾肥与磷肥二倍量区,虽开花稍延迟,但开花数较多。有研究表明,在施用过多 N 肥时,茎叶生长过旺,则会出现抑制花芽形成的现象。

据四川省农科院(1990)研究,增施磷肥有利于花器的形成,可获得更多的蒴果和杂交种子。

6.3.5 植物生长调节剂对甘薯果实发育的影响

果实就是成熟的子房。据研究,植物生长调节物质的处理能延长子房寿命。通常不亲和组合的花器寿命只有 4 ~ 5 d,之后子房自行脱落,而用植物生长调节物质处理后,花器寿命可延长到 7 ~ 10 d,最长可达 17 d。

村田等(1982)在进行甘薯组第 I 群和第 II 群间的种间杂交研究时,用 30 mg/L 的 2,4-D 处理杂交花朵能提高受精率,但未得到杂种。王家旭和陆漱韵(1992)用 2,4-D、6-BA 分别处理,能延长花器寿命,从对照的3～4 d提高到9～11 d,并提高了结实率,但所获种子皱瘪,很难发芽。

陆漱韵等(1994、1995)对常用的A、B、C三个不孕群甘薯品种进行同群内品种杂交,用NAA、6-BA、2,4-D等植物生长调节物质处理,对克服B、C不孕群品种间杂交花粉萌发后的障碍、延长花器寿命、提高结实率有一定效果。调节物质种类和浓度不同,其效果也不一样。杂交组合不同,所需的调节物质种类和浓度也不尽相同。同时,结果还表明调节物质处理后,增加了不亲和组合的受精率和胚胎数,受精卵的发育也比较快。

据王兰珍、李惟基等的研究,使用植物生长调节剂(共6种配方)处理子房,可提高甘薯低倍体种间杂种的结实率。他们通过观察花粉萌发、花粉管生长、受精、胚发育等过程,发现甘薯与低倍体($3x$、$5x$)种间杂种杂交低。结实率低的原因有:(1)花粉附着量少,花粉萌发量少、花粉管生长缓慢导致子房受精不足,使子房出现第一次大量脱落;(2)胚发育异常导致子房出现第二次大量脱落,这种胚发育异常对甘薯与$5x$的杂种来说是其受精卵发育缓慢,对甘薯与$3x$的杂种来说是其胚发育停滞于球形胚阶段。

他们研究的结果如下。

6.3.5.1 植物生长调节剂对子房寿命的影响

用植物生长调节剂配方100 mg/L NAA+50 mg/L 6-BA(以下简称配方Ⅰ),对子房进行一次处理和二次处理,以不处理为对照。对"高自1号"ד 5502"组合来说,在授粉后3 d,配方Ⅰ处理使子房存留率较对照提高了20个百分点。在授粉后10 d,配方Ⅰ处理的子房存留率比对照提高了3.8个百分点,在授粉后15 d,只比对照提高了0.2个百分点。用配方Ⅰ在授粉后5 d,第二次处理子房,则可使授粉后10 d、15 d的子房存留率和成熟期的结蒴率得到显著提高。子房寿命的延长为胚的发育提供了场所,使结实率的提高有了可能。

6.3.5.2 植物生长调节剂对胚发育的影响

选取组合"高自1号"ד 5502"和"向阳红"ד 3210"用配方Ⅰ进行一次处理和二次处理。采用石蜡切片的方法,观察这两种处理方式对胚发育的影响,具体结果见表6-5。

表6-5 配方Ⅰ第一次与第二次处理对胚发育的影响

组合	观察项目	处理类型	授粉后的天数/d					
			1	3	5	7	10	15
"高自1号"×"5502"	观察胚珠数/个	对照	9	15	19	–	–	–
		一次处理	28	8	14	–	–	–
		二次处理	–	–	–	–	18	11
	胚发育阶段	对照	受精卵	受精卵	多细胞胚	–	–	–
		一次处理	受精卵	受精卵	多细胞胚	–	–	–
		二次处理	–	–	–	–	球形胚	球形胚
	有效胚个数/个	对照	1	2	2	–	–	–
		一次处理	6	1	2	–	–	–
		二次处理	–	–	–	–	3	3
	有效胚存留率/%	对照	11.1	9.3	7.4	–	–	–
		一次处理	21.4	11.5	13.1	–	–	–
		二次处理	–	–	–	–	13.3	18.2
"向阳红"×"3210"	观察胚珠数/个	对照	30	23	19	15	11	–
		一次处理	27	21	20	30	26	9
		二次处理	–	–	–	22	9	
	胚发育阶段	对照	受精卵	多细胞胚	球形胚	球形胚	球形胚	–
		一次处理	受精卵	受精卵-多细胞胚	多细胞胚-球形胚	多细胞胚-球形胚	球形胚	球形胚
		二次处理	–	–	–	球形胚	球形胚	–
	有效胚个数/个	对照	2	3	5	4	5	–
		一次处理	3	6	7	15	12	12
		二次处理	–	–	–	10	3	–
	有效胚存留率/%	对照	6.7	8.9	6.7	8.3	9.1	–
		一次处理	11.1	23.0	14.1	21.3	26.8	19.6
		二次处理	–	–	–	16.0	11.8	–

注:授粉后10 d和15 d"高自1号"×"5502"的对照与一次处理、"向阳红"×"3210"授粉后15 d的对照和二次处理的子房均仅留1~2个,在石蜡切片制作过程中没有切出可观察的制片。

从表6-5的结果来看,用配方Ⅰ处理子房,对"高自1号"×"5502"和"向阳红"×"3210"的胚发育有不同的影响。对于"高自1号"×"5502"来说,配方Ⅰ一次处理可使有效胚存留率提高,从而增加结实的可能性。第二次补施配方Ⅰ,则不仅可以使存留子房的数量大幅度提高,而且可以在授粉后10 d、15 d的子房中观察到球形胚。这说明配方Ⅰ二次处理不仅使子房存留率提高,为胚发育提供了条件,而且也可促进甘薯与5x杂种的胚进一步发育,进一步增加结实的可能性。据此推测,甘薯与5x杂种的受精子房可能由于种种原因不能产生足够的内源激素刺激受精卵的分裂,幼胚不能形成,而幼胚又是子房生长发育过程中产生内源激素的一个来源,因此子房的激素水平进一步降低,导致子房脱落,最终使结实率降低,经植物生长调节剂处理之后,子房的激素水平提高,受精卵得以分裂。授粉5 d之后,外源激素的作用减弱,而幼胚又不能产生足够的内源激素维持子房的生长,因而导致子房脱落,使胚失去了发育的条件;及时进行第二次补施植物生长调节剂之后,子房的激素水平提高到足以维持子房生存的水平,使子房继续生存、胚继续发育成为可能。对"向阳红"×"3210"来说,在授粉后1 d,配方Ⅰ处理的有效胚存留率比对照提高了4.4个百分点,在授粉后3 d,该数值比对照高了14.1个百分点,在此之后一直到授粉后15 d,有效胚存留率提高的幅度保持较平稳的水平。从这一结果可以看出,在授粉后1~3 d,配方Ⅰ处理的子房中又有一部分卵细胞完成受精作用,从而使有效胚存留率得到提高。推测其原因,可能是延长了母本柱头和花柱的生活期,使生长缓慢的花粉管也有可能长入子房,从而使更多的卵细胞完成受精作用。从表6-5的结果还可看出,处理子房在授粉后7 d、10 d的胚仍然停留在球形胚阶段,这说明配方Ⅰ一次处理不能促进甘薯与3x杂种的胚进一步发育。在授粉后5 d第二次补施配方Ⅰ,在授粉后7 d、10 d,仍只观察到球形胚,与对照和一次处理的情况相同,这说明配方Ⅰ二次处理也不能促进甘薯与3x杂种的胚进一步发育。由于不同的配方所起的作用不同,因而今后应对更多的植物生长调节剂进行研究,以寻找能克服胚发育停滞的配方。

6.3.5.3 植物生长调节剂对结实率的影响

在甘薯与低倍体种间杂种的各组合中,用不同配方的植物生长调节剂处理子房,计算其结实率,结果见表6-6。

表6-6 植物生长调节剂一次处理对结实率的影响

组合类型	组合	观察项目	对照	I	II	III	IV	V	VI
甘薯 × 3x	"高自1号"ד3210"	杂交花数/朵	29	56	20	30	29	26	30
		结实数/粒	0	0	0	0	0	0	0
		结实率/%	0	0	0	0	0	0	0
	"向阳红"ד3210"	杂交花数/朵	52	48	30	25	28	25	–
		结实数/粒	4	19	4	0	5	0	–
		结实率/%	1.90	9.90	3.30	0	4.50	0	–
	"高自1号"ד5402"	杂交花数/朵	46	30	30	30	31	29	30
		结实数/粒	0	0	0	0	1	0	0
		结实率/%	0	0	0	0	0.80	0	0
甘薯 × 5x	"高自1号"ד5502"	杂交花数/朵	31	40	–	–	–	–	–
		结实数/粒	1	3	–	–	–	–	–
		结实率/%	0.80	1.90	–	–	–	–	–
	"向阳红"ד5402"	杂交花数/朵	65	34	29	30	30	30	30
		结实数/粒	3	0	0	0	0	0	0
		结实率/%	1.15	0	0	0	0	0	0
	"向阳红"ד5522"	杂交花数/朵	48	44	36	32	39	–	–
		结实数/粒	3	2	2	2	4*	–	–
		结实率/%	1.60	1.70	1.40	1.60	2.60	–	–

注:(1) I :100 mg/L NAA+50 mg/L 6-BA; II : 30 mg/L 6-BA+20 mg/L 2,4 – D; III :30 mg/L NAA; IV : 50 mg/L 6-BA; V :500 mg/L GA; VI: 100 mg/L NAA+50 mg/L6-BA+500 mg/L CA$_3$。
(2)*表示在4粒种子中有3粒是皱缩种子,经解剖发现胚珠内没有胚结构。
(3)"–"表示缺实验数据。后同。

从表6-6可以看出,总体来说配方 I 的效果最好,可以使"向阳红"ד3210"的结实率由1.90%提高到9.90%,使"高自1号"ד5502"的结实率从0.80%提高到1.90%。

用效果较好的植物生长调节剂配方 I,对子房进行二次处理,统计其结实率,结果见表6-7。

表6-7 配方Ⅰ二次处理对甘薯与低倍体种间杂种的结实率的影响

组合类型	组合	观察项目	对照	一次处理	二次处理
甘薯× 3x	"高自1号"×"3210"	杂交花数/朵	29	29	26
		结实数/粒	1	0	1
		结实率/%	0.96	0	1.00
	"向阳红"×"3210"	杂交花数/朵	52	48	35
		结实数/粒	4	19	4
		结实率/%	1.90	9.90	2.90
甘薯× 5x	"高自1号"×"5402"	杂交花数/朵	30	30	30
		结实数/粒	0	0	0
		结实率/%	0	0	0
	"高自1号"×"5502"	杂交花数/朵	31	40	20
		结实数/粒	1	3	3
		结实率/%	0.80	1.90	3.80

从表6-7的结果可以看出,用配方Ⅰ二次处理使"高自1号"×"5502"的结实率由对照的0.80%提高到3.80%,而用配方Ⅰ一次处理,仅能将其结实率提高到1.90%。这是二次处理继续延长了该杂交组合子房寿命的必然结果。对甘薯与3x杂种来讲,配方Ⅰ二次处理的效果不明显,甚至不如一次处理,这是二次处理降低了该杂交组合子房存留率的必然结果。

此研究通过以上实验获得了一批甘薯与低倍体种间杂种的种子,处理所得种子总数为对照所得种子总数的3.7倍。

黄龙、李惟基等试图用生长调节剂(Plant Growth Regulator,以下简称PGR)活体处理子房,以克服5倍体杂种与甘薯回交的低结实性。5倍体杂种回交甘薯的低结实性表现为:(1)大量花粉未能萌发,萌发花粉管生长到花柱基部的很少,因而大多数胚珠不能受精;(2)种子发育中,子房大量脱落,胚严重败育。

植物生长调节剂处理对克服5倍体杂种回交甘薯低结实性有一定效果,其作用是:(1)促进花粉管生长,增加受精机会;(2)延长子房寿命,使胚有可能继续发育;(3)直接促进胚发育。

从花粉萌发、花粉管生长、子房脱落和胚发育等阶段研究5倍体杂种回交甘薯的低结实性的原因,以及用PGR处理后的效果,其结果见表6-8、表6-9、表6-10。

表6-8 花粉萌发及花粉管生长观察

杂交组合及处理	观察花柱数/枚	黏附花粉粒总数/粒	萌发花粉粒总数/粒	花粉萌发率/%	花柱中花粉管数/个			基部/萌发花粉粒数/%	基部花粉管数/观察花柱数
					上部	中部	基部		
"高自1号"×"5417"(CK)	30	201	29	14.2	18	11	8	27.6	0.27
"高自1号"×"5417"(PGR)	30	127	16	12.9	12	11	9	56.3	0.30
"向阳红"×"5402"(CK)	28	142	112	78.9	84	61	39	34.8	1.39
"向阳红"×"5402"(PGR)	30	183	160	87.5	99	76	63	39.4	2.10

由表6-8可见,组合"高自1号"×"5417"(CK)的花粉萌发率要远远低于组合"向阳红"×"5402"(CK),前者仅为14.2%,而后者为78.9%。这说明不同组合其花粉萌发率有较大差距,这可能与亲本间的亲和程度有关,还可能与父本的花粉育性有关。前一组合的父本"5417"的可育花粉占12.7%,而后一组合的父本"5402"可育花粉达89.4%,但是即使是花粉萌发率较高的组合"向阳红"×"5402"(CK),其萌发了的花粉也只有34.8%的花粉管到达花柱基部,结果平均每个子房只进入1.39个花粉管。而甘薯每个子房有4个胚珠,因此多数胚珠得不到精子。经过PGR处理后,在"高自1号"×"5417"(PGR)这一组合中,花粉萌发率和到达基部的花粉管数与对照相比,变动都不明显。而对于"向阳红"×"5402"这一组合,PGR处理后花粉萌发率比对照高了约10个百分点,到达花柱基部的花粉管数从39个剧增到63个,可以保证平均每个子房有2个胚珠得到精子。可见PGR处理能有效地促进花粉萌发和花粉管伸长,但效果大小可能因组合而异。

表6-9 各组合未脱落子房数变化和结实情况

杂交日期	杂交组合及处理	杂交后的天数/d						结蒴数/个	结实数/个	结蒴率/%	结实率/%
		5	10	15	20	25	30				
8月23日至9月2日(前期)	"高自1号"×"5417"(CK)	24	6	5	3	2	2	2	2	2.9	0.7
	"高自1号"×"5417"(PGR)	33	9	7	5	3	3	3	3	4.3	1.1
	"向阳红"×"5402"(CK)	30	8	8	6	5	5	6	6	7.1	2.1
	"向阳红"×"5402"(PGR)	41	11	10	10	8	7	8	8	10.0	2.9
9月17日至9月27日(后期)	"高自1号"×"5417"(CK)	15	3	3	2	2	0	0	0	0	0
	"高自1号"×"5417"(PGR)	24	5	4	3	3	1	1	1	1.4	0.4
	"向阳红"×"5402"(CK)	20	4	4	4	4	2	2	3	2.9	1.1
	"向阳红"×"5402"(PGR)	31	6	5	5	4	4	3	4	4.3	1.4

注:杂交花朵数均为70朵。

由表6-9可见,对于"高自1号"×"5417"(CK)和"向阳红"×"5402"(CK)两个组合,无论前期(气温较高)杂交还是后期(气温较低)杂交,授粉后5d子房都要脱落50%以上。随着时间的推移,授粉后30d时未脱落子房数已达不到杂交花数的10%,结实率也只有0.0%~2.1%,而经过PGR处理后,"高自1号×5417"(PGR)和"向阳红×5402"(PGR)这两个组合,无论是前期,还是后期,其结实率均高于对照,说明PGR处理对提高结实率有一定效果。但同时也发现,未脱落子房数在5d时,处理和对照差距较大(约差10枚),随时间的推移,处理与对照的差距逐步变小,到30d时,处理与对照间的差距仅为1~2枚。8月末至9月初的前期杂交,与9月中旬至9月末的后期杂交相比,前者各个组合的结实数都要高一些,尤其明显的是"向阳红"×"5402"(CK)和"向阳红"×"5402"(PGR),前期结实率比后期多1倍,由此可见不同时期气温高低对杂交结实率有影响。

表6-10 各组合胚胎发育过程

杂交组合及处理	杂交后的天数/d	观察胚珠数/个	胚胎发育进程							
			未受精胚囊/个	胚乳核分裂/个	2~8细胞原胚/个	多细胞胚/个	球形胚/个	子叶胚/个	成熟胚/个	退化胚囊/个
"高自1号"×"5417"(CK)	5	60	31	27	8	9	0			
	25	60						0	4	56
"高自1号"×"5417"(PGR)	5	60	26	32	4	12	2			
	25	60						1	6	53
"向阳红"×"5402"(CK)	5	60	27	31	7	10	1			
	25	60						2	5	53
"向阳红"×"5402"(PGR)	5	60	21	38	2	18	2			
	25	60						2	9	49

由表6-10的胚胎发育进程来看,PGR处理的组合,其授粉后5d时的未受精胚囊要比对照少5~6个,而多细胞胚和球形胚的数目,PGR处理的组合要比对照高1~8个,说明PGR对促进受精和胚的初期发育有较明显的效果。后期(授粉后25d)的观察发现,其成熟胚的数目仍是PGR处理的组合要高于对照,前者是后者的1.5~1.8倍,且成熟胚与结实数呈相近的变化趋势。即在"高自1号"×"5417"和"向阳红"×"5402"这两个组合中,凡是PGR处理的组合,其成熟胚数和结实数都高于对照,这是由于PGR改善了胚胎的发育情况,从而促进坐果,最后提高了结实率。

第七章 种子的形成

种子经历植物开花、胚珠受精及胚胎发育、养分积累、种子成熟脱水的发育过程,最终进入生命相对静止的状态而被采收和贮藏。种子是被子植物的繁殖器官,是植物个体发育中的一个特殊阶段,是有性生殖的产物,是无性世代中的特殊孢子体。种子是种族延续的桥梁,既是上一代的结束,又是下一代的开始。因而种子是遗传信息的传递者,是研究遗传信息的保存与传递的好材料。在植物种质的保存过程中,采集种子比采集营养体容易,且又便于包装、运输和贮藏,而且种子包含着更为广泛的遗传多样性,可为植物育种提供必要的物质基础。甘薯种子的发育始于开花,经胚珠受精及合子形成胚,最终发育成种子。甘薯在生产上是利用营养器官(块根)来繁殖的,由于甘薯存在自交不亲和性,同群杂交结实率低,甚至不能产生种子。而且甘薯是遗传基础复杂的杂合体,通过种子繁殖产生的后代性状分离严重,故种子在生产上没有多大的使用价值。但是,甘薯的有性杂交育种仍是目前广泛使用的、行之有效的育种方法。

我国的甘薯育种工作是从20世纪40年代开始的,甘薯种子是其必不可少的种质资源,有性杂交技术的推广应用把甘薯育种工作推向一个新的高度。

陆漱韵、刘庆昌、李惟基等认为,中国的甘薯育种工作大致可划分为以下三个时期。

第一个时期是20世纪40年代,这个时期主要是收集、评价地方品种,并开展引种工作。如1940年从日本引种的"胜利百号"和从美国引种的"南瑞苕"都曾在中国甘薯生产上发挥过显著作用;评选出的"禹北白"等地方品种在广东等南方省区推广种植,增产30%左右,替换了当时很多低产品种;台湾地区在此期间进行甘薯有性杂交育种,并将育种目标定为高产、高淀粉品种的选育,育成了台农系列品种40余个(李良和廖嘉信,1994)。

第二个时期是20世纪50年代初至20世纪70年代末,这个时期是中国甘薯杂交育种工作蓬勃兴起和迅速发展的时期,主要育种目标是高产兼顾抗病性,以解决粮食不足问题。从1948年开始,由原华北农业科学研究所盛家廉等人选用"胜利百号"和"南瑞苕"为杂交亲本进行正反交育成"华北117""华北166""北京553""北京284""北京169"等甘薯良种;原华东农业科学研究所张必泰等育成"51-93""51-16"等甘薯良种,之后各地农业研究机构和农业院校陆续开展甘薯杂交育种工作,使用"胜利百号"和"南瑞苕"两亲本杂交,先后育成新品种近70个。20世纪60—70年代,选育出具有特色的新品种60多个,一般比当地品种增产30%以上。

第三个时期是从20世纪80年代初至现在。这个时期的主要育种目标由原来的高产转变为产量与品质并重,注重专用型、多用途新品种的选育。从这一时期开始,中国特别重视甘薯育种新材料和新方法的研究,系统地收集、整理、评价和创新甘薯品种资源也被提上了正式日程,这是国家"六五"以来甘薯科技攻关的三大专题之一。20世纪80年代,通过国家"六五"甘薯科技攻关"甘薯高淀粉抗病高产新品种选育"课题,育成高淀粉品种"淮薯3号""烟薯3号""浙薯1号"及"胜南"等。通过国家"七五"甘薯科技攻关"专用型甘薯新品种选育及良法配套技术"课题,育成各类专用型品种25个,其中工业原料用品种有"绵粉1号""苏薯2号""冀薯2号"等8个;食用品种有"南薯88""鲁薯2号""冀薯3号""浙薯2号""苏薯1号""广薯128"等11个;饲料用品种有"广薯62""鲁薯3号"等6个,这些新品种的育成改变了中国过去甘薯品种类型单一的局面。进入20世纪90年代,人们开始对甘薯的营养、风味、品感有所要求,为此国家"八五"甘薯育种目标进一步向多样化和专用型发展,对不同用途、不同类型的品种提出了不同要求,共育成新品种21个。国家"九五"甘薯育种目标是高产兼抗、兼食用及食品加工用型、淀粉加工用型和饲料用型品种的选育。

据江苏徐州甘薯研究中心唐军2014年统计,"六五"以来全国各地研究单位,通过杂交技术育成甘薯新品种382个。其中西南大学生命科学学院育成"渝苏1号""渝薯34""渝苏303""渝紫263""渝苏紫43""渝紫薯7号"等17个,农生院育成5个,共22个甘薯新品种;重庆三峡农科院育成"万薯1号""万薯34""万紫56"等10个甘薯新品种。

"六五"以来通过省级以上审(鉴)定的甘薯品种,大部分是利用育成品种作为亲本选育成功的。这一情况表明,在我国甘薯新品种选育和改良中,对育成品种的利用十分重视,这对提高甘薯遗传进度起到了积极的推动作用。但同时也可以看出,我国甘薯遗传背景较狭窄,对地方种和野生资源材料的利用水平还很低,而甘薯地方种、野生种和国外引进资源不仅具有抗病、抗逆等优良基因,还具有一些优异的品质基因,作为育种材料有较大的应用价值。在今后的育种工作中,应予以重视,加强利用,这样才有可能培育出抗逆性强、产量高、品质好、用途广的新品种。

7.1 甘薯种子的发育及组成

7.1.1 种子的形态及大小

种子的大小常用籽粒平均长、宽、厚或千粒重表示。种子长、宽、厚在清选上有特殊意义。在农业生产上,往往以千粒重作为衡量种子品质的主要指标之一。

甘薯种子的形状与每一蒴果内所含种子的数目有关。据作者1983年的试验,从母本"高自1号"和父本"88-3"的杂交组合中共收获7 000个蒴果,分别统计每个蒴果内的结籽数和种子形状。1个蒴果内长有1粒种子的占64.5%,近似球形;1个蒴果内长有2粒种子的占30.1%,形状近似半球形;1个蒴果内长有3粒种子的占5.2%,1个蒴果内长有4粒种子的占0.2%,二者形状均呈多角形(图7-1和表7-3)。

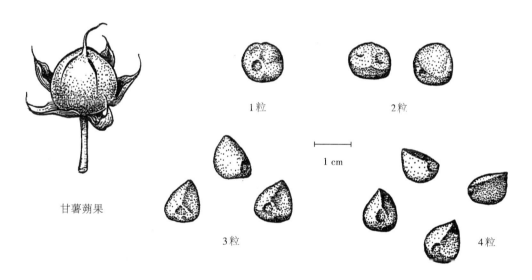

图7-1 甘薯种子的形状

甘薯种子较小,千粒重为14.4~20.0 g,大粒种子直径约为3.84 mm,小粒种子直径约为2.84 mm。由于每个蒴果内结籽数不同,因此,其形状、质量等就有差异,详见表7-1。

表7-1 甘薯种子比较

| | 蒴果内种子数 | | | | | | | | | | | |
| | 1粒(A) | | | 2粒(B) | | | 3粒(C) | | | 4粒(D) | | |
种子编号	长/mm	宽/mm	单粒重/mg	长/mm	宽/mm	单粒重/mg	长/mm	宽/mm	单粒重/mg	长/mm	宽/mm	单粒重/mg
1	3.70	2.68		3.64	2.16		3.90	2.30		3.84	2.48	
2	3.60	2.42		3.72	2.10		3.90	2.70		3.74	3.40	
3	3.00	2.20		3.74	2.20		3.80	2.24		3.82	2.36	
4	3.52	2.74		3.64	2.30		3.40	2.00		3.94	2.36	
5	3.32	2.00		3.64	2.36		3.88	2.30		3.74	2.28	
6	3.46	2.60		3.30	1.78		3.68	2.22		3.70	2.20	
7	3.40	2.70		2.80	2.28		3.62	2.12		3.34	2.26	
8	3.74	2.40		3.58	2.16		3.70	2.40		3.60	2.20	
9	3.60	2.60		3.54	2.20		3.60	2.00		3.64	2.28	
10	3.60	3.40		3.40	2.60		3.80	2.26		3.62	2.36	
平均	3.494	2.574	15.93	3.500	2.214	19.00	3.728	2.254	16.55	3.698	2.418	15.80

注:因甘薯种子太小,无法称得单粒重,故"单粒重"一列只列了平均值。

表7-1说明,A类种子长度比C、D类种子短,B、C类种子的单粒重比A类重。虽然D类种子的千粒重为15.80 mg,比A类种子的15.93 mg略轻,然而它的总质量为63.2 mg,比A类高3.97倍。由此看来,1个蒴果内只结1粒种子的并不是又大又重,从提高结籽数出发,以获得每果结2~4粒种子为好。

7.1.2 种子的结构

甘薯的种子通过中轴纵剖,可以看到种皮、胚乳、胚(包括胚芽、胚轴、胚根、子叶等)等部分,见图7-2。

图7-2表明,种皮有三层,即表皮层、栅栏层(中层)、内层。Teiji等(1982)通过试验发现,

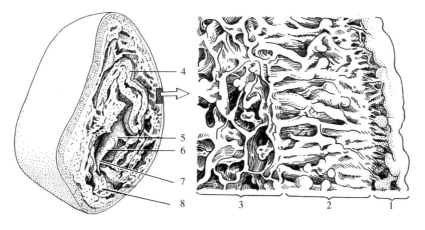

1. 表皮层；
2. 栅栏层(中层)；
3. 内层(薄壁组织层)；
4. 子叶；
5. 胚芽；
6. 胚轴；
7. 胚根；
8. 胚乳。

图7-2 甘薯种子纵切及种皮的电子扫描结构

在胚结构基本定形时,胚乳几乎全部消失。从种子纵剖看,其中胚芽、胚轴和胚根是构成胚的基本器官,合称胚中轴或胚本部,随后发芽成长为植物体——幼苗。作者的观察与Hayward一致,胚乳由于子叶的吸收仅残留一层淡黄色薄膜,覆盖在两片皱褶的子叶外面形成一个胚乳套(图7-3),在种子吸水萌发过程中被子叶吸收。Martin根据种子内部结构,以胚胎作为主要的鉴定特征,并且根据其形状大小和位置的不同将种子分为3大类12个类型,其中旋花科甘薯的种子为中轴类折叠型。从成熟胚的外形可以看出,子叶大且卷缩将胚包围,只是胚根与叶耳明显可见。甘薯干种子胚胎,子叶和胚都因失水而变小,胚根两侧仍可见叶耳存在(胚在子叶靠近下胚轴的两边,各有一个突起,称为叶耳)。叶耳几乎与胚根等长,在胚根两边紧贴在一起(图7-4)。

子叶即种胚的幼叶,是植物体最早的叶。

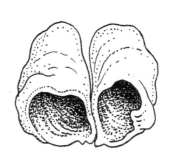

图7-3 甘薯种子残留胚乳套

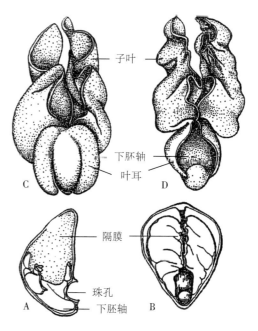

图7-4 甘薯成熟胚的外形图

甘薯种子具两片子叶,其大小相等,互相对称。子叶不同于真叶,通常比真叶厚,叶脉不明显。子叶的功能主要是贮藏营养物质供种子萌发和幼苗生长时利用。甘薯种子的胚芽着生在两片子叶之间,子叶起保护胚芽的作用。出土的绿色子叶是幼苗最初的同化器官。待幼苗长成后,子叶逐渐解体消失,子叶起传递养分的桥梁作用,故子叶一般是过渡性结构。

胚芽也称幼芽,具有叶的雏形,是叶、茎的原始体,位于胚轴的上端,其顶部即茎的生长点。在种子萌发前,胚芽的分化程度是不同的,有的生长点基部已形成1片或数片初生叶,称为胚叶,有的仅仅是一团分生细胞。

胚根又称幼根,一般为圆锥形,在胚轴下面,为植物未发育的初生根,有1条或多条。在胚根中可以区分出根的初生组织与根冠部分,根尖有分生细胞。当种子萌发时,这些分生细胞迅速生长和分化,产生根部的次生组织。

胚根和胚芽的体积最小,其顶端都有生长点,由分生细胞组成。这些分生细胞体积小,细胞壁薄,细胞质浓厚,细胞核相对比较大。当种子萌发时,这些细胞很快分裂、长大,使胚根和胚芽分别伸长突破种皮,长成新一代植物的茎、叶和主根。新一代植物的主根是种子萌发后长出的不定根,而胚根在种子萌发后不久即退化消失。

胚轴又称胚茎,介于胚根和胚芽之间,是连接胚芽和胚根的过渡部分,同时又与子叶相连,一般极短,不甚明显,胚轴随着胚根和胚芽的生长而一起生长,随后成为幼根或幼茎的一部分。一般将双子叶植物子叶在胚轴上的着生点至第一片真叶之间的部分称为上胚轴,而将子叶在胚轴上的着生点至胚根之间的部分称为下胚轴,通常将下胚轴简称为胚轴。在种子发芽前,胚轴通常不是很明显,胚轴和胚根的界限从外部看不明显,只有根据详细的解剖学观察才能确定。甘薯种子在萌发时,随着幼根和幼芽的生长,其下胚轴也迅速伸长,因而把子叶和幼芽顶出土面。甘薯种子萌发过程中形态结构的变化如图7-5。

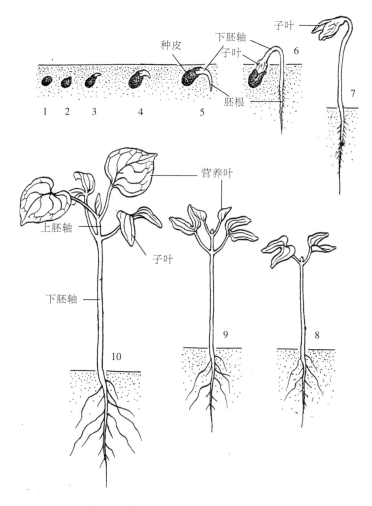

图7-5 甘薯种子萌发过程中形态结构的变化

7.1.3 种皮的结构

7.1.3.1 种皮的结构

　　种皮是胚珠的珠被形成的,包在胚和胚乳的外面起保护作用。甘薯为倒生胚珠,具有单一肥厚的珠被,并有珠被绒毡层。在胚和胚乳的发育过程中,胚珠也长大,珠被由5或6层细胞组成。在发育成种皮的过程中,各层细胞发生着不同的变化。作者用日立S-150型扫描电镜观察到甘薯成熟种子的种皮结构,发现其种皮由三层构成(图7-6)。

　　表皮层由珠被的表皮细胞增大伸长,细胞近似长方形(图7-6A)。表皮高度角质化,形成厚角质膜,外表面具有网状蜡质花纹,随着种子成熟度的增加蜡质胞壁强烈增厚。

栅栏层(中层)由表皮下的两层细胞发育而成,细胞伸长,壁木质化(图7-6B),栅栏层细胞含有纤维素和半纤维素等。用浓硫酸处理种子,可以使其溶解,这时在扫描电镜下观察,可以看到种皮结构被破坏,除表面损伤外,还有局部种皮穿透(图7-7)。

内层为栅栏层下面2或3层细胞和珠被绒毡层,随着种子的发育,细胞壁被挤压,成为疏松

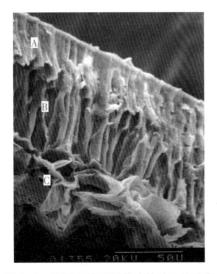 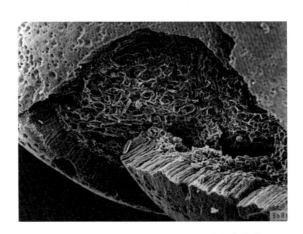

图7-6　扫描电镜下甘薯成熟种子的种皮　　　图7-7　扫描电镜下被破坏的甘薯种皮结构
　　　　　结构

的薄壁组织(图7-6C),在种子萌发时为胚提供营养。

7.1.3.2 种皮的化学成分及功能

1.种皮的化学成分

采用X射线微区分析法对种皮化学成分进行分析。用美国EDAX-9100能谱仪对甘薯种子种皮进行化学元素的X射线微区分析,分析各元素在元素总含量中所占的质量百分比,其平均值见表7-2。

表7-2 甘薯种皮不同层中化学元素含量

(单位:%)

化学元素	Na	Mg	At	Si	P	S	Ct	K	Ca
表皮层	24.99	4.23	0.54	4.00	1.78	2.73	11.60	32.40	17.29
栅栏层	0	8.54	0	5.03	3.04	8.38	0	72.99	1.99

从表7-2可以看出,甘薯种皮表皮层以K、Na、Ca含量较高;栅栏层中K含量最高,Mg含量次之。

2.种皮的功能

(1)种皮具有保护种子内部结构的功能。

甘薯种皮坚硬,可使种子免受外力和机械损伤。从种皮结构上看,厚壁细胞增加种皮硬度。种皮的外表层、栅栏层与内层细胞彼此垂直排列,似三合板结构,可以保持一定的机械强度。X射线微区分析结果表明,甘薯种皮含有Na、Ca、Mg等元素,这与种皮的厚度及硬度有关。根据Jose等的研究,Ca^{2+}、Mg^{2+}等阳离子在种皮硬化中起一定作用,这就是种皮坚硬的原因。甘薯的种皮为棕褐色或黑褐色,可以起到防止紫外线辐射,避免幼胚损伤的作用。

(2)种皮对水分及空气的进出起控制作用。

甘薯种皮外层高度角质化,栅栏层细胞壁厚且强烈木质化,种皮外表面有较厚的蜡质花纹覆盖,共同构成了一个防止水分及空气进入的屏障。

种皮表面的覆盖物成分复杂,有些成分会影响水分的进入。Rangaswamy等认为,鹿藿种子表面覆有脂类、蜡质等,可使其透性降低。

作者的试验结果发现,甘薯干种子几乎不透水。因此,在用种子播种时,必须采用物理方法(划破或机械磨损种皮)或用化学方法(浓硫酸泡种1h)处理种子,破坏种皮结构,水和氧气才能透入,种子才能发芽。作者认为抑制种子萌发作用是由于种皮对水和氧气的高度不透性所致,而这种效应与种皮结构和功能的一致性是分不开的。

7.1.4 种子成熟时的变化

甘薯种子成熟时其含水量由80%左右迅速下降到15%左右,原生质从液胶状态转化为凝胶状态,代谢活力迅速下降,干物质量达到最大,胚本体和子叶在细胞水平上的差异扩大,子叶细胞的细胞器已完全分化和成熟,而胚本体细胞的细胞器只有部分分化。胚本体的细胞具有薄的细胞壁,细胞核位于细胞的中央,细胞内含有丰富的核糖体、蛋白质和圆球体等。随着种子的脱水,膜结构和透性发生改变,粗面内质网呈新月形碎段,细胞质中的核糖体减少,多聚核糖体几乎消失,线粒体结构简化为电子密集的基质。嵴数减少,高尔基体不复存在,圆球体(脂肪体)沿质膜与一些细胞器成行排列(Abdul-Baki,1980)。

甘薯子叶细胞成熟时,随着水分的丧失,细胞结构也发生了很大变化。在质体中由于淀粉粒体积增大,质体的层膜毁坏,内质网破碎成片,分散在细胞质中形成短小的泡囊,细胞质中的核糖体减少,线粒体结构简化。糊粉粒中积累蛋白质,圆球体中积累脂肪,使子叶中贮藏了大量的营养物质,为种子萌发准备了物质条件。

7.2 影响种子活力的因素

1950年,国际种子会议把种子活力和潜在的发芽力(生活力)明确地区别开来,并把活力确定为种子品质的一个重要独立因素。1977年ISTA(国际种子检验协会)通过了活力的定义:"种子活力是种子一些性状的综合,它决定着种子或种子在萌发和幼苗生长时期的活动及表现水平,表现好的种子称为高活力种子,差的称为低活力种子"。从上述定义可见,种子活力包含种子生活力、生长潜势和生产潜力等在内的诸多因素,是衡量种子品质好坏的一个重要综合指标。种子活力水平主要是由遗传性及种子发育中的环境因子所决定的。

遗传性决定种子活力高度的可能性,而发育条件决定种子活力程度表达的现实性。种子活力随着种子的发育、成熟、采收、加工、贮藏、播种而发生变化。

7.2.1 种子大小和成熟度对活力的影响

通常大粒种子比小粒种子具有较多的贮藏物质,种子萌发后的幼苗生长势也更强,即种子活力高。Martin等(1983)发现,甘薯大粒种子(粒重15.1～31.0 mg)发芽比小粒种子快,粒重在23.1 mg以上的种子,其发芽率可达100%。因此,应选粒大、饱满、量重的种子作为播种材料。

种子活力与种子成熟度也密切相关。种子未达到生理成熟,往往难以获得高活力与发芽力。其原因是:一方面胚还未发育成熟,活力较低,贮藏的营养物质较少;另一方面种皮未成熟,质地较软,不论在贮藏期间或萌发时,对病虫害的抵抗能力均较差。BrockLliurst和Dearman(1980)比较了成熟与未成熟的胡萝卜种子的呼吸和核酸代谢,测知成熟种子具有较高的蛋白质和核酸含量,以及较高的RNA-rRNA和多聚腺氯苷RNA比例,从而萌发迅速。作者对甘薯种子发育过程中的有机物积累进行了测定,发现随着种子成熟度的增加,种子中有机物含量逐渐增加,种子的体积和质量不断增大。所以,随着种子成熟度的增大,种子活力也随之增高。

种子在成熟期即使处于相同的光温条件下,由于在植株上的着生部位不同,种子的活力也会有差异。这是因为在植株上的着生部位决定了种子的发育顺序,因同化产物分配的差异,早开花、早结籽的着生部位种子的千粒重往往较大。如芹菜是伞形花序,有明显的部位效应,顶生种子发芽力大于在它下方的种子的发芽力(Thomas等,1979)。

甘薯种子着生在聚伞花序中心和两侧植株下部,与较晚形成的植株上部相比,前者种子的千粒重比后者相对大些。

7.2.2 种子发育的外界条件对种子活力的影响

Gutterman(1973)认为,影响母本植株生长的外界条件对种子活力及其后代均有深刻的影响,在生长季节,植株体内的各种生理活动都与温度密切相关。如棉花在"三伏"时期(大约7月中旬到8月中旬),因气温与地温都较高,所结棉铃内的种子生活力强,但到8月中旬以后,随着气温与地温逐渐下降,所结棉铃内的种子生活力就较弱。对甘薯来说,若在9—10月份进行杂交授粉,由于外界气温降低,一方面花发育不良,影响授粉结籽;另一方面,种子发育延迟,种子大小和成熟受到影响,若遇阴雨还可能烂种。因此,甘薯人工杂交制种的时期以6—8月份为宜。

种子发育不仅受温度变化的影响,而且还受光照、水分含量和营养状态等的影响。Ries(1971)、Lowe等(1972)发现种子蛋白质含量与种子活力有关,补充氮肥可以增加蛋白质含量。对菜豆增添氮素,不但能增加当年的种子质量与蛋白质含量,而且还会影响到下一代。Ching(1982)认为高蛋白质的小麦胚中合成核糖体多,在萌发时形成的多聚核糖体也多,幼苗早期生长好,但也要注意不要施氮素过多,使同化产物转移到叶片的量增多,不利于植株从营养生长向生殖生长转化,反而影响种子的活力。徐本美(1985)认为,甘薯采种田中不能过多施用氮肥,而应多施磷肥和钾肥。

7.2.3 贮藏条件对种子活力的影响

甘薯种子成熟后,应及时收获、贮藏,以利于来年播种。在种子贮藏期间,尽量保持胚生活在最低的新陈代谢水平,使种子"劣变"的过程延缓,延长种子的寿命(保持发芽的能力)。种子的寿命不仅因作物的种类和品种而不同,而且与生长时的气候、种子成熟度、贮藏条件等有很大关系。Roberts(1973)根据种子贮藏中发芽力变化的特点,将种子分为两大类型:一类是正常型种子,包括大多数作物种子及杂草种子,它们在低温及低含水量条件下贮藏,发芽力能长期保存;另一类种子,当它们的含水量低于一定范围时(12%~31%),发芽力便会迅速下降,这类称为顽拗型种子或"短命"种子,如可可、油棕、柑橘、咖啡等。田渊尚等人(1984)的研究认为,甘薯种子一般贮藏数年不会引起发芽力降低。

Jones A.对甘薯种子的贮藏寿命研究表明,贮藏期达21年之久的甘薯种子的发芽力与新收获的种子一样。甘薯种子也同其他作物的种子一样,影响其寿命的主要因素也是种子含水量和周围的温度。Harrington(1960)提出两个主要准则:种子含水量每降低1%,寿命延长1倍;种子的温度每降低5℃,寿命延长1倍。这表明含水量、温度对种子劣变进程具有影响。他认为安全贮藏的指标应是相对湿度数值(1%)加温度数值(℃)不超过100。Toole(1957)指出,当种子贮藏在10℃时,相对湿度应在70%以内。Mayer和Poljakoff-Mayber(1975)认为,种子含水量比贮藏温度更为重要,含水量从5%提高至10%所引起的发芽力丧失比温度从20℃升温至40℃更为迅速。所以,贮藏的种子本身都要求比较干燥。在平常室温下,一般要求粮食种子的安全含水量为12%~15%,油料种子的安全含水量为8%~13%,而甘薯种子的安全含水量为8%~10%。若种子含水量过高,往往会出现萌发、产热、病菌感染,从而降低或破坏种子的活力。但若种子含水量低于4%,劣变过程往往比含水量为5%~6%的种子更快,这与脂质自动氧化所引起的损害有关(Koostra,Harrington,1969)。由于种子本身具有吸湿性,故其含水量会随环境湿度的变化而变化。因此,种子含水量与周围相对湿度之间存在一定的相关性(图7-8)。

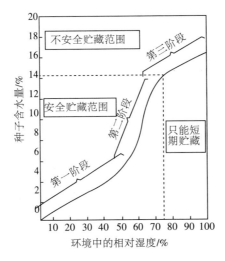

图7-8 在一定温度下的吸收等温线(表示种子含水量
与大气相对湿度的相互关系)(Copelana.1976)

一般在种子贮藏期间,周围相对湿度应控制在50%~60%。在种子的开放贮藏中,由于温度与相对湿度的关系,若贮温下降或相对湿度上升均会引起种子含水量增加,使种子劣变的过程加快。若对种子进行密闭贮藏,温度、湿度变化对种子的含水量影响就很小。因此,含水量低的种子在密闭容器中低温贮藏,种子含水量不会增加,可以长期保存。Bass(1973)指出,-18℃及含水量为2%~7%的密闭条件,适合农作物及蔬菜种子的长期贮藏。

除水分、温度是影响种子贮藏的主要因子外,气体成分特别是在温度、湿度条件不适宜的情况下,对种子寿命的影响最大。Sayre(1940)通过玉米贮藏试验发现,贮藏在30℃的种子经3年后,供N_2或O_2的种子发芽力显著丧失,而供空气或CO_2的则劣变程度较轻。因而,有研究者认为呼吸会加速种子劣变,凡能降低呼吸作用的因子,均能起到延长种子寿命的作用。

7.2.4 甘薯蒴果内结籽数对种子活力的影响

由于甘薯蒴果的结籽数不同,故种子的形状、大小、质量有所不同,其活力也有所差异。作者的试验结果见表7-3和表7-4。

表7-3 甘薯蒴果内结籽数的比较

1个蒴果内的种子粒数	所占果实量的百分比/%	形状	长/mm	宽/mm	单粒重/mg
1粒	64.5	近球形	3.330	2.320	15.40
2粒	30.1	半球形	3.450	2.115	16.30
3粒	5.2	多角形	3.625	2.350	16.88
4粒	0.2	多角形	3.451	2.232	15.40

表7-4 甘薯蒴果不同结籽数与发芽势和发芽率的关系

(单位:%)

测定时间	项目	1粒/果				2粒/果				3粒/果			
		1	2	3	平均	1	2	3	平均	1	2	3	平均
3 d后	发芽势	52	48	50	50.00	50	50	50	50.00	58	64	66	62.67
7 d后	发芽率	54	56	70	60.00	70	58	58	62.00	60	68	68	65.33

注:测定时间指发芽试验开始3 d后、7d后;1、2、3代表3次重复试验,每次测定150粒种子。

上述结果说明,甘薯大粒种子比小粒种子有更多的贮藏物质。Bremner等指出,大粒种子由于胚乳相对量较大,其成苗生长能力也较强。Kneebone等证明,大粒种子出苗率、幼苗高度、鲜重均较小粒种子大。Ching指出,吸胀种子的ATP含量与种子质量或种苗大小有显著的相关性,这种相关性不受种子化学成分的影响。可能是较大的种子线粒体量多、磷酸化效率高,使细胞中保存较多的ATP,因而种子活力强。作者的试验与大多数报道相一致,即甘薯大粒种子的发芽率较小粒种子高。

甘薯蒴果内结籽数与α-淀粉酶活性的关系研究结果见表7-5。

表7-5 甘薯蒴果内不同结籽数与α-淀粉酶活性的关系

测定项目	1粒/果			2粒/果			3粒/果		
	1	2	平均	1	2	平均	1	2	平均
OD值	0.73	0.81	0.770	0.62	0.61	0.615	0.62	0.54	0.580

注:根据α-淀粉酶活性测定原理,OD值反比于α-淀粉酶活性;1、2代表2次重复试验。

从表7-5可以看出,每个蒴果结2～3粒种子者,其α-淀粉酶活性较结1粒种子者高,说明甘薯每果结2～3粒种子者,在萌发过程中产生的α-淀粉酶多,活性大,水解淀粉量多,提供给种子萌发的能量和营养多,种子萌发就快。此研究结果——大粒种子α-淀粉酶活力高的结论与Betemner Kneebont等的研究结论一致。

7.3 种子生活力的测定

种子的生活力是指种子潜在的发芽能力,是衡量种子品质优劣的一个重要特征。种子生活力的强弱意味着发芽率的高低,涉及播种量及播种后苗全、苗壮的问题。种子生活力的测定是种子检验工作中一项重要的工作,关系到生产和科研的成败。因此,不论是播种还是入库前(贮藏),都应对新或旧种子进行生活力测定。

7.3.1 测定甘薯种子发芽率和发芽势的方法

随机选取将要用作播种的种子,将经浓硫酸处理过的种子(浓 H_2SO_4 浸种 1～2 h)用清水冲洗后用 pH 试纸检验,直至为中性时不再冲洗。然后数出每份100粒的试样4份,分别置于培养皿中进行发芽试验。培养皿中用的衬垫物有滤纸、吸水纸、砂、颗粒泥炭、蛭石等。衬垫物应具备下列条件:(1)对种子及萌发后的幼苗无毒害作用;(2)相对地无霉菌和其他微生物感染;(3)能为发芽中的种子提供水分和通气条件。常用且简便的衬垫物多为砂粒,砂粒应洗净(无有机物),选用多角的,直径范围以0.1～1.0 mm为宜,并进行煮沸消毒或紫外线消毒。在培养皿中细砂厚度应不少于1.5 cm,加入砂重20%的水,然后铺平,将100粒种子均匀地安置在砂层上,再盖上0.5 cm厚的湿砂。将砂培装置放在室温25℃的黑暗条件下培养(最好是在专门的发芽箱中)。

从第 2 d 开始观察、计数,一直进行 7 d。每天将发芽的种子取出,发芽标准以胚根长到种子直径长为准。同时注意将霉烂种子取出,若有 50% 以上的种子发霉,则应更换发芽床。

记录观察结果,3 d 统计发芽势(%),7 d 统计发芽率(%)(畸形根和烂种不计入),按下列公式分别求出各组发芽率(%)和发芽势(%):

$$发芽率=全部发芽种子数/供试种子数×100\%$$

$$发芽势=3\,d\,内发芽种子数/供试种子数×100\%$$

最后对 4 份试样的发芽势和发芽率分别取平均值,求得的平均值就是该批种子的发芽势和发芽率,其中发芽势能说明种子发芽的整齐度。

7.3.2 生理生化方法测定甘薯种子的生活力

通过常规的萌发试验测定种子的生活力费时较多,而且对正处于休眠状态不能发芽的种子无能为力。此外,由于田间生态环境的各种复杂变化是萌发试验无法测定和模拟的,所以该方法不一定能正确反映田间生产性能,在应用上受到一定的限制。现在这种常规的测定方法已被正在蓬勃发展的快速测定法所代替,快速测定法具有快速、简捷、适应范围广的优势,测定结果与萌发试验测得的结果大体一致。但快速测定法一般操作技术都较复杂,测得的某种子具有的生活力百分率(即潜在发芽率)常与实际发芽率有一定的误差。其原因是多方面的,包括种子本身、操作技术熟练的程度以及观察标准等。Baldwin(1942)将快速测定种子生活力的 17 种方法(当时还未发明四唑测定法)归并为三类:物理测定、生化测定和生理测定。现在国内外公认比较好的快速测定法是由 Lakon(1949)发明的氯化三苯基四氮唑法(简称 TTC 法)。这种测定方法在种子收购和处理,休眠种子的检验,种子管理进程中的初步检查,若干批种子生活力的评定,补充发芽试验以及种子变质原因的诊断等方面都有用。下面对该方法予以着重介绍。

7.3.2.1 TTC 法测定的原理

进入种子内部的无色 2,3,5-氯化三苯基四氮唑在胚组织、脱氢酶的作用下被还原成不溶于水的红色 2,3,5-三苯基甲。在死组织中因缺乏活泼的酶而不被染色,因此可以根据胚部染色程度和染色部位的不同,判断种子生活力的大小,这种 TTC 生活力染色法又称四氮唑定位图形法。

7.3.2.2 TTC测定的方法

（1）配制试剂溶液：用蒸馏水（在没有蒸馏水的情况下可用pH为6～7的纯净水）把试剂氯化三苯基四氮唑配成0.1%或0.5%浓度的溶液。

（2）分取种子试样2～4份，每份100粒。

（3）将种子先用浓H_2SO_4浸泡1 h，然后用清水冲洗干净，再用清水浸泡12 h，使种皮变软。测试时将种子沿种胚切成两半，剥去种皮，并撕去胚外面包裹的薄膜（胚乳膜）。

（4）试剂浸种：将切成两半的种子，切面向下，放在铺有滤纸的培养皿中，加入0.1%或0.5%的氯化三苯基四氮唑水溶液，加入量以覆盖过种子为宜，置于黑暗处。

（5）检查观察：一般经过4～24 h（染色时间长短与温度有关，温度高则反应快，但不应超过40 ℃），将种子从试剂溶液中取出逐粒检查。凡种胚染成红色的为有生活力的种子，而没有染上红色或仅有浅红色斑点的为无生活力的种子。最后分别统计并计算百分率，其结果即该种子具有生活力的百分率，即潜在发芽率。

7.4 甘薯种子的萌发

甘薯种子在贮藏期间，一切生理活动都很微弱，胚的生长、发育几乎完全停止，处于休眠状态。所以，在种子的大小、质量和形态等方面不会发生很大变化，但当种子获得适宜的温度、充足的水分和足够的氧气后，胚便由休眠状态转变为活动状态，开始生长，这个过程叫作萌发。种子的萌发从吸水开始，随着胚细胞含水量的增加，细胞内部发生一系列复杂的生理生化变化，其中有贮存状态活化起来的细胞器、大分子及酶系统，也有在细胞水合状态下重新形成的细胞器、大分子及酶系统。同时发生贮藏物质的释放与转移，在生长部位新合成蛋白质及其他细胞成分；呼吸作用加强，ATP（三磷酸腺苷）得以大量产生以及呼吸的中间产物得到利用；植物激素被活化与合成等。在代谢的基础上，胚芽和胚根细胞不断进行细胞分裂、生长和分化，使胚芽和胚根长大突破种皮。

7.4.1 种子萌发的过程

种子萌发的过程一般可以分为吸水膨胀、萌动和发芽三个阶段。

7.4.1.1 种子吸水膨胀阶段

成熟的干燥种子含水量一般低于10%,原生质呈凝胶状态,代谢活动微弱,种子处于休眠状态。种子萌发时,胚芽、胚根的迅速生长都必须在水的参与下才能进行,因此,吸水是萌发的开始。干燥种子的水势低于周围环境。据Manohar(1966)报道,干燥种子的初始水势往往低于−1000 Pa,此时的水势主要是衬质势。也就说,种子对水分的吸收是通过细胞内含有大量的亲水性物质(如蛋白质、淀粉等)对水分子产生吸引力(又称吸胀力)来实现的。种子吸水的速度和数量因其化学组成、种皮性质、种子大小等而异。凡含蛋白质丰富的种子(如大豆),其吸胀力最强;含淀粉丰富的种子(如小麦),其吸胀力次之;含脂肪丰富的种子(如棉花),其吸胀力较弱。种子吸水后,体积迅速增大,细胞水势急剧上升,并出现一段时间的吸水停滞期。

7.4.1.2 种子萌动阶段

种子吸足水分后子叶中贮藏的营养物质在一系列酶的作用下,分解成简单的可溶性物质,供胚吸收、利用以合成新的蛋白质等,有机大分子物质参与构成新的细胞。胚通过细胞不断的分裂、生长和分化,体积不断增长,突破种皮。首先是白色的胚根从珠孔伸出,称之为"露白"。此时的吸水主要是依靠与代谢作用紧密相关的渗透性吸水和非渗透性吸水。

7.4.1.3 种子发芽阶段

甘薯种子的胚根伸出珠孔就叫发芽,胚根继续伸长发育成为主根(初生根)。与此同时,胚根和子叶着生处的中间胚轴也迅速伸长,成为明显的下胚轴部分,下胚轴迅速伸长并呈钩状,将子叶和胚芽部分顶出土面,种壳脱落并留在土中。随后子叶展开,并在子叶细胞中形成叶绿体,故代谢类型也逐渐从异养型转化为自养型。在25～30 ℃的条件下,从种子吸水萌动到胚根露出需12～24 h;从种子胚根露出到子叶出现需24～36 h;子叶完全展开需60～72 h;从子叶展开到第一片真叶出现需2～3 d。之后,每片真叶出现的间隔时间随温度的升高而变化。甘薯种子的萌发过程见图7-9。

图7-9 甘薯种子的萌发过程

7.4.2 甘薯种子萌发的适宜条件

2014年5月西南大学生命科学学院黄晴对甘薯种子适宜的萌发条件进行了研究,其结果如下。

7.4.2.1 不同酸蚀时间对甘薯种子萌发的影响

本研究采用以"4-5-83"为母本,以混合父本为父本的甘薯种子为材料,经高锰酸钾消毒20 min,然后用清水冲洗直至将高锰酸钾冲净为止。98%的 H_2SO_4 酸蚀时间分别设0 min(对照)、10 min、20 min、30 min、40 min、50 min、60 min 7个水平,30 ℃温水浸种8 h,萌发温度设为25 ℃,萌发基质为滤纸床。每个处理50粒种子,重复3次。以种子发芽率为指标,由此确定甘薯种子的最佳酸蚀时间。

酸蚀时间对甘薯种子萌发的影响见图7-10。

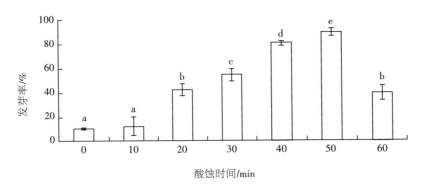

图7-10 酸蚀时间对甘薯种子萌发的影响

由图7-10可知,未经酸蚀处理(对照)的甘薯种子发芽率很低,经过酸蚀处理的甘薯种子发芽率明显高于对照。这说明酸蚀处理的确可以破除甘薯种子种皮坚硬的角质层,增加种子的透水性、透气性,提高种子发芽率。在各酸蚀处理组中,除10 min酸蚀处理组外,其他各处理的发芽率与对照之间均存在显著差异。随着酸蚀时间的延长,甘薯种子的发芽率呈先提高后降低的变化趋势。其中,酸蚀时间为50 min时,甘薯种子发芽率最高(88.67%),并与其他酸蚀处理时间存在显著差异($P \leq 0.05$)。因此认为,甘薯种子酸蚀处理的最佳时间为50 min。

7.4.2.2 不同浸种时间对甘薯种子萌发的影响

本研究采用以"4-28-710"为母本,以"美国红"为父本的甘薯种子为材料,经高锰酸钾消毒20 min,用以上所得最佳酸蚀时间进行酸蚀,30 ℃温水浸种时间设7个水平:0 h(对照)、4 h、8 h、12 h、16 h、20 h、24 h,萌发温度设为25 ℃,萌发基质为滤纸床。每个处理50粒种子,重复3次。

以种子发芽率为指标,由此确定酸蚀甘薯种子的最佳浸种时间。

浸种时间对甘薯种子萌发的影响见图7-11。

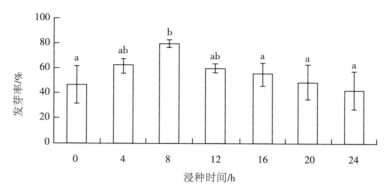

图7-11 浸种时间对甘薯种子萌发的影响

由图7-11可知,酸蚀后的甘薯种子不经浸种(对照),发芽率较低。经4~24 h浸种后,种子发芽率随着浸种时间的延长呈先上升后下降的变化趋势。与对照相比,浸种为4 h、8 h和12 h种子发芽率明显升高。其中,浸种8 h时,发芽率最高,且与对照和其他浸种时间存在显著差异。浸种4 h和12 h与对照相比无显著差异。试验结果认为,酸蚀后甘薯种子的最佳浸种时间为8 h(30 ℃)。

7.4.2.3 不同温度对甘薯种子萌发的影响

本研究采用以"6-1-9"为母本,以"月紫13"为父本的甘薯种子为材料,经高锰酸钾消毒20 min后,进行最佳酸蚀和浸种时间处理,萌发温度设20 ℃、25 ℃、30 ℃、35 ℃ 4个水平,萌发基质为滤纸床。每个处理50粒种子,重复3次。以种子发芽率为指标,由此确定酸蚀甘薯种子的最佳萌发温度。不同温度对甘薯种子萌发的影响见图7-12和表7-6。

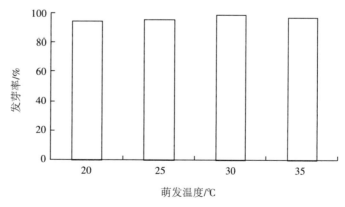

图7-12 萌发温度对甘薯种子萌发的影响

表 7-6 不同萌发温度下每 12 h 的发芽数比较

发芽时间/h	萌发温度/℃															
	20				25				30				35			
	I	II	III	平均	I	II	III	平均	I	II	III	平均	I	II	III	平均
12	7	3	3	4.3	28	26	23	25.7	30	34	37	33.7	0	2	1	1.0
24	29	22	20	23.7	42	42	38	40.7	47	48	49	48.0	14	22	21	19.0
36	45	46	48	46.3	48	47	48	47.7	49	48	49	48.7	48	46	47	47.0
48	47	49	46	47.3	48	47	48	48.0	49	49	50	49.3	49	47	49	48.3

由图 7-12 可知,在 4 种温度处理下,发芽率差异不显著。但甘薯种子在 30 ℃时发芽率最高,且发芽较快、较整齐(表 7-6)。结果表明,甘薯种子的适宜萌发温度为 30 ℃。

7.4.2.4 不同萌发基质对甘薯种子萌发的影响

本研究采用以"梅芸 1 号"为母本,以"3-0-A1"为父本的甘薯种子为材料,经高锰酸钾消毒 20 min 后,进行最佳酸蚀和浸种时间处理,并于最佳萌发温度下进行萌发。萌发基质设 4 个水平:滤纸床、蛭石、河沙、沙壤土。每个处理 50 粒种子,重复 3 次。以种子发芽率为指标,由此确定酸蚀甘薯种子的最佳萌发基质。试验结果见图 7-13。

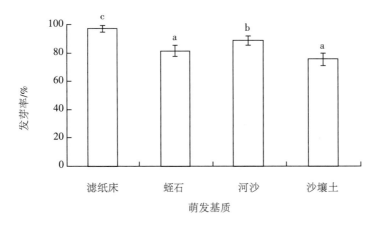

图 7-13 不同萌发基质对甘薯种子萌发的影响

由图 7-13 可知,在滤纸床、蛭石、河沙、沙壤土 4 种萌发基质中,滤纸床上种子的发芽率最高,且与其他基质存在显著差异;河沙次之;在沙壤土和蛭石上发芽率较低。因此,甘薯种子萌发的最佳基质为滤纸床。

7.4.2.5 最适条件下甘薯种子的萌发过程

在获得甘薯种子最佳萌发条件后,考查甘薯种子的萌发进程,由此确定测定发芽率和发芽势的时间。

本研究采用以"5-1-78"为母本,以"浙薯13"为父本的甘薯种子为材料,采用前面所得的最佳酸蚀时间、最佳浸种时间进行处理,并于最佳萌发温度下在最佳萌发基质上萌发,每天记录萌发粒数,计算每日萌发率。每个处理50粒种子,重复3次。

种子萌发期间每天及时检查,注意加水,使滤纸始终保持湿润。种子萌发率统计与数据分析,每12 h观察记录一次,直至子叶展开。种子发芽的标准为胚根突破种皮,长度达种子长度及以上。

发芽率=萌发粒数/播种粒数×100%

发芽势=至发芽高峰时萌发粒数/播种粒数×100%

试验数据采用SPSS12.0软件处理,作图采用Excel软件。

在适宜条件下,甘薯种子每12 h的发芽率变化见图7-14。

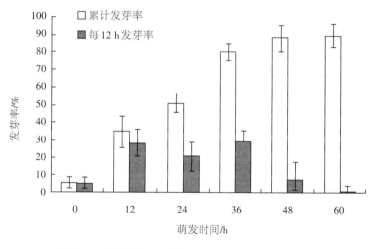

图7-14 在本试验最适条件下甘薯种子每12 h的发芽率

由图7-14可知,甘薯种子的发芽高峰(每12 h的发芽率)出现在萌发处理开始后的12~36 h,48 h与60 h累计发芽率无显著差异。因此,统计甘薯种子发芽势时,以萌发处理开始后36 h(1.5 d)为宜;统计发芽率、萌发率时,则以48~60 h(2.0~2.5 d)为宜。在本试验中,甘薯种子36 h的发芽率为80.25%,60 h的发芽率为89.50%。

试验结果表明,甘薯种子的最佳酸蚀时间为50 min,30 ℃温水最佳浸种时间为8 h,最适萌发温度为30 ℃,最佳萌发基质为滤纸床。本试验解决了甘薯种子的萌发问题,获得了杂交甘薯种子适宜的萌发条件,确定了测定甘薯种子发芽势、发芽率和萌发率的时间,为甘薯的种子育苗和杂交组合选育提供了理论依据和技术参考。

7.4.3甘薯种子萌发过程中呼吸强度及营养物质的变化

种子萌发的过程不但在形态建成上表现出种子体积增大、胚根伸长、子叶变绿、幼苗形成，而且包括很多复杂的物理和生化过程。首先是物理变化，然后是形态变化，也就是说物理变化是形态变化的基础。

种子在萌发过程中物质转化在胚体和子叶两部分中正好向相反的方向进行。子叶中物质转化以分解为主，将复杂的有机大分子物质分解为小分子的可溶于水的物质，以便被胚体细胞吸收利用。直接参与形成新器官——胚的生长(长根、长茎、长叶)。在胚中物质转化以合成为主，其质量不断增加。

以发芽的种子看，是分解大于合成。发芽的种子虽然体积和质量都在增加，但干物质显著减少，直到幼苗从异养转化为自养后干重才增加。

西南大学生命科学学院刘正秀2014年5月的研究结果如下。

7.4.3.1甘薯种子萌发过程的呼吸强度变化

用小篮子法测定呼吸强度。按照甘薯种子呼吸强度测定的步骤，分别测定并计算出甘薯种子从萌发0 h至72 h的呼吸强度，呼吸强度随时间变化的曲线如图7-15所示。

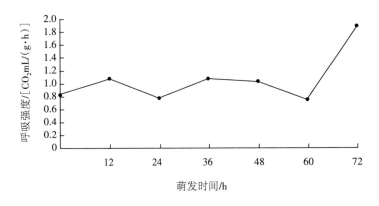

图7-15 甘薯种子萌发过程中呼吸强度随时间变化的曲线图

由图7-15可知，甘薯种子在开始萌发的60 h以内，呼吸强度没有明显的变化，在60～72 h这段时间内，呼吸强度急剧增加。根据甘薯种子萌发过程中的变化来分析，种子在萌发60 h之后开始长出子叶，脱离种皮，幼苗的生长开始，新陈代谢旺盛，各项生命活动逐渐加强。随着种子含水量的增加，呼吸代谢增强，出现了如图所示的急剧变化。在种子萌发过程中，呼吸作用的限制因子之一是氧的供应，这种限制作用与种皮有关，种子的胚在脱离种皮之前，呼吸强度受种皮限制，种皮会阻碍胚吸收氧气，进而影响种子的呼吸作用。当种子的胚脱离种皮后，即成苗期开始以后,呼吸作用增强,而在胚脱离种皮之前,种子的呼吸强度没有明显的变化。

7.4.3.2 甘薯种子萌发过程中干物质与含水量的变化

本研究采用母本"高自1号"和父本"88-3"进行杂交,将收获的杂交种子进行萌发试验,试验结果见表7-7。

表7-7 甘薯种子萌发过程中干物质与含水量的变化

(单位:%)

项目	种子时期	胚根时期	子叶时期
干物质含量	64.60	47.50	14.05
含水量	35.40	52.50	85.95

从表7-7可以看出,在种子萌发过程中,不断进行呼吸消耗和建成新细胞的材料消耗,种子中贮藏的干物质量持续下降,而含水量不断增加。

7.4.3.3 甘薯种子萌发过程中可溶性糖含量的变化

按照蒽酮比色法测定可溶性糖含量的步骤,分别测定并计算出甘薯种子萌发0～72 h的可溶性糖含量,其含量随时间变化的曲线如图7-16所示。

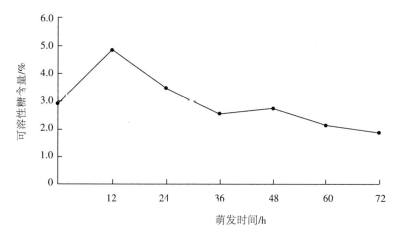

图7-16 甘薯种子萌发过程中可溶性糖含量随时间变化的曲线图

由图7-16可知,甘薯种子在萌发12 h以内,可溶性糖的含量逐渐升高,在萌发12 h之后至子叶完全展开这一段时间,可溶性糖含量逐渐降低。在萌发0～12 h内,种子中贮藏的淀粉被预存在种子中的磷酸化酶分解为可溶性糖,由于这一时期种子的生长代谢还不够旺盛,可溶性糖含量出现一定程度的增加。萌发12h之后,胚根开始急剧生长,胚的代谢增强,贮藏的淀粉被磷酸化酶和新合成的水解酶分解为可溶性糖,一部分被运到生长中心,用于新细胞的形成,另一部分则通过呼吸作用提供给合成作用所需的ATP和原料,随着贮藏淀粉的消耗和生命活动的加强,可溶性糖含量逐渐降低。

7.4.3.4 甘薯种子萌发过程中蛋白质含量的变化

按照双缩脲法测定蛋白质含量,分别测定并计算出甘薯种子萌发0～72h的蛋白质质量分数,其含量随时间变化的曲线如图7-17所示。

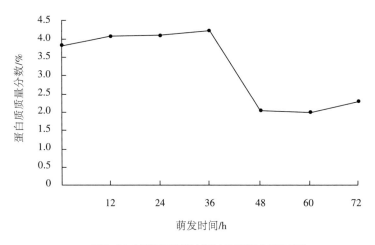

图7-17 甘薯种子萌发过程中蛋白质含量的变化

由图7-17可知,甘薯种子在萌发36h以内,蛋白质含量保持在相对较高的平稳水平,萌发36～48h,蛋白质含量迅速降低,萌发48h之后,蛋白质含量再次保持在相对较低的平稳水平。双缩脲法是一种直接测定蛋白质含量的方法。蛋白质含有2个以上肽键,在强碱性溶液中发生双缩脲反应,与硫酸铜形成紫色络合物,该络合物颜色的深浅与蛋白质浓度成正比,而与蛋白质的分子质量及氨基酸成分无关,该方法既可测定可溶性蛋白,也可测定难溶性蛋白,故该方法测定的是种子中总的贮藏蛋白。种子萌发开始后,贮藏蛋白开始分解。第一阶段是贮藏蛋白可溶化,这一阶段大分子的贮藏蛋白被水解成分子量较小的蛋白质,并不会对双缩脲法测定产生影响,故蛋白质含量保持在相对较高的稳定水平。第二阶段是可溶性蛋白完全氨基酸化,可溶性蛋白被肽链水解酶水解成氨基酸,这直接影响双缩脲法测定的蛋白质,因此出现了如图所示的急剧变化。当可溶性蛋白水解完以后,蛋白质含量水平再次保持稳定。在种子萌发过程中,细胞增殖要合成蛋白质,由于各种蛋白质所含氨基酸的种类不同,在贮藏蛋白质分解成氨基酸重新构成蛋白质的过程中,不少氨基酸未被直接利用而进行转化,这些氨基酸经过氧化脱氨作用进一步分解为游离氨及不含氮的化合物,而此时根系尚未形成,不能提供新的氮素合成蛋白质,种胚的蛋白质含量呈整体下降的趋势。

7.4.3.5 甘薯种子萌发过程中粗脂肪含量的变化

按照酸解法测定粗脂肪含量,分别测定并计算出甘薯种子萌发0~72 h的粗脂肪含量,其含量随时间变化的曲线如图7-18所示。

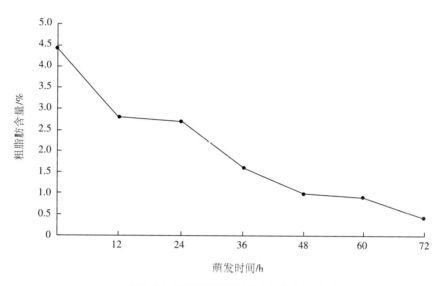

图7-18 甘薯种子萌发过程中粗脂肪含量的变化

由图7-18可知,在甘薯种子萌发过程中,随着萌发进程的加快,甘薯种子粗脂肪含量逐渐降低。种子萌发时,种子中贮存的脂肪酶活性明显上升,脂肪被水解酶分解为甘油和脂肪酸。甘油和脂肪酸一部分被运送至生长部位,合成新的物质,另一部分进入三羧酸循环被进一步分解利用,为生命活动提供能量。尽管这一过程中由于细胞增殖会有新的膜脂合成,但脂肪消耗较多,粗脂肪含量整体上呈降低的趋势。

甘薯种子在萌发过程中,随着萌发进程的加快,呼吸作用逐渐加强,可溶性糖、蛋白质和粗脂肪含量总体呈下降趋势,这符合种子萌发过程中物质代谢的特点。种子萌发过程中,各种活动过程都需要能量来支持,新细胞和组织的合成需要大量的基础材料,因而在此期间形成了以水解作用为主,呼吸作用和合成作用强烈进行的代谢特点。种子内部贮存的丰富的营养物质,在萌发过程中逐步被分解利用,一方面在呼吸过程中转化为能量,用于生长和合成;另一方面则通过代谢转化为新细胞的组成成分。淀粉、蛋白质和脂肪等大分子物质,首先被水解成可溶性小分子,然后输送到生长部位被继续分解和利用。种子中淀粉、蛋白质和粗脂肪等营养物质的贮存情况直接影响种子的品质。在生产实践和杂交育种工作中要求粒大、粒重的种子,就在于其内贮藏大量营养成分,为提高种子的发芽率和培育壮苗提供了物质基础。

7.4.4 种子萌发所需的外界条件

甘薯种子的萌发除了种子本身要具有健全、成熟的胚及供胚发育所需的营养物质外,还必须有适宜的外界条件。主要的外界条件为水分、温度和氧气。

7.4.4.1 水分

水分是影响种子萌发的第一因素,萌发是从种子吸水膨胀开始的。种子吸胀的程度决定于种子的成分、种皮对水分的透性以及环境中水分的有效性。由于甘薯的种皮坚硬,具有不透水性,如不经破皮处理,即使水浸种子数月,98%以上的种子也不能吸胀(干燥种子)。因此,必须对种子进行预处理,打破种皮的不透水性,使种子充分吸水膨胀。种子吸胀后,原生质发生充分的水合作用,酶的活动加强,各种生化反应和生理活动才能正常进行,使细胞结构和功能得以恢复,种子才能萌动。当甘薯种子吸收水分的质量大约占吸胀后种子质量的50%左右时,种子开始发芽。

7.4.4.2 温度

种子充分吸水后,温度就成为决定种子萌动以及萌发速率的主要因素,各种作物的种子萌发都需要一个适宜的温度范围。温度过高或过低都对萌发过程不利,高于最适温度到一定范围时,只有一小部分种子能萌发,这一时期的温度叫作最高温度;低于最适温度到一定范围时,也只有一小部分种子能萌发,这一时期的温度叫作最低温度。各类作物的产地和品种不同所需萌发温度也不同。甘薯种子萌发的适宜温度为25~30 ℃,最低温度为10 ℃左右,最高温度约为40 ℃。经过破皮处理的种子,用温水浸种12 h,然后放在25 ℃条件下催芽,1 d左右就可发芽。

7.4.4.3 氧气

种子吸水后,在一定温度条件下,酶的活性加强,胚细胞完整性恢复,呼吸作用逐渐加强,需氧量增大。种子中贮藏物质通过呼吸作用提供中间产物和能量,才能满足胚生长发育的需要。因此,氧气是甘薯种子萌发的重要条件。在缺氧的条件下,有氧呼吸受到抑制,无氧呼吸加强,使贮藏的有机物不能完全氧化分解,提供的能量少,转化为幼苗的结构物质少,使幼苗发育不良。并且无氧呼吸的产物之一是乙醇,对细胞有毒害作用,长期缺氧,会导致大多数作物种子死亡。一般作物种子需要空气中含氧量在10%以上,才能正常发芽,而含脂肪多的种子比含淀粉多的种子和含蛋白质多的种子发芽时需要更多的氧气。当空气中含氧量下降到5%以下时,多数作物种子都不能萌发,而且还会烂种。在农业生产上主要是通过深耕增施有机肥,增加土壤中的团粒结构,保水改良土壤,保肥保持土壤疏松创建良好的通气条件,以满足种子萌发对氧气的需要。

适量的水分、适宜的温度和充足的氧气是种子萌发必不可少的外界条件。任何一个条件改变,都会影响种子内部的生理、生化过程,从而影响种子的发芽和出苗,并直接涉及苗全、苗齐、苗壮等问题。农业生产上主要是通过对播种期的控制来满足种子萌发的温度需要,一般春季杂种实生苗的播种时间在3月中、下旬,并要求有温室或塑料薄膜酿热物温床等保温设施。对土壤进行整理和改良,创造良好的生态环境以满足种子发芽所需的水分和氧气,以及出苗后无机养分的供应。对播种苗床土的要求是无病、肥沃、疏松平整,播种前一次浇足底墒水,床面稍晾干即可播种。播种后覆土厚约2 cm,并在土上盖1 cm厚的沙,以减少床土水分蒸发和土壤裂缝,苗期应加强水肥管理,病虫害防治,使出苗早、齐、壮。

整地播种。春季甘薯杂种实生苗试验的播种应在3月中、下旬,一般要求有温室或塑料薄膜酿热物温床保温设施;夏季的播种期在4月中、下旬,这时气温逐步升高,可利用露地冷床育苗。床土要求无病、肥沃、整平、耙细。播种前一次灌足底墒水,床面稍晾干即可划定行距、株距(10 cm×10 cm)开始单粒穴播。每播完一个组合的种子应插牌注明杂交组合。覆土厚约2 cm,并在土上盖1 cm厚的沙,以减少床土水分蒸发和发生土壤裂缝。夏季试验采取露地冷床育苗,行、株距以(20~33) cm×20 cm为宜。

苗床管理。甘薯是一种喜温作物,为保证出苗整齐,出苗前2~3 d,播种层温度需保持在25~30 ℃,而出苗后床温保持在25 ℃左右。温度过高容易发生烤苗现象;温度过低则生长缓慢,且容易烂根。床土要保持湿润,并注意通气,实生苗长出2~3片真叶后,开始加强浇水,追肥管理,促进早伸蔓。长到5~6片真叶时,进行摘心促进分枝,以利多剪苗,争取适时早栽。一般春季从播种到剪蔓栽插需50~60 d;夏季需40 d左右。

7.4.5 种子的预处理

甘薯种子没有休眠的特性,成熟后即可播种。但由于种子的种皮坚硬,表面附有角质层,不易吸水透气,所以播种前必须进行种子处理,否则难于发芽。种子处理的目的主要是破伤种皮加速水分及氧气进入种子内部组织,为种子萌发创造条件。种子处理方法常用的有刻剪法和硫酸浸种法两种。刻剪法主要是用指甲刀刻破种皮边角,刻剪时不宜太深太大,切忌刻破种子内部组织,特别不应刻剪种脐部分,以防损伤胚根。硫酸浸种法是将种子浸于浓硫酸液中50~60 min,在浸泡过程中应加以搅拌,浸泡后用清水将硫酸液冲洗干净。经过破伤种皮的种子,在播种前1 d用温水浸种8 h,放在25~30 ℃条件下催芽,1 d左右即可发芽。当种子刚露出白尖(即胚芽)时,即可播种。

唐佩华对用浓硫酸处理不同时间后的种皮结构进行了比较观察,发现硫酸对种皮是一种强烈的腐蚀剂,对种皮的各层结构都有腐蚀性,故要严格掌握处理时间,否则会伤害种胚。处理适时可使种皮的栅栏层细胞出现孔隙和微缝,使水分顺利渗入,而内层薄壁细胞又未被硫酸损伤穿透,从而提高萌发率。处理时间不够,仅种皮非细胞结构受损,种子虽然也可吸水膨胀,但胚根仍无力突破种皮;处理时间过长,栅栏细胞层(中层)裂缝增大,内表面出现溶解伤痕,胚受到化学损伤(图7-7)。因此,他们认为硫酸的适时处理使种皮非细胞层(表层)被腐蚀是种皮透性改变的关键,而栅栏层细胞的适度解离是种子破皮萌发的先决条件。经过硫酸处理后,种皮的破裂及胚根伸出情况见图7-19。

图7-19 种皮破裂,胚根伸出

7.5 影响甘薯种子形成的因素

7.5.1 品种因素

甘薯是异花授粉作物,一般自交不孕,同群不孕,不能结实。

甘薯一般是自交不亲和的,甘薯交配不亲和是指花粉落在柱头上,花粉不能发芽,因而不能受精结实。异交情况下虽可亲和,但也有一定限制。不同品种间杂交有些结实率较高,有些极低,甚至不结实。杂交制种实践工作中经常会遇到很多品种(系)在进行人工有性杂交时,发生生理上的不亲和。据日本报道,甘薯品种可分为12个不亲和群。

凡属同一群的品种间互相杂交,一般不能结实或结实率很低。异群的品种间进行互相杂交,即可结实,而且结实率比较高。所以,在杂交制种时,必须注意品种分群配组才能提高结实率。

据繁村亲氏(1939)的试验,以人工授粉观测花粉管的伸长速度及授粉10 d后调查其结实情况,以测定甘薯杂交孕性。试验结果详见表7-8。

表7-8 甘薯同群品种杂交过程中花粉管长度的变化

交配组合	花粉管伸长长度/mm			平均花柱长/mm
	1 h	2.5 h	5 h	
"实生89号"×"实生71号"	8.0	16.9	14.9	17.7

表7-8说明,甘薯同群品种不能交配,即使进行了杂交,花粉管发育的长度也比花柱短,因而花粉管不能进入珠孔,无法到达胚囊,所以不能受精结实,故同群品种不孕。

7.5.2 授粉和受精作用

甘薯种子是由花进一步发育而形成的,成熟的花粉粒借外力作用从雄蕊花药上传到雌蕊柱头上的过程称为传粉。花粉粒传到雌蕊的柱头上后,得到柱头液的滋养,在适宜的环境条件下即开始萌发。萌发时,花粉粒的内壁从萌发孔处向外长出突起,并继续伸长,形成一条花粉管,花粉管穿过柱头花柱,直抵珠心内的胚中。在花粉管伸长的同时,营养细胞与生殖细胞(或精细胞)向管内移动。

雌、雄性细胞,即卵细胞和精细胞互相融合的过程叫受精。卵细胞在珠心的胚中,必须借助花粉粒形成花粉管,把精细胞送入胚中,才能受精。受精之后形成合子,再由合子发育成胚,进一步发育成种子。

并不是所有落在雌蕊柱头上的花粉粒都能萌发,只有那些生理生化协调的花粉粒才能萌发。甘薯交配不亲和是指花粉落在柱头上,花粉不能发芽,因而也就达不到受精结实的目的。

甘薯一般是自交不亲和的,异交情况下虽可亲和,但也有一定限制。对异花传粉的植物而言,自花传来的花粉粒不仅不萌发,往往还会对自身具有毒害或抑制萌发和生长的作用,而异花传来的花粉粒则能促进萌发和生长。亲缘关系近的互相亲和,有利于萌发,亲缘关系远的则大多数不相适应。产生这些现象的原因可能与柱头的生理特性有密切关系。开花时,柱头上会产生柱头液,其主要成分为糖类、维生素、酶类、类胡萝卜素等,其浓度和性质因植物的种类不同而异。所以,两种植物的柱头液对于来源不同的花粉粒表现出不同的生理效应。有人解释,柱头与花粉粒的"识别"是相互的,如来自绒毡层的花粉粒外壁上的蛋白质是"识别"物质,在柱头乳状突起的外表有一层蛋白质薄膜覆盖在角质层之上,它是"识别"的感受器。花粉粒落在柱头上几秒之内,即由花粉粒外壁释放蛋白质与柱头的蛋白质薄膜相互作用,从而决定之后的一系列代谢过程。如果二者是亲和的,随后由内壁释放出来的角质酶前体被柱头蛋白质薄膜所活化,蛋白质薄膜内侧的角质层被溶解,花粉管得以进入柱头,从而实现受精结实。如果二者是不亲和的,柱头的乳状突起随即产生胼胝质,阻碍花粉管进入,产生排斥反应,不能受精结实。

据原河北省农作物研究所试验,杂交制种每日3次重复授粉比每日1次授粉的结实率提高17.2%。

受精后,雌蕊内发生明显的变化,如受精卵中核酸含量提高,酶的活性显著加强,代谢强度大为提高,呼吸作用加强,生长素含量增多。据测定,受精后,雌蕊组织内吲哚乙酸含量较花粉粒带到柱头上的多100倍。碳水化合物的成分也有显著变化,淀粉和双糖类减少,单糖增多,流向胚珠的物质还有氨基酸、有机酸、无机盐等。由于生长素浓度提高,其他物质能较多地送到子房,所以它能迅速膨大成为果实。

甘薯因自交不孕,同群品种间杂交不孕,进而影响了种子的形成。

7.5.3 气温因素

甘薯是喜温、短日照作物,每日8 h光照开花最多。甘薯现蕾后经25 d左右开花,每日开花时间及数量受气温影响最大。气温适宜(22~28 ℃)、光照好,现蕾开花多、结实率高。现蕾最适温度是25～30℃,高于30℃或低于15℃,花蕾容易脱落,特别是高温高湿条件下,即使形成的花芽亦会转变为叶芽。

除了开花数量外,结实率是影响杂交种子收获量的另一重要因素。甘薯不同杂交组合间结实率表现出很大差异,结实率的高低首先取决于是否在不同的不孕群间杂交;其次,在异群之间杂交时,不同基因型亲本组配的结实率表现差异很大;此外,相同亲本的组配,正、反交也表现出结实率有很大差异。外界条件中以气温对结实率的影响最大。

甘薯杂交结实率与气温的关系:据山东省烟台地区农科所于1977年对4个甘薯组合("烟薯3号"ד新大紫"、"懒汉芋"ד65-102"、"南京92"ד烟薯3号"、"恒进"ד烟薯3号")的观察,在不同温度条件下授粉,虽因组合、品种不同,结实率有差异,但结实率高峰均出现在8月10日至10月5日。日平均气温在20～26℃,结实率一般可超过50%,最高可达92%,8月5日前日平均气温较高,为27～30℃,杂交结实率较低,为10.0%～37.8%。日平均气温低于18℃,对结实率影响较大,如9月19日、10月6日两次降温,日平均气温分别为16.7℃、14.5℃,结实率降至16%。

在相同的气温条件下,不同组合种子成熟天数存在差异,"懒汉芋"ד65-102"、"65-102"ד懒汉芋"、"南京92"ד烟薯3号"、"烟薯3号"ד南京92"等种子成熟所需天数较多;"恒进"ד烟薯3号"种子成熟所需天数较少,结果见表7-9。

表7-9 甘薯种子成熟与气温的关系

成熟所需天数/d 平均温度/℃	组合 "懒汉芋"× "65-102"	"65-102"× "懒汉芋"	"南京92"× "烟薯3号"	"烟薯3号"× "南京92"	"恒进"× "烟薯3号"
28～29	20				
27～28	22		23		
25～26	27～28	25～28	25～29	27～30	
24～25	28	27	28	28～29	29～30
23～24	29	27	28～30	28～31	
22～23	34～36	31～33	31～34	32～33	29～31
21～22	38	37	38	31～38	32～35
20～21	41～42	39～43	39～42	39～42	36～38
19～20	43～44				39～43

注:表中空格表示缺实验数据。

一般平均气温在25℃以上时,从授粉到种子成熟只需20～28 d;平均气温降到25℃以下时,种子需要30 d左右才成熟;气温降到20℃左右时,成熟时间会延长到40～60 d。因此,杂交授粉最适宜在7月份至9月份之间进行,有利于种子成熟。如延迟至10月份授粉,会因气温降低花朵发育不良,影响受精结实。故晚期授粉,气温低会影响种子正常成熟。

7.5.4 水分因素

甘薯是耐旱能力较强且需水量较大而又怕涝渍的作物。土壤水分状况与甘薯生长关系极为密切。甘薯叶片数、茎总长与土壤水分呈显著正相关。一般将土壤水分状况分为四种类型:(1)重旱,土壤相对湿度为30%～40%;(2)轻旱,土壤相对湿度为40%～50%;(3)湿润,土壤相对湿度为60%～70%;(4)高湿,土壤相对湿度为70%～85%。

茎叶重增长速度在"重旱"条件下较"湿润"条件下低38%,前期土壤含水量为70%～85%,后期保持湿润(土壤含水量60%～70%),薯块产量较高;当土壤含水量降至45%以下时,甘薯块根产量明显降低。

在土壤水分充足的条件下,由于气孔扩散阻力减小,促使CO_2不断进入体内,从而增强了光合作用,增加了干物质的积累,有利于种子成熟。

甘薯生长前期要求土壤水分充足,后期要求土壤水分适中。如土壤水分低于35%～40%,则不利于生长。

甘薯从现蕾前后至开花,土壤必须保持适当干燥,以维持植株不凋萎为度。一般随湿度的降低,现蕾提早,开花增多。每日授粉时间在开花后4～5 h内结实率最高。一般上午6时至10时授粉结实率较高,上午11时以后授粉结实率下降。华北地区7月份至8月份为雨季,气温高、湿度大,落蕾、落花、落果多,结实率低,影响种子形成。重庆8月份高温伏旱天气,开花授粉后也不易结实,影响种子形成。

甘薯现蕾开花期适宜的土壤湿度是土壤相对含水量的60%～70%。土壤水分过多,延迟开花,开花数减少;同时,也会因土壤氧气不足引起根部腐烂。

7.6 甘薯种子的采集和保存

甘薯的果实是蒴果,呈球形或扁球形,直径5～7 mm,幼嫩时绿褐色或紫红色,成熟时褐黄色,果皮沿腹线开裂。从授粉到蒴果成熟,夏季需20～25 d,秋季需30～35 d。成熟的标志是果实干缩,果柄变枯萎,表现出棕褐色,其中的种子坚硬,种皮呈淡褐色或深褐色。果实成熟后应及时采收,以免开裂或脱落引起种子损失。一般每隔4~6d采收1次。采收下来的蒴果,按杂交组合分装在纸袋中,充分晒干后集中脱粒。甘薯每个蒴果一般有种子1~4粒,多为1~2粒。种子千粒重因品种和环境条件而异。据叶彦复测定,"河北351"品种的种子自然结实率为20%,开花品种"213"的自然结实种子千粒重为217g,台湾地区通过随机杂交集团获得的种子千粒重为36g,"红头8号"天然杂交种子千粒重在40g以上。Martin发现千粒重15.1~31.0g的较大粒种子比小粒种子发芽快,千粒重23.1g以上的种子发芽率达100%。甘薯种子直径在3mm左右,其大小和形状与1个蒴果内种子数目关系密切。一个蒴果只结1粒种子时,近似球形;结2粒种子时,呈半球形;结3~4粒种子时,呈多边形。脱粒的种子应装入防潮的硫酸纸袋内,置于干燥处并经常晾晒,以防霉坏。据研究,种子贮藏前的状况往往是决定种子发芽率的主要因素。贮藏之前用水漂选清除受真菌感染的、密度小的种子,在18℃、相对湿度40%~50%的条件下用密封玻璃瓶或纸袋贮藏,可使种子发芽率超过90%。种子发芽能力与贮藏年限没有关系。Martin把贮藏90d和4年的种子用硫酸处理后,所得的发芽率分别为78%和84%。

Jones等于1980年利用1959—1980年收获的18批甘薯种子进行了种子生活力的研究。他们将近10年来收获的种子于18℃、相对湿度45%~50%的条件下贮藏,并密封保存于玻璃瓶里;1979年以后收获的种子存放在纸种子袋中。1972—1978年的种子,贮藏前放在水中漂选清除密度低的种子,1979年的种子没有进行漂除,1980年的种子是新收获的,即作为对照。他们用这18批贮藏种子做发芽试验,在种子质量和健壮种子百分比方面都存在着差异,但是与种子龄期无关系。种子龄期对萌发、出苗、苗数都没有影响。种子贮藏时间并没有降低薯苗的生活力。他们的研究表明,贮藏期达21年(1959—1980年)之久的甘薯种子,发芽力与新收获的种子一样。

贮藏种子能够有效地保存较广泛的甘薯遗传基因,与贮藏种薯相比,贮藏"纯"种的成本也低,通常都认为甘薯种子可以长期贮藏。因此,近年来国内外对甘薯种质的收集、鉴定和保存的兴趣日益增加(Jones等,1982)。据李良等(1996)研究,不同形状种子的实生苗和实生系,主要性状的平均表现无很大差异,但种子质量大的实生苗,苗期植株的生长有明显的优势,实生苗阶段的平均主根直径及主根重和实生系的平均块根重均比种子质量小的要大。因此,选取种子成熟度适当及质量大(千粒重20g以上)的种子作为培育实生系的材料,能增大选拔较优良实生系的机会。Jones等(1970)的研究结果也支持这一结论。

由甘薯种子培育出来的幼苗称为实生苗。由于每一粒种子培育出来的实生苗,一般与原来的亲本有所不同,通过选择与繁育就有可能成为一个新品系。

第三篇
甘薯生理生化及生态

第八章 甘薯生理

8.1 水分生理

8.1.1 甘薯的需水特性

甘薯是一种中生植物,在正常栽培条件下,由于茎叶生长繁茂,单位面积内的生产效率高,种植方式又以垄作为主,所以一生中需水较多,一般每生产 1 kg 干物质需耗水 300~500 kg。甘薯生长期间的最适降雨量为 500~800 mm,相当于 400~600 m³/亩(1 亩≈667 m²)的灌溉量。

适宜甘薯生长土壤的水分一般为田间最大持水量的 60%~80%,此范围既可满足甘薯的生理需水,又使土壤具有良好的空气状况,可使甘薯保持生长旺盛。如果土壤水分过低,特别是当土壤水分降至田间最大持水量的 45% 或更低时,甘薯根部生长受到抑制,体内水分减少,植株不能保持水分平衡,导致叶片萎蔫、光合能力减弱,影响有机养分的合成与运输。正在膨大中的块根在这种情况下,中柱细胞木质化程度增高,难以继续膨大而导致减产;已形成的块根出现皮厚而粗,多呈圆形或不规则形,薯块数少,淀粉含量低。土壤水分过多对甘薯生长也不利,因为这会导致土壤空气总量减少,降低根的呼吸水平,不利于细胞分裂和有机养分的合成、运输与积累。此外,根系吸收钾素的能力明显受损,氮素含量相对增加,造成钾氮比失调,容易引起甘薯地上部分徒长,不利于块根生长。即使有些块根能够长成,也多呈长形,细胞水分含量高,贮藏养分的机能减退,淀粉少,纤维多,皮孔大且多,品质差而不耐贮藏。

甘薯不同生育期的需水特性是有差别的,其生育期间的耗水动态是先由低到高,再由高到低。在栽苗后的扎根缓苗阶段,需水迫切,但耗水量不多,过于干旱则幼根易转化为柴根或枯死。分枝结薯期,植株较小,气温不高,耗水量也较少,适宜的土壤含水量为田间最大持水量的60%~70%。茎叶生长盛期,随着气温升高,分枝增多,同化面积扩大,出现耗水高峰,该时期适宜的土壤含水量为田间最大持水量的70%~80%,但这一时期若雨量过大,易使茎叶徒长,纤维根增多。在生长后期块根膨大阶段,随着气温逐渐下降,茎叶生长减慢,耗水量趋于减少,该时期适宜的土壤含水量为田间最大持水量的60%~70%,这一时期如果缺水,植物易因早衰而导致减产,但水分过多会造成土壤通气条件恶化,影响甘薯正常呼吸,不能为有机养分的合成、积累和细胞分裂提供必需的能量,也会导致块根减产,干重率下降。

8.1.2 甘薯的耐旱性

甘薯虽是一种中生植物,但在栽插成活以后比较耐旱,尤其在封垄之后,耐旱力更强。在干旱条件下,茎叶生长和块根膨大虽会受到影响,有时甚至暂停生长,但干旱一旦解除,能立即恢复生长,比小麦、玉米、棉花、大豆等作物受害都轻。甘薯具有较强的耐旱性是由于在其系统发育过程中,原产地旱雨交错和秋冬季节长期干旱形成的。甘薯的耐旱性与其体内水分状况和生长发育特点有关,表现在:(1)甘薯的根系非常发达,一般可深入土层1 m左右,而且吸收根的根毛很发达,约为大豆的10余倍;(2)甘薯体内胶体束缚水含量较高,因此持水力和耐脱水性优于玉米、大豆、棉花等,能在夏季炎热干旱的中午,土壤水分不足的情况下较迟出现萎蔫现象;(3)甘薯在供水不足时,细胞和叶片变小,叶片维管束变密,叶片变厚,产生适应旱生的形态解剖结构;(4)甘薯以块根为收获对象,短期干旱不会对产量造成显著影响,而且块根含水量一般在70%~80%,当干旱来临时,块根还能起到自动调节作用,使生长不致停止。

虽然甘薯具有一定的耐旱性,但供水不足,特别是栽插后40 d内缺水仍是影响其产量的重要因素。Miller(1958)曾利用"普利苕"进行了不同时期干旱处理对甘薯产量影响的研究,指出早期(栽后40 d内)受旱的处理比全期不缺水的处理减产38%,而前期不旱中期受旱的处理比对照仅减产5.5%,说明栽后40 d内是甘薯需水最关键的时期。

不同甘薯品种的抗旱性存在明显差异。徐州地区农业科学研究所的试验结果(1964)表明,在干旱条件下,耐旱的"华北117"比正常处理只减产27.6%,而不耐旱的"52-45"却比正常处理减产58.7%,并指出耐旱品种与不耐旱品种在产量方面的差别是在甘薯生育期间逐渐积累的。

许多研究表明,甘薯品种的耐旱性与它们的形态和生理指标有密切关系。

8.1.2.1 甘薯耐旱性的形态指标

程锦贤(1986)在自然干旱条件下,通过对42个甘薯品种的抗旱性进行比较,探讨了甘薯品种抗旱性的简易鉴定方法,指出在大多数情况下,深缺刻形品种具较强的抗旱性,此外茎粗、蔓重、叶片大小和分枝数等性状与干旱条件下的产量也有一定相关性。选择茎粗中等、发蔓快、叶片较大、分枝性较强的品种,在抗旱栽培条件下可以获得较高的产量。

颜振德等(1964)通过耐旱性比较指出,甘薯的耐旱性与发根返苗和根群分布有关。耐旱品种"华北117"栽后表现为早发根、早返苗,不耐旱品种"52-45"则表现为发根慢且少、返苗迟。另外,耐旱品种表现为根系发达,在10 cm×10 cm×40 cm的土柱中,"华北117"吸收根总量为3.442 g,而"52-45"仅为1.408 g。

在田间自然干旱条件下,黄叶数往往与抗旱性有一定关系,在干旱条件下耐旱品种的黄叶数比不耐旱品种少。另外,在封垄之前,分枝性越强的品种,产量受干旱的影响越小,耐旱性越强。

8.1.2.2 甘薯耐旱性的生理指标

甘薯的耐旱性与植物体内的水分状况有关。植物体内的水分状况关系到细胞的压力势,酶的活性,无机盐的吸收,有机物的分解、合成、转化、运输和新器官的形成。因此在水分亏缺时,一切正常的生理过程将受到抑制或破坏,耐旱品种则能在干旱的条件下尽量保持正常的水分状态,维持正常的生理过程。在田间干旱条件下,可以用萎蔫的难易,离体薯苗失水的快慢以及原生质黏度或原生质胶体持水力的大小来作为衡量品种耐旱性的生理指标(颜振德等,1964)。例如耐旱的"华北117"在干旱条件下不易萎蔫,薯苗离体45 min失水率仅为3.3%,在以1∶1硫酸作为吸湿剂的干燥器内,原生质胶体的持水率达9.75%;而不耐旱的"52-45"在干旱条件下易萎蔫,薯苗离体45 min失水率达4.9%,原生质胶体的持水率在同等条件下仅为9.21%。以耐旱性强的品系"59-784"和不耐旱的"52-45"为材料,取最长蔓第10片展开叶近主脉1cm处的叶组织进行离心处理(3 000 r/min),然后用解剖针挑取叶背面的海绵组织,在玻片上压碎,镜检细胞叶绿体的位移程度,以此作为衡量原生质黏度的指标,其结果如表8-1。

表8-1 耐旱品系"59-784"和不耐旱品种"52-45"的原生质黏度比较(颜振德等,1964)

品种(系)	原生质黏度(叶绿体位移程度占视野细胞百分比)/%			
	没有位移	位移占细胞长度1/3	位移占细胞长度1/2	位移占细胞长度2/3
"59-784"	72.18	18.04	9.02	0.75
"52-45"	28.90	39.84	21.87	9.37

表8-1说明,耐旱品种叶肉细胞在离心力作用下,其叶绿体位移程度小于不耐旱品种,即其原生质黏度大于不耐旱品种。

肖利贞等(1987)研究得出,如果水分供应不足将出现水分亏缺状况,在生理上表现为叶片相对含水量下降到85%以下,自由水与束缚水比值在2.0以下,水势降至-8 Pa以下,气孔扩散阻力增加到3.5 s·cm⁻¹以上,蒸腾强度下降到4 μg·cm⁻²·s⁻¹以下。

甘薯品种间耐旱性的差异还与养分积累的某些生理过程有关。在干旱条件下,耐旱性强的品种能维持较高的同化率,而且呼吸作用较稳定,不会因干旱而迅速升高;相反耐旱性弱的品种不能充分发挥其净同化率高的优良性状,而且呼吸作用有较大的增强,以致产量降低。另外在干旱条件下,耐旱品种(如"华北117")的叶片、叶柄和茎的全糖和全氮含量高于不耐旱品种(如"52-45"),而在整个生育期中叶片的全糖含量与块根膨大速度是一致的,于是在块根形成上产生差异。

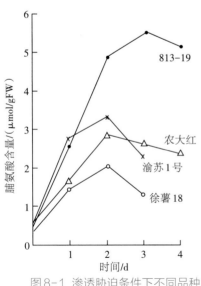

图8-1 渗透胁迫条件下不同品种甘薯叶内游离脯氨酸含量的变化
(王枝槐等,1986)

在干旱环境下生长的植物,体内常有游离脯氨酸的积累,一般可将其作为抗旱性的生理指标。王枝槐等观察到几种甘薯品种在渗透胁迫条件下,体内游离脯氨酸积累的差异(图8-1)。

抗旱适应性的定量描述是甘薯品种抗旱性改良的基础工作,谈锋等(1991)在测定6个甘薯品种10项抗旱形态生理指标的基础上,运用模糊数学关于隶属函数的方法对甘薯品种抗旱适应性的定量描述做了初步探索,结果表明,抗旱指标隶属函数的加权平均值与品种的抗旱性之间存在极显著的正相关(图8-2)。说明(1)用该试验所选择的品种

间差异达到显著或极显著的9项形态生理指标,按
隶属函数的方法来综合评定品种的抗旱性是符合
客观实际的,而用任何单一的形态生理指标都很
难比较品种的抗旱性;(2)不同的形态生理指标对
抗旱性的贡献率是不同的,其大小可以由各项指
标与抗旱性的相关系数来确定。分析结果表明,
甘薯的抗旱性主要决定于旱情消除后地上部分和
地下部分生长的恢复能力及光合产物由源向库的
分配能力,在干旱胁迫期间分枝多而叶面积减少较
多并且有一定渗透调节能力的品种抗旱性较强。

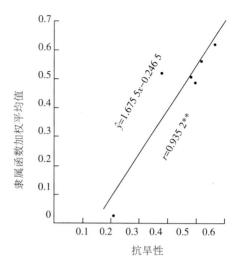

图8-2 甘薯品种的抗旱性与抗旱指
标隶属函数加权平均值间的关系
(谈锋等,1991)

8.2 矿质营养

甘薯是吸肥力强,需肥较多的
作物,必须供给充足的养分,才能
充分发挥它的高产特性。在甘薯
叶片组织中一般含氮3.5%~4.0%,
含磷0.22%~0.41%,含钾2.0%~
5.9%,含镁0.36%~0.54%,含钙
0.11%~1.32%。当叶片中氮、磷、
钾含量分别降低到2.5%、0.11%和
0.5%时会出现相应的矿质元素缺
乏症状。薯块中各种矿物质浓度

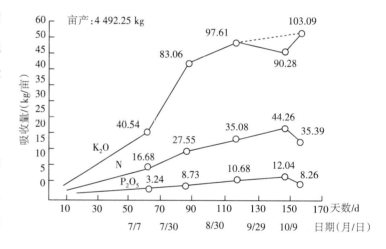

图8-3 甘薯整个生育期对氮、磷、钾的吸收动态

比叶片中的低,分别为含氮0.6%、含磷0.18%、含钾1.6%、含镁0.8%、含钙0.11%,钙和镁的浓度
随钠含量的提高而降低。甘薯对矿质元素的需要除氮、磷、钾需要补充外,其他元素在一般土
壤中都不缺乏。甘薯对氮、磷、钾的需要以钾最多、氮次之、磷最少。植株氮、磷、钾含量在不同
生长类型中有明显差异。徒长型植株含氮量高于高产型和中产型,而含钾量低;中产型养分含
量都较低;高产型植株养分含量是适宜的,如叶片含氮3.8%、含磷0.36%、含钾4.1%,这可作为
营养诊断的参考(王荫墀,1987)。甘薯在整个生育期中对氮、磷、钾的吸收动态如图8-3所示。

8.2.1 矿质元素的主要生理功能

8.2.1.1 钾

钾能促进碳水化合物的形成、运输和块根的糖代谢,促进和加强根部形成层的活动,有利于块根膨大,增加淀粉含量,特别是在容易引起徒长的氮素养分状态下,提高钾浓度可以增加物质向块根的分配,提高经济产量。此外,钾能提高薯块的抗病性和耐贮性,增强细胞保水力,提高植株抗旱能力。缺钾时,初期节间、叶柄变短,叶片变小,叶片皱褶向下翻卷,叶片失水枯黄。由于钾素能够转移,所以老叶脉间严重缺绿,叶背面有斑点,茎蔓少且生长慢。

8.2.1.2 氮

氮是蛋白质、叶绿素等的主要成分,氮有促进茎叶生长的作用。据山东省农业科学院(1979)的研究,当土壤中水解氮含量在$40 \sim 100$ ppm(百分比浓度)范围内时,甘薯的根重和茎叶重都与含氮量呈显著正相关(图8-4,图8-5)。在生长初期施氮肥,能加速茎叶生长,叶色鲜绿,增加光合面积和光合产物,提早结薯。氮肥不足,会导致叶小色黄,茎叶生长缓慢,严重影响产量;氮肥过多,会导致结薯延迟。若土壤中速效氮较多,会造成茎叶徒长,积累中心长期停留在地上部,而且叶片中含氮多,含糖量少,影响块根膨大,幼根中柱细胞易老化形成纤维根,难以膨大为块根,即使形成块根,其淀粉含量少,含水多,不耐贮藏。甘薯的营养生长大致可分为两大阶段:前期以氮素代谢为主,应促进茎叶迅速生长;后期以碳素代谢为主,应使积累中心

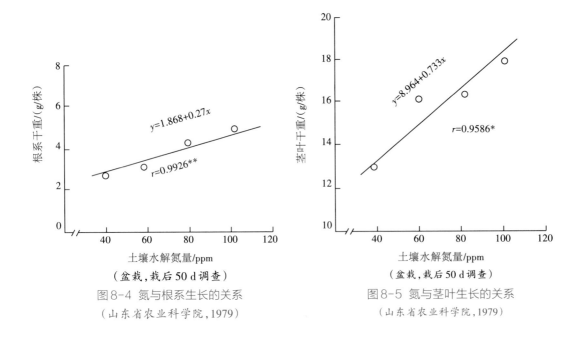

图8-4 氮与根系生长的关系
(山东省农业科学院,1979)

图8-5 氮与茎叶生长的关系
(山东省农业科学院,1979)

转移,促进块根的膨大。春薯栽后的90 d左右,夏薯栽后的40～60 d是两个阶段的转折点,此时达到氮素积累的最高峰,再过20～30 d就会出现茎叶生长的高峰期。碳氮代谢转折时期早,则块根迅速膨大的时期长,产量就高,反之则低。

8.2.1.3 磷

甘薯对磷的需要量虽次于钾和氮,但磷是原生质和细胞核的重要成分,对各器官的生长发育有显著的作用,磷能促进细胞分裂和根系发育,促进碳水化合物合成和运输,有利于块根膨大,增加淀粉含量,提高块根的耐贮性。缺磷时,叶片变小,茎变细,幼芽、幼根生长缓慢,叶片暗绿无光泽,在老叶上常出现大片黄斑,后来变紫,不久就会脱落。

8.2.1.4 镁

当叶片中含镁量小于0.05%时即出现缺镁症状,表现为小叶向上翻卷,老叶叶脉间变黄。

8.2.1.5 钙

当叶片中含钙量小于0.2%时即出现缺钙症状,表现为幼芽生长点死亡,叶变小,大叶有褪色斑点。

8.2.1.6 硫

当叶片中含硫量小于0.08%时即出现缺硫症状,表现为幼叶先发黄,叶脉呈绿色窄条纹,最后整株叶片发黄。

8.2.1.7 锌

当土壤中有效锌含量在0.5 ppm以下时即出现明显的缺锌症状,植株表现为叶色淡,叶片小,分枝数少,干旱情况下易萎蔫,结薯延迟。

8.2.1.8 铁

缺铁时植株表现为叶片中度褪色,严重时叶片发白。

8.2.1.9 硼

缺硼时甘薯表现为生长受阻,节间变短,叶柄卷缩,薯块柔嫩而长,薯肉上出现褐色斑点。

8.2.1.10 锰

缺锰时甘薯新叶叶脉间颜色变淡,随后出现枯死斑点使叶片残缺不全。

8.2.1.11 铜

缺铜时甘薯嫩叶萎蔫缺绿。

8.2.2 氮、磷、钾与块根产量的关系

甘薯的块根产量取决于许多环境因子(图8-6),这些因子之间的关系涉及源与库,其中最重要的是矿质营养、辐射、温度。Tsuno等(1965)曾将矿质营养中的氮、磷、钾三要素,光合速率和叶片淀粉含量的相互关系用相关系数的形式概括如图8-7所示。

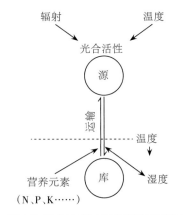

图8-6 影响甘薯块根产量的重要环境因子之间的关系

(Tsuno Y. et al., 1965)

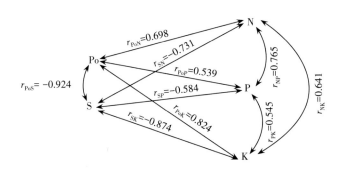

图8-7 营养三要素(N、P、K),光合速率(Po)和叶片淀粉含量(S)的相互关系

(Tsuno Y. et al.1965)

由图8-7可以看出,光合速率与叶片内的钾、氮、磷含量呈显著的正相关,其中光合速率与钾之间呈最高的正相关,而与磷之间的相关性最低。叶片中的淀粉含量则与钾、氮、磷的含量呈显著的负相关,其中叶片中淀粉含量与钾之间的相关性最高,而与磷之间的相关性最低。

氮素通过扩大叶面积指数来增加干物质的产量,并且增大地上部对地下部的分布比率,在固定钾素水平的条件下,干物质向根部运输受到叶片含氮量的影响,在叶片含氮量高时,大部

分光合产物用于地上部的生长。王荫墀等(1987)的盆栽试验结果表明,土壤氮量少,干物质运转到薯块中的比例大;反之,则分配到茎叶中的比例大。从大田试验得到,氮量与经济系数呈显著负相关($r=-0.9605^{*}$)。

在矿质养分中钾对块根产量的影响最大,增加钾不会引起叶面积指数的改变,即使在高氮条件下,地上部的徒长仍受到很大抑制,而且由于增大了净光合速率而使总干物质的产量得到提高。增施钾肥能加速光合产物的转移,有效地增大库(块根)容量,导致叶片内碳水化合物含量的降低,又反过来增强了叶片的光合活性。因此,光合速率随叶片内钾含量的变化而变化,当钾含量高时(4%以上),即使在低氮水平(2.2%)下光合速率也很高,当钾含量低时(4%以下),即使在高氮水平(约3%)下光合速率也较低。钾处于固定水平时,随叶片氮含量的增加,地上部干物质对地下部干物质的分布比例也随之增大(Hahn,1977)。志贺敏夫等(1985)用58个甘薯品种对块根产量与K_2O/N及其他块根性状的关系进行试验,结果如表8-2所示。

表8-2 58个甘薯品种的块根产量与干块根K_2O/N、
干物质含量、含钾量及含氮量的相关系数

项目	NDT	KDT	DMC	DTY	FTY
K_2O/N	-0.747^{**}	0.134	0.002	0.445^{**}	0.449^{**}
干块根含氮(NDT)		0.486^{*}	-0.355^{**}	-0.513^{**}	-0.402^{**}
干块根含K_2O(KDT)			-0.649^{**}	-0.281^{*}	-0.060
干物质含量(DMC)				0.255	-0.093
干块根产量(DTY)					0.936^{**}
鲜块根产量(FTY)					

注:*表示在5%水平上显著相关,**表示在1%水平上显著相关。

从表8-2可以看出,K_2O/N与鲜、干块根产量呈正相关,与干块根含氮量呈负相关,因此保持高的钾氮比对于提高块根产量是很重要的。

后期根外追施磷、钾肥对于促进块根的形成与膨大有一定意义。寿诚学等(1957)在甘薯收获前约2个月,喷1%的磷、1%的钾和1%的镁,前后共5次,结果比对照增产26%。

王荫墀等(1987)指出,钾量对薯块产量有明显影响,据大田试验结果可得出,薯块产量随土壤钾量增加而增加,以Y代表薯块产量(kg/亩),X代表速钾量(ppm),可以拟合出如下指数曲

线方程。

$$Y = 2\,389.0\,e^{\frac{-5.351\,82}{X}}$$

综上所述,就矿质营养而言,提高块根产量的关键是:(1)保持最适的氮素水平,既能达到最大限度截获光能又能限制地上部的徒长;(2)供应充足的钾素,提高钾氮比,以增大库容量,并且提高光合速率。

8.3 光合作用与干物质生产

甘薯的生物产量和经济产量都是在光合作用中形成的。生物产量取决于光合效率、光合面积、光合时间和呼吸消耗。经济产量等于生物产量乘经济系数。一般来说,光合效率高、光合面积大、光合时间长、呼吸消耗少、经济系数大,经济产量高,反之则低。现就影响甘薯经济产量的几个方面概述如下。

8.3.1 光合面积

光合面积主要是指叶面积,叶面积太小产量必然不高,叶面积过大,叶片互相遮蔽,通风透光不良会影响光合速率,特别是后期茎叶徒长,不利于光合产物向块根转移,从而降低经济系数。光合面积常用叶面积与土壤面积的比值,即叶面积指数(LAI)来表示。

据 W. Agata(1982)测定,甘薯在田间条件下干物质生产与叶面积指数存在如下关系。

$$Y = -1.188\,X^2 + 9.505\,X - 0.925\quad(r = 0.778^{**})$$

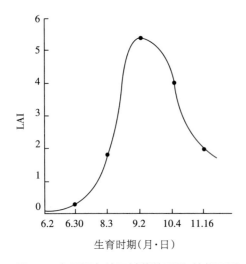

其中:Y 表示作物生长速率(CGR),单位为 $gDW \cdot m^{-2} \cdot d^{-1}$;$X$ 表示叶面积指数(LAI)。

由上述非线性回归方程计算最大作物生长速率(CGR_{max})和最适叶面积指数(LAI_{opt}),分别是 $23.5\ gDW \cdot m^{-2} \cdot d^{-1}$ 和 4.0。故虽然甘薯的最适叶面积指数随品种、气候条件和栽培条件的不同而异,但一般以 4.0 为宜,小于 4.0 时光能利用率低,大于 4.0 时有徒长趋势,产量均不高。

正常条件下,甘薯叶面积指数的动态是栽插后随着发根、分枝、结薯的进程而逐渐增加,至蔓薯并

图 8-8 在田间条件下甘薯总干重、块根干重和叶面积指数(LAI)随时间的变化
(Agata W., 1982)

长期叶面积指数达到顶峰,其后在薯块盛长期保持稳定,之后缓慢下降(图8-8)。

影响叶面积指数最重要的栽培条件是氮素供应,最重要的气象因素是气温。

Agata W.将LAI达到最大值之前作为生长前半期,之后作为生长后半期,对CGR、LAI、NAR(净同化速率)及其与主要气候因素的关系进行了相关分析(表8-3),研究发现,作物生长速率在生长前半期取决于气温和叶面积指数,在生长后半期取决于太阳辐射和净同化速率。

表8-3 在甘薯生长前半期和后半期CGR、LAI、NAR与气候因素间的相关系数(Agata W.,1982)

项目	生长前半期				生长后半期			
	平均气温	平均太阳辐射	LAI	NAR	平均气温	平均太阳辐射	LAI	NAR
CGR	0.96*	0.85	0.98**	0.61	0.66	1.00**	0.72	0.99**
LAI	0.88*	0.76			0.98**	0.71		
NAR	0.75	0.92			0.62	1.00**		

注:*表示在5%水平上显著相关,**表示在1%水平上显著相关。

甘薯块根的产量等于经济产量,因此,块根生长速率(YGR)是最重要的生长参数之一,块根生长速率在生长期中的变化与作物生长速率类似,特别是生长后半期。从块根生长速率与其他生长参数和气象因素的相关系数(表8-4)中可以看出,块根生长速率与作物生长速率、净同化速率和太阳辐射有较高的相关性,而与气温和叶面积指数的相关性不高。这说明在块根生长过程中,当叶面积指数在最适值以上时,太阳辐射通过净同化速率和作物生长速率强烈地影响着块根的生长。

表8-4 甘薯块根生长速率与气象因素和其他生长参数的相关系数(Agata W.,1982)

项目	气象因素		生长参数		
	平均气温	平均太阳辐射	CGR	LAI	NAR
YGR	0.52	0.94*	0.95*	0.56	0.95*

注:*表示在1%水平上显著相关。

从上面的分析可知,甘薯生长前半期在气温适宜的条件下应通过栽培措施促使叶面积尽快达到4.0;在生长后半期则应通过栽培措施防止徒长,使叶面积指数控制在4.0,充分利用太阳辐射,提高净同化率,增加块根产量。

8.3.2 光合速率

净光合速率(Pn)等于总光合速率(Pg)减去呼吸速率(R)。有关报道中显示,甘薯净光合速率为 $12 \sim 20$ mg $CO_2 \cdot dm^{-2} \cdot h^{-1}$,目前关于甘薯净光合速率的报道比早期的结果高出 $0.5 \sim 1.0$ 倍,这可能与测定技术的改进有关。Bhagsari(1982)利用红外线 CO_2 分析仪在光照强度为 $1500 \sim 2000$ mμE $\cdot m^{-2} \cdot s^{-1}$,叶温为 30 ℃±2 ℃,CO_2 浓度为 330 ppm,气流速度为 4.8 L $\cdot min^{-1}$ 条件下测定 21 个品种在不同生育期的净光合速率,其变化幅度在 $19.1 \sim 38.9$ mg $CO_2 \cdot dm^{-2} \cdot h^{-1}$。

影响光合速率的因素很多,分述如下。

8.3.2.1 光照强度

在整个生育期中,甘薯的净光合速率与光照强度都有显著的相关性,在一定范围内,甘薯的光合速率随光照强度的增加而增强,一般在 $3 \times 10^4 \sim 3.5 \times 10^4$ lx 出现光饱和点(图8-9),在更高的光照强度下,由于强光对叶绿素的破坏作用和强光引起的叶温升高以及蒸腾作用加强,导致气孔关闭反而引起光合速率下降。

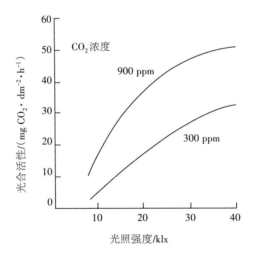

注:实验条件为红外线气体分析仪在 25 ℃,相对湿度 50% 下测定甘薯品
种"Okinawa 100"从叶尖起第 5 片叶。

图8-9 光照强度与甘薯光合活性间的关系

（Hozyo Y., 1982）

在田间条件下,只有当叶面积指数较低时,光合速率才出现光饱和现象,当叶面积指数在 3.0 以上时,则不表现光饱和现象(图8-10)。在甘薯群体中,不同叶位受光条件不同导致光合速率的差异。据广东省农业科学院测定,甘薯上层叶的光照强度为 100%,中层叶和下层叶的受光量分别为 36.8% 和 7.4%,上、中、下层叶的光合速率分别为 17.1 mg $CO_2 \cdot dm^{-2} \cdot h^{-1}$、7.6 mg $CO_2 \cdot$

$dm^{-2} \cdot h^{-1}$、$4.7\,mg\,CO_2 \cdot dm^{-2} \cdot h^{-1}$。

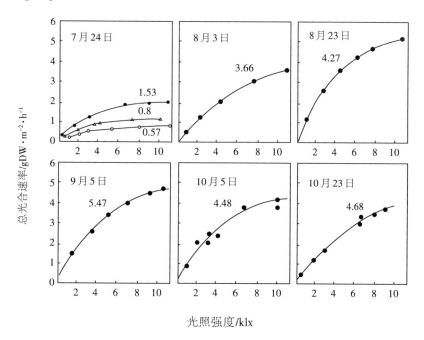

注:图中数字代表叶面积指数。

图8-10 田间条件下,甘薯不同生长阶段的光强—总光合速率曲线

(Agata W., 1982)

Agata W. 根据总光合速率、净光合速率和作物生长速率计算得到甘薯太阳能利用效率(Eu)(表8-5)。

光照强度对甘薯光合速率的影响还与叶片的发育和衰老程度有关,谈锋等(1990)用红外气体分析仪对甘薯品种"宁501-19"不同叶位叶片净光合速率进行测定,结果表明,其光饱和点为 $2.0 \times 10^4 \sim 3.5 \times 10^4$ lx,其变化与叶绿素含量的变化相一致,已充分扩展了的功能叶(第7叶)的叶绿素含量达到最高(图8-11),其光饱和点也最高,达到 3.5×10^4 lx(图8-12)。说明光饱和点的高低与光能收集和转化的主要色素——叶绿素的含量有密切关系。

表8-5 甘薯的作物生长速率(CGR)、总光合速率(Pg)、呼吸速率(R)、净光合速率(Pn),Pn/Pg、

R/Pg、Pn/CGR和太阳能利用效率(Eu)随时间的变化(Agata W.,1982)

项目	6月11日—6月22日	6月23日—7月4日	7月5日—7月21日	7月22日—8月2日	8月3日—8月20日	8月21日—9月4日	9月5日—9月19日	9月20日—10月4日	10月5日—10月24日	10月25日—11月14日	平均值±标准差
CGR/ $(g \cdot m^{-2} \cdot d^{-1})$ *	0.45	0.71	4.88	18.59	22.91	18.13	27.13	13.21	17.63	5.19	12.88±9.01
Pg/ $(g \cdot m^{-2} \cdot d^{-1})$	1.10	1.87	8.00	27.00	32.40	30.80	30.00	22.00	22.00	11.00	18.62±11.49
R/ $(g \cdot m^{-2} \cdot d^{-1})$	0.66	1.01	2.99	9.07	13.09	9.82	8.33	8.20	6.81	5.91	6.59±3.79
Pn/ $(g \cdot m^{-2} \cdot d^{-1})$	0.44	0.86	5.01	17.93	19.31	20.98	21.67	13.80	15.19	5.09	12.03±7.94
$\frac{Pn}{Pg}$/%	40.0	46.0	62.6	66.4	59.6	68.1	72.2	62.7	69.0	46.3	59.3±10.6
$\frac{R}{Pg}$/%	60.0	54.0	37.4	33.6	40.4	31.9	27.8	37.3	31.0	53.7	40.7±10.7
$\frac{Pn}{CGR}$/%	97.8	121.1	102.7	96.4	84.3	115.7	79.9	104.5	86.2	98.0	97.7±12.6
Eu (按Pg计算)	0.16	0.29	0.78	2.02	2.88	3.50	2.76	2.79	2.51	1.83	1.95±1.11
Eu (按Pn计算)	0.07	0.13	0.49	1.34	1.72	2.38	2.00	1.75	1.73	0.84	1.25±0.77
Eu (按CGR计算)	0.07	0.11	0.47	1.39	2.04	2.06	2.50	1.67	2.01	0.86	1.35±0.85

注:*处单位中的"面积"指土壤面积,不是叶面积。

发育中叶片的光补偿点为$5 \times 10^2 \sim 7 \times 10^2$ lx(图8-12),随着叶片的衰老,光补偿点明显提高,在第13叶达到6×10^3 lx后,光补偿点的提高主要是光合活性下降所致。这种光合活性的下

降除了与叶绿素含量的下降有关外,还与叶绿素a/叶绿素b值的下降有关(表8-6),在衰老叶片中叶绿素a的破坏明显快于叶绿素b。因此,与其他植物一样,在甘薯中也可以用叶绿素a/叶绿素b值作为叶片衰老的一项生理指标。

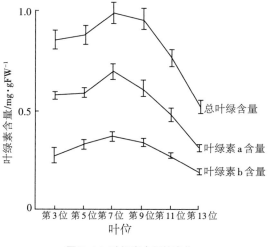

图8-11 叶绿素含量的变化
(谈锋等,1990)

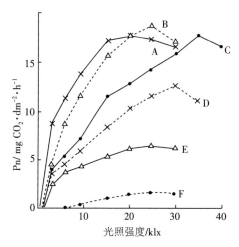

注:A、B、C、D、E、F分别代表第3、5、7、9、11、13位叶的光照强度—净光合速率曲线,叶室温度为22 ℃±0.5 ℃。

图8-12 Pn与光照强度的关系
(谈锋等,1990)

8.3.2.2 CO_2浓度

空气中CO_2浓度增加,光合速率提高,据Hozyo Y.(1982)测定,CO_2浓度为800~900 ppm时,甘薯的光合速率为300 ppm条件下的1.5~2.0倍(图8-13)。

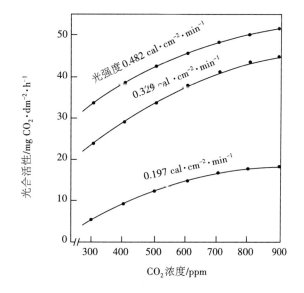

图8-13 CO_2浓度与甘薯光合活性的关系
(Hozyo Y.,1982)

据谈锋等（1990）测定（表8-6），第3叶的CO_2补偿点为66 ppm，随着叶片的发育和衰老，CO_2补偿点逐渐提高，这种变化可能与叶片发育和衰老过程中RuBP羧化酶活性的降低有关。

表8-6 甘薯叶片的光合特性（谈锋等，1990）

叶位		第3叶	第5叶	第7叶	第9叶	第11叶	第13叶
叶绿素a/叶绿素b值		2.046	1.808	1.886	1.774	1.743	1.604
光饱和点/klx		20	25	35	30	25	25
光补偿点/klx		0.5	0.7	0.7	0.7	0.7	6.0
CO_2补偿点/ppm		66	85	90	102	119	157
Pn的最适温度/ ℃		30		30		25	
总光合速率的Q_{10}	15~25 ℃	2.16		2.03		1.88	
	25~35 ℃	1.10		1.25		0.91	

8.3.2.3 叶龄和叶绿素含量

据Bhagsari（1982）报道，甘薯叶绿素含量的变化幅度在$7.6 \sim 10.6$ mg·gDW^{-1}之间，品种间无显著差异。在一定范围内甘薯的光合速率与叶绿素含量呈正相关。不同叶位叶片中叶绿素含量有明显差异（表8-7），除刚展开的叶以外，叶绿素含量随叶龄增大而下降，因此甘薯叶片的光合速率随叶龄的增加而逐渐降低（图8-14），这与谈锋等（1990）的测定结果（图8-12）是一致的。

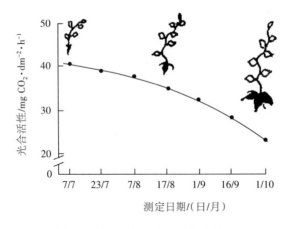

图8-14 甘薯叶片光合活性的变化

（Hozyo Y., 1982）

表8-7 甘薯不同叶位的叶绿素含量（江苏省农业科学院，1984）

品 种	2	7	12	17	22	27	33	37	39
					叶绿素含量/mg·dm^{-2}				
徐薯18号	3.20	3.25	3.10	2.55	2.30	1.55	1.45	1.55	0.80
宁薯2号	3.25	3.55	3.65	3.20	2.80	1.25	0.95	—	—

注：栽插期为6月30日，测定期为同年9月28日；叶位顺序数指从顶部第1片展开叶算起的顺序数。

8.3.2.4 品种和生育期

甘薯不同品种和同一品种不同生育期的光合速率都存在差异。

谈锋等利用氧电极在光照强度为 $2×10^4$ lx，温度为25℃条件下测定了"徐薯18""农大红""渝苏1号"等品种不同生育期的净光合速率（表8-8），可以看出"渝苏1号"前期光合速率高于"徐薯18"和"农大红"，但后期较弱，这是该品种茎叶生长甚好，但块根产量不及"徐薯18"和"农大红"的主要原因之一。

表8-8 甘薯不同品种不同生育期的净光合速率（谈锋等，未发表）

品种	净光合速率/mg O_2·dm^{-2}·h^{-1}			
	7月4日	8月27日	9月29日	10月29日
徐薯18	16.74	23.08	12.04	11.78
农大红	16.74	22.50	14.38	14.04
渝苏1号	19.82	27.20	14.62	9.14

注：实验中测定部位为第5叶离主脉1 cm处，均取1 cm² 叶块。

Bhagsari（1982）对21个品种在生育期的三个阶段（7月10—19日，8月4—8日，9月5—9日）分别测定其净光合速率（表8-9）。从结果看，大多数品种在第一、二阶段有较高的净光合速率，而在第三阶段净光合速率明显下降。

表8-9 不同甘薯基因型的田间净光合速率(Bhagsari,1982)

基因型	净光合速率/mgCO$_2$·dm^{-2}·h^{-1}				
	1979年 8月8日—10月8日	1980年 7月10—19日	1980年 8月4—8日	1980年 9月5—9日	1980年 平均值
75-96-1	32.4	38.9	38.4	33.4	36.9
宝石	31.7	28.9	38.5	30.4	32.6
71-63-1	30.3	37.4	28.9	29.2	31.8
61-15-35	29.9	—	—	—	—
乔治亚乌**	27.9	34.7	30.8	29.7	31.7
乔治亚红**	27.6	31.3	24.1	28.7	28.0
玛古加	27.3	32.6	31.8	31.0	32.0
73-74-6	26.9	—	—	—	—
"73-75"×"50-2"	26.3	—	—	—	—
百年**	26.0	28.9	25.4	25.2	26.5
73-42-1	25.6	32.3	33.6	31.7	32.5
白星	25.6	31.8	23.8	21.7	25.8
TI-1894	25.4	37.9	30.4	30.3	32.9
红宝石**	23.5	34.4	32.9	28.5	31.9
红波多黎各	22.3	31.0	25.0	29.1	28.4
塘鹅加工者	22.2	33.3	30.4	26.9	30.2
BPR-M$_2$	22.1	—	—	—	—
红布兰科	21.1	35.7	34.1	30.4	33.4
克里奥耳人	21.1	—	—	—	—
海滨蜜	19.1	33.4	27.6	28.6	29.8
"73-42"×"61-2"	—	34.9	31.7	30.1	32.2
平均	25.7	33.6	30.5	29.0	31.0
LSD(5%)	7.2	不显著	5.1	不显著	3.7

注:(1)每种基因型的净光合速率值,1980年为4次测定的平均值,1979年为8次测定的平均值;(2)**为供食用的栽培品种(在美国),其余为淀粉用或工业用品种。

同一品种的光合速率因生育期不同而变化,从表8-9可以看出,一般7月中旬净光合速率较高,以后逐渐下降。在田间条件下(表8-5)则生长前半期伴随叶面积指数的增大,干物质生产迅速增强,生长后半期干物质生产逐渐减弱。

另外,从Bhagsari(1982)对3个品种的净光合速率昼夜变化的测定可以知道,早上6时至下午4时光合速率近于稳定,下午4时以后光合速率迅速减弱(表8-10),故测定光合速率的理想时间是10时30分至15时之间。

表8-10 3个甘薯基因型的净光合速率的昼夜变化趋势(Bhagsari, 1982)

起止时间	净光合速率/mg CO$_2$·dm^{-2}·h^{-1}		
	塘鹅加工者	海滨蜜	百年
6:00 — 8:00	23.6 ± 3.1	19.8 ± 3.5	18.4 ± 0.5
8:00 — 10:00	24.4 ± 2.4	19.8 ± 3.6	18.7 ± 0.5
10:00 — 12:00	25.0 ± 2.8	20.5 ± 3.1	19.0 ± 0.8
12:00 — 14:00	26.6 ± 4.1	19.8 ± 4.1	19.3 ± 2.9
14:00 — 16:00	25.4 ± 3.6	19.1 ± 4.9	18.4 ± 2.2
16:00 — 18:00	21.8 ± 3.0	15.6 ± 5.6	15.8 ± 3.1
18:00 — 20:00	17.9 ± 0.7	12.7 ± 5.6	12.4 ± 4.6

注:本实验5时30分开灯,20时30分关灯,所有数据均在开灯状态下测得。

8.3.2.5 温度

根据谈锋等(1990)对甘薯不同叶位叶片的温度—光合速率曲线的测定结果(图8-15)得出,甘薯发育中叶片净光合速率的最适温度为30℃,开始衰老的叶片下降到25℃。不同叶位叶片总光合速率的Q_{10}变化不大(表8-6),衰老叶片的Q_{10}略低于发育中叶片的Q_{10}。但Q_{10}随温度范围不同而有较大变化,在15~25℃和25~35℃分别为2.0和1.0左右。研究表明,在实验室测定条件下,15~25℃范围内光合作用的限速反应是暗反应,25~35℃范围内光合作用的限速反应是光反应。比较图8-15中第3叶和第7叶的温度—光合速率曲线可以看出,在低于25℃的条件下,发育早期的第3叶有较高的光合速率,这可能是由于低于25℃时光合作用的限速反应是暗反应,而第3叶的RuBP羧化酶活性比第7叶高;在高于25℃的条件下,第7叶比第3叶有更高的光合速率,这是由于高于25℃时光合作用的限速反应是光反应,而第7叶中叶绿素含量最高,有利于光反应中对光能的捕获和传递。

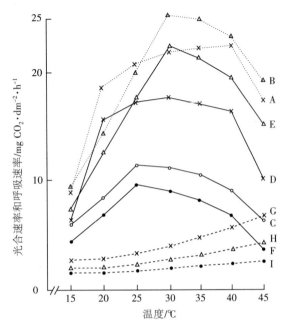

注:(1)A、B、C分别代表第3、7、11叶的总光合速率;(2)D、E、F分别代表第3、7、11叶的Pn;(3)G、H、I分别代表第3、7、11叶的暗呼吸速率。(光照强度为$2×10^4$lx)

图8-15 光合速率与温度的关系
(谈锋等,1990)

8.3.3 光合时间

光合时间由甘薯的生育期、每日光照时间和叶片寿命决定,当其他条件相同或相对稳定时,在一定范围内增加光合时间则可以增产。

甘薯叶片的寿命一般为30~50 d,最长可超过80 d,一般在高温期形成的叶片寿命较短,迟栽的甘薯叶龄较短。

增加甘薯光合时间的有效措施是延长生育期。据北條良夫报道(1982),同一甘薯品种在日本南九州生育期为171 d,植物总干重为20 t/km²,在新几内亚生育期为189.7 d,植物总干重为26 t/km²,可见在新几内亚的每日干物质产量稍高。经济系数在南九州为0.7,在新几内亚为0.72,差异不大。但叶积[平均叶面积指数×生长期(周)]在南九州约为58,在新几内亚约为88,所以两地块根产量的差异是由于叶积不同造成总干物质产量不同而导致的,延长干物质生产时间对于增加干物质总产量和促进物质向块根分配是很重要的。

日照长度对甘薯的生长发育和块根膨大有明显的影响。据McDavid报道(1980),长日照处理较短日照处理的分枝数减少,但分枝长度(包括每个分枝节数和平均节间长度)都明显增加,而短日照较长日照有促进块根膨大的作用（表8-11）。

表8-11 日照长度对甘薯植株形态特征的平均影响（McDavid，1980）

栽后天数/d	处理	分枝数/株	块根数/株	叶数/枝	分枝长/cm	节间长/cm	叶片大小/cm²	叶面积/株(cm²/株)
	SD	14.8 a	4.6 a	11.5 a	18.2 a	1.5 a	7.52 a	17.47 a
42	ND	14.5 a	4.3 a	9.9 a	17.7 a	1.7 b	14.98 b	20.37 a
	LD	14.1 a	3.4 a	9.1 a	20.1 a	2.1 c	13.10 b	15.96 a
	SD	44.6 a	4.1 a	9.9 a	23.7 a	1.8 a	14.58 a	62.60 a
72	ND	30.3 b	3.4 a	12.3 b	29.8 b	2.0 a	18.01 b	65.87 a
	LD	22.6 b	3.9 a	14.4 c	55.0 c	3.2 b	19.24 b	59.95 a
	SD	89.4 a	4.8 a	6.9 a	27.6 a	2.3 a	12.70 a	78.66 a
109	ND	63.8 a	5.5 a	7.1 a	29.4 a	2.4 a	16.61 b	81.48 a
	LD	58.3 a	4.3 a	9.5 b	55.3 b	3.6 b	18.60 b	112.73 a

注：SD、ND、LD分别表示光照为8 h/d、11.5～12.5h/d、18 h/d；a、b、c表示多重比较结果。

8.3.4 呼吸速率

呼吸速率增大能引起净光合速率减小，对于干物质生产不利，但呼吸作用从为养分吸收、块根细胞分裂等提供能量的角度看又是不可缺少的。

Agata W.（1982）测定了甘薯不同器官在不同生长阶段的呼吸速率（表8-12）。茎、根和块根的呼吸速率依次降低，在甘薯生育后期虽然块根质量在整个植株中占很大比例，但块根的呼吸强度只占1/7～1/6，甚至更低，所以块根是适合贮藏碳水化合物的器官。就生长阶段而言，各种器官的呼吸速率都有共同的变化趋势，即生长的早期阶段呼吸速率较高，后期逐渐降低。

表8-12 甘薯各种器官在不同生长阶段的呼吸速率(Agata W．,1982)

测定日期	叶片	叶柄+匍匐茎	块根	根	整株
7月18日	4.49	3.36	—	5.09	4.10
8月4日	4.68	3.07	2.09	2.43	3.27
8月18日	5.66	2.17	1.09	1.03	2.34
9月3日	1.12	0.67	0.24	1.42	0.48
10月1日	1.38	0.66	0.20	1.27	0.48

注:本实验测定温度为25 ℃,单位为"$mgCO_2 \cdot g^{-1} \cdot h^{-1}$"。

在块根发育过程中,呼吸速率的变化与块根生长速率和切干率有关,呼吸速率增大则块根生长速率加快,切干率下降(图8-16)。

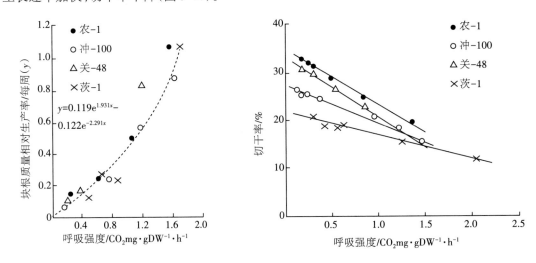

图8-16 甘薯生育过程中呼吸速率与块根相对生长率(左)和切干率(右)的关系
(津野幸人,1964)

影响叶片呼吸速率的主要因素是气温。对块根而言,土壤通气条件更为重要,土壤容气率以占其本身体积的30%为宜。通气良好的条件下,根系呼吸作用旺盛,有利于细胞分裂活动和地上部光合产物向块根运转和积累,能显著地促进甘薯块根的形成和膨大。

8.3.5 经济系数

甘薯的经济系数指块根干重占整个植株干重的比例,一般高达0.5～0.7。关于块根的形成和发育将在下一节讨论。

8.4 块根的发育和淀粉积累

8.4.1 块根形成的解剖学特征

用块根和茎蔓繁殖时,长出的根是纤维状的不定根(幼根),由于受生育条件的影响,内部发生不同的变化,分别发育成纤维根、牛蒡根和块根。因此,甘薯的块根是由不定根膨大而成的,但并非所有的不定根都能发育成块根,而且形成块根的不定根也不是整条根都平均地膨大。由不定根发育成块根需要经过以下两个时期。

8.4.1.1 初生形成层活动时期

甘薯栽插后10～25 d为初生形成层活动时期,也是决定块根能否形成的时期。栽插后5 d长出的幼根,从内部组织解剖构造上看,由外至内依次为表皮、皮层、内皮层和中柱鞘,中央为4～6列放射状排列的初生木质部导管,并连接着原生木质部导管,而韧皮部和形成层皆不发达,此时的根只有吸收作用。栽插后10 d左右初生木质部分化成熟,初生木质部和初生韧皮部之间的薄壁细胞发生不规则的初生形成层,同时进行组织分化,向外分化出次生韧皮部,向内分化出次生木质部,然后形成层向两侧伸展,到达初生木质部较多,即迫使片段的形成层扩展成一个完整的、略规则的初生形成层圈(图8-17)。栽插20 d以后,初生形成层活动扩大,并形成大量的薄壁细胞,开始积累淀粉。这时的根不仅有吸收功能,而且有贮藏养分的作用。

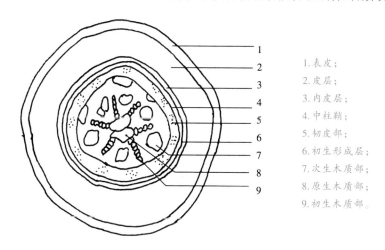

1. 表皮;
2. 皮层;
3. 内皮层;
4. 中柱鞘;
5. 韧皮部;
6. 初生形成层;
7. 次生木质部;
8. 原生木质部;
9. 初生木质部。

图8-17 甘薯块根幼小时的横切面

初生形成层的活动使块根直径逐渐加粗,内皮层和皮层薄壁细胞解体、表皮剥落,在中柱鞘处产生木栓形成层,再由木栓形成层分裂出的细胞形成周皮(即薯皮)。有些品种的薯皮内含花青素,成为红色或紫色的薯皮。

薯苗栽插后,由于田间条件的不同,幼根的发展情况也不一样。当光照充足,土壤湿润,通气良好,地温适宜,含钾较多时,根的形成层活动程度大,而中柱细胞木质化程度小,幼根就容易向块根发展;反之,则幼根易形成牛蒡根或纤维根(图8-18)。故初生形成层活动时期是决定及早形成块根的重要时期。

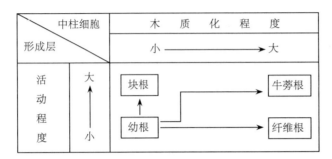

图8-18 形成层活动程度和中柱细胞木质化程度对甘薯幼根发育的影响

据谈锋和李坤培(1985)的研究,用0.5 ppm三十烷醇浸甘薯插苗4 h有利于发根壮苗。其原因在于提高了根系过氧化物酶活性,导致吲哚乙酸含量降低,由于吲哚乙酸对根系生长的最适浓度远低于茎、芽,所以适当降低根系吲哚乙酸含量可促进根系的生长。

8.4.1.2 次生形成层活动时期

次生形成层活动时期是决定薯块迅速膨大的时期。甘薯栽后20 d左右,中柱内一些地方出现次生形成层,次生形成层分化活动范围较广,一般首先发生于初生木质部导管周围的薄壁细胞,其次在中央的后生木质部导管周围,随后在次生木质部的内侧薄壁细胞,进而扩展到任何薄壁细胞中都可产生次生形成层。由于次生形成层的剧烈活动可依次向内产生木质部,向外产生韧皮部细胞,并在这些薄壁细胞中不断积累淀粉,从而促进块根逐渐膨大。次生形成层分生最活跃的时期也就是块根膨大最快的时期。由于次生形成层活动的程度不同,会在块根表面出现不平整或深浅不一的纵沟。

综上所述,皮层全部脱落后,块根实际由中柱组成,其膨大主要依靠初生形成层和木质部内次生形成层的活动以及薄壁细胞分裂,产生的衍生组织以积累淀粉粒的薄壁细胞为主。

8.4.2 块根的发育生理

在甘薯品种改良中,目前采用栽培种的近缘野生种作为杂交母本,但近缘野生种如 *I. trifida*,

在通常栽培条件下看不到块根化,几乎都是不定根、纤维根和牛蒡根。若以近缘野生种作为砧木,以栽培种作为接穗嫁接植株,可以看到牛蒡根膨大为块根。因此,即使在遗传上不形成块根的甘薯通过人为形成嫁接植株,也能少量地形成块根。看来关于块根的形成不能只用遗传性来解释,还有必要从光合产物的运输等方面进行研究。另外,对块根膨大起促进作用的内源生长物质,如细胞分裂素(CTK),伴随块根的发育而变化,不过目前这方面的报道还有一些差异。北條良夫(1982)报道,块根内细胞分裂素的含量在块根膨大初期和盛期特别多(图8-19)。

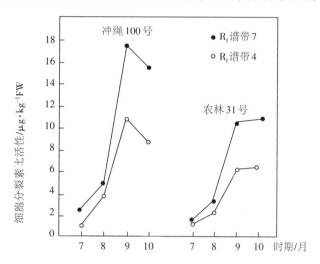

图8-19 甘薯块根中细胞分裂素含量的变化
(北條良夫,1982)

Tomoaki Matsuo 等(1983)报道了玉米素和玉米素核苷随块根发育而呈现的变化(图8-20),玉米素只在块根膨大的前期出现,其含量只及玉米素核苷的1/4~1/2,玉米素核苷在块根膨大的前期最高,中期最低,后期又逐渐升高。

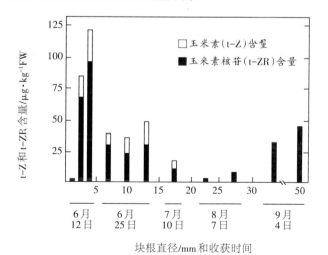

注:t-Z和t-ZR含量由高效液相色谱分析测定,每个样品至少由6个块根制备,图中的每个值均是3次测定的平均值。

图8-20 甘薯块根发育中内源玉米素和玉米素核苷含量的变化
(Tomoaki,1983)

从纤维素和糖量的变化研究块根的发育过程,得到块根发育初期可溶性糖类及纤维素含量较高,随着块根的发育,淀粉积累逐渐增加(图8-21)。与糖类和淀粉合成关系密切的核苷酸是 AMP、ADP、ATP、ADPG、UMP、UTP 及 UDPG,在块根发育初期 UDPG 的含量特别高,达到100 μmol/kg,而 ADPG 的含量伴随块根的膨大而增加,在块根膨大最盛期达到峰值10 μmol/kg。另外,ATP 的含量在块根发育的整个过程中一直保持较高的含量(表8-13)。对以 UDPG 和 AD-PG 为基质的酶活性进行比较,则以 ADPG 为基质的酶活性较大,特别是在块根发育初期以 AD-PG 为基质的酶活性可达到以 UDPG 为基质的酶活性的 20 倍左右,故与 UDPG 相比较,ADPG 在甘薯块根淀粉的生物合成中成为限速因子。

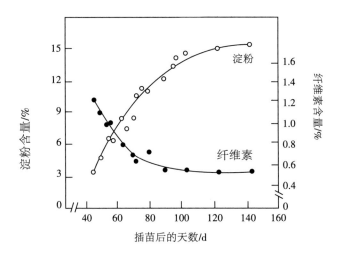

图8-21 淀粉和纤维素含量随甘薯块根发育的变化

(北條良夫,1982)

表8-13 核苷酸含量随甘薯块根发育的变化(北條良夫,1982)

插苗后天数/d	生薯重/(g/块根)	AMP	ADPG	ADP	ATP/(μmol/kg)	UMP	UDPG	UTP	UDPG/ADPG
69	20.7	56.8	?	?	30.7	27.9	102.1	6.9	
73	38.9	43.6	5.9	2.2	35.9	18.5	68.1	8.4	11.5
95	98.5	30.7	10.5	7.5	43.6	16.6	53.3	6.2	5.1
106	166.5	47.8	8.5	4.4	36.0	11.5	54.2	6.7	6.4
123	232.0	31.8	5.4	4.1	26.0	13.1	45.8	3.6	8.5
145	257.0	29.0	6.8*		25.5	4.3	33.6	?	

注:*表示由于量少,ADPG 与 ADP 未分离;"?"表示缺实验数据。

影响块根膨大的环境因素中最重要的是土壤通气条件,团粒化的土壤结构,通气良好或通过深耕提高土壤容气率的措施都能促进块根的分化与膨大,因为块根形成和膨大过程中细胞分裂、淀粉积累等都需要呼吸作用提供能量,而土壤空气中的氧是呼吸作用的必需条件。块根膨大初期呼吸旺盛,达到个体整个呼吸的25%,若通气不良造成缺氧就会抑制膨大或膨大停止,这也是引起徒长的原因之一。

其次,在正常氮肥与钾肥用量比例的基础上增加钾肥的施用量,也是促进块根膨大及增加产量的方法之一。在块根中积累的主要物质是淀粉,研究钾离子对淀粉合成酶的影响表明,钾离子对淀粉合成酶有极大的促进效果,与不添加钾离子相比较,添加钾离子可使酶活性提高7~8倍(Murata等,1968)。另外,以ADPG作为葡萄糖的供体,在与块根中钾离子浓度大体相等的钾离子浓度条件下,淀粉酶活性显示出接近最大或最适的促进作用(图8-22),钾对块根膨大的积极作用是与促进薄壁组织中淀粉的合成物质积累有密切关系的。

最后,块根在土壤中虽不断膨大,但是针对在给予光照的情况下是否进一步膨大这一问题,可通过实验进行验证。在块根膨大的各个时期使块根暴露于土垄上,在块根曝光阶段,块根曝光的部分膨大过程停止,而埋于土壤中的部分则继续膨大,形成洋梨状的块根(图8-23)。曝光部分的块根虽然停止膨大,但光合产物从地上部向块根的运输仍不受阻碍。对其进行形态学研究可知,形成层的活动停止,淀粉粒消失,若将曝光后停止膨大的块根复土遮光,块根再度膨大,形成层活动重新开始,出现淀粉粒的积累,说明块根的膨大是可逆的,在高产栽培中关键在于土壤条件。

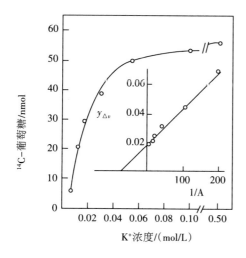

图8-22 K⁺对甘薯块根颗粒性ADPG—淀粉合
成酶活性的促进
(Murata et al.,1968)

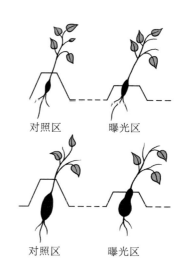

上:开始曝光处理的状态 下:收获期的状态
图8-23 曝光对甘薯块根发育的影响
(北條良夫,1982)

8.4.3 块根中淀粉的积累

甘薯块根中贮藏的主要化合物是淀粉,所以淀粉的积累方式在很大程度上反映着块根的发育。Chua等(1982)利用 ^{14}C 在第44 d、74 d、105 d处理甘薯品种"红宝石"植株,在第106 d挖根做放射自显影,得到的结果如表8-14。三个生长阶段的研究表明,第105 d处理,第106 d收获的块根中标记的碳水化合物多数是沿着块根维管束形成层环积累的,余下的则分别向外、向内运转,这时同化物很可能不是淀粉,而是以可溶性状态存在。第44 d和第74 d处理,于第106 d收获的块根内中柱的放射性分布不均匀,尤其是前者,在中央呈斑点状并可看到早期沉积的碳水化合物向块根顶部尖端聚积,碳水化合物的多少与块根膨大生长直接相关,块根的生长是沿块根纵轴从顶端开始,再向块根末梢发展的。

表8-14 在第44 d、74 d和105 d用 ^{14}C 标记的 CO_2 处理,于第106 d收获的甘薯
块根横切片放射性分布(chua,1982)

标记日期	块根区域	放射性/(每分钟计数/20 mgDW)		
		块根横切片部分		
		下部	中部	上部
第44 d	1区	274±44	251±42	448±105
	2区	36±6	50±14	459±50
	3区	77±10	98±0.5	705±107
	4区	246±27	520±15	815±41
第74 d	1区	218±7	295±6	220±45
	2区	173±23	108±12	191±10
	3区	313±23	153±10	250±8
	4区	333±16	196±4	253±21
第105 d	1区	84±14	151±13	88±2
	2区	197±16	198±11	103±32
	3区	114±40	143±16	59±3
	4区	53±28	35±8	50±10

注:1区为周皮外皮层;2区为维管形成层环和相邻的组织;3区为外中柱;4区为内中柱。

8.5 光合产物的运输及库源关系

8.5.1 光合产物的运输

光合产物的运输即光合产物的分配,对于作物来说光合产物向构成收获对象的器官和组织分配对提高经济产量是非常重要的。

据广东省农科院旱粮作物研究所报道,在大田以半叶法在天气良好的条件下测定甘薯全干物质生产率为 $18\,g\cdot m^{-2}\cdot d^{-1}$,输出率为 $13.31\,g\cdot m^{-2}\cdot d^{-1}$,当天输出率为生产率的73.88%,光合生产率在一天中以9时至12时最快,约占当天生产率的40%,输出率随生产率的提高而逐渐增加,全天均不停止,以夜间输出最快,白天约占输出的1/3。用盆栽"禹北白"为材料,分别在栽后43 d、78 d、104 d在以 ^{14}C 为主茎已展开的叶下数第3片叶,3 d后分不同部位进行测定,其结果如下:(1)叶片制造的光合物质,在3 d内还有部分停留在自己的叶片上,早期占35.27%,中期占19.13%,后期占10.42%,其余都已输出;(2)光合产物输出的部位随生育期而异,栽后43 d地上部器官占99.9%,栽后104 d运到块根的占83.32%,基部无论什么生育期都停留很少,细根分配量也少,早期有少量分配到分枝茎叶,顶心在茎叶旺盛生长期占的比例较大,后期显著减少,这与养分运输中心转移有关;(3) ^{14}C 在叶柄全期停留量都较大,它可能是光合产物在运输过程中的临时贮藏器官。

由于甘薯具有很大的地下贮藏器官,光合产物向块根分配着干物质的生产,据加藤真次郎等(1974)报道,用 ^{14}C 同位素法研究表明在甘薯块根分化或块根开始膨大前,光合产物已经显示出对地下部的根有着特异的运输极性,其运输量和运输速度通过促进块根的膨大而进一步增大。例如,在甘薯品种"冲绳百号"中, ^{14}C 光合产物向茎顶方向运输速率为48 cm/h,而向块根运输的速率为128 cm/h,向块根的运输速率约为向茎顶方向运输速率的2.7倍(表8-15),这说明光合产物向甘薯块根运输是很特殊的。

由甘薯叶位分析 ^{14}C 光合产物运输方向和运输量表明,下位叶向块根的运输量变多,上位叶向茎顶方向的运输量较多(加藤真次郎等,1976)。就每片叶的面积而言,下位叶较大,即使下位叶的光合速率比上位叶低,但其运输量仍大于上位叶,因此下位叶对块根膨大有更大的作用。

甘薯光合产物的运输特性是以块根方向为主,故块根膨大始期早是增大运输量、提高产量的最重要因素。

表8-15 甘薯嫁接植株中 ^{14}C 光合产物运输速率的比较(加藤真次郎,1978)

	嫁接组合			
	C/C	C/W	W/C	W/W
茎顶方向运输速率/ cm·h⁻¹	48	42	46	31
块根方向运输速率/ cm·h⁻¹	128	37	31	21

嫁接组合		
	接穗	砧木
C/C	栽培种	栽培种
C/W	栽培种	近缘野生种
W/C	近缘野生种	栽培种
W/W	近缘野生种	近缘野生种

注:下表是对上表嫁接组合的注释。

8.5.2 甘薯的库源关系

甘薯产量与库的容量和源的潜力构成函数关系,任何一方受到限制都会减产。至于哪一方对产量的作用更大,这要随条件而定。对于长期在一定环境中得到改良的甘薯群体,库的限制作用可能比源少,源的活性在产量上也许有更大的作用。可是没有得到改良的甘薯,如一些热带地区的甘薯,库对块根产量的限制作用可能比源的活性更大。因此,在育种上库的作用是主要的,而源的作用是次要的。

库的容量影响光合产物的转移,可以通过减少叶片内碳水化合物的含量从而增强叶的光合活性。当块根暴露于光照条件下膨大受到抑制时,叶片的光合活性急剧降低(Tsuno,1965)。北條良夫等(1971)报道甘薯栽培种 *I. batatas* 和它的亲缘种 *I. trifida* 之间交互嫁接,以具有较大库的甘薯栽培种做砧木时,光合活性较高。加滕真次郎等(1974)将 ^{14}C 喂给 *I. batatas* 和 *I. trifida* 交互嫁接的第5叶,证实了当库容量增加时,光合产物主要转移到砧木上。

用带1片叶的甘薯插条栽插甘薯,叶片的寿命约保持在90 d以上,而通常的甘薯栽培中1片叶的寿命约15 d,前者寿命长短与所着生的块根的发育有关,块根的存在大大延长了叶片的寿命,另外在栽培品种中也能看到叶片寿命极长的例子,将其与叶片寿命短的品种进行嫁接时可以看到一个倾向,即以叶片寿命长的品种作为砧木的嫁接植物有使叶片寿命短的品种的接穗叶片寿命延长的趋势(图8-24)。

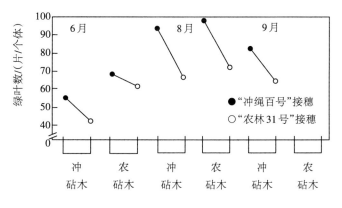

图8-24 甘薯嫁接植株间叶数的差异

（北條良夫, 1973）

上述研究表明,作为光合器官的叶片与作为光合产物积累器官的块根之间在生理上具有相互作用。北條良夫等（1971）研究了由甘薯栽培种和近缘野生种形成的四个组合的嫁接植物的块根产量、叶片光合速率及物质生产过程。其结果是接穗种类相同,砧木一侧的块根膨大一旦不良,总干物质生产比砧木一侧块根膨大良好的嫁接植物低,而且接穗叶片的光合速率也降低（图8-25）。这种对光合速率的影响主要是通过叶片对 CO_2 的扩散阻力（包括叶肉的阻力和气孔的阻力）而产生的（图8-26）。另外,接穗种类相同,随着块根膨大特性的不同,其光合产物的运输速度也不同,块根膨大特性差的,其运输速度约低1/3（加藤真次郎等,1978;北條良夫等,1976）。

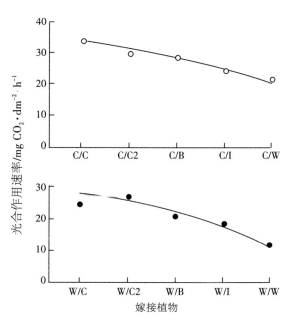

注:分子表示接穗,分母表示砧木;C 表示栽培种1,C2 表示栽培种2,B 表示复归杂交种(种间杂种×栽培种),I 表示种间杂种(栽培种×近缘野生种),W 表示近缘野生种。

图8-25 甘薯嫁接植物的光合速率

（北條良夫, 1979）

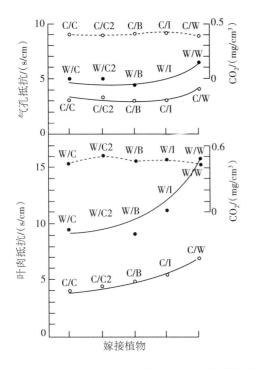

注:嫁接组合同图8-25;虚线表示叶肉细胞表面的CO_2浓度,实线表示CO_2扩散阻力。

图8-26 甘薯嫁接植物的CO_2扩散阻力
(北條良夫,1980)

上述研究结果表明,作为库的块根生理活性对作为源的叶片光合机能、物质生产以及光合产物的运输都有明显的影响。

关于源对库的影响,通过对栽培品种19个组合的嫁接植物的研究表明,块根的早期膨大特性或晚期膨大特性是砧木侧块根固有的性质,不受源的影响(图8-27)。

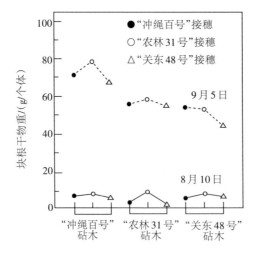

图8-27 甘薯嫁接植物块根的膨大特性
(北條良夫,1971)

另外,通过组织化学的研究发现,在块根的淀粉合成上接穗的影响也较少(北條良夫等,1971)。

因此,在甘薯育种中从源势和库容的角度来考虑,库容是更重要的产量控制因素,应该从更重视库容的方向提出育种计划。在育种程序中首先应选择具有较大库容量的品种,然后再把它与具有较大潜势的源相组合。最后要说明一点的是,在实际工作中鉴定、评价和选择库容量(产量)往往比源势潜力(光合能力)容易得多。

8.6 贮藏生理

8.6.1 影响甘薯安全贮藏的因素

甘薯不仅产量高,贮藏量大,而且贮藏方式也与谷物类粮食不同。对于需长期贮藏的甘薯来说,多将其加工成薯片经风干后贮藏。若需以鲜薯贮藏,在一定条件下可贮藏4~8个月,做到不腐烂、不发芽、不萎蔫、不空(糠)化。鲜薯贮藏的方式有室外地下土窖、防空洞窖、岩窖、高温大屋窖等。鲜薯的安全贮藏主要与收前气候、收获质量和窖藏期环境条件的控制有关。

8.6.1.1 收前气候

1. 低温伤害

甘薯原产于热带南美洲西印度群岛,是喜温作物,对低温和霜冻很敏感,特别在生长后期或收获前,如遇9℃以下低温或霜冻的袭击,薯块的生活力和耐贮性均显著下降。

低温伤害分冻害和冷害两种。冻害指零下低温引起甘薯结冰的伤害。甘薯遭受冻害后,细胞脱水,组织坏死腐烂,无贮藏价值。冷害指甘薯遭受0~9℃的低温伤害。一般9℃以上的温度对大多数甘薯品种无害,因此9℃是甘薯的临界低温,不同品种的甘薯临界低温略有差异。低温持续时间不同,伤害程度也不同,一般温度越低,冷害时间持续越长,伤害程度越深,薯块感病腐烂就越严重。

2. 涝害

甘薯收获前,如遇秋雨连绵,土壤渍水,土壤中的空气相对减少,使块根不能进行正常的有氧呼吸,而无氧呼吸产生的乙醇会造成自身中毒,使薯块的生活力、抗病力和耐贮性下降。田间渍水时间越长,这种影响越大。

另外,收获前的雨量与薯块含水量有很大关系,直接影响薯块的耐贮性。

8.6.1.2 收获质量

1.收获早迟

生产上过早收获甘薯,不仅会减少干物质积累,降低产量,而且会导致早期"烧窖"。因为这时气温较高,加之甘薯入窖后产生大量的呼吸热,致使薯块入窖后窖温甚至超过20℃,这种环境有利于黑斑病和软腐病的迅速蔓延扩展,出现早期烂窖腐烂。过晚收获的甘薯,常遭受低温或霜冻危害,易发生黑斑病和线虫病,同时淀粉含量下降,出粉率和晒干率降低,糖含量增加。

甘薯收获适期是指既不影响块根干物质积累又不致遭受田间低温霜冻危害的收获时间。甘薯收获时期:一是在初霜前收完;二是土温降到15℃左右时收完。因块根膨大的最适温度是22~23℃,当土温降至20℃以下时不利于块根质量的增加,块根生长的临界温度为15℃。

2.机械伤害

用锄头收获甘薯,一般要损伤25%~40%,机械收获,损伤更大,加之装运、入窖,还会增大损伤。机械损伤不仅为病菌入侵创造了条件,而且还会促进呼吸。创伤越多,感病腐烂率越高,伤口越深,愈合所需时间越长,发病腐烂率也越高。因此在收、运和入窖时要尽量避免机械损伤。

8.6.1.3 窖内环境条件

甘薯窖藏期的环境条件主要包括温度、湿度和气体成分等三个方面。

1.温度

甘薯贮藏期的主要目的是既要控制呼吸消耗,使呼吸强度降至最低水平,以保持新鲜薯块的食用和种用品质,又要使之不受冷害,以免发病腐烂。因此,温度是甘薯窖藏期的重要环境条件之一。

甘薯贮藏期的最适温度以11~14℃为宜。这一温度范围高于甘薯临界低温(9℃)低于甘薯的发芽温度(15~16℃),这样呼吸强度低且平稳,甘薯既不易受冷害又不会发芽糠心,贮藏效果最好。

在甘薯入窖初期,薯块仍保持旺盛的生命活动,呼吸作用仍维持在较高水平,会释放较多的呼吸热,使甘薯在入窖后的15~20 d内窖温较高,一般可达18~25℃。对于一般贮藏窖来说,这时若不注意敞窖降温,不仅甘薯发芽率增加,呼吸消耗增多,品质下降,而且更重要的是为黑斑病和软腐病的迅速蔓延创造了合适的温度条件,导致初期"烧窖"或大量发病腐烂。近年来,我国普及推广的甘薯高温大屋窖就是在入窖初期,因势利导,利用较高的窖温结合加温措施,使窖温迅速达到35~38℃,保持48 h。这样不仅绕过了病菌繁殖的最适温度(23~28℃),还为伤口愈合和控制病菌提供了较理想的温度。2 d后迅速降温并使窖温一直保持在11~14℃,达到安全贮藏的目的。

贮藏中后期,随着外界气温的下降,窖温随之下降,因此中后期应以保温为主,使窖温保持在10~12℃,窖的密封性和保温性在中后期是很重要的。

甘薯贮藏期间各种温度的作用详见图8-28。

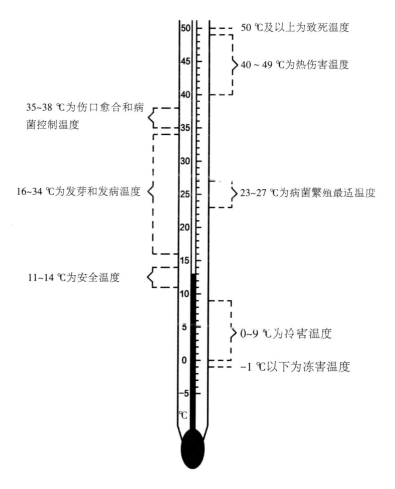

图8-28 甘薯贮藏期间各种温度的作用

(邹廷富,1984)

2.湿度

甘薯块根的含水量因品种不同和收获前雨水多少不同而差异较大,一般为70%左右,多的超过80%。甘薯贮藏质量的指标之一是保鲜好,即在甘薯贮藏过程中失水少,呼吸消耗低。要达到保鲜,除了要控制适当的温度外,还要控制窖内的相对湿度。一般来说,窖内相对湿度过低(80%以下),会导致薯块中的水分蒸发,甚至大量脱水萎蔫、空心,同时淀粉加速水解,耐贮性下降。反之,提高窖内相对湿度,不仅保鲜好、失重少、品质好,更重要的是入窖初期能促进伤口愈合(配合温度),有利于愈伤组织的形成,因而腐烂率低。

甘薯贮藏的不同时期和不同窖型对控制相对湿度的要求也不同。对于一般贮藏窖来说,由于甘薯含水量高、带湿泥多、呼吸强、"发汗"多,因而入窖初期窖内相对湿度可超过95%,加上窖温高,就容易出现适宜病菌繁殖的高温、高湿条件,这时应注意敞窖通风,排湿降温。对于高温大屋窖来说,初期的高湿、高温处理对伤口愈合有利,所以一般不仅不需敞窖排湿,而且在开窗降温后还需补充湿度,使窖内相对湿度回升到90%左右。窖藏中期,窖内湿度可能偏高或偏低,这取决于收获前是久雨还是晴天,以及冬季空气湿度的大小。若湿度接近饱和,则易引起病菌繁殖造成甘薯腐烂,应用生石灰吸潮,勤换覆盖的湿润稻草来降低湿度;若湿度低于85%,则应加水补湿。在甘薯贮藏后期,气温迅速回升,窖内湿度下降,应注意提升湿度,防止萎蔫、空心。

3.气体成分

甘薯刚收获后,呼吸强度特别高,在入窖初期,呼吸耗氧较多,同时呼出的CO_2也多,不利于伤口愈合。所以,入窖初期应注意勤通风换气,有利于愈伤期有氧呼吸的正常进行,促进愈伤组织的形成。

甘薯贮藏的中后期,呼吸释放的CO_2逐渐积累,当CO_2含量提高到1%左右时,有抑制代谢的作用,有利于安全贮藏。这时一般以密封保温为主,必要时辅以短期通风换气,以保持薯块较强的生活力。

8.6.2 甘薯愈伤和贮藏过程中的生理生化变化

8.6.2.1 呼吸作用

块根贮藏期间的呼吸作用虽然会消耗贮藏的有机养料,但具有重要的生理意义。首先,呼吸底物在氧化分解时释放的能量,一部分以热能的形式释放到周围以提高薯堆温度,使之在

11～14℃的条件下安全越冬;另一部分能量以ATP的形式贮藏起来,为合成愈伤物质、抗病物质和保持正常生命活动提供能源。其次,呼吸代谢的中间产物经磷酸戊糖循环和次生代谢途径形成吲哚乙酸、木质素和酚类物质,对于甘薯愈伤组织的形成和抗病性有重要作用。再者,甘薯的呼吸代谢对于氧化分解病菌分泌的毒素、提高抗病能力有一定作用。

薯块在空气流通,氧气充足的条件下,以有氧呼吸为主,但氧气不足(降到4.5%)时,正常的有氧呼吸受到抑制,转向无氧呼吸,造成酒精累积,发生"闷窖"腐烂。

鲜薯的呼吸速率比禾谷类作物的种子高十几倍到几十倍,如刚收获的甘薯在相同条件下,其呼吸速率比小麦高75～150倍。不同品种甘薯呼吸速率有很大差异,据邹廷富于1984年的测定,室温为12℃时,"杂交8号"的呼吸速率为8.77 mg $CO_2 \cdot kg^{-1} \cdot h^{-1}$,"解放3号"为19.34 mg $CO_2 \cdot kg^{-1} \cdot h^{-1}$,"50早"为51.33 mg $CO_2 \cdot kg^{-1} \cdot h^{-1}$。感病后的呼吸强度明显增强,例如"胜利百号"健薯的呼吸速率为14.7 mg $CO_2 \cdot kg^{-1} \cdot h^{-1}$,在软腐病病菌刚开始繁殖时呼吸速率为25 mg $CO_2 \cdot kg^{-1} \cdot h^{-1}$,发生黑斑病时呼吸速率为32.2 mg $CO_2 \cdot kg^{-1} \cdot h^{-1}$。这种呼吸作用的加强是一种保护性的生理调节过程,抗病性越强的品种,呼吸强度的增加越高,反应越迅速。甘薯收获前遇秋雨或水涝灾害后,呼吸强度也迅速增高而且使无氧呼吸加强。例如"开花薯"被水闷12 d的呼吸速率为114.7 mg $CO_2 \cdot kg^{-1} \cdot h^{-1}$,未被水闷的正常呼吸速率为7.7 mg $CO_2 \cdot kg^{-1} \cdot h^{-1}$。另外,甘薯遭受机械损伤后,呼吸速率也显著上升且损伤越大,呼吸速率上升越多。据中国农业科学院薯类研究所测定,纵切薯块的呼吸速率为140 mg $CO_2 \cdot kg^{-1} \cdot h^{-1}$,横切薯块的呼吸速率为120 mg $CO_2 \cdot kg^{-1} \cdot h^{-1}$,纵横切薯块的呼吸速率为160 mg $CO_2 \cdot kg^{-1} \cdot h^{-1}$,不切的薯块呼吸速率为90 mg $CO_2 \cdot kg^{-1} \cdot h^{-1}$。

温度是影响薯块呼吸速率最重要的外界因素。甘薯的呼吸速率与温度密切相关,在一定温度范围内,呼吸作用随温度的升高而增强。邹廷富(1984)用"70早"在10～40℃范围内测定薯块的呼吸速率(表8-16),从表中可以看出,在一定温度范围内,呼吸强度随温度升高而增强,温度每升高10℃,呼吸强度增加1.0~1.5倍。薯块储藏初期,用40℃高温处理,比旧窖常温储藏能提高呼吸强度6~7倍,这有利于促进伤口愈合,防止病菌入侵。薯块遭受0～9℃低温冷害后呼吸增强,在15 d内,随冷害时间的延长,呼吸速率增强(表8-17),这可能与低温促进贮藏淀粉转化为糖,呼吸底物增加,从而导致呼吸增强有关。另外,电镜观察表明,低温处理4 d的薯块,线粒体膨大,引起膜结构明显变化,这将导致细胞区域化结构破坏,促进酶和底物的接触,加快呼吸作用。

表8-16 不同温度下薯块的呼吸速率(邹廷富,1984)

温度/℃	10	20	30	40
呼吸速率/mg CO$_2$·kg^{-1}·h^{-1}	20.0	47.2	81.7	170.0

表8-17 冷害对甘薯呼吸速率的影响(邹廷富,1984)

时间/d	处理温度/℃							
	13		8		3		−2	
	呼吸速率	比率/%	呼吸速率	比率/%	呼吸速率	比率/%	呼吸速率	比率/%
9	15.06	100.0	18.32	121.6	17.5	116.2	10.99	73.0
15	17.69	100.0	83.84	473.9	85.84	485.2	9.62	54.4

注:呼吸速率单位为"mgCO$_2$·kg^{-1}·h^{-1}";表中的比率是以各处理在13℃时的呼吸速率为基准。

8.6.2.2 物质转化

1.碳水化合物的变化

甘薯贮藏期间碳水化合物的主要变化是淀粉转化为糖,所形成的糖一部分作为呼吸底物被消耗损失,另一部分贮存于块根中。甘薯贮藏4～5个月后,淀粉含量减少5%～6%,糖分增加3%左右,特别是可溶性全糖显著增加(表8-18),贮藏温度对块根中淀粉转化为糖有显著影响,高温和低温均有利于淀粉水解为糖。在3～21℃范围内,糖的增加速度是3℃>9℃>14℃>21℃。经高温处理后,可溶性总糖和非还原糖(蔗糖)的增加速度是40℃>37℃>29℃。

在甘薯贮藏过程中,薯块外部的一部分原果胶在原果胶酶和果胶酶的作用下分解为可溶性果胶、果胶酸和半乳糖醛酸。同时,在原果胶酶的作用下,中胶层的果胶酸钙也进行分解,细胞彼此分离,组织变软,耐贮性下降。

表8-18 贮藏期甘薯成分的变化(《甘薯》,1957年版)

(单位:g/100 gFW)

测定项目	刚收获时	收获1个月后	收获2个月后	收获3个月后	收获4个月后
淀粉	21.54	19.78	17.34	17.96	15.37
灰分	0.86	0.86	0.90	0.78	0.79
全胶	0.84	1.23	1.03	1.12	0.59
总酸	0.112	0.093	0.109	0.100	0.096
水分	73.08	72.07	74.46	72.06	72.81
蛋白质	1.49	1.57	1.67	1.58	1.23
脂肪	0.23	0.22	0.22	0.22	0.21
纤维	0.78	0.82	0.80	0.83	0.80
全糖	26.12	25.94	22.30	24.84	23.50
水溶性全糖	2.99	4.96	4.14	4.86	6.42
水溶性还原糖	0.56	3.03	1.57	1.31	1.99
水溶性非还原糖	2.43	1.93	2.57	3.55	4.43

2.维生素的变化

甘薯刚收获时,抗坏血酸含量较高,每100 g组织含18～30 mg,随着贮藏时间的延长,抗坏血酸的含量逐渐降低(表8-19)。维生素 B_1 在贮藏期间也有减少的趋势,据分析,11月下旬甘薯的维生素 B_1 含量为170 μg/100 gFW,到3月下旬则下降到145 μg/100 gFW。维生素 B_2 经6个月贮藏后仍保持较高水平(10～60 μg/100 gFW)。

表8-19 贮藏时间对薯块中抗坏血酸含量的影响(中国人民大学,北京市粮食局1958～1959)

薯块情况	还原型抗坏血酸含量/(mg/100gFW)
刚收获的薯块	19.20
贮藏30 d的薯块	17.33
贮藏60 d的薯块	13.22

注:试验所用材料为"春薯百号"。

Miller(1949)和Ezell(1952)等曾详细研究过甘薯在贮藏过程中总色素和胡萝卜素含量的变化(表8-20),并指出:(1)在24℃下的不同贮藏期内,总色素与β-胡萝卜素含量随品种不同有较大的变化范围,大部分品种在贮藏的头一个月内β-胡萝卜素含量增高,以后4个月的贮藏过程中其含量一直低于第一个月;(2)15℃是胡萝卜素合成和保存的最适温度;(3)薯肉颜色与胡萝卜素含量有密切关系,薯肉颜色越深则所含胡萝卜素和总色素越多;(4)甘薯块根的色素主要由类胡萝卜素组成。其中,β-胡萝卜素约占90%以上,不含α-胡萝卜素,另外含有占总色素0.012%的叶黄素。非胡萝卜素部分含有胡萝卜素分子处于合成和降解的中间阶段的色素物质,其含量受愈伤和贮藏的影响不大,如4个品种的平均值,收获时为0.73 mg/100 gDW,愈伤后为0.73 mg/100 gDW,贮藏后为0.75 mg/100 gDW。

表8-20 甘薯不同贮藏时期内总色素和胡萝卜素含量的变化

贮藏时间/d	总色素/(mg/100gDW)	β-胡萝卜素/(mg/100gDW)
0	15.4~46.5	13.7~49.1
30	17.1~47.5	16.0~51.5
60	14.2~42.1	13.4~41.4
90	14.5~34.2	14.5~35.3
120	14.7~41.7	14.1~40.0

8.6.3甘薯贮藏过程中的逆境生理

8.6.3.1甘薯冷害生理

甘薯冷害是指块根在贮藏期间长期处于0~9℃的低温下所发生的生理性代谢损害。

Lieberman等(1958)、邹廷富等(1984)发现,遭受冷害的薯块电导率增高(表8-21),说明低温使细胞膜受到伤害,膜透性增大。在7.5℃条件下贮藏1周的甘薯块根切片中,钾离子外渗量比15℃的对照高2倍左右。另一实验是将薯块平分为二,切面用凡士林和蜡纸封闭以隔绝空气,一组在0~1℃条件下贮藏14 d,另一组在10~14℃条件下贮藏14 d作为对照,然后用电镜观察。结果对照的细胞质膜和液泡膜均完好无损,而冷害处理的液泡膜已局部消失,线粒体膜也受到损伤。另外,冷害组织的线粒体在贮藏的第5周后,氧化能力和磷酸化能力显著降低,说明冷害的生理机制主要是低温破坏了膜的正常结构,导致膜透性增大,进而代谢失调。

表8-21 不同温度处理3d薯块电导率的变化(邹廷富,1984)

(单位:$\mu\Omega/cm$)

温度/℃ 处理后的时间	1 d	2 d	3 d	5 d
-2	840	860	890	900
3	300	320	410	740
8	260	270	390	710
13	220	250	370	670

　　植物抗寒性的强弱与质膜中不饱和脂肪酸和饱和脂肪酸的比例有关,当不饱和脂肪酸的含量较高时,膜的相变温度降低,从而提高其抗寒性。甘薯原产于热带,不饱和脂肪酸的含量相对较少,故耐寒性较差。Lyones等(1964)发现,不耐寒的甘薯块根与耐寒的芜菁块根相比,前者含有较少的不饱和脂肪酸和较多的饱和脂肪酸(表8-22)。

表8-22 甘薯块根和芜菁块根线粒体的脂肪酸组成比较(Lyones,1964)

脂肪酸组成	甘薯	芜菁
12:0月桂酸	8.4	—
16:0棕榈酸	24.9	19.0
16:1棕榈油酸	0.3	1.3
18:0硬脂酸	2.6	1.1
18:1油酸	0.6	12.2
18:2亚油酸	50.8	20.0
18:3亚麻酸	10.6	44.9
不饱和酸C_{16}和C_{18}占脂肪酸总量的百分比/%	62.3	79.0
饱和酸C_{12}、C_{16}和C_{18}占脂肪酸总量的百分比/%	35.9	20.1
不饱和酸/饱和酸	1.7	3.9
双键指数	1.34±0.09	1.89±0.00

注:(1)脂肪酸前面的比例表示其碳原子数比双键数;(2)双键指数等于每种酸的质量分数乘每个分子所含双键数之和除以100;(3)表内数字系3个线粒体制备物的平均数。

遭受冷害的薯块暴露于空气中时,组织会很快变黑,绿原酸是造成组织变黑的主要物质之一。此外,还有新绿原酸和异绿原酸存在于冷害组织中。而遭受冷害的薯块组织中坑坏血酸含量显著降低,例如经7.5 ℃冷害10周的薯块中绿原酸含量增加100%~400%,抗坏血酸含量减少50%~90%。

遭受冷害的甘薯抗病力大大下降,易受病菌侵染而发病腐烂,如经30 ℃愈伤处理后在0 ℃下冷冻1 d,软腐病的发病率为16.3%,而在0 ℃下冷冻8 d则发病率升高到37.5%。

8.6.3.2 甘薯黑斑病的感病生理

黑斑病是甘薯苗期、大田生长期和窖藏期的主要病害,窖藏期危害最严重,烂窖率达20%~40%。黑斑病病菌多从伤口侵入,病斑直径一般为1~4 cm,深0.5~1.0 cm,有时也可深达2.0~3.0 cm。病斑大小、颜色因品种而异,红皮种病斑多近黑色,白皮种病斑常呈淡褐色或暗褐色。切开病薯,病斑下薯肉为青褐色或墨绿色。病菌繁殖的最适温度为23~29 ℃,相对湿度为90%以上。

甘薯感病后呼吸速率增强,感病初期是以磷酸戊糖途经(HMP)为主,72 h后虽转为糖酵解途径,但HMP仍很高,甘薯抗病病斑周缘组织的呼吸作用与甘薯酮和酚类物质——绿原酸的生物合成有关。而酶活性的变化对薯块的呼吸、代谢、变色和抗病力均有影响。当组织感病后,过氧化物酶和多酚氧化酶的活性显著增加,使代谢产生的酚类物质氧化成醌,从而阻止病菌的入侵。

甘薯所含的多酚物质以绿原酸为主。瓜谷郁三等定时在甘薯"农林1号"块根的断面接种黑斑病病菌,从断面逐渐向内层取样进行分析,约12 h后断面处开始形成多酚化合物(主要是绿原酸),而以受侵染表层组织为最高,越向内层越低,过一段时间后,表层发生褐变,越向内层浓度越高。酚化物的浓度梯度从受侵染的表层组织向内呈指数式增加。绿原酸和某些酚类易氧化成具有强烈抗病能力的醌类,另外,绿原酸还能促进周皮(木栓)的形成,从而阻止病原菌的入侵。除受病菌感染外,机械损伤、冷害等也会引起绿原酸含量的增加。除绿原酸外,感病甘薯还积累异绿原酸、假绿原酸、咖啡酸、甲基咖啡酸、儿茶酚等物质。

关于绿原酸的生物合成过程,从苯丙氨酸到绿原酸的途径尚不完全清楚。利用同位素示踪法进行的试验表明,反式肉桂酸形成反式苯丙烯酰葡萄糖,最后可能形成绿原酸(图8-29)。

一般认为苯丙氨酸脱氨酶(PAL)是抑制这种苯丙烷生物合成过程的酶类。在侵染生理领域研究中,其活性是作为抗病性反应中的一个代谢指标加以研究的。

多酚化合物的合成除莽草酸途径外,还可从乙酸经丙二酰CoA进行合成,这个途径的合成,在侵染生理学领域中作为植物保卫素的合成途径之一,比作为酚代谢更引人注目。

1. 从糖类的中间代谢产物到苯丙酮酸

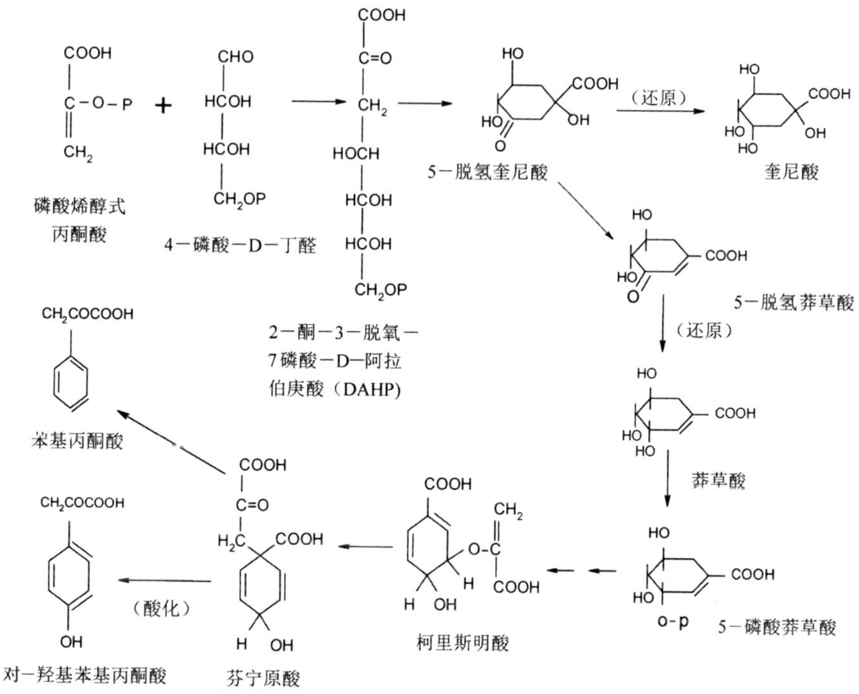

2. 从苯基丙酮酸到绿原酸

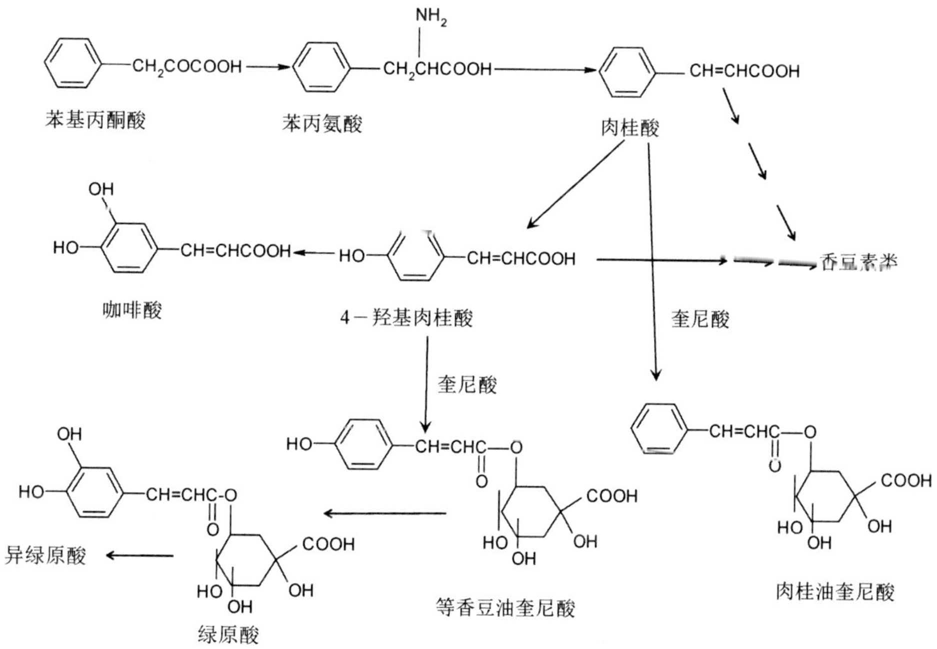

图8-29　绿原酸的生物合成途径

(瓜谷郁三,1975)

227　　　　　　第八章　甘薯生理

所谓植物保卫素,目前一般指植物受侵染后在组织内或组织表面浸出的,而在健全组织中检测不出的一类抗菌类物质。有的研究者把在健全组织中能够发现,但是由于侵染而显著增加的物质也称为植物保卫素。

甘薯酮是最早发现的植物保卫素之一,是樋浦诚于1943年从黑斑病病菌侵染的甘薯中提取出来的苦味物质,并命名为甘薯酮(Ipomeamarone)。后来久保田等也分离出这种物质并确定了它的结构。瓜谷郁三、铃木直治等,特别是瓜谷郁三等的研究组阐明了它的病理学和生理学意义。

目前认为植物保卫素的形成和积累与侵染造成的褐变有密切关系。今关、瓜谷郁三(1964)曾证明甘薯酮是在甘薯褐变部位的邻接组织中合成的,现已知道,甘薯除感染黑斑病病菌可以产生甘薯酮外,在感染紫纹羽病、根腐病、菌核病和黑腐病等病菌时,以及被甘薯小象甲虫咬伤或用化学药剂氯化汞(4×10^{-3} mol/L)、碘代乙酸(1.4×10^{-3} mol/L)、2,4-二硝基酚(2.7×10^{-3} mol/L)等处理的甘薯断面,也会诱导甘薯酮的形成,但在新鲜和仅具切伤的组织中不形成甘薯酮。

另外,在受侵染甘薯中还能形成许多与甘薯酮有关的物质(图8-30),这些化合物都是按甘薯酮的途径或侧路合成的,在侵染部位以一定浓度出现,它们都是甘薯受侵染后通过激活酶体系而重新合成的呋喃类萜化合物,是甘薯体内的植物保卫素。

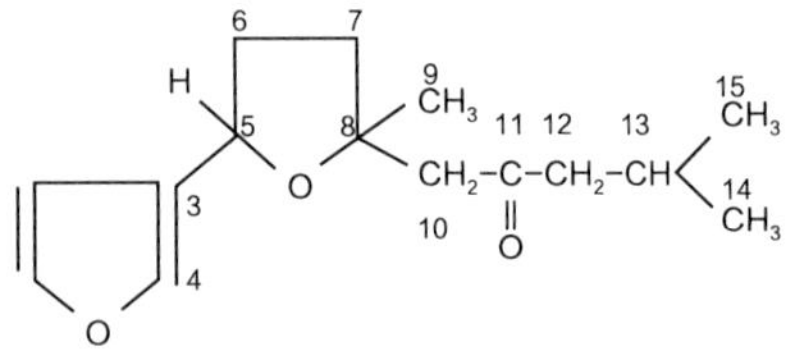

甘薯酮

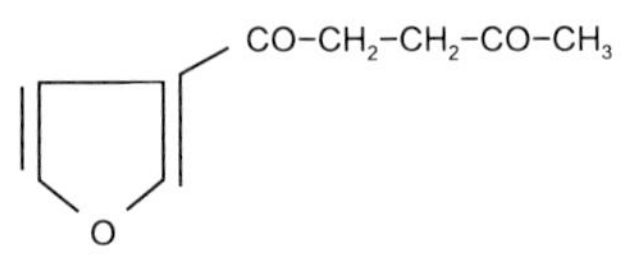

甘薯精

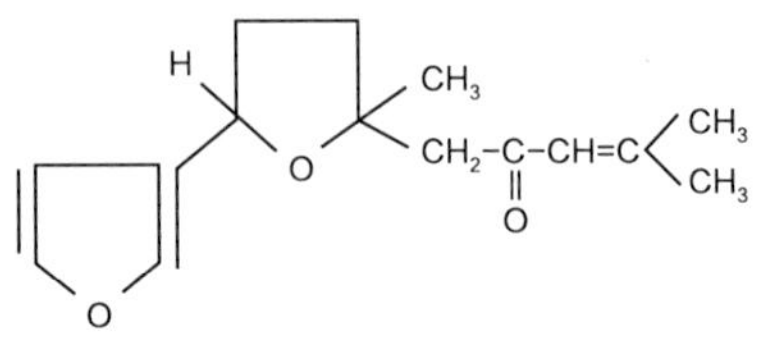

脱氢甘薯酮

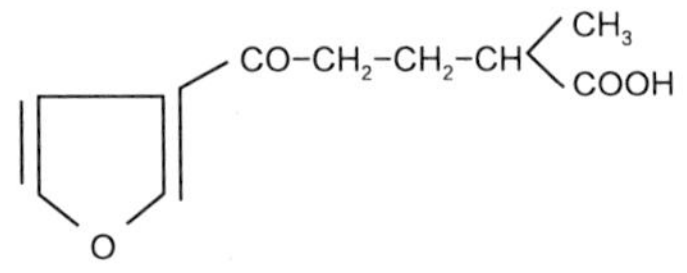

甜菜亭酸

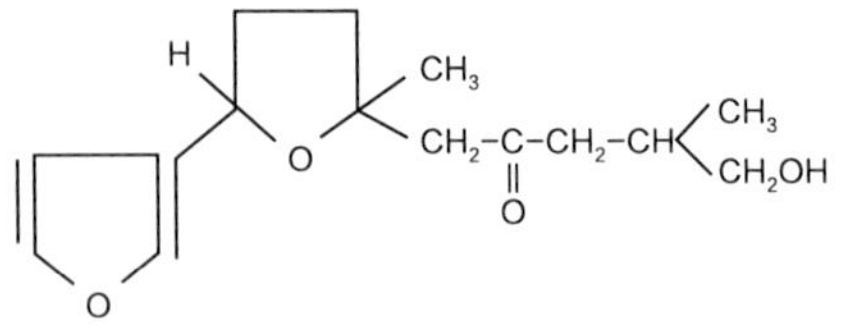

甘薯醇

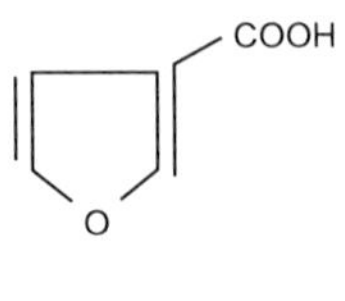

呋喃·β-羧酸

图8-30 甘薯的植物保护素及其有关物质

(瓜谷郁三,1975)

瓜谷郁三等的研究组以甘薯为材料,采用同位素示踪法研究了萜烯类植物保卫素的生物合成途径,发现甘薯块根断面接种黑斑病菌后,在褐变病斑邻接部位的健全组织中大量形成3-羟基-3-甲基戊二酰辅酶A(HMG-CoA)转化系统,HMG-CoA还原酶及甲瓦龙酸—异戊基焦磷酸等转化酶系统,在未侵染的健全组织中这些酶没有活性或者活性很低。进而他们提出甘薯植物保卫素合成途径的设想(图8-31),这一途径的起始物乙酰辅酶A主要来自细胞质。

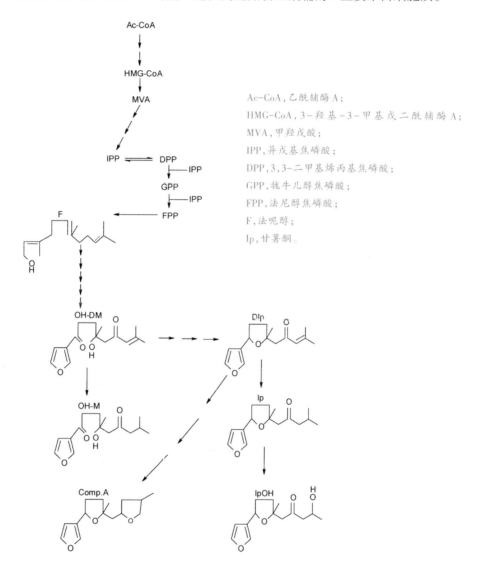

Ac-CoA,乙酰辅酶A;
HMG-CoA,3-羟基-3-甲基戊二酰辅酶A;
MVA,甲羟戊酸;
IPP,异戊基焦磷酸;
DPP,3,3-二甲基烯丙基焦磷酸;
GPP,牻牛儿醇焦磷酸;
FPP,法尼醇焦磷酸;
F,法呢醇;
Ip,甘薯酮。

图8-31 设想的甘薯植物保卫素合成途径
(瓜谷,1978)

在呋喃类萜的代谢研究中,呋喃类萜的提取方法是将供试薯块切片(厚1.0~1.5 cm),接种后在29℃±1℃条件下进行3 d老化处理,用$V_{氯仿}:V_{甲醇}=1:1$的混合液对除去菌丝的切片表层组织(约10 mm)进行匀浆处理,过滤后加水摇动,取氯仿层浓缩,即为呋喃类萜物的粗提液。

第九章 甘薯生化

9.1 甘薯营养化学

9.1.1 甘薯营养成分

甘薯块根中含有大量淀粉、蛋白质、脂肪、多种维生素、矿物质等营养成分（表9-1），属于低脂、低热量、高纤维食品，富含类胡萝卜素、维生素B族和维生素C，以及钾、钙、铁、锌等元素，其中维生素C的含量是苹果、葡萄、梨的10～30倍。甘薯茎蔓的嫩尖、嫩叶中含有丰富的蛋白质、胡萝卜素、维生素、矿物质、黄酮类化合物等营养成分（表9-2），其中维生素种类齐全、含量丰富，尤其是维生素B_1、B_2、B_6和维生素C含量更是超过一般叶类蔬菜。

表9-1 甘薯营养成分表（生甘薯）

营养成分	营养值
水分/(g/100 g)	77.28
能量/(kcal/100 g)	86
能量/(kJ/100 g)	359
蛋白质/(g/100 g)	1.57
总脂肪/(g/100 g)	0.05
碳水化合物/(g/100 g)	20.12
淀粉/(g/100 g)	12.7

营养成分	营养值
纤维/(g/100 g)	3
糖/(g/100 g)	4.18
矿物质	
钙, Ca/(mg/100 g)	30
铁, Fe/(mg/100 g)	0.61
镁, Mg/(mg/100 g)	25
磷, P/(mg/100 g)	47
钾, K/(mg/100 g)	337
钠, Na/(mg/100 g)	55
锌, Zn/(mg/100 g)	0.3
锰, Mn/(mg/100 g)	0.258
维生素	
维生素A, RAE/(μg/100 g)	709
维生素A/(IU/100 g)	14 187
硫胺素, B_1/(mg/100 g)	0.078
核黄素, B_2/(mg/100 g)	0.061
烟酸, B_3/(mg/100 g)	0.557
泛酸, B_5/(mg/100 g)	0.8
维生素, B_6/(mg/100 g)	0.209
叶酸, B_9/(μg/100 g)	11
维生素C/(mg/100 g)	2.4
维生素E/(mg/100 g)	0.26
维生素K/(μg/100 g)	1.8
脂肪	
饱和脂肪酸/(g/100 g)	0.018
单不饱和脂肪酸/(g/100 g)	0.001
多不饱和脂肪酸/(g/100 g)	0.014

表9-2 甘薯叶营养成分表

营养成分	营养值
水分/(g/100 g)	86.81
能量/(kcal/100 g)	42
能量/(kJ/100 g)	175
蛋白质/(g/100 g)	2.49
脂肪/(g/100 g)	0.51
灰分/(g/100 g)	1.36
碳水化合物/(g/100 g)	8.82
膳食纤维/(g/100 g)	5.3
矿物质	
钙, Ca/(mg/100 g)	78
铁, Fe/(mg/100 g)	0.97
镁, Mg/(mg/100 g)	70
磷, P/(mg/100 g)	81
钾, K/(mg/100 g)	508
钠, Na/(mg/100 g)	6
硒, Se/(μg/100 g)	0.9
维生素	
维生素A, RAE/(mg/100 g)	189
维生素A/(IU/100 g)	3 778
硫胺素, B_1/(mg/100 g)	0.156
核黄素, B_2/(mg/100 g)	0.345
烟酸, B_3/(mg/100 g)	1.13
泛酸, B_5/(mg/100 g)	0.225
维生素, B_6/(mg/100 g)	0.19
叶酸, Food/(μg/100 g)	1

营养成分	营养值
叶酸，DFE/(μg/100 g)	1
维生素C/(mg/100 g)	11
维生素K/(μg/100 g)	302.2
β-胡萝卜素/(μg/100 g)	2 217
α-胡萝卜素/(μg/100 g)	42
玉米黄质/(μg/100 g)	58
叶黄素+玉米黄素/(μg/100 g)	14 720
脂肪	
饱和脂肪酸/(g/100 g)	0.111
软脂酸16：0/(g/100 g)	0.1
硬脂酸18：0/(g/100 g)	0.01
单不饱和脂肪酸/(g/100 g)	0.02
油酸18：1/(g/100 g)	0.02
多不饱和脂肪/(g/100 g)	0.228
亚油酸18：2/(g/100 g)	0.192
亚麻酸18：3/(g/100 g)	0.036
氨基酸	
色氨酸/(g/100 g)	0.035
赖氨酸/(g/100 g)	0.228
甲硫氨酸/(g/100 g)	0.086
胱氨酸/(g/100 g)	0.047
类黄酮	
黄酮类	
芹菜素/(mg/100 g)	0.1
木樨草素/(mg/100 g)	0.1

营养成分	营养值
黄酮醇类	
山柰酚/(mg/100 g)	2.1
杨梅素/(mg/100 g)	4.4
槲皮素/(mg/100 g)	16.9

9.1.2 甘薯营养保健功能

9.1.2.1 中医药保健功能

《金薯传习录》记载甘薯有6种药用价值：一治痢疾和下血症；二治酒积热泻；三治湿热及黄胆；四治遗精和白浊；五治血虚和月经不调；六治小儿疳积。

《中药大辞典》记载，甘薯含有29%的碳水化合物、2.3%的蛋白质、0.2%的脂肪、0.6%的粗纤维。此外，还含有胡萝卜素、硫胺素、核黄素、尼克酸、抗坏血酸等成分，具有"补虚乏，益气力，健脾胃，强肾阴"等功效。

9.1.2.2 现代药理功能

现代药学研究发现甘薯具有丰富的保健功能。

1. 抗癌作用

日本国立癌症预防研究所于1996年对26万人的饮食生活与癌症的关系进行统计调查，证明了甘薯具有防癌作用。他们排出20种对癌症有显著抑制效应的蔬菜的次序：熟甘薯（98.7%）、生甘薯（94.4%）、芦笋（93.7%）、花椰菜（92.8%）、卷心菜（91.4%）、菜花（90.8%）、欧芹（83.7%）、茄子皮（74%）、甜椒（55.5%）、胡萝卜（46.5%）、金花菜（37.6%）、芹菜（35.4%）、苤蓝（34.7%）、芥菜（32.9%）、雪里蕻（29.8%）、番茄（23.8%）、大葱（16.3%）、大蒜（15.9%）、黄瓜（14.3%）、大白菜（7.4%）。熟甘薯名列防癌、抗癌蔬菜的首位，生甘薯位居第二。

甘薯中含有多种活性成分，如多糖、糖蛋白、胡萝卜素、花青素、去氢表雄酮等，具有预防癌症的功能。

2.增强免疫功能

以甘薯叶为主要原料制成的"维康",具有提高免疫功能和防治高脂血症的作用,对脾虚和脾不统血症有良好、可靠的保健治疗作用;经DEAE52和Sephadex柱层析纯化的甘薯糖蛋白,随着甘薯糖蛋白剂量的增加,脾淋巴小结增多扩大,胸腺T细胞线粒体增多,表明甘薯糖蛋白有明显增强免疫调节的作用。

3.减缓人体机能的衰老

甘薯中含有大量的黏多糖蛋白,属于胶原和黏液多糖物质,对人体有特殊的保护作用,既能预防心血管系统的脂肪沉积,保持动脉血管的弹性,防止动脉粥样硬化过早发生,还能防止肝脏和肾脏中结缔组织的萎缩,保持消化道、呼吸道及血管的润滑。另外,甘薯中所含有的硒是对免疫有重要影响的元素,有刺激免疫球蛋白和抗体产生的作用,从而起到防衰老的作用。

4.降血脂功能

甘薯中的多糖、糖蛋白、黄酮类物质等能降低血清总胆固醇、甘油三酯、LDL-c等的水平,增强HDL-c的作用,具有较好的降血脂功能,并且还可能是抑制胆固醇合成的关键酶以及促进胆固醇转化为胆汁酸的关键酶等。

5.减肥功能

甘薯几乎不含有脂肪,所含的热量也较少,仅相当于同质量大米所含热量的30%;甘薯的饱腹感强,不易造成过食;甘薯含有均衡的营养成分,如维生素A、维生素B、维生素C以及铁、铜等10余种微量元素,其中纤维素对肠道蠕动可起到良好的刺激作用,能促进排泄畅通;由于纤维素在肠道内无法被吸收,可阻止糖类变为脂肪。甘薯中的植物化学成分也有很好的减肥作用(Williams,et al.,2013)。因此,营养学家称甘薯为营养最平衡的保健食品,也是最为理想且廉价的减肥食物。

日本营养学家发现,甘薯中丰富的黏液蛋白对人体有特殊的保健功能,能保持心血管壁的弹性,阻止动脉粥样硬化,减少皮下脂肪蓄积,具有减肥健美之功效。

6.修复肝损伤的功能

给肝损伤的兔子连续5 d饲喂紫甘薯汁,结果显示,血液中损伤指标GOT、GPT、LDH水平降低,表明饮用紫甘薯汁可修复肝损伤,该结论在临床实验中也得到了证实。

7.润肠通便的作用

甘薯中含有丰富的淀粉、维生素、纤维素等营养成分,还含有丰富的镁、磷、钙等矿物元素和亚油酸等。这些物质能保持血管弹性,对防治老年习惯性便秘十分有效。甘薯中含有大量膳食纤维,在肠道内无法被消化吸收,能刺激肠道,增强蠕动,通便排毒,尤其对老年人便秘有较好的疗效。食物纤维与紫茉莉苷的作用相加,使甘薯的通便作用具有不急不缓的良好效果。

8.预防肺气肿

吸烟的大鼠体内维生素A水平较低,容易发生肺气肿;而进食富含维生素A食物的吸烟大鼠则肺气肿发病率明显降低。研究人员建议吸烟者或被动吸烟者最好每天吃一些富含维生素A的食物,如甘薯,以预防肺气肿。

9.增强血小板功能

甘薯叶粗制剂对治疗原发性及继发性血小板减少性紫癜有效率达70%;"西檬1号"有促进巨核细胞恢复及促进血小板形成的作用;甘薯叶多糖制剂Ⅲ能够降低血小板动物血小板生成素的产生,具有明显的止血和增强血小板的作用。

10.抗糖尿病功能

糖尿病肥胖大鼠在进食白皮甘薯4周、6周后,血液中胰岛素水平分别降低26%、60%,甘薯可有效地抑制糖尿病肥胖大鼠口服葡萄糖后血糖水平的升高。进食甘薯还可降低糖尿病大鼠甘油三酯和游离脂肪酸的水平。Ⅱ型糖尿病患者服用甘薯提取物后,其胰岛素敏感性得到改善,有助于控制血糖。

11.抗氧化作用

甘薯中含有甘薯多糖、糖蛋白、维生素、胡萝卜素、多酚、黄酮等活性成分,具有很好的抗氧化作用(Rautenbach, et al., 2010)。

总之,甘薯营养成分均衡,营养价值高(表9-3)。在具有防癌保健作用的18种蔬菜中,甘薯名列榜首,被誉为"抗癌之王"。世界卫生组织(WTO)历时3年的研究结果将甘薯(茎叶)列为13种最佳蔬菜的冠军,甘薯被誉为"最佳蔬菜""蔬菜之首",香港称其为"蔬菜皇后",在国际、国内市场十分走俏。

表9-3 甘薯与几种主要粮食作物营养成分对比表(生品)

营养成分	玉米	大米	小麦	马铃薯	木薯	大豆	甘薯	薯蓣	高粱	推荐日摄食量
水分/(g/100 g)	10	12	13	79	60	68	77	70	9	3 000

营养成分	玉米	大米	小麦	马铃薯	木薯	大豆	甘薯	薯蓣	高粱	推荐日摄食量
能量 /(kJ/100 g)	1 528	1 528	1 369	322	670	615	360	494	1419	2 000~2 500
蛋白质/(g/100 g)	9.4	7.1	12.6	2.0	1.4	13.0	1.6	1.5	11.3	50
脂肪/(g/100 g)	4.74	0.66	1.54	0.09	0.28	6.80	0.05	0.17	3.30	0
碳水化合物/(g/100 g)	74	80	71	17	38	11	20	28	75	130
纤维 /(g/100 g)	7.3	1.3	12.2	2.2	1.8	4.2	3.0	4.1	6.3	30
糖 /(g/100 g)	0.64	0.12	0.41	0.78	1.7	0	4.18	0.50	0	0
钙/(mg/100 g)	7	28	29	12	16	197	30	17	28	1 000
铁/(mg/100 g)	2.71	0.80	3.19	0.78	0.27	3.55	0.61	0.54	4.40	8
镁/(mg/100 g)	127	25	126	23	21	65	25	21	0	400
磷/(mg/100 g)	210	115	288	57	27	194	47	55	287	700
钾/(mg/100 g)	287	115	363	421	271	620	337	816	350	4 700
钠/(mg/100 g)	35	5	2	6	14	15	55	9	6	1 500
锌/(mg/100 g)	2.21	1.09	2.65	0.29	0.34	0.99	0.30	0.24	0	11
铜/(mg/100 g)	0.31	0.22	0.43	0.11	0.10	0.13	0.15	0.18	—	0.9
锰/(mg/100 g)	0.49	1.09	3.99	0.15	0.38	0.55	0.26	0.40	—	2.3
硒/(μg/100 g)	15.5	15.1	70.7	0.3	0.7	1.5	0.6	0.7	0	55
维生素C/(mg/100 g)	0	0	0	19.7	20.6	29.0	2.4	17.1	0	90
硫胺素/(mg/100 g)	0.39	0.07	0.30	0.08	0.09	0.44	0.08	0.11	0.24	1.2
核黄素/(mg/100 g)	0.20	0.05	0.12	0.03	0.05	0.18	0.06	0.03	0.14	1.3
烟酸/(mg/100 g)	3.63	1.60	5.46	1.05	0.85	1.65	0.56	0.55	2.93	16
泛酸/(mg/100 g)	0.42	1.01	0.95	0.30	0.11	0.15	0.80	0.31	—	5
维生素B$_6$/(mg/100 g)	0.62	0.16	0.30	0.30	0.09	0.07	0.21	0.29	—	1.3
叶酸/(μg/100 g)	19	8	38	16	27	165	11	23	0	400

续表

营养成分	玉米	大米	小麦	马铃薯	木薯	大豆	甘薯	薯蓣	高粱	推荐日摄食量
维生素A/（IU/100 g）	214	0	9	2	13	180	14 187	138	0	5 000
维生素E/（mg/100 g）	0.49	0.11	1.01	0.01	0.19	0	0.26	0.39	0	15
维生素K/（μg/100 g）	0.3	0.1	1.9	1.9	1.9	0	1.8	2.6	0	120
β–胡萝卜素/（μg/100 g）	97	0	5	1	8	0	8 509	83	0	10 500
叶黄素+玉米黄素/（μg/100 g）	1355	0	220	8	0	0	0	0	0	
饱和脂肪酸/（g/100 g）	0.67	0.18	0.26	0.03	0.07	0.79	0.02	0.04	0.46	
单不饱和脂肪酸/（g/100 g）	1.25	0.21	0.20	0	0.08	1.28	0	0.01	0.99	
多不饱和脂肪酸/（g/100 g）	2.16	0.18	0.63	0.04	0.05	3.20	0.01	0.08	1.37	

（数据来源于：Nutrient data laboratory. United States Department of Agriculture. Retrieved August 10, 2016。）

9.2 甘薯糖类化学

甘薯富含淀粉、可溶性糖及纤维，是重要的粮食、饲料和工业原料。另外，甘薯中还含有活性多糖，具有抗肿瘤、抗氧化、调节机体免疫、降血糖、降血脂、抗菌和抗疲劳等药理作用。甘薯中的膳食纤维能通便，防止便秘，有助于减少肠内致癌物质的生成和排出。因此，甘薯是重要的营养保健食品。

快速简便、准确有效地测定和评价甘薯糖的含量（Starch Content on Flesh or Dry Weigh Basis，STAC）是甘薯育种、品质筛选等的一个重要环节。如图9-1所示，常用的检测单糖和低聚糖含量的主要方法包括物理法、化学法、色谱法等。其中化学法又包括还原糖法、缩合反应法、碘量法等。还原法分为3,5-二硝基水杨酸法（DNS法）、蒽酮法、斐林法、高锰酸钾法、铁氰化钾法等，其中DNS法、蒽酮法、斐林法操作简单、反应迅速、设备要求低、耗用试剂少、成本低、稳定性高、重现性好，现已被广泛应用于甘薯单糖和还原糖含量的检测。

单糖、低聚糖
- 物理法　相对密度法、折光法、旋光法
- 化学法
  - 还原糖法［3，5－二硝基水杨酸法（DNS法）、蒽酮法、斐林法、高锰酸钾法、铁氰化钾法］
  - 缩合反应法
  - 碘量法
- 色谱法　纸色谱法、薄层色谱法、糖离子色谱法

多糖
- 淀粉　先水解为单糖，再按单糖的方法进行测定
- 果胶和纤维素　多采用重量法

图9-1 糖含量检测方法

9.2.1 淀粉

9.2.1.1 淀粉率和淀粉含量

淀粉是甘薯主要的营养成分，也是衡量甘薯品质的基本指标，甘薯淀粉含量可表示为鲜重含量，即通称的淀粉率或干基含量，也称全粉淀粉含量。甘薯淀粉含量高，一般块根中淀粉含量占鲜重的15%～26%，高的可达30%。不同甘薯品种的淀粉含量差异很大，陆国权等（2002）的研究表明，其淀粉率变幅为15.27%～25.60%，变异系数为19.65%。一般全粉淀粉含量变幅为36.40%～79.80%，平均为63.49%（刘新裕等，1989；邬景禹等，1991；Bradbury等，1988；Tsou等，1989）。Braber等报道，CIP资源淀粉平均含量为61.5%（Braber等，1998）。Bradbury和Holloway报道南太平洋国家甘薯淀粉含量为63.7%～72.6%（Bradbury等，1988）。邬景禹等报道，我国790份材料的粗淀粉含量变幅为37.60%～77.80%，平均为63.49%±7.34%（邬景禹等，1991）。孙健等（2012）分析了淀粉型甘薯品种直链淀粉含量，发现淀粉含量差异极显著（$P<0.01$），其变幅为20.0%～26.6%，变异系数8.7%。可见，甘薯淀粉基因型差异很大。选育高产高淀粉甘薯新品种是我国甘薯育种的最主要目标之一，工业用品种淀粉率要求超过24%。近年来，我国陆续培育出了许多淀粉型甘薯新品种。现阶段如"桂粉1号"的淀粉率高达27.8%；四川的"绵粉1号"烘干率为39.10%，淀粉率达29.50%；西南大学培育的"渝薯17"，平均烘干率为34.97%，淀粉率达24.06%；另外还有"渝薯2号"适合作能源和淀粉原料专用型品种；"渝薯4号"和"渝薯6号"等均属于淀粉型品种（张启堂，2015）。

9.2.1.2 直链淀粉和支链淀粉含量

淀粉是葡萄糖的自然聚合体,根据葡萄糖分子间连接方式的不同分为直链淀粉和支链淀粉两种。用热水处理,可溶部分为直链淀粉,不溶部分为支链淀粉,两者的基本成分都是葡萄糖。直链淀粉为α-D葡萄糖直链聚体,由300～1 000个葡萄糖单位以α-1,4-糖苷键连接而成,相对分子质量为$1×10^4～5×10^6$,呈直链状。甘薯直链淀粉形态与水稻相近,其结晶表面粗糙多孔,大小、形状不一。在水溶液中,直链淀粉为螺旋状,与碘起反应,形成淀粉—碘复合物,呈现蓝色。直链淀粉溶于热水,生成的胶体黏性不大,也不易凝固。支链淀粉为α-D葡萄糖通过1,4-糖苷键连接形成主链,加上由1,6-糖苷键连接的葡萄糖支链共同构成分支的多聚体,平均单位链长20～25个葡萄糖单位,相对分子质量为$5×10^4～5×10^8$,呈树杈状,其结晶清澈透明,表面呈现不完全光滑和皱状,与碘反应呈红紫色。

不同甘薯品种的直链淀粉含量差异很大。从表9-4可见,不同品种甘薯的干物率、淀粉含量和直链淀粉含量均存在较大差异(孙健等,2012)。

表 9-4 不同品种甘薯淀粉含量和直链淀粉含量(孙健等,2012)

品种	干物率/%	淀粉含量/%	直链淀粉含量/%
阜徐薯 20	38.05 ± 0.17 A	26.65 ± 0.16 A	15.43 ± 0.61 a
徐薯 4401	36.46 ± 0.09 B	25.53 ± 0.09 B	14.28 ± 0.40 bc
郑红 22	36.37 ± 0.64 B	25.47 ± 0.25 B	10.84 ± 0.14 hi
洛薯 96-6	35.53 ± 0.23 BC	24.88 ± 0.06 B	14.96 ± 0.23 ab
烟薯 24	35.26 ± 0.24 C	24.69 ± 0.13 BC	13.42 ± 0.59 cd
商薯 056-3	34.03 ± 0.13 D	23.83 ± 0.54 CD	12.90 ± 0.29 de
徐 01-5-11	32.64 ± 0.35 E	22.86 ± 0.28 DE	13.57 ± 0.71 cd
徐薯 29	32.58 ± 0.44 E	22.82 ± 0.49 E	12.53 ± 0.42 ef
农大 6-2	32.49 ± 0.45 E	23.22 ± 0.57 DE	11.80 ± 0.28 fg
徐薯 24	32.43 ± 0.18 E	22.71 ± 0.29 E	11.69 ± 0.14 fgh
洛徐薯 9	32.09 ± 0.08 E	22.47 ± 0.10 E	9.62 ± 0.42 j
徐薯 28	30.52 ± 0.29 F	21.38 ± 1.06 F	11.36 ± 0.51 gh
徐薯 18	29.53 ± 0.13 G	20.68 ± 1.04 FG	10.46 ± 0.28 ij
徐 01-2-5	29.02 ± 0.14 FGH	20.32 ± 0.11 G	10.12 ± 0.17 ij

品种	干物率/%	淀粉含量/%	直链淀粉含量/%
徐薯 508	28.51 ± 0.20 H	19.96 ± 0.25 GH	9.63 ± 0.26 j
平均值	33.03	23.16	12.17
标准差	2.89	2.02	1.89
变异系数	8.75	8.72	15.53
极差	9.54	6.69	5.81

注：不同大写字母和小写字母分别表示在 $P<0.01$ 和 $P<0.05$ 水平上差异显著。

淀粉含量是甘薯淀粉加工业、酒精生产企业选用甘薯的一个重要指标，而直链淀粉含量对甘薯的加工性能有一定的影响。直链淀粉含量的高低对发酵产生乙醇会产生一定的影响。Wu 等（2006）对不同基质进行研究后指出，不同组分的含量对酒精转化效率存在明显的影响，尤其是当直链淀粉含量高于 35% 时，酒精转化效率非常高。另外，直链淀粉是影响淀粉糊化特性的主要因子之一（张莉等，2001），淀粉开始糊化时，从淀粉粒中溶出的直链淀粉分子之间能较容易地平行取向，沿链排列的大量羟基靠得很近，可通过氢键结合在一起，形成不溶于水的聚合体，这种聚合体在稀溶液中形成沉淀（黄华宏等，2005；Cooke, et al., 1992）。甘薯直链淀粉含量和糊化特性对其用途和加工品质有重要影响（Ramesh, et al., 1999）。淀粉的糊化特性在一定程度上反映了直链淀粉含量的多少。Kitahara 等（1996）的研究未发现甘薯直链淀粉含量与黏滞性参数间存在显著相关性，但 Collado 等（1997）发现，甘薯直链淀粉含量显著影响 PKV、HPV 和 CPV（$P<0.01$）。而黄华宏等研究表明，"浙大 9201"的直链淀粉含量与 PKV、HPV 和 CPV 都呈极显著负相关，"徐薯 18"的直链淀粉含量只与 PKV 呈极显著负相关，而在"浙 3449"中未发现直链淀粉对糊化特性有显著影响。以上研究说明，基因型差异可能对直链淀粉影响淀粉糊化特性造成不同的影响。

9.2.2 可溶性糖

甘薯除富含淀粉外，还含有还原糖、非还原糖等可溶性糖，使甘薯具有一定的甜味。可溶性糖也是甘薯育种的主要品质指标之一。一般工业用品种要求淀粉高、糖分低，但食用品种，特别是鲜食和果脯加工用品种则要求高糖含量。现阶段我国育种目标要求食用和食品加工品种可溶性糖含量（Dissoluble Sugar Content, DSC）在 3% 以上。

综合国内外报道,甘薯鲜薯可溶性糖含量在2.25%～12.90%鲜基,或在5.80%～14.90%干基,非还原糖在2.28%～11.51%干基,还原糖在0.25%～8.34%干基(Bradbury,et al.,1988;Tsou,et al.,1989;彭凤翔,1987;胡建勋和刘小平,1997)。甘薯全粉可溶性糖含量在8.78%～38.67%干基,还原糖在0.8%～10.0%干基(刘新裕等,1989;陆国权,2000)。可见,甘薯品种间块根糖分的含量差异很大。

9.2.3 甘薯多糖

多糖广泛存在于植物和微生物细胞壁中,毒性小、安全性高、功能广泛,具有非常重要与特殊的生理活性,是由醛基和羧基通过苷键连接的高分子聚合物,也是构成生命体的四大基本物质之一。越来越多的研究发现植物多糖具有某种特殊生理活性,比如灵芝多糖、枸杞多糖、香菇多糖、黑木耳多糖、海带多糖、松花粉多糖等,具有双向调节人体生理节奏的功能。

植物多糖作为药物始于1943年,作为免疫促进剂是在20世纪60年代之后开始使用,随着多糖的分离、分析和制备技术的发展,甘薯多糖的研究也逐渐受到广泛重视。林娟等(2003)从新鲜甘薯中提取多糖,经乙醇沉淀、Sevage法除蛋白和Sephadex G-100柱层析纯化,得到4种纯多糖组分,其相对分子质量分别为86 k、47 k、23 k、0.176 k,含量分别为18.51%、36.80%、17.93%、25.20%。SPP经完全酸水解后,用纸层析法分析其单糖组成,为葡萄糖、半乳糖和木糖。赵国华等(2003)从甘薯中分离得到了非淀粉类多糖,经过多级分离纯化,其中含量最多的是SPPS-I-Fr-II单一组分,经气相色谱和纸层析分析发现,SPPS-I-Fr-II的单糖组成为葡萄糖,是一种葡聚糖,进一步的研究表明是1,6连接的吡喃葡聚糖,结构为(1→6)-α-D-Glop(Zhao,et al,2005)。许多研究发现甘薯多糖具有抗肿瘤、抗氧化、抗菌、调节免疫、降血糖等生物活性,使之成为功能性物质研究的热点之一。

9.2.3.1 甘薯多糖抗肿瘤活性

肿瘤是一种严重威胁人类健康和生命的疾病,预防与治疗肿瘤是世界性难题。多糖具有显著抑制肿瘤活性的作用,其作用机理如下:一是通过增强免疫能力达到预防肿瘤的目的,比如激活人体免疫细胞,诱导干扰素、肿瘤坏死因子、白细胞介素的合成等;二是通过直接杀死肿瘤细胞或抑制肿瘤细胞的代谢致使肿瘤细胞死亡。研究表明,甘薯多糖对移植性黑色素瘤B16、Lewis肺癌、Hela、HepG2、SGC7901和SW620肿瘤细胞有很好的抑制作用(赵婧等,2011;Wu,et al.;2015;赵国华等,2003 b)。紫色甘薯多糖对S180荷瘤小鼠的抑瘤率可达40%($P<$

0.01），低剂量的紫色甘薯多糖与5-氟尿嘧啶（5-FU）配伍使用，能提高荷瘤小鼠抑瘤率，对5-FU所致的荷瘤小鼠胸腺、脾脏萎缩有明显的保护作用（叶小利等，2005）。甘薯多糖对H22实体瘤小鼠具有明显的抑瘤作用（$P<0.05$），能明显延长H22实体瘤小鼠的存活期，增加脾脏指数、胸腺指数及腹腔巨噬细胞活性（刘主等，2006）。甘薯多糖对K562乳腺癌和Hca-f实体瘤具有显著抑制效果，其抑制率可达75%（$P<0.01$），而对自然细胞无伤害（Tian, et al., 2008）。其作用机理主要是甘薯多糖首先特异性结合肿瘤细胞受体，而后通过激活机体免疫系统抑制肿瘤细胞活性（Tian et al., 2008）。甘薯活性多糖具有显著的抗突变作用，当其剂量为20 mg/平皿时，对22AF、Bap和AFB1的致突变性抑制度可超过70%，并且呈现明显的剂量—效应关系。甘薯活性多糖的抗突变作用主要是通过阻断致突变物使正常细胞变为突变细胞而实现的，但促进突变细胞修复的作用不明显。随着121 ℃高温处理和紫外光（30 W, 25 cm）照射时间的增加，甘薯活性多糖的抗突变作用有所减小，而在pH3.5～7.5条件下处理30 min后对其抗突变作用影响不大，超过这个pH范围，抗突变作用都有所减小（阚建全等，2001）。

9.2.3.2 抗氧化活性

活性氧（Reactive Oxygen Species, ROS）是体内一类氧的单电子还原产物，包括超氧阴离子（$O_2^{\cdot-}$）、过氧化氢（H_2O_2）、羟基自由基（$\cdot OH$）以及一氧化氮等。不稳定的分子活性氧通过造成DNA损伤、激活癌基因（Oncogene）的方式促进癌症产生。

甘薯多糖在体外对$O_2^{\cdot-}$和OH^-均有清除作用，且与甘薯多糖浓度呈正相关；甘薯多糖的体内抗氧化与抗肿瘤作用表现出密切的相关性，能显著提高荷瘤小鼠血清中SOD的活性，降低其中MDA含量（田春宇等，2007）。紫心甘薯多糖剂量依赖性地增加体外还原力，OH·和DPPH·清除率，并且能降低大鼠肝脏和胰腺组织内的MDA含量，增加GSH和T-AOC活性（高秋萍等，2011）。郭金颖等比较了5种甘薯多糖的抗氧化活性，甘薯多糖都具有良好的抗氧化活性，其中紫薯"宁薯2-2"对DPPH自由基及羟自由基清除能力最强，而"浙薯255"对Fe^{3+}的还原能力最强（郭金颖和牟德华，2012）。但诺特丹大学的癌症生物学者Zachary Schafer研究表明，ROS在肿瘤发生过程中起双重作用。根据2011年7月6日在线发表于*Nature*上的一篇论文提供的新数据，ROS实际上可能抑制肿瘤生长（DeNicola, et al., 2011）。Schafer等（2009）证实，消除ROS有助于肿瘤细胞在它们的胞外基质中存活，一些临床实验甚至表明，抗氧化剂治疗导致癌症病情加重。因此，甘薯多糖通过消除ROS抑制肿瘤生长的研究还需进一步试验加以证实。

9.2.3.3 调节免疫活性

研究表明,多糖对机体的特异性免疫和非特异性免疫等均有一定的调节作用。甘薯多糖(PSPP)对小鼠免疫系统有一定的调节作用,并呈剂量依赖关系,50 mg/kg的PSPP能显著增加淋巴细胞数量和血清IgG浓度($P<0.05$),而150 mg/kg和250 mg/kg剂量组所有的免疫指标均显著升高($P<0.01$或$P<0.05$),但对淋巴细胞数量和自然杀伤细胞活性的作用不呈现剂量依赖关系(Zhao, et al., 2005)。从薯蔓中获得的多糖具有促进单核巨噬细胞系统吞噬功能的作用,可增强小鼠的非特异性免疫功能,极显著地增强小鼠的特异性免疫功能(高荫榆,2006)。

9.2.3.4 降血糖、降血脂活性

甘薯茎叶多糖提取物对四氧嘧啶致糖尿病小鼠具有显著的降血糖作用,而且具有体外抑制α-葡萄糖苷酶活性的作用(张彧等,2007)。紫心甘薯多糖可显著提高肝糖原合成能力,增强GSH和T-AOC活性,降低糖尿病大鼠血糖及血清中GSP、TC、TG、MDA、HDL-C的含量,起到一定的调节血糖、血脂的作用(高秋萍等,2010)。

9.2.3.5 抗菌活性

甘薯茎叶多糖提取物对大肠杆菌、金黄色葡萄球菌、志贺杆菌、葡枝根霉和黑曲霉有抑制效果,但其抑菌活性稍弱于丙酸钙和苯甲酸钠。甘薯茎叶多糖提取物对细菌抑制能力明显大于霉菌,而且其抑菌活性受培养基pH和菌悬液作用时间影响较大,受溶液pH、温度的影响较小(张彧等,2007;徐龙权等,2011)。

9.2.3.6 其他活性

甘薯藤多糖能显著地延长小鼠游泳时间,能够通过增加其肝糖原储备或减少运动时肝糖原的消耗,为机体提供更多的能量来达到抗疲劳的目的;能够提高乳酸脱氢酶活力,表现出抗疲劳作用;能清除小鼠运动时产生的血清尿素氮,降低血清尿素氮的含量,有效缓解疲劳(王应想,2005)。紫心甘薯多糖能显著提高运动后肝糖原、肌糖原储量,降低血清尿素氮和肝脏MDA的生成量,并使血清酶活性呈现抗疲劳的良性趋势,而且抗疲劳活性明显优于普通甘薯多糖(赵婧等,2011)。紫甘薯多糖在体内对^{137}Csγ-射线辐射损伤小鼠具有保护作用(江雪等,2010),且对CCl_4致小鼠急性肝损伤具有明显保护作用,其作用机理可能与抗氧化作用有关(刘森泉等,2010)。

9.2.4 膳食纤维

膳食纤维被称为第七营养素,是植物性食物中不能被人体消化酶消化的物质的总称,包括纤维素、半纤维素、果胶、木质素等。

膳食纤维按溶解性能分为不溶性(非亲水性)纤维和可溶性(亲水性)纤维两种。不溶性纤维被摄入人体后以原形从粪便中排出;可溶性纤维可通便,防止便秘,有助于减少肠内致癌物质的生成并促进其排出。膳食纤维具有重要的生理功能,是甘薯中的生理活性因子之一。

甘薯一般含膳食纤维8%左右,而土豆中仅为3%;我国甘薯生产产生大量薯渣,约占原料的10%~14%,其中膳食纤维占25%(周虹等,2003)。刘达玉等(2005)利用酶解法水解淀粉,碱法水解蛋白质和脂肪的方法提取膳食纤维。其中,水解淀粉时,淀粉酶用量为6 g/g原料、pH为6.2±0 1、时间为30 min以上;水解蛋白质和脂肪时,采用1%~2%的NaOH溶液保温60 min以上。通过酶法和碱法去除淀粉、蛋白质和脂肪后,总膳食纤维提取率可达到80.70%,其含量是薯渣粉含量的2.84倍,其中可溶性膳食纤维8.13%,不溶性膳食纤维72.76%。一般人体每天需要10~20 g膳食纤维,相当于每天食用200 g甘薯即可满足人体一天对膳食纤维的需要。

9.3 甘薯蛋白质

9.3.1 甘薯蛋白质和氨基酸

蛋白质作为一种生命活性大分子物质,是一种不可或缺的营养及功能性成分,是生命活动的基础物质。甘薯含蛋白0.5%~1.0%,块根蛋白质含量(干基)变幅为1.43%~5.14%,其平均值为3.69%,氨基酸含量(干基)的变幅为2.33%~5.76%,其平均值为3.48%。甘薯中含有8种人体必需的氨基酸,其量虽少,但各种氨基酸含量比例较合理。8种必需氨基酸含量最高的为缬氨酸,最低的为甲硫氨酸。

甘薯的嫩叶中含有丰富的蛋白质,其蛋白质含量与菠菜、芹菜相近,比苋菜和大白菜高约1倍(胡立明等,2002)。甘薯干茎叶中含粗蛋白0.2%,比干花生秧含量稍高,比干谷草含量高1倍;每100 g甘薯茎尖含蛋白质2.7%,菠菜、苋菜、甘蓝含蛋白质分别为2.3%、1.8%、1.7%。据报道,甘薯茎顶端15 cm的鲜茎叶,其蛋白质含量为2.74%。甘薯叶片主要含相对分子质量为53 k的可溶性蛋白质(孙艳丽和刘鲁林,2006)。吕巧枝等通过单因素和正交实验,确定了碱提酸沉淀法提取甘薯叶可溶性蛋白的最佳工艺条件为:用0.05%的NaHSO₃溶液提取、料液比

（$W:V$）为1:4、打浆时间为3 min、碱提取 pH8.0、酸沉 pH4.5（吕巧枝等，2007）。该条件下得到的甘薯叶可溶性蛋白的纯度为50%～65%，提取率为14%～18%。国外关于甘薯茎叶中蛋白的研究也很多，在非洲和日本甘薯的叶子是被当作食物食用的。Tewe（2003）等报道，甘薯叶中蛋白质的含量为18.4%，纤维含量为3.3%。Ishida 等研究了两种不同的甘薯，结果显示这两种甘薯叶片中蛋白质的含量分别为3.8 g/100 g 和3.7 g/100 g，总纤维含量分别为5.9 g/100 g 和6.9 g/100 g，总灰分分别为1.9 g/100 g 和1.5 g/100 g（Ishida, et al., 2000；Ishiguro, et al., 2004；Islam, et al., 2006）。

9.3.2 甘薯贮藏蛋白

甘薯蛋白主要由甘薯块根贮藏蛋白（Sporamin 蛋白）组成，约占甘薯可溶性蛋白的60%～80%（Maeshima, et al., 1985）。Sporamin 是一种球形蛋白，其一级结构由约229个氨基酸残基构成（木泰华等，2005）。甘薯贮藏蛋白由 Sporamin A 和 Sporamin B 组成，Sporamin A 由219个氨基酸组成，蛋白相对分子质量为24 183；Sporamin B 由216个氨基酸组成，蛋白相对分子质量为23 916。

文一等（2003）采用如下方法进行提取纯化工艺研究，得到较高纯度的甘薯贮藏蛋白：甘薯→洗净→去皮→切条→均质→离心→取上清液→甘薯贮藏蛋白提取液→34%的（NH_4）$_2SO_4$饱和溶液分级沉淀→透析→DE-52纤维素柱层析→浓缩→Sephadex G-75纯化→真空冷冻干燥→甘薯贮藏蛋白。甘薯贮藏蛋白具有抗氧化活性，能够消除1,1-2-苯基-苦基偕腙肼（DPPH）自由基和羟基自由基。甘薯贮藏蛋白还具有脱氢抗坏血酸还原酶的活性，这是甘薯贮藏蛋白分子间疏基-二硫化合物互变引起的，即游离疏基能还原脱氢抗坏血酸生成抗坏血酸，从而抑制甘薯贮藏蛋白氧化。

大量研究结果表明，甘薯贮藏蛋白为其抗癌活性成分之一，具有很强的抗肿瘤作用（邓乐，2009；张苗，2012；李鹏高，2012）。李高鹏等研究了甘薯蛋白对结直肠癌的抗癌活性，发现甘薯蛋白能够抑制结直肠癌肿瘤细胞的增殖、诱导细胞凋亡、抑制细胞转移，具有明显的抗癌活性（Li GP, 2012）。

9.3.3 甘薯糖蛋白

糖蛋白（Glycoprotein）是一类由糖类与多肽或蛋白质以共价键连接而形成的结合蛋白。它是细胞膜、细胞间基质、血浆、黏液等的重要构成成分。糖蛋白是蛋白质分子携带一个或多个碳水化合物链的一种乙二醇缀合物,通常有两种主要的结合方式:(1)糖和含有羟基的氨基酸以糖苷键的形式结合,称为O-连接;(2)糖和天冬酰胺基链接,称为N-连接(Li Z,2013)。Montreuil于1973年将该化合物命名为"糖蛋白"。随着这一领域研究的不断深入,现在糖蛋白的定义变为:由带支链的、较短的寡糖链与多肽链共价连接而成的结合蛋白质,大部分情况下,多糖部分所占比例相对较小(孙册和莫汉庆,1988)。

甘薯含有的丰富的黏液蛋白,是一种多糖与蛋白质的混合物,即甘薯糖蛋白(Sweet Potato Glycoprotein,SPG)。研究结果表明,SPG是一种酸性糖蛋白(Kusano, et al.,2001);阚建全(2003)从"北京2号"中分离纯化得到甘薯糖蛋白4个级分SPG-1、SPG-2、SPG-3、SPG-4,得率分别为1.23%、0.03%、0.14%、0.05%(以甘薯干基计);其相对分子质量分别为4.997×10^5、2.836×10^5、1.068×10^5、8.250×10^4;经HPLC测定,其相对分子质量分别为5.083×10^5、2.906×10^5、1.119×10^5、8.600×10^4;甘薯糖蛋白4个级分SPG-1、SPG-2、SPG-3、SPG-4中总糖含量分别为97.32%、92.54%、76.65%、99.14%;蛋白质含量分别为2.15%、6.83%、22.36%、0.43%。甘薯糖蛋白的4个级分均是O-型糖苷键的糖蛋白(阚建全,2003)。李亚娜等(2004)从甘薯中分离出一种甘薯糖蛋白,相对分子质量约为62 k,属O-连接方式,含有O-糖苷键和典型酰胺羧基结构,糖苷类型主要为吡喃型,蛋白质含量为12.01%,糖链部分含有岩藻糖、阿拉伯糖、甘露糖、葡萄糖和半乳糖,还有痕量的苏李糖和木糖。SP的氨基酸组成中天冬氨酸含量最高,占氨基酸总量的13.80%,能够构成O-糖肽键的丝氨酸和苏氨酸分别占总量的6.05%和4.89%(程珂伟等,2004)。李学刚课题组通过水提、等电沉淀、柱层析和电泳等方法从"忠薯1号"中分离出一种相对分子质量为56的糖蛋白SPG-56,其中糖和蛋白质的含量分别为2.9%和97.1%,包括6种单糖和15种氨基酸(Wang, et al.,2017)。

近年来,甘薯糖蛋白的生物活性研究成为研究的热点。甘薯糖蛋白对人体有着特殊的保护作用,能够保持呼吸道、消化道、关节腔、膜腔的润滑以及血管的弹性,防止因脂类化合物在动脉管壁上沉积引起的动脉硬化,以及肝和肾脏等器官的萎缩,还有助于减缓人体器官的老化,能够降血脂,提高机体免疫力(赵梅等,2008;Xia, et al.,2015)。Ozaki等和Oki等从白皮甘薯中分离出具有降低血糖的阿拉伯半乳聚糖蛋白(Ozaki, et al.,2010;Oki, et al.,2011)。李亚娜、阚建全等(2000)发现甘薯糖蛋白显著降低血清胆固醇的水平,升高高密度脂蛋白胆固醇(HDL-C),降低低密度脂蛋白胆固醇(LDL-C)水平。同时,甘薯糖蛋白具有抑制肝脏胆固醇含量的升高和降低血脂的功能(李亚娜等,2003)。甘薯糖蛋白可促进PHA人外周血淋巴细胞转化,显著提高PHA刺激的人外周血淋巴细胞转化,刺激指数分别达到6.5和4.5($P<0.05$)。腹腔

注射甘薯糖蛋白80 mg/kg·d可促进小鼠腹腔巨噬细胞的吞噬功能,具有明显的增强免疫调节的功能(阚建全等,2000)。王梅梅等通过流式、免疫组化、Western Blotting以及裸鼠荷瘤等实验表明,SPG-56能诱导细胞凋亡,进而抑制人类结肠癌细胞(HCT-116)的生长(Wang, et al., 2017)。

9.3.4 甘薯凝集素

凝集素是一类非酶、非抗体的糖蛋白,广泛存在于动物、植物和微生物中,参与生物体内许多重要的生理和病理过程,在植物体内可能有极为重要的功能。林晓红等从甘薯品种"岩8-6"的叶片组织中分离纯化得到一种凝集素(Ipomoea Babatas Lectin, IBL),纯化的IBL电泳显示1条蛋白带,含有16种氨基酸,富含天冬氨酸和谷氨酸,亚基相对分子质量为47 k,中性糖含量为5.07%。IBL对兔RBC有凝集作用,凝血活性可被D-果糖明显抑制;IBL对碱敏感,对热不稳定,70℃下活性完全丧失(林晓红等,2000)。

余萍等(2001)从抗蔓割病甘薯品种"金山1255"叶片组织浸取液中分离到单一蛋白甘薯凝集素(Sweet Potato Lectin, SPL),该SPL为一种酸性糖蛋白,相对分子量为63 k,中性糖含量为6.21%,对蔓割病菌有抑制作用,SPL没有血型专一性及被测动物RBC专一性,凝集活性依赖于Ca^{2+}、Mg^{2+},Mn^{2+}则无作用,可被N-乙酰葡萄糖胺或岩藻糖所抑制,在75℃下加热10 min即丧失活性。

刘艳如等(2000)从甘薯"金山471"的叶片中分离得到SPL,测得亚基相对分子质量为41 k,中性糖含量为8.42%,富含酸性氨基酸。SPL能凝集人各种血型及部分动物RBC,其中对鸽RBC凝集活性最高;能凝集小鼠S180肉瘤细胞,凝集活性可被阿拉伯糖或N-乙酰葡萄糖胺等抑制,在90℃下加热20 min完全失活。

9.3.5 甘薯胰蛋白酶抑制剂

1954年,印度学者Sohonnine和Bhandarker首次在甘薯中发现胰蛋白酶抑制剂(Trypsin Inhibitor, TI)。TI有Kunitz和Bowman-birk两大类,甘薯中的TI属于Kunitz类,酰基含量约为0.4%~3.3%,占甘薯总可溶性蛋白的60%~80%,有A、B两种,相对分子质量分别为33 k和22 k。Wang等研究了5种甘薯块根,得到2种TI,相对分子质量分别为31 k和21 k;Hou等分析了"台农57"甘薯品种,得到3条TI电泳带,相对分子质量分别为73 k、38 k和22 k。甘薯TI是一种贮藏蛋白,在植株无性繁殖时为压条萌发提供氮源,在植物生长中具有重要作用;另外,甘薯TI还有抗氧化性,能消除DPPH自由基和羟基自由基(刘鲁林,2006)。

9.4 甘薯矿物质与维生素

9.4.1 甘薯矿物质

铁、锌、钙和硒等作为人体的基本矿物质营养元素,其中钙、磷是骨骼的重要成分,磷还是蛋白质的组成成分;铁是血红蛋白的特有成分;钾可以减轻因过分摄取盐分而带来的弊端,同时钾还是保护心脏的重要元素;硒是对免疫有重要影响的元素,有刺激免疫球蛋白及抗体产生的作用,有防癌、防止动脉硬化及防衰老的作用,硒还是一种极强的抗氧化剂,能加速体内过氧化物的分解,使恶性肿瘤得不到分子氧的供应,从而起到抑制肿瘤的作用。但往往人类的饮食中缺乏这些矿物质营养元素,进而导致一些疾病,甚至死亡(Flynn and Cashman,1999)。甘薯含钾量很高,由于钾是碱性元素,甘薯是pH为10.31的生理碱性食品,具有中和体液的作用。

研究表明,每100 g鲜薯块根中含钙30 mg、铁0.61 mg、镁25 mg、锰0.258 mg、磷47 mg、钾337 mg、钠55 mg、锌0.3 mg等(表9-1)。每100 g甘薯叶含钙78 mg、铁0.97 mg、镁70 mg、磷81 mg、钾508 mg、钠6 mg、硒0.9 μg(表9-2)。甘薯富含铁、锌、钙和硒等矿物质元素,尤其是含钾量很高,钾可以减轻因过分摄取盐分而带来的弊端,同时钾还是保护心脏的重要元素,由于钾是碱性元素,甘薯是pH为10.31的生理碱性食品,具有中和体液的作用。因此,甘薯在预防营养元素缺乏和补充营养元素方面有独特作用。

陆国权课题组用电感耦合等离了体原子发射光谱仪(ICP-OES)分析了甘薯21个品种(系)5个产地200多份样品中的铁、锌、钙、硒4种有益矿物质营养元素的含量(陆国权等,2004;钱秋平等,2009;王戈亮,2004),取得了如下进展。

(1)甘薯中矿物质营养元素铁、锌、钙和硒平均含量分别为38.97 mg/kg、49.02 mg/kg、889.70 mg/kg、0.1472 mg/kg(干基),相应的变幅依次为1.97~167.86 mg/kg、11.68~245.40 μg/kg、37.63~1 925.60 mg/kg和0.01~0 51 mg/kg(干基)。

(2)对不同肉色甘薯矿物质营养元素含量的分析发现,红黄心品种的铁、锌和硒含量普遍高于白心品种,而钙含量则以红心品种最高,白心品种次之,黄心品种最低。但显著性测验结果表明,不同肉色甘薯类型间这4种矿物质元素含量的差异没有达到显著水平。说明甘薯铁、锌、钙、硒含量受甘薯肉色类型影响不显著。

(3)不同干率甘薯类型铁、锌、钙和硒含量有一定差异。低干品种铁、锌和钙含量普遍高于中干和高干品种。除铁含量以外,锌和钙含量在低干和中高干之间差异达到显著水平。

（4）对不同熟性甘薯矿物质营养元素含量分析发现，甘薯铁元素含量中熟品种普遍较高，中熟和晚熟品种锌和钙元素含量要高于早熟品种。显著性分析表明，不同熟性甘薯间铁和硒含量差异不显著。

（5）甘薯是喜钾作物，钾不仅对甘薯有独特的增产效应，还可促进甘薯对铁、锌和钙的吸收。

（6）通过对"徐薯18"叶、叶柄、茎和块根中铁、锌、钙和硒含量的分析发现，叶片和叶柄中铁含量要显著高于茎和块根，地上各部分的铁含量要显著高于块根。"徐薯18"叶片中的锌含量最高，显著高于其他各部分，块根中的锌含量最低，与其他部分差异明显。地上部钙含量也显著高于块根。硒元素的分布也有类似趋势。此外，对甘薯块根薯皮和薯心中铁、锌和钙含量的分析发现，薯皮中这三种元素的含量均显著高于薯心。

（7）对21个品种（系）5个地点种植的甘薯矿物质营养元素铁、锌和钙的AMM模型分析结果表明，锌和钙含量的基因型、环境以及基因型与环境互作均达到极显著水平。铁含量的基因型以及基因型与环境互作达到极显著水平。研究发现，对甘薯矿物质营养元素的基因型环境互作效应分析有利于甘薯合理区划种植，对推动优质高效农业的发展有重要作用。

Taira（2013）等用ICP-MS分析了11种甘薯叶中的必需矿物质，如铁、钙、镁，以及必需微量元素铬、钴、镍、铜和锌，发现这些元素的含量与普通绿色蔬菜叶中的含量类似，其中有7个甘薯品种叶中钾和钠的比例高于菠菜，表明甘薯叶可作降血压食物。另外，硒和镁的含量高于其他绿色蔬菜，包括菠菜和空心菜。

9.4.2 甘薯维生素及胡萝卜素

9.4.2.1 维生素

甘薯所含的维生素可刺激肠壁，加快消化道蠕动并吸收水分，有助于排便，可防治便秘、糖尿病，预防痔疮和大肠癌等疾病。因此，常吃细粮的人配以甘薯可以弥补体内维生素不足。据有关资料显示，成年人每天食用100~150 g甘薯，即可满足人体一天对各种维生素的需求。

甘薯中含有丰富的维生素C、维生素B_1、维生素B_2，国产甘薯薯块中3种维生素的含量分别为30 mg/100 g、0.12 mg/100 g、0.04 mg/100 g，薯叶中分别为32 mg/100 g、0.24 mg/100 g、0.07 mg/100 g，薯嫩芽中分别为21 mg/100 g、0.16 mg/100 g、1.5 mg/100 g（蔡自建和龙虎，2005）；日本甘薯叶中维生素C含量为60~90 mg/100 g，维生素C含量与叶片中蔗糖酶的含量呈正相关，在收获季节达到最高值；"Kaganesengan"叶中含维生素B_1、维生素B_2分别为128 µg/100 g、53 µg/100 g，"Beniaazuma"叶中含维生素B_1、维生素B_2分别为254 µg/100 g、248 µg/100 g。

维生素A是人体必需的营养素，用作食品添加剂和营养强化剂已被世界许多国家和地区所接受。人体日需胡萝卜素的量与年龄、性别等因素有关。在美国，一般成年人每天需β-胡萝卜素4.8～6.0 mg；婴儿每天需要2.25 mg；儿童每天需要2.4～4.2 mg。人体摄取胡萝卜素后，可根据需要全部或部分转化成维生素A，这样既可满足人体所需，又可避免因维生素A摄取过量带来的副作用。维生素A对机体的免疫功能、正常生长和发育、正常代谢等具有重要的作用。Burri(2011)报道了甘薯薯块中含有丰富的维生素A(Burri, 2011)。研究发现橘心甘薯可促进维生素A的吸收(Webb, et al., 2017)。

B族维生素是人体氨基酸代谢及糖代谢中多种酶的辅助因子。缺乏维生素B_1，会出现糖代谢不完全，神经肌肉系统易出现兴奋、疲劳、肌肉萎缩、麻痹及心衰等不良症状。缺乏维生素B_2，易生口角炎、舌炎、视力下降、白内障、角膜炎、阴囊炎、脂溢性皮炎等症。甘薯维生素B_1、维生素B_2的含量是大米的6倍，是面粉的2倍。维生素E的含量是小麦的9.5倍，维生素A和维生素C的含量也较小麦高。据报道，甘薯茎顶端15 cm的鲜茎叶，其维生素B_2的含量为3.5 mg/kg，其维生素B的含量均比苋菜、莴苣、芥菜叶等高，维生素的含量也比绿苋菜、莴苣丰富。维生素B_2是中国人食品中比较缺乏的维生素，因而，食用甘薯茎蔓的嫩尖对改善食物中维生素的来源更有特殊意义。

维生素C又名抗坏血酸，在人体代谢中具有多种功能，是生命活动中极重要的物质。它参与细胞间质胶原蛋白的合成，能降低毛细血管的脆性，可防止坏血病；能加强血胆固醇的分解与排泄从而降低胆固醇含量；能与毒物结合使其转化为无毒物排出而起解毒作用；将难吸收的铁转变成易吸收的铁，能治疗贫血及出血性疾病；防治感冒；能提高人体对疾病的抵抗力；有报道称其能阻碍亚硝酸铵的形成，有一定的抗癌作用。大部分甘薯品种中维生素C的含量为15～20 mg/100 g，其含量的变幅、均值和变异系数分别为16.35～198.23 mg/100 g、40.04 mg/100 g和107.13%。高维生素C的品种维生素C含量高达20 mg/100 g，是苹果、葡萄、梨的10～30倍不等，比橘子还高。对变异系数研究结果分析发现，甘薯维生素C存在明显的基因型差异。因此，我国将提高甘薯维生素C含量列入甘薯国家育种目标，并要求我国食用和食品加工品种的维生素C含量在10 mg/100 g鲜薯以上。

9.4.2.2 胡萝卜素

胡萝卜素是一种抗氧化剂，是身体中较重要的防御营养素，其中β-胡萝卜素被人体吸收后可转化为人体内所必需的维生素A,能有效地维持视觉功能,还会提升人体的免疫系统,减少癌症、慢性疾病与栓塞性血管疾病的发生概率。胡萝卜素是甘薯所含的主要品质成分,也是评价甘薯食用和食品加工品质的一项重要品质指标。提高甘薯胡萝卜素含量是甘薯育种的重要目标之一。我国食用品种要求胡萝卜素含量达到5 mg/100 g鲜薯。

迄今为止,在鲜甘薯或加工甘薯中,已被鉴定出的胡萝卜素包括全-顺式-β-胡萝卜素、15,15′-反式-β-胡萝卜素、13-反式-β-胡萝卜素、9-反式-β-胡萝卜素、新胡萝卜素、新-β-胡萝卜素、新-β-胡萝卜素U、β-胡萝卜素-环氧化物、β-胡萝卜素-呋喃氧化物、α-胡萝卜素、γ-胡萝卜素、z-胡萝卜素、羟基-z-胡萝卜素、四氢番茄红素、phytoene、phywofluene、luteochrome和几种未确定的叶黄素(Kosantbo, et al., 1998;陆国权,2003)。玉米黄色素(β-zeacarotene)和四氢番茄红素(Neurosporene)是在淡肉色薯块中发现的(陆国权,2003)。α-胡萝卜素、β-胡萝卜素、γ-胡萝卜素3种类胡萝卜素因至少含有1个在肠黏膜上形成维生素A必需的β端基团,所以,具有与人类营养有关的维生素A活性。由于1个β-胡萝卜素分子可形成2分子维生素A,所以,β-胡萝卜素活性最强,保健效果最好。在β-胡萝卜素中又以全-顺式-β-胡萝卜素表现出最大的维生素A原的活性。研究发现,甘薯中的胡萝卜素主要是β-胡萝卜素及其近似衍生物,其含量占总胡萝卜素的86%～90%,且大多为维生素A原活性极强的全-顺式-β-胡萝卜素,所以,甘薯是一种很有代表性的含有优良维生素的植物。

江苏省农科院粮食作物研究所与该院饲料食品研究所合作,采用比色法对104份甘薯品种资源进行了测定,结果表明,块根中胡萝卜素(维生素A原)的含量为0～3.0 mg/100 g鲜薯的有73份;含量为3.1～6.0 mg/100 g鲜薯的有11份;含量为6.1～10.0 mg/100 g鲜薯的有15份;含量为10.0 mg/100 g鲜薯以上的有5份。胡萝卜素含量在8.0 mg/100 g鲜薯以上的品种(系)有"徐29-34""皖702""烟579""鲁83-305""南瓜薯""百年好"(Centeiulial)"宝石"(JeweL)"Gem"等,江苏徐州甘薯研究中心对47个薯肉色黄至红色品种的分析结果表明,胡萝卜素的含量变幅为0.022～20.810 mg/100 g鲜薯,变异系数为187.56%,表明在甘薯品种资源中,胡萝卜素含量的品种间差异是十分明显的(陆国权,2003)。

甘薯块根、茎、叶和叶柄各部位均含类胡萝卜素。甘薯胡萝卜素与块根肉色呈正相关,相关系数超过0.8,即肉色越深,胡萝卜素含量越高。白心品种含量极低,黄心品种胡萝卜素含量低,红心品种胡萝卜素含量相对较高,橘红心品种胡萝卜素含量最高。另外,薯肉色还与类胡萝卜素组成有关。一般情况下,β-胡萝卜素占总色素含量的比例随薯肉颜色的加深而提高,当其含量超过60%时,薯块呈红色。橘红品种甘薯β-胡萝卜素比例最高,可达80%或以上。

黄肉色或红肉色甘薯中含有较丰富的胡萝卜素,每100 g鲜薯中胡萝卜素含量最高可达20.81 mg。β-胡萝卜素能有效对抗全身细胞的氧化,因此,常吃甘薯还有美容护肤、延缓衰老的功效。β-胡萝卜素被人体吸收后,可以转化为维生素A,维生素A是维持正常视觉功能的主要物质,缺乏维生素A容易得夜盲症。因此,许多国家特别是非洲和亚洲一些国家正在采取积极的措施,推广食用黄色或红色薯肉的甘薯,这将有助于解决维生素A缺乏症。正常每天食用50 g甘薯即可满足人体一天对维生素A的需要量。

每100 g胡萝卜含维生素A(胡萝卜素)1.35 ~ 17.25 mg,所以吃甘薯补充β-胡萝卜素的效果优于胡萝卜。β-胡萝卜素和维生素A的分子结构如图9-2所示。

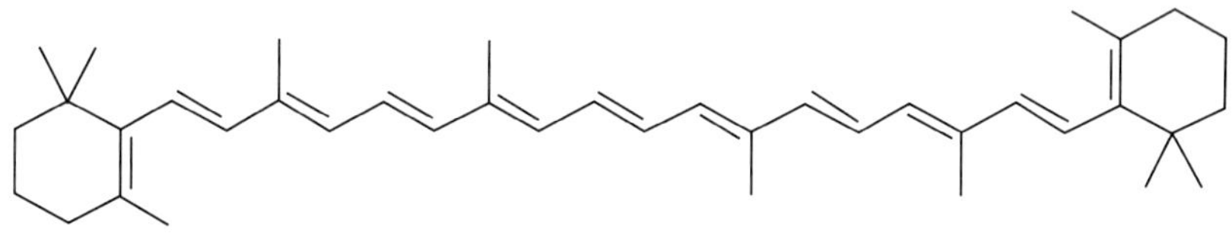

β-胡萝卜素

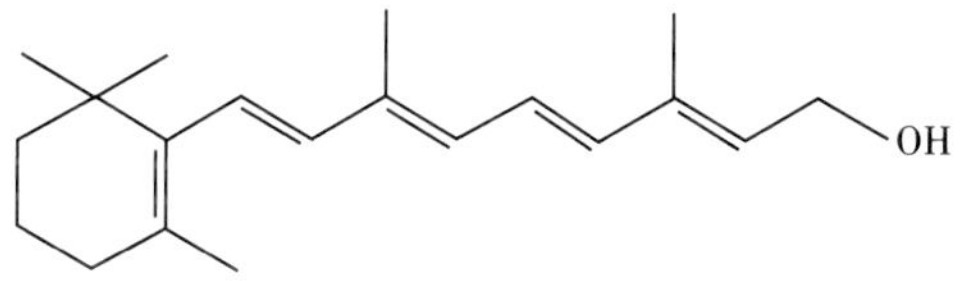

维生素A

图9-2 β-胡萝卜素和维生素A的分子结构

9.5 甘薯黄酮类化合物

9.5.1 甘薯总黄酮

重庆市甘薯工程技术研究中心的研究人员在全国叶菜型甘薯新品种区域试验(重庆点)测定和分析"莆薯53""广菜薯2号"和"福薯7-6"3个品种蔓尖的叶片、叶柄和茎3个部位在6个采收时期的黄酮类化合物含量及其变化,结果表明,"莆薯53""广菜薯2号"和"福薯7-6"蔓尖黄酮类化合物质量分数在采收期间的变化分别介于9.60 ~ 19.98 mg·g⁻¹、12.93 ~ 25.08 mg·g⁻¹、9.33 ~ 25.16 mg·g⁻¹,品种之间有显著差异;3个品种叶片的平均质量分数在采收期间的变化为3.66 ~ 11.09 mg·g⁻¹,显著高于茎(4.03 ~ 7.79 mg·g⁻¹),茎显著高于叶柄(2.20 ~ 5.26 mg·g⁻¹);采收前期蔓尖黄酮类化合物含量显著高于采收后期(傅玉凡等,2010)。建议在叶菜型甘薯的品种选育、栽培和产业化等过程中应充分考虑其蔓尖黄酮类化合物含量在不同品种、不同部位和不同采收时期的显著差异。

陆国权等(2005)采用三因子三水平正交试验获得了甘薯黄酮的最佳提取条件为乙醇浓度70%,料液比为1∶60,80 ℃水浴下回流浸提1 h。这种最佳条件下一次提取工艺得率可达87.15%。对黄酮含量分析发现,甘薯黄酮的变幅、均值和变异系数分别为0.35~2.71 mg/mL、1.02 mg/mL和73.89%;抗氧化性的变幅、均值和变异系数分别为2.42%~8.83%、5.61%和82.15%(清除OH·)及9.99%~38.82%、25.20%和96.55%(清除$O_2^{·-}$)。甘薯品种间黄酮含量和抗氧化性均存在极显著差异。紫心甘薯黄酮含量最高,抗氧化性最强(陆国权,2003)。

王玫(2010)利用正交试验,考察了提取溶剂、时间、料液比、溶剂浓度等对甘薯叶总黄酮提取的影响,得到最佳的提取条件:乙醇浓度80%,料液比为1∶40,提取时间为30 min,pH为9。在此最佳提取条件下,甘薯叶中总黄酮提取率为8.22%。甘薯叶中的总黄酮可延长小鼠疲劳性游泳时间,能有效抑制小鼠中VLA的增加,降低SUN水平,增加小鼠肝脏和肌肉糖原含量,具有一定的抗疲劳作用(Li and Zhang,2013)。

9.5.2 甘薯花色素

9.5.2.1 花色素的分离提取与结构鉴定

花色素(Anthocyanin Content)是一种黄酮类植物次生代谢物质,广泛存在于植物体各类器官和组织中,紫甘薯花色素(Purple Sweet-Potato Anthocyanin, PSPA)是从紫甘薯的块根和茎叶中浸提出来的一种天然红色素,其色泽鲜亮、自然,无毒,无特殊气味,且具有多种营养、药理和保健功能,是一种理想的天然食用色素资源(明兴加等,2006)。

目前,紫甘薯花色素的提取方法主要为溶剂浸提法,通常采用酸性溶液进行分步提取。一些有效的处理技术在植物有效成分提取中被广泛应用,如酶解法、超声波法和脉冲电场法等,这些技术可有效地破坏细胞壁和细胞膜,提高组织细胞的渗透性,缩短提取时间,提高色素得率,提高产品的质量(韩永斌,2007)。顾红梅等(2004)用超声波法和微波萃取法提取紫甘薯花色素取得了较好效果。

贺凯(2012)用D101大孔树脂对紫薯提取物的正丁醇部位进行了除杂和初分后,用高速逆流色谱以氯仿—甲醇—水(体积比为10∶8∶3)为溶剂体系,对紫薯中的花色素进行了制备型分离。从80%和100%乙醇洗脱的正丁醇组分样品中分离得到了具有较高纯度的花色素,并初步判断其为芍药色素。谌金吾(2010)以西南大学重庆甘薯工程技术研究中心选育的38个品种经甲醇提取、过滤、AB-8大孔树脂纯化和乙酸乙酯萃取等纯化工艺得到的花青素总提取物为研究对象,以3%的甲酸化甲醇和重蒸水为流动相,梯度洗脱建立指纹图谱。结果表明,不同品种的紫甘薯均含有14个共有峰。这14个共有峰是紫甘薯的共有特征峰,其峰面积占峰总面积90%以上,这14个峰可以代表花青素的主要特征,具有紫甘薯特征花青素化学条码的作用,可为紫甘薯新品种鉴定提供参考和依据。甘薯花青素在块根中分布不均,因而形成紫皮紫心、黄皮紫心、紫皮红心、黄皮花心等多种皮肉色不同的品种类型。这些外观诱人的彩色甘薯可满足人们求新、求奇、求异的心理。紫甘薯在市场上热销,说明我国消费者对其情有独钟。

紫色甘薯中已发现的花色苷主要是矢车菊素和芍药素,形成糖苷后被咖啡酸、阿魏酸或对羟基苯甲酸酰化形成衍生物(Kim, et al., 2012;杨贤松等,2006)。Terahara等(1999)分离出8种酰基化花色苷,通过NMR技术确定其中6种花色苷为3-O-{6-O-(E)-咖啡酰-2-O-[6-O-(E)-咖啡酰--D-吡喃葡糖基]--D-吡喃葡糖苷}-[5-O-(-D-吡喃葡糖苷)]矢车菊素和芍药素以及3-O-{6-O-(E)-咖啡酰-2-O-[6-O-(E)-对羟基苯甲酰--D-吡喃葡糖基]--D-吡喃葡糖苷}-[5-O-(-D-吡喃葡糖苷)]矢车菊素和芍药素。陆国权等对紫心甘薯花色苷进行了提取、分离和纯化,采用HPLC技术鉴定出了12个组分,但未进行更深入的研究(陆国权等,1997)。陈敏等通过LC-MS/MS方法从紫色甘薯中分离鉴定出13种花色苷(P1-P13),其中P3-P10为矢车菊素-糖苷和芍药素-糖苷与咖啡酸、阿魏酸或对羟基苯甲酸酰化后的衍生物;P1和P2为未酰基化的矢车菊素-和芍药素-分别与阿魏酸和葡萄糖形成的糖苷(Hu YJ, et al., 2016)。

叶小利等利用红外光谱、紫外光谱等方法,研究了酸、碱、空气、食品添加剂和氧化剂、还原剂等因素对紫色甘薯花色素色泽的影响,结果表明,紫色甘薯花色素在强酸条件下较稳定,几乎不受温度、光照等的影响,但随着碱度的增加,花色素苷的色泽由红变紫、变蓝,在空气中比较稳定;葡萄糖、蔗糖、$K_2Cr_2O_7$和$Na_2S_2O_3$几乎不影响花色素的稳定性,而食盐、可溶性淀粉和5%维生素C则能较明显地降低花色素的稳定性(叶小利等,2002和2003)。

9.5.2.2 甘薯花色素的生物活性研究

1.抗氧化、清除自由基作用

谌金吾(2010)将重庆甘薯研究中心提供的33种紫甘薯鲜品洗净、粉碎,以1%的甲酸化甲醇为提取剂,用1∶20的料液比隔夜提取,提取液经过滤、离心后得33个供试品。以维生素C为对照,测定了33个供试品的总抗氧化能力、清除DPPH自由基能力、抗脂质过氧化亚油酸体系以及清除羟基自由基的能力。综合4种体外抗氧化活性测试体系,筛选到"渝紫43""6-24-50"

"渝紫263""8-13-28""6-15-6""6-6-16"等6个品种具有显著的抗氧化活性。花色素含量与总抗氧化能力、羟基自由基清除、DPPH清除为中度正相关,显著水平为极显著,24 h以内与亚油酸抗脂质过氧化为弱相关。研究发现,0.006 mg/mL的花色素与0.1 mg/mL的维生素C在抗氧化、清除DPPH自由基和羟基自由基、抗脂质过氧化方面的能力相当。33个供试品的总花青素含量在0.033~0.126 mg/mL范围内,说明它们均具有明显抗氧化活性。另外,陈敏等对"渝紫263"进行了抗氧化活性组分研究,发现总抗氧化力较好的组分是Fr9、Fr11、Fr10、Fr6和Fr2,其中Fr9、Fr11活性高于维生素C对照,清除DPPH自由基活性较高的组分为Fr8、Fr7、Fr9、Fr11和Fr10,清除羟基自由基活性较好的组分为Fr2、Fr9、Fr3、Fr4、Fr10、Fr7,11个部分均有较好的抗亚油酸过氧化体系作用。综合分析,以Fr9、Fr10、Fr7和Fr2抗氧化活性最高(Hu YJ, et al., 2016)。吕晓玲等(2005)采用荧光化学发光法进行实验,发现PSPA对超氧阴离子、羟基自由基和过氧化氢等活性氧均具有清除和抑制作用,且清除作用与浓度呈剂量关系,尤其对羟基自由基的清除能力更是强于抗坏血酸,清除率接近100%。Kano等(2005)用PSPA注射大鼠和志愿者饮用紫色甘薯汁尿检实验结果表明,与PSPA相比,花色苷酰化后具有更高的稳定性和清除自由基活性(Terahara, et al., 2004)。Philpott等(2009)研究发现紫色甘薯花色素具有抗氧化作用。PSPA表现出相当强的还原力和清除羟基自由基的能力,且呈剂效关系(姜平平等,2002)。紫色甘薯中芍药色素－3－咖啡酰槐糖苷-5-葡糖苷可增加小鼠血浆抗氧化剂水平(Suda, et al., 2002)。PSPA能在体外清除超氧阴离子和羟基自由基,与同浓度维生素C相比,清除率分别提高30.63%和20.57%;小鼠灌胃后,血清和皮肤细胞中的超氧化物歧化酶活力分别提高27.30%和13.50%(王关林等,2006)。

2. 抗病毒、抗突变作用

利用PSPA对肉瘤S180小鼠进行腹腔注射,按低(100 mg/kg·d)、中(250 mg/kg·d)和高(500 mg/kg·d)剂量连续给药12 d,实验结果表明,PSPA对小鼠肉瘤S180有一定抑制作用,中、高剂量组抑制作用明显($P<0.05$),抑瘤率分别达32.86%和43.12%(王关林等,2006)。肉瘤S180小鼠血清谷胱甘肽过氧化物酶(GSH－Px)、超氧化物歧化酶活性升高,说明PSPA可能通过提高抗氧化能力抑制肿瘤生长。PSPA能抑制^{60}Coγ辐射诱导的小鼠脑、胸腺、肝、脾、肺组织氧化损伤,对^{60}Coγ辐射损伤小鼠具有保护作用。其机制与甘薯色素提高各组织中GSH－Px、SOD活性及血清总抗氧化能力(T－AOC),减少氧自由基产生,抑制脂质过氧化有关;同时也与甘薯色素刺激胸腺和脾脏细胞增殖有关(刘叶玲等,2005)。紫色甘薯(Ayamurasaki)花色苷能很好地抑制杂环胺、3-氨基-1,4-二甲基-5-氢-吡哆(4,3-b)-吲哚、3-氨基-1-甲基-5-氢-吡

哚 –（4,3–b）–吲哚和2 – 氨基 – 3 – 甲基咪唑（4,5–f）–喹啉引起的突变作用，特别是矢车菊素 – 3–（6,6–咖啡酰阿魏酰槐糖苷）–5–葡萄糖苷和芍药素–3–6–咖啡酰阿魏酰槐糖苷 – 5 – 葡萄糖苷具有很强的抗突变作用，并指出酰基化比脱酰基化抗突变能力更强，在咖啡酸、阿魏酸和对羟基苯甲酸酰化物中，以咖啡酰花色苷作用最强（Yoshimoto，et al.，2001）。

3.抑菌作用

从"山川紫"（*Ipomoea batatas* L.cv. *Aya－murasaki*）品种中提取纯化的PSPA明显抑制金黄色葡萄球菌（*Staphylococcus aureus*）、绿脓杆菌（*Pseudomonas aeruginosa*）、大肠杆菌（*Escherichia coli*）三种常见致病菌，并呈剂量效应关系；电镜观察、SDS－PAGE电泳分析及生长曲线比较均表明，PSPA与细胞中蛋白质或酶结合，使其变性失活，抑制对数生长期细胞分裂，然后使细胞质固缩、解体，导致细胞死亡（王关林等，2005）。韩永斌等发现，PSPA对金黄色葡萄球菌和大肠杆菌有抑制作用，对黑曲霉（*Aspergillus niger*）和啤酒酵母（*Saccharomyces cerevisiae*）无抑制作用，相反霉菌可能有分解花色苷的功能；PSPA对大肠杆菌蛋白表达影响不明显，未见特征性条带消失，仅对部分蛋白质合成量有影响（韩永斌等，2008）。

4.抗衰老作用

PSPA显著改善老龄小鼠血清T－AOC，显著抑制老龄小鼠血清丙二醛（MDA）的生成，极显著提高血清SOD和全血GSH－Px活力（$P<0.01$），且呈剂量效应关系。每天灌服PSPA 100 mg/kg·bw剂量，作用效果相当于等量维生素E，而SOD和GSH－Px活性水平与成年小鼠差别不大。表明PSPA可延缓老年动物衰老，其体内抗氧化体系功能可恢复到成年动物水平（王杉等，2005）。

5.其他生物活性

血管紧张素转化酶（ACE）是肾素—血管紧张素系统的一个关键酶，对血压具有重要调节作用。紫色甘薯花色苷 YGM – 3，YGM – 6对ACE具有较强抑制效果（Suda，et al.，2003）。用含花色苷的紫色甘薯汁对患有高血压志愿者进行实验，结果表明，紫色甘薯汁可降低心脏收缩压，使其趋近于正常水平。PSPA色素能通过抑制α – 糖苷酶降低小鼠体内的血糖水平，具有降血糖功效（Matsui，et al.，2002）。PSPA对血糖具有双向调节作用，对正常小鼠血糖、体重等指标及生长状况均无影响，而对四氧嘧啶型糖尿病鼠具有明显降血糖作用，说明PSPA能减弱四氧嘧啶对胰岛细胞的损伤，或改善受损细胞功能（孙晓侠，2006）。

花色素可以抑制结肠癌细胞的增殖，诱导细胞凋亡，抑制细胞转移等，显示出良好的抗肿瘤作用（Lim，et al.，2013）。此外，研究还发现花色素具有抗氧化、保肝、降血压、改善记忆力等多种生理功能。

紫甘薯花色素作为一种天然食用色素,安全无毒,无异味,性质稳定,色彩鲜艳,资源丰富,具有重要营养作用和食用、药用价值,在食品、化妆品、医药等行业具有很大的应用潜力。PS-PA 在我国具有得天独厚的优势,目前国内已选育出多个优良紫薯品种,如"渝紫263""广薯1号""徐薯1号""中泰8号"等。紫甘薯皮肉中花色素含量可达 20~180 mg/100 g(韩永斌等,2008),甘薯花色素含量高、活性强、理化稳定性优于目前市场需要量很大的草莓色素和葡萄色素,可应用于加工饮料、酒、糖果等食品,使产品丰富多彩,外观诱人,也可应用于医药和日化等其他领域,用来生产各种医药保健品、化妆品等高附加值产品,市场潜力巨大。

9.5.3 甘薯其他类黄酮

除花色素外,甘薯薯蔓中还含有其他黄酮类化合物。邹耀洪对国内甘薯品种叶中的黄酮类化合物进行了分析,经波谱分析分别鉴定为槲皮素-3-O-B-D-葡萄糖-(6-1)-O-D-2-鼠李糖苷,4′,7-二甲氧基山奈酚,槲皮素-3-O-B-D-葡萄糖苷和棚皮素(邹耀洪,1996)。从番薯藤叶中分离出 1 种黄酮类化合物和 2 种有机酸,这种黄酮类化合物经鉴定为 7,3′,4′-三甲氧基槲皮素(刘法锦等,1991)。向仁德等将巴西甘薯叶的乙醇提取物用柱层析和加压柱层析的方法进行处理,得到 8 个化合物,其中有 5 个已确定为黄酮类化合物,它们分别是槲皮苷、山奈素-4′,7-二甲醚、商陆黄素、槲皮素、槲皮素-3′,4′,7-三甲醚(向仁德等,1994)。罗建光等(2005)也对巴西甘薯叶的黄酮类成分进行了研究,分离得到 5 个黄酮类化合物:银椴苷、紫云英苷、鼠李柠檬素、鼠李素和山奈酚。台湾产甘薯叶中分离出槲皮酮和杨梅黄酮,并且二者含量相当丰富,分别达到 143.78 mg/kg 和 155.87 mg/kg。

9.6 甘薯其他活性成分

9.6.1 甘薯多酚类化合物

酚类化合物是植物次生代谢产物,存在于马铃薯、甘薯组织中,具有抗癌、降血糖等保健作用以及抗氧化作用。甘薯叶中酚类化合物含量亦比较高,并且不同部位、不同品种中含量存在较大的差异。

据黄洪光报道,甘薯中的酚酸主要有绿原酸、异绿原酸、新绿原酸、4-O-咖啡酰奎尼酸4 种,其中绿原酸含量占 90% 以上。实验确定的提取工艺参数为:乙醇浓度 50%、时间 2 h、温度

60℃、料液比为1:12、甘薯粉碎处理5 min、重复提取3次,其中温度为最主要的影响因素,其次为料液比,最后是时间(黄洪光,2001)。

向昌国等利用浸提+超声波法从甘薯"86-21"品种茎叶中提取了绿原酸,提取工艺条件为:50%的乙醇或甲醇、pH为4、时间1.0~1.5 h、温度40℃,最佳提取材料为9月份的老茎。在最佳条件下,叶、茎提取率分别为4.49%和1.26%(向昌国等,2007)。

Okuno等于2002年利用HPLC分析发现,甘薯品种"Suio"叶中含有6种咖啡酸衍生物,分别命名为咖啡酸(CA)、绿原酸(CHA)、3,4-二-O-咖啡酰奎宁酸(3,4-diCQA)、3,5-、二-O-咖啡酰奎宁酸(3,5-diCQA)、4,5-二-O-咖啡酰奎宁酸(4,5-diCQA)和3,4,5-三-O-咖啡酰奎宁酸(3,4,5-diCQA),此甘薯尖被KONARC(日本九州冲绳农业研究中心)培育为可食用绿色蔬菜(Okuno, et al., 2010),2010年他们分析了529个甘薯品种中的6种咖啡酸衍生物,其中有1/3的品种被保留在KONARC。Kurata等(2007)发现甘薯叶中的酚酸3,4,5-三-O-咖啡酰奎宁酸能抑制淋巴细胞(HL-60)的生长,具有抗癌作用。

李鑫建立了稳定的高效液相色谱法,对甘薯叶中的主要多酚类成分的含量进行测定,并对不同品种甘薯叶中多酚含量的动态变化、抗氧化性物质提取工艺及抗氧化性进行了研究。通过比较甘薯叶在栽培后45 d、75 d、95 d、115 d、135 d、155 d、175 d等不同生长时期,多酚、黄酮和绿原酸含量的变化及与清除DPPH自由基的关系发现,不同品种甘薯叶总多酚、黄酮和绿原酸含量的动态变化特征大体一致,在栽插后45~95 d呈上升趋势,在115 d左右达到最大值,其中"济薯"叶的总多酚、黄酮含量最高,分别为20.46 mg/g、7.62mg/g;"川山紫"叶的绿原酸含量最高,为4.12 mg/g;在栽培115~155 d后呈下降趋势,在155~175 d又呈缓慢回升的趋势。多酚类物质的含量对其清除自由基能力有一定的影响,但两者不存在显著的相关性(李鑫,2009)。

席利莎(2014)以40个甘薯茎叶品种为原料,优化了AB-8大孔树脂纯化甘薯茎叶多酚的工艺,采用高效液相色谱法对纯化产物进行了定性、定量分析。最佳工艺为:甘薯茎叶多酚粗提液总酚浓度为2.0 mg绿原酸当量/mL、pH为3.0、乙醇浓度为70%、进样和洗脱流速均为1BV/h。在最佳工艺条件下,AB-8大孔树脂可动态处理5 BV的甘薯茎叶多酚粗提液,采用3BV的乙醇解吸液即可充分解吸甘薯茎叶多酚,吸附量和解吸率分别为26.8 mg CAE/g和90.9%;"渝紫7号"和"西蒙1号"甘薯品种茎叶均鉴定出8种多酚类物质,其中3种双取代的咖啡酰奎宁酸含量较高。席利莎等采用自由基清除法、光化学发光法、氧自由基吸收能力法和二价铁离子还原法评价了"西蒙1号"和"渝紫7号"甘薯茎叶多酚对DPPH自由基、羟基自由基、超氧阴离子等自由基的清除活性以及对Fe^{3+}的还原活性;研究光照,pH(3.0、5.0、7.0、8.0)和热处理(50℃、

65 ℃、80 ℃、100 ℃)对甘薯茎叶多酚的总酚含量和抗氧化活性的影响。结果发现,20 μg/mL"渝紫7号"甘薯茎叶多酚溶液的超氧阴离子清除活性分别为抗坏血酸、茶多酚和葡萄籽多酚的3.1倍、5.9倍和9.6倍,氧自由基清除能力分别是水溶性维生素E、茶多酚、葡萄籽多酚的2.8倍、1.3倍和1.3倍。甘薯茎叶多酚在pH为5.0~7.0的溶液中最稳定;光照和50 ℃、65 ℃热处理对甘薯茎叶多酚加工稳定性影响较小,总酚含量和抗氧化活性的保留率分别在90%和80%以上;而80 ℃和100 ℃加热处理90 min,抗氧化活性的保留率仅为60%左右;甘薯茎叶多酚在pH为5的溶剂体系中相对较稳定,而在pH为3.0和7.0的溶剂体系中多取代的咖啡酰奎宁酸发生了不同程度的降解;甘薯茎叶多酚在光照条件下储藏90 d后,其多取代的咖啡酰奎宁酸含量明显低于避光组;甘薯茎叶多酚在-18 ℃和4 ℃条件下的储藏稳定性优于25 ℃(席利莎等,2015)。总之,低温热处理对甘薯茎叶多酚的加工稳定性影响较小;甘薯茎叶多酚在pH约为5的体系中更易发挥其抗氧化特性,并适宜于避光低温条件下储藏。因此,甘薯茎叶多酚具有良好的抗氧化活性和加工稳定性,有潜质成为一种新型天然抗氧化剂。

钟伟(2015)以广东省常见的11个甘薯品种的叶为研究样本,采取不同萃取方法,萃取出甘薯叶样品中的游离型多酚类化合物和结合型多酚类化合物,分别对其多酚、黄酮含量进行测定。结果发现,不同品种甘薯叶多酚含量差异性较为明显,作为菜用型的甘薯叶多酚含量没有太大的优势,不同品种甘薯叶黄酮含量均不高,但作为菜用型的甘薯叶黄酮整体含量相对较高,整体上说,"广菜4号"优于其他品种。采用HPLC法扫描测定分析甘薯叶的酚酸成分,结果表明,甘薯叶的HPLC图谱相似,含有基本相同的特征性成分,均在13 min左右出峰。甘薯叶HPLC图谱中吸收峰较多,间接证明甘薯叶中含有种类丰富的酚酸成分。以"广菜4号"作为样品,选用4种不同的方法(ORAC法、DPPH法、ABTS法、FRAP法)检测甘薯叶萃取液的体外抗氧化活性。细胞内抗氧化(Cellular Antioxidant Activity,CAA)结果显示,氯仿萃取液的CAA值为169.96 μmol QE/100 g鲜重,而乙酸乙酯萃取液的CAA值为1 673.10 μmol QE/100 g鲜重,说明乙酸乙酯萃取液的体外抗氧化效果最好。"广菜4号"甘薯叶不同萃取液对癌细胞增殖都具有较为明显的抑制作用,如对Hep G2肝癌细胞的增殖有抑制作用,对MDA-MB-231乳腺癌细胞的增殖也有抑制作用,并且乙酸乙酯萃取液抑制癌细胞增殖的作用最强。

李佳银等(2013)通过测定还原能力、活性氧自由基的清除作用以及脂质过氧化抑制活性,对甘薯茎叶中含量较高的异槲皮苷和异绿原酸A、B、C(3,5-diCQA、3,4-diCQA、4,5-diCQA)4种多酚类化合物的抗氧化活性进行评估,结果显示,4种甘薯茎叶中的多酚类化合物均表现出较高的抗氧化能力,且抗氧化性与化合物浓度呈一定相关性,即Q-Glu、3,5-diCQA、3,4-diCQA、

4,5-diCQA对DPPH自由基的半清除浓度(IC50)分别为47.27 μmol/L、41.61 μmol/L、43.55 μmol/L、46.02 μmol/L；对羟基自由基的IC50值分别为190.99 μmol/L、151.20 μmol/L、151.24 μmol/L、217.31 μmol/L；Q-Glu、3,5-diCQA、3,4-diCQA对超氧阴离子的IC50值分别为0.81 mmol/L、0.46 mmol/L、0.71 mmol/L；3,5-diCQA、3,4-diCQA、4,5-diCQA对脂质过氧化物的IC 50值分别为3.13 mmol/L、2.53 mmol/L、4.44 mmol/L；4,5-diCQA和Q-Glu在实验浓度范围内对超氧阴离子的清除率和对脂质过氧化物的抑制率均低于50%。其中3,5-diCQA的还原能力和清除DPPH自由基、羟基自由基、超氧阴离子等活性氧和自由基的能力最强，3,4-diCQA对脂质过氧化反应的抑制作用最强。4种甘薯茎叶中的多酚类化合物均具有显著抗氧化能力。

Song等(2011)等利用微波辅助法优化了甘薯叶总酚的乙醇提取工艺，最佳提取条件为：微波能量302 W，提取时间123 s，乙醇浓度53%。该条件下获得的提取物具有较强的抗氧化活性。

9.6.2 去氢表雄(甾)酮

去氢表雄(甾)酮(Dehydroepiandrosterone, DHEA)是一种非共轭的Δ5,6-双键及可酯化的3β-羟基甾体，分子式为$C_{19}H_{28}O_2$，相对分子质量为288.41，熔点为151～153 ℃，白色立方柱状晶体或结晶性粉末，易溶于石油醚、甲醇、氯仿、苯等溶剂，结构式如图9-3。

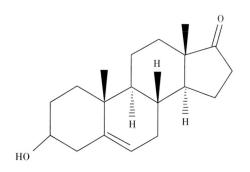

图9-3 去氢表雄(甾)酮的分子结构

杨红花等(2010)通过预发酵、酸水解、超声波浸提等主要工序的单因子实验、正交实验，创新性地从资源丰富的甘薯中通过超声波辅助提纯得到功能因子DHEA。甘薯功能因子DHEA提纯的最佳条件为：60 ℃水浴下预发酵24 h，预发酵液中加入鲜甘薯质量2%的浓硫酸，90 ℃水浴下酸水解24 h，水解液经20%的NaOH溶液中和，抽滤、离心去除水分，超声波辅助下石油醚浸提40 min，提取液经过柱净化，HPLC定性、定量测定，得到高纯度DHEA。甘薯中DHEA的含量为 1 ~ 50 mg/100 g 鲜甘薯。

研究发现,DHEA 具有多种生物活性。Schwartz 和 Pashko(1995)以小鼠和兔子为模型,发现 DHEA 能抑制乳腺、肺、结肠、肝脏、皮肤和淋巴组织的肿瘤发生。DHEA 可抑制乳腺癌细胞(MCF-7、MDA-MB-231、ZR-75-30)的转移,降低血清中 IL-1、IL-6、IL-8 和 TNF 的分泌,可以用于乳腺癌早期治疗(Lopez-Marure, et al., 2016)。Sundar 等(2013)发现 DHEA 可以预防或延迟结肠癌转移的发生。Papadopoulos 等(2017)发现 DHEA 可增加血脑屏障和大脑上皮细胞中连接蛋白的表达。Hakkak 等(2017)以乳腺癌肥胖大鼠为模型,发现 DHEA 可通过降低体重、调节血清 IGF-1 和 IGFBP-3 水平等途径预防肝硬化。DHEA 通过依赖线粒体程序性细胞死亡通路的多种相互作用,减少 ROS 引起的人卵母细胞的粒层 HO23 细胞的程序性凋亡和坏死性凋亡(Tsui, et al., 2017)。

9.6.3 挥发油

王玫采用水蒸气蒸馏提取,气相色谱—质谱法检测,并结合化学计量学多元分辨方法和气相程序升温保留指数对两个栽培变种甘薯叶中挥发油进行了定性分析,从两种甘薯叶挥发油中共鉴定出 95 种物质。其主要的挥发性化学成分为大根香叶烯 D、大香叶烯 B、石竹烯和棕榈酸、γ-依兰油烯和石竹素(王玫,2010)。

9.6.4 甘薯葡萄糖脑苷脂

Oluyori 等(2016)利用乙醇对甘薯进行全提取,然后经己烷、乙酸乙酯、丁醇、水等系统溶剂分离,最后用硅胶层析得到一种对头和颈部癌症、乳腺癌、结肠癌、卵巢癌等均有抑制作用的抗癌成分——葡萄糖脑苷脂(Glucocerebroside),其分子结构如图9-4所示。

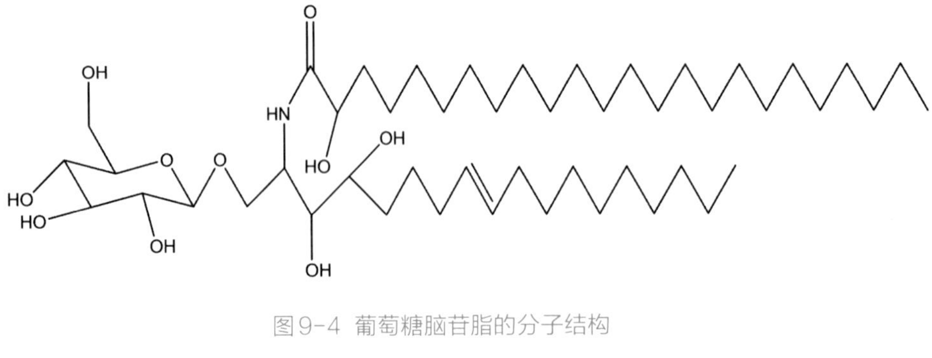

图9-4 葡萄糖脑苷脂的分子结构

9.6.5 其他

贺凯等（2012）用高速逆流色谱法对紫薯块根提取物中的乙酸乙酯部分进行了分离，采用薄层色谱—荧光分析法筛选了高速逆流色谱的溶剂体系。用正己烷∶乙酸乙酯∶甲醇∶水为1∶2∶1∶1（体积比）作为溶剂体系，以连续进样的方法，首次从紫薯的块根中分离得到了较多的6,7-二甲氧基香豆素和5-羟甲基糠醛。

第十章 甘薯生态

10.1 生态因素对甘薯生长发育的影响

10.1.1 甘薯生长对气候的需要

10.1.1.1 温度

温度对块根萌芽及幼苗生长最为重要。在苗床条件下,床土温度在20℃以上时,不定芽原基才开始萌动。据中国农科院甘薯研究所观察,在15~35℃范围内,温度越高,萌芽越快,萌芽数越多,薯苗生长越迅速;但幼苗健壮程度则表现出相反的趋势。在萌芽阶段,较高温度能促进不定芽原基萌发,究其原因,除了直接加快根系生长、增强对水分和养分的吸收外,还使薯块和不定芽原基组织内的呼吸作用和酶的活性增强,使养分转化加快。但温度不能过高,在38℃以上,薯块容易腐烂,超过40℃,短期就会出现烂芽、烂种。

10.1.1.2 水分

水分不但能影响块根的萌芽和幼苗的生长,而且是协调苗床环境条件的重要因素。水分往往与温度、空气等因素相互影响而起作用。江苏徐州地区农科所曾用"胜利百号"品种(定温32℃)在不同的湿度处理下进行试验,相对湿度为80%~90%的早期萌芽数要比相对湿度为70%的多50%以上。曾有试验表明,在33℃高温下,对薯块进行高湿(相对湿度80%)和干旱(相对湿度不超过50%)两种处理,薯块萌芽数明显不同,前者约为后者的3倍。在适当的床温下,排种出苗期间土壤应保持潮湿状态,薯皮上始终保持潮润,即土壤水分应保持相对湿度为70%～80%;炼苗开始时则需要减少水分,使床面土壤短期见白,即土壤水分应维持在60%以下。

10.1.1.3 光照

出苗前,光的作用不明显,只是光照的强弱对床温有影响。出苗后则需要充足的光照条件,以利于进行光合作用,制造营养物质,使薯苗生长苗壮。光照不足,薯苗制造和积累光合产物少,薯苗黄嫩细弱,易感病害,栽后不易成活。初出苗的薯苗较嫩,在加盖塑料薄膜和覆盖草帘提温和保温时,应该注意透光度和遮阴时间。

10.1.1.4 氧气

氧气与薯块、幼苗的呼吸和正常生长关系密切。氧气不足,萌芽缓慢或不能出芽,长期缺氧会造成薯块腐烂。因此,覆盖塑料薄膜育苗时,要注意通气。

10.1.2 甘薯生长对土壤的基本要求

甘薯的适应能力比其他多数种子植物都强,对土壤的要求不严苛,但要获得高产,仍需要良好的土壤条件,使它的增产潜力得到充分发挥。

10.1.2.1 耕层深度

所谓耕层就是活土层,这是甘薯块根肥大和根系最密集的地方。耕层深厚能提供充足的水分、养料和空气。虽然甘薯的根可深入地下1m以上,但约有80%的根分布在深30cm以内的土层里。土表以下0～5cm的深处,由于水分不足,甘薯难以正常生长;25cm以下土层通气性差,也不利于薯块肥大。由此可见,5～25cm深的土层是甘薯生长比较适宜的环境。实践证明,种植甘薯以耕层深度20～30cm为好,超过30cm增产效果不大,且要花费更多的劳力。

10.1.2.2 耕层疏松透气

土壤疏松是创造甘薯高产的重要条件。薯块在不断肥大的过程中,需要充足的氧气,也只有耕层疏松,土壤里空隙多,才能贮存足够的氧气供应甘薯生长。试验证明,甘薯的根吸收养分也需要由根呼吸供给能量,氧气供应不足,呼吸作用降低,影响钾素养分的吸收,导致植株里钾与氮的比值降低,不利于薯块肥大。土壤的通气性好,可提高钾素的吸收量,使钾、氮的比值升高,有利于光合产物向块根运转。砂性土比黏性土壤通气性好,经过深翻疏松的土比浅耕紧实的土空隙多,通气性好。不同的土质在养料含量相同的条件下,甘薯产量有明显差别。砂性土比黏性土可以增产30%以上。

10.1.2.3 土壤肥沃适度

建立高产薯地除应要求土层深度、疏松度以外,还要肥沃适度,才能源源不断地供给甘薯所需的养料,使其地上部和地下部协调生长。尤其需要重视的是,甘薯多种在旱薄地上,缺乏养分的现象比较普遍,而它又是吸肥力很强的作物,因此,种植甘薯补充养分十分重要。

10.1.2.4 蓄水保墒

甘薯多在旱地种植,很少有灌溉条件,天然降水是其生长需水的重要来源。最大限度地积蓄土壤水分,减少消耗和流失是甘薯高产的重要措施之一。如丘陵山地造梯田,修筑地堰和等高做垄都能有效防止水分流失。此外,深耕加厚土层可以扩大蓄水保墒的能力。

10.1.3 甘薯生长对肥料的要求

甘薯根深叶茂,吸肥力强,而我国甘薯生产的习惯是把甘薯种在旱地、薄地、远地、丘陵地上,这些地方的肥力普遍低下,养分满足不了甘薯生长的需要。因此,普遍存在的肥力不足是甘薯单位面积产量长期不高的重要原因之一。生产实践中人们经常看到,在甘薯地里不论施农家肥还是化肥,也不论增施多少,都有显著的增产效果。相同的施肥量,施在产量水平低的地里比施在产量水平高的地里增产幅度大,尤其是在瘠薄地里施用氮素肥料,增产效果更为明显。这就充分说明了一般甘薯地缺肥的严重性和肥料对甘薯增产的重要性。但是,如果在高产条件下氮素肥料施用过多或肥料配合不合理,也得不到增产的实效。基于上述情况,一方面要重视大面积甘薯的缺肥情况,增加肥料的投入;另一方面应该科学施肥,经济施肥。

10.1.3.1 甘薯需肥特点

在苗床期间,甘薯薯块萌芽和薯苗生长所需要的养分在出苗阶段主要由薯块本身供给。薯苗长出并伸展根系后,就能吸收床土里的养分和水分供应薯苗生长。采苗二三次后,薯块中的养分逐渐减少,根系吸收养分更多。薯苗生长最需要氮素,氮素不足时,薯苗叶少而小,叶色淡绿变黄,植株矮小,根系发育不良。但追施氮肥过多,特别是大水大肥又缺少光照时,薯苗柔软细弱,徒长成弱苗。苗期追肥以速效性肥料为主,施肥时间和数量要因苗情而定。采苗圃是不断剪薯苗进行以苗繁苗的,除重施底肥外,还应注意结合浇水、追肥的次数和数量,采苗圃育苗要比薯块育苗多。

甘薯大田生长前期,植株矮小,吸收养料较少,但也必须满足其需要才能促使其早发棵。中前期地上部茎叶生长旺盛,薯块开始肥大,这时吸收养分的速度快、吸引的养分数量多,是甘薯吸收营养物质的重要时期,决定着结薯数和最终产量。生长中后期地上部茎叶从盛长逐渐转向生长缓慢,大田叶面积开始下降,黄枯叶率增加,茎叶鲜重逐渐减少,大量的光合产物源源不断地向地下块根输送,这时除了需吸收一定的氮、磷素外,特别需要吸收大量的钾素。总的情况是,甘薯从开始栽插成活生长一直到收获,吸收的钾素比氮、磷多,在块根肥大盛期吸收更多。对氮素的需要情况是,生长前、中期吸收较快,而在中、后期吸收较慢。对磷的需要,前、中期较少,块根迅速肥大时吸收量稍有增加。要根据上述需肥特点,合理施肥。

10.1.3.2 不同产量水平的施肥量

大田试验结果证明,在大田生产中,每生产500 kg鲜薯,需要从土壤中吸收约2 kg氮、1 kg磷、3.1 kg钾。鲜薯产量52.5 t/hm²的地块,每生产500 kg鲜薯,大约需要施氮2.5 kg、磷2.5 kg、钾5 kg。鲜薯产量37.5 t/hm²的地块,每生产500 kg鲜薯,需要施氮2.0~2.5 kg、磷1.5~2.0 kg、钾3.5~4.0 kg。

当然,影响甘薯产量的因素不仅仅是肥料三要素的用量,常还因土壤类型、土壤肥力、气候条件和品种特性等多种因素而有所不同。但综合各地的经验,从氮、磷、钾的施用比例来看,鲜薯产量52.5~75.0 t/hm²的高产田,氮、磷、钾三要素的比例约为1:(0.4~1.3):(2.2~2.9)。山东省农业科学院1975年48处每公顷产52 500 kg左右的丰产田施肥量分析结果显示,氮、磷、钾的比例大概为1:1:2。尽管不同地区的比例有所出入,但均以钾素需要量为最大,氮素次之,磷素最小。在实际生产中,三者的施用量总是大于吸收量,因为任何一种作物在吸收肥分的过程中,都不可能把土壤里的和所施肥中的养分全部吸收完。所以,在确定肥料施用量时,一般要比试验结果的数值大些。高产水平(52.5 t/hm²左右)的施肥量,氮、磷、钾三要素的比例以1:1:2较为适宜。

此外,其他一些理化因素对萌芽和幼苗生长亦有一定的影响。种薯切块或温水浸种都能增强呼吸作用,促进酶的活动。生长素如2,4-D、萘乙酸和赤霉素等,对薯块多发根、早发芽和加速薯苗的生长也有一定的效果。

10.2 甘薯的固土作用

我国是世界上水土流失较严重的国家之一,而三峡库区又是我国水土流失较为严重的地区。库区地处川东丘陵和川鄂中低山区,地势总体东高西低。库区内地形起伏大,坡度陡,大于5°的坡地面积占90%,平均坡度大于25°,降雨多且强度大,具备发生水土流失的潜在条件。易风化的软弱岩层如板岩、页岩和泥岩等,露出面积广,为水土流失提供了丰富的物质来源。库区水土流失面积5.1×10⁴km²,每年进入库区的泥沙总量为1.4×10⁸t,占长江上游泥沙总量的26%,土壤侵蚀模数平均为3000 t/(km²·a),中度和极强度侵蚀达43.5%。研究种植甘薯对这类地区旱耕地土肥流失的影响具有重要意义。

2007年,西南大学重庆市甘薯工程技术研究中心张启堂、冷晋川等立项,以甘薯作为主要材料,研究了甘薯不同品种类型、不同土质、不同种植方式、不同坡度对旱耕地土壤流失和土壤氨态氮、有效磷、速效钾和有机质养分流失的影响,同时分析了降雨量与土壤流失之间的相关性。

2007—2008年,以甘薯品种"南薯88""渝苏297""渝苏303""浦薯53""渝苏153""潮薯1号"为材料,研究了旱耕地上种植甘薯对土肥流失的影响。

10.2.1 甘薯不同蔓型品种对旱耕地土壤流失的影响

10.2.1.1 研究概况

2007年的试验设在重庆市渝北区两路镇玉峰村,供试甘薯品种3个(表10-1)。试验采用随机区组排列,重复3次,小区面积为12 m²(长3 m,宽4 m)。各小区间设排水沟,小区上方设拦排水沟,下方设接沙槽(用等长于小区宽度的塑料薄膜以木条嵌入小区下方,承接小区的流失泥沙)。试验的田间管理一致。甘薯的种植方式为平作,栽插期为2007年5月23日,收获期为2007年10月30日。气候条件见表10-2。

表10-1 2007年供试甘薯品种及其蔓型

品种代码	供试品种及其蔓型
A1	中蔓型品种"渝苏297"
A2	长蔓型品种"南薯88"
A3	短蔓型品种"潮薯1号"

表10-2 2007年试验期间气象资料

气象数据	月份				
	6	7	8	9	10
月总降雨量/mm	319.6	370.5	71.0	130.3	79.6
月平均气温/℃	22.9	25.8	28.5	23.0	18.1
月最高气温/℃	34.2	35.3	36.1	33.5	32.8
月最低气温/℃	17.0	20.5	21.0	17.5	10.4
月日照时数/h	101.6	139.2	259.4	156.6	68.6

注:资料来源于重庆市渝北区气象局。

2008年采用5个不同甘薯蔓型品种参试(表10-3),试验设在重庆市渝北区两路镇花石村,试验地坡度为25°。试验采用随机区组排列,重复4次,小区面积约为10 m²(长3.3 m,宽3.3 m)。甘薯栽培方式为平作,栽插期为2008年5月20日,种植密度为7.2×10⁴株/hm²,收获期为2008年11月4日。鲜薯产量水平为8 750.0～30 416.7 kg/hm²。试验期间(即2008年6—11月)气象数据见表10-4。

表10-3 2008年供试甘薯品种及其蔓型

品种代码	供试品种及其蔓型
A1	长蔓型品种"南薯88"
A2	中长蔓型品种"渝苏303"
A3	短中蔓型品种"渝苏153"
A4	中蔓深缺刻叶型品种"浦薯53"
A5	短蔓深缺刻叶型品种"潮薯1号"

表10-4 2008年试验期间气象资料

月份	月份					
	6	7	8	9	10	11
月总降雨量/mm	220.5	228.5	139.5	54.9	138.0	47.2
月平均气温/℃	24.6	27.7	23.0	24.2	18.3	13.0
月最高气温/℃	35.0	36.9	36.2	35.9	28.4	23.7
月最低气温/℃	18.3	20.9	18.9	17.0	13.2	6.4
月日照时数/h	124.6	187.3	100.4	148.5	91.5	78.8

注:资料来源于重庆市渝北区气象局。

10.2.1.2 研究结果

1. 2007年研究结果

（1）甘薯不同蔓型品种小区土壤流失物总干重比较。

甘薯不同蔓型品种小区土壤流失物总干重方差分析的 F 值为0.486。甘薯不同蔓型品种小区土壤流失物总干重在5%差异显著水平上的比较结果见表10-5。A1、A2、A3之间平均数差异不显著。

表10-5　2007年甘薯不同蔓型品种小区土壤流失物总干重比较

品种代码	平均土壤流失物总干重/kg
A3	28.62 a
A2	23.93 a
A1	23.62 a

注：同列英文字母相同者表示平均数差异不显著，下同。

（2）甘薯不同蔓型品种藤叶鲜重比较。

2007年甘薯不同蔓型品种小区藤叶鲜重方差分析 F 值为0.339。甘薯不同蔓型品种小区藤叶鲜重在5%差异显著水平上的比较结果见表10-6。A1、A2、A3之间平均数差异不显著。

表10-6　2007年甘薯不同蔓型品种小区藤叶鲜重比较

品种代码	平均小区藤叶鲜重/kg
A2	29.31 a
A1	29.13 a
A3	25.92 a

（3）甘薯不同蔓型品种藤叶鲜重与土壤流失物总干重的相关性。

2007年3种甘薯不同蔓型品种的小区藤叶鲜重与其小区土壤流失物总干重之间均存在负相关，r 值在-0.409～-0.160之间，但差异均不显著（表10-7）。

表10-7 2007年小区藤叶鲜重与其小区土壤流失物总干重的相关关系

品种代码	平均小区藤叶鲜重/kg	平均小区土壤流失物总干重/kg	r值
A1	29.13	23.62	-0.387 N
A2	29.32	23.93	-0.160 N
A3	25.92	28.62	-0.409 N

注: N表示相关性不显著。

2. 2008年研究结果

(1)甘薯不同蔓型品种小区土壤流失物总干重比较。

甘薯不同蔓型品种小区土壤流失物干重方差分析的F值为1.151,差异不显著。甘薯不同蔓型品种平均小区土壤流失物总干重在5%显著差异水平上的差异亦不显著(表10-8)。

表10-8 2008年甘薯不同蔓型品种小区土壤流失物总干重比较

品种代码	平均土壤流失物总干重/kg
A3	3.03 a
A4	2.61 a
A2	2.45 a
A1	2.25 a
A5	1.89 a

(2)甘薯不同蔓型品种藤叶鲜重比较。

2008年甘薯不同蔓型品种小区藤叶鲜重方差分析的F值为3.725。不同蔓型品种小区藤叶鲜重在5%水平上的差异显著性比较见表10-9。A1小区藤叶鲜重最重,但与A2、A5之间平均数差异不显著,与A3、A4差异显著;A2、A5、A3、A4之间差异不显著。

表10-9 2008年甘薯不同蔓型品种的藤叶鲜重比较

品种代码	平均小区藤叶鲜重/kg
A1	20.28 a
A2	17.50 ab
A5	16.18 ab
A3	12.95 b
A4	12.78 b

注:同列英文字母相同者表示平均数差异不显著,不同者表示平均数差异达到显著(5%)水平,下同。

(3)甘薯不同蔓型品种藤叶鲜重与土壤流失物总干重的相关性。

2008年5个供试甘薯不同蔓型品种小区藤叶重与小区土壤流失物总干重之间存在负相关关系,但仅在A3(短中蔓型品种"渝苏153")上 r 值达到极显著水平,其他4种蔓型品种的 r 值不显著(表10-10)。

表10-10 2008年甘薯不同蔓型品种藤叶鲜重与其小区土壤流失物总干重的相关关系

品种代码	平均小区藤叶鲜重/kg	平均小区土壤流失物总干重/kg	r 值
A1	20.28	2.25	−0.815 N
A2	17.50	2.45	−0.658 N
A3	12.95	3.03	−0.991**
A4	12.78	2.61	−0.603 N
A5	16.18	1.89	−0.112 N

注:**表示显著相关(1%水平),N表示相关性不显著。

2007年的试验,平作中蔓型品种"渝苏297"、长蔓型品种"南薯88"、短蔓型品种"潮薯1号"的土壤流失物总干重方差分析的 F 值未达到显著水平。同时,对上述甘薯不同蔓型品种藤叶鲜重做差异比较,差异亦不显著。2008年的试验,平作长蔓型品种"南薯88"、中长蔓型品种"渝苏303"、短中蔓型品种"渝苏153"、中蔓深缺刻叶型品种"浦薯53"、短蔓深缺刻叶型品种"潮薯1号"的土壤流失物总干重的 F 值亦未达到显著水平。但这5个供试甘薯品种的小区藤叶重与小区土壤流失物总干重之间存在负相关关系,即表现出小区土壤流失物总干重随小区藤叶重的增加而减少的趋势,其中在短中蔓型品种"渝苏153"上为极显著负相关。本研究中,甘薯蔓型对土壤流失物总干重的影响差异不显著的原因,笔者认为可能是因为不同蔓型品种之间藤蔓重比较接近,也就是说试验所采用的几种不同蔓型甘薯品种的地面覆盖状况比较接近,以至于得出在不同蔓型之间土壤流失物总重比较接近的结果。

从两年的总体试验结果来看,尽管不同蔓型品种因素对土壤流失物总干重的影响差异不显著,但从供试5个甘薯不同蔓型品种的小区藤叶重与小区土壤流失物干重之间存在负相关关系可以看出,在我国西南地区的旱耕地种植甘薯,有助于减轻当地的土壤流失。

10.2.2 旱耕地不同坡度种植甘薯对土壤流失的影响

10.2.2.1 试验概况

2007年的试验采用双因素设计,A因素为甘薯品种的5种种植方式(表10-11),B因素为4种坡度,即B1为0°,B2为15°,B3为25°,B4为35°。试验于2007年3月设在重庆市渝北区两路镇玉峰村。试验采用随机区组排列,每个坡度重复3次,小区面积为12 m²(长3 m,宽4 m),甘薯与玉米套作。试验用玉米品种为"潞玉13",播种期为2007年3月27日,收获期为2007年7月31日,籽粒产量水平为3 321.0 kg/hm²。甘薯栽插期为2007年5月23日,收获期为2007年10月30日,种植密度为6.7×10⁴株/hm²,鲜薯产量水平为8 750.0～30 416.7 kg/hm²。玉米和甘薯的共生期为69 d。试验期间(即2007年6—10月)气象数据见表10-2。

表10-11 2007年A试验因素(种植方式)

A试验因素	甘薯品种蔓型及种植方式
A1	净作栽中蔓型品种"渝苏297"
A2	净作栽长蔓型品种"南薯88"
A3	净作栽短蔓型品种"潮薯1号"
A4	净作玉米(玉米行中木套栽甘薯)
A5	玉米+垅栽中蔓型品种"渝苏297"

2008年的试验采用双因素设计,A因素为甘薯品种和玉米的5种种植方式(表10-12),B因素为4种坡度,即B1为0°,B2为15°,B3为25°,B4为35°。试验于2008年3月设在重庆市渝北

区两路镇玉峰村。试验采用随机区组排列,每个坡度重复3次,小区面积12 m²(长3 m,宽4 m)。试验玉米品种为"渝单15号",每区24窝(每窝2株),播种期为2008年4月1日,种植密度为4.8×10⁴株/hm²,收获期为2008年7月31日,籽粒产量水平为3 513.2～10 527.6 kg/ hm²。试验用甘薯品种为"渝苏303",栽插期为2008年5月20日,区插72株,折算种植密度为7.2×10⁴株/hm²,收获期为2008年11月4日,未采集鲜薯产量数据。玉米和甘薯的共生期为71 d。试验期间(即2008年6—11月)气象数据见表10-4。

表10-12 2008年A试验因素(种植方式)

A试验因素	甘薯和玉米的种植方式
A1	玉米套平栽甘薯
A2	玉米套垂直垄栽甘薯(与坡度平行作垄)
A3	玉米套横向垄栽甘薯(与坡度垂直作垄)
A4	净作玉米(玉米行中未套栽甘薯)
A5	净作平栽甘薯

10.2.2.2 试验结果

2007年的试验结果显示,不同坡度的小区土壤流失物总干重方差分析的 F 值为23.07,达极显著水平。B3小区土壤流失物总干重最大,B2次之,两者差异不显著;B3显著高于B4和B1;B2高于B4,两者差异不显著,B2显著高于B1;B4显著高于B1(表10-13)。

表10-13 2007年不同坡度平均小区土壤流失物总干重比较

B因素(坡度)	平均小区土壤流失物总干重/kg
B3	33.97 a
B2	27.46 ab
B4	23.17 b
B1	11.54 c

2008年的试验结果显示,不同坡度的平均小区土壤流失物总干重方差分析的 *F* 值为1.151,差异显著。B4小区土壤流失物总干重最大,B2次之,两者差异不显著,B4显著高于B3和B1;B2高于B3和B1,但差异不显著;B3与B1之间差异不显著(表10-14)。

表10-14 2008年不同坡度平均小区土壤流失物总干重比较

B因素(坡度)	平均小区土壤流失物总干重/kg
B4	7.26 a
B2	6.13 ab
B3	5.26 b
B1	4.99 b

2007年不同坡度小区土壤流失物总干重由大到小的顺序为:B3>B2>B4>B1,与前人的研究结果似有矛盾之处。究其原因,可能是由于35°坡度的甘薯品种的藤叶普遍比其他坡度的更为繁茂所致,这一点从表10-15中可以得到证实。

表10-15 2007年A×B组合各小区平均藤叶鲜重比较

(单位:kg)

| A因素
(种植方式) | B因素(坡度) | | | |
	B1(0°)	B2(15°)	B3(25°)	B4(35°)
A1	20.33	15.67	37.50	43.00
A2	20.60	22.33	31.97	42.37
A3	16.07	19.00	36.03	32.57
A4	0	0	0	0
A5	26.73	27.33	52.83	40.83

注:未采集A4甘薯藤叶数据。

2008年不同坡度平均小区土壤流失物总干重由大到小的顺序为:B4>B2>B3>B1,其中15°坡度的土壤流失物总干重高于25°坡度,似有矛盾之处。究其原因,可能是因为25°(A3)坡度的甘薯品种的藤叶比15°(A2)坡度的更为繁茂所致,这一点从表10-16中可以得到证实。

表10-16 2008年A×B组合各小区平均甘薯藤叶重比较

(单位:kg)

B因素(坡度)	A因素(种植方式)			
	A1	A2	A3	A5
B1(0°)	20.80	18.97	25.13	23.90
B2(15°)	18.33	16.83	22.83	24.00
B3(25°)	40.33	46.33	36.67	32.00
B4(35°)	29.83	35.83	27.17	42.00

注:未采集A4甘薯藤叶数据。

综合2007年和2008年坡度试验结果,坡度对土壤流失物总干重的影响总体上是坡度越大,土壤流失物总干重就越大。李健、王瑄、刘培娟等的研究均表明,坡度与土壤流失量呈正相关。因此,本研究的结果与他们的研究结果是一致的。

10.2.3 土质对旱耕地土壤流失的影响

10.2.3.1 研究概况

2007年的试验采用双因素(即A因素为土质;B因素为2种种植方式,B1为玉米套作甘薯,B2为净作玉米)设计。试验于2007年3月27日设在重庆市渝北区两路镇花石村。5种土质试验的坡度均为25°,试验小区面积为15 m²(长5 m,宽3 m)。供试的5种不同土质的土壤描述,详见表10-17,5种供试土质的土壤土质颗粒组成和基础肥力分析结果见表10-18。试验用玉米品种为"潞玉13",甘薯品种为"渝苏303"。玉米种植密度为2×10⁴株/hm²,籽粒产量水平为3 610.2～4 970.6 kg/hm²。甘薯种植密度为6×10⁴株/hm²,鲜薯产量水平为10 466.7～18 000.0 kg/hm²,藤叶产量水平为28 333.3～34 333.3 kg/hm²。试验期间(即2007年6—10月)气象数据见表10-2。

表10-17 2007年试验的5种供试土质类型

A因素(土质编号)	成土母质	土种
A1	沙溪庙组页岩和泥岩	紫色土类灰棕紫泥土属,大眼泥土
A2	沙溪庙组泥岩	紫色土类灰棕紫泥土属,豆瓣泥土
A3	沙溪庙组泥岩	紫色土类灰棕紫泥土属,大眼泥土
A4	自流井组页岩	紫色土类暗紫泥土属,黄泥土
A5	自流井组页岩	紫色土类暗紫泥土属,大泥土

表10-18 2007年试验的5种供试土质颗粒组成和基础肥力分析结果

分析项目	A因素(土质代码)				
	A1	A2	A3	A4	A5
0.25~1.00 mm/%	2.84	2.36	2.20	2.10	5.04
0.05~0.25 mm/%	23.36	32.84	17.00	13.10	13.80
0.01~0.05 mm/%	23.00	16.00	20.00	20.00	12.05
0.005~0.01 mm/%	12.00	12.00	12.00	8.00	10.04
0.001~0.005 mm/%	16.00	16.00	16.00	22.00	26.11
<0.001 mm/%	22.80	20.80	32.80	34.80	32.94
氨态氮含量/ppm	3.68	12.49	7.47	1.26	11.54
有效磷含量/ppm	233.02	252.94	135.00	100.69	265.00
速效钾含量/ppm	70.97	33.08	27.48	21.53	17.84
有机质含量/%	6.74	6.49	5.43	3.06	6.36
质地类型描述	重壤土	重壤土	轻黏土	轻黏土	轻黏土

10.2.3.2 试验结果

A1和A2的平均小区土壤流失物总干重显著高于A3、A4、A5,但A1与A2之间差异不显著;A3、A4、A5三者之间的差异不显著(表10-19)。

表10-19 2007年试验的5种供试土质小区土壤流失物总干重比较

土质编号	平均小区土壤流失物总干重/kg
A1	12.046 a
A2	9.562 a
A3	5.483 b
A4	4.066 b
A5	4.036 b

土壤质地是影响水土流失的一个主要因素。不同质地的土壤其成土母质、颗粒组成、黏性、透水性也均不一样，进而导致其抗蚀性也不一样。这在本试验结果中体现很明显，A1和A2相比其他土质黏性小、抗蚀性差，而A3、A4和A5都属于轻黏土，黏性稍高、抗蚀性强。这三种土壤的土壤流失物总干重都显著低于A1、A2。廖晓勇等认为，降雨侵蚀的破坏是全方位的，流失土粒无选择性。笔者分析认为，虽然土粒流失是无选择性的，但土壤颗粒的组成会对水土流失物的总量有影响，这并不矛盾。

10.2.4 甘薯种植方式对旱耕地土壤流失的影响

10.2.4.1 试验概况

2007年的试验采用双因素（即A因素为甘薯品种的5种种植方式，B因素为4种坡度）设计。A因素各水平见表10-11，B因素中B1为0°，B2为15°，B3为25°，B4为35°。试验于2007年3月设在重庆市渝北区两路镇玉峰村。试验采用随机区组排列，每个坡度重复3次，小区面积为12 m²（长3 m，宽4 m）。试验用玉米品种为"潞玉13"，种植密度为2×10⁴株/hm²，籽粒产量水平为3 685.9~7 725.2 kg/hm²。甘薯栽插期为2007年5月23日，鲜薯产量水平为8 750.0~30 416.7 kg/hm²。玉米和甘薯的共生期为69 d。试验期间（即2007年6—10月）气象数据见表10-2。

2008年的试验采用双因素（即A因素为4种坡度，B因素为甘薯品种的5种种植方式）设计。A因素中A1为0°，A2为15°，A3为25°，A4为35°；B因素的5个水平见表10-20。试验设在重庆市渝北区两路镇玉峰村。试验采用随机区组排列，每个坡度重复3次，小区面积约为10 m²（长3.3 m，宽3.3 m）。试验用玉米品种为"渝单15"，播种期为2008年4月1日，种植密度为4.8×10⁴株/hm²，收获期为2008年7月31日，籽粒产量水平为3 513.2~10 527.6 kg/hm²。甘薯品种为"渝苏303"，栽插期为2008年5月20日，种植密度为7.2×10⁴株/hm²，鲜薯产量水平为8 750.0~30 416.7 kg/hm²。玉米和甘薯的共生期为71 d。试验期间（即2008年6—11月）气象数据见表10-4。

表 10-20 2008 年 B 试验因素（种植方式）

B因素编号	甘薯种植方式
B1	玉米套平栽甘薯
B2	玉米套垂直垄栽甘薯(与坡度平行作垄)
B3	玉米套横向垄栽甘薯(与坡度垂直作垄)
B4	净作玉米(玉米行中未套栽甘薯)
B5	净作平栽甘薯

10.2.4.2 试验结果

2007 年的试验结果显示，甘薯种植方式对小区土壤流失物总干重方差分析的 F 值为 15.02，差异达到极显著。A4(净作玉米)种植方式的平均小区土壤流失量最大，大于 A3(净作栽短蔓品种"潮薯 1 号")、A2(净作栽长蔓品种"南薯 88")、A1(净作栽中蔓品种"渝苏 297")，但差异均不显著，A4 显著高于 A5(玉米+垄栽中蔓品种"渝苏 297")；A3 高于 A2 和 A1，但差异均不显著，A3 显著高于 A5；A2 高于 A1，但差异不显著，A2 显著高于 A5；A1 显著高于 A5(表 10-21)。

表 10-21 2007 年甘薯不同种植方式小区土壤流失物总干重比较

A因素(种植方式)	平均小区土壤流失物总干重/kg
A4	33.42 a
A3	28.62 a
A2	23.93 a
A1	23.62 a
A5	10.58 b

2008 年的试验结果显示，种植方式对小区土壤流失物总干重方差分析的 F 值为 79.06，差异极显著。B4(净作玉米)种植方式的平均小区土壤流失物总干重显著高于 B2(玉米套垂直垄栽甘薯)、B5(净作平栽甘薯)、B1(玉米套平栽甘薯)和 B3(玉米套横向垄栽甘薯)；B2 高于 B5，但差异不显著，B2 显著高于 B1 和 B3；B5 高于 B1，但差异不显著，B5 显著高于 B3；B1 与 B3 之间差异不显著(表 10-22)。

表10-22 2008年甘薯不同种植方式小区土壤流失物总干重比较

B因素(种植方式)	平均小区土壤流失物总干重/kg
B4	14.04 a
B2	5.03 b
B5	4.49 bc
B1	3.20 cd
B3	2.78 d

2007年不同种植方式平均小区土壤流失物总干重由大到小的顺序为：A4(净作玉米)>A3(净作栽短蔓品种"潮薯1号")>A2(净作栽长蔓品种"南薯88")>A1(净作栽中蔓品种"渝苏297")>A5(玉米+垄栽中蔓品种"渝苏297")。甘薯和玉米套作的A5因素的小区土壤流失物总干重显著低于其他种植方式。2008年不同种植方式平均小区土壤流失物总干重由大到小的顺序为：B4(净作玉米)>B2(玉米套垂直垄栽甘薯)>B5(净作平栽甘薯)>B1(玉米套平栽甘薯)>B3(玉米套横向垄栽甘薯)。

研究中,玉米套作甘薯比净作玉米和净作甘薯的小区土壤流失物总干重显著减少。2007年,净作玉米(A4因子)的小区土壤流失物总干重最大,但它与A1、A2、A3因子之间差异不显著,究其原因可能是土壤流失在甘薯生长期间不均匀所致。因为土壤流失的70%集中在8月上旬以前,在这期间玉米和甘薯都有效地减少了土壤流失;8月上旬后,净作玉米尽管玉米已收获,但其土壤的流失量在总土壤流失量中比例很小。尽管A1、A2、A3因素之间土壤流失总量差异不显著,但有长蔓型、中蔓型品种低于短蔓型品种的趋势。另外,可能甘薯品种的叶片形状和株形结构也与减少土壤流失有关。在研究中,尽管"南薯88"为长蔓型品种,但它的分枝数较少并且叶片为浅缺刻型,小区土壤流失物总干重反而比分枝数多、叶片大而呈心脏形的中蔓型品种"渝苏297"多。

净作玉米这种种植方式在玉米收获后,土壤表面裸露,因此土壤流失物总干重比较大。甘薯为蔓生植物,栽插后很快生长不定根和产生分枝,因此玉米套作甘薯的种植模式减少了玉米收获前(甘薯未封垄)和玉米收获后(甘薯已封垄)的土壤流失量,提高了土壤植被覆盖率,可以遮挡降雨,避免或削弱雨滴对地面的溅击,减少雨滴的溅蚀率,从而起到减少旱耕地土壤流失的作用。这与向万胜、蔡昆争、安瞳昕等研究旱地间套作的结论一致。

因此,在我国西南地区旱耕地种植甘薯有助于减轻当地土壤流失。就甘薯的种植方式而言,玉米套横向垅栽甘薯(B3,与坡度垂直作垄)的种植方式最利于减少水土流失。即使在35°坡度上,以这种种植方式栽培甘薯,仍能较好地减轻水土流失。本研究中均以A4或B4(净作玉米即玉米行中未套栽甘薯)的土壤流失物总干重最大。

10.3 甘薯的固肥作用

2007—2008 年,以甘薯品种"南薯88""渝苏297""渝苏303""浦薯53""渝苏153""潮薯1号"为材料,研究在旱耕地上种植甘薯对流失土壤肥料养分的影响。

研究中肥料流失物特指流失土壤中的氨态氮、有效磷、速效钾和有机质养分。

10.3.1 甘薯不同蔓型品种对旱耕地流失土壤肥料养分的影响

研究方法见本章"10.2甘薯的固土作用"中"10.2.1甘薯不同蔓型品种对旱耕地土壤流失的影响"。

2007 年的试验结果显示,甘薯不同蔓型品种的流失氨态氮总干重方差分析的 F 值为0.897,平均小区流失氨态氮总干重由高到低次序为A2(长蔓型品种"南薯88")、A1(中蔓型品种"渝苏297")、A3(短蔓型品种"潮薯1号"),彼此之间差异不显著;甘薯不同蔓型品种对流失有效磷总干重方差分析的 F 值为0.071,平均小区流失有效磷总干重A3高于A2,但差异不显著,A3显著高于A1,A2显著高于A1;甘薯不同蔓型品种对流失速效钾总干重方差分析的 F 值为0.385,平均小区流失速效钾总干重A3显著高于A2和A1,A2与A1之间差异不显著;甘薯不同蔓型品种对流失有机质总干重方差分析的 F 值为0.515,平均小区流失有机质总干重A3显著高于A1和A2,A1与A2之间差异不显著(表10-23)。

表10-23 2007年甘薯不同蔓型品种对小区流失土壤肥料养分总干重影响的比较

A因素	平均流失氨态氮总干重/g	A因素	平均流失有效磷总干重/g	A因素	平均流失速效钾总干重/g	A因素	平均流失有机质总干重/g
A2	30.85 a	A3	4.29 a	A3	2.54 a	A3	1 489.46 a
A1	25.68 a	A2	4 14 a	A2	2.12 b	A1	1 595.17 b
A3	17.95 a	A1	3.93 b	A1	2.11 b	A2	2 067.93 b

2008年的试验结果显示,平作长蔓型品种"南薯88"、中长蔓型品种"渝苏303"、短中蔓型品种"渝苏153"、中蔓深缺刻叶型品种"浦薯53"和短蔓深缺刻叶型品种"潮薯1号"的流失土壤氨态氮总干重 F 值为1.562,其流失土壤中的有效磷总干重 F 值为0.660,其流失土壤中的速效钾总干重 F 值为0.766,其流失土壤中的有机质总干重 F 值为1.162,平均数比较差异均不显著(表10-24)。

表10-24 2008年甘薯不同蔓型品种对小区流失土壤肥料养分总干重影响的比较

A因素	平均流失氨态氮总干重/g	A因素	平均流失有效磷总干重/g	A因素	平均流失速效钾总干重/g	A因素	平均流失有机质总干重/g
A3	81.83 a	A3	11 886.83 a	A3	1 535.03 a	A3	221.24 a
A4	55.91 a	A5	11 136.48 a	A5	1 166.20 a	A4	182.96 a
A2	50.15 a	A4	8 502.93 a	A4	932.78 a	A2	161.98 a
A5	35.70 a	A1	5 047.61 a	A2	495.92 a	A1	140.44 a
A1	34.92 a	A2	4 245.10 a	A1	442.82 a	A5	130.87 a

从两年的总体试验结果来看,不同甘薯品种蔓型对流失土壤肥力的影响差异不显著。此研究中流失土壤中的肥料流失量由两方面决定,一是流失土壤里的肥力含量,二是流失土壤中的肥料数量。由于暴雨来临时冲刷走了一部分肥力(因测定的这些养分指标均为水溶性的),因此,流失的土壤泥沙量成为决定肥力流失量的一个重要方面,所以整体肥力流失量也呈接近趋势,即差异不显著。

10.3.2 旱耕地不同坡度种植甘薯对土壤养分流失的影响

研究方法见本章"10.2甘薯的固土作用"中"10.2.2旱耕地不同坡度种植甘薯对土壤流失的影响"。

2007年试验结果显示(表10-25),坡度对小区流失氨态氮总干重方差分析的 F 值为20.16,B3平均小区流失氨态氮总干重最大,B2次之,两者差异不显著,B3显著高于B1和B4;B2显著高于B1和B4;B1与B4之间差异不显著。坡度对小区流失有效磷总干重方差分析的 F 值为12.69,B4平均小区流失有效磷总干重最大,B3次之,B2再次之,三者之间差异不显著,B4显著高于B1;B3高于B2,二者之间差异不显著,B3显著高于B1;B2显著高于B1。B2小区流失速效钾总干重最大,B3次之,B4再次之,三者之间差异不显著,B2显著高于B1;B3高于B4,二者之间差异不显著,B3显著高于B1;B4显著高于B1。坡度对小区流失有机质总干重方差分析的F值为11.13,B3小区流失有机质总干重最大,显著高于B4、B2和B1;B4次之,高于B2,但差异不显著,B4显著高于B1;B2与B1之间差异不显著。

表10-25 2007年不同坡度对小区流失土壤肥料养分总干重影响的比较

B因素	平均流失氨态氮总干重/g	B因素	平均流失有效磷总干重/g	B因素	平均流失速效钾总干重/g	B因素	平均流失有机质总干重/g
B3	48.87 a	B4	5.57 a	B2	3.24 a	B3	2 822.31 a
B2	40.52 a	B3	4.69 a	B3	3.09 a	B4	1 714.64 b
B1	17.81 b	B2	3.89 a	B4	2.97 a	B2	1 432.79 bc
B4	2.01 b	B1	1.81 b	B1	1.07 b	B1	791.93 c

2008年的试验结果显示(表10-26),坡度对小区流失氨态氮总干重方差分析的F值为1.978,达到显著水平,B2平均小区流失氨态氮干重最大,高于B1和B3,但差异不显著,B2显著高于B4;B1高于B3和B4,但差异不显著;B3与B4之间差异不显著。坡度对小区流失有效磷总干重方差分析的F值为1.563,未达到显著水平,平均小区流失有效磷总干重由高到低次序是B4、B2、B1、B3,差异不显著。坡度对小区流失速效钾总干重方差分析的F值为1.474,未达到显著水平,平均小区流失速效钾总干重由高到低次序是B1、B2、B3、B4,差异不显著。坡度对小区流失有机质干重的方差分析的F值为0.232,未达到显著水平,平均小区流失有机质干重由高到低次序是B2、B4、B1、B3,差异不显著。

表10-26 2008年不同坡度对小区流失土壤肥料养分总干重影响的比较

B因素	平均流失氨态氮总干重/g	B因素	平均流失有效磷总干重/g	B因素	平均流失速效钾总干重/g	B因素	平均流失有机质总干重/g
B2	381.81 a	B4	4 175.00 a	B1	2 757.43 a	B2	280.37 a
B1	362.91 ab	B2	2 511.65 a	B2	2 214.23 a	B4	268.44a
B3	310.35 ab	B1	2 065.57 a	B3	2 187.04 a	B1	230.44 a
B4	178.42 b	B3	2 052.90 a	B4	693.08 a	B3	222.64 a

坡度对流失氨态氮量的影响由大到小,2007年的顺序为25°>15°>0°>35°;2008年的顺序为15°>0°>25°>35°。坡度对流失有效磷量的影响由大到小,2007年的顺序为35°>25°>15°>0°;2008年的顺序为35°>15°>0°>25°。坡度对流失速效钾量的影响由大到小,2007年的顺序为35°>25°>15°>0°;2008年的顺序为0°>15°>25°>35°。坡度对流失有机质量的影响由大到小,2007年的顺序为25°>35°>15°>0°;2008年的顺序为15°>35°>0°>25°。

就两年坡度试验结果来看,2007年的试验反映出坡度对肥力的流失量影响效果明显,坡度越大,土壤有效磷、速效钾、有机质的流失总量就越大;而2008年的趋势与2007年的趋势不一致,这可能是由于该试验中坡度较大的小区藤蔓反而比低坡度试验小区的长势要好所致,这点可以从表10-16的2008年平均小区藤蔓重的比较中得到证明。

10.3.3 土质对旱耕地流失土壤养分的影响

研究方法见本章"10.2甘薯的固土作用"中"10.2.3土质对旱耕地土壤流失的影响"。

试验结果显示(表10-27),土质A1、A2、A3、A4、A5之间平均小区土壤流失物氨态氮总干重差异不显著。平均小区土壤流失物有效磷总干重比较,A2与A1、A5之间差异不显著,A2和A1显著高于A3、A4,A5和A3之间差异不显著,与A4差异显著,A3、A4之间差异不显著。平均小区土壤流失物速效钾总干重比较,A1与A2、A3因子之间差异不显著,显著高于A5、A4,A2和A3、A4、A5之间差异不显著。平均小区土壤流失物有机质总干重比较,A1与A2、A3之间差异不显著,显著高于A5、A4,A2、A3、A4、A5之间差异不显著。

表10-27 2007年不同土质对小区流失肥力养分总干重影响的比较

A因素	平均流失氨态氮总干重/g	A因素	平均流失有效磷总干重/g	A因素	平均流失速效钾总干重/g	A因素	平均流失有机质总干重/g
A5	0.843 a	A2	3.235 a	A1	1.186 a	A1	2 033.769 a
A3	0.550 a	A1	3.043 a	A2	1.060 ab	A2	1 825.466 ab
A2	0.533 a	A5	2.073 ab	A3	0.794 ab	A3	1 008.240 ab
A4	0.465 a	A3	1.258 bc	A5	0.513 b	A5	780.602 b
A1	0.456 a	A4	0.234 c	A4	0.507 b	A4	676.019 b

土质因素因其颗粒组成不同,对土壤流失物中有效磷总干重、速效钾总干重和有机质总干重的影响有显著差异。页岩母质形成的大泥土和黄泥土土壤在农作物生长期间土肥流失最少。

黄丽等认为,泥沙颗粒是养分流失的载体,泥沙中的养分主要附着在0.020~0.002 mm的泥沙颗粒上,随着小于0.002 mm的微团聚体以及单粒的土壤流失而养分随之流失,因此,要保持其水土,必须从防止这部分颗粒的流失着手。研究中,从颗粒组成分析可以看出,A1因子小于0.010 mm的颗粒比例为50.8%;A2因子小于0.010 mm的颗粒比例为48.8%;A3因子小于0.010 mm的颗粒比例为60.8%;A4因子小于0.010 mm的颗粒比例为64.8%;A5因子小于0.010 mm的颗粒比例为69.09%,土壤流失氨态氮、有效磷、速效钾、有机质的量和这个比例相关性不大。笔者分析认为,本研究在测定土壤肥力前,排掉了小区接砂槽上层清水,带走了大部分无法计量的水溶性肥力养分;另外,土壤肥力流失同样是多因一果的现象,颗粒组成只是其中的一个因素,还有诸如土壤pH、降雨强度、坡度及其长度等因素的影响,特别是土壤团粒胶体结构的影响也是很大的。有待将来设计各种因素进行试验,摸清各个因素所占的比例。

有人提出,降雨过程中流失的泥沙肥力含量高于雨前表土,具有富集的特征。研究中,重在比较各种处理(因素)下流失养分的质量差异是否具有显著性,而没有牵涉流失肥力和雨前表土的比较,因此没有测定在一个试验周期后其试验地土壤养分的衰减量。

研究中,玉米套作甘薯的小区比净作玉米的小区有效磷总干重和有机质总干重显著减少,但流失的氨态氮总量、速效钾总量二者差异不显著。究其原因,可能是试验期间收集的流失物在排去上层清水过程中,肥力物质溶于水被排除掉或者被雨水冲刷所致,测得的量仅仅是其与收集流失泥沙呈结合态的部分,所以其肥力流失呈现接近的现象。

10.3.4 甘薯种植方式对旱耕地土壤养分流失的影响

试验设置的种植方式为净作栽中蔓型品种"渝苏297"(A1)、净作栽长蔓型品种"南薯88"(A2)、净作栽短蔓型品种"潮薯1号"(A3)、净作玉米(玉米行中未套栽甘薯)(A4)、玉米+垄栽中蔓型品种"渝苏297"(A5),其方法见本章"10.2甘薯的固土作用"中"10.2.4甘薯种植方式对旱耕地土壤流失的影响"。

2007年的试验结果见表10-28。甘薯种植方式对小区流失土壤氨态氮总干重方差分析的 F 值为7.02,达到显著水平。A4因素净作玉米平均小区流失氨态氮干重最大,高于A2,但差异不显著,显著高于A1、A3、A5;A2高于A1、A3、A5,但差异不显著;A1高于A3,但差异不显著;

A3与A5之间差异不显著。甘薯种植方式对小区流失有效磷总干重方差分析的F值为7.53,达到显著水平。A4平均小区流失有效磷总干重最大,显著高于A5,高于A3、A2和A1,但差异不显著;A3高于A2和A1,但差异不显著,显著高于A5;A2高于A1,但差异不显著,显著高于A5;A1显著高于A5。甘薯种植方式对小区流失速效钾总干重方差分析的F值为8.75,达到显著水平。A4平均小区流失速效钾总干重最大,显著高于其他处理因子;A3高于A2、A1和A5,但差异不显著;A2高于A1和A5,但差异不显著;A1高于A5,但差异不显著。甘薯种植方式对小区流失有机质总干重方差分析的F值为5.47,达到显著水平。A4小区流失有机质总干重最大,高于A3、A1和A2,但差异不显著,显著高于A5;A3高于A1和A2,但差异不显著,显著高于A5;A1高于A2和A5,但差异不显著;A2与A5之间差异不显著。

表10-28 2007年A因素(甘薯不同种植方式)对小区流失土壤养分总干重影响的比较

A因素	平均流失氨态氮总干重/g	A因素	平均流失有效磷总干重/g	A因素	平均流失速效钾总干重/g	A因素	平均流失有机质总干重/g
A4	49.52 a	A4	5.72 a	A4	4.67 a	A4	2 535.65 a
A2	30.85 ab	A3	4.30 a	A3	2.54 b	A3	2 067.93 a
A1	25.68 b	A2	4.14 a	A2	2.12 b	A1	1 595.17 ab
A3	17.95 b	A1	3.93 a	A1	2.11 b	A2	1 489.46 ab
A5	12.53 b	A5	1.85 b	A5	1.51 b	A5	763.88 b

2008年试验结果见表10-29。甘薯种植方式对小区流失氨态氮总干重方差分析的F值为24.319,达到显著水平。B4[净作玉米(玉米行中未套栽甘薯)]平均小区流失氨态氮总干重最大,显著高于B2[玉米套垂直垄栽甘薯(与坡度平行作垄)]、B5(净作平栽甘薯)、B1(玉米套平栽甘薯)和B3[玉米套横向垄栽甘薯(与坡度垂直作垄)];B2高于B5和B1,但差异不显著,显著高于B3;B5高于B1和B3,但差异不显著;B1高于B3,但之间差异不显著。甘薯种植方式对小区流失有效磷总干重方差分析的F值为0.914,未达到显著水平。平均小区流失有效磷总干重由高到低依次为B4、B3、B5、B1、B2,差异不显著。甘薯种植方式对小区流失速效钾总干重方差分析的F值为1.663,达到显著水平。B4平均小区流失速效钾总干重最大,高于B3、B1和B2,但差异不显著,显著高于B5;B3高于B1、B2和B5,但差异不显著;B1高于B2和B5,但差异不显著;B2高于B5,但差异不显著。甘薯种植方式对小区流失有机质总干重方差分析的F值为

23.772,达到显著水平。B4平均小区流失有机质总干重显著高于B2、B5、B1和B3;B2高于B5、B1和B3,但差异不显著;B5高于B1和B3,但差异不显著;B1高于B3,但差异不显著。

表10-29 2008年B因素(甘薯不同种植方式)对小区流失肥力养分总干重影响的比较

B因素	平均流失氨态氮 总干重/g	B因素	平均流失有效磷 总干重/g	B因素	平均流失速效钾 总干重/g	B因素	平均流失有机质 总干重/g
B4	720.85 a	B4	4 028.59 a	B4	3 253.47 a	B4	593.49 a
B2	285.83 b	B3	2 881.46 a	B3	2 336.30 ab	B2	220.70 b
B5	252.69 bc	B5	2 692.69 a	B1	1 804.16 ab	B5	183.63 b
B1	175.70 bc	B1	2 219.09 a	B2	1 365.98 ab	B1	146.72 b
B3	124.79 c	B2	1 648.97 a	B5	784.81 b	B3	107.84 b

根据两年的试验结果,就土壤流失养分情况看,玉米套作甘薯的流失量最小,而净作玉米各种肥力养分的流失量最大;流失氨态氮量,玉米套横向垄栽甘薯(与坡度垂直作垅)最小;流失有效磷量,玉米套垂直垄栽甘薯(与坡度平行作垅)最小;流失速效钾量,净作平栽甘薯最少;流失有机质量,玉米套横向垄栽甘薯(与坡度垂直作垅)最小。

根据上述研究结果,作者认为,在我国的旱耕地,特别是西南地区有坡度的旱耕地,玉米地套横向垄栽甘薯(与坡度垂直作垄),不失为一种很好的栽培模式,可以大大减少土壤和肥料养分的流失。

第四篇
甘薯遗传育种及
生物技术

第十一章 甘薯遗传与育种

11.1 甘薯主要性状的遗传

11.1.1 甘薯主要经济性状的遗传

甘薯染色体数为 $2n=90$，属同源六倍体植物。甘薯倍性高与自交不亲和性的特点导致其杂交后代遗传结构具有巨大变异性和高度复杂性，给甘薯性状遗传的研究带来极大的难度。甘薯主要经济性状均是数量性状，通过结合育种实际，运用数量遗传分析的方法，对甘薯主要经济性状进行研究，不断加深了对甘薯主要经济性状遗传特点和趋势的认识，并在育种实践中加以验证和应用。

11.1.1.1 鲜薯重的遗传

鲜薯重是甘薯最重要的经济性状。国内外研究表明，甘薯鲜薯重的遗传不仅受非累加效应制约，也受累加效应影响。据江苏省农科院张必泰、邱瑞镰等（1981）的研究，甘薯的鲜薯重在 F_1 表现出广泛分离，出现高、中、低类型，有的组合呈常态分布或接近常态分布，显示多基因支配的数量性状遗传特征。Jones（1986）在随机杂交集团中，李惟基等（1990）在不同品种的单交组合中，均观察到子代无性系平均鲜薯重普遍低于亲代，这些结果进一步证实了鲜薯重遗传中存在明显的非累加效应。

鲜薯重的遗传除受非累加效应支配外，也受到加性效应的支配。张必泰、邱瑞镰等（1981）发现，某些近交组合的 F_1 中超亲系频率高于远交组合；杨中萃等（1981）也观察到"低产品种×低产品种"的组合,其F_1的低产个体频率高于"中产品种×低产品种"的组合,他们一致认为鲜薯重的遗传也存在加性效应。Jones等(1969)、李良(1975)则根据甘薯随机杂交集团的试验结果,发现鲜薯重的遗传方差中,加性方差比非加性方差重要,前者占58%~54%,后者占42%~46%。何素兰等(1995)按不完全双裂杂交设计了18个杂交组合,对其子代群体的测定结果表明,在鲜薯重的遗传方差中,基因加性效应占65.17%,基因非加性效应只占34.83%,进一步说明了在鲜薯重的遗传中,加性作用比非加性作用更重要。戴起伟、邱瑞镰等(1988)根据配合力遗传方差的估计,认为甘薯鲜薯重性状既有累加效应,也有非累加效应,且这两种效应对甘薯来说均很重要。因为不论加性效应还是非加性效应,都可以通过无性繁殖得到基因型的固定而成为杂种优势的一部分。江苏省农科院1986—1989年的甘薯配合力遗传研究结果表明,单薯重的加性遗传方差占80%以上,其遗传力较高,广义遗传力达到80.8%,且具有与干物质含量类似的遗传特点,即与亲本性状密切相关。

此外,在甘薯鲜薯产量的遗传力研究中,江苏省农科院以"栗子香"和"南京92"、"广济白皮六十日早"和"栗子香"、"宁远三十日早"和"52-45"、"8-69"和"751111"等组合为材料,估算出各组合薯块产量的广义遗传力依次为27.6%、75.1%、25.3%和17.2%。据杨中萃(1981)测定,甘薯10个不同杂交组合,子代的鲜薯重广义遗传力为26.37%~66.13%。据华南农学院(1981)的测定,单株薯重的广义遗传力为61.18%。此外,据Jones(1977)的估算,薯重的广义遗传力为25.0%。

11.1.1.2 干物质含量的遗传

甘薯块根中干物质含量属于数量性状,是由多基因控制的。大量研究结果表明,干物质含量主要受基因的加性效应所支配,也存在基因的非加性效应。干物质含量的遗传主要受亲本性状水平影响,具有较高的遗传力。张必泰、邱瑞镰等(1981)通过对近亲杂交和远亲杂交后代进行分析,认为干物质含量的遗传除主要受基因加性效应支配外,也有基因的非加性效应起主导作用的情况出现。李良(1982)的研究表明,在薯块的干物质含量和淀粉含量的遗传方差中,加性效应分别占54%和62%,非加性效应分别占46%和38%,均以加性效应为主,其狭义遗传力分别为0.48±0.16和0.56±0.18。杨中萃(1981)研究表明,18个组合干物质含量的广义遗传力为62.15%~97.34%。Jones(1977)根据对随机交配群体第2代40个亲本及其子代的协方差分析,估计出干物质含量的狭义遗传力为0.65±0.12。戴起伟等(1988、1989)根据配合力方差和组合内F_1品系间变异方差估算的干物质含量广义遗传力分别为92.9%和74.5%。

11.1.1.3 结薯数的遗传

甘薯结薯数的多少除了与甘薯品种特性有关外,还受栽培条件的影响,对环境极为敏感。甘薯结薯数遗传力较低。根据戴起伟等(1988)的配合力遗传方差分析,加性遗传方差仅占2.9%,非加性遗传方差达97.1%,广义遗传力为39.9%。根据华南农学院(1981)的估算,大薯数广义遗传力为35.14%,中薯数为35.76%,小薯数为35.15%。

11.1.1.4 薯蔓有关性状的遗传

甘薯茎叶重是选育饲用品种的重要指标。1981年,湖南省农科院对1919个品系进行分析,表明茎叶重的广义遗传力为84.9%。据戴起伟等(1986)研究,甘薯蔓长、分枝数的遗传力较高,广义遗传力分别为83.8%和70.4%;茎叶重遗传力较低,其广义遗传力为49.2%;一般配合力遗传方差,蔓长为63.3%,分枝数为97.3%,茎叶重为57.6%,表明分枝数的遗传主要受亲本影响,而对蔓长和茎叶重的遗传,加性基因效应和非加性效应均很重要。此外,对节间长度和茎粗的研究还表明,它们的广义遗传力分别为73.4%和70.2%,加性遗传方差则分别为52.7%和77.3%。

11.1.2 甘薯抗病性遗传

11.1.2.1 抗黑斑病遗传

研究表明,甘薯抗黑斑病具有多基因遗传的特点,其遗传以加性效应为主。1963—1965年,邱瑞镰对黑斑病遗传进行研究,在"胜利百号"和"南瑞苕"、"52-45"和"懒汉芋"的正反交中看到,无论哪种组合,其后代中均出现高抗、抗、中抗、感、重感五种类型,只是各类型出现的频率不同,说明甘薯抗黑斑病也具有多基因遗传的特点,而且子代的抗病能力与亲本抗病能力有密切关系。亲本之一是抗病能力较强的"52-45",其正反交后代中高抗类型出现的频率达22.0%,而感病类型只有4.2%,相反,如果亲本是感病品种,其后代中高抗类型出现的频率只有6%,重感类型则超过30%,表明甘薯抗黑斑病的遗传是以加性效应为主。杨中萃等(1981、1987)曾观察到,两亲本平均病情指数为51.5,其子代平均病情指数为31.2,双亲病情指数与杂交后代的病情指数趋势是一致的,这说明选用抗病亲本具有重要意义。

张黎玉、邱瑞镰等(1994)连续选择不同抗、感黑斑病的甘薯品种为亲本,组配各种组合,研究甘薯F_1抗黑斑病的表现与亲本抗性水平的关系,F_1实生系对黑斑病抗性呈广泛分离,抗黑斑病能力随双亲抗性水平的提高而提高,并出现超亲分离。"抗×抗"和"感×感"组合的F_1分别分离出高抗型和抗型材料,表明甘薯抗黑斑病的遗传背景较复杂,抗病对感病呈部分显性。

戴起伟等(1989)研究表明,甘薯抗黑斑病的广义遗传力为52.2%,加性遗传效应方差为62.3%,非加性遗传效应占37.7%,也说明了甘薯后代抗黑斑病能力的强弱与亲本关系较大,同时也存在抗病性的超亲优势。

谢一芝等(2003)对898份杂交后代材料及其亲本进行了抗黑斑病性分析,结果表明,各种不同抗性组合的杂交后代中都会出现从高抗至高感的各种抗性类型,但各抗病类型的比例不同。总的趋势表现为双亲抗性水平越高的组合,其后代中出现高抗或抗病型材料的比例越高,如"抗×抗"及"抗×中抗"的后代中出现抗病型及以上的比例分别为36.3%和33.3%,而"中抗×感"及"感×感"的后代中出现抗病型及以上的比例分别为13.5%和13.9%;后代中感病型或重感型出现的比例随亲本抗性水平的降低而提高,如"抗×抗"和"抗×中抗"的后代中出现感病型及重感型的比例分别为27.3%和33.4%,而"中抗×感"和"感×感"的后代中出现感病型及重感型的比例分别为64.8%和59.8%。

11.1.2.2 抗根腐病遗传

甘薯根腐病是一种于20世纪70年代前后在我国长江流域以北发生的甘薯病害。邱瑞镰等(1979)对甘薯根腐病(*Fusarium solani*)遗传的研究表明,以抗病型的"南京92"和感病型的"栗子香"杂交,F₁出现高抗、抗病、感病和重感4种类型,显示多基因遗传特点,其中重感类型出现的频率最高,抗病型出现的频率最低。即使双亲均为感病类型,通过杂交过程中的基因自由组合,也能分离出高抗类型的后代,如高产、高淀粉、高抗根腐病的"苏薯2号"即为从双亲均为感病类型的"栗子香"与"南丰"杂交组合中选育出来的,这表明了甘薯根腐病遗传的复杂性。

陈月秀等(1987)将5种不同类型抗根腐病的甘薯品种组配为13个组合,对716个F₁实生苗的调查表明,双亲抗病能力强,后代出现抗病性强的品系多;双亲抗病性差,后代出现抗病性强的品系少。F₁抗病能力变异范围广,病情指数连续性变异,说明甘薯抗根腐病抗性主要是由基因加性效应控制。

谢一芝等(2002)对754份材料及亲本抗性的分析表明,各种不同抗性亲本组合的杂交后代中都可出现从高抗至高感的各种抗性类型的后代,只是各抗性类型的比例不同,总的趋势表现为双亲抗性水平越高的组合,其后代中高抗或抗病类型出现的比例就越高,如"高抗×高抗"和"高抗×抗"的后代中出现高抗型的比例分别为25.0%和22.2%,而"感×感"的后代中出现高抗的比例仅为2.6%。

11.1.2.3 抗茎线虫病遗传

山东省农科院(1979)曾研究甘薯亲子代之间抗茎线虫病能力的差异,研究结果指出,在选配亲本时,至少要有一个亲本为高抗型,若为"高抗×高抗"或"高抗×中抗",其后代出现抗病性强的品系频率更高。杨中萃等(1987)的研究也表明,选用抗病性强的品种作亲本,容易获得抗病性强的后代。如高抗品种"三合薯"×高抗品种"72-429",其后代中出现高抗和抗病品系的比例达85%,如用高感的"济薯1号"×高感的"烟薯1号",后代出现高感和感病的品系为56%,但均出现超亲现象。另外,江苏省农科院从甘薯近缘野生种(I. trifida)株系中发现抗茎线虫病的基因源,在采用该株系与多个甘薯品种(系)为亲本杂交的后代中,均出现高抗茎线虫病的材料,这说明以甘薯与野生种进行种间杂交是选育抗茎线虫病品种的有效途径。

谢逸萍等(1994、1995)对甘薯茎线虫病遗传的研究表明,用高抗的品种作亲本可得到高抗类型的杂交后代,正反交后代的抗性分离无明显差异。同时对12个亲本所组配的30个组合杂交后代的抗性分析表明,甘薯抗茎线虫病遗传以加性效应为主,甘薯抗茎线虫病性的广义遗传力为90.9%,遗传变异系数为73.01%。

11.1.2.4 抗根结线虫病遗传

杨中萃等(1983)对根结线虫病遗传的研究表明,亲子间病情指数有一定关系,"高抗×高抗"的组合,其F_1的病情指数为14.7%;"感病×感病"的组合,其F_1的病情指数达38.4%。高世汉等(1994)的研究结果表明,甘薯F_1根结线虫病抗病性遗传变异范围广,病情指数呈连续分布,抗性遗传以加性效应为主;F_1抗病能力受双亲抗病基因所制约,亲子间抗性呈极显著正相关($r=0.9254^{**}$),并显示甘薯品种抗根结线虫病能力具有很高的稳定性,这对保持良种抗病这一优良特性有十分重要的意义。

国外一些学者对甘薯根结线虫病抗性的遗传也进行了较深入的研究。Misurace(1970)研究认为,甘薯对根结线虫(Meloidogyne incognita)的抗性是由几个基因控制的部分显性数量性状遗传。Kukimura(1990)和Struble(1966)研究认为,甘薯杂种后代对根结线虫的抗性强弱主要受亲本抗性的制约,亲子间的抗性呈极显著的正相关。抗性遗传以加性效应为主,也受非加性效应的影响,并有超亲现象。无论哪种类型的杂交组合,后代均会出现各种抗病类型的材料,只是各类型出现的频率不同。甘薯品种抗根结线虫的能力具有很强的稳定性。Jones(1980)等使用了抗性的3个度量,即卵块指数、虫瘿指数和黑斑指数,研究了由根结线虫和M. javanica两种病原线虫所致的甘薯根结线虫病的抗性遗传,3种度量的狭义遗传力分别为

69%、78%和72%,且这两种根结线虫的抗性不是由共同的遗传因子所控制,而是涉及不同基因的独立遗传,两个种的抗性间没有相关性。

Misuraca(1970)将抗病、中抗和感病三种类型进行组配来研究F_1实生苗的抗病性,结果显示,双亲均为抗性类型的杂交组合,F_1实生苗有79%属抗病到中抗的类型;在"抗病×感病"的杂交组合中,F_1实生苗可均匀地分成抗病、中抗和感病3种类型;而双亲均为感病的杂交组合中,93%的F_1实生苗是感病类型。以上结果说明,这种抗性是受多基因控制的,具有部分显性的数量性状。

11.1.2.5 抗薯瘟病遗传

目前对抗薯瘟病的遗传研究报道不多,据叶彦复等(1983)的观察结果,用抗病性强的"华北48"作亲本,后代中容易出现抗瘟品种,如"万春一号";而用高感品种"港头白"作亲本,后代中绝大部分是感病的。陈凤翔等(1989)报道,抗薯瘟菌群I(pb-i)呈现受主效基因控制的质量遗传,并以加性效应为主,且母本抗性遗传占较大优势。

11.1.2.6 抗蔓割病遗传

方树民等(1997)对9个甘薯杂交组合实生苗做田间接种鉴定,结果表明,9个品系实生苗对蔓割病抗性有较大的分离,出现不同程度的连续性分布,显示出以加性效应为主的遗传特点,杂交后代的抗性受双亲基因型支配,但正反交有差异,有明显的母本效应。

Hammett(1982)研究了甘薯蔓割病的遗传,通过对29个杂交组合后代的鉴定,结果表明,中抗或高抗亲本的后代中大部分为抗性类型,部分亲本的抗性高度遗传,大部分抗性是由6个基因控制的数量性状,它们具有加性效应,在一些杂交组合中存在超亲遗传。Collins(1976)以对蔓割病表现从高感到高抗的8个甘薯无性系为材料设计双裂杂交(共24个组合,每个组合10个姐妹系),进行抗性鉴定和分析,结果表明,一般配合力和特殊配合力均达到极显著水平,加性方差占遗传方差的87%,而显性方差占13%,姐妹系的广义遗传力为96.2%,狭义遗传力为89.4%,亲子平均数的相关$r=0.8$。

11.1.3 甘薯品质性状的遗传

11.1.3.1 淀粉含量的遗传

甘薯块根中淀粉含量属于数量性状,是由多基因控制。淀粉率与干物率呈极显著正相关($r=0.9735$)。在甘薯育种过程中对大量初级材料的鉴定一般常以干物率来反映淀粉率的高低。一般认为甘薯的干物质含量主要受基因的加性效应所影响,也存在基因的非加性效应。

张必泰、邱瑞镰等(1981)通过对近亲杂交和远亲杂交后代进行分析,认为甘薯干物质含量的遗传除了主要受基因的加性效应影响外,也有基因的非加性效应起主导作用的情况出现。李良(1982)研究表明,薯块淀粉含量的遗传方差中,加性效应占62%,非加性效应占38%,其遗传力为0.56±0.18。杨中萃(1981)研究表明,18个组合干物质含量的广义遗传力为62.15%~97.34%,其中15个组合均在80%以上。

戴起伟等(1988)研究了由不同淀粉含量的亲本相互组配的不同类型其后代淀粉率分布及其亲子关系,指出甘薯淀粉率组合类型与F_1分离频率有极为密切的关系。根据甘薯淀粉含量的遗传特点,戴起伟等认为,淀粉率可能是甘薯以其特定的同源六倍体遗传方式,由不同位点和不同基因状态(同质或异质)所决定。正向等位基因数目愈多,淀粉率愈高,呈现明显的基因累加效应。

11.1.3.2 蛋白质含量的遗传

蛋白质含量属于数量性状。甘薯蛋白质含量在品种间存在很大的差异。国内外关于甘薯蛋白质含量遗传的研究较少。李良(1977)在甘薯块根粗蛋白含量的遗传研究中指出,加性效应比非加性效应更为重要,在遗传方差中,加性遗传方差占79%,非加性遗传方差占21%,块根蛋白质含量的广义遗传力为57%。Jones等(1977)研究表明,蛋白质含量遗传力的估值比甘薯纤维素含量的遗传力估值高(纤维素含量的遗传力为47%),由此可见,有关甘薯亲本的选配对于甘薯蛋白质的遗传改良是很重要的。

11.1.3.3 胡萝卜素、花青素含量的遗传

甘薯块根中含有丰富的胡萝卜素(维生素A的前体),这是食用型甘薯的一个重要品质性状,直接关系到甘薯的营养价值和产品价值。甘薯块根中胡萝卜素含量的高低与薯肉的颜色有密切关系。甘薯胡萝卜素是一个可遗传的性状,可通过遗传改良得到提高。关于甘薯胡萝

卜素含量的遗传研究,Hernandez 等(1965)曾指出,薯肉的白色对橘黄色为不完全显性,胡萝卜素含量的表现大约由 6 个起加性作用的基因所控制,是一个数量性状。张黎玉、谢一芝等(1987、1996)研究指出,甘薯杂交后代胡萝卜素含量分布呈广泛变异,胡萝卜素含量主要由非加性遗传效应控制,并有明显的累加超亲现象,具有多基因遗传的明显特征。马代夫等(1990)根据配合力分析发现,胡萝卜素含量的亲本一般配合力方差和组合特殊配合力方差均达极显著水平,并认为胡萝卜素含量既有基因加性效应,也有非加性效应。郭小丁(1989)的研究结果表明,胡萝卜素含量的广义遗传力高达97%,甘薯胡萝卜素含量的遗传力超过干物率、单株薯重、可溶性糖、水溶性蛋白质和维生素C。

梅村芳树(1993)通过组配杂交研究发现,紫心甘薯肉色的表现受主基因(A1和A2)控制,甘薯紫色薯肉颜色越深,花青素含量越高,并出现超亲现象,通过常规的杂交育种手段选育高花青素含量的甘薯品种是可行的。

11.1.3.4 纤维素含量的遗传

甘薯纤维分粗纤维和食物纤维,食物纤维具有重要的营养和生理功能,关于甘薯纤维含量的遗传报道很少。Hammett 等(1966)报道,甘薯实生苗的薯肉纤维素含量是由两组基因控制,一组基因控制纤维素的表现,另一组基因控制纤维素的大小。Joens 等(1978)的研究表明,甘薯块根纤维含量的狭义遗传力为 0.47±0.04,在遗传方差中非加性成分比例较大,而且纤维素的含量也受环境的影响。

11.1.4 甘薯早熟性的遗传

甘薯薯块的早熟系指 90～110 d 生长期内能获得较高产量的品系。在复种指数高或无霜期短的地区,以及随着市场经济的发展,选育早熟类型的品种具有重要意义。关于甘薯早熟性遗传的研究报道较少。张必泰等于1979—1980年对早结薯习性的遗传趋势进行观察,结果表明,两个亲本中有一个为早结薯类型,F_1中出现早结薯类型的频率显著提高,并且观察到某些组合早结薯习性的遗传有母本优势现象。此外还发现,早结薯组合在收获时,F_1中高产类型的出现频率也高,说明在某些组合早结薯习性与丰产性有一致趋势。因此,结薯的早迟可作为选育早熟丰产类型品种的依据之一。据方正义等(1988、1992)研究表明,甘薯早熟性属基因加性效应为主的数量性状,亲子间关系密切,早熟近亲组合可获得特早熟的后代,以早熟父本与中晚熟高产母本组配较容易选到早熟高产品种。

11.1.5甘薯主要性状的遗传相关性

研究甘薯性状间的相关性,可通过容易观察到的性状来掌握另一些较复杂的性状,如甘薯的抗蔓割病能力与叶脉紫色程度有关,而叶脉色是容易观察的。研究甘薯块根产量与品质、抗病性状的相关性,可利用其中的有利相关,打破其中的不利相关,加快选育出高产、优质、抗病性强的新品种。如下为甘薯一些主要性状间的相关关系。

11.1.5.1薯块产量与干物质含量

大量研究结果表明,薯块产量和干物质或粗淀粉含量一般呈极显著负相关(张必泰等,1981;王家万等,1981;李良,1982;林平生,1983;余忠生等,1988)。此外,还有一些研究结果指出,薯块产量与干物质含量的相关性常因组合而不同,有的组合相关性极显著,有的组合相关性不显著(张必泰等,1981;杨中萃等,1981)。

11.1.5.2薯块产量与单株结薯数

国内外研究表明,薯块产量与单株结薯数和薯重之间呈显著的正相关。张必泰等(1981)以"宁薯1号"×"白星"、"52-45"×"白星"、"栗子香"×"南京92"三个组合的后代为材料进行观察,结果显示,薯块产量与单株结薯数呈正相关关系,r值依次为0.467、0.450和0.319,都达到显著水平。Lowe和Wilson(1974)用8个甘薯品种试验的结果表明,块根平均重和块根产量呈明显正相关。

11.1.5.3单株薯数与薯重

据Bacusono和Carpena(1982),Bowrke(1983)对热带甘薯的研究表明,结薯数与鲜薯重表现出极显著的正相关关系。林平生(1983)对广东甘薯品种的研究结果也表明,大薯(>250 g)数和中薯(100~250 g)数与鲜薯重的遗传相关系数分别为0.861 6和0.877 7(均为极显著)。陈凤翔(1995)测定甘薯集团杂交后代单株薯重与单株结薯数的遗传相关系数为0.924(极显著),对单株薯重直接效应最大的是单株结薯数。在甘薯品种间单交子一代群体中,余忠生(1988)曾报道过,薯数与鲜薯重在不同组合中表现出不同程度的显著或极显著正相关。冯祖虾(1978)、王家万等(1981)也曾报道,大薯(>250 g)数与鲜薯重高低表现一致。所以,一般认为单株薯数和大薯数是选择高产品种(系)的重要依据。

11.1.5.4 单株薯重与单株茎叶重

郑光武(1984)、李浅(1986)、余忠生(1988)用品种间单交子一代群体所进行的试验结果表明,甘薯茎叶重与鲜薯重表现为极显著正相关。林平生(1983)在甘薯品种组成的群体中测定的相关系数都未达到显著水平。陈凤翔等(1995)在全生育期125 d收获时测定,甘薯集团杂交后代单株薯重与单株绿叶重、单株茎叶重之间的遗传相关系数分别为0.687和0.750(均为极显著);王家万等(1981)在品种间单交子一代群体中观察到茎叶重与鲜薯重表现为曲线相关,茎叶重中等的无性系平均鲜薯重最高,高鲜薯重个体的比例最大。

11.1.5.5 薯块产量与块根粗蛋白质含量

甘薯产量与蛋白质含量之间在表型和基因型方面存在微小的负相关。据亚洲蔬菜研究发展中心(AVRDC)报道,在4个甘薯品种试验中观察到蛋白质含量与鲜薯产量之间的相关系数分别为-0.3、-0.83(显著)、-0.87(极显著)和0.68。李良(1977)报道,块根中粗蛋白含量与鲜薯产量之间存在微小的负相关。因此认为获得高蛋白质含量的高产品种是可能的。

11.1.5.6 肉色与干物质、胡萝卜素、花青素、蛋白质含量

肉色与干物质含量、胡萝卜素含量、花青素含量、蛋白质含量有密切关系。Jones 等(1969, 1977)报道,薯肉深颜色(红色或深黄色)与干物质含量呈负相关,相关系数为-0.67。李良(1982)的研究结果也表明,块根的平均干物质含量与薯肉色呈极显著的负相关。AVRDC(1975)报道,橘黄色薯肉的品种(系)胡萝卜素含量高,胡萝卜素和蛋白质含量与薯肉色存在正相关。李良(1981)的研究结果表明,蛋白质含量与薯肉色之间呈正相关($r=0.89$),薯肉色遗传力很高,因而选择高蛋白质材料将会得到橙色薯肉品种,这点对饲用品种的选育是非常有利的。

傅玉凡等(2007)通过对薯块的风味、质地、甜味、纤维含量、水分等指标进行综合考量后,对紫心甘薯的食用品质进行综合评价,结果表明,紫心甘薯的食用品质与紫心甘薯的花青素含量呈极显著负相关,与薯块干物质含量呈极显著正相关,而紫心甘薯的食用品质与鲜薯产量、薯块可溶性糖含量无显著相关性。黄洁等(2011)对花青素含量与食味品质的相关性研究则表明,当薯块的花青素含量较高时,花青素含量与食味品质呈负相关,因花青素含量过高有苦涩味,而导致食味品质下降;但在花青素含量一般的情况下,花青素含量与食味品质没有一定的相关性。因食味评价是面度、香度、黏度、甜度、纤维感等性状的综合表现,只有当花青素含量较高时对食味品质有一定的影响,含量一般时对品质没有影响。

11.1.5.7 薯块产量、干物质含量与抗病性

目前尚未发现甘薯对病害的抗性与其他性状间有相关关系。邱瑞镰(1965)观察了甘薯抗黑斑病能力与一些经济性状的关系,结果表明,甘薯抗病性与生产力、干物率没有明显的关系,以100个品种(系)为材料,观察结果表明,薯块病斑大小与生产力的相关系数为0.280,薯块病斑大小与干物率的相关系数为0.015,差异均不显著。据河南省许昌地区农科所1980年的研究发现,甘薯产量与甘薯抗根腐病的能力无相关关系。上述研究结果表明,选育既抗病,又高产、高干率的甘薯品种是可能的。甘薯育种实践已证明这一事实,如江苏省农科院育成的高抗黑斑病、高产优质品种"南京92"和高抗根腐病、高淀粉产量品种"苏薯2号",江苏省徐州地区农科所育成的高抗根腐病、高产品种"徐薯18"。

11.2 甘薯育种

11.2.1 甘薯种质资源

甘薯种质资源是指所有具有遗传改良利用价值基因的各种甘薯地方农家种、育成种,甘薯属近缘野生种和具有一些特异性状的甘薯品系,以及从国外引进的甘薯品种(系)等。甘薯种质资源是甘薯育种的基础,作物育种工作的成效在一定程度上与所需种质资源的发现、研究水平及正确利用密切相关。

11.2.1.1 甘薯种质资源的收集和保存

种质资源的收集对丰富甘薯种质资源具有积极的意义。种质资源收集包括直接到原产地或甘薯种植地区进行考察收集或通过交换引进。各国及国际研究组织都将收集种质资源作为一项重要内容,如国际遗传资源委员会(IBPGR)就把收集主要作物的种质资源作为重要任务之一,国际马铃薯中心(CIP)、亚洲蔬菜研究发展中心(AVRDC)、国际热带农业研究中心(IITA)等国际组织都将收集甘薯种质资源作为一项重要内容,并收集了大量的甘薯种质资源,其他收集保存甘薯种质资源较多的国家有日本、美国等。

中国从1952年开始进行甘薯种质资源的收集工作,到1982年共收集和保存甘薯种质资源1 442份,在1984年出版的《全国甘薯品种资源目录》中收录1 096份。1984年之后中国又先后从日本、美国、菲律宾、泰国以及国际马铃薯中心、亚洲蔬菜研究发展中心、国际热带农业研究

中心等处引进了大量的种质资源。

中国目前有2个甘薯种质资源保存中心,即设立在广东省农业科学院的南方甘薯资源保存中心和设立在江苏省徐州甘薯研究中心的甘薯资源保存中心。广东主要是以大田种植的方式保存,徐州则采用大田和试管苗两种方式同时保存。

11.2.1.2 甘薯种质资源的鉴定和评价

种质资源的鉴定和评价是应用的基础,对甘薯种质资源的鉴定和评价主要从形态特征、主要特性和经济特性等三个方面进行。形态特征包括顶叶色、叶色、叶脉色、茎色、叶形、叶柄长短、茎粗细、蔓长、基部分枝数、株型、薯形、薯皮色、薯肉色、薯块大小等。主要特性包括萌芽性、自然开花习性、耐旱性、耐湿性、耐盐碱性、耐肥性、耐瘠性、耐贮性、抗病虫性等。经济特性包括鲜薯产量、干物率、淀粉率、食味、品质成分等。张永刚和房伯平(2006)等对甘薯的一些主要病害及品质的鉴定和测定方法进行了规范,这使得对甘薯品种的抗病性和品质特性的评价更具一致性。

1.抗病性鉴定

长江流域以北以黑斑病、茎线虫病、根腐病为主,长江流域以南则以薯瘟病、蔓割病、蚁象为主。下面介绍一些主要病害的鉴定方法。

(1)甘薯黑斑病抗性鉴定。

黑斑病(*Ceratocystis fimbriata* Ellis et Halsted)是北方和长江流域薯区的主要病害之一,抗黑斑病鉴定目前主要采用室内薯块人工接种法鉴定。

接种方法:将培养好的黑斑病分生孢子用无菌水稀释成每个视野(10×10倍)60个左右分生孢子的悬液,用针刺接种法接种,每个品种(系)选取3个大小中等、表面光滑、无伤口的薯块洗净、晾干,每个薯块接种10个点,深度为0.5 cm。将接种后的薯块装入消毒的塑料箱中,加盖消毒纱布,置于25~28 ℃的恒温室中,保持湿度95%以上,培养12 d后,切开薯块测量病斑直径和深度,计算平均病斑直径和深度,与对照品种"胜利百号"相比判定抗性。

抗病表现百分率按以下公式计算:

$$抗病表现百分率 = \frac{供试品种的病斑平均直径 \times 供试品种的病斑平均深度}{对照品种的病斑平均直径 \times 对照品种的病斑平均深度} \times 100\%。$$

根据抗病表现百分率将甘薯对黑斑病的抗性分为5个等级:高抗(HR)(抗病表现百分率≤40%);抗病(R)(40%<抗病表现百分率≤80%);中抗(MR)(80%<抗病表现百分率≤120%);感

病(S)(120%<抗病表现百分率≤160%);高感(HS)(抗病表现百分率>160%)。

（2）甘薯根腐病抗性鉴定。

抗根腐病[*Fusarium solani*（Mart.）Sacc.f.sp.*batatas* McClure]鉴定采用病圃田间自然诱发鉴定法。抗病对照品种为"徐薯18"，感病对照品种为"胜利百号"。

鉴定方法：将鉴定品种栽插于专用病圃地，每个处理栽5株，重复3次。栽插40 d后调查地上部发病情况，并按分级标准进行分级，计算地上部病情指数。在10月下旬收获时调查地下部发病情况，并根据分级标准计算地下部病情指数。根据地上、地下部病情指数确定甘薯品种对根腐病的抗性。

苗期调查分级标准为：0级，看不到病症；1级，叶色稍发黄，其他正常；2级，分枝少而短，叶色显著发黄，有的品种现蕾或开花；3级，植株生长停滞，显著矮化，不分枝，老叶自下向上脱落；4级，全株死亡。

收获期调查分级标准为：0级，薯块正常，无病症；1级，个别根变黑（病根数占总根数的10.0%及以下），地下茎无病斑，对结薯无明显影响；2级，少数根变黑（10.0%＜病根数占总根数的比例≤25.0%），地下茎及薯块有个别病斑，对结薯有轻度影响；3级，近半数根变黑（25.0%＜病根数占总根数的比例≤50.0%），地下茎和薯块病斑较多，对结薯有显著影响，有柴根；4级，多数根变黑（病根数占总根数的50%以上），地下茎病斑多而大，不结薯，甚至死亡。

根据病级计算地上部和地下部的病情指数，其计算公式如下：

$$病情指数（DI）=\frac{\sum（各病级株数×相应级数）}{调查总株数×最高级数（4）}×100$$

根据地上部和地下部的病情指数算出平均病情指数，根据平均病情指数将抗性分为5个等级：高抗（HR）（DI≤20）；抗（R）（20<DI≤40）；中抗（MR）（40<DI≤60）；感（S）（60<DI≤80）；高感（HS）（80<DI≤100）。

（3）甘薯茎线虫病抗性鉴定。

茎线虫病（*Ditylenchus destructor* Thorne）鉴定采用病圃田间自然诱发鉴定法。高感病对照品种为"栗子香"。

接种体制备：甘薯收获时挑拣发病严重的薯块，切开、晒干、粉碎作菌种备用。

接种方法与抗性鉴定：在专用病圃做好的垄背开沟，将菌种均匀撒入，然后栽苗。每个品种栽苗10株，每隔10个品种设置高感品种"栗子香"作为对照，3次重复。收获时在薯块中部横切，调查每个品种薯块的发病情况，根据其横切面的发病程度进行分级。

分级标准:0级,无病症;1级,发病面积占横切面的25%及以下;2级,发病面积占横切面的25%~50%(包括50%在内);3级,发病面积占横切面的50%~75%(包括75%在内);4级,发病面积占横切面的75%以上。

$$病情指数(DI) = \frac{\sum(各病级株数 \times 相应级数)}{调查总株数 \times 最高级数(4)} \times 100$$

$$相对病情指数(Pi) = \frac{DI}{DI_{CK}} \times 100$$

根据相对病情指数将抗性分为5个等级:高抗(HR)($Pi \leq 20$);抗(R)($20 < Pi \leq 40$);中抗(MR)($40 < Pi \leq 60$);感(S)($60 < Pi \leq 80$);高感(HS)($Pi > 80$)。

(4)甘薯薯瘟病抗性鉴定。

甘薯薯瘟病(*Pseudomonas solanacearum* E.F.Sm.)的抗性鉴定采用I群菌株和II群菌株对I、II群系进行抗性鉴定,用病圃地进行田间综合抗性鉴定。

对照品种:抗病品种为"广薯88-70"或"湘薯75-55";感病品种为"新种花"或"禹北白"。

病菌的分离与保存:采用常规方法分离出病原物,筛选出致病力强的菌株在常温下保存于无菌蒸馏水中。

接种体制备:选取I群(闽)和II群(粤)常用代表菌株,使用前经TZC[培养基中含浓度为0.005%的2,3,5氯化三苯四氮唑(TTC)]平板划线挑取致病菌落,转移至PAS斜面上,在28℃下繁殖24 h。每管加无菌水5 mL洗涤斜面菌落成菌液,在无菌操作条件下,转移至装有100 mL肉汁胨液的三角瓶中,于摇床上振荡培养24~30 h,之后配成浓度为3×10^9 cfu/mL的菌液备用。

I群菌株抗性鉴定:将薯苗栽于无病盆土中,每盆3株,每个材料5盆。待薯苗返青后在薯叶1/4处剪下叶尖,剪刀每浸1次菌液剪1~2片叶直至接种完毕。接种7~10 d后再逐片进行病斑长度调查(以叶脉变黄褐色并有细菌溢出为发病),根据病斑大小确定病级。

分级标准:0级,叶片正常,剪口处无病;1级,剪口处叶脉变黄,病斑扩展不到叶片的1/4;2级,病斑沿叶脉扩展到叶片的1/4~1/2;3级,病斑沿叶脉扩展到叶片的1/2~3/4;4级,整片叶发黄、凋萎或脱落。

$$病情指数(DI) = \frac{\sum(各病级株数 \times 相应级数)}{调查总株数 \times 最高级数(4)} \times 100$$

II群菌株抗性鉴定:将薯苗茎基部剪口浸入浓度为3×10^9 cfu/mL的细菌悬液里15 min,取出栽插。每小区栽苗20株,每品种(系)重复3次,栽后3 d内浇灌菌液2次,结合沟灌保湿10 d。接种后60~65 d挖根剖茎,调查薯拐、茎部维管束变褐程度及薯块病情,根据薯块受害程度确定病级。

分级标准:0级,植株正常无病变;1级,薯蒂维管束变褐,薯块受害损失不明显;2级,薯蒂维管束变褐,扩展到地上部分枝,薯块受害损失1/3以下;3级,薯蒂腐烂,结薯少,薯块受害损失占1/3～2/3;4级,植株枯死,薯蒂腐烂不结薯或薯块受害损失2/3以上。

$$病情指数(DI)=\frac{\sum(各病级株数×相应级数)}{调查总株数×最高级数(4)}×100$$

病圃综合抗性鉴定:栽插前将薯苗茎基部剪口浸入混合菌液15 min,取出后在病圃地种植。每小区栽苗20株,重复3次,栽后每隔10 d用菌液浇灌薯苗1次,直至感病对照品种发病率达100%时调查测定品种的发病率。

$$发病率(Y)=\frac{发病株数(n)}{调查总株数(N)}×100\%$$

根据I群病情指数、II群病情指数、发病率确定品种的抗性,抗性分为5个等级(表11-1)。

表11-1 甘薯薯瘟病抗性分级指标

抗病级别	I群菌株病情指数	II群菌株病情指数	病圃鉴定发病率
高抗(HR)	≤1.0	≤1.0	≤10
抗(R)	1.0～20.0(含20.0)	1.0～20.0(含20.0)	10.0～20.0(含20.0)
中抗(MR)	20.0～40.0(含40.0)	20.0～40.0(含40.0)	20.0～50.0(含50.0)
感(S)	40.0～60.0(含60.0)	40.0～60.0(含60.0)	50.0～70.0(含70.0)
高感(HS)	>60.0	>60.0	>70.0

(5)甘薯蔓割病抗性鉴定。

甘薯蔓割病[*Fusarium oxysporum* Schlecht. f. sp. *batatas*(Wollenw.)Snyd. & Hans.]的抗性鉴定采用盆苗接菌法和田间诱发相结合的方法。

对照品种:抗病品种为"金山57";感病品种为"新种花"。

病菌的分离与保存:蔓割病菌按常规方法分离后在低温下保存。

接种体制备:将试验菌种移植到PAS斜面上培养24 h,再转入三角瓶麦粒培养基中扩大繁殖,然后配成浓度为$5×10^7$个孢子/mL的菌液备用。

盆苗鉴定法:在温度适宜该病发生时期(6月份),剪取供试薯苗,将切口浸入$5×10^7$个孢子/mL的病菌悬浮液中,20 min后取出,栽植于盆钵中,每个品种重复3次,每盆栽5株,晴天隔日浇水保湿。栽后酌情浇水保湿约21 d,待症状充分表现时,检查各个处理的病情。

田间鉴定法：将薯苗茎部新鲜剪口浸入 5×10^7 个孢子/mL 的接种液中 20 min，取出栽入畦土，结合浇灌菌液。每个品种 3 次重复，每个重复栽苗 12～15 株，收获时挖根剖茎检查病情，根据病情确定发病级别。

分级标准：0 级，无病；1 级，地上部茎叶生长基本正常，剖茎检查维管束变褐色的长度 5 cm 以内（从剪口起，下同）；2 级，地上部茎叶生长基本正常，仅茎基部个别叶片变黄，剖茎检查维管束变褐色长度占植株 1/3 以下；3 级，薯苗基部叶片变黄，剖茎检查维管束变褐色长度占植株 2/3 以下；4 级，地上部叶片大部分都枯黄，剖茎检查维管束变褐扩展到顶芽；5 级，全部枯死。

$$病情指数(DI) = \frac{0.1 \times n_1 + 0.2 \times n_2 + 0.3 \times n_3 + 0.4 \times n_4 + 0.5 \times n_5}{N} \times 100$$

式中：n_x 为各级病株，N 为供试总株数。

根据病情指数将抗性分为 5 个等级：高抗（HR）（DI≤20）；抗（R）（20 < DI≤40）；中抗（MR）（40 < DI≤60）；感（S）（60 < DI≤90）；高感（HS）（90 < DI）。

2.品质测定

（1）薯块干物率测定。

甘薯收获后每个品种选取有代表性的中等大小薯块 2 块用自来水冲洗干净，晾干。每个薯块为 1 个重复，称鲜重后切片或切丝，然后放在铝盒内进行烘干，在温度为 40 ℃的条件下鼓风烘 4 h，然后再在 80 ℃左右的烘箱内烘 8 h 直至恒重，最后取出称重。

薯块烘干率为烘干后的干重与鲜重的比值，以百分数表示，精确到 0.1%。

品种的烘干率取两次的平均值，两次测定的干率误差不能超过 2%。

（2）鲜薯可溶性糖含量测定。

采用滴定法测定薯块可溶性糖的含量。

①试剂配制。

斐林 A：取硫酸铜（分析纯）16 g 溶于水中，稀释定容至 1 000 mL。

斐林 B：称取 50 g 酒石酸钾钠，54 g 氢氧化钠，4 g 亚铁氰化钾溶于水中，定容至 1 000 mL。

1% 亚甲基蓝：称取 1 g 亚甲基蓝溶于 100 mL 水中。

6 mol/L 的盐酸：用量筒量取 250 mL 浓盐酸于 500 mL 容量瓶中，加水至刻度，摇匀。

6 mol/L 的氢氧化钠：称 120 g 氢氧化钠于烧杯中，加水溶解，转入 500 mL 容量瓶中定容。

70% 的乙醇提取液：95% 的乙醇 500 mL 加水 200 mL 稀释。

1 mg/mL 的葡萄糖标准滴定液：称取在 105 ℃条件下干燥 2 h 的分析纯葡萄糖 1 g 溶于水中，转入 1 000 mL 容量瓶中，加浓硫酸 1 mL，定容。

②样品处理。

取 3～5 个大小适中的薯块,纵切,四分法取样,切成碎粒状,称取 5.0 g 于研钵中,加 15 mL 70% 的乙醇溶液,研磨至糊状,转入 150 mL 三角瓶中,用 25 mL 提取液分多次冲洗,合并提取液。将提取液在 60 ℃ 水浴中保持 30 min,再转入 100 mL 离心管中,在 2 000 r/min 条件下离心 5 min,上清液转入 150 mL 烧杯中,残渣再用 15 mL 提取液冲洗,离心,集中提取液。将提取液置于水浴或电热板上,在 60～70 ℃ 条件下蒸发至剩余约 5 mL,再加水 30 mL,加 6 mol/L 的盐酸 2 mL,于电炉上加热至沸腾,冷却后加 2 mL 6 mol/L 的氢氧化钠溶液中和,转入 100 mL 容量瓶中,定容,即为待测液。

③空白测定。

加斐林 A、B 各 5 mL(其中 A 试剂要准确加入),加水 15 mL 于 150 mL 三角瓶中,其中 1 瓶用作滴定用量估计,先在电炉上加热至沸腾,加 3 滴亚甲基蓝指示剂,然后用标准滴定液在沸腾条件下按 5 mL/min 的速度滴定至蓝色褪去,记录用量(用于测算),其余用作测定的空白先加入比测算用量少 1 mL,加热至沸腾,以 1 mL/min 的速度滴定至蓝色褪去。记录滴定用量,即为空白液滴定体积(V_0)。

④测定。

吸取 5 mL 待测液于 150 mL 三角瓶中,每个样品吸取 3 份,其中 1 份用作估算,另外 2 份作测定用。分别加斐林 A、B 各 5 mL(其中 A 试剂要准确加入),加水 10 mL,然后置于电炉上,先按照空白测定方法求得测算用量,然后求得样品滴定量(V_1)。按以下公式计算鲜薯可溶性糖含量:

$$RS = \frac{(V_0 - V_1) \times 20}{50} \times 100\%$$

式中:RS 表示鲜薯可溶性糖含量(%),V_0 表示空白滴定体积(mL),V_1 表示样品滴定体积(mL);以百分数表示,精确到 0.1%。

(3)鲜薯粗淀粉含量测定。

采用氯化钙—旋光法测定鲜薯粗淀粉含量。

①试剂。

氯化钙溶液:溶解 550 g $CaCl_2 \cdot 2H_2O$ 于 760 mL 水中,溶解后调节成在 20 ℃ 时的密度为 1.3 g/mL,用 1.6% 的醋酸调整 pH 为 2.3,过滤后备用。

30% 的硫酸锌溶液:称取 $ZnSO_4 \cdot 7H_2O$ 30 g 溶于水中,稀释至 100 mL。

15% 的亚铁氰化钾:称取 $K_4Fe(CN)_6 \cdot 3H_2O$ 15 g 溶于水中,稀释至 100 mL。

②仪器。

旋光仪、附钠光灯。

③测定方法。

称取鲜薯样品10 g于研钵中,加70%的乙醇10 mL研磨,研磨完成后全部转入50 mL离心管中,加盖后在60 ℃水浴中保持20 min,然后在2 000 r/min条件下离心,弃去上清液,重复2次。将残渣用60 mL氯化钙溶液转入250 mL三角瓶中,加盖小漏斗,置于119 ℃甘油浴中,在5 min内加热至微沸并继续加热15 min。迅速冷却后,移入100 mL容量瓶中,用水洗涤烧杯上附着的样品,将洗液并入容量瓶中。加1 mL 30%的硫酸锌溶液,混匀,然后再加入1 mL 15%的亚铁氰化钾,摇匀后用水定容,摇匀、过滤、弃去初滤液,收集滤液装入旋光管中,测定旋光度。重复测定3次,取平均值。

按以下公式计算淀粉含量:

$$SC=\frac{\alpha \times 100}{L \times 203 \times m} \times 100\%$$

式中:SC表示鲜薯粗淀粉含量(%),α表示旋光度读数(度),L表示观测管长度(dm),m表示样品质量(g),203表示淀粉的比旋光度;以百分数表示,精确到0.1%。

(4)鲜薯粗蛋白含量测定。

采用凯氏定氮法测定薯块中粗蛋白的含量。

①试剂配制。

混合指示剂:10 mL 0.1%的甲基红与50 mL 0.1%的溴甲酚绿混合。

0.1%的甲基红:用研钵称取0.1 g甲基红并进行研磨,然后用100 mL 95%的乙醇分次冲洗溶解。

0.1%的溴甲酚绿:称取0.1 g溴甲酚绿溶解于100 mL 95%的乙醇中。

4%的硼酸溶液:称取4 g硼酸用水定容至100 mL。

40%的氢氧化钠:称取400 g氢氧化钠用水定容至1 000 mL。

盐酸标准溶液:吸取分析纯盐酸2.1 mL定容至500 mL。

次甲基蓝乙醇溶液:0.1 g次甲基蓝溶于80 mL 95%的乙醇中。

甲基蓝乙醇溶液:0.1 g甲基蓝溶于75 mL 95%的乙醇中。

奈氏试剂:次甲基蓝乙醇溶液与甲基蓝乙醇溶液按体积比2∶1混合。

②仪器。

凯氏瓶、电炉。

③操作方法。

称取鲜薯样品10.0 g,置于500 mL的凯氏烧瓶中,然后加入研细的硫酸铜0.5 g,硫酸钾10 g,浓硫酸20 mL,轻轻摇匀后,安装在消化装置上。于凯氏瓶瓶口放一小漏斗,并将其以45°角斜支于有小孔的石棉网上,用电炉以小火加热,待内容物全部炭化,停止产生泡沫后,加大火力,保持瓶内液体微沸,至液体变蓝绿色透明后,再继续加热微沸30 min。冷却后,小心加入200 mL蒸馏水,再放冷,加入玻璃珠数粒以防蒸馏时暴沸。

将凯氏瓶按蒸馏装置方式连接好,塞紧瓶口,冷凝管下端插入吸收瓶液面下(瓶内预先装入50 mL 4%的硼酸溶液及混合指示剂2~3滴)。放松夹子,通过漏斗加入70~80 mL 40%的氢氧化钠溶液,并摇动凯氏瓶,至瓶内溶液变为深蓝色或产生黑色沉淀,再加入100 mL蒸馏水(从漏斗中加入),夹紧夹子,加热蒸馏,至氨全部蒸出(蒸馏液约250 mL)即可。将冷凝管下端提离液面,用蒸馏水冲洗管口,继续蒸馏1 min,用表面皿接几滴馏出液,以奈氏试剂检查,如无红棕色物生成,表示蒸馏完毕,即可停止加热。

将上述吸收液用0.1 mol/L的盐酸标准溶液直接滴定至蓝色变为微红色即为终点,记录盐酸溶液用量,同法平行操作3次,取平均值。同时作一空白处理(除不加样品外,从消化开始操作完全相同),记录空白消耗盐酸标准液的体积。按以下公式计算蛋白质含量:

$$CP=\frac{C \times (V_1 - V_2) \times \frac{M}{1000}}{m} \times F \times 100\%$$

式中:CP表示鲜薯粗蛋白含量(%),C表示盐酸标准溶液的浓度(mol/L),V_1表示滴定样品吸收液时消耗盐酸标准溶液的体积(mL),V_2表示滴定空白吸收液时消耗盐酸标准溶液的体积(mL),m表示样品质量(g),M表示氮的摩尔质量(14.01 g/mol),F表示氮换算为蛋白质的系数(6.25);以百分数表示,精确到0.1%。

(5)维生素C含量测定。

参照《中华人民共和国标准:GB/T 6195—1986》水果、蔬菜维生素C含量测定法(2,6-二氯靛酚滴定法)进行甘薯维生素C含量的测定。

①试剂准备。

抗坏血酸标准溶液(1 mg/mL):称取100 mg(准确至0.1 mg)抗坏血酸,溶于浸提剂中并稀释至100 mL,现配现用。

2,6-二氯靛酚(2,6-二氯靛酚吲哚酚钠盐)溶液:称取碳酸氢钠52 mg溶解于200 mL热蒸馏水中,然后称取2,6-二氯靛酚50 mg溶解于上述碳酸氢钠溶液中。冷却后定容至250 mL,过滤至棕色瓶内,保存在冰箱中。每次使用前,用标准抗坏血酸标定其滴定度,即吸取 1 mL 抗坏血酸标准溶液于 50 mL 锥形瓶中,加入 10 mL 浸提剂,摇匀,用 2,6-二氯靛酚溶液滴定至溶液呈粉红色 15 s 不褪色为止。同时,另取 10 mL 浸提剂做空白试验。

滴定度按以下公式计算:

$$T=\frac{C \times V}{V_1 - V_2}$$

式中:T 表示每毫升 2,6-二氯靛酚溶液相当于抗坏血酸的毫克数(mg/mL),C 表示抗坏血酸的浓度(mg/mL),V 表示吸取抗坏血酸的体积(mL),V_1 表示滴定抗坏血酸溶液所用 2,6-二氯靛酚溶液的体积(mL),V_2 表示滴定空白所用 2,6-二氯靛酚溶液的体积(mL)。

②样液制备和分析。

将样品洗净、切碎、混匀,称取具有代表性的薯肉组织 100 g,放入组织捣碎机中,加 100 mL 浸提剂,迅速捣成匀浆。称 10~40 g 浆状样品,用浸提剂将样品移入 100 mL 容量瓶中,并稀释至刻度,摇匀过滤。

吸取 10 mL 滤液放入 50 mL 锥形瓶中,用已标定过的 2,6-二氯靛酚溶液滴定,直至溶液呈粉红色 15 s 不褪色为止,同时做空白试验。维生素 C 含量按以下公式计算:

$$C=(V-V_0) \times T \times \frac{A}{W} \times 100$$

式中:C 表示维生素 C 的含量(mg/100 g),V 表示滴定样液时消耗染料溶液的体积(mL),V_0 表示滴定空白时消耗染料溶液的体积(mL),T 表示 2,6-二氯靛酚染料滴定度(mg/mL),A 表示稀释倍数,W 表示样品质量(g)。

结果用算术平均值表示,取三位有效数字,含量低的保留小数点后两位数字。平行测定结果的相对相差值在维生素 C 含量大于 0.2 mg/g 时,不得超过 2%;小于 0.2 mg/g 时,不得超过 5%。单位为 1.0×10^{-2} mg/g,精确到 0.1×10^{-2} mg/g。

(6)还原糖含量测定。

采用滴定法测定薯块还原糖的含量。

试剂、设备、T 值标定、预测和测定同可溶性糖测定。

样品处理方法如下。

取 3~4 块大小适中的薯块,纵切,四分法取样,切成碎粒状,称取 5 g 于研钵中,加 15 mL 70% 的乙醇溶液,研磨至糊状,转入 150 mL 三角瓶中,用 25 mL 提取液分多次冲洗,合并提取液。将提取液在 60 ℃水浴中保持 30 min,再转至 100 mL 离心管中,在 2 000 r/mim 条件下离心 5 min，将上清液转入 150 mL 烧杯中，残渣再用 15 mL 提取液冲洗、离心、集中提取液。将提取液置于水浴或电热板上，在 60～70 ℃条件下蒸发至剩余约 5 mL，用水定容至 100 mL 容量瓶中备用。吸取 10 mL 于 150 mL 三角瓶中，加斐林试剂进行测定，滴定方法同可溶性糖测定。还原糖含量按以下公式计算：

$$RS = \frac{T \times 250 \times 100\%}{W \times V}$$

式中：RS 表示还原糖含量(%)，V 表示滴定时消耗样品提取液的体积(mL)，T 表示碱性酒石酸铜溶液 10 mL 相当的还原糖(以葡萄糖计)质量(g)，W 表示样品质量，以百分数表示，精确到 0.1%。

（7）β-胡萝卜素含量测定。

采用丙酮提取比色法测定。

①试剂。

丙酮(分析纯)。

②设备。

离心机、分光光度计、研钵。

③样品制备。

薯块收获后，取 3 块中等大小、无损伤、不带虫害的薯块，用自来水冲洗，晾干。薯块纵切，四分法取样，切碎、混匀，称取薯块样品 2.0 g 于研钵中，加入少量丙酮(分析纯)研磨，反复 3～5 次，至残渣变白、提取液无色。连同提取液和残渣全部收集于 25 mL 容量瓶中，最后用丙酮定容至刻度，于 3 000 r/min 下离心 5 min，取上清液用分光光度计在 454 nm 波长下测定丙酮提取液的光密度，光程为 1 cm。平行重复测定 3 次，取平均值。

β-胡萝卜素含量按以下公式计算：

$$CA = A \times 0.5$$

式中：CA 表示 β-胡萝卜素含量，A 表示丙酮提取液的消光度；单位为"1.0×10^{-2} mg/g"，精确到 0.1×10^{-2} mg/g。

④注意事项。

β-胡萝卜素在丙酮溶液中的消光度值与浓度的关系为 E(1 cm 光径，1% 浓度) = 2500(消光度)。

（8）花青素含量测定。

采用柠檬酸—磷酸氢二钠缓冲液提取比色法测定。

①试剂制备。

0.1 mol/L 的柠檬酸标准溶液的配制:称取柠檬酸($C_5H_8O_7 \cdot H_2O$,相对分子质量 210.14)21.01 g,用无离子水经充分溶解后,再定容至 1 000 mL。

0.2 mol/L 的磷酸氢二钠标准溶液的配制:称取磷酸氢二钠(Na_2HPO_4,相对分子质量 141.98)28.4 g 溶于 1 000 mL 水中。

柠檬酸—磷酸氢二钠缓冲液配制:将 0.1 mol/L 的柠檬酸标准溶液与 0.2 mol/L 的磷酸氢二钠标准溶液按 15.81∶4.11(体积比)混合,用浓盐酸将 pH 调为 3.0(用酸度计测定)。

②仪器设备。

酸度计、离心机(4 000 r/min)、分光光度计、研钵。

③样品制备。

薯块收获后,取 3 块中等大小、无损伤、不带虫害的薯块,用自来水冲洗,晾干。薯块纵切,四分法取样,切碎、混匀,称取薯块样品 2.0 g 于研钵中,加入少量柠檬酸—磷酸氢二钠缓冲液研磨,反复 3～5 次,至残渣变白。将提取液和残渣全部装入 100 mL 容量瓶中,用缓冲液定容至刻度,静止 30 min,取适量离心。取上清液用紫外分光光度计在 1 cm 光程、530 nm 波长下测定提取液的光密度。重复测定 3 次,取平均值。

样品色价计算方法:

$$E = \frac{A \times 2}{100}$$

式中:E 表示色价,A 表示提取液测得的光密度。

花青素含量按下式计算:

$$An = \frac{1\,000 \times E}{958}$$

式中:An 表示花青素含量,E 表示色价;单位为 1×10^{-2} mg/g,精确到 1×10^{-2} mg/g。

3.甘薯种质资源的创新和利用

经甘薯种质资源特性鉴定、品质分析,对甘薯资源做出客观的评价,以便根据育种目标确定其在育种上的利用价值。甘薯是一个外引作物,我国甘薯的遗传基础较为狭窄,为了满足科研和生产的需求,需要不断进行种质创新。甘薯种质创新途径主要有甘薯与近缘野生种的杂交、外源有益基因的导入、人工诱变以及随机交配集团杂交打破基因连锁等方法。早在 1956 年日本就开始有计划地把甘薯近缘野生种的某些优良基因导入甘薯中。西山等(1959)利用近缘野生种 I. trifida(6x)和甘薯杂交,在其后代中获得了一些优良的杂种后代,他们还利用低倍性的野生种与甘薯栽培种杂交获得不同倍性的新种质。日本利用甘薯近缘野牛种与甘薯杂交，于1975年在回交二代中选育出了具有1/8野生种 *I. trifida* (6*x*)血统的甘薯品种"南丰"，该品种是日本甘薯育种的第三个里程碑。江苏省农科院利用甘薯近缘野生种 *I. trifida* (6*x*)与甘薯栽培种杂交，在其后代中筛选出了一些早熟高产的优异种质，如"H11-30""H11-91""H11-36"等，同时利用 *I. littoralis* 与甘薯杂交，从其后代中选出了一些优异种质，如"A83-1""A83-2"等（谢一芝，1989，1992）。江苏省农业科学院利用引进甘薯近缘野生种 *I. trifida* (6*x*)与甘薯杂交，将获得的杂种一代再与甘薯回交，在其后代中创新出优异中间材料"宁B58-5"，利用中间材料"宁B58-5"再与甘薯栽培种回交，并在其后代中选育出了优异品种"苏渝303"（谢一芝，2003）。

利用人工诱变包括辐射处理、化学处理等也是创造甘薯新种质的重要途径。中国、日本等先后开展了这方面的研究工作，并经诱变获得了抗病、抗逆等方面的有益突变体，可作为种质资源在甘薯育种中利用（李爱贤，2002）。Jones（1980）采用随机交配集团育种法，打破基因连锁，培育出了"W71""W115""W119""W125"等一批对病虫害具有多种抗性的优异资源。

11.2.2 甘薯育种方法

11.2.2.1 甘薯引种

引种是重要的育种方法之一，引种简而易行，见效快，成效大。根据育种目标，有计划地从国内外引进优良的甘薯品种（系），通过引种试验鉴定，选择优良的品种在生产上直接利用，或通过改良后应用，可迅速起到增产效果。

我国早期从日本引进的高产品种"胜利百号"，以及从美国引进的优良品种"南瑞苕"等在我国甘薯生产上得到了大面积的推广应用，对我国甘薯生产起到了很大的增产作用。这两个品种都有较好的丰产性和独特的适应性，很快便取代了我国的许多地方品种，成为我国的主栽品种。由于"胜利百号"和"南瑞苕"这两个品种配合力突出，在我国的杂交育种中得到了充分的利用。据陆国权（1990）统计，中华人民共和国成立以来我国育成的品种（系）中大部分都含有这两个品种的血缘，这两个品种也成为我国甘薯育种的"骨干亲本"。

21世纪初从日本引进的紫心甘薯品种"山川紫"和"凌紫"在我国紫心甘薯生产和育种方面起到了积极的作用，由于"凌紫"的花青素含量高，是提取色素的理想品种，并在我国山东省等地的生产上进行了直接推广种植，成为企业提取色素的原料。有关科研单位引进这两个品种后，将其作为育种亲本加以利用，并育出一批优良的紫心甘薯品种。如徐州甘薯研究中心在

"凌紫"ד徐薯18"的杂交组合后代中选育出了紫心甘薯新品种"徐紫薯3号";江苏省农科院粮作所在"凌紫"ד川薯69"的杂交后代中选育出了紫心甘薯新品种"宁紫薯2号"(谢一芝等,2012,2013)。

蔬菜型甘薯品种因耐热性强,成为夏季叶菜类蔬菜的重要补充,已引起人们的重视。我国台湾地区育成的蔬菜型品种"台农71"具有品质优的特点,该品种引进大陆后在许多地区得到了广泛的应用(王庆南,2003;曹清河,2007)。同时有关育种单位以"台农71"为亲本,育成了一系列蔬菜型甘薯品种,如"徐菜薯1号""福薯18"等。

甘薯引种应注意以下问题。

甘薯许多病虫害都是由薯块和薯苗传播的,引种常常成为传播病虫害的主要途径,如蔓割病原是南方薯区的病害,由于引种导致北方薯区也有该病害的发生。一些病毒病的传播也是由于不慎引种引起的,如近年来新发现的复合病毒(SPVD)就是由于引种所导致的,并在我国大部分薯区都有发生。谢逸萍(2009)认为,多年来由于甘薯病虫害检疫以及防治工作力度不够,使甘薯病虫害没有得到有效控制,从而导致了病害南病北移和北病南传的现象日趋严重。因此,为了避免薯块、薯苗传播病虫害,建议采用组织培养的试管苗运输,引进的品种需要先在隔离圃内进行观察,确认没有检疫的病虫害后才能在大田种植。引种时对品种的生态型也必须加以关注,有些品种因不同地区生态条件的改变而表现出不适应,如华南秋冬薯生态型的品种引到北方作夏薯种植,大多数情况下只长茎叶,薯块产量不高。

11.2.2.2 甘薯无性变异的选择和人工诱变育种

1.自然变异

甘薯无性变异表现在形态上的称为芽变体。甘薯芽变体出现的频率因品种不同而有较大差异。芽变可以发生在任何器官上,地上部分以叶脉色变异最多,蔓色次之,顶叶色最少。地下部薯皮色变异最多,其次为薯肉色,叶形是比较稳定的性状。

自然变异在自然条件下频率极低,自然变异突变体的选择、鉴定是甘薯种质创新的主要途径。在我国甘薯育种工作中,通过芽变体选择得到了一些有价值的材料。中国科学院遗传研究所于1964年从"胜利百号"的芽变体中选出了"北京红","北京红"的产量和品质都比"胜利百号"有明显的提高。福建省农科院植保所从抗薯瘟病的"闽抗329"的突变体中选出了兼抗蔓割病的"闽抗330"(张联顺,1989)。河南省农科院从"苏薯8号"的芽变体中选出了"黄皮苏薯8号",后经全国甘薯品种区域试验和生产试验,最后定名为"郑薯20",并在甘薯生产上得到大面积的推广应用（杨国红，2010）。

2. 人工诱变

人工诱变育种是利用物理或化学的方法处理薯块、薯苗或种子，以改变其遗传性。大量研究结果表明，诱变育种是甘薯品种改良的重要途径之一，对改良甘薯抗逆性、产量、品质、株型等具有明显的效果。

最早用于甘薯辐射诱变的辐射源是 X 射线。Miller（1935）用 X 射线辐照甘薯得到叶形、薯皮色、薯肉色及食味等突变体。Mashima 和 Sato（1959）报道用 X 射线辐照甘薯，并诱发了薯皮色、茎粗及茎色的遗传变异。其后，Hernandez 等用 X 射线在甘薯上诱发薯皮色、薯肉色和胡萝卜素含量等的变异。

20 世纪 60 年代，γ 射线开始应用于甘薯，从此甘薯辐射诱变育种工作进入了一个新的阶段。1965 年，陆漱韵最早利用 γ 射线辐照甘薯切苗，对适宜辐射剂量、处理条件及诱变效果等进行了探讨，并先后获得了叶形、株形、蔓长、茎粗、干物率、薯肉色、抗病性等变异体。20 世纪70 年代初，Sakai 和 Knaes 对 γ 射线在甘薯育种中的应用做了比较系统的研究。此后，γ 射线的应用已发展为主要的、应用最广泛的诱变因素。Marumine（1977）用 γ 射线对重感黑痣病的"九州34号"块根进行照射，后代出现了抗病性的变异体。

离子注入植物具有良好诱变效应，离子束辐射诱变在甘薯上的应用始于 20 世纪 90 年代初期。1993 年，王钰等最早用氮离子注入甘薯杂交种子，对辐照后代生物学效应进行了初步研究。1994 年，安徽省农科院用氮离子注入甘薯杂交种子，处理组均优于对照。

空间诱变育种是在高空利用微重力、高真空、强辐射和交变磁场等条件，使种子产生遗传变异，然后经地面筛选培育出农作物新品种的育种新技术。与常规育种方法相比，空间诱变育种表现出部分品种的变异频率高、变异幅度大、有益变异增多等特点，同时还会出现一些地面上其他理化因素诱变难以获得的特殊突变体（张雄坚，2008）。

11.2.2.3 甘薯品种间杂交育种

甘薯品种间杂交育种是甘薯育种的主要途径，我国各地育成的品种绝大部分都是通过这一途径实现的。

1. 杂交亲本的选用

在进行品种间杂交时，亲本的选择极为重要，因为甘薯的性状大多属于数量性状，为了选育优良的品种，一般选用优良的亲本材料进行杂交，这样其后代出现符合要求的新品种的可能性就增大。农家种、国外引进种以及创新种质对我国的甘薯育种都起着极其重要的作用,如从美国引进的"南瑞苕"和从日本引进的"胜利百号"都是我国早期甘薯育种的重要亲本。创新的甘薯种质对我国近期的甘薯育种也起了重要的作用,特别是核心种质对我国的甘薯育种尤为重要,如"徐薯18""栗子香"等。此外,引进和创新的专用型特色甘薯种质资源对特色专用型甘薯新品种的选育起到了积极的作用,如紫心甘薯资源有"山川紫""凌紫";蔬菜型甘薯资源有"台农71""福薯7-6"等。

2.诱导甘薯开花

多数甘薯品种在我国中部和北方省区不能自然开花,成为杂交的障碍,因此,诱导甘薯植株开花成为甘薯杂交育种的首要任务。经我国科研院所的共同努力,目前已有效地解决了甘薯开花的问题。大量的育种实验证明以嫁接和短日照处理两种方法相结合诱导甘薯植株开花效果较好。

(1)嫁接法。

以甘薯亲本品种(系)为接穗,以旋花科近缘植物为砧木。通常作砧木的近缘植物有牵牛(*Pharbitis nil*),茑萝(*Quamoclit Pennata*),二倍体野生种(*Ipomoea crassicaulis*),蕹菜(*Ipomoea aquatica*),月光花(*Calonyction aculeatum*)等。这些近缘植物不结块根,用作砧木可以避免甘薯植株的养分向地下部运转,从而有利于甘薯花芽分化和结实。嫁接常用劈接法,即先切去砧木子叶节以上的顶部,将茎基部沿横断面直接劈开,深约2 cm,然后将茎基部预先削好的接穗插入其中,用棉线捆紧扎牢。

(2)短日照处理。

短日照处理在嫁接苗成活后长到30 cm左右时开始进行。通常用暗室进行短日照处理,每天保持8 h的光照,一般是将嫁接植株的盆钵放置在小车上,每天上午9时推出室外,下午5时推进暗室内。一般品种处理20～50 d开始现蕾,现蕾后需继续进行短日照处理,以保证花芽不断形成。但有些品种在自然短日照处理下也很难开花,必须采用蒙导嫁接法,也就是将自然开花品种,如"高自1号"等先嫁接到近缘植物砧木上,作为中间砧木,再嫁接亲本材料。

3.杂交授粉

在采用单交、复合杂交等杂交方式时,甘薯杂交靠人工授粉。甘薯自交一般很难结实,因此甘薯育种中进行的杂交通常不去雄,但也有极少数品种的自交结实率较高,如"徐薯18"等作母本时则必须去雄,以免产生过多不良的自交后代。如作遗传分析的杂交,就必须进行严格的去雄,以免影响试验结果。正常的温度下,应在开花当天上午7时至11时进行,而中午12时以后柱头开始萎蔫,接受花粉的能力下降,同时花粉开始干瘪,萌发能力下降,从而导致结实率降低。

甘薯不同杂交组合间杂交结实率差异很大,在不同的不孕群间杂交时,不同组合间的差异也很大,相同亲本间的正反交结实率也有很大差异。气温是影响结实率的主要外界条件,气温在18~26℃时结实率最高,气温过高和过低均不利于结实。

4.种子的采集和保存

甘薯的种子为蒴果,从授粉到蒴果成熟,夏季需要20~25 d,秋季需要30~35 d。果实成熟应及时采收,以免开裂或脱落引起种子损失。采收下来的蒴果按组合分装在纸袋中,充分晒干后集中脱粒。甘薯每个蒴果一般有种子1~4粒,多数为1~2粒。脱粒的种子应装入牛皮纸袋中,置于干燥处并经常晾晒,以防霉变。

5.种子处理和播种

甘薯种子没有休眠期,成熟后就具有发芽能力,但种皮上有坚切的角质层,发芽所需要的水分和氧气不容易进入种子内部,因此播种前必须进行种子处理。常用的种子处理方法有两种。一是用浓硫酸浸种,将种子放入玻璃筒内,倒入浓硫酸使种子浸没。据黄宏城(2003)报道,新收种子处理20~40 min为宜,并用玻璃棒搅拌数次,浸至处理的设定时间结束后,立即把玻璃筒内的浓硫酸及种子倒入瓷质漏斗,用自来水将种子冲洗干净(约冲洗1 min),边冲洗边揉搓。二是剪刻种皮,为避免破坏胚部用单面刀片刻破种皮的一个角。甘薯种子经过上述处理后,浸入清水约3 h(适用于剪刻过的种子)至6 h(适用于浓硫酸处理过的种子),使其吸胀。之后将吸胀了的种子放在铺有吸水纸的培养皿中,放在25~30℃的恒温箱中。约24 h后种子露出长0.5 cm左右的白色胚根即可准备播种。

播种用的床土要求无病、肥沃、平整、细碎。播种时要求温度在25~30℃,温度过低不利于出苗,因此春季一般在设施大棚内播种,或温室内播种。播种前一次性浇透底墒水,等床面稍晾干即可播种。播种采用单粒穴播,胚根朝下,播完后上面盖细沙1 cm,有利于出苗整齐。

6.F₁实生系的选拔

甘薯品种(系)杂交获得的种子播种后产生的后代植株称为F₁实生系。由于甘薯亲本的基因型高度杂合,F₁实生系表现为广泛的分离,在育种上需要对F₁实生系进行选择。入选的实生系可通过无性繁殖稳定其优良的遗传性状。选择的标准是根据育种目标而定,一般的入选率为10%~15%,入选的优良株系将进入下一年的复选圃。

11.2.2.4 甘薯种间杂交育种

甘薯种间杂交是指在甘薯属中的栽培种和甘薯近缘野生种之间的杂交。甘薯某些近缘植物中,往往具有甘薯栽培种所没有的优良性状,如抗病性、耐盐性等,进行种间杂交育种可将甘薯野生种或近缘种的某些优良性状导入甘薯栽培种中,为选育优良的甘薯新类型开辟新途径。甘薯近缘野生种主要可分为三类,二倍体(2n=30)有 I. triloba、I. leucantha 等;四倍体(2n=60)有 I. littoralis、I. pandurata 等;六倍体(2n=90)有 I. trifida 等。甘薯近缘野生种中具有 B 染色体组的 Batatas 群与甘薯栽培种杂交结实,其中包括三浅裂野牵牛(I. trifida,含 6x、4x、3x、2x),白花野牵牛(I. leucantha,2x)和海滨野牵牛(I. littoralis,4x)。目前,在甘薯育种中得到利用的主要是六倍体的野生种(I. trifida,6x)。

1.甘薯与近缘野生种杂交的亲和性

甘薯近缘野生种与栽培种的染色体水平不同,造成二者杂交障碍,因此甘薯近缘野生种与栽培种的杂交结实率一般低于栽培品种之间的杂交结实率,而且其结实率因近缘野生种的类型及其倍性的不同而有很大的差异。在 I. trifida 复合群体中,高倍性的近缘野生种与甘薯栽培品种的杂交结实率高于低倍性的近缘野生种。

江苏省农业科学院(2003)以甘薯品种为母本,分别与不同倍性的 I. trifida 杂交,平均结实率为10.42%,变幅为3.32%~26.05%。以甘薯品种为母本与二倍体 I. leucantha 杂交,平均结实率为0.75%,以甘薯品种为母本与四倍体 I. littoralis 杂交,平均结实率为4.22%,以甘薯品种为母本与六倍体 I. trifida 杂交,结实率最高,其结实率为26.05%,表明父母本染色体倍性愈趋近平衡,其结实率愈高。

甘薯近缘野生种在育种上的应用目前仅限于六倍体 I. trifida,低倍体近缘野生种与甘薯栽培品种杂交后,虽然从其后代中选出了一些特异的材料,但因其综合性状不理想而缺乏在生产上的直接利用价值,而这些材料对于拓宽甘薯的遗传背景及资源创新具有重要的意义。同时,低倍体近缘野生种与六倍体甘薯相比具有的优点是染色体倍性低,遗传简单,便于育种,这种低倍体材料通过染色体加倍产生六倍体的甘薯用于生产。

2.甘薯近缘野生种在育种上的利用

日本对甘薯近缘野生种的研究表明,I. trifida 对根结线虫病有较好的抗性。江苏省农科院对种间杂种后代及甘薯栽培种的杂交后代的抗茎线虫病的能力鉴定结果表明,种间杂种后代中出现高抗或抗甘薯茎线虫病的比例明显高于甘薯栽培种的杂交后代。利用甘薯近缘野生种的特性,通过与甘薯栽培种杂交将这些有益基因导入甘薯栽培种中。江苏省农科院在利用甘薯近缘野生种($I.\ trifida\ 6x$)与栽培种杂交时,在其种间杂交后代中选出的优异材料有"H11-91""H11-67"等,并利用种间杂种一代与栽培种回交,在其回交后代中培育出一批优异的材料,如"B58-5""B361"等。江苏省农科院在与西南大学重庆市甘薯工程技术研究中心合作的过程中,成功地利用六倍体$I.\ trifida$育出2个优良的甘薯品种"渝苏303"和"渝苏297"。这两个品种都是从以种间杂种后代"B58-5"为母本、栽培品种"苏薯1号"为父本的组合后代中选出的,具有1/8 $I.\ trifida$($6x$)血统。日本利用甘薯近缘野生种与甘薯杂交,于1975年在回交二代中选育出了具有1/8野生种$I.\ trifida$($6x$)血统的甘薯品种"南丰"。

11.2.2.5 甘薯自交系育种

自交系间杂交育种是利用杂种优势的一种手段,这在许多作物中已取得了显著的成效,自交系在甘薯育种中的应用也引起了国内外的注意。甘薯为异花授粉作物,具有自交不亲和性,但有的材料自交亲和,可进行自交,其自交结实性因品种不同而有很大的差异。有些品种的自交结实率较高,如"徐薯18""高系14""宁薯1号"等,大部分品种自交根本不结实。

自交后代的鲜薯产量都趋向降低,随着自交代数的增加,减产幅度更大。朱崇文等(1980)的试验结果表明,"徐薯18"自交一代的鲜薯产量比亲本减产53.4%~54.4%,这说明鲜薯产量主要受非累加效应所制约。甘薯自交系的干物率比鲜薯产量的降低程度小,徐州地区农业科学研究所以"徐薯18""52-45""宁薯1号""新大紫""蓬尾"为材料研究表明,自交一代的干物率变化幅度为亲本的92.9%~123.6%。刘兰服等(2011)以自然开花品种"河北351""351-43""三合薯"和"秦薯5号"为材料进行自交,结果表明,自交一代和二代的平均鲜薯产量都有不同程度的降低,且自交后代中出现一定比例的空株率,其中自交二代的空株率高于自交一代,如"河北351"自交一代的空株率为5.7%,自交二代的空株率为30.4%。自交后代中分离出高干型材料,"河北351"和"三合薯"的自交一代薯块平均干物率高于原品种,"秦薯5号"的自交一代平均干物率低于原品种,3个品种的自交后代中均分离出高干型材料,这说明甘薯干物率的遗传主要受累加效应所控制。其他一些性状如淀粉含量、抗病性,在遗传上也受加性效应控制,通过自交起加性效应的基因能起累加作用。培育这些近交系亲本,再与甘薯品种杂交就能获得抗病性强和淀粉含量高的品种。日本于1969年起开始利用自交、回交等方法,于1974年培育成了抗根结线虫病强的品种"CS69163-2",再以"CS69163-2"为母本与"玉丰"杂交培育出了"白萨摩",该品种为高淀粉品种,抗根结线虫病和黑斑病的能力强(谢国禄,1997)。

11.2.2.6 甘薯随机杂交集团育种

随机杂交集团育种是1965年Jones提出的,美国和日本开展集团杂交育种较早,中国在20世纪80年代开始利用这种方法。最早是由河北省农科院粮油作物研究所王铁华、王淑芬创立的甘薯计划集团杂交育种法,此项技术改进了美国Jones提出的"随机杂交集团育种法"程序复杂、育种年限长、需要场地大、随机性高以及不利于按育种目标定向选择等弊端,育种年限可缩短至4年。经过育种实践证实,这种方法的杂交育种效果比常规育种法提高53.6%,产量选择效果提高13.3%,与常规育种法相比新品种选育效果提高1.5倍,是一种经济有效的甘薯育种新方法。

甘薯计划集团杂交育种法是按育种目标有计划地选择具有某些优良特性、亲缘关系远的品种为亲本,利用重复法(嫁接和短日照处理)促进开花,然后每6~8个亲本组成1个集团随机交配。杂交成熟种子按母本采收,第二年进入杂种圃,根据育种目标进行选择。近年来计划集团杂交育种已得到广泛的应用,成为我国甘薯育种的主要育种方法。特别是国家产业技术体系育种研究室在海南利用自然开花条件开展了计划集团杂交育种,主要进行的计划集团杂交群体有高淀粉集团组合、红心食用型集团组合、紫心型集团组合和蔬菜用型集团组合等。

11.2.3 几个重要性状的育种

11.2.3.1 丰产性育种

丰产一直是我国甘薯育种的主要目标,特别是在20世纪50—80年代,由于粮食紧缺,鲜薯产量是评价甘薯品种的主要指标。而对品质的优劣等方面则考虑较少,随着生产力的发展和生活水平的提高,甘薯已不作为主要粮食,而作为淀粉工业、食品加工业的原料或作为保健食品及饲料等,产量的含义又有了进一步的扩大,如作为淀粉工业原料,则要求淀粉产量高,作为饲料则要求藤叶产量及生物产量高。

鲜薯产量是受多基因控制的数量性状,在F_1就发生广泛的分离,鲜薯产量的遗传主要受非加性效应支配,在以高产为目标的甘薯育种中,选配亲本时有必要进行亲本配合力测定,同时还应重视双亲的亲缘关系及亲本自身的产量水平。

甘薯的薯块产量如以干产计算,则甘薯高产育种的目标是获得高干物产量,干物产量的构成因素是鲜产量和干物率的乘积,由于鲜产和干物率存在负相关关系,所以在育种实践中同时改良鲜薯产量和干物率是比较困难的。甘薯品种往往是鲜薯产量高干物率低,或鲜薯产量低干物率高,前者称为高产低干型,后者称为高干低产型。高干又高产的品种较难获得,为了兼顾鲜薯产量和干物率,一般以选育高产中干或高干中产型品种较多,以便达到单位面积薯干产量较高的目的。

11.2.3.2 品质育种

为了满足甘薯多用途对甘薯品种的品质要求,甘薯品质育种已成为当今甘薯最重要的育种目标。甘薯品质是一个综合的概念,它包括营养品质、食用品质、加工品质、外观品质、饲用品质、贮藏品质等很多内容。人们对甘薯品质的要求常因人、因地、因用途不同而有差异,而甘薯的一些品质之间呈负相关,要培育一个各项品质全优的品种是很困难的,因此对甘薯品质的要求也不能面面俱到,目前主要对营养、食用、加工、饲用品质加以改良,选育优质专用型品种。

1.高淀粉工业用型品种的选育

甘薯高淀粉高产育种是甘薯主要的育种目标之一。由于甘薯块根中的淀粉含量属于数量性状,是由多基因控制的,而淀粉含量与产量之间存在负相关。因此,育出既高产又高淀粉的品种难度较大。

由于鲜薯重同淀粉含量之间存在着高度负相关,在甘薯高淀粉高产育种中,国内外的甘薯育种工作者对育种方法也开展了研究,先后提出了复交、多交和集团杂交等杂交模式以克服干物率和鲜薯产量的不利相关,充分协调和发挥 F_1 中淀粉率的加性遗传效应和鲜薯重的非加性遗传效应之间的关系,实现高淀粉率和高产目标。甘薯高淀粉高产育种方法主要有甘薯品种间杂交和种间杂交等。

(1)甘薯品种间杂交育种。

在高淀粉育种中,亲本材料的选择极为重要,直接关系到杂交后代能不能出现好的变异类型,选出好的品种。日本于1958年确定以高淀粉高产为主要育种目标后,就一直非常注重高淀粉亲本的培育。他们通过近交(自交、回交、兄妹交)、多系杂交(从单交、复交、复系杂交到多系杂交)、种间杂交的方法育成高淀粉、抗病虫能力强的亲本。我国从20世纪80年代起,开始重视甘薯高淀粉亲本材料的筛选和创新,利用创新的材料为亲本进行配组杂交。

在高淀粉育种中,对选择高产中干的材料还是选择中产高干的材料一直有不同的观点和做法。戴起伟等(1988)的研究表明,鲜薯重的选择潜力大于淀粉率,鲜薯重对淀粉产量具有更直接的正向效应,因此要进一步提高淀粉产量应注意开拓和利用鲜薯重的遗传潜力,而不宜追求过高的淀粉率指标。浙江省农科院于1981年提出,鲜薯产量高的品种(系),其淀粉含量多数偏低,单位面积淀粉产量不一定超过高淀粉、中产的品种(系),而且要增加收获运输的用工成本,贮藏性一般也较差,因此主张选择高淀粉、中产的品种。广崎和坂井(1981)通过研究发现,因组合不同,产量和淀粉含量的相关程度也不一样,并提出可以在产量和淀粉含量之间负相关程度很小的组合中找出淀粉含量高的组合,并从中选出有一定淀粉含量的品种。

(2)种间杂交育种。

种间杂交育种是甘薯育种的一个重要途径。盐谷格(1994)的研究结果表明已从种间杂种后代中选择出高淀粉含量品系,有些品系的淀粉含量最高值已达28%水平。因此,通过有性杂交或细胞工程将近缘野生种的抗病虫、抗逆性、优良淀粉品质等基因导入甘薯品种是选育高淀粉高产品种一个卓有成效的途径。目前在高淀粉高产育种中,近缘野生种的利用有两个途径。第一个是将近缘野生种同甘薯直接杂交,将 F_1 中的优良材料再同甘薯回交(一般回交2次),直接选育品种,如具有1/8"K123"血统的"南丰"的育成就是利用这一途径。第二个是利用甘薯和近缘野生种间的杂种衍生出的品种(系)作杂交亲本,间接地把野生种质导入甘薯品种。这也是一个很有效的途径,日本利用这一途径已选育出一批优良品种,如"关东98号""白萨摩""高淀粉"和"关东106号"等。江苏省农科院从"南丰"×"栗子香"的后代中选育出了高淀粉品种"苏薯2号"。

2.优质食用型甘薯品种的选育

品质是衡量食用甘薯的一个重要指标,甘薯品质包括胡萝卜素含量、甜度、香味、质地、纤维含量等,食味是各个品质因素的综合表现,同时其外观需光滑整齐,商品性好。理想的食用品种要求纤维含量低,肉质细腻,口感较甜,并具有香味。影响甘薯品质的一个重要性状就是薯块中的纤维含量,纤维含量是一个可遗传的性状,子代的纤维含量受亲本的制约。据Jonse(1980)研究表明,薯肉内纤维含量的遗传力为47%,因此在进行品种杂交育种时,应选用纤维含量低的品种为亲本。

胡萝卜素含量的高低是食用甘薯营养品质的一个主要指标。根据食用目的不同,对胡萝卜素含量的要求也不尽一致,通常要求作为主食甘薯的胡萝卜素含量应小于5 mg/100 g,副食型甘薯的胡萝卜素含量应为5~10 mg/100 g,而作为休闲食品的甘薯的胡萝卜素含量应以大于10 mg/100 g为佳。由于世界各国人民的生活水平高低不一,甘薯的主要用途也不尽一致,如在美国等发达国家,甘薯主要作为副食及休闲食品,这就需要甘薯具有较高的营养品质,其中胡萝卜素含量是其主要的品质指标,所以在美国高胡萝卜素品种很受欢迎。

甘薯胡萝卜素含量是一个可遗传的性状,并可通过遗传改良得到提高。胡萝卜素含量的遗传力超过干物率、可溶性糖含量和维生素C含量等性状，且该性状受环境条件的影响较小。利用高胡萝卜素品种为亲本杂交，其后代中容易出现高胡萝卜素含量的品种，美国的高胡萝卜素品种Centennial是选育高胡萝卜素品种的优良亲本。如日本利用该品种为亲本采用品种间杂交的方法先后育成了"农林37"（胡萝卜素含量为12 mg/100 g）、"农林49"（胡萝卜素含量为13.2 mg/100 g）、"农林51"（胡萝卜素含量为13.9 mg/100 g）等高胡萝卜素品种。我国台湾省利用从美国引进的高胡萝卜素品种Centennial为主要亲本，采用杂交育种的方法，先后育成了"台农63""台农64""台农66""台农69"等高胡萝卜素甘薯品种，这些品种的胡萝卜素含量均在10 mg/100 g以上。

我国的高胡萝卜素甘薯品种改良起步较迟，"七五"国家攻关目标提出食用型甘薯品种的胡萝卜素含量应达到5 mg/100 g以上的要求，直到"九五"时才提出食用型亲本材料的胡萝卜素含量应达到10 mg/100 g的目标。目前，我国将高胡萝卜素品种选育作为食用及加工型品种选育的目标之一，已育成的胡萝卜素含量每百克鲜薯超过10 mg的品种有"维多丽""浙薯81""莆薯17"和"苏薯25"等。随着我国人民生活水平的提高，甘薯作为副食和休闲食品的用途日趋广泛，选育色泽鲜艳的高胡萝卜素品种将是我国食用及食品加工用型甘薯育种的一项重要内容。

3.紫心型甘薯品种选育

紫心甘薯富含花青素，具有多种保健功能，紫心甘薯可作为食用和加工用品种，紫心甘薯已成为甘薯育种的一个重要方向。花青素是受主基因控制的可遗传性状，品种间杂交育种法是选育紫心甘薯品种的主要方法，紫心甘薯品种"Yamakawamurasaki"（山川紫）和"Ayamarasaki"（凌紫）作为杂交亲本的利用对紫心甘薯品种选育起到极其重要的作用。日本是世界上最早开展紫心甘薯遗传育种的国家之一，20世纪90年代初，日本首先在品种资源中筛选出花青素含量较高的紫心甘薯品种"山川紫"，之后又间接以"山川紫"为亲本先后育成了"Ayamarasaki"（凌紫）、"Murasakimasari"（农林54）、"Akemurasaki"（农林62）等紫心甘薯品种。韩国以"山川紫"和"凌紫"为亲本，先后育成了花青素含量较高的紫心甘薯品种"Zami""Borami""Sinjami""Yeonjami"等。中国紫心甘薯品种的选育工作始于20世纪90年代，与日本、韩国等国家相比，起步相对较晚，但近年来紫心甘薯品种的选育引起了广泛重视，中国各育种单位都先后将紫心甘薯品种的选育作为甘薯育种的主要目标之一，国家农业技术推广中心也组织了全国紫心甘薯品种的区域试验，并制定了紫心甘薯品种的鉴定标准。近年来，我国有关单位先后育成了"宁紫薯1号""宁紫薯2号""徐紫薯1号""渝紫263""济薯18""广紫薯1号""广紫薯2号"等一批紫心甘薯新品种。

4.蔬菜型甘薯品种选育

自20世纪90年代开始,国内外在蔬菜用甘薯品种资源筛选的基础上开展了菜用甘薯品种的选育工作,目前我国菜用甘薯品种的选育标准是顶端叶色翠绿,茎尖无茸毛,煮熟后不变褐,食味鲜嫩爽口,无苦涩味,食味评分不低于对照,茎尖产量比对照增产,抗1种以上主要病害,综合性状优良。

蔬菜型品种的选育方法主要采用品种间杂交育种的方法,亲本选配是菜用甘薯品种选育的关键,一般选用茎叶青秀的品种作为菜用品种的亲本,后代选出菜用品种的频率较高,目前适合作菜用品种选育的亲本主要有"台农71""福薯7-6"等。

我国台湾省很早就开展了菜用甘薯品种的选育工作,较早育成的菜用品种有"台农2号",之后又育成了优良的菜用品种"台农68""台农71""台湾NC1367"等。我国大陆地区菜用甘薯新品种选育起步较晚,从20世纪90年代才开始重视菜用甘薯品种的选育工作,通过杂交育种的方法选育出了"福薯7-6""福薯10号""福菜薯18号""广薯菜2号""广菜薯3号""宁菜薯1号""宁菜薯2号""徐菜薯1号""鄂菜薯1号""浙菜薯726"等一批菜用甘薯新品种。

11.2.3.3 抗病虫害育种

为害甘薯的病虫害很多,有些病虫害是在全球范围普遍发生的,有些是局部发生的地区性病虫害。目前对甘薯病虫害的防治主要是采用综合防治的方法,其中选育抗病虫害品种则是防治病虫害最为经济有效的手段。

1.抗黑斑病育种

由于甘薯黑斑病(*Ceratocystis fimbriata* Ellis et Halsted)可通过种薯、薯苗及土壤等多种途径传播,彻底根除较为困难,一般采用综合防治的方法,其中选育抗病品种是防治黑斑病的重要途径之一。

甘薯黑斑病抗性是一个可遗传的性状,表现为多基因控制的数量性状遗传,杂交后代的抗性水平与亲本有关,一般选用抗性水平较好的品种为亲本,后代出现抗病品种的比例较高。20世纪60年代,江苏省农业科学院粮食作物研究所采用常规的杂交育种方法,从"夹沟大紫"(高抗)×"华北52-45"(抗)的杂交后代中选育出了抗黑斑病能力强的高产品种"南京92"。随后又陆续育成的抗黑斑病品种有"烟薯25""万薯7号""浙薯81"等。

2.抗根腐病育种

甘薯根腐病〔*Fusarium solani*(Mart.)Sacc.f.sp.*batatas* McClure〕是1970年以后在中国山东、河南、安徽、河北、江苏等省在甘薯生产上发生的一种毁灭性病害。该病为典型的土传性病害,蔓延迅速,防治困难,对甘薯产量影响大,发病田轻者减产10%~20%,重者减产40%~50%,有的甚至绝产。甘薯根腐病的发病轻重与品种自身的抗性水平及栽培环境有关。实践证明,选用抗病品种是最为经济有效的防治措施。甘薯根腐病的抗性是一个可遗传的性状,且甘薯资源中存在着有效的抗原,通过杂交转育即可获得抗病品种。

由于甘薯资源中不乏有益的抗原,且其性状的遗传力强,采用常规的杂交育种方法,结合后代的选拔鉴定即可筛选出抗病性强且综合性状优的品种。采用品种间杂交育种方法育成的高产、优质、高抗根腐病的优良品种有"徐薯18""苏薯2号""苏薯3号""皖薯3号""豫薯6号""鲁薯7号""济薯21""徐薯25"等。江苏省农业科学院粮食作物研究所等单位采用种间杂交育种方法也筛选和创新出一批优良的抗病型基础材料,如"宁B58-5""宁285""宁B361"等,这些中间材料极大地丰富了甘薯根腐病的抗原。这些优良的抗病型品种在甘薯生产上取得了明显的防病增产效果,特别是高产、高抗型品种"徐薯18"的推广应用,对根腐病的控制起到了积极的作用。

3.抗茎线虫病育种

甘薯茎线虫病(*Ditylenchus destructor* Thorne)是由马铃薯腐烂线虫引起的,该线虫主要分布在中国,其中以山东、江苏、安徽和河南等地发生最重。该病害在甘薯贮藏期易导致烂窖,在育苗期易引起烂床,大田期甘薯受害后薯块会出现糠心,田块一般发病会减产20%~50%,严重的甚至绝产。病薯、病苗是进行远距离传播的主要途径,在病区,土壤、粪肥、农具都可能是传播源,连作重茬使线虫日益积累,病情逐年加重。近年来,甘薯茎线虫病在北方薯区已成为甘薯生产上最严重的病害,目前甘薯生产上主要采用综合防治的方法,其中抗病品种的选育和推广是控制该病害的主要手段。

全国各地利用筛选出的抗病资源为亲本,采用品种间杂交和种间杂交育种的方法先后选育出一批高产、高抗茎线虫病的新品种,如"苏薯4号""烟薯13号""济薯10号""浙紫薯1号""郑红22""徐薯25"等,从而对该病的控制起到了一定的作用。由于抗性的强弱和干物率呈负相关,所育成的抗病型品种的干物率普遍较低。为了进一步提高抗病品种的干物率,在选育优质高干型抗病品种时,所选用亲本的干物率较高时,易获得理想的后代。目前,徐州甘薯研究中心已筛选出"AB94078-1""徐377-3"等高干抗病型优良亲本资源,从而为优质高抗型甘薯品种的选育奠定了基础。

4.抗蔓割病育种

甘薯蔓割病[*Fusarium oxysporum* Schlecht. f. sp. *batatas*(Wollenw.)Snyd. & Hans.]又称枯萎病、蔓枯病、萎蔫病、茎腐病,此病是由两种真菌类镰刀菌寄生所引起的,是我国南方薯区的主要病害,近年来有向长江中下游区域蔓延的趋势。蔓割病一般使甘薯田减产10%～20%,重者超过50%。推广抗病良种和药剂浸苗处理是目前主要的防治措施。

中国抗蔓割病育种工作始于20世纪90年代末,方树民等从557份甘薯品种(系)中筛选出兼抗甘薯瘟和甘薯蔓割病的品种(系)16份。郑光武等(2006)选育出的甘薯种质"C180"高抗蔓割病,该材料已成为抗病育种的核心亲本。利用"C180"为亲本直接或间接育成了20多个甘薯新品种,其中通过国家或省级审定的品种8个。陈凤翔等(1994)用"C180"抗源为母本,与"南徽7号"父本杂交,从杂种后代中选育出早熟、高产、优质、高抗蔓割病品种"金山57",从1991年起该品种在福建省病区大面积种植,表现出稳定持久的抗性。此后福建省相继育成"岩薯5号""福薯2号"等综合性状优良的高抗蔓割病品种,在省内外大面积推广种植获得显著的抗病增产效果。近年来,育成的高抗蔓割病的品种有"冀薯71""绵薯6号""济薯16""商薯6号""金山208""福薯14号""龙薯21""苏薯12号"等。

5.抗薯瘟病育种

甘薯瘟病(*Pseudomonas solanacearum* E. F. Sm.)是我国南方薯区的一种毁灭性病害,是一种土传的细菌性病害。发病后轻者损失20%～30%,重者超过70%,甚至绝收。生产实践证明,选育和推广抗病良种是防治甘薯瘟病最经济且有效的措施。

福建农林大学、福建省农业科学院、广东省农业科学院等单位都先后开展了抗薯瘟病研究,筛选或选育出对薯瘟病Ⅰ型和Ⅱ型两个菌系均有较高抗性的品种:"湘薯75-55""泉薯860""泉薯854""金山93""榕选416""金山908""广薯88-20"等。

6.抗病毒病育种

甘薯病毒病在世界各地都有发生,也是导致甘薯种性退化和减产的重要因素,目前国际上报道的甘薯病毒和类病毒有14种。中国自20世纪50年代发现病毒病以来,先后报道检测出的病素有甘薯羽状斑驳病毒(SPFMV)、甘薯潜隐病毒(SPLV)和甘薯褪绿斑病毒(SPCFV)。近年来,甘薯复合病毒(SPVD)各地也有报导(张立明等,2005;赵永强等,2012)。由于人工接种植物及鉴定工作的困难,除内栓病毒外,其他种类病毒的抗性育种几乎没有什么报道。至今,国内外尚无高抗病毒病的优良甘薯品种在生产上应用。

甘薯病毒病引起甘薯品种种性退化,严重影响甘薯的产量和品质。甘薯病毒已成为甘薯生产的一个重要限制因子,由于病毒病不同于真菌和细菌病害,它本身的复制与植物代谢过程密切相关,无法采用杀菌剂和抗生素防治。

许多国家和地区,通过茎尖分生组织培育成的甘薯脱毒试管苗能有效地控制甘薯病毒病的危害。脱毒后增产显著,商品性改善。山东、安徽、河南等省省政府投入了大量的人力、物力加速脱毒甘薯繁育推广,从而对提高甘薯的产量起到了重要的作用。

7. 抗蚁象育种

甘薯蚁象(*Cylas formicarius* Fab)又称甘薯象虫、甘薯小象甲等,在热带和亚热带地区,甘薯蚁象是一种毁灭性害虫,通常使甘薯产量损失60%~100%,是甘薯生产的主要限制因子。世界各国及一些国际研究机构对甘薯资源的筛选表明,甘薯不同品种对蚁象的抗性有明显的不同,甘薯品种中虽然没有发现免疫的品种,但也出现了一些抗性较好的品种,研究发现甘薯茎细且结薯较深的品种受危害程度较轻。品种的抗性受环境影响较大,表现为抗性在不同地点的稳定性较差。目前在甘薯中还没有发现有效的抗原,导致甘薯抗蚁象育种进展缓慢。虽然各国都育成了一些抗型品种,但抗性很不稳定,在虫口密度较大的地方其抗性易丧失。因此,至今仍没有培育出一个能在生产上应用的高抗型品种。

11.2.3.4 早熟性育种

甘薯是无性繁殖作物,以收获营养器官为目的,长期以来人们认为甘薯不存在成熟期,生长期越长产量越高,一般是一年一熟或二熟制栽培,通过延长生育期来提高产量。但近年来人们开始关注选育早熟高产、优质高效的甘薯品种,以便提高复种指数、解决人多地少的矛盾,提早鲜食甘薯的上市时间,以获得较高的收益。因此,早熟、高产、优质甘薯品种的选育成为甘薯育种的一种特殊育种目标。

甘薯薯块的早熟性是指在90~110 d的生长期内能获得较高的产量。早熟类型具有两个特点,即结薯早或较早、薯块膨大快。在复种指数高或霜期短的地区,育成的早熟类型的品种有"宁薯1号""浙薯2号""豫薯10号""龙薯9号""川薯294""万薯7号""苏薯8号"等。

11.2.4 甘薯主要性状的选择和鉴定

11.2.4.1 后代的选择

育种是一个选择的过程,就育种材料而言,从播种到收获,从初级鉴定试验到高级鉴定试验,每个环节都是通过选择而进行的,因此整个育种过程就是一个不断选择的过程。在杂交育种过程中,要经过苗期选择、大田期选择、收获期选择和贮藏期选择几个过程。

1. 苗期选择

由于甘薯的遗传变异通过 F_1 无性繁殖即可固定下来,因此,甘薯的选择从 F_1 实生系即可开始。实生苗的选择是杂交育种中重要的环节之一。实生苗苗期的选择在前期主要应将一批细长苗、瘦弱苗、丛生苗、病毒苗、白化苗和畸形苗及早淘汰,以减轻工作量。虽然实生系的产量优势会随着无性世代的繁衍和同质群体的扩大而发生变异,但育种实践证明育成的优异品种在实生一代的产量都是相当突出的。研究证明,实生系的干物率、分枝数、主蔓长、薯皮色、薯肉色、茎叶重等性状遗传力均较高,可作为选择的主要目标。

2. 大田期选择

以系为单位,分别于发根还苗期、茎叶生长盛期及接近收获期,结合挖根观察选择还苗快、长势好、没有明显病征以及结薯较早、薯块膨大快的系列为初选材料。株型及开花习性不作为选择的依据。

3. 收获期选择

在初选的基础上,选择结薯集中,薯块整齐,没有严重开裂及病征,产量高的系。薯块产量的变异在实生苗播种当年即可出现。在初选落选的系中,有时也能出现高产类型。对于这些高产类型的系也应选出,继续进行观察。在收获前或收获后,对入选系的干物率、食味应进行鉴定。

4. 贮藏期选择

在贮藏期,可按育种目标进行小规模的鉴定,如食味以及对某种病害的抗性、耐贮性,根据鉴定结果进行一次选择。第二年在苗床中调查萌芽性及苗期病害,剔除萌芽性劣以及有明显病毒病征的系。甘薯的萌芽性常受育苗方法的影响,应结合当地普遍采用的各种育苗方法进行选择。

苗期当选的系,根据苗数多少参加不同规模的鉴定圃,并设对照,选择内容同第一年。对于那些苗数较多且表现良好的系,可以分发给有关单位进行异地鉴定,或进行抗病虫、抗旱等方面的鉴定,以便在早期即可汰选。本年当选的材料,于收获后按育种目标进行食味品评,以及干物率和淀粉或其他营养物质的测定。根据测定结果进一步选出优良系,贮藏期间的选择与第一年相同。第二年大田期的选择非常重要,因第一年选择的对象主要是单株,而第二年选择的对象则是群体。就不同品系而言,单株和群体产量的表现并不是经常一致的,一般第一年选择的要求是较宽的,而第二年选择的标准应从严掌握。第三年及以后的鉴定圃可按生物统计学方法设置重复,进行产量分析,对于表现良好的系进行更正式的联合试验,并进一步开展有关抗性、品质等方面的鉴定。经联合试验,表现良好的材料可参加品种区域试验。

11.2.4.2 主要性状的鉴定

性状鉴定是汰选的依据。掌握可靠的鉴定方法对育种工作有重要意义。甘薯鉴定工作的主要内容和方法如下。

1. 产量性状鉴定

甘薯产量为数量性状,易受环境条件和栽培措施的影响。为了提高试验的准确性,一方面要注意试验地的选择和培养,以减少试验误差;另一方面应进行异地多点鉴定;此外,还要注意良种结合良法,明确良种的生产潜力,以便对品种做出全面客观的评价。

2. 干率、淀粉率的测定

干率和淀粉率是衡量甘薯产量和品质的两个重要指标。干率测定采用烘干法,淀粉率测定采用旋光法。

3. 食味鉴定

在薯块蒸熟后进行品尝,记载肉色、质地、香味、甜度、纤维多少等项目,各项目给以一定分数,然后进行综合评定,一般于收获时或入窖初期评定。参加品评的人应有代表性,评定的标准宜按习惯及用途。

4. 抗病性鉴定

根据各地的条件及生产上发生的主要病害等,对甘薯材料进行抗病性鉴定,长江流域以北地区主要鉴定黑斑病、茎线虫病、根腐病等,长江流域以南则主要鉴定薯瘟病、蔓割病、蚁象。甘薯抗病性鉴定方法一般可分为田间自然诱发鉴定和实验室人工接种鉴定等。

5. 抗旱性鉴定

甘薯的抗旱性以在干旱条件下的薯块产量为依据,鉴定方法如下。

设置防雨篷(或透明的塑料薄膜盖顶),在篷下建池栽苗或用花钵栽苗,分别把池土或钵土控制在相当于最大持水力的20%、30%、40%与75%~80%(对照),以上处理数可根据条件设置。比较各供试品种(系)在相同干旱条件下以及同一品种(系)在不同干旱条件下薯块产量的表现。与此同时,可以测定在不同处理下不同品种(系)的植株萎蔫程度、叶气孔闭合度以及细胞质的黏度等,作为辅助抗旱性指标。

6.耐贮性鉴定

在一般贮藏条件下,于出窖时检查薯块腐烂数,计算腐烂率。同时,调查发芽、皱缩薯数,计算其百分率。

7.耐盐性鉴定

先配好处理薯苗的盐水,其浓度可分为0.2%、0.4%、0.8%,以清水为对照。每种浓度的溶液配制250 mL,置于容量为500 mL的烧杯中,每个处理应用薯苗20株(薯苗茎长约16 cm,带4片展开叶),浸薯苗基部深6~7 cm,浸泡10 d后取出检查。记载单株薯苗展开绿叶数、黄叶数、发根数和株高等项目,综合评价供试材料的耐盐性。

11.3江苏省农业科学院和西南大学甘薯育种简况

11.3.1江苏省农业科学院甘薯育种简况

江苏省农业科学院前身为中央农业实验所,中华人民共和国成立后先后易名为华东农业科学研究所、中国农业科学院江苏分院、江苏省农业科学院。其中的甘薯研究还经历了在江苏宿迁的中国农业科学院薯类研究所一个短暂时期。早在20世纪30年代中央农业试验所时期就已开展甘薯品种相关的研究工作;在华东农业科学研究所期间,张必泰及其团队通过品种间杂交的方法先后选育出高产优质甘薯品种"华东51-93""华东51-16"等,并在甘薯生产上得到了大面积推广应用;在中国农业科学院薯类研究所期间选育出"59-541"(后定名为"一窝红")、"59-811"(后定名为"黄心早")等优良品种;在中国农业科学院江苏分院期间选育出高产优质甘薯品种"南京92""宁薯1号"和"宁薯2号"等,其中"南京92"获江苏省科技进步三等奖,"宁薯1号""宁薯2号"获全国科学大会成果奖。

在"六五"期间,江苏省农业科学院粮食作物研究所甘薯研究团队主持了农业部"甘薯近缘野生植物研究与利用"课题,该项目研究率先从国内外收集引进了21个甘薯近缘野生植物,研究了各野生种的形态特性、生物学特性及细胞学特性,开展了甘薯近缘野生植物在甘薯育种上的利用研究,重点进行了六倍体甘薯近缘野生种"三浅裂野牵牛"与甘薯栽培种的种间杂交育种研究,并在其杂交后代中筛选出"宁B58-5"等优良种间杂交中间材料,再通过与栽培种回交获得杂交种籽,提供给西南大学重庆市甘薯工程技术研究中心育成了具有1/8野生血统的种间杂交品种"渝苏303"和"渝苏297"等。甘薯近缘野生种在甘薯育种上的应用开辟了我国甘薯育种新途径,对拓展我国甘薯育种途径,提高我国甘薯育种技术水平具有积极的作用。江苏省农业科学院成为国内最早开展甘薯近缘野生种研究的单位,研究成果"甘薯近缘野生植物的研究与利用"获农牧渔业部科技进步三等奖。

"七五"至"九五"期间先后育成了"苏薯2号""苏薯4号""苏薯5号"等甘薯品种,其中高淀粉品种"苏薯2号"在全国得到大面积推广应用,该品种获农业部科技进步三等奖;"渝苏303"的选育和推广应用先后获得重庆市科技进步二等奖、江苏省科技进步三等奖和中华农业科技三等奖。

进入21世纪后,江苏省农业科学院粮食作物研究所在专用型甘薯品种选育方面取得了较大的进展,先后育成各类甘薯品种25个,其中淀粉加工型品种8个,食用型品种7个,兼用型品种3个,食用型紫甘薯品种5个,高胡萝卜素品种1个,菜用型品种1个,其中育成的紫甘薯品种"宁紫薯1号"成为全国三大薯区及江苏省紫甘薯品种区域试验的对照品种(表11-2)。此外,与西南大学合作育成了各类甘薯品种12个,与安徽省农业科学院作物所合作育成了"皖苏31""皖苏61""皖苏176",与江西省农业科学院作物所合作育成了"赣薯1号",与重庆市彭水群英薯业科技研发中心合作育成了"彭薯1号""彭苏2号""彭苏3号""彭苏6号"等9个甘薯品种。研究成果"优质食用甘薯品种选育及开发应用"于2017年获江苏省科技进步二等奖。

表11-2 江苏省农业科学院21世纪后部分育成甘薯品种统计

品种名称	系谱号	亲本组合	选育单位	审(鉴)定机构	审(鉴)定时间	品种类型	适宜种植区域
苏薯9号	宁R97-5	"苏薯2号"×"济薯10号"	江苏省农业科学院	江苏省和全国农作物品种审定委员会(苏种审字第381号,国审薯2001004)	2000年、2001年	淀粉型	适宜在北方薯区和长江流域春、夏区种植
宁薯192	宁D19-2	"苏薯5号"×"苏薯4号"	江苏省农业科学院	江苏省和全国甘薯品种鉴定委员会鉴定(苏审薯200401,国品鉴甘薯2003003)	2004年	食用型	适宜在长江流域春、夏区种植
苏薯10号	宁15-2	"商52-7"×"苏薯2号"	江苏省农业科学院	全国甘薯品种鉴定委员会鉴定(国品鉴甘薯2005006)	2005年	食用型	适宜在长江流域春、夏区种植

品种名称	系谱号	亲本组合	选育单位	审(鉴)定机构	审(鉴)定时间	品种类型	适宜种植区域
宁紫薯1号	宁P-4	"宁P-23"放任授粉	江苏省农业科学院	江苏省和全国甘薯品种鉴定委员会鉴定(苏鉴甘薯2006001，国品鉴甘薯2005005)	2006年、2005年	食用型紫薯	适宜在南方薯区和长江流域春、夏区种植
苏薯11号	宁27-17	"苏薯1号"放任授粉	江苏省农业科学院	江苏省和全国甘薯品种鉴定委员会鉴定(苏鉴甘薯2006002，国品鉴甘薯2007005)	2006年、2007年	淀粉型	适宜在长江流域春、夏区种植
苏薯12号	宁11-6	"南薯99"×"宁97-9-1"	江苏省农业科学院	江苏省和全国甘薯品种鉴定委员会鉴定(苏鉴甘薯2007001，国品鉴甘薯2009007)	2007年、2009年	淀粉型	适宜在长江流域春、夏区种植
苏薯14号	宁43-5	"Acadian"×"南薯99"	江苏省农业科学院	江苏省农作物品种审定委员会鉴定(苏鉴甘薯201001)	2010年	食用型	适宜在江苏省薯区种植
苏薯15号	宁36-9	"徐薯22"×"苏薯9号"	江苏省农业科学院	江苏省农作物品种审定委员会鉴定(苏鉴甘薯201102)	2011年	兼用型	适宜在江苏省薯区种植
苏薯16号	宁43-8	"Acadian"×"南薯99"	江苏省农业科学院	江苏省农作物品种审定委员会鉴定(苏鉴薯201201)	2012年	食用型	适宜在长江流域春、夏区种植
苏薯17号	宁51-5	"苏薯2号"×"南薯99"	江苏省农业科学院	全国甘薯品种鉴定委员会鉴定(国品鉴甘薯2012003)	2012年	淀粉型	适宜在长江流域春、夏区种植
宁紫薯2号	宁2-2	"凌紫"×"川薯69"	江苏省农业科学院	全国甘薯品种鉴定委员会鉴定(国品鉴甘薯2012007)	2012年	食用型紫薯	适宜在长江流域春、夏区种植
苏薯18号	宁51-14	"苏薯2号"×"南薯99"	江苏省农业科学院	江苏省农作物品种审定委员会鉴定(苏鉴薯201301)	2013年	淀粉型	适宜在江苏省薯区种植
宁菜薯1号	宁菜-2	"苏薯9号"放任授粉	江苏省农业科学院	全国甘薯品种鉴定委员会鉴定(国品鉴甘薯2013016)	2013年	菜用薯	适宜在长江流域春、夏区种植
苏薯20	宁16-2	"徐薯22"×"苏薯11号"	江苏省农业科学院	全国甘薯品种鉴定委员会鉴定(国品鉴甘薯2013005)	2013年	食用型	适宜在长江流域春、夏区种植
苏薯21	宁26-2	"Palmarep"×"苏薯12号"	江苏省农业科学院	江苏省农作物品种审定委员会鉴定(苏鉴薯201401)	2014年	兼用型	适宜在江苏省薯区种植
苏薯22	宁6-10	"万9902-7"×"浙薯132"	江苏省农业科学院	江苏省农作物品种审定委员会鉴定(苏鉴薯201402)	2014年	食用型	适宜在江苏省薯区种植

品种名称	系谱号	亲本组合	选育单位	审(鉴)定机构	审(鉴)定时间	品种类型	适宜种植区域
苏薯23	宁29-8	"宁K17-8"× "宁5-12"	江苏省农业科学院	江苏省农作物品种审定委员会鉴定(苏鉴薯201501)	2015年	淀粉型	适宜在江苏省薯区种植
苏薯24	宁28-5	"南薯99"× "皖苏178"	江苏省农业科学院	全国甘薯品种鉴定委员会鉴定(国品鉴甘薯2015002)	2015年	淀粉型	适宜在长江流域春、夏区种植
苏薯25	宁4-6	"苏薯8号"× "川薯69"	江苏省农业科学院	全国甘薯品种鉴定委员会鉴定(国品鉴甘薯2015008)	2015年	高胡萝卜素型	适宜在长江流域春、夏区种植
苏薯26	宁28-4	"宁K17-6"× "冀17-4"	江苏省农业科学院	江苏省农作物品种审定委员会鉴定(苏鉴薯201503)	2015年	淀粉型	适宜在江苏省薯区种植
苏薯28	宁104-2	"南薯99"× "浙紫薯1号"	江苏省农业科学院	江苏省农作物品种审定委员会鉴定(苏鉴薯201506)	2015年	兼用型	适宜在江苏省薯区种植
宁紫薯5号	宁R6-8	"宁紫薯1号"× "徐紫薯5号"	江苏省农业科学院	江苏省农作物品种审定委员会鉴定(苏鉴薯201507)	2015年	食用型紫薯	适宜在江苏省薯区种植
宁紫薯3号	宁29-11	"徐薯18"× "浙紫薯1号"	江苏省农业科学院	全国甘薯品种鉴定委员会鉴定(国品鉴甘薯2015015)	2015年	食用型紫薯	适宜在长江流域春、夏区种植
苏薯29	宁S10-1	"浙紫薯1号"× "苏薯16号"	江苏省农业科学院	全国甘薯品种鉴定委员会鉴定(国品鉴甘薯2016015)	2016年	淀粉型	适宜在长江流域春、夏区种植
宁紫薯4号	宁R2-2	"徐紫薯5号"× "宁紫薯1号"	江苏省农业科学院	全国甘薯品种鉴定委员会鉴定(国品鉴甘薯2016012)	2016年	食用型紫薯	适宜在长江流域春、夏区种植

11.3.2 西南大学甘薯育种简况

西南大学的甘薯科研可以追溯到20世纪50年代,到20世纪70年代中期有了长足发展。1980年,在江苏省农业科学院的大力支持下,张启堂研究员组建了西南大学甘薯遗传育种研究团队。自此开始至2017年,西南大学甘薯育种科研团队逐渐扩大,独立育成甘薯新品种14个,与国内其他育种单位合作育成大量甘薯新品种,通过省(市)级或国家级审(鉴)定,其中作为成果第一完成单位育成品种16个(其中与江苏省农业科学院合作育成甘薯新品种12个),作为成果第二及以上完成单位育成品种11个(表11-3)。

表 11-3　1985—2017 年西南大学等育成甘薯品种统计

品种名称	系谱号	亲本组合	选育单位	审(鉴)定机构	审(鉴)定时间	品种类型	适宜种植区域
渝苏1号	80-210-18	"栗子香"×"鸡爪莲"	西南大学、江苏省农业科学院	重庆市科学技术委员会成果鉴定	1985年	食用型	适宜在重庆市作优质食用品种种植
渝薯34	828-34	"80-75"×"80-424"	西南大学、绵阳市农业科学研究院	重庆市和四川省农作物品种审定委员会审定	1990年、1993年	早熟兼用型	适宜在四川省、重庆市作早熟兼用型品种种植
渝薯20	8213-20	"79-75"×"早熟红"	西南大学、绵阳市农业科学研究院	重庆市农作物品种审定委员会审定	1990年	食用	适宜在重庆市作食用及食品加工用品种种植
渝苏303	91-31-303	"B58-5"×"苏薯1号"	西南大学、江苏省农业科学院	四川省、重庆市、江苏省、江西省和全国农作物品种审定委员会审定[川农业种字(1997)第16号,苏种审字第324号,赣种审字第324号,国审薯2002006]	1997年、1998年、1999年、2000年、2002年	兼用型	适宜在四川省、重庆市、江苏省和江西省等长江中下游地区作高产兼用型品种种植
渝苏297	91-31-297	"B58-5"×"苏薯1号"	西南大学、江苏省农业科学院	四川省农作物品种审定委员会审定(川审薯18号)	1998年	早熟型	适宜在重庆和四川盆地中部平坝、浅丘薯区作春、夏薯种植
渝苏76	92-109-76	"徐薯18"×"苏薯1号"	西南大学、江苏省农业科学院	四川省农作物品种审定委员会审定(川审薯17号)	1998年	早熟食品加工用品种	适宜在四川、重庆大中城市郊区作食用或食品加工用品种种植
渝苏30	92-103-30	"宿芋1号"×"苏薯5号"	西南大学、江苏省农业科学院	重庆市农作物品种审定委员会审定(渝农作品审薯第6号)	2000年	抗旱品种	适宜在重庆市及相应地区作饲用为主(亦可兼作食用)品种种植
渝苏153	95-411-153	"徐薯18"集团杂交	西南大学、江苏省农业科学院	全国甘薯品种鉴定委员会鉴定(国品鉴甘薯2003006)	2003年	淀粉型	适宜在长江流域春、夏区中等以上肥水条件的地块作淀粉用种植
渝苏151	95-805-151	"徐薯18"×"苏薯1号"	西南大学、江苏省农业科学院	全国甘薯品种鉴定委员会鉴定(国品鉴甘薯2004009)	2004年	食饲兼用型	适宜在重庆、四川及相似生态区作春、夏薯种植
渝紫263	98-03-263	"徐薯18"集团杂交	西南大学、江苏省农业科学院	全国甘薯品种鉴定委员会鉴定(国鉴甘薯2005009)	2005年	食用紫肉型	适宜在重庆、江西、江苏南部作紫色肉食用型品种种植
渝薯33	2001133	"浙薯13"集团杂交	西南大学、四川省南充农科所、重庆环球石化有限公司	重庆市非主要农作物品种鉴定委员会鉴定(渝品审鉴2008009)	2008年	淀粉型	适宜在重庆市甘薯生产区种植

品种名称	系谱号	亲本组合	选育单位	审(鉴)定机构	审(鉴)定时间	品种类型	适宜种植区域
渝薯2号	YSW-2	"农珍868"×"万斤白"	西南大学、重庆环球石化有限公司	重庆市非主要农作物品种鉴定委员会鉴定(渝品审鉴2008007)	2008年	淀粉型	适宜在重庆市甘薯生产区种植
渝苏162	97-402-162	"苏薯4号"集团杂交	西南大学、江苏省农业科学院	重庆市农作物品种审定委员会鉴定(渝品审2008008)	2008年	食用型	适宜在重庆浅丘、平坝地区作夏薯种植
渝苏8号	2-I2-8	"宁97-9-2"×"南薯99"	西南大学、江苏省农业科学院	全国甘薯品种鉴定委员会鉴定(国品鉴甘薯2010001)	2010年	淀粉型	适宜在重庆、江苏南部、湖北、江西、四川、浙江适宜地区种植
渝薯99	2-19-99	"8129-4"×"AB940078-1"	西南大学、江苏省农业科学院	重庆农作物品种审定委员会鉴定(渝品审鉴2010009)	2010年	食用及食品加工	适宜在重庆市浅丘、平坝地区种植
渝苏紫43	2-I19-43	"97-P-4"×"宁97-P-1"	西南大学、江苏省农业科学院	重庆农作物品种审定委员会鉴定(渝品审鉴2010010)	2010年	高花青素型	适宜在重庆市浅丘、平坝地区种植
渝紫薯7号	6-12-3	"宁97-9-2"×"南薯99"	西南大学	全国甘薯品种鉴定委员会鉴定(国品鉴甘薯2010001)重庆市农作物品种审定委员会鉴定(渝品审鉴2014003)	2010年、2014年	食用型紫薯	适宜在北京、河北、陕西、山东、河南、安徽、江苏、四川、湖南、浙江、江西、贵州种植
渝薯4号	0610-54	"浙薯13"集团杂交	西南大学	重庆市非主要农作物品种鉴定委员会鉴定(渝品审鉴2012003)	2012年	淀粉型	适宜在重庆薯区种植
渝薯6号	0506-406	"浙薯13"集团杂交	西南大学	重庆市非主要农作物品种鉴定委员会鉴定(渝品审鉴2012004)	2012年	淀粉型	适宜在重庆薯区种植
绵紫薯9号	6-4-51	"4-4-259"集团杂交	绵阳市农业科学研究院、西南大学	四川省农作物品种审定委员会审定(川审薯2012009)全国甘薯品种鉴定委员会鉴定(国品鉴甘薯2014005)	2012年、2014年	高花青素型紫薯	适宜在四川、重庆、湖北、湖南、贵州、江西、浙江和江苏南部适宜地区种植
黔紫薯1号	6-15-6	"日紫薯13"集团杂交	贵州省生物技术研究所、西南大学	贵州省农作物品种审定委员会审定(黔审薯2013004)	2013年	食用型紫薯	适宜在贵州省甘薯适宜地区种植
黔薯2号	8-6-13	"6-6-13"×"6-1-2"	贵州省生物技术研究所、西南大学	贵州省农作物品种审定委员会审定(黔审薯2013002)	2013年	兼用型	适宜在贵州省甘薯适宜地区种植

品种名称	系谱号	亲本组合	选育单位	审(鉴)定机构	审(鉴)定时间	品种类型	适宜种植区域
黔薯3号	8-5-1	"NC02-259"集团杂交	贵州省生物技术研究所、西南大学	贵州省农作物品种审定委员会审定(黔审薯2013003)	2013年	食用型	适宜在贵州省甘薯适宜地区种植
绵渝紫11	6-3-16	"3-14-384"×"4-4-259"	绵阳市农业科学研究院、西南大学	四川省农作物品种审定委员会审定(川审薯鉴2014004)	2014年	食用型紫薯	适宜在四川适宜地区种植
渝薯12	0812-33	"浙薯13"×"BB3-26"	西南大学	重庆市非主要农作物品种鉴定委员会鉴定(渝品审鉴2014001)	2014年	淀粉型	适宜在重庆薯区种植
渝薯17	6-9-17	"浙薯13"×"8129-4"	西南大学	重庆市农作物品种审定委员会鉴定(渝品审鉴2014002)全国甘薯品种鉴定委员会鉴定(国品鉴甘薯2015001)	2014年、2015年	食用、淀粉型	适宜在重庆市、四川(成都除外)、浙江、湖南、湖北、江西、江苏南部适宜地区种植
赣渝3号	赣2-01	"6-3-9"集团杂交	江西省农业科学院、西南大学	江西省农作物品种审定委员会认定(赣认甘薯2014001)	2014年	食用型	适宜在江西甘薯产区种植
绵渝紫12	7-1-13	"徐薯18"集团杂交	绵阳市农业科学研究院、西南大学	四川省农作物品种审定委员会审定(川审薯鉴2015004)	2015年	食用型紫薯	适宜在四川适宜地区种植
徐渝薯35	085919	"渝06-1-2"×"宁紫薯1号"	江苏徐淮地区徐州农业科学研究所、西南大学	江苏省农作物品种审定委员会(苏鉴薯201505)	2015年	食用型	适宜在江苏甘薯产区种植
渝薯1号	9-9-1	"浙薯13"×"日紫薯13"	西南大学	重庆市农作物品种审定委员会鉴定(渝品审鉴2015001)全国甘薯品种鉴定委员会鉴定(国品鉴甘薯2016005)	2015年、2016年	淀粉型	适宜在重庆市、四川(成都除外)、浙江、湖南、湖北、江西、江苏南部适宜地区种植
内渝紫2号	N11-10-2	"0317-6"集团杂交	内江市农业科学院、西南大学	四川省农作物品种审定委员会(川审薯2016011)	2016年	食用型紫薯	适宜在四川甘薯适宜地区种植
渝薯27	9-14-27	"浙薯13"×"万薯34"	西南大学	重庆市农作物品种审定委员会鉴定(渝品审鉴2016002)	2016年	淀粉型	适宜在重庆薯区种植
渝紫薯3号	6-12-3	"日紫薯13"集团杂交	西南大学	重庆市农作物品种审定委员会鉴定(渝品审鉴2016003)	2016年	食用型紫薯	适宜在重庆薯区种植

品种名称	系谱号	亲本组合	选育单位	审(鉴)定机构	审(鉴)定时间	品种类型	适宜种植区域
渝紫香10号	1041-7	"Y6"放任授粉	西南大学	重庆市非主要农作物品种鉴定委员会鉴定（渝品审鉴2016004）	2016年	食用型紫薯	适宜在重庆薯区种植
渝薯14	0721-13	"BB3-26"ב농林10号"	西南大学	重庆市非主要农作物品种鉴定委员会鉴定（渝品审鉴2016001）	2016年	淀粉型	适宜在重庆薯区种植
徐渝薯34	083228	"渝06-2-9"ב渝04-3-218"	江苏徐州甘薯研究中心、西南大学	全国甘薯品种鉴定委员会鉴定（国品鉴甘薯2016022）	2016年	高胡萝卜素型	适宜在重庆、四川、湖南、江西、浙江适宜地区种植
渝薯198	1217-198	"万薯5号"ב S1-5"	西南大学	重庆市非主要农作物品种鉴定委员会鉴定（渝品审鉴2017022）	2017年	淀粉型	适宜在重庆薯区种植
渝薯21	0721-101	"BB3-26"ב농林10号"	西南大学	重庆市非主要农作物品种鉴定委员会鉴定（渝品审鉴2017021）	2017年	淀粉型	适宜在重庆薯区种植
渝薯8号	12-2-8	"渝薯17"集团杂交	西南大学	重庆市农作物品种审定委员会鉴定（渝品审鉴2017023）	2017年	食用薯	适宜在重庆薯区种植
渝紫薯153	11-10-153	"徐薯18"集团杂交	西南大学	重庆市农作物品种审定委员会鉴定（渝品审鉴2017026）	2017年	食用型紫薯	适宜在重庆薯区种植
彭紫薯1号	12-1-50	"渝紫薯7号"集团杂交	重庆仁禹农业开发有限公司、西南大学	重庆市农作物品种鉴定委员会鉴定（渝品审鉴2017026）	2017年	食用型紫薯	适宜在重庆薯区种植

第十二章 甘薯生物技术

12.1研究概况

12.1.1 发展经过

甘薯具有自交和杂交不亲和性,有性生殖困难,主要以无性方式繁殖。除传统的种薯繁殖或茎蔓扦插外,目前人们更感兴趣的是通过离体组织培养技术获得再生植株,并建立大量能快速增殖,遗传性状稳定、均一,具有预期选择品质的优良无性系。因此,离体形态重建技术对甘薯的生产、育种、科研以及种质保存和品种交换工作都具有特殊意义,日益受到科研工作者的重视。但这种重视的获得经历了一个漫长的过程,与其他粮食作物相比,国内外对甘薯实验形态学的研究还显得十分薄弱。甘薯组织培养是研究甘薯形态的最主要手段,它起步很晚,直到1960年才由Nielsen发表了第一篇相关报道,美国、中国台湾等地从20世纪70年代初开始研究,中国大陆到20世纪70年代末才开始有关工作。1984年,Henderson等在编写《植物细胞培养手册·第二卷(作物类)》中有关甘薯组织培养的研究时写道:文献检索后发现,在最近的10~15年中,甘薯都不是植物组织培养工作者的理想对象。当年他统计时,美国人发表的甘薯组织培养报道不到12篇,除加拿大学者在这方面还有少量研究外,编写手册所需的资料大都是从日本、中国和南美的各个图书馆中收集到的,总共只有38篇。但到了20世纪80年代后,由于植物生物工程技术的兴起,甘薯作为高效利用太阳能的一个能源作物而备受青睐。国际马铃薯研究中心(CIP)大力倡导加强甘薯组织培养工作,鼓励和支持人们将组织培养技术广泛应用于马铃薯和甘薯的品种改良。1978年,Murashige提出利用植物组织培养中具有的体细胞胚胎发生特性来制作人工种子的设想。之后,另一些学者从经济效益着眼,认为一些用量大,贮藏过程中耗损多的无性繁殖作物(如马铃薯、甘薯等)或多年生的珍贵木本作物,最具备作为人工种子应用的潜力。从20世纪80年代中期起,甘薯组织培养工作终于迎来了发展的春天。据作者初步统计,到1991年底,已正式发表的甘薯组织培养研究论文已达144篇(不包括综述、评论),如果把我们最近(1992年6月)从秘鲁CIP总部查到有关未公开发表的报告55篇算在一起,已有甘薯组织培养的研究报告200多篇。1981—1991年这10年比1960—1980年这20年发表的有关论文数增加4倍以上。而且,除通过器官分化途径从多种外植体中获得再生植株外,通过体细胞胚胎发生途径也获得了再生植株;在悬浮细胞培养、原生质体培养等方面也都获得了再生植株。真正做到了条条途径都能利用和发挥植物细胞全能性的特点,实现形态重建,获得完整植株。从而为作者提供了从不同途径总结甘薯离体发育的实验形态学基础。特别值得提到的是,甘薯茎尖脱毒和种质离体保存、无菌脱毒种质材料交换等方面成绩显著,并已进入实用阶段。

12.1.2 研究成果简介

作者将已收集到的1960—1991年这30多年来正式发表的甘薯组织培养研究论文,按外质体类型及发表年代的先后列于表12-1中,表中分别列出研究的主题、获得的结果、所用的培养基及作者和年代,以便读者对甘薯组织培养研究现状有一全面概括的了解,并供进一步查阅时参考。

表12-1 甘薯组织培养研究一览表

研究主题	获得结果	培养基及激素	作者及年代
一、根、根尖			
1. 极性对器官分化的影响	小植株	White;2,4-D、IAA、GA	Hill,1965
2. 组织学观察	愈伤组织	White;2,4-D、NAA	中岛哲夫和俊彦,1968
3. 内源因素对器官分化的影响	不定芽	White	Nakajima & Kawakami,1969
4. 器官分化	不定根、不定芽	White;NAA、KT	Yamaguchi & Nakajima, 1972
5. 极性和营养对器官分化的影响	小植株	White, IAA、KT、GA、2,4-D	Gunkel et al. , 1972
6. 愈伤组织诱导	愈伤组织	MS; 2,4-D、KT、NAA	Hozyo,1973

续表

研究主题	获得结果	培养基及激素	作者及年代
7.激素对器官形成的作用	不定根、不定芽	White；NAA、KT、ABA、玉米素、2,4-D	Yamaguchi & Nakajima, 1974
8.GA对磷酸盐形成的影响	块根	71VZ	Zink, 1980
9.激素对胚胎发生的作用	不定根	MS；BA、NAA、myoinositol	Hwang et al.,1980
10.碳源对愈伤组织生长的影响	愈伤组织	B₅；2,4-D、KT、七种碳源	吕芝香等,1981
11.抗坏血酸对愈伤组织生长的影响	愈伤组织	MS；2,4-D、KT、脱氢抗坏血酸	Nakamura et al.,1981
12.器官分化	小植株	MS；2,4-D、ABA、KT、NAA	Tsay et al.,1982
13.器官分化	小植株	MS；NAA、BA	Hwang et al.,1983
14.激素对器官形成的作用	不定芽	White、MS；2,4-D、KT、IAA、BA	杨燕平,1983
15.突变体培育	小植株	MS；2,4-D、KT ABA	以凡等,1984
16.胚胎发生	胚状体、小植株	MS；2,4-D、KT	Liu & Cantliffe,1984
17.器官发生	小植株	MS；NAA、BA	Carswell & Locy,1984
18.激素作用	植株	MS；NAA、IAA、2,4-D、KT	Houndonougbo,1989

二、茎尖

研究主题	获得结果	培养基及激素	作者及年代
1.脱毒	小植株	Knop	Nielson,1960
2.器官发生	小植株	MS	Elliott,1969
3.极性对器官分化的影响	小植株	White；2,4-D、IAA、GA₃	Hill,1965
4.脱毒	小植株	MS；NAA、IAA	Alconcro et al.,1975
5.脱毒	小植株	MS；KT、IAA	Rodrigo et al.,1925
6.快速繁殖	植株	MS；BA、KT、IAA	Litz & Conover,1978
7.脱毒	植株	MS；BA、IAA、KT	Liao & Chung,1979
8.器官分化	小植株	MS；NAA、KT	Chen et al.,1980
9.脱毒	植株	MS；IAA	Frison EA.,1981
10.脱毒	小植株	MS；IAA、BA	Frison,1981
11.器官分化	小植株	MS；IAA、KT、NAA、IBA	Schwenk,1981
12.脱毒	小植株	MS；IAA、KT、GA₃	廖嘉信等,1982
13.脱毒	植株	MS、B₅、White、Nitsch；BA、IAA、GA	罗鸿源,1984,1988
14.胚胎发生	胚状体、小植株	MS；2,4-D	Liu & Cantliffe,1984

研究主题	获得结果	培养基及激素	作者及年代
15.脱丛根病	植株	MS；BA、IAA	欧阳曙等,1984
16.去除类菌质体	植株	MS；IAA、NAA、BA	鲁雪华和陈扬春,1985
17.脱毒	小植株	MS；IAA、KT	Kuo et al.,1985
18.培养法改良	小植株	MS；BA、NAA	Love & Rhodes,1985
19.器官分化	植株	MS；NAA、KT、GA	Rey & Mroginshi,1985
20.脱毒	植株	MS；IAA、BA	Ng,1986
21.再生作用的遗传力	小植株	MS；KT、2,4-D	Templeton-Somers & Collins,1986
22.种质保存	小植株	MS；KT、IAA	辛淑英,1987
23.快速繁殖	小植株	B_5；BA、NAA	王寒,1987
24.脱毒	植株	MS	薛启汉,1987
25.组织学研究	胚状体	MS；2,4-D	Dewald,et al.,1988
26.快速繁殖	小植株	MS,NFT	Nelson & Mantell,1988
27.种质保存	小植株	MS；DMS、脯氨酸	IBPGR Report,1988
28.人工种子开发	小植株	MS；2,4-D	Cantliffe et al.,1988
29.人工种子开发	小植株	MS；2,4-D、BA、ABA、NAA	小卷克已等,1989
30.脱毒	小植株	MS；BA、NAA	冀贤华,1989；张若兰,1989
31.脱毒	小植株	L,M	Green et al.,1989
32.脱毒	小植株	MS	Marco et al.,1989
33.种质保存	小植株	MS；BA、NAA、GA_3、KT、IAA	Chen et,al.,1989；陈应东等,1990
34.脱毒	小植株	MS+ribavirin	Griffiths & Slack,1990

三、茎段(包括腋芽、侧芽)

1.器官分化	小植株	MS；IAA、BA、NAA、KT	朱国兴等,1980
2.保存品种,快速繁殖	小植株	MS；KT	华根林和吴秀珠,1982
3.器官分化	小植株	MS；2,4-D、ABA、NAA、KT	Tsay et al.,1982
4.胚胎发生	胚状体、小植株	MS；2,4-D	Liu & Cantliffe,1984
5.器官发生	小植株	MS；NAA、BA	Craswell & Locy,1984
6.胚胎发生	小植株	MS；2,4-D	Jarret et al.,1984
7.器官分化	小植株	MS；NAA、BA、IAA、KT	辛淑英和张祖珍,1985,1987

续表

研究主题	获得结果	培养基及激素	作者及年代
8.器官发生	小植株	MS;N_6、NAA、2,4-D、BA	徐龙珠,1986
9.遗传稳定性	小植株	MS;IAA	Templeton-Somers & Collins,1986
10.种质保存	小植株	MS;甲基丁二酸	周明德,1987
11.器官分化	小植株	MS、N_6;KT、NAA、IBA、GA	刘国屏,1987
12.器官分化	小植株	MS;2,4-D、IAA、BA	刘庆昌,1990
13.液氮中冷冻保存	愈伤组织	MS;2,4-D、KT、NAA	Jin,1991
14.ABA的生长抑制作用	小植株	MS;ABA	Jarret & Gawell,1991

四、叶片(包括叶柄)

研究主题	获得结果	培养基及激素	作者及年代
1.激素控制	小植株	MS;2,4-D、IAA、NAA、KT	Sehgal,1975
2.器官分化	小植株	MS;KT、NAA、BA、IAA	Litz & Conover,1978
3.生长调节剂对块根形成的影响	不定根、块根	Wilson低氮培养液;BA、GA、CCC、IAA	McDavid et al.,1980
4.器官分化	小植株	MS;BA、IAA	姚敦义和张慧娟,1981
5.器官分化	不定根	MS、N_6;2,4-D、NAA、BA、LH	程井辰和周吉源,1981
6.器官分化	小植株	MS;KT、NAA、IAA、2,4-D	朱庆麟,1982
7.器官分化	小植株	MS;NAA、BA	Hwang et al.,1983
8.胚胎发生	胚状体、小植株	MS;2,4-D	Liu & Cantliffe,1984
9.器官发生	小植株	MS;NAA、BA	Carswell & Locy,1984
10.块根试管建立	小块根	MS	AVRDR,1985
11.脱毒	块根	MS;IAA、KT	Kuo et al.,1985
12.器官分化	小植株	MS;NAA、BA	辛涉英和张祖珍,1985,1987
13.器官分化	小植株	MS,N_6;NAA、2,4-D、BA	徐龙珠,1986
14.器官分化	不定根	MS;BA、NAA、spermine、spermidine、putrescine	Eilers et al.,1986
15.再生作用的遗传力	小植株	MS;2,4-D、KT	Templeton-Somers & Collins,1986 a
16.遗传稳定性	小植株	White;NAA、BA	Templeton-Somers & Collins,1986 b
17.器官分化	小植株	MS;KT、2,4-D、ABA	Murata et al.,1987

研究主题	获得结果	培养基及激素	作者及年代
18.光和NaCl对愈伤组织生长的影响	愈伤组织	MS;2,4-D、BA	Ochoa-Alejo & Loper-Gutierre,1987
19.器官分化	小植株	LS;2,4-D、ABA、IAA、BA	Otani & Shimada,1988
20.器官分化	小植株	MS;NAA、BA	王家旭等,1991
21.快速繁殖	小植株	MS;IAA、BA、NAA	Rivas et al.,1991
22.器官分化	植株	MS;2,4-D、IAA、BA	刘庆昌,1990
23.器官分化	植株	MS;2,4-D、KT、IAA、BA	刘庆昌等,1991

五、子叶

器官分化	植株	MS;2,4-D、KT、Ade	薛启汉,1987

六、幼胚

1.最优培养基筛选	小植株	MS、N_6;NAA、2,4-D、BA	徐龙珠,1986
2.离体培养克服不亲和性	体胚	MS	Rojas & Thompson,1991

七、胚珠

1.器官分化	小植株	MS;2,4-D、KT、IAA、BA、NAA、Ade	薛启汉,1988
2.器官分化	小植株	MS	Kobayashiet al.,1991
3.受精胚珠的离体培养	体胚、幼苗	MS;NAA、BA、GA	Mukherjee et al.,1991

八、子房

器官发生	小植株	MS;2,4-D、KT、NAA、GA	杜述荣等,1984

九、花药

1.激素的诱导作用	愈伤组织	多种培养基;多种激素	Tsay & Lin,1973 a
2.培养基成分和培养条件	愈伤组织	Blaydes;IAA、2,4-D、KT	Tsay & Lin,1973 b
3.器官分化	小植株	Bonner's、Miller、MS、White;多种激素	Kobayashi & Shikata,1975
4.器官分化	完整植株	MS;2,4-D、IAA、NAA、KT	Sehgal,1978
5.植株再生	小植株	Blaydes、MS、N_6;IAA、KT、NAA、2,4-D、ABA、BA	Tsay & Tseng,1979
6.器官分化	小植株(芽体)	MS;2,4-D、ABA、IAA、KT、NAA	Tsay et al.,1982
7.器官分化	小植株(胚体)	MS;2,4-D、ABA、IAA、KT、NAA	蔡新声等,1982
8.器官分化	小植株	MS、N_6;2,4-D、NAA、BA	徐龙珠,1986

续表

研究主题	获得结果	培养基及激素	作者及年代
十、细胞悬浮培养			
1.吸收Ca,Mg离子	愈伤组织	MS;2,4-D、NAA、KT	Yoshida et al.,1970
2.pH的影响	愈伤组织	Medium 72	Martin & Rose,1976
3.吸收Mg离子	愈伤组织	Media 71V、Media74	Veliky et al.,1977
4.吸收N	愈伤组织	Media 71V、Media74	Zink & Veliky,1977
5.呋喃萜烯的合成	愈伤组织	Heller's;2,4-D	Oba & Uritani,1979
6.碳源对淀粉酶分泌影响	愈伤组织	MS;IAA、2,4-D、KT、不同碳源	Handley & Locy,1984
7.对NaCl的抗性	愈伤组织	MS;2,4-D、BA、NaCl	Salgodo-Garciglia et al., 1985
8.花青素的产生	愈伤组织	MS；2,4-D	Nozue & Yasuda,1985
9.生长调节剂的作用	体胚	MS;NAA、BA	Schulthesis et al.,1986
10.麦角生物碱的产生	愈伤组织	MS;2,4-D、KT、IAA、IBA、NAA	Kavikishor & Mehta,1987
11.在凝胶载体上体胚的形成	植株	MS	Schulthesis & Cantliffe, 1988
12.器官分化	小植株	LS;IAA、BA	大谷等,1988
13.不同N源调节胺吸收酶	体胚	Veliky & Rose；N	Zink,1989
14.胚性愈伤组织生长	体胚	MS;BA、2,4-D	Cheé & Cantliffe,1988 a
15.体胚发育模式	小植株	MS;BA、2,4-D	Cheé & Cantliffe,1988 b
16.生长调节剂对体胚发生的抑制作用	愈伤组织	MS;2,4-D、三碘苯甲酸	Cheé & Cantliffe,1989a
17.极性对体胚发生的影响	鱼雷胚	MS;2,4-D、BA	Cheé & Cantliffe,1989 b
18.胚性培养物组分	体胚	MS；2,4-D	Cheé & Cantliffe,1989
19.器官分化	小植株	MS;2,4-D、BA	Cheé & Cantliffe,1990
20.体胚的形成	小植株	MS;2,4-D、BA	Bieniek et al.,1991
十一、原生质体			
1.原生质体分离培养	愈伤组织	MediaA、MediaE；2,4-D、KT、NAA	吴耀武和马彩萍,1979
2.原生质体分离培养	愈伤组织	MS;NAA、BA、2,4-D、KT	Bidney & Shepard,1980
3.原生质体分离培养	愈伤组织	S-H;NAA	Schwenk,1981
4.原生质体分离培养	愈伤组织	PRL-4C;2,4-D	Nishimak& Nozue,1985

研究主题	获得结果	培养基及激素	作者及年代
5.原生质体分离培养	植株	MS；IAA、NAA、2,4-D、玉米素	Sihachakr & Ducreus, 1987
6.原生质体分离培养	植株	MS；KT、2,4-D、ABA	Murata et al.,1987
7.原生质体分离培养	不定根	LS、N_6；2,4-D、KT、ABA	Ofanl et al.,1987
8.原生质体分离培养	愈伤组织	MS；2,4-D、KT	Kokubu & Sato,1988
9.激素与多胺的作用	愈伤组织	MS；BA、NAA、精胺、亚精胺、腐胺	Eilers et al.,1988
10.原生质体分离培养	不定根	MS；KT、玉米素	Kobayashi et al.,1990
11.原生质体分离培养	不定根	MS；2,4-D、NAA、KT	刘庆昌等,1990
12.白化作用的影响	愈伤组织	MS；NAA、2,4-D、玉米素	Buchheim & Evans,1991
13.原生质体的再生及生长条件评价	不定根	MS；2,4-D、KT、ABA	Perera & Zias-Akins,1991

注：参考张宝红和丰嵘,1991年及近年文献编写。

12.1.3 名词解释

实验形态学(Experimental Morphology)，研究实验条件下离体的植物器官、细胞或原生质体通过培养实现植株再生过程中形态变化的科学。

组织培养(Tissue Culture)，其概念有广义和狭义之分，广义的概念是指各种类型植物的无菌培养技术；狭义的概念专指起源于植物各种器官，经培养增殖形成愈伤组织的培养。狭义的组织培养在一些文献中也被称为愈伤组织培养(Callus Tissue Culture)。

器官培养(Organ Culture)，离体根尖、块根切段、茎尖、茎段、叶片、叶柄、花器官各部分原基或未成熟花器官各部分(如花药、子房、胚珠等)的培养。

茎尖培养(Stem Tip Culture)，在器官培养中，许多研究者常采用茎尖圆锥区仅带有2个叶原基，大小在0.5 mm以下的茎尖进行培养，目的是获得已感染病毒植物的去病毒材料。有不少研究者在强调其进行的是较小茎尖的培养时，把茎尖培养称为茎尖分生组织培养(Stem-apex Meristem Culture)。

悬浮培养(Suspension Culture)，在液体培养基中保持良好分散性的细胞或小细胞团的培养。一些研究者为强调培养物的特点，常在悬浮培养前冠以培养物的名称，如细胞悬浮培养、原生质体悬浮培养、胚性愈伤组织悬浮培养等以示区别。

平板培养(Plate Culture)，是一种专门的培养技术，它将单细胞悬液和融化的琼脂培养基在

30~35℃下混合浇在培养器中,当琼脂冷却凝固后,细胞就均匀地分布、固定在薄层琼脂培养基中。如果培养基合适,管理精心,就能从平板培养细胞长出起源于单细胞的小群落,适用于从植物中分离无性系。

继代培养(Subculture),由最初的外植体新增殖的组织,经过连续多代的培养。

外植体(Explant),用于离体培养的植物或组织切段称为外植体,用于继代培养的组织培养物切段也可称为外植体。

体细胞胚(Somatic Embryo)或称胚状体(Embryoid),是组织培养中起源于非合子细胞,经过胚胎发生而形成的胚状结构,其主要特征是具有根、芽两极,同时和母体植物或外植体的维管组织无直接联系。

器官形成(Organogenesis),组织和细胞培养物长出的愈伤组织形成芽或根的过程。器官形成和胚状体形成是组织培养获得再生植株的两条不同途径。

无性系或克隆(Clone),指由同一外植体或细胞扩增繁殖的培养物,因为这样的无性系也可以由一个细胞扩增形成,故又可称为克隆。因外植体不同而扩增形成不同的无性系,可分为根无性系、茎无性系、细胞无性系等。

12.2 离体条件下形态建成的途径

实现甘薯离体条件下形态建成、植株再生的途径有多种(图12-1),归纳起来大约可分为下列四个类型:器官型(Organ Type)、器官发生型(Organogenesis Type)、胚胎发生型(Embryogenesis Type)和人工种子型(Artificial Seed Type)。

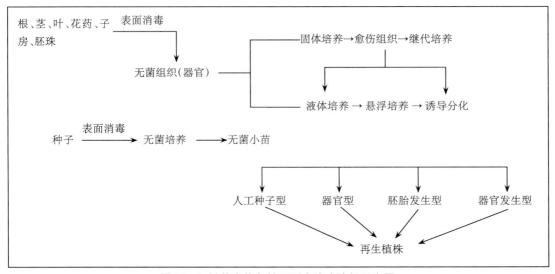

图12-1 甘薯离体条件下形态建成途径示意图

12.2.1 器官型

这种方法由离体的茎尖、叶片、储藏根等组织直接产生小植株。该方法往往在形成小苗（芽）的同时或之前也形成少量的愈伤组织。在甘薯组织培养中常采用以芽生芽的单茎节快速繁殖法，这是一项颇受欢迎的实用技术，它可在人工条件下快速繁殖外植体，提高繁殖系数。该技术优势是成苗率高，不受季节、气候和空间的限制，且繁殖系数高。试验证明，每茎段每月至少可繁殖5倍，一年可繁殖40万～1000万倍，除去部分污染或生长不良的植株，其繁殖系数大大超过一般的繁殖方法。目前常用的单茎节快速繁殖法有两种：一种是液体振动培养，即将单茎节置于盛有15 mL液体培养基的烧瓶或长试管中，以80 r/min的速度进行振动培养；另一种是固体培养。单茎节的选择以带叶为好，带叶的单茎节发根很快，腋芽萌动早，成苗快。

上述芽是通过腋生分枝，即从正常的叶腋部位长出的，其过程可由培养基中加入高浓度（10～30 mg/L）细胞激动素促进。隔4～6周切下，并分别于新鲜培养基中更新培养，儿个重复后，芽可转至生根培养基中诱导生根。

12.2.2 器官发生型

大多数甘薯组织离体培养都从诱导愈伤组织着手，除少数材料出现离体胚胎发生和雄核发育外，基本上都是通过诱导愈伤组织分化出芽和根，形成再生植株的器官发生途径获得形态重建。已先后报道的有茎尖组织培养、未成熟叶培养、贮藏根组织培养和分化根培养等。甘薯与其他植物组织培养器官分化的顺序不同，后者一般都是先生成芽，在芽基部很容易长根，如果先形成根，则往往抑制芽的形成。而在甘薯子叶或其他外植体愈伤组织分化培养过程中，所有的植株都是在分化出根后，继续培养一段时间才相继分化出芽（图12-2），表明甘薯组织培养器官发生顺序有一定特殊性。

12.2.3 胚胎发生型

外植体通过培养分化出胚性愈伤组织，经过球形期、心形期、鱼雷期和子叶期发育成再生植株，这个过程称为体细胞胚胎发生过程，这种形态重建方式称为胚胎发生型（图12-2）。

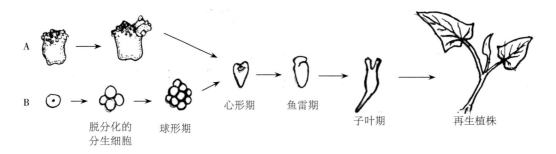

图 12-2 甘薯体细胞胚胎发生过程示意图

A

B → 脱分化的分生细胞 → 球形期 → 心形期 → 鱼雷期 → 子叶期 → 再生植株

12.2.4 人工种子型

人工种子的构想是 1978 年由 Murashige 最先提出的。所谓人工种子,即一种与天然种子有相似结构和功能的人工包裹物,可直接播种于田间。它的最外面是一层半透性薄膜,可防止水分丧失并提供适当的机械强度;中间含有凝胶状人工胚乳,含有各种营养成分和某些植物激素,以作为繁殖体萌发时的刺激因素和营养源;最里面是被包埋的繁殖体(胚状体或芽、小茎段等能在适当条件下独立成苗的实体),经人工组合成型,具有类似种子的结构,即可称为人工种子。甘薯由于能高效地利用太阳能,有希望作为生物能源。但由于价格问题,目前把甘薯作为生物能源利用还很困难,因此必须大幅度减少生产成本来降低其价格。在甘薯栽培中移栽作业最费时、费力和费钱,且在茎蔓繁殖情况下病毒感染影响产量。人工种子产量高、成本低,既能大量繁殖无病良种苗,又能取代插苗移栽而直播于大田。从这种观点出发,美国佛罗里达大学粮食农学研究所根据甘薯组织可以大量产生体细胞胚的事实,大力进行了播种技术的开发,使甘薯省力化栽培成为可能。唐佩华等用含 3% 的蔗糖及 MS 矿物元素溶液配制成的 2%~4% 的海藻酸钠凝胶,将无菌甘薯腋芽包裹成形,再用 5%~10% 的 $CaCl_2$ 将其固化为具有一定硬度的人工种子,这些种子在 MS 培养基上的萌发率达到 50% 左右。现正在进一步改进包埋剂配方以提高萌发率,并研制能保水和增加机械强度的甘薯人工种子外种皮。从上述一些工作结果看,甘薯人工种子途径前途光明。

以上提到的四种形态重建途径都是从具壁细胞开始的。我国学者吴耀武和马彩萍于 1979 年首先开展了甘薯原生质体分离培养研究。此后,国外学者也积极进行了类似的研究工作,发表有关论文 10 余篇,其中 Sihaohakr 和 Ducreus、Murata 等分别于 1987 年从叶柄分离出原生质体,经培养重新长出细胞壁,然后进一步分裂形成愈伤组织,见到愈伤组织后,培养方法(包括继代培养、分化等)均与一般组织培养方法相同,最终成功地完成了全部形态建成过程,获得了再生植株。后面一些章节,将要分别讨论器官发生、胚胎发生和原生质体再生植株的形态学问题。

12.3 影响形态发生的主要因素

由于外植体所属品种的基因型及其器官起源、生理状况、内源激素水平以及培养条件(即矿物质、碳水化合物及生长调节剂等附加成分及光照、温度)等的差异,增加了形态发生条件的复杂性。这里仅列出影响形态发生的主要因素。

12.3.1 基因型

甘薯品种资源十分丰富,根据徐州农科所编写的《全国甘薯品种资源目录》,仅我国收集和保存的品种就有1 096个,但成功地用于组织培养获得器官分化的品种有限,能诱导出胚状体并再生植株的更少,迄今仅限于"台农新31号""PI8491""GaTG$_3$""白星"和"苏薯2号"(谈锋等,1993)。大量研究表明,品种基因型对愈伤组织诱导和器官分化的发生频率影响甚大。如有研究报道,不同品种块根愈伤组织分化能力各有不同,在测试的6个品系中以"芽变"品系的块根愈伤组织分化能力最强,可在任何受试培养基中分化成根或胚状体;"芽变2号"品系次之,"黄金千贯"及"台农新31号"有少许器官分化,而"西蒙1号""台农57号"则几乎完全无分化器官的能力。杜述荣等对4个甘薯品种的幼龄子房进行离体培养试验,只有"遗字138"子房的愈伤组织在附加甘薯提取液的MS培养基上形成了再生植株。

12.3.1.1 基因型对愈伤组织诱导的影响

不同作者报道花药愈伤组织诱导出愈率分别为:3.6%~61.3%(Tsay和Liu),0.0%~44.4%(Kobayaski和Shikata),0.0%~10.0%(Tsay等),可见不同品种、不同基因型间差异极大。早期的报道出愈率偏高,可能是早期工作者将众多花丝、花药壁来源的愈伤组织一并计算在内所致,但这并不影响基因型对甘薯愈伤组织出愈率有巨大影响的结论。薛启汉在研究甘薯植株未受精胚珠的愈伤组织诱导与器官分化时,用了5个甘薯栽培品种和2个野生种的10个不同基因型品系,发现虽然栽培条件(如培养基配方、渗透压强度)等对出愈率有影响,但从同一种培养基上愈伤组织的诱导率看,不同基因型确实存在不同的结果。如在H培养基上"W178"和"W.T."均未出愈,而四倍体野生种的出愈率却高达38.8%;在MS培养基上,四倍体"鸟吃种"的出愈率明显比在H培养基上低,但"W13"和"W.T."两个品种的出愈率都显著提高了。只有"W178",无论在H培养基还是在MS培养基上,均未产生愈伤组织,说明不同基因型材料细胞的脱分化对培养条件具有一定的选择性(表12-2)。

表12-2 基因型差异对未受精胚珠出愈率的影响（薛启汉，1988）

（单位：%）

基本培养基	不同基因型的出愈率				
	鸟吃种	W13	W178	W. T.	*I. littoralis*
H培养基	12.0	9.0	0	0	38.8
MS培养基	8.0	36.8	0	15.8	16.0

注：培养基为2,4-D 2 mg/L；IAA 2 mg/L；KT 2 mg/L；蔗糖5%。

同一作者在用不同基因型子叶进行愈伤组织诱导时发现，基因型对甘薯子叶愈伤组织的诱导率未呈现较大的影响（表12-3）。出现这一现象可能是由于甘薯不同基因型子叶的内源生长素水平差距不大，或者是因为甘薯子叶愈伤组织诱导所需的生长素的最低限度要求不高，因而绝大多数基因型的子叶都可满足这种最低要求，来完成细胞脱分化。

表12-3 基因型对子叶出愈率的影响（薛启汉，1987）

基因型	接种外植体数/个	出愈外植体数/个	出愈率/%
"宁远30日早"×"栗子香"	51	50	98.03
"宁远30日早"×"华北52-45"	61	58	95.08
"宁404-16"×"农林26"	55	53	96.36
徐薯18	50	41	82.00

注：培养基为MS+0.1 mg/L 2,4-D。

王家旭等也报道，"济南红""宁-331"和"千系682-11"三个供试品种的叶片，在MS附加0.16 mg/L NAA和1.0 mg/L BA的培养基上，均顺利地诱导出了愈伤组织，所有的愈伤组织生长迅速，质地致密，诱导率为100%，和子叶一样，未呈现基因型间的差异。

12.3.1.2 基因型对根分化的影响

甘薯愈伤组织根的分化一般较易，基因型间的差异不显著（表12-4）。但从叶片愈伤组织培养的结果来看，同一培养基不同品种之间根的分化率和分化量差异较大。"济南红""宁-331"和"千系682-11"这三个品种，在MS附加1.0 mg/L NAA和0.1 mg/L BA的培养基上诱导根分化虽都能获得最佳效果,但"宁-331"的根分化率达100%,其他品种则较差。从一些实验结果分析,甘薯愈伤组织分化根的能力与愈伤组织在分化培养基上的增殖速度以及分化培养基的附加成分的关系较为直接。

表12-4 不同基因型子叶愈伤组织根分化率的比较(薛启汉,1987)

基因型	接种愈伤组织块数/块	出根愈伤组织块数/块	根分化率/%
"宁远30日早"דʺ华北52-45"	128	46	35.94
"宁404-16"דʺ农林26"	112	29	25.89
"宁远30日早"דʺ栗子香"	113	41	36.28
徐薯18	112	38	33.93

12.3.1.3 基因型对芽分化的影响

甘薯愈伤组织芽分化的出现比较困难,迄今只有少数基因型材料在分化前后出现过芽的分化。10个基因型的甘薯未受精胚珠愈伤组织中栽培品种"W.T."在根分化前出现过芽分化,但芽生长发育不正常,未发育成植株。其他少数品种出现过变态叶和茎组织。只有四倍体野生种 I. littoralis 在根分化后不久出现芽分化,需改变培养基成分,芽才能发育成正常的完整植株。在3个供试品种的叶片愈伤组织中,"济南红"芽的分化率最高,达21.5%;"宁-331"芽的分化率为9.1%;"千系682-11"的芽没有分化。可见,基因型之间的差异显著。将分化芽转移到不含任何激素的1/2 MS培养基中,20 d后长成7~10 cm高的小苗,将其移栽至装有无菌土的花盆中,成株率100%。一个培养周期只需50 d,比前人报道的时间缩短了10~30 d,并提高了叶片外植体芽的分化率。薛启汉所用的4个不同基因型的子叶,只有"宁远30日早"דʺ华北52-45"和"宁404-16"דʺ农林26"两个组合杂种种子的子叶愈伤组织在适宜的培养基上分化成正常植株。前者既能在含0.5 mg/L KT的MS培养基和含15 mg/L Ade的MS培养基上成苗,也能在无任何激素的1/2 MS基本培养基上成苗(表12-5)。研究结果表明,不同基因型子叶愈伤组织内源细胞分裂素水平有较大差距;但也可能各种基因型子叶愈伤组织芽分化所需的细胞分裂素水平不同,或对细胞分裂素与生长素的相对比例要求不一致。

表12-5 不同基因型子叶愈伤组织芽分化能力比较(薛启汉,1987)

| 基本培养基 | 附加成分/(mg/L) | | 芽分化反应 | | | |
	KT	Ade	"宁远30日早"×"栗子香"	"宁远30日早"×"华北52-45"	"宁404-16"×"农林26"	徐薯18
1/2 MS培养基	0	0	-	+	-	-
MS培养基	0.5	15	-	+	-	-
1/2 MS培养基	0.5	15	-	-	+	-

注:"+"表示反应,"-"表示无反应。

需要特别提出的是,上述工作仅在单一低浓度(0.1 mg/L)2,4-D的MS培养基上就能诱导出具有分化能力且正常生长的子叶愈伤组织,表明甘薯子叶内源激素水平,尤其是内源生长素水平较高,是一种比较理想的甘薯离体培养的外植体类型,有可能运用于进一步的离体细胞培养系统。此外,由于甘薯普遍存在自交不亲和现象,子叶取材的种子大都通过杂交获得。因此,即使在相同杂交组合中,由于配子分离重组的多样性,每粒种子基因型也都不同,加上子叶离体培养条件下具有更大无性变异产生的可能性,使再生植株群体遗传性更丰富,为甘薯无性变异的离体诱导和选择提供更好的机会。据薛启汉报道,相同的"宁远30日早"×"华北52-45"杂交组合子叶愈伤组织分化的苗在形态上高度不一致,既有绿苗,也有紫苗,紫苗就是亲本之一的"华北52-45"的一个特征。同时,甘薯由于长期靠无性繁殖,大多数品种在遗传上都是高度杂合的,所以即使是自交种子,如果是简单基因控制的遗传性状,其子叶分化的植株同样有可能因产生分离而获得性状丰富的遗传材料。

12.3.1.4 基因型对体细胞胚发生能力的影响

蔡新声等用6种不同生长调节物质组合的MS培养基对4个品种花粉愈伤组织的分化能力进行研究,只有3个品种有根或胚状体的分化,而且品种间对生长调节物质有不同的适应力。其中,"台农新31号"在含20 mg/L Ade和0.5 mg/L KT的培养基上有许多根和胚状体出现;"台农57号"在受试的数十种培养基中完全没有根、胚状体或芽的分化;"台南15号"对ABA的效果较显著,而"黄金千贯"却更适应含有BA及IAA的培养基。Tsay和Tseng将3个品种的花药进行诱导试验,结果只有"台农新31号"能形成胚状体并再生植株。经根尖细胞检查趋向于二倍体,且形成的植株与花药取材的植株有显著的差异。Jarret等对9个甘薯品种进行试验的结果显示,有6个品种能产生胚性愈伤组织,不同基因型产生胚性愈伤组织的最适2,4-D浓度从0.1~3.0mg/L不等,诱导频率从10%~31%不等。谈锋等(1993)对7个甘薯品种的试验结果表明,只有5个品种能产生胚性愈伤组织,而其中只有"苏薯2号"获得再生植株。

12.3.2 外植体对形态重建的影响

起始外植体是植株增长速率和再生植株品质的决定因素。缺乏合适的外植体,形态重建会受到很大的限制。

12.3.2.1 外植体来源的影响

全能性大概是所有植物细胞的特性,但它的表达可能局限于某些特殊的细胞,这些细胞被视为拟分生组织细胞。拟分生组织或产生拟分生组织的细胞常位于特定的组织器官中。如果外植体的某些细胞在适当刺激下能产生拟分生组织,用这种外植体开始培养时就可以不需要包括拟分生细胞。从已发表的工作结果看,甘薯几乎所有的器官,包括营养器官和生殖器官都已被成功地用作外植体进行培养,并都获得了再生植株。但不同来源的外植体间成功率是有差异的,各类外植体离体形态重建成功率见表12-6。

表12-6 甘薯不同器官来源的外植体离体形态重建成功率

外植体类型	报道数/例	获再生植株者数/株	形态重建成功率/%
根,根尖	18	9	50.0
茎段(包括腋芽)	15	14	93.3
茎尖(包括分生组织)	39	38	97.4
叶片	23	17	73.9
子叶	1	1	100.0
幼胚	2	2	100.0
胚珠	3	3	100.0
子房	1	1	100.0
花药	8	6	75.0
悬浮细胞	21	9	42.9
原生质体	13	2	15.4
合计	144	102	70.8

从上表可见,茎段、茎尖(包括茎尖分生组织)的形态重建成功率属最高之列。有些研究者爱用"分生组织"一词来形容茎尖外植体,严格讲这是不科学的。因为目前取材的技术水平(用肉眼或借助放大镜,最高级不过利用解剖显微镜观察,手工切取)是不可能准确判断和取出茎尖圆锥区内存在的分生组织,并以它作为原始的外植体开始培养工作的。但不可否认,这些研究者中的大多数取到的茎尖圆锥区中不包括或仅包括2个叶原基在内的最稚嫩、细胞分裂最活跃或未感染病毒的一部分健康组织。这类外植体是理想的外植体,它获得再生植株的成功率最高。从表12-6可见,茎尖和茎段除两个因有特殊需要未进行植株再生培养者外,形态重建成功率都高达100%。此外,幼胚、子叶和生殖器官的离体形态重建率也很高,但生殖器官因受基因型影响很大,目前只在少数品种中获得成功。叶片培养获再生植株的成功率在70%左右。根(包括块根切段、根尖)成功率只有50%。看来在材料的基因型选择和培养基配方的改进方面还需做大量工作。悬浮细胞培养,特别是原生质体培养技术要求严格,难度较大,虽说甘薯的悬浮细胞培养和原生质体培养在20世纪70年代就已起步,但中途停滞,到20世纪80年代中后期才有了较多的工作,能分别达到42%和15%的植株再生成功率已是可喜的成就。

和大多数植物一样,甘薯也是在一定发育阶段的某些器官中才能形成胚性愈伤组织。蔡新声等对"台农新31号"的茎段、花药及块根来源的愈伤组织进行器官分化能力的比较试验,发现茎段来源的愈伤组织最佳,它几乎可在含有不同激素的任何培养基中形成胚状体;花药来源的次之,块根愈伤组织的分化能力最差。但也有些报道结果不同,如Liu和Cantliffe用"白星"和"GaTG₃"2个甘薯品种不同器官作外植体进行体细胞胚胎发生试验,结果在含有1.0 mg/L 2,4-D的培养基上,叶片的胚性愈伤组织诱导率最高(表12-7)。

表12-7 不同外植体形成胚性愈伤组织的诱导率(Liu和Cantliffe,1984)

(单位:%)

品种	叶片[a]	茎尖[b]	茎[b]	根[b]
白星	23	3	1	1
GaTG₃	22	5	1	未培养

注:a.白星接种100个,GaTG₃接种37个;b.均接种100~200个。

12.3.2.2 发育阶段和生理年龄的影响

现已证明植物体的发育阶段有成熟态和幼态之分,由成熟态向幼态逆转是可能的。许多植物,包括甘薯已成功地由激素人工诱导其逆转。然而,在可能条件下采用幼嫩的原始材料作外植体开始培养,成功率可大大提高。Cantliffe 等报道,诱导胚性愈伤组织的最佳部位是茎尖生长点,当附着于生长点的叶原基数由0增至8时,诱导率则由90%下降至30%,且采用的生长点过大时容易产生非胚性愈伤组织;过小时则容易褐变死亡。Jarret 等对取材生长点节位与胚性愈伤组织诱导率关系进行研究,实验数据显示,生长点取自枝尖,其胚性愈伤组织的诱导率可高达55%~60%;取自2~3节位者为35%;取自4~5节位者为0%~25%;取自第6节位以下者为0。换句话说,取材越靠近枝尖,越幼嫩,就越容易诱导出胚性愈伤组织。

12.3.3 培养技术的影响

12.3.3.1 消毒灭菌

用于形态重建的甘薯外植体,除少数来自无菌培养物外,大多采自田间、温室。若不经适当灭菌剂进行严格灭菌处理,外植体上所携带的微生物常会迅速繁殖造成污染,进而导致培养失败。蔡新声找到较理想的灭菌方法,使花药在培养基上的接种成功率提高到80%~100%。可见灭菌处理效果的好坏直接影响组织培养的成败。现将常用的消毒灭菌剂的效果比较列于表12-8。

表12-8 几种常用灭菌剂的效果比较

灭菌剂	使用浓度/%	去除难易程度	消毒时间/min	效果
次氯酸钙	过饱和溶液的滤液	易	5~30	好
次氯酸钠	2~5	易	5~30	好
氯化汞	0.1~0.2	最难	2~10	最好
过氧化氢	10~20	最易	5~15	较好
洗衣粉	0.1~0.5	易	10~15	好
酒精	70~95	易	0.1~0.5	好
吐温20	微量	易	5~10	较好

表中所列灭菌剂中最常用的是次氯酸钙(漂白粉)和次氯酸钠(安替福民)。国内多用市售工业用漂白粉,因其有效氯含量不稳定,常配成过饱和溶液过滤后使用。氯化汞灭菌效果最好,但其本身的毒性也最大,而且不易去除。以体细胞胚胎发生为目标的甘薯组织培养工作,一般都不用氯化汞消毒外植体,以避免因其去除不净而不利于胚状体的诱导。这类工作通常的消毒方法是用1.2%的次氯酸钠加1%的吐温20(Tween-20)浸泡5 min或用0.5%的次氯酸钠加吐温20(每100 mL 2滴)浸泡10 min,其中前者更常用。谈锋等以"渝薯34"为材料比较了上述两种方法的培养效果,在接种17 d后进行统计,褐变坏死率前者为28.6%,后者高达63.6%,说明提高次氯酸钠浓度比延长消毒时间对甘薯组织的伤害小。

　　总之,消毒处理的时间、灭菌剂的浓度视外植体的来源和污染程度而异。虽然不同研究者的消毒处理方案因材料不同而有所差别,但大致都可以分为消毒前去污、消毒处理和灭菌剂去除三大步(表12-9)。

表12-9　甘薯不同器官常用的消毒方案

器官	消毒方案		
	消毒前去污	消毒处理	灭菌剂去除
种子	浓硫酸浸泡3~4 h,自来水冲净	0.1%的氯化汞浸泡8~10 min或10%的次氯酸钙浸泡20~30 min	无菌水中漂洗3~5次,在无菌水中发芽;或在灭菌湿滤纸上发芽,切取所需部位
块根	0.1%的洗衣粉浸泡5~10 min,自来水冲净	0.1%的氯化汞浸泡2~5 min或饱和漂白粉滤液浸泡10~15 min	无菌水漂洗4~5次,去皮,取肉,切成所需大小
茎切段茎尖	0.1%的洗衣粉浸泡15 min,自来水冲洗10~30 min,70%的酒精浸泡30 s	0.1%的氯化汞浸泡2~5 min,2%~5%的次氯酸钠或饱和漂白粉滤液浸泡15~30 min	无菌水漂洗4~5次,切取休眠芽或0.5 mm以下的茎尖
叶片叶柄	0.1%的洗衣粉浸泡15 min,自来水冲洗5~15 min,用吸水纸吸干,70%~95%的酒精浸泡10~30 s	2%~5%的次氯酸钠或饱和漂白粉滤液浸泡15~20 min	无菌水漂洗4~5次,无菌滤纸吸干,切成所需大小
花蕾	先剥去2~3片萼片,以70%的酒精浸泡30~60 s,以无菌水洗净后剥去其余萼片	1%的次氯酸钠于超声波振荡器中灭菌10 min	无菌水漂洗4~5次,在灭菌条件下将花药取出
子房	先将整个花蕾取下,在70%的酒精中浸泡一下	1%的氯化汞消毒10 min	无菌水漂洗净,剥去花冠,切下子房,把露出胚球的切面向下接种

全部消毒处理必须无菌操作,尤其在6—9月份,气温高、湿度大,各种霉菌容易滋生繁殖,操作的各个环节都要严防污染,以保证培养过程的顺利进行。

因甘薯属于匍匐性作物,花器接近地面,易受污染,故花蕾采摘后除菌10 min,仅能使20%～60%不受污染,若以过强药剂杀菌,则又会降低愈伤组织的诱导率。若按表中所列除菌法进行除菌,则成功率可高达80%～100%。

12.3.3.2 培养基

培养基对于外植体犹如土壤及肥料对于完整植株,它的组成对离体植物器官和组织的生长起重要作用,一种材料培养成功的重要因素之一是培养基。每当培养基有所改进时,组织培养研究工作也随之向前发展一步。如20世纪60年代,MS培养基的建立使甘薯组织培养有了良好的起步。据作者初步统计,甘薯组织培养工作约70%是在MS培养基或修改的MS培养基上进行的,而迄今甘薯体细胞胚的诱导则全是在MS培养基或修改的MS培养基上完成的。修改的MS培养基与MS培养基的差异主要是维生素成分做了适当调整。其他30%左右的工作采用了White、B_5、BL、Nitsch H(或简称H)和N_6培养基。一些甘薯组织培养工作结果有力说明,培养基选择适当能成倍地提高愈伤组织的诱导率,如表12-10所示。然而各种培养基的具体配方虽有所不同,但主要成分大体相似。事实上有些培养基的基本成分相似到可以相互置换而不影响或较少影响诱导效果的程度。如Tsay和Lin,Kobyashi和Shikata,Tsay和Tseng等均曾报道过以BL、MS或Miller培养基的无机盐配方加2,4-D、IAA及KT各2 mg/L或NAA及KT各2 mg/L作为基本培养基对甘薯花药愈伤组织的诱导效果都是最好的。

表12-10 基本培养基对愈伤组织诱导的影响*(薛启汉,1997)

基本培养基	接种品种数/种	出愈品种数/种	平均出愈率/%
H	5	3	12.00
MS	5	4	15.32
1/2H+1/2MS	4	4	49.80

注:培养基附加成分为2,4-D、IAA、KT各2 mg/L。

常用的培养基成分有大量元素、微量元素、碳水化合物及各种有机附加物（如维生素、氨基酸、植物生长调节物质及椰乳、酵母提取液、甘薯某一器官或组织的提取液、豌豆提取液、肌醇等其他天然产物）。用固化的培养基时，还需加入琼脂。关于各组分的作用分述如下。

1. 糖类（碳水化合物）

糖类在培养基中有两个作用：一是维持培养基的合理渗透压，这对保持初生细胞和原生质体的完整性十分重要；二是作为合成其他有机物的碳源。有的研究者发现碳源（可溶性淀粉、蔗糖、葡萄糖、麦芽糖、乳糖、半乳糖、木糖等）的有无及其质与量（在培养基中的浓度）对甘薯愈伤组织的形成与生长影响巨大。他们的工作结果表明，在甘薯块根愈伤组织形成中，蔗糖、可溶性淀粉和葡萄糖作碳源效果最好，麦芽糖、果糖次之，使用木糖仅能形成少量愈伤组织，而半乳糖则不能被利用。甘薯块根愈伤组织最适生长的蔗糖和葡萄糖的浓度在2%左右，浓度增至8%时，生长几乎完全被抑制，无碳源时仅形成少量愈伤组织，但不能促进生长。以蔗糖和葡萄糖培养时，愈伤组织中可溶性糖含量较高，以其他碳源培养的组织中含量较低。淀粉在用麦芽糖和果糖为碳源培养的愈伤组织中含量较高，而以其他碳源培养的组织中含量较低。甘薯花药愈伤组织的生长在0~5%的蔗糖浓度范围内随浓度的升高而加快。大量研究表明，糖的最适浓度因不同组织而异，一般浓度为2%~3%。糖的浓度不只对细胞增殖起作用，对细胞脱分化或分化而言，其也是重要因素之一。不同材料在不同蔗糖浓度水平中，愈伤组织诱导率有一定差异（图12-3）。蔗糖在4%以下，除个别材料（如四倍体野生种）外，大多数出愈率都很低。当蔗糖浓度上升到5%，出愈率明显提高，但当蔗糖继续增加到6%时，4个材料出愈率都明显下降。此外，Cheé等和Schultheis等观察到适当降低蔗糖浓度（如由3.2%降低到1.6%）可以促进体细胞胚的器官分化和植株再生；但若没有糖，则几乎没有细胞分化和再生（表12-11）。

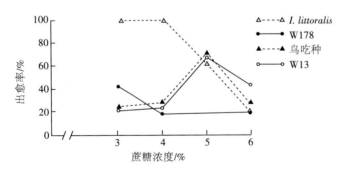

图12-3 蔗糖浓度对愈伤组织诱导率的影响

（薛启汉，1988）

表12-11 甘薯体细胞胚对蔗糖的反应(Cheé 等,1990)

判断指标	蔗糖浓度(W/V)/%					F	R^2
	3.2	1.6	0.8	0.4	0		
	胚反应率/%						
茎生长	20	32	25	25	0	Q**	0.43
根生长	48	63	55	50	2	Q**	0.53
茎和根都生长	15	32	20	10	0	Q**	0.56
基础愈伤组织生长	0	0	0	0	0	NR	NR

注:本结果在培养21 d时,用方差分析法进行统计分析;F表示显著性F检验法,Q**表示0.01时二次项,R^2表示测定系数,NR表示无相关;数据为6×10个胚胎的平均值。

2.矿质营养(大量元素和微量元素)

在矿质营养中氮素是最重要的元素,一般用硝态氮或氨态氮,但在一些培养基中,如MS、B_5和N_6中则同时混用两种形式的氮源。在体细胞胚成熟期的氮素营养中,曾有过要适当降低氨态氮,增加硝态氮的报道。大量元素中的硫、镁可由$MgSO_4 \cdot 7H_2O$提供,磷由$NaH_2PO_4 \cdot H_2O$或KH_2PO_4满足。KCl、KNO_3或KH_2PO_4是钾离子的来源,$CaCl_2 \cdot H_2O$、$Ca(NO_3)_2 \cdot 4H_2O$或无水钙盐是钙离子的来源,而KCl或$CaCl_2$则是氯离子的来源。Yoshida等用甘薯细胞悬浮物进行过营养学研究,他们观察K^+、Ca^{2+}和Mg^{2+}在培养基中不同化合形式中的含量与细胞吸收的关系,试图找到细胞对Mg^{2+}和Ca^{2+}吸收机制的差异,但未有重大突破。Tsay和Lin在研究无机盐[$MgSO_4$、$Ca(NO_3)_2$和NH_4NO_3]及维生素(硫胺素、烟酸和维生素B_6),生长素(IAA、2,4-D)和KIN对甘薯花药愈伤组织生长的影响时发现,总的来说,无机盐和维生素对愈伤组织生长的影响大于生长素。Cheé和Cantliffe报道K^+对体细胞胚的诱导有重要作用,在继代培养中加30 mmol/L KCl有助于甘薯胚性愈伤组织的增殖。

除大量元素外,培养基中还需要加入微量元素。甘薯组织培养中所需的微量元素和其他高等植物一样,为铜、锌、镁、铁、硼和锰等。

3.植物生长调节物质

大多数甘薯愈伤组织的诱导和增殖需要加生长素和细胞分裂素,两者的作用是相互协调的。杨燕平在White和MS两种培养基上研究了激素等因素对甘薯块根形态发生的影响,发现甘薯块根愈伤组织的形成需要加入生长素或KT,并且两者配合使用比单独使用的效果更好。

一般常用的生长素有2,4-D、NAA和IAA等。2,4-D和NAA可促进愈伤组织的细胞分裂或原生质体的分裂。IAA是天然的生长素,易受光氧化而分解;培养组织中通常具有的吲哚乙酸氧化酶亦可使之降解,故一般用量较高(1~30 mg/L)。NAA是化学合成物质,不易分解,用量可低些(0.1~2.0 mg/L)。2,4-D的作用比IAA和NAA都更强,且性质特殊,它起到生长素和激动素两者的作用。单独使用2,4-D诱导甘薯未受精胚珠愈伤组织的效果不错。当2,4-D浓度在0~2 mg/L范围内时,诱导率(5个品种的平均出愈率)随浓度的上升而明显增加(表12-12)。在体细胞胚发生成功的例子中,57.17%使用的是2,4-D。

表12-12 2,4-D对愈伤组织诱导的影响(薛启汉,1988)

2,4-D浓度/(mg/L)	接种胚球数/个	出愈胚球数/个	平均出愈率/%
0	778	4	0.5
0.5	268	104	38.8
2.0	464	212	45.7

注:基本培养基为MS培养基,接种材料为"鸟吃种""W13"、"W178"、"WT"和*I. littoralis*。

在甘薯胚性愈伤组织的诱导中,大多数也使用2,4-D。但在含2,4-D(0.10~3.00 mg/L)的培养基中,胚只能发育成球形胚或心形胚,只有转移到不含生长调节物质的培养基中,才能继续发育成鱼雷胚和子叶胚,可见去除2,4-D有利于胚的成熟。Cheé和Cantliffe分析了2,4-D浓度对甘薯细胞悬浮培养物生长与性状的影响,发现在甘薯细胞悬浮培养物中,存在着胚性和非胚性两种细胞类型。在低浓度(0~1.00 μmol/L)时,愈伤组织的鲜重可达到最大,但生长的主要是非胚性细胞团和单个的液泡化细胞。当浓度增至2.50 μmol/L时,单个胚性细胞的聚集体和由其构成的细胞团数目增多;浓度为2.50 μmol/L和5.00 μmol/L时,培养物主要由规则分散的单个胚性细胞团构成;单个液泡化细胞随着2,4-D浓度的升高而数目减少;浓度为10.00 μmol/L及以上的2,4-D会抑制细胞的生长(表12-13)。研究结果证明,2,4-D的浓度直接影响甘薯细胞的生长和性状,控制细胞的发育类型。

表 12-13 2,4-D 浓度对 27 d 的甘薯悬浮培养物生长及组成的影响(Cheé 和 Cantliffe,1989)

2,4-D浓度/ (μmol/L)	鲜重/mg 平均值±标准误差	细胞单位的类型	愈伤组织或胚性 聚集体/%	游离细胞
0	120±23	愈伤组织、游离细胞	0	++++
0.05	347±18	愈伤组织、游离细胞	0	++++
0.10	308±32	愈伤组织、游离细胞	1	++++
0.25	192±24	愈伤组织、游离细胞	1	++++
0.50	346±29	愈伤组织、游离细胞	1	+++
1.00	366±54	愈伤组织、游离细胞	40	+++
2.50	357±39	细胞聚集体	60	+
5.00	321±44	细胞聚集体	60	++
10.00	无生长	聚集体、游离细胞	0	++
20.00	无生长	聚集体、游离细胞	0	++
50.00	无生长	聚集体、游离细胞	0	++

注:1. 每个处理6组重复,接种物为125~355 μm的细胞聚集体,其中20%是胚性的,起始细胞聚集体浓度为每毫升22000个聚集体;2. 愈伤组织块的直径为2~5 mm,由细胞聚集体的松散群落组成,细胞聚集体为黄色的胚性细胞聚集体和白色的非胚性细胞聚集体,直径为0.2~0.4 mm;3. 游离细胞为液泡化的伸长细胞[(25~75)μm×(75~300)μm],相对量中"++++"表示非常丰富,"+"表示少。

当单独使用 2,4-D 效果不够理想时,有些研究者常将 2,4-D 与其他激素如 IAA、KT 或椰乳及一些植物提取液混合使用而取得最佳效果。然而,各种激素或激素与天然提取物混合使用时要调配得当,否则可能引起拮抗作用,效果适得其反。

Cantliffe 等的工作证明,在含 0.5~3.0 mg/L 2,4-D 的修改 MS 培养基上培养 8 周后,90%以上的茎尖含圆顶分生组织区的外植体上都出现了胚性愈伤组织,而同样的外植体在基本培养基上培养则产生非胚性愈伤组织或无法存活。当 2,4-D 浓度上升到 4.0 mg/L 时,胚性愈伤组织绝大多数不能继续生长。将 5%的椰乳掺入含 0~4.0 mg/L 2,4-D 的培养基中,有利于诱导产生非胚性愈伤组织,2~3 周后,整个外植体就被非胚性愈伤组织埋没。图 12-4 示由培养在含不同浓度 2,4-D 培养基上的茎尖分生组织外植体形成胚性愈伤组织的概率。

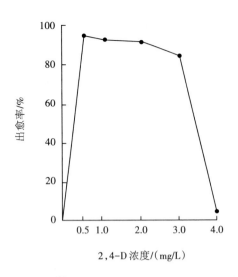

图12-4 含不同浓度2,4-D的培养基对胚性愈伤组织形成的影响
(Cantliffe 等, 1988)

又如Tsay和Lin报道,在2,4-D、IAA及KT 3种受试激素中,以含2 mg/L 2,4-D的培养基促进甘薯花药愈伤组织生长效果较好,但若混合2 mg/L IAA或2 mg/L KT,效果更佳;如果混合三者,IAA与KT可能产生拮抗作用,反而使愈伤组织的生长不如IAA或KT单独与2,4-D配合使用时的效果。但矛盾的是,Kobayashi和Shikata认为IAA与KT各2 mg/L配合的MS培养基对甘薯花药愈伤组织生长的效果最好。一些试验证明植物提取液、椰乳对甘薯愈伤组织的生长有促进作用,并且豌豆、苹果、洋菇提取液及椰乳中,豌豆提取液效果最好,将其与2,4-D配合使用效果更理想。椰乳单独使用时效果不好,和2,4-D配合使用则效果显著。研究发现甘薯花药愈伤组织生长的最佳培养基为0.5～3.0 mg/L 2,4-D加15%的椰乳、10%的椰乳及10%的豌豆提取液的培养基。杜述荣等在甘薯幼龄子房培养成株的工作中发现,只在含有甘薯提取液、KT 2 mg/L、NAA 0.2 mg/L、GA 0.5 mg/L、精氨酸1mg/L的改良MS培养基上长出了"遗字138"品种的再生植株,其他品种、其他培养基均未能得到再生植株。以凡等在改良的MS培养基中加入5%的甘薯提取物,成功地从白皮、红皮交界和红皮部位形成层来源的愈伤组织中,分别获得了主要性状像原品种而皮色与外植体相同的甘薯再生植株。植物天然提取液的成分复杂,作者使用时多依据个人经验。已知它们除了含多种有机物外,还含有一定的激素类物质。椰乳中的二苯脲(Diphenylurea)可起到细胞分裂素的作用。因考虑到在诱导愈伤组织时,KT常用浓度为0.1mg/L左右,故椰乳作为细胞分裂素来源使用时可采用10%～15%的浓度。

除2,4-D外,甘薯组织培养工作者也重视研究其他激素的种类、浓度以及生长素和细胞分裂素的比例对器官分化、胚胎发生及植株再生的影响。早期,中岛哲夫等研究过甘薯块根诱导愈伤组织的营养条件和激素作用。Yamaguchi 等报道过激素对甘薯块根愈伤组织诱导和器官分化的调控。薛启汉的工作表明,外源激素成分对子叶愈伤组织器官分化影响很大,在含生长素的 MS 培养基上只出现根分化,无芽形成,且根分化频率及质量与生长素的种类、浓度或细胞分裂素和生长素的比例相关(表12-14)。

表12-14 培养基激素成分对子叶愈伤组织根分化的影响(薛启汉,1987)

激素成分/(mg/L)			接种愈伤组织块数/块	出根愈伤组织块数/块	根分化率/%
2,4-D	IAA	KT			
0	0	0	11	6	54.5
0.01	0	1.0	8	3	37.5
0.01	0	2.0	8	1	12.5
0.10	0	1.0	9	0	0
0.10	0	2.0	8	0	0
0	0.1	1.0	8	5	62.5
0	0.1	2.0	7	3	42.9
0	1.0	1.0	6	3	50.0
0	1.0	2.0	7	3	42.9

表中所列数据说明,在无激素的 MS 培养基上根分化率较高,随2,4-D 和 KT 浓度的上升,根分化率降低。如用 IAA 代替2,4-D,根分化率与对照差异不大。若细胞分裂素与生长素(IAA)的比例增加,根分化率下降。同时作者还发现,根分化的能力与愈伤组织在分化培养基上的增殖速度及分化培养基的附加成分直接相关(表12-15)。愈伤组织增殖过慢,根分化的能力明显降低;增殖过快,则完全没有出现根分化。分化培养基中不附加任何激素,根分化频率较高;添加 Ade,根分化受到部分抑制;添加生长素(IAA),根分化频率可明显提高;若在添加生长素的同时添加等量 KT,根分化又明显被抑制,从而证明各种激素间存在相互调节作用。

表 12-15 愈伤组织增殖、培养基附加成分对根分化的影响(薛启汉,1988)

愈伤组织增殖程度	根分化频率/%	培养基成分/(mg/L)			根分化频率/%
		Ade	IAA	KT	
±(不增殖)	5.26	0	0	0	31.57
+(稍微增殖)	15.78	15	0	0	26.31
++(增殖适中)	57.89	15	2	0	36.80
+++(快增殖)	21.05	15	2	2	5.26
++++(过量增殖)	0				

注:基本培养基为 1/2 MS 培养基。

KT、BA 和 ZT 是甘薯愈伤组织分化中常用的细胞分裂素。KT 和 BA 是化学合成物质,ZT 是天然产物。此外,还有一些应用 CTK、GA、6-BA 和 ABA 研究甘薯离体发育调控的工作。杨燕平报道,外源激素对甘薯块根愈伤组织不定芽的诱导起主导作用,加适量 CTK 可达到理想的效果。GA 和 ABA 对不定根的形成有抑制作用,两者同时使用,对抑制不定根形成有增效作用,若加入 KT,可部分逆转这种抑制。内源 IAA 与 CTK 的比例对不定根的形成起重要作用,不同品种的块根经贮藏后,其内源 IAA、CTK 的比例对不定根的形成起重要作用,不同品种的块根经贮藏后,其内源 IAA、CTK 等物质的增加有差异。McDavid 和 Alamu 在研究生长调节剂对甘薯块根形成和生根叶片生长的影响时发现,6-BA、GA_3、CCC 和 IAA 对甘薯的一个高产品种和一个低产品种的生长和生根叶片块根形成的影响有所不同。经 6-BA 喷施培养物后,高产品种 80% 雏形株形成了块根,且块根的数量、干重及根的总干重均显著高于 GA_3 处理组,也高于对照及其他处理组。不同处理间叶片干重大体相同,而 6-BA 处理过的雏形株总干重显著高于 GA_3 处理组,可以看出 6-BA 对根和块根产量的提高是生长调节剂直接影响的结果,而不是干物质再分配的结果。但任何处理组的低产品种的雏形株都不形成块根,其干物质产量也比高产品种少得多。这表明甘薯低产品种生根能力很低。由于 6-BA 未能刺激低产品种块根的形成,意味着这个品种可能还有另外一些既限制根的生长又限制块根形成的因素。Cheé 等将甘薯胚状体放在无生长调节剂培养基上培养 2~3 周,使其滞留在鱼雷胚发育阶段,再分别培养在附加 6-BA 或 NAA 的 MS 培养基上培养 3 周,然后比较观察其茎、根以及基础愈伤组织的生长。发现当 6-BA 浓度增加到 $4\ \mu mol/L$ 时,胚茎的伸长达到最大值(53%),较高的 6-BA 导致茎的形成。但添加 6-BA 后,根及整个小植株的形成下降,因为根轴正常的生长被破坏,愈伤组织形成了。培养基中加入0.1 μmol/L NAA,对胚状体茎和根的发育都有促进,然而NAA浓度的增加能降低植株的形成。0.1 μmol/L NAA能使茎的发育增长141%,根的生长提高62%,整个植株的形成率提高1 200%。他们在研究了6-BA和2,4-D浓度组合对两类愈伤组织生长量的影响后,找出了胚性愈伤组织的最佳固体和液体增殖培养基配方,并设计最佳培养方案(表12-16)。在这些培养中,胚性愈伤组织的增殖均大于非胚性愈伤组织。

表12-16 甘薯体细胞胚胎发生和植株再生的步骤(小卷克已等,1989;谈锋等,1992)

培养步骤		第1步 胚性愈伤组织诱导	第2步 胚性愈伤组织增殖		第3步 体细胞胚形成		第4步 植株再生
			琼脂培养基	液体培养基	琼脂培养基	液体培养基	
外植体(接种量)		含1~2叶原基的枝尖 (长0.5~1.0 mm)	第1、2步所得胚性愈伤组织 (1 mg/cm²)	(6 mg/mL)	第2步所得胚性愈伤组织 (1 mg/cm²)	(6 mg/mL)	第3步所得体细胞胚 (1 mg/cm²)
培养基		MS′	MS′		MS′		MS′
生长调节剂/ (μmol/L)	2,4-D	10	10	5	0	0	0
	6-BA	0	1	0	0	0	0
	NAA	0	0	0	0	0	0.1
蔗糖/%		3	3	3	3	3	1.6
琼脂/%		0.6	0.6		0.8	0	—
培养条件	光照	遮光	遮光		最初1周遮光,以后10 h光照,14 h黑暗		10 h光照 14 h黑暗
	温度/℃	27	27		27		27
培养过程		4周内产生非胚性愈伤组织,8周内产生胚性愈伤组织	8周1代	2周1代	第21 d出现多数成熟胚		8~14 d发根 12~21 d发芽

注:MS′培养基中无机盐同MS培养基,另加肌醇500 μmol/L,烟酸10 μmol/L,盐酸硫胺素5 μmol/L,盐酸吡哆醇5 μmol/L。

芽的诱导因素主要受基因调控,因此尽管许多研究者在激素的种类、数量以及生长素和细胞分裂素的配比上做了大量研究工作,迄今仍仅在少数品种上获得成功,且不同品种对激素的种类和数量的要求不同。如"胜利百号"在添加2,4-D 0.01mg/L的MS培养基上;"济薯5号"在添加IAA 1mg/L、IAA 0.1mg/L+BA 1 mg/L、IAA 1mg/L+BA 1mg/L或2,4-D 0.01mg/L的MS培养基上;"栗子香"在添加 IAA 1mg/L+BA 0.1mg/L 的 MS 培养基上,块根的愈伤组织均可产生不定芽。对于"宁远30日早"×"华北52-45"子叶愈伤组织,只要取消在分化培养基中添加的生长素,在根分化后继续培养1个月左右,就能出现芽分化。附加 0.5 mg/L KT 和 15 mg/L Ade 的 MS 培养基或 1/2 MS 培养基,以及不附加激素的 1/2 MS 培养基都可促进芽的分化。出芽后不需转移培养,便可直接发育成正常的完整植株。

根据胚珠细胞脱分化与分化的培养程序(表12-17),总的趋势是未受精胚珠在较高浓度生长素和渗透压条件下进行细胞脱分化,在较低浓度生长素(无2,4-D)和渗透压条件下完成器官分化和形态建成。与甘薯营养器官(子叶、叶片等)离体培养细胞脱分化长出愈伤组织及器官发生、形态建成相比,甘薯生殖器官(花药、胚珠等)离体培养的要求较严格。子叶外植体离体培养时在光照条件下即可出愈,其细胞脱分化对外源激素以及培养基渗透压的要求都不苛刻,不同基因型间差异不大。如子叶在含 0.1mg/L 的 2,4-D 和 2%～3% 蔗糖的 MS 培养基上就可以诱导愈伤组织发生,并具有器官分化能力,而且在相同的诱导条件下,材料基因型的差异对愈伤组织诱导率影响不显著。胚珠和花药都要在高糖、高生长素和暗培养条件下才能完成细胞脱分化,且基因型间的差异很大。这可能意味着甘薯配子体离体发育机制可能与孢子体离体发育机制存在某些根本性差异。

表12-17 胚珠细胞脱分化与分化的培养程序(薛启汉,1988)

培养顺序	基本培养基	附加成分					培养阶段
		2,4-D/ (mg/L)	IAA/ (mg/L)	KT/ (mg/L)	Ade/ (mg/L)	蔗糖 (W/V)/%	
1	H培养基	2	2	2		5	愈伤组织诱导
2	1/2MS培养基		2	2	15	3	愈伤组织增殖
3	1/2MS培养基				15	3	器官分化
4	1/2MS培养基					3	植株再生

此外,ABA 对植物愈伤组织的生长和分化作用也很显著,还能刺激愈伤组织分化出胚状体。一些作者认为这可能与它影响了内源激素的平衡有关。Tsay 等发现,将 0.1～1.0 mg/L ABA 刺激所产生的胚状体,培养于含 1 mg/L IAA 及 4 mg/L KT 的 MS 培养基中可发育成完整植株;ABA 还可直接诱导花药的愈伤组织出芽。在一般情况下,大部分花药愈伤组织的器官分化

多以根或胚状体的形成为第一步,直接形成芽的机会极少。所形成的胚状体若不移植到其他培养基上,则胚状体常随愈伤组织的老化而死亡。如在形成胚状体的初期将其移植到含有0.1 mg/L NAA、0.5 mg/L KT 和 7.5 mg/L Ade 的 1/2MS 培养基中,许多根由胚状体形成,这些根在原培养基上继续生长 2~4 个月后,少数芽体从这些根的瘤状部形成。

除上述生长调节剂外,近年来还不断发现一些对甘薯培养物的生长有影响的物质。一些作者发现抗坏血酸对甘薯培养物不定芽的形成有影响,它还可以抑制甘薯离体生长。脱氢抗坏血酸的降解产物也可抑制甘薯愈伤组织细胞的生长。适量的甘氨酸则能有效地增加甘薯干物质和可溶性固体的含量。

维生素在组织培养中用量甚微。有人认为维生素 B_1 是所有植物组织培养中必须添加的维生素,烟酸和维生素 B_6 可以促进细胞生长。

除甘氨酸外,一般培养基中不再加其他氨基酸。作为有机氮源,常加入水解酪蛋白,其中至少含有 18 种不同的氨基酸组分。单独加入某一种氨基酸可引起生理反应,如加入微量的生物合成乙烯途径中起作用的蛋氨酸,可促进木质部的形成。已报道某些组织需要有精氨酸、尿素、谷氨酰胺、天门冬酰胺等。

12.3.3.3 光照、温度、pH

1. 光照

光强烈地影响植物组织培养物的生长与器官发育。甘薯愈伤组织培养在其诱导与增殖阶段一般不宜光照,因光易使愈伤组织老化,强烈的光照可能阻滞生长并导致愈伤组织死亡。但诱导愈伤组织分化或胚状体形成时期需要适当的光照,如花药的愈伤组织分化以 1 000~1 500 lx 的弱光照最合适,胚状体发育后期及植株再生期以 10 h 光照、14 h 黑暗处理效果最好。

2. 温度

愈伤组织生长温度一般限制在 20~35 ℃,超出此范围愈伤组织易死亡。在 20~30 ℃内,随温度的升高愈伤组织生长速度加快。廖嘉信和蔡振声报道,30 ℃时甘薯愈伤组织的生长达到最高,20 ℃处理 1 个月,愈伤组织虽不生长但亦未死亡,转移到 30 ℃条件下后,愈伤组织再度活跃生长,情况良好,而诱导胚性愈伤组织的最适温度为 27 ℃。甘薯原为热带作物,模拟其原产地的高温,正好满足了它的生长需要。

3.pH

一般培养基 pH 在 5.5～6.0 之间。Tsay 和 Lin 认为,培养基的 pH 在 6.25～6.50 最适合花药愈伤组织生长,pH 在 4.5 以下愈伤组织无法生长。

12.3.3.4 继代培养

时间间隔,目前甘薯愈伤组织已有在固体培养基上维持 34 个月仍能保持胚发生能力的记录,条件是每 8 周继代一次,其继代所用培养基与诱导培养基非常接近。一般来说,初诱导的或只经过短期培养的愈伤组织最容易产生器官分化或形成胚状体,培养时间延长或长期继代培养会使愈伤组织分化能力或胚发生能力逐渐下降甚至消失,若能在诱导培养基上进行更新培养,常能恢复胚的发生能力。继代培养基与诱导培养基近似,有利于保持愈伤组织的分化能力。

接种量,细胞、细胞团或胚状体在悬浮培养或平板培养中都需要一定的密度才能生长良好。甘薯液体培养的密度以 6 mg/L 为宜,固体培养以 1 mg/cm² 为宜。以直径 125～355 μm 的细胞团为例,以 6 mg/mL 密度接种,刚种时为 4 000 个细胞团/mL,经数天培养即可达到 2 万～4 万个细胞团/mL。

12.3.3.5 细胞团大小

Cheé 和 Cantliffe 发现,甘薯愈伤组织在含 5 μmol/L 2,4-D 的液体培养基中进行增殖培养时,得到的是各种大小的胚性与非胚性愈伤组织的混合物,其中细胞团的大小与胚发生能力的大小相关。98% 的胚性愈伤组织团块直径在 355～1 000 μm 之间,而胚性愈伤组织块越大,越容易进一步发育成胚状体;反之,则增殖越旺盛。因此,用分筛法将直径在 355～710 μm 的部分用于胚性愈伤组织增殖,将 710 μm 以上的部分用于体细胞胚形成,将 355 μm 以下的部分弃去。

12.4 组织细胞培养条件下甘薯植株再生过程的实验形态学

12.4.1 愈伤组织的形成过程

程井辰和周吉源以甘薯叶片为外植体进行培养,研究了其早期细胞形态变化及愈伤组织形成的过程。观察到甘薯叶在 30～33 ℃的培养条件下,第 4 d 便诱导出愈伤组织,首先出现在切口端,然后在叶的上、下表皮外方,诱导率高达 98% 以上。愈伤组织的诱导期对光照不敏感,光、暗条件均易出愈。

愈伤组织的形成过程可划分为3个时期,即启动期(诱导期)、分裂期和形成期。

启动期的细胞形态学特征主要表现为叶肉细胞被活化,活化后的栅栏细胞或海绵细胞中的叶绿体逐渐解体消失,细胞体积增大。栅栏细胞由长柱状变为圆球状。由于叶肉细胞体积加大,将上、下表皮外推,整个叶片厚度加大。

分裂期的细胞形态学特征主要是叶肉细胞脱分化转变为分生细胞,并迅速分裂增殖。栅栏细胞的分裂往往首先发生在接近海绵细胞的几层,分生细胞扁平、叠合,呈放射状。海绵细胞脱分化后转变成的分生细胞呈圆球状。两者分裂的结果是分别将上、下表皮外推,形成薄壁细胞突起,各段薄壁细胞突起相连形成愈伤组织。分裂期叶脉的变化表现在叶脉周围的薄壁细胞转变为分生细胞,分生细胞围绕维管束呈圆形,似蜘蛛网。在迅速分生中维管束被打散,某些分生细胞液泡化后又形成薄壁细胞,它们的细胞壁上出现增厚条纹,形成了管状分子(简称TE)。TE在叶片中成堆出现,如叶脉状分布并朝分生旺盛处发展。TE开始仅发生在个别薄壁细胞中,后多个连接成束,纵行并分支。

形成期的细胞形态学是以分生细胞团形成根原基、芽原基为主要特征。

表皮细胞未参与愈伤组织的诱导过程。

12.4.2 器官分化过程及类型

12.4.2.1 根的分化及类型

王家旭等报道,叶片愈伤组织接种后10 d开始分化出根。分化根有两种:第一种为粗根,直径大于1 mm,生长快,分支多,但数目少,且都向下生长进入培养基;第二种为细根,直径小于1 mm,无分枝,生长较慢,数目多,向各个方向生长。在同一品种不同培养基之间,或同一培养基不同品种之间,根的分化率和分化量差异较大。薛启汉报道,甘薯子叶愈伤组织分化出的根也有两种形态。一种为变态根(类根),肉质状,向上着生,短粗不易伸长,也不产生侧根。另一类为正常根(真根),向下着生,向培养基延伸,木质化程度高,能长出正常的侧根。

12.4.2.2 芽的分化及类型

甘薯除可通过器官型途径在叶腋部位直接发生丛芽外,由愈伤组织诱导芽的分化也有两种途径。一般是从愈伤组织先分化出根,再分化出芽。此外,花药来源的胚状体的根,在原培养基上生长2~4个月后,有少数芽可在其瘤状部位形成。这两条途径都是先分化根,后长出芽,这个顺序是甘薯特有的。其他种类的植物组织培养时,器官分化顺序都是先出芽,后诱导根;如果先出根,通常都不能再出芽。甘薯愈伤组织在BAA刺激下,可出现直接形成芽的情况。

12.4.3 体细胞胚(简称体胚)发生过程

12.4.3.1 体胚与芽的区别及其发生的形态学

胚是两极的,由一个茎尖和一个根结合成一个轴。与原始组织对比,它是一个闭合的单元,与母体的维管束没有联系。而芽则是单极的,不包括根的结构,它有维管束系统可与母体相通。体胚起源有两种方式:单个细胞或一个定义为前胚复合体的细胞团(Pro-embryonal Eomplex)。在甘薯组织培养中,Cantliffe等从根、叶、叶柄及茎尖等外植体的胚性愈伤组织中成功地实现了体胚发生,其中最有效的外植体来自茎尖的顶端圆顶区(图12-5)。

12.4.3.2 体胚发生的组织学

Cantliffe等研究过甘薯"白星"茎尖分生组织圆顶区培养过程中体胚发生的组织学。观察到在顶端圆顶区有很小的一组细胞,位于亚端区,它们始终具有分生能力。这些细胞是全能的,它们可以给予顶端圆顶区外植体产生胚性组织的能力。从切面上可看到,甘薯茎尖圆顶区最外面有两层细胞包裹着(图12-6A箭头处)。分生组织(圆顶区)在固体培养基上(图12-6B)经2d的培养后外植体(图12-6C)中央部分具有分生能力,这可由暗的组织学染色证明。培养4d后(图12-6D),外植体已变得相对无组织,但表皮层继续作为一个整体性的覆盖物存在。培养8d后,外植体周围区域变为拱形结构(Buttress)(图12-6E),圆顶区顶部变平,同时侧面的组织膨胀。这一区域的多核细胞呈现出围绕着中央区的一种环状的繁殖方式。培养到4周,愈伤组织长出大小不同的一些赘疣(图12-6F),右侧有根生的肋状物(Files),是一些类似于胚性愈伤组织产生的结构。它们的不均衡发育可能表明,整个愈伤组织结构中的极性、生理或物理扩散梯度的存在。图12-6中F左侧的结构可能显示了正在形成一个单个体胚的胚团或将来形成多个胚的前胚基础。附属于分生组织圆顶区的最幼嫩的一对叶原基能产生胚性愈伤组织,第二、三对叶原基则产生易碎的非胚性愈伤组织。在任何胚性愈伤组织形成之前,它们常覆盖在分生组织圆顶区上。在一些情况下,靠近叶原基的腋生分生组织圆顶区也会产生胚性愈伤组织。随着附属于顶端分生组织外植体叶原基数的增加,胚性愈伤组织形成的频率下降。

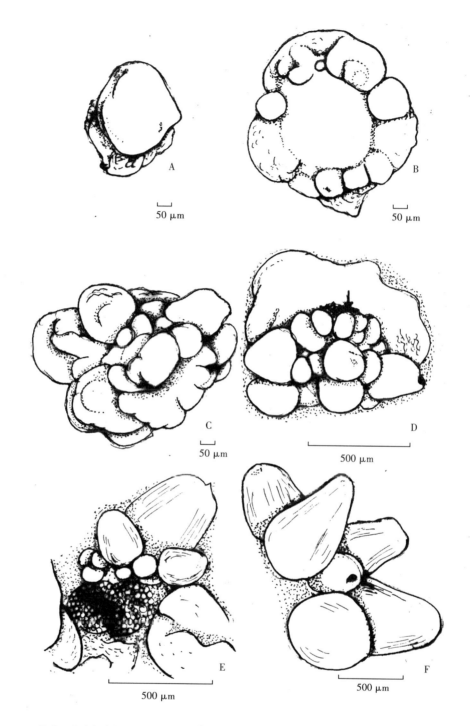

A.培养2周的分生组织圆顶区;B.培养4周的分生组织圆顶区,示产生表面光滑组织的外周区;C.同B,但培养在含较高浓度2,4-D(1.0 mg/L)的培养基中,注意表面光滑组织的繁殖较B活跃;D.胚性愈伤组织上正在繁殖的未成熟的胚;E.培养8周的顶端分生组织的圆顶区,注意远端区产生胚性愈伤组织和毛状体;F.一组成熟的体胚。

图12-5 来自茎尖分生组织圆顶区外植体的体胚发生示意图

(仿Cantliffe等,1988,扫描电镜照片)

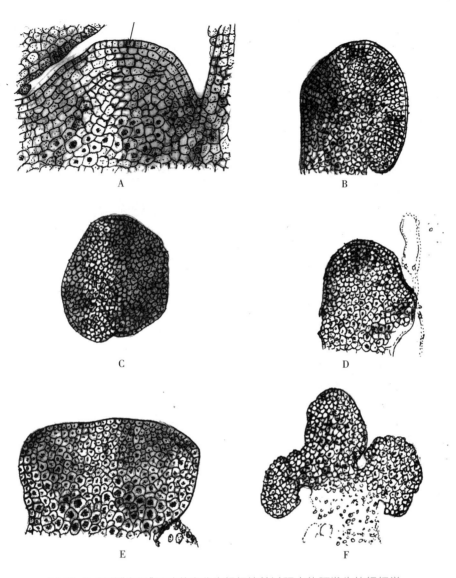

图12-6 甘薯"白星"品种茎尖分生组织培养过程中体胚发生的组织学

（仿Cantliffe等,1988,组织学照片）

谈锋等（1993）在"高自1号"中观察到甘薯体胚是在胚性愈伤组织里的分生组织结节中发生的,这与桉树等在愈伤组织内部发生体胚的方式类似。

12.4.3.3 愈伤组织的类型

甘薯品种"白星""PI"系列"GaTG₃"在体胚诱导过程中都能产生两种类型的愈伤组织。一类是非胚性愈伤组织,结构均一,易碎,半透明,白色至褐色,细胞直径为 $75\sim200\ \mu m$,含有较大的液泡,这类愈伤组织不能分化出胚。另一类是胚性愈伤组织,坚实,表面不平坦,有瘤状突起,不透明,黄色至金黄色,细胞直径为25~50 μm,含丰富的原生质,这类愈伤组织能产生体胚。小卷克已等将甘薯胚性与非胚性愈伤组织、细胞的特征进行了列表比较(表12-18)。Jarret等发现,在愈伤组织培养开始后14 d,两种形态截然不同的愈伤组织清晰可辨:第一种呈淡褐色,细粒结构,外表湿润;第二种出现稍晚,但生长快于前者,白色或半透明,很脆弱。此外,还有第三种愈伤组织的存在,是在培养开始后2周才变得明显,它似乎是从上述两种愈伤组织之一形成的。所试验的9个基因型材料中,6个基因型的培养物出现这种愈伤组织,该愈伤组织呈米色至浅金黄色,外表平滑、有光泽、坚硬。这多半是(并非完全是)由生长较慢、浅褐色的愈伤组织发生的。出现后10 d,这种胚性愈伤组织表面卷曲日益增多,最后产生5个或更多的体胚簇。心形或鱼雷形胚胎或从愈伤组织上产生,并直接附着于其表面,或由胚柄的小柄相连,肉眼可见。胚胎一旦发生,其发育的一般模式在所有供试基因型中都相似。

表12-18 甘薯胚性与非胚性愈伤组织、细胞的特征(小卷克已等,1989)

	特征	胚性	非胚性
愈伤组织	生长速度	慢	快
	形状	小瘤状	匀质
	细胞密度	密	稀
	颜色	黄,不透明	白,半透明
	密度	1.15~1.19	1.03~1.11
细胞	直径/μm	25~50	75~200
	形状	球形	长椭圆形
	性状	富含细胞质,活性高	富含液泡,活性低

培养开始后30 d,将胚性愈伤组织转移到无生长素的培养基上时,刺激了胚胎发育,使胚胎就地萌发。反之,若不将发育中的胚胎进行再培养,将导致发育受抑制,最终使已有的结构发生组织退化。成熟的体细胞为白色或偶有带花青素斑点的深绿色子叶。此外,谈锋等(1993)发现一种黏液状的非胚性愈伤组织,表面光滑,无瘤状突起,呈淡黄绿色,用接种针挑动时呈黏液状,生长速度介于前两者之间,细胞直径为20~25 μm,细胞间存在大量黏液状物质,这种愈伤组织只在"高自1号"中观察到。

12.4.3.4 体胚发育模式和植株再生步骤

根据Cheé和Cantliffe研究,体胚发育可分为两种模式,即正常与非正常发育模式,这两种模式在体胚形成的培养中均可观察到。在正常发育模式中能观察到类似合子胚发育的各个时期,即球形胚、心形胚、鱼雷胚和子叶胚,但没有观察到相当于成熟甘薯种子中的合子胚时期。从心形胚后期到鱼雷胚前期直径约0.6 mm,鱼雷胚到鱼雷胚后期长1.0~1.5 mm,鱼雷胚后期可区分出下胚轴和子叶两部分。这一时期的变异通常表现在子叶的形态上,一般每个胚有两个子叶,但也有一个或多个的情况。子叶可呈单瓣、双瓣乃至圆筒状等不同形状。在非正常发育模式中可观察到3种形态异常的时期,即(1)不完全期,具有一个光滑的顶端,没有子叶原基的隆起或凹陷,长0.5~3.0 mm;(2)发育不全的伸展期,由整个下胚轴伸展而成;(3)伸展的鱼雷期,由带有短子叶残余的下胚轴伸展而成,后两种长4.0~5.0 mm。

在上述各发展时期的胚中,只有3个发展时期可以产生植株,即伸展的鱼雷期、鱼雷胚后期和子叶胚期(图12-7)。胚的器官分化和植株再生除与胚的发育时期有关外,还受外界条件影响。Cheé等观察到,胚在各个发育时期都能生根,但在许多发育时期不能形成芽,因此芽的分化成了甘薯体胚再生植株的限制因素。外源生长调节物质和蔗糖浓度,如之前所述对芽的分化和植株再生影响甚大。在MS′培养基中加入0.1 μmol/L的NAA,芽的发生频率由17%增加到41%,植株再生频率由3%增至38%;培养基蔗糖浓度由3.2%减少到1.6%时,芽发生频率由20%增至32%,植株再生频率由15%增至32%。

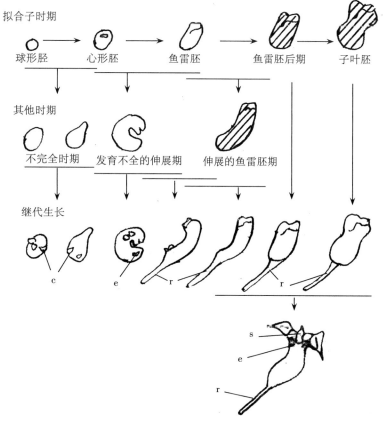

拟合子时期

球形胚 → 心形胚 → 鱼雷胚 → 鱼雷胚后期 → 子叶胚

其他时期

不完全时期　发育不全的伸展期　伸展的鱼雷胚期

继代生长

c　　　e　　　r　　　　　　r

s
e
r

注:c.子叶;e.不定胚;r.根;s.芽;划斜线条的胚能再生植株。

图12-7　甘薯体细胞胚发育模式
（Cheé 和 Cantliffe，1988b）

概括起来,甘薯体胚的发生和植株再生可分为四步:第1步,胚性愈伤组织的诱导;第2步,在固体或液体培养基上增殖胚性愈伤组织;第3步,体细胞胚的形成(液体、固体培养基上均可);第4步,植株再生(图12-8)。

12.5 原生质体再生植株的实验形态学

12.5.1 目前进展

原生质体是一种用酶降解,脱掉细胞壁呈球形的植物裸细胞。近年来由于国内外许多研究工作者用酶解法分离植物细

图12-8 单个体胚发育来的再生
植株(仿 Jarret 等,1984 照片)

胞获得大量有活力的原生质已获得成功,原生质已成为一种用途广泛的实验系统。被甘薯中普遍存在的自交、杂交不亲和性现象所困扰的育种工作者更希望通过原生质融合的细胞杂交来克服不亲和性。甘薯易感染病毒,人们期望通过原生质无壁易吸收外源有用的抗病基因来实现遗传工程抗病育种的理想。最先开创甘薯原生质体培养先例的是吴耀武和马彩萍(1977),他们分离了茎愈伤组织原生质体,诱导愈伤组织成功,可惜未获得器官分化。至今国内外报道甘薯原生质体培养的论文已有10多篇。Bidney等观察到不定根分化,国分等培养到愈伤组织。林田等和Sihachakr等获得了甘薯原生质体再生植株,但再生率非常低,因此普遍认为对于甘薯原生质体的植株再生,其基因型具有决定意义。

12.5.2 原生质体培养程序

甘薯原生质体培养的程序如图12-9所示。

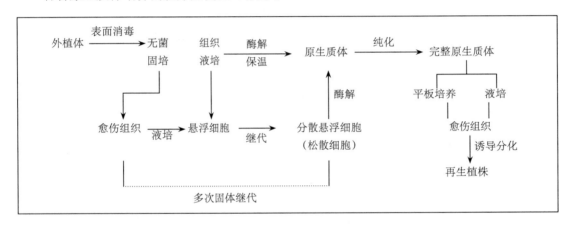

图12-9 原生质体培养程序

(李文安和罗士韦,1988)

甘薯原生质体培养时,多数研究者都用叶柄为起始外植体。叶柄原生质体对培养条件反应迅速,在植板后24~48 h就出现细胞壁再次形成的形态变化,接着72 h开始第一次分裂。培养2周后,"宝石"和"百年好"两个品种的植板率一般保持在60%~70%。为持续增殖愈伤组织,可把由原生质体生成的细胞群移植到各种不同类型的辅助培养基中去。Sihachakr和Du-creus将21 d龄的愈伤组织及细胞群体置于含2 mg/L ZT的液体培养基中培养,在加入高水平的ZT或2,4-D后,愈伤组织有些形态上的变化,可能是ZT推动了它们旺盛的生长,结果形成了绿色的紧密愈伤组织块。一些这样的组织块分化出了分生组织区,含有一些很小的绿色细胞。

在"Guyana"和"Duclos Xl"两个基因型间,分生区的结构成了明显的区别标志。"DuclosX1"品种在含2 mg/L ZT的MS培养基上继代培养时,分生区的大小和数目都增加很快,当又一次把这些愈伤组织块转至ZT降到0.25 mg/L的MS培养基上培养时,8周后长出再生植株。他们选用了4周再生植株的叶柄和茎为材料进行原生质体分离。因为叶片难以脱壁,不是分离原生质体的好材料,而幼嫩再生植株叶柄及茎可提供大量生活力高、细胞质浓的高质量原生质体。图12-10是参考Sihachakr和Ducreus报道的数据绘制的甘薯叶柄原生质体的分离、培养和植株再生示意图。

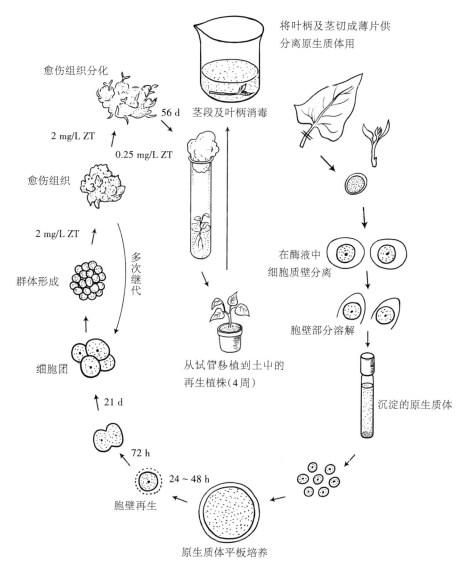

图12-10 甘薯叶柄细胞原生质体的分离、培养和再生植株示意图

(参考 Sihachakr 和 Ducreus1987 培养进程绘制)

12.5.3培养过程的形态学观察

刘庆昌等及Sihachakr和Ducreus观察到,从甘薯叶柄分离出的原生质体呈球形,大小不同,大多数为中等大小,细胞质较浓,含有许多颗粒状内含物,不易看到细胞核。如果加入2 mg/L ZT或1 mg/L 2,4-D,原生质体就会变长(图12-11A)。一般很小或很大的原生质很难发生细胞分裂。培养1～2 d后,一部分原生质体变成卵圆形,这标志着细胞壁再生。培养2～3 d后,原生质体的再生细胞发生第一次分裂,细胞持续分裂形成细胞团和小愈伤组织。几次继代培养后,愈伤组织表面长出分生组织区(图12-11B,箭头处)。经多次继代培养后,转至ZT含量仅为0.25 mg/L的固体培养基上,8周后长出再生植株(图12-11C)。

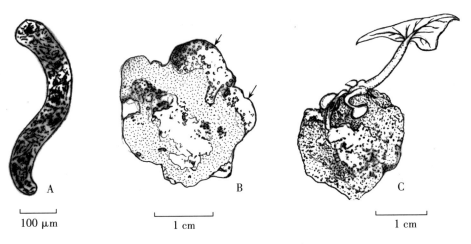

图12-11 甘薯原生质体培养再生植株
(仿Sihachakr和Ducreus,1987照片)

12.6 人工种子的实验形态学

12.6.1 人工种子的优越性

人工种子是从植物营养器官中通过组织培养方法,把诱导的胚状体(体胚)或快速繁殖获得的单茎节芽体作为繁殖体,裹入任何可以大田播种用的媒介物中,使它具有天然种子同样的功能。人工种子不仅繁殖率高,且在繁殖中产生变异的危险性小,而且无病毒污染。若按上述设想把人工种子直播于大田,就能实现高度省力、低成本的栽培,甘薯就有可能作为生物能源来利用,给人们带来巨大的经济效益。

12.6.2 人工种子的基本要求及制作方法

人工种子除了要有健壮的、具高转换率的繁殖体外,对包裹材料的要求有以下几点:(1)对繁殖体无损伤、无毒性;(2)经得起在贮藏、运输过程中的一般操作;(3)包裹物应包含养分和发育的调节物(如植物激素等);(4)制成的人工种子还应价廉物美并适应农业机械化播种要求。

人工种子的制作最常用的有滴注和装模两种方法。滴注是将一定浓度的海藻酸钠溶液与繁殖体在一烧杯内混合,然后将烧杯倾斜,借一玻璃棒将裹有包埋剂的繁殖体逐个导入5%～10%的氯化钠溶液中,经一定时间(一般为10～15 min)的离子交换,便形成具有一定硬度的白色半透明胶囊丸,水洗3～4次,捞出晾干即成为人工种子(图12-12)。装模法是把繁殖体混入温度较高的胶液(如Gelrite或琼脂等),然后滴注到一个有小坑的微滴板上,随温度降低变为凝胶而形成胶丸。

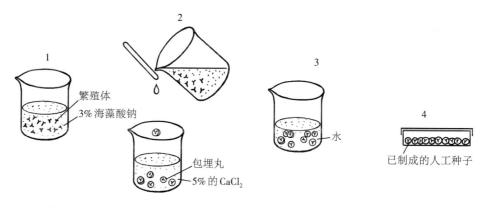

1.将繁殖体与包埋剂混合;2.用玻璃棒将裹有繁殖体的溶胶逐滴导入CaCl₂中固化;3.用水清洗包埋丸;4.已制成的人工种子。

图12-12 人工种子制作示意图

12.6.3 人工种子的萌发和植株再生

人工种子的萌发率和植株再生率(或称转换率)关系到人工种子能否在生产上像天然种子一样应用的大问题。目前制作的人工种子,一般都在试管中或在无菌条件下进行萌发,所以只要繁殖体健壮,制作时灭菌比较彻底,其萌发率都不低。唐佩华等用甘薯休眠芽作繁殖体,制成人工种子后,在MS培养基中于室温下3～4 d,萌发率可达50%左右。10～15 d经炼苗后移栽大田,100%成活并正常结薯。

总的来说,甘薯人工种子的研究目前还处于实验室阶段,将种子直接插入土壤,仅有个别能萌发成苗。主要原因是人工种子抗病、抗菌力差,大多数在种下1周左右胶丸霉烂变质,有的虽能长根,长出 1~2 片新叶,但也因抵抗不了病害侵染而坏死。为了加速人工种子从实验室向商品生产转化的进程,还有大量问题有待我们深入研究和解决。如优良体胚发生体系的建立,高质量繁殖体(包括体胎与芽体)的诱导,遗传稳定性的控制及其快速繁殖方法的建立、健全;包埋材料的筛选与人工种皮模拟的研究;胶囊丸的自动化生产以及人工种子转移条件的最佳选择等,均涉及人工种子能否与天然种子竞争而广泛用于生产的大问题。可以预期,随着研究工作的深入和制作工艺的日臻完善,人工种子在不久的将来可作为一项新的生物技术而应用于作物育种和良种的快速繁育。

第十三章 甘薯基因工程

目前,对甘薯基因工程的研究快速发展、逐渐深入,已从对基因的克隆研究转变到对基因功能及分子调控的研究,甘薯遗传转化体系也得以建立并稳步发展。近年来,重庆市甘薯工程技术研究中心在甘薯基因工程方面开展了扎实的工作,并在分子标记技术与应用、类胡萝卜素和花色素苷生物合成途径、基因的克隆及功能研究、遗传转化等方面取得了一定的成绩。

13.1 甘薯不同外植体体细胞胚的发生及植株再生

张玲等分别以"徐薯22"的叶片和茎尖作为外植体,研究利用不同外植体通过体细胞胚胎再生途径得到再生植株的方法。他们将"徐薯22"的叶片和茎尖分别置于MSB和MSD培养基中诱导胚性愈伤组织,再将胚性愈伤组织置于MS培养基中培养,观察体细胞胚的发生情况,最后对不同外植体得到的植株的再生频率进行比较。结果发现,用叶片作为外植体得到的胚性愈伤组织平均诱导频率为95.69%,而茎尖的则为30.56%;不同外植体在体细胞胚发生途径中的形态特征有一定差异;用叶片作为外植体的植株再生频率为60.61%,用茎尖的则为22.00%,且采用不同外植体诱导得到的再生植株无形态变化。通过试验得出,体细胞胚的发生及植株再生的最适外植体为甘薯的叶片。

13.2 甘薯植株毛状根再生研究

甘薯转化毛状根的产生是由发根农杆菌引起的。从毛状根中选出5个克隆,当毛状根在含有2 mg/L 6-BA和1 mg/L玉米素的培养基上培养时就会产生愈伤组织。在3周的时间内,植株从生长在含有1 mg/L KT、1 mg/L 6-BA和0.5 mg/L IAA培养基上的愈伤组织中再生出来。通过使用RAPD标记可以检测再生植株的多态性(孙敏等,2000)。

13.3 一种高效提取甘薯块根DNA的方法

甘薯块根富含淀粉、多糖及酚类等次生代谢产物,这些物质会严重干扰DNA的提取。阳义健等(2005)建立了一种高效提取甘薯块根DNA的方法,该方法由传统CTAB法改进而来,通过提高抽提液试剂的浓度和增加纯化步骤等方法,有效去除了淀粉、多糖及次生代谢产物的影响。使用该方法从3个品种甘薯块根中抽提到了高质量DNA。在提取过程中,用氯仿/异戊醇代替酚,去除次生代谢产物等杂质,避免了残留酚对后续分子生物学反应(如酶切、PCR)的不利影响和危险试剂(如酚)的使用。使用该方法能在1d内提取出高质量的DNA,为进一步开展甘薯的分子生物学研究奠定了基础。

13.4 甘薯ISSR分子标记方法的建立

甘薯是一种以无性繁殖为主的植物,在种质资源收集、保存过程中,存在一个品种由于名称不同,导致多个副本被收集、保存的情况。同时,我国育成的甘薯品种遗传基础狭窄,选育有突破性的新品种相当困难,所以,明确甘薯品种的遗传多样性是其品种改良的基础。由于甘薯遗传背景复杂,利用传统方法对其品种难以准确鉴别,故采用DNA分子标记可以鉴定形态学上难以分辨的物种。通过建立甘薯的DNA指纹图谱,获得具有鉴别性的特征,在分子水平上鉴别种质资源,可对传统鉴定方法进行补充,促进其发展,同时也能为寻找、保护和利用优良的种质资源提供分子水平的依据。

阳义健等对13个品种的甘薯进行了ISSR分子标记及分析(阳义健等,2006)。采用ISSR分子标记技术,对"九州55""绵粉1号""澳墨红""壅菜种""广茨16""亚4""B50-285""恒进""渝紫263""台农10号""南薯88""台农69""川山紫"等13个甘薯品种的块根DNA进行了研究,从20条引物中筛选到2条有效引物用于正式扩增,共扩增出11个基因位点,其中多态性条带有7条,多态性比率为63.6%,从而建立了甘薯块根DNA的ISSR分子标记方法。

13.5 甘薯类胡萝卜素合成途径中基因的克隆

13.5.1 甘薯 *IPI* 基因克隆及功能分析

甘薯中含有以 β-胡萝卜素为代表的多种类胡萝卜素,它们在体内能转换成维生素 A 或者视黄醇,其在淬灭自由基、增强人体免疫力、预防心血管疾病和防癌、抗癌方面的作用越来越引起人们的重视。类胡萝卜素前体的生物合成来源于经典的 MVA 途径和后来发现的 MEP 途径。为研究类胡萝卜素前体生物合成途径的分子生物学,阳义健等(2006)采用 RACE 方法从"渝苏303"中克隆了类胡萝卜素生物合成途径上一个重要基因的全长 cDNA——*IbIPI* [*Isopentenyl Diphosphate Isomerase Gene* from *Ipomoea batatas* (L.) Lam.],并对该基因及其编码的酶进行了生物信息学分析。在大肠杆菌中过量表达 *IbIPI* 能推动 MEP 途径代谢流向下游流动,促进类胡萝卜素的生物合成,从而验证了 *IbIPI* 的功能。对 *IbIPI* 基因的研究为深入阐明类胡萝卜素生物合成的分子生物学和生物化学机理奠定了基础,为利用甘薯进行类胡萝卜素的代谢工程提供了可能的调控靶点。

从"渝薯303"叶片中提取总 RNA,反转录成第一链 cDNA。采用基于序列同源性的方法,根据已知异戊烯焦磷酸异构酶基因的保守序列设计简单引物,以合成的 cDNA 为模板,采用温度梯度 PCR,扩增 *IPI* 基因的核心片段,获得 600 bp 左右的产物,经亚克隆和测序得知,该片段为 597 bp。根据获得的 *IbIPI* 核心序列,分别设计用于 3′RACE 和 5′RACE 的特异性引物,扩增 *IPI* 基因的 3′和 5′末端片段,得到 461 bp 和 423 bp 的 cDNA 片段。将前后获得的核心片段、3′末端序列和 5′末端序列拼接起来,得到推导的 *IbIPI* 全长 cDNA 序列为 cDNA 序列,采用 RT-PCR 进行验证并获得物理全长,*IbIPI* 的全长 cDNA 序列为 1 155 bp,其中包括 5′、3′UTR 和 polyA 尾部序列。

对 *IbIPI* 基因基本性质的研究发现,*IbIPI* 基因编码的是一个含 296 个氨基酸残基的多肽,该多肽的相对分子量为 33.8 k,等电点为 5.7。IbIPI 氨基酸序列比对结果显示,甘薯 IPI 属于 IPI 家族,并且与之前报道的其他植物物种中的 IPI 有很高的相似性。

将来自不同植物的 IPI 进行多重比对,发现植物 IPI 的氨基酸序列相似性很高。根据植物 IPI 比对结果可以看到,植物 IPI 的 N 端是一个氨基酸序列没有同源性的区域。Target P 分析表明,IbIPI 具有一个长为 57 个氨基酸的质体转运肽,在这个区域后是高度同源的区域,也就是 IPI 的功能区段。

用来自细菌、真菌、动物、藻类和植物的IPI全长氨基酸序列构建的IPI分子系统树表明,IPI可以分为来自原核生物和真核生物的类群,而在真核生物中,IPI的分子系统进化表现出与物种系统进化的相关性,可以分为真菌、藻类、动物和植物类群。

用甘薯*IPI*的编码区替换pTrc-AtIPI中的AtIPI(拟南芥*IPI*基因),获得携带甘薯*IPI*基因编码区的pTrc-IbIPI,与pAC-BETA(含β-胡萝卜素生物合成相关的4个基因的一个大肠杆菌表达载体)共转化大肠杆菌XL1-Blue(XL1-Blue + pAc-BETA + pTrc-IbIPI),经抗性筛选,得到阳性克隆,进行单克隆培养,工程化大肠杆菌能够合成β-胡萝卜素使菌斑变黄,从而证明了*IbIPI*是一个有*IPI*功能的基因。

13.5.2 甘薯*GGDS*基因克隆及功能分析

甘薯薯块的颜色有白色、黄色、紫色和橘色等,但是只有橘色品种的甘薯才含有丰富的维生素A的前体物质β-胡萝卜素。事实上,橘色品种的甘薯在非洲和东南亚的一些不发达国家是人们获得β-胡萝卜素的主要来源。然而,甘薯中的β-胡萝卜素含量远远低于人类生理活动的正常需求,这将会导致一系列维生素A缺乏症,比如干眼症、角膜病变、角膜软化,有的甚至导致死亡。所以,提高甘薯中β-胡萝卜素的含量有着重要的意义。

基于甘薯中类胡萝卜素生物合成途径的分子和生物化学水平,通过基因工程手段改造β-胡萝卜素代谢途径来提高甘薯中β-胡萝卜素的含量是可行的方法之一。关于类胡萝卜素合成机制的研究已在果实和花中普遍开展,但在地下根组织中的研究还相对较少。20碳的牻牛儿基牻牛儿基二磷酸是一种一系列物质的普遍前体,这些物质包括β-胡萝卜素、叶绿素、植物激素(ABA和GA)、叶绿醌、生育酚等。牻牛儿基牻牛儿基二磷酸合成酶(GGDS)催化异戊二烯二磷酸和二甲基丙烯基二磷酸合成牻牛儿基牻牛儿基二磷酸(GGDP)。

马丽利等(2014)从甘薯中克隆得到了类胡萝卜素合成途径中的一个异戊烯基转移酶基因(*IbGGDS*,GenBank 登录号:KF991091),对其进行生物信息学分析的结果表明,该基因cDNA全长1 409 bp,其中包含了一个1 092 bp的开放阅读框,编码一个含363个氨基酸残基的多肽。通过氨基酸序列多重比对发现,该基因的氨基酸序列和预测的蛋白结构与已经报道的牻牛儿基牻牛儿基二磷酸合成酶(GGDS)和牻牛儿基二磷酸合成酶(GPPS)的一个大亚基高度相似。IbGGDS的N端有一个63个氨基酸的质体转运肽。将核心编码区的1 092 bp核苷酸序列以及编码质体转运肽的189 bp核苷酸序列构建亚细胞定位载体,转化烟草的原生质体,在激光共聚焦显微镜下观察到IbGGDS蛋白及其质体转运肽确实使GFP转运到叶绿体。IbGGDS的质体定位证明了该基因编码的蛋白质定位于合成β-胡萝卜素的场所——质体。用切去质体转运肽的IbGGDS在大肠杆菌中重建β-胡萝卜素代谢途径,含有IbGGDS的工程菌因为生产类胡萝卜素而变成黄色。这就证明了*IbGGDS*编码的酶具有合成牦牛儿基牦牛儿基二磷酸的功能。

最后,采用qPCR方法对*IbGGDS*和其下游5个β-胡萝卜素合成途径基因(*PSY*、*PDS*、*ZDS*、*crtISO*和*LYCB*)在橘色薯块的甘薯块根、须根、成熟叶片、幼嫩叶片、成熟茎、幼嫩茎、成熟叶柄这七个组织的相对表达量进行分析。就*IbGGDS*来说,在块根中的相对表达量分别比须根、成熟茎、成熟叶柄、成熟叶片、幼嫩叶片和幼嫩茎中高18倍、25倍、18倍、4倍、5倍和14倍。PSY是β-胡萝卜素合成途径上的第一个关键酶,LYCB是β-胡萝卜素合成途径上的最后一个关键酶。PSY在块根中的相对表达量分别比在须根、成熟茎、成熟叶柄、成熟叶片、幼嫩叶片和幼嫩茎中高618倍、898倍、93倍、88倍、22倍和648倍,LYCB在块根中的相对表达量分别比在须根、成熟茎、成熟叶柄、成熟叶片、幼嫩叶片和幼嫩茎中高167倍、45倍、42倍、15倍、8倍和49倍。结果表明,*IbGGDS*、*PSY*、*PDS*、*ZDS*、*crtISO*和*LYCB*都在块根中特异表达,由此推出甘薯地下块根是β-胡萝卜素生物合成的主要器官。

通过HPLC的方法对相应组织的β-胡萝卜素含量进行分析发现,成熟叶片中的β-胡萝卜素含量为1.720±0.590 mg/g FW,幼嫩叶片中β-胡萝卜素含量为1.130±0.034 mg/g FW,分别比块根中β-胡萝卜素的含量(0.19±0.020 mg/g FW)高9.11倍和5.98倍。须根中检测到少量的β-胡萝卜素(0.06±0.002mg/gFW),成熟叶柄和成熟茎中只能检测到微量的β-胡萝卜素,分别为0.015±0.002 mg/g FW和0.008±0.001 mg/g FW。本研究发现,甘薯成熟叶片和幼嫩叶片中β-胡萝卜素含量远远高于块根中,甘薯叶片是β-胡萝卜素的主要储存器官。由此推测,β-胡萝卜素在甘薯的块根中合成后通过某种转运机制运输到叶片中储存。

以上研究证实了克隆得到的*IbGGDS*的确是β-胡萝卜素合成途径中的*GGDS*基因,甘薯*GGDS*基因的研究对利用基因工程手段调节甘薯类胡萝卜素合成途径有重要的意义。

13.5.3 甘薯*GGPPS*基因克隆及功能分析

萜类化合物(Terpenoids)是植物天然产物中最大的一类化合物,其结构和功能高度多样化,迄今已有30 000多种植物来源的萜类化合物。植物萜类化合物具有重要的生物学功能,作为光合色素的类胡萝卜素是自然界中分布最为广泛的一类色素,总数达600多种。不少类胡萝卜素具有VA原和抗癌活性,因而是人和动物的食物中不可缺少的成分。

香叶基香叶基焦磷酸合成酶(GGPPS)催化15碳的FPP和5碳的IPP缩合生成20碳的

GGPP,GGPP作为类胡萝卜素合成的直接前体,它的合成在类胡萝卜素的代谢中起着尤为关键的作用。为研究甘薯类胡萝卜素生物合成的分子机理和为甘薯类胡萝卜素代谢工程提供靶点,唐俊等(2008)用RACE技术从甘薯新品种"渝苏303"中克隆了GGPPS基因全长cDNA,并且对该基因进行了生物信息学分析、组织表达谱分析和功能验证。克隆的甘薯GGPPS基因(IbGGPPS,GenBank登录号:EU570195)cDNA全长1368bp,其中长度1089bp的开放阅读框(ORF)编码长度为363个氨基酸残基的GGPPS蛋白(IbGGPPS)。生物信息学分析显示,IbGGPPS及其编码的蛋白与已知GGPPS基因和蛋白序列同源。IbGGPPS序列包含GGPPS蛋白典型的2个富含天冬氨酸的域,这2个富含天冬氨酸的域是和GGPPS活性有重要作用的焦磷酸的结合位点。亚细胞定位预测IbGGPPS定位于质体,将IbGGPPS与来源于被子植物和裸子植物的GGPPSs构建分子发育树,结果表明,GGPPSs在进化树上分为被子植物和裸子植物两大类,IbGGPPS隶属被子植物一支。利用半定量RT-PCR技术对IbGGPPS进行组织表达谱分析,结果表明IbGGPPS在薯块和嫩叶中表达量最高,在成熟叶片和根中表达量次之,在茎中则检测不到IbGGPPS的表达。用IbGGPPS的ORF序列替换pTrcAtIPI质粒上的拟南芥IPI基因编码区,获得pTrcIbGGPPS质粒。在大肠杆菌XLl-Blue中同时导入Paccar25△crtE质粒和pTrcIbGGPPS质粒,构建了其β-胡萝卜素的合成途径,该菌在颜色互补平板上,菌落呈现明亮的橘黄色。结果表明,IbGGPPS编码的蛋白具有典型GGPPS的功能。对IbGGPPS的克隆分析和功能鉴定研究,有助于在分子遗传学水平上了解IbGGPPS的功能,并对研究甘薯类胡萝卜素前体合成的分子机理有一定帮助。

13.5.4 甘薯HDR基因克隆及功能分析

1-羟基-2-甲基-2-(E)-丁烯基-4-二磷酸还原酶(HDR,EC 1.17.1.2)是MEP途径中的末端活性酶,其通过MEP途径的最后关键步骤为植物中类异戊二烯的生物合成提供前体。Wang等(2012)首次报道了从甘薯中克隆编码HDR的cDNA全长,命名为IbHDR(GenBank登录号:HQ596402)。IbHDR全长1725bp,包含1383bp的开放阅读框,编码461个氨基酸。预测IbHDR蛋白在N端具有叶绿体转运肽,并且与来自其他植物种类的HDR具有广泛的同源性。定量PCR结果显示,在嫩叶中IbHDR的转录水平最高,而在老叶中最低。含量分析表明,老叶中类胡萝卜素含量最高,其次是嫩叶,其他组织表现出类似的类胡萝卜素积累,比老叶低约7倍。对IbHDR基因的克隆和特征分析将有助于进一步了解IbHDR在遗传水平上的功能,也将有助于应用代谢工程策略提高甘薯中胡萝卜素的含量。

13.6 甘薯花色素苷生物合成的分子生物学

13.6.1 紫肉甘薯花色素苷生物合成的分子调控研究

花色素苷(Anthocyanin)广泛存在于开花植物中,是一类重要的水溶性类黄酮化合物,是花色素(Anthocyanidin)与各种单糖通过糖苷键结合形成的糖基化衍生物的总称。紫肉甘薯指薯肉颜色为紫色的甘薯,由于富含花色素苷而在近年被认定为特用品种,有较高的食用和药用价值。紫肉甘薯含有的天然花色素苷具有广泛的生理活性,如抗氧化、降血糖、抑制遗传因子突变等作用。虽然紫肉甘薯的保健功能已经开始为大众知晓,但对紫肉甘薯花色素苷生物合成的分子调控机理研究甚少,培育高花色素苷含量的紫肉甘薯品种仍难以实现。刘小强等(2010)通过对紫肉甘薯花色素苷生物合成途径中重要基因的克隆和功能的研究阐明紫肉甘薯花色素苷生物合成的分子调控机理,为培育高花色素苷含量紫肉甘薯打下理论基础,也为以紫肉甘薯为植物代谢生物反应器生产花色素苷提供了理论依据,其主要研究结果如下。

13.6.1.1 紫肉甘薯二氢黄酮醇-4-还原酶基因(*IbDFR*)的克隆及其功能研究

采用同源克隆的策略和RACE方法,从紫肉甘薯"渝紫263"中克隆了二氢黄酮醇-4-还原酶基因*IbDFR*的全长cDNA序列(GenBank登录号:HQ441167)。序列分析表明,*IbDFR*基因cDNA全长为1 392 bp,含有一个1 182 bp的开放阅读框,编码一个含394个氨基酸的蛋白。NCBI的blastn和blastp表明,*IbDFR*基因的核酸与已知的*DFR*基因核酸序列有高度的同源性,尤其与牵牛花*DFR*基因最相似,相似性达96%;IbDFR蛋白氨基酸序列与许多已知的植物DFR蛋白具有很高的相似性,其中与同为旋花科的牵牛花InDFR同源性最高,相似性达94%。聚类分析表明,甘薯IbDFR与同属旋花科的牵牛花InDFR同聚为一小支。对IbDFR保守结构域搜索表明,*IbDFR*基因编码蛋白含有高度保守的与NADPH结合和底物特异结合的保守基序,与已知结构和功能的DFR蛋白的活性位点和高级结构基本相同,因而推断IbDFR蛋白具有生物学功能。构建*IbDFR*基因的植物表达载体,并对烟草W38进行转化,获得转基因烟草植株。对转基因烟草花期*IbDFR*基因的表达情况进行分析,并将所获得的再生植株炼苗后移栽到试验地种植,结果都能正常生长发育。在生长期进行观察发现,与野生型烟草比较,转基因烟草植株在长势、株型等性状上没有明显区别;在开花期明显地观察到,转基因植株中有花色明显加深的单株(9号)出现,花器官中花色素苷含量显著提高,与野生型比较增量为50%左右,证实*IbDFR*基因在强启动子作用下能够对烟草的花色素苷含量起到上调作用。在随后的荧光定量PCR检测中,9号单株*IbDFR*基因的高表达进一步证实转基因烟草中花色素苷含量的提高与转入的*IbDFR*在对花色素苷合成途径起上调作用的一致性。所获得的转基因烟草植株1号和7号,虽经PCR检测为阳性,但未能表现*IbDFR*基因的功能,这很可能是由于转入的*IbDFR*基因沉默所致。从荧光定量PCR检测结果也可以看出,1号*IbDFR*基因相对表达量很微弱,7号该基因相对表达量也很低。

构建*IbDFR*基因原核表达载体,并在大肠杆菌BL21(DE3)中表达IbDFR蛋白,通过Ni柱离子交换层析的方法纯化目标蛋白。用圆二色谱对重组蛋白进行分析,其二级结构的组成分别为:α-螺旋13.9%,β-折叠41.2%,转角10.1%,无规卷曲34.7%,即重组蛋白中主要以β-折叠和无规卷曲为主。但通过氨基酸序列在Expasy网站利用SOPMA预测IbDFR蛋白的二级结构发现,其包含153个α-螺旋、49个β-折叠、25个转角和167个无规卷曲,即分别占38.83%、12.44%、6.35%和42.39%,是以α-螺旋和无规卷曲为主的。以(+)taxifolin为底物进行酶活实验,重组蛋白酶活测定结果表明,原核表达的IbDFR重组蛋白在辅因子NADPH的作用下能够催化底物(+)taxifolin转变为下游物质,说明重组蛋白具有酶的活性。圆二色谱测定结果和预测结果的不一致说明,原核表达的重组蛋白和植物体内的蛋白在折叠上可能存在不一致,同时也说明原核表达的蛋白在折叠时能形成与NADPH以及底物结合的保守结构域。酶活测定结果也充分说明该酶在花色素苷生物合成途径中的关键作用(Liu等,2017)。

13.6.1.2 紫肉甘薯黄烷酮-3-羟化酶(IbF3H)和花色素合成酶(IbANS)基因克隆与特征分析

采用同源克隆的策略和RACE方法,从紫肉甘薯"渝紫263"中克隆紫肉甘薯黄烷酮-3-羟化酶(IbF3H)和花色素合成酶(IbANS)基因的全长cDNA序列(GenBank登录号分别为HQ441168和GU598212)。紫肉甘薯*IbF3H*基因cDNA全长为1280 bp,包括5′端UTR、3′端UTR和polyA尾巴以及包括一个编码368个氨基酸残基的编码区,IbF3H蛋白具有结合亚铁离子的保守氨基酸H219、D221和H277,结合酮戊二酸的RXS基序R287-S289,结构域位于蛋白的核心,即亚铁离子被包埋在酶的中心。紫肉甘薯*IbANS*基因cDNA全长为1375 bp,包括5′端UTR、3′端UTR和polyA尾巴以及包括一个编码362个氨基酸残基的编码区,NCBI保守域搜索结果表明,IbANS蛋白也具有结合亚铁离子的保守氨基酸H242、D244、H298和结合酮戊二酸的RXS基序R308-S310,与*IbF3H*一样同属于类黄酮合成途径的2-ODD酶家族。将*IbF3H*和

IbANS 的 cDNA 序列与 GenBank 中其他 *F3H* 和 *ANS* 分别比对发现,这两个基因与其他物种中该基因有很高的序列相似性。蛋白的同源比对与系统进化分析结果表明,与近缘物种氨基酸相似性较高,并能与同属旋花科的植物 F3H 或 ANS 聚为一小支。生物信息学分析结果说明,从紫肉甘薯所克隆所得到的 *IbF3H* 和 *IbANS* cDNA 为植物普遍存在的 *F3H* 和 *ANS* 基因,并具有生物学活性(Liu 等,2010)。

13.6.1.3 紫肉甘薯花色素苷的生物合成与黄烷酮-3-羟化酶(IbF3H)、二氢黄酮醇-4-还原酶(IbDFR)基因和花色素合成酶(IbANS)基因的组织表达特征分析

采用嫁接的方法分析甘薯花色素合成的特点,并通过已克隆到的紫肉甘薯花色素苷合成途径中的三个关键基因 *IbF3H*、*IbDFR*、*IbANS*,利用荧光定量分析方法对"渝紫263"各部位组织(须根、0.5 cm 块根、3.0 cm 块根、外周皮、茎节、茎中部、叶柄、叶片、幼茎尖)结构基因的表达状况进行分析。(1)"ps53"和"ps53+263"包括块根(TR)和须根(FR)在内的各个组织花色素苷相对含量都很低;"渝紫263"和"263+ps53"的块根(TR)及须根(FR)的花色素苷相对含量明显高于其他类型组织;"263+ps53"嫁接苗的块根(TR)及须根(FR)中花色素苷相对含量高于"渝紫263"相应组织,嫁接后花色素苷得到累积。可以推测,紫肉甘薯"渝紫263"花色素苷的生物合成主要在块根中完成,之后再运输到须根及茎、叶等其他组织器官。(2)对"渝紫263"各部位组织中 IbF3H、IbDFR、IbANS 的荧光定量分析和这些组织中花色素苷的相对含量测定结果说明,IbF3H、IbDFR、IbANS 在 0.5 cm 块根、3.0 cm 块根、外周皮中的表达量明显高于在茎节、茎中部、叶柄、叶片、幼茎尖等组织中的表达量;在 0.5 cm 块根、3.0 cm 块根、外周皮中花色素苷含量较高是结构基因高效表达的结果。紫肉甘薯花色素苷含量与花色素苷合成途径中结构基因的表达密切相关。基因在甘薯块根的组织中特异表达是紫肉甘薯块根花色素苷含量高的主要原因,这也解释了嫁接实验中紫肉甘薯的形成只与地下部分品种有关而与地上部分薯苗品种无关。

13.6.2 紫肉甘薯花色素苷生物合成途径 *CHI* 基因的克隆与分析

查尔酮异构酶(CHI; EC 5.5.1.6)是花青素生物合成途径必需的酶,其催化双环查尔酮分子内环化成三环(S)-黄烷酮。为研究查尔酮异构酶在甘薯花青素生物合成中的作用,Zhang 等

(2011)克隆和鉴定了紫肉甘薯栽培品种"渝紫263"的查尔酮异构酶基因,并将其命名为*IbCHI*。cDNA全长为890 bp,编码长度为732 bp,编码243个氨基酸的多肽。对从植物和藻类等不同生物构建的CHIs系统发育树的分析表明,IbCHI与其他植物的CHIs具有较高的相似性。组织表达谱分析表明,IbCHI在根、茎、幼叶、老叶、叶柄等所有甘薯组织中均有表达,在根中表达量最高,同时组织中花色素苷含量与基因表达模式一致。*IbCHI*的克隆和表征将有助于从分子水平了解*CHI*参与花色素苷生物合成的作用,从而为甘薯花色素苷生物合成的代谢工程提供候选基因。

13.6.3 紫肉甘薯花色素苷生物合成相关转录因子克隆与功能分析

紫肉甘薯块根中紫皮和紫肉均可食用,食味甘而甜,纤维少,口感较好,富含淀粉、维生素、氨基酸等多种营养成分,其提取物具有抗坏血酸、抗癌、抗高血糖、抗动脉粥样硬化、抗突变、抗菌等多种药理作用,这些药理作用大部分都与紫肉甘薯中富含的花色素苷有关。紫肉甘薯中花色素苷含量为20~180 mg/100 g FW。紫肉甘薯块根中浸提的花色素苷是优质天然花色素苷,可以替代人工合成色素,在食品、医药、化妆品等方面有较大的应用潜力。

花色素苷是水溶性黄酮类色素中最重要的一类,是花色素与各种单糖通过糖苷键形成的糖基化衍生物的总称,属于植物次生代谢产物。花色素苷经苯丙氨酸合成途径和类黄酮生物合成途径合成,生物合成途径需一系列酶催化和转录因子调控。花色素苷合成途径调控主要受R2R3-MYB类、bHLH类和WD40类转录因子的调控,而且一般是由MYB、bHLH和WD40蛋白形成蛋白复合体,直接调控结构基因转录。为研究紫肉甘薯中花色素苷生物合成途径中的调控机理,为花色素苷次生代谢工程提供新靶点,许宏轩等(2012)采用RACE技术首次从"渝紫263"中克隆出来自MYB、bHLH和WD40家族与花色素苷合成相关的5个基因,并进行生物信息学分析。此外,还采用HPLC和比色法对"渝紫263"各组织中花色素苷含量进行分析。

MYB类转录因子家族相关基因的调节活性是自然界中植物着色模式多变的主要原因,R2R3MYB家族与类黄酮和花色素苷生物合成途径调控紧密相关。本研究采用RACE技术,克隆"渝紫263"中R2R3MYB家族的一个基因的全长cDNA,并命名为*IbMYB1*(GeneBank登录号:JQ337861)。生物信息学分析表明,*IbMYB1*基因的cDNA全长1 198 bp(不含polyA),包含长度为750 bp的编码框,长为184 bp的5′端非翻译区和长为164 bp的3′端非翻译区。预测结果表明,*IbMYB1*基因编码249个氨基酸的蛋白质,该蛋白质相对分子量大小为28.6 k,等电点(pI)为8.57,为碱性蛋白,包含36.55%的α-螺旋、8.03%的延伸链、4.42%的β-转角和51.0%的不规则卷曲。氨基酸序列的多重比对表明,*IbMYB1*与植物中已鉴定的R2R3MYB转录因子序列保守区主要存在于N端R2R3 DNA结合结构域,其C端相在各物种间相似性很低。三级结构预测也显示IbMYB1三级结构只在R2R3区域建模成功,与鸡MYB蛋白的R2R3结构域(1A5J)类似,R2和R3结构域分别由2个和3个α-螺旋组成。将*IbMYB1*与其他植物中MYB类转录因子进行进化树构建分析表明,*IbMYB1*与大多数已鉴定调控花色素苷生物合成的MYB转录因子聚为一支。采用荧光定量PCR对IbMYB1在"渝紫263"组织表达谱分析结果表明,在块根中表达量最高,其次是在直径0.5 cm的块根(0.5块根)、外周皮、茎节、茎间、叶柄、须根、叶和幼茎尖。

bHLH类转录因子能够识别花色素合成途径中关键酶基因启动子区域的E-BOX(CANNTG)。其与DNA结合时,通常需要两个不同bHLH转录因子形成二聚体才能完成。本研究通过RACE技术,从"渝紫263"中成功克隆出bHLH家族中的两个基因,分别命名为*IbbHLH1*和*IbbHLH2*(GenBank登录号为分别为JQ337862和JQ337863)。生物信息学分析表明,*IbbHLH1*基因cDNA全长为2 467 bp,包含长度为1 890 bp的编码框,5′-UTR全长为427 bp和长为150 bp的3′-UTR,其编码629个氨基酸的蛋白质,预测该蛋白相对分子量为69.5 k,等电点为5.10,为酸性蛋白,包含α-螺旋34.82%、延伸链9.38%、β-转角2.86%和不规则卷曲52.94%。*IbbHLH2*基因cDNA序列全长2 280 bp,包含了长度为2 025 bp的编码框,5′-UTR长为108 bp,3′-UTR长为147 bp。*IbbHLH2*基因编码674个氨基酸的蛋白质,预测结果显示该蛋白相对分子量为75.1 k,等电点为5.07,为酸性蛋白,包含α-螺旋45.40%、延伸链10.83%、β-转角4.60%和不规则卷曲39.17%。氨基酸序列多重比对表明,虽然IbbHLH1和IbbHLH2分别聚为不同支,但它们在靠近N端的一部分和HLH结构域部分相似性较高。三级结构预测两个蛋白只有在HLH结构域部位建模成功,预测结构中IbbHLH1和IbbHLH2均由两个α-螺旋和中间连接的不规则卷曲组成,与DNA结合的活性部位位于蛋白的N端。采用荧光定量PCR对IbbHLH1和IbbHLH2在"渝紫263"组织中表达谱分析结果表明,IbbHLH1在须根中表达量最高,其次是叶柄、幼茎尖和茎间、块根、0.5块根、茎节、叶和外周皮;而IbbHLH2在0.5块根中表达量很高,在块根和外周皮中表达量也相对较高,其在其他组织中表达量都很低。

WD40类转录因子在多种植物中被鉴定为激活花色素苷转录复合体必不可少的转录因子。本研究通过RACE技术,从"渝紫263"中成功克隆了WD40家族中的两个*WD40*基因,分别命名为*IbWDR1*和*IbWDR2*(GenBank登录号分别为JQ340206和JQ337864)。生物信息学分析表明,*IbWDR1*的cDNA序列全长1 239 bp,包含了长度为1 032 bp的编码框,全长为64 bp的5′-UTR和长为143 bp的3′-UTR。*IbWDR1*编码343个氨基酸的蛋白质,该蛋白相对分子量为

38.09 k，等电点为4.97，为酸性蛋白，包含α-螺旋10.20%、延伸链34.99%、β-转角3.50%和不规则卷曲51.31%。*IbWDR2*的cDNA序列全长为1 299 bp，包含了长度为1 041 bp的编码框，长为136 bp的5′-UTR和长为121 bp的3′-UTR，编码346个氨基酸的蛋白质，相对蛋白分子量为39.09 k，等电点为4.71，为酸性蛋白，包含α-螺旋10.40%、延伸链32.37%、β-转角4.91%和不规则卷曲52.31%。多重比对表明，IbWDR1和IbWDR2在各物种中相对比较保守，特别是蛋白质中间偏后的一部分。三级结构预测结果显示，IbWDR1和IbWDR2均具有一个由7个区域围成环状的结构，并且每个区域都是由4个β-延伸链组成。"渝紫263"组织表达谱分析结果表明，IbWDR1和IbWDR2在各组织中表达量均相对较高，IbWDR1在叶柄、幼茎尖、0.5块根和外周皮中表达量比在茎间、须根、块根、茎节和叶中相对高一些；IbWDR2的表达量在0.5块根、块根和幼茎尖比在其他组织中要高些，在其他组织中的表达量从高到低依次是茎节、须根、叶柄、外周皮、叶和茎间。

本研究采用10 mL 1%的甲酸化甲醇作为提取液，提取"渝紫263"各组织的花色素苷，分别用HPLC和紫外分光光度计对花色素苷进行含量检测，构建"渝紫263"的组织含量谱。含量分析表明，外周皮中的花色素苷含量最高，其次是块根和基部茎，叶和叶柄中花色素苷的含量都较低。

对*IbMYB1*、*IbbHLH1*、*IbbHLH2*、*IbWDR1*和*IbWDR2*基因的克隆和功能分析，有助于在分子水平上更好地了解这三类转录因子在花色素苷生物合成中的作用，为今后调控花色素苷的生物合成提供新的靶点。结合花色素苷的含量谱分析得IbWDR1和IbbHLH2的表达与花色素苷的合成相关性高，可为之后的代谢工程提供指导。

13.7 甘薯腺苷酸激酶基因的克隆分析及载体构建

甘薯是全世界的主要农作物之一，也是重要的淀粉作物。现代生物技术和基因工程技术的发展为获取高淀粉甘薯新品种提供了可能，其前提是对其淀粉代谢途径的深入研究。

腺苷酸激酶（EC.2.7.4.3，Adenylate Kinase，ADK）催化ATP和AMP合成两分子ADP的可逆反应，是调控这三种前体分子在淀粉代谢库和核酸代谢库中分配的关键酶。为研究ADK在甘薯淀粉合成中的作用以及为甘薯淀粉代谢工程提供候选基因，曾令江等（2007）采用RACE技术从自有淀粉专用型甘薯新品种"渝苏303"（国审薯2002006）中克隆了*ADK*基因（GenBank登录号：EF562533，*IbADK*），并对该基因及其所编码的ADK蛋白进行了详尽的生物信息学分析和组织表达谱分析。获得结果如下：根据已知腺苷酸激酶基因的保守序列设计引物，扩增获得592 bp的核心片段；BLAST分析表明，该片段与其他植物 *ADK* 同源，初步确定为甘薯的 *ADK* 基因核心片段；根据该序列设计用于 3′-RACE 和 5′-RACE 的基因特异性引物，扩增获得 548 bp 的 3′末端和 314 bp 的 5′末端；将核心片段、3′末端和 5′末端序列进行拼接，获得甘薯 *ADK* 基因全长序列信息而设计引物扩增获得其物理全长。*IbADK* 全长 1 314 bp，其编码区长度为 855 bp，编码长度为 284 个氨基酸残基的 ADK 蛋白；生物信息学预测 IbADK 相对分子量为 30.86 k，等电点为 6.46；BLAST 分析显示，IbADK 与马铃薯 ADK 序列相似性达到 83%；亚细胞定位预测 IbADK 的 N 端有一段长度为 22 个氨基酸残基的质体转运肽，表明该蛋白定位于质体，这与淀粉合成定位于质体相一致；将 IbADK 与植物 ADKs 构建分子发育树，发现马铃薯 ADK 蛋白与 IbADK 聚为一类，表明两者在进化上比较接近，这与 BLAST 结果相符；对 IbADK 进行二级结构预测，发现其中包含 26.06% 的 α-螺旋、23.59% 的片层和 50.35% 的随机卷曲；进一步对 IbADK 进行三维结构建模，表明该蛋白能够正常折叠形成典型的 ADK 蛋白三维结构，并在其三维结构中发现了 AMP 结合位点和 ATP-AMP（Ap5A）结合位点；利用半定量 RT-PCR 技术对 IbADK 进行组织表达谱分析表明，该基因在块根和幼叶中表达量最高，在成熟叶片和茎中表达量次之，在叶柄中则检测不到 IbADK 的表达。

已有研究表明，淀粉合成定位于两种质体，即叶片中的叶绿体和块根中的淀粉体。因此，在甘薯块根和幼叶中 IbADK 的高表达，有利于促进这两种代谢活跃的组织中 ATP、AMP 和 ADP 分子的代谢，进而调节淀粉代谢和核苷酸代谢。对 *IbADK* 的克隆分析和性质研究，有助于在分子遗传学水平上了解 *IbADK* 的功能，并且对于研究甘薯淀粉合成的分子机理有一定帮助。

前人的研究表明，适当下调 ADK 表达量，可以促使腺苷酸代谢库向淀粉合成的方向流动。本研究设计一对带酶切位点的引物，克隆 *IbADK* 的编码区，反向插入植物表达载体 PHB 中，构建 *IbADK* 反义表达载体 PhB-aIbADK，同时构建正义表达载体 pHB-IbADK 作为对照，将 pHB-aIbADK 和 pHB-IbADK 分别导入根癌农杆菌 LBA4404 和"解除武装"的 C58C1，获得农杆菌工程菌。构建的反义表达工程菌不但可用于在分子遗传学水平探讨 *ADK* 在甘薯淀粉生物合成中的作用机理，而且可进一步用于遗传转化，获得低 *ADK* 表达的转基因甘薯，为实现甘薯淀粉代谢工程，以及最终获得转基因修饰的高淀粉甘薯新材料或新品种奠定基础。

13.8 紫薯甜菜碱醛脱氢酶基因 *BADH* 的克隆及功能分析

紫色甘薯作为甘薯的一个新品种,不仅具有丰富的营养,还富含花色素苷,除了颜色吸引消费者外,还具有独特的营养价值和保健功能,但紫色甘薯较一般薯块小,单位面积产量相对低一些,通过改良紫色甘薯品质,提高紫色甘薯抗胁迫的能力,有助于提高紫色甘薯的相对产量。在全球变暖的大背景下,土壤盐渍化和极端温度等环境条件已经成为严重的农业和生态问题。利用基因工程手段改良作物耐受环境非生物胁迫的品质,特别是耐盐、耐旱和极端温度的品质是目前科学家们研究的热点和主要突破口。目前耐盐胁迫主要从盐离子区隔化,大量积累渗透调节小分子物质和提高胁迫响应基因表达几方面入手。在遗传改良作物耐胁迫特性研究中,相溶性小分子物质的作用越来越受到研究者的重视。这些小分子物质作为一种渗透保护剂,在植物体内能够大量积累且对植物基本无毒害,而且能够从多方面保护植物,使得它们成为目前理想的遗传改良靶点。甜菜碱类小分子物质是典型的副作用小且耐盐和低温等多种非生物胁迫的一类物质,此类物质靶点单一,合成途径的限制酶少,因此能节约成本和减少遗传改良研究时间,相比改良其他代谢途径的基因,可行性大大增加。甜菜碱醛脱氢酶作为甜菜碱这种渗透保护剂合成的关键催化酶曾被广泛关注和研究,大量表达的甜菜碱醛脱氢酶基因在多数植物中能够提高甘氨酸甜菜碱的积累量,使得经过遗传改造的植物能够更好地适应环境胁迫的压力,在胁迫下的生长状况显著优于未经改良的野生型植物。

林智等(2014)通过对紫色甘薯甜菜碱醛脱氢酶的克隆和生物信息学分析,得到一个CDS为1 505 bp的基因序列,共编码505个氨基酸,保守结构域具有典型的醛脱氢酶功能域和与辅酶NAD相结合的区域。通过序列多重比对分析和构建进化树分析发现,该基因与宁夏枸杞的同源性最高。通过构建基于该基因的原核表达载体,诱导蛋白并进行蛋白的纯化和酶活测定,确定该蛋白在体外具有醛脱氢酶的催化功能。将该基因CDS序列与GFP绿色荧光蛋白载体连接共转化烟草原生质体,通过激光共聚焦显微镜观察发现,该蛋白定位于叶绿体,与之前通过生物信息学方法预测的亚细胞定位结果一致。而CMO(甘氨酸甜菜碱合成另一个关键酶)基因表达的蛋白位于叶绿体内,这就使得调控IbBADH催化底物甜菜碱醛脱氢生成甜菜碱更为可行。最后通过对田间实生甘薯和水培甘薯生根幼苗的荧光定量分析进一步说明,甜菜碱醛脱氢酶基因的表达与光合作用有着密切的关系,本实验通过对甜菜碱醛脱氢酶功能的初步研究可以证明,本实验所克隆的紫薯甜菜碱醛脱氢酶基因IbBADH是一个能够催化甜菜碱醛脱氢生成甜菜碱的功能酶基因,该基因表达的蛋白定位于叶绿体,且对盐胁迫有明显响应。以上结果为今后通过转基因手段提高植株耐受胁迫的遗传品质改良实验打下理论基础,具有重要意义。

第五篇
甘薯应用

第十四章 甘薯良种繁育

14.1 甘薯良种繁育概述

14.1.1 甘薯良种繁育的概念及其概况

甘薯良种繁育是其种子工作中的重要环节,它的主要工作内容有两个方面:一是繁殖现有优良品种以及新品种的种子,以迅速扩大栽培面积,更换生产上表现不良的原有品种;二是用选择、杂交、改变环境条件等方法,使现有品种不混杂退化,并不断提高其特性,即进行品种复壮,以复壮种子供生产上使用。

1949年以来,我国甘薯生产随着品种的更新,单位面积产量不断提高,以四川省和重庆市为例,20世纪50年代到70年代的20年中,甘薯单产增长了1.3倍。究其原因,在经历甘薯品种的演变过程中,除采用先进的栽培技术外,优良品种的推广也起到了很大作用。同时,这也反映出甘薯良种退化很快,品种更新频繁。因此,做好甘薯的良种繁育工作,对进一步发展甘薯生产具有十分重大的意义。

我国的甘薯良种保纯、提纯研究工作始于20世纪50年代,这一工作开展后增产效果显著。之后,在开展病毒病危害研究的基础上,对病毒病进行了茎尖脱毒试验。结果证明,茎尖分生组织离体培养对保持良种原有的优良特性具有明显的作用。

14.1.2 甘薯良种繁育的特点

在甘薯良种繁育上,除防止病害引起的退化外,还应根据甘薯繁育中采用营养器官繁殖、没有休眠期、薯块含水量高和薯块不耐贮藏等特点,有效地利用其繁殖方式以加速繁育进程,并根据种薯的特性,在运输和贮藏中采取相应的措施,以期获得良好的效果。

14.2 甘薯种性退化现象及防止措施

14.2.1 甘薯良种退化的原因

甘薯良种退化是指在生产上产量降低、品质变劣、适应性减退。主要表现为藤蔓变细、节间变长、结薯小且少、薯形细长、肉色变淡而纤维增多、食味不佳、干物质含量降低、水分增多、生长势变弱、容易感染病害等。

品种退化的原因归纳起来有两点:一是品种混杂,包括生物学混杂和机械混杂;二是病毒感染。

14.2.1.1 生物学混杂

生物学混杂也称无性变异,是甘薯品种混杂退化的内因。生产上运用的甘薯品种,多数为有性杂种一代,或芽变选优的无性系,遗传上是杂合体,异质性很强,虽然采用无性繁殖,也常因环境条件的改变而发生变异。从一个芽原基产生的变异称芽变,从一部分组织发生的变异称为区分变异。在芽变中,凡是符合人们需要的芽变体称为良变体,凡是不符合生产要求的芽变体则被称为劣变体。劣变体如果不及时淘汰,长期混杂在原有品种当中,数量由少到多,原来品种的纯度则不能保持。例如甘薯品种的蔓变细、变长常与产量降低有关系。可是在生产上,往往为了争取早栽和多剪苗,无意中选中剪下来的那些混杂在苗床上的长蔓变异植株进行繁殖或将其栽插于大田,就会导致这种退化类型越来越多。原来的"胜利百号"薯蔓变得细而长,产量降低就是很现实的例证。这就说明,任何品种都有可能出现劣变,如果置之不理,不进行选择和淘汰,时间一长就不能保持原来优良品种的种性。劣变体混杂在良种内繁殖滋生,必然会降低甘薯良种的应用价值引起品种退化。在生产上,自然和人为的双重作用会加速良种退化的速度。

14.2.1.2 机械混杂

机械混杂是甘薯品种混杂退化的外因。甘薯在育苗、剪苗、栽插、收获、运输和贮藏等操作过程中,由于不注意选种留种或工作上的疏忽,在育苗时混播品种,栽插时混栽薯苗,或在补栽时混栽,最后混收混藏,导致甘薯品种混杂退化。也有因为不了解品种特征特性,在引种时混入其他品种,尤其是在盲目大量调运时,既无健全的良种基地,又无严格的检查制度,这些操作均会导致甘薯品种混杂退化。有时为了满足数量上的需要,往往将杂种充当良种,从而人为地造成品种混杂。品种混杂后,各个品种的性状不同,对外界环境和栽培条件的要求也各不相同。混栽后相互干扰,相互竞争,良种的性能无法发挥,以致生长不良,产量降低。甘薯品种混杂在生产上是很严重的,据1973年在四川省的调查,发现在一定的栽培面积上就有"南瑞苕""红旗4号""红皮早""59-811""农大红""湘农黄皮"等多个品种,一块地内有2~3个品种者更为普遍。品种机械混杂后若不及时去杂选纯,混杂程度就会逐年加重,尤其是混入了产量低、品质差、不符合生产要求而又适应性较强的品种,会导致良种的优良性状不能充分地表现,一方面性状变劣,甚至抗病性减弱,病害严重,另一方面适应性减退,发育不良,很快就会发生严重的混杂退化现象。

14.2.1.3 病毒感染

甘薯同其他无性繁殖作物一样,都具有易受病毒侵染而导致营养体退化的特点。病毒侵入植物体后,随着时间的推移,病原体在寄主体内增殖扩散。一方面提高病毒粒子浓度,扩大侵染范围,从而降低寄主的光合生产能力,减少了有机营养物质的制造和积累;另一方面又通过传播媒介昆虫,特别是蚜虫,侵染健康植株,使带病群体不断扩大,不良植株增多,致使性状变劣,以致产量降低、品质变劣而使品质发生退化。根据国内外研究报道,已发现十多种甘薯病毒病,我国常见的为皱缩花叶病。感病植株在苗床及大田生长初期,叶面皱卷、凹凸不平,植株生长不良。随着气温的升高,叶面病征隐蔽,但所产生的种薯育苗仍然发病。病毒病的种类不同,对甘薯的危害也各不相同。据1984年南充师范学院生物系甘薯病毒病研究小组与南充地区农科所合作调查的结果,发现有21种病毒病危害着不同的甘薯品种。

甘薯良种退化是多方面的,也较为复杂,应根据具体情况加以分析。无性繁殖作物采用不适当的繁殖方式,或用不良营养器官繁殖也会使其种性变劣,降低品种的适应性而引起良种退化。例如,甘薯品种"南瑞苕"在长期进行无性繁殖的生产运用中,没有按藤蔓和薯块的原有性状选留无病种薯和选苗栽插,或以老蔓、长蔓繁殖,以致苗藤、薯形变长,薯皮变厚,糖分降低,淀粉含量减少,纤维增多,而且抵抗黑斑病的能力减弱,降低了产量和品质。又如,"胜利百号"品种原为短蔓型,由于不良芽变,导致出现了长蔓的不良个体。长蔓类型出苗虽多,但丰产性差,水分含量高,淀粉含量低,因而不耐贮藏。如将这类长蔓薯苗栽插留种,则长蔓类型不断增多,就会使其产量下降,品质变劣且迅速地发生混杂退化。

14.2.2 防止甘薯品种种性退化的措施

14.2.2.1 防杂保纯

甘薯良种退化的现象是多种多样的,造成的原因也很复杂,因而防止良种退化的措施也应从多方面着手,涉及良种繁育的各个环节。为了防止甘薯品种的混杂、变劣和病毒感染引起的退化,保持良种种性,延长其使用年限,必须进行提纯选优工作。在各级大田繁殖良种时,均应根据良种的特征、特性,不断地去杂、去劣、去病,坚决淘汰退化类型。采用选苗、选株、选薯、分别贮藏、单独育苗的系统措施,以达到去杂留纯的目的。在硬件上必须建立留种地和专用种薯贮藏库。

1.建立无病留种地

甘薯留种地是良种繁育的基础,要求既要繁殖更多的良种种薯,又要保持其优良特性,还要考虑切断病虫害传播的途径。所以,甘薯留种地的选择和采取的栽培措施都要符合良种繁育的要求。一般选择地势较高、土质疏松、土层较厚且2～3年未种过甘薯的土地作留种地,其面积一般为次年生产面积的1/20。为了提高留种地繁种产量,应采取先进的栽培措施:在苗床阶段要注意培育壮苗;挑选具有该良种典型性状、粗壮节密的壮苗,以45 000株/hm²左右的密度为宜,尽量做到适时早栽;留种地除选用较肥沃的土壤外,还要适当增施肥料,以堆渣肥或堆肥15 000 kg/hm²左右作底肥,再看苗追肥;注意抗旱排涝。认真贯彻防止病虫害的措施,要做到"四净""两浸""一防"。"四净"指地净、肥净、水净和苗净,"两浸"是育苗前浸种,剪苗栽插前浸苗,"一防"是严格防治地下害虫。

2.严格做好"三去一选"工作

"三去一选"即去杂、去劣、去病,选留良种。去杂工作在育苗期进行,必须根据品种特征去除混杂品种。如不注意苗床选纯,必然会带来大田品种混杂,进而引起减产。去劣工作即在栽插时淘汰薯蔓变细、节间增长的退化苗,在收获时淘汰那些结薯较小且少、薯形变得细长、肉色显著变淡的单株。去病工作即在苗床阶段注意淘汰感染病毒病的病苗和病薯(气温升高,病征隐蔽,不易识别,最好于发现时及时淘汰),收获时注意淘汰感染黑斑病的薯块。在"三去"的基础上选优留种,选留生产力和其他经济性状表现较优的单株作为下年留种地的种薯,其余的作为一般良种供大面积生产应用。

3.适时收获,安全收贮

甘薯种薯的收获适宜期应根据当地的气温来决定,当气温下降到15℃左右时即可开始收获,下降到10℃前时结束收获。收挖种薯要细心,做到轻挖、轻装、轻运、轻入窖,尽可能减少破伤,以免传染病害。收获时要严格选薯,应将不同品种的杂薯,挖断、碰伤、带病、受冻、受渍以及有虫孔或伤皮严重的薯块剔除,以保证良种的纯度和质量。

甘薯薯块组织脆嫩,易受损伤引起病菌侵染而导致腐烂。甘薯喜温怕冷,贮藏温度低于9℃,易发生冷害。整个贮藏期间,窖温应保持在10~15℃,相对湿度应保持在80%~90%。如果不注意甘薯良种种薯的贮藏工作,用于良种繁育的种薯将毁于一旦。关于种薯安全贮藏的详细方法,将在本书第16章述及。

14.2.2.2 茎尖脱毒

1. 茎尖脱毒的增产效果

甘薯茎尖脱毒就是根据病毒病原物在植物体内分布不均匀、往往在茎尖分生组织不存在或分布少的特点,在解剖显微镜下剥取0.1~0.3 mm茎尖生长锥,进行组织培养并诱导成苗,对通过检测证实不带毒的组培株系加速扩繁,生产原原种,实现恢复良种原有种性的方法。

1982年,四川省农科院作物所对"胜利百号"品种进行脱毒对比试验,结果表明,同一品种的脱毒苗作栽插苗比对照带毒苗作栽插苗的结薯数多36.4%,薯重高41.7%,干率高11.3%。1982—1983年,湖南省农科院作物所进行甘薯脱毒试验,结果表明,在盆栽情况下,"湘薯6号"品种脱毒苗较带毒苗增产43.4%,"湘农黄皮"品种脱毒苗较带毒苗增产14.6%,在大田小区试验中,脱毒苗较带毒苗增产20.3%,较大田苗增产8.3%,均达显著水平。福建龙岩地区农科所针对闽南沿海一带甘薯丛枝病蔓延的现状,利用茎尖脱毒培养成功地除去病原物,重新获得了无病原种。

甘薯在生产上是无性繁殖,往往系统感染一种或数种病原,即使不表现明显症状,亦会引起衰退。据试验,以0.1~0.3 mm的脱毒茎尖通过组织培养诱导成苗,不仅可以消除病毒病原,还可以除去真菌、细菌、线虫等病原体,从而达到重建无病原株及保纯、提纯的目的。

2. 茎尖脱毒的方法

甘薯茎尖脱毒的方法各地在操作上尚不完全一致,主要程序和方法如下。

(1)切取茎尖。从大田直接切取10~15 cm长的茎尖,或选取块根彻底冲洗后播在装有消毒泥沙的生长箱中,32℃下催芽。当块根出芽长30 cm左右时,切取带顶芽或侧芽的茎段10~15 cm备用。

(2)茎尖消毒。先用自来水把茎尖冲洗干净,然后用70%的酒精浸泡2 min,再用5%的次氯酸钙滤液(或加土温20数滴)浸泡20 min,最后再用蒸馏水冲洗3次。

(3)培养基。甘薯茎尖分生组织的培养基一般采用MS培养基的基本配方,但在添加剂上会做不同调整。MS培养基的配方如表14-1所示。据四川省农科院作物所试验,在MS培养基全量的基础上添加剂调整为加吲哚乙酸0.5 mg/L和6-苄基嘌呤2 mg/L的存活率高达81.7%,优于同比率高浓度的处理。此外,据湖南省农科院作物所试验,添加6-苄基嘌呤0.5 mg/L和吲哚乙酸0.1 mg/L,再添加赤霉素1 mg/L的比例适合甘薯茎尖培养;添加6-苄基嘌呤0.1～0.3 mg/L和吲哚乙酸0.1 mg/L适合发根培养。同时证明浓度不能过大,否则茎尖分生组织生长过旺,大量形成愈伤组织,影响芽的分化。

表14-1 MS培养基配方(杨鸿祖等,1990)

大量元素/(mg/L)	NH_4NO_3	1 650
	KNO_3	1 900
	$CaCl_2 \cdot 2H_2O$	440
	$MgSO_4 \cdot 7H_2O$	370
	KH_2PO_4	170
微量元素/(mg/L)	KI	0.83
	H_3BO_3	6.2
	$MnSO_4 \cdot 4H_2O$	22.3
	$ZnSO_4 \cdot 7H_2O$	8.6
	$Na_2MoO_4 \cdot 2H_2O$	0.25
	$CuSO_4 \cdot 5H_2O$	0.025
	$CoCl_2 \cdot 6H_2O$	0.025
	$FeSO_4 \cdot 7H_2O$	27.3
	Na_2EDTA	37.3
添加剂/(mg/L)	肌醇	100
	烟酸	0.5
	维生素B_6	0.5
	维生素B_1	0.1
	甘氨酸	2.0
	吲哚乙酸	1～30
	激动素	0.04～10.00
其他	蔗糖/g	30
	琼脂/g	7～8
	pH	5.7

茎尖发芽生根后仍用MS培养基全量进行单节繁殖和增代培养。

（4）培养条件。经过消毒的茎尖在超净工作台上的解剖镜下剥离,并切取0.3 mm左右接种在培养基上。茎尖越大,越易成活,但脱毒效果越差;反之成活困难,脱毒效果好。接种后培养室的温度一般控制在30 ℃左右,也可采取白天29 ℃,晚上24 ℃变温培养。光照强度为前半月1 000 ~ 2 000 lx,后半月3 000 ~ 5 000 lx。光周期为10 ~ 16 h,一般为12 h。培养室的相对湿度应为50% ~ 85%。茎尖苗可以在试管内连续进行无菌培养繁殖,待自然温度适合甘薯生长后,将试管移出室外,揭开瓶塞进行炼苗。然后移入消毒营养土中栽植,避免日光直晒。幼苗用纱布覆盖,以保持较高湿度和防止传毒媒介,之后再移入网室继续繁殖,并移栽产生无毒种薯。

（5）脱毒苗的检验。脱毒苗较带毒苗有不同程度的增产,但尚不能以此确认其为无毒苗。一般以巴西牵牛(*Ipomoea setosa*)、裂叶牵牛(*Ipomoea nil*)作为指示植物进行测定。据国际热带农业研究所的经验,将3 ~ 5 cm高的试管苗移至颗粒泥炭中,保持在湿度较高的玻璃箱内炼苗1周,然后栽入口径为15 cm装有消毒土壤的小钵中,移入防虫隔离室。1 ~ 2个月后,将其嫁接于隔离生长的巴西牵牛实生苗上,观察砧木的症状发展。当接穗带毒时,砧木在嫁接后12 ~ 21 d内表现出叶脉褪绿、条斑、皱缩等不同症状,生长发育受阻。将砧木无症状的甘薯茎尖继续与巴西牵牛嫁接,连续3次均未表现症状的,用电子显微镜检查有无病毒粒子,如仍表现无毒,即可在培养基上进行单节繁殖。这种无病毒的甘薯苗既可作为良种繁育的原原种,又可作为国际交换的种质资源。

3.脱毒种源防蚜保种

甘薯退化主要是由于感染病毒,而多种病毒又主要是由蚜虫传播,所以要防止病毒的传播和发展,必须防蚜保种。据四川省科学院作物所薯作室调查,4月上旬蚜虫迁飞数开始增加,至5月上旬迁飞数达到高峰期,每100 cm²黄色诱蚜器皿内,每日平均有蚜虫104.1头。此时正值甘薯苗床期,所以甘薯育苗期应及早采取隔离或消除传播媒介的措施。

原原种是良种繁殖的种源,一般由育种单位生产。经过茎尖脱毒的无毒薯,除采取网室隔离育苗繁殖外,还应避开当地蚜虫迁飞高峰期进行大田栽插。栽插时,每公顷可放呋喃丹75 kg防蚜,并且每周定期喷氧化乐果3 000倍液1次,以消灭蚜虫,直至收获。与此同时,除继续试管转代外,可将网室内产生的原原种种源和大田生产的原原种种薯分区轮流供给各地甘薯原种场。

原种一般由专门的机构或企业进行生产,原种苗床与生产苗床应加隔离。当薯块萌芽出土后,每3d检查1次,如发现病株,应在拔除病株以前对病株及附近的植株喷速效杀蚜剂,以防在拔除病株时震落蚜虫,从而继续传毒。其他生产苗床也应经常检查,及时消除病源,防治蚜虫。

14.2.2.3 原种生产技术

原种生产是利用育种单位提供的原原种加以繁殖,或利用脱毒的原原种进行繁殖,也可以采取单株选择、分系比较、混系繁殖的方法生产原种。

1.单株选择

甘薯优良单株主要在原种圃选择。尚未建立原种圃的可以在无病留种地或纯度高的大田内选择。田间单株选择方法是在植株团棵至封垄前,根据地上部的特征,通过田间目测比较进行初选,并给入选单株插上标记。建立1亩左右的株行圃,可初选200~300株,收获时再根据原品种结薯的特征和特性,选留50%左右。选留的单株应分株贮藏,出窖时再严格选择一次,剔除带病或贮藏不良的单株。

2.分系比较

分系比较即株行圃比较。将上年入选的单株薯块按株分别育苗,各株的薯块要隔离开,苗期如果发现杂株或病株应立即将单株的薯苗和薯块全部拔除。为了保证株行圃薯苗质量一致,必须建立采苗圃,并通过幼苗期打顶等措施,以促进分枝,培育出足够的蔓头苗。

选择土壤肥力均匀的试验地起垄,单行栽插株行圃。每个株行栽插30株带尖的蔓头苗。间比法排列,每隔9个株系设立1个对照。对照种为纯度高的大田用品种,育苗条件应与供试株行相同。

株行圃分别于封垄前和收获期进行评比鉴定,封垄前鉴定地上部特征、植株长势和整齐度。如发现病株、杂株、生长不整齐以及不符合原品种特征、特性的株行,应立即淘汰。收获前挖取有代表性的薯块分别统计产量和测定烘干率。收获时每株行要分别计算薯块的鲜产和干产。凡鲜薯产量和薯干产量不低于对照的株行即可入选。最后将入选的株行混合,单独贮藏,下年进入原种圃。

3.混系繁殖

混系繁殖即原种圃繁殖。将上年当选株行的种薯育苗,并设采苗圃育苗,适时栽插。在苗期、封垄前以及收获期,根据原品种地上部、地下部的特征、特性去杂去劣,拔除病株,混合留种、贮藏。

此外,在株行圃或原种圃内如果发现特殊变异的变异株,不能混入原种,应单独保存作为育种材料。

14.3 加速甘薯良种繁殖的方法

任何优良品种在长期的生产应用当中都不是一成不变的,甘薯也不例外。因为甘薯的遗传基础很复杂,在长期无性繁殖的过程中容易发生芽变,而芽变既有良变又有劣变。通过观察比较,选择良变体,将其培育成新品种供生产应用,去除那些会导致产量下降、品种变劣的劣变体。此外,甘薯生产要经过育苗、大田生产和贮藏3个过程,任何一个过程都容易发生人为的混杂或病虫害传播。不同品种混杂育苗、栽插、贮藏,相互间竞争生长,传染病虫害,均会影响产量。在生产实践中,也容易看到一块地里杂混着一些产量不高或长势不好的品种;抗逆性强的品种混杂着抗逆性差的品种。因此,甘薯的良种繁育有两个任务:第一,要加快繁殖速度,扩大种植面积,使良种尽快投入生产,发挥增产潜力,取得更大的经济效益;第二,要保持良种的优良种性,提高品种纯度,防止退化,尽量延长良种的使用寿命。

一般认为甘薯单株结薯数少,单位面积栽种的株数也不多,加上育苗、贮藏前的选别,以及收获运输过程中的机械损伤,故其在生产上的繁殖系数很低,不能和种子作物相比。但如果我们把甘薯无性繁殖和再生力强的特点充分利用起来,完全可以大大提高甘薯繁殖系数,把它从二三十倍提高到几千倍甚至几万倍的水平。过去各地在推广"52-45""徐薯18"等良种的过程中,创造了不少高倍繁殖的成功实例。山东省泰安地区于1975年引进"徐薯18"2个薯块,积极加速繁殖,不到4年的时间,推广面积就达到 $6.7 \times 10^4 \, hm^2$;江苏省铜山县1976年推广"徐薯18",只用100株苗,采用"4级育苗、5级到田"(以苗繁苗、多级育苗)的办法,3年时间在本县推广到 $2.5 \times 10^4 \, hm^2$,实现了甘薯良种化;其他地区也有不少类似经验。甘薯加速繁殖的方法主要有以下几种。

14.3.1 加温育苗(多级育苗)法

在冬季或早春,创造育苗所需要的温、湿度条件,争取时间促使薯块早发芽、多出苗的方法是综合利用各种加温育苗的多级育苗法。一般利用火炕、温床、电热温床、双层塑料薄膜覆盖温床或简易温室、塑料大棚等及早排种,加强管理,促苗早发快长。薯苗长到 $12 \sim 18 \, cm$ 时剪苗,栽到另外的火炕或温床里培养成苗,再把先后两级苗床的苗剪栽在盖薄膜的冷床(畦)、大棚或采苗圃里繁殖。同时,各级苗床继续加强肥水管理,使苗一茬茬、一批批不断被剪栽到采苗圃里,最后栽至大田。这就是以火炕、温床为主体,以种薯育苗,以苗繁苗的多级加速繁殖法。

14.3.2 单、双叶节繁殖法

该方法是把育成的有7~8个节的成苗截成1叶1节或2叶2节的短苗栽插进行繁殖。这种繁殖法又分为两种:一种是把采苗圃里培养的壮苗,截为几段,直接栽到留种地里;另一种是在苗床育苗期,在采苗圃里采用单、双叶节繁殖,长成后再剪栽在大田里。剪苗时若用单叶节,每节上端要留短些,一般不超过0.5 cm,下端留长些。上午剪苗下午栽插,栽后浇足窝水,第二天早晨再浇一次,盖上一层薄土,之后加强田间管理,促使幼芽出土。这种方法由于薯苗入土节数少,管理要细致,浇水施肥应及时。

14.3.3 切块育苗繁殖法

该方法是把整块薯切成数段,促使原来处于中下部的芽原基萌发,增加出苗量,能比整块薯的出苗量增加20%左右。为了防止切口腐烂,应进行药剂消毒或高温愈合处理后再排种育苗。

14.3.4 大株压蔓法

该方法是利用堆栽法扩大营养面积,每堆种1块薯或3~4株苗,加强肥水管理,结合分期分段压蔓。这样不仅可以增加单株的结薯数和薯块产量,还能在茎叶生长盛期不断剪取大量藤蔓进行繁殖,从而达到高倍繁殖的目的。

14.3.5 延长栽插期,多次栽插法

该方法是有计划地留出足够面积的留种地,充分利用苗床、各级苗圃及春薯地里的苗、蔓,连续剪栽,延长栽插期直到8月上中旬(在我国闽、粤和海南地区栽插期还可延长),能收到大量符合种用的薯块。

14.3.6 微型薯种繁殖在生产上的利用

近年来,浙江省农科院的科技人员研发出微型薯在生产上的利用,大田生产用种量仅仅为 75 kg/hm²,大大减少了用种量。这不仅节约了种薯的使用量,而且实现了工厂化生产微型种薯。具体做法是在温室或塑料大棚内用蛭石作基质,通过采取加大种植密度、及时采收薯块等措施生产 50~100 g 的微型薯种。必要时将繁殖的微型种薯进行消毒、包装、贮藏或直接投入生产使用。

14.3.7 甘薯种苗纸册繁殖法

近年来,浙江省农科院的科技人员把用于繁殖蔬菜、经济苗木种子的市售纸册用来繁殖甘薯种苗,解决了甘薯常规大田栽插方法薯苗不易成活和苗等天、苗等地的难题,特别适宜甘薯种苗规模化市场销售。具体做法是将从市场上购回的纸册在操作台上拉开,使其孔张圆,在每个纸册孔内装满营养土,将长度为 15 cm 左右的栽插苗插于纸册孔内并用营养土压严实,浇透定根水,通过加盖塑料薄膜等保温、保湿,以确保薯苗成活。待检查到纸册孔内的栽插苗发根 2~5 cm 长时即可移栽于大田或进行市场销售。

14.3.8 甘薯薯蔓无土漂浮育苗繁殖法

李明福等借鉴烟草漂浮育苗技术建立了甘薯藤蔓漂浮育苗技术,这是一项利用育苗盘、人造基质、营养液及配套保温设施培育甘薯壮苗的快速育苗新技术,集中体现了无土育苗、保护地育苗和现代设施农业育苗的先进性。与传统育苗方式相比,这种育苗方式具有省工省时、操作方便、缩短育苗时间、确保甘薯薯苗充足整齐、健壮适龄、杜绝病虫害等优点,移栽大田后能够早生快发,是较理想的育苗方法。它的原理是以人工创建洁净的根际环境和小气候环境来代替自然的土壤和气候条件,用人造基质代替土壤固着甘薯茎蔓根系,并由营养池液通过基质毛细管作用,把养分上渗到基质,全面提供养分供甘薯茎节根系生长,从而使整个甘薯藤蔓育苗脱离土壤,隔离了外界病虫害入侵,极大限度地摆脱了外界自然条件的诸多不利因素,有利于培育健壮的薯苗。

薯蔓漂浮育苗的技术要点有:将甘薯茎蔓用剪刀以两个节位为单位剪成小段;再把剪成小段的薯蔓直接插在装有基质的漂浮盘(聚乙烯泡沫塑料制成的育苗盘)穴孔中,保证一节埋入基质中,一节露在空气中;最后把扦插后的漂浮盘放入装有营养液的育苗池中。育苗期间,注意揭、盖薄膜等管理,满足培育壮苗的温、光、肥条件,实现多产苗、产壮苗。

14.3.9 蔓尖越冬繁殖法

该方法是利用甘薯蔓尖再生力强的潜力,在较温暖地区,采取保温、加温措施,使薯苗安全越冬的育苗繁殖方法。20世纪70年代,川、渝等地在缺种薯的情况下,曾经推广过此法。其要点是注意建好保温苗床,选好健壮蔓头苗(长度20 cm左右),在霜降到立冬节气期间适期栽插,采取直插或斜插密植。栽插后覆盖塑料薄膜,促使每株扎根10条以上,待长出2~3片新叶,揭膜炼苗,晒床散湿,控苗徒长,促苗健壮,打好越冬基础。大雪到冬至节气这段时间要注意保温,床内最低温度不宜低于10℃,必要时可用两层塑料薄膜覆盖并加盖草帘。越冬期间,晴天揭帘透光4~6 h,阴雨天揭帘时间可在1~2 h,并在晴天短时间揭膜通气排湿。立春节气以后及时追肥催苗,移栽入二级苗床前要炼苗4~5 d,再剪蔓栽植。选剪蔓尖后仍需加强管理,如此不断剪苗,以苗繁苗。蔓尖越冬繁殖的优点:一是节约种薯;二是易于获得壮苗进行早栽;三是加快新品种的繁殖速度;四是有利于防止病害。但蔓尖越冬繁殖应用于生产也有其局限性,特别是越冬期长达3个月的地区,即使2~3 d的短期低温,也会成片死苗,而且管理费工,生产成本高。故本方法只宜在冬季较温暖的地方作为加速繁育新品种的措施之一应用。

14.3.10 甘薯异地、异季繁殖法

我国幅员辽阔,全国各地气候条件差异很大。南方,特别是海南岛,日照充足,热量资源丰富。可以在我国北方薯区不能种植甘薯的季节,将需要繁殖的甘薯良种或资源材料拿到南方地区进行异地、异季繁殖,以获得足够的种源。

总之,加速甘薯良种繁殖的方法很多,各地虽有不同,但都是利用甘薯营养器官再生力强的特点,创造适宜的环境条件,争取时间加速繁殖。加速繁殖的方法一般都是综合运用,不采取多种形式就难以达到早出苗、多繁殖的目的。在各种繁殖方法中,应充分发挥采苗圃的作用,因为它是保证薯苗数量和质量的最好措施,高剪苗又是防病的有效方法。

14.4建立甘薯良种繁育体系

14.4.1我国法定甘薯种子管理的演进

我国的种子管理工作经历了几个时期的改变。甘薯种子业和其他作物一样,在20世纪50年代初,主要是通过群众性评选,由各地干部、群众和科技人员共同决选,逐级上报,由农业行政部门号召推广;之后,有些省(直辖市、自治区)农业行政部门和农业科研单位联合组织地区性的区域试验,由有关各方的代表共同评定品种优劣,并确定其适宜的推广地区;20世纪60年代中期以后,山西、黑龙江、山东、江苏、浙江、上海等17个省(直辖市、自治区)先后成立了品种审定委员会,1981年成立了全国农作物品种审定委员会,其余省(直辖市、自治区)的品种审定委员会也相继成立;20世纪90年代以后的品种审定工作是按照1989年国务院颁布的《中华人民共和国种子管理条例》进行的。实行品种审定制度可以加强甘薯的品种管理,有计划、因地制宜地推广良种,加速育种成果的转化、利用;避免盲目引种和不良播种材料的扩散;是实现生产用种良种化,良种布局区域化,合理使用良种的必要措施。

各级品种审定委员会的任务是根据品种区域试验结果和示范、生产的情况,公正而合理地评定新育成的或新引进的品种在农业生产上的应用价值、经济效益,确定是否可以推广及其适应地区和相应的栽培技术,并对其示范、繁殖、推广工作提出建议。

甘薯尽管是无性繁殖作物,但在上述这段时间内,国家给予甘薯种子与水稻、小麦、玉米、棉花等作物一样的管理。2007年,国家颁布了《中华人民共和国种子法》,把我国农业生产上的农作物分为主要农作物和非主要农作物两类。前者仍然沿袭品种审定管理制度,后者从此执行品种鉴定制度。《中华人民共和国种子法》明确把水稻、小麦、玉米、大豆和棉花定为全国主要农作物,还法定各省(直辖市、自治区)根据其生产实际可以自行确定两种作物作为本地的主要农作物。在这期间,福建、山东、四川等省把甘薯列为主要农作物,走品种审定程序,同时对其进行种子管理。2015年,国家对《中华人民共和国种子法》进行了修订,法定甘薯等非主要农作物以品种登记的形式进行管理。

14.4.2建立健全甘薯良种繁育体系

建立合理的良种繁育体制是加速良种推广和防止品种混杂退化的有效保证。我国甘薯良种繁育基础比较薄弱,措施也不同于其他作物,因此尚需根据甘薯良种繁育的特点,建立形成一套正确且切实可行的良种繁育体制。为了发挥良种的增产作用,提高产量,改进品质,在一个省(直辖市、自治区)的甘薯主要产区,应建立原种生产基地生产原原种和原种,并组织生产大田用种的"甘薯原原种—原种—生产种"体系,这样才能实现品种布局区域化,种子生产专业化,加工机械化,质量标准化,有计划地供应良种,促进甘薯生产的发展。

在建立"甘薯原原种—原种—生产种"体系的过程中,因甘薯用种量大,种薯(苗)调运困难,繁育体系必须因地制宜。一般可采取育种单位、引进鉴定单位或脱毒单位(企业)生产原原种,地、县一级生产原种,乡、村一级选择无病土地建立原种繁殖田,生产大田用的种薯。因此,省(直辖市、自治区)或甘薯产区的种子部门,应有计划地组织并落实单位或企业生产原原种和原种,为乡、村繁殖田供种。

在甘薯种薯繁育过程中,针对感染病毒引起种性退化的严重问题,"原原种—原种—生产种"三级种薯生产繁育体系均应重视脱毒复壮技术的应用,特别是对那些使用年限较长的品种。本着保证种薯繁殖的质量,一般以30倍的繁殖系数规划原原种、原种、生产种的面积。在有条件的情况下,提倡生产种只用1年,年复一年运行"原原种—原种-生产种"这三级种薯生产繁殖程序。

14.4.3甘薯种子品质管理

14.4.3.1 种子质量检验和分级

甘薯种子检验是保证种子质量和播种质量的一项技术措施,对保证其良种纯度、质量以及安全贮藏等都有极为重要的意义。

1.检验方法

(1)田间检验是在品种特征、特性表现最明显的时期,检验品种纯度和病虫害。甘薯在育苗期、栽后封垄前和收获前,应根据面积和地形多点挖根取样,调查其特征、特性和病害,以确定品种纯度。

田间检验时,应先划分检验区,一个繁殖区种植一个品种的,可作为一个检验区,若有不同品种的,可划分几个检验区。在每个检验区内选出代表田(土),然后再设点取样。取样方式有梅花式、单对角线、双对角线、棋盘式、大垄(畦)等(图14-1)。

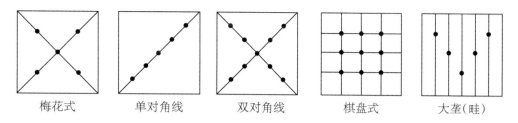

| 梅花式 | 单对角线 | 双对角线 | 棋盘式 | 大垄(畦) |

图14-1 甘薯设点取样方式

取样的样点多少依检验区面积的大小而定,每个样点抽取一定数量的样品,计算其纯度、病虫害感染程度及杂草混杂状况,常以百分率(%)表示。计算公式为:

品种纯度=(本品种株数/供检的总株数)×100%

病(虫)感染=[感染病(虫)株数/供检的总株数]×100%

（2）室内鉴定往往在贮藏期进行,以检验贮藏品质为主,在种薯进(出)贮藏窖(库)时,徒手随机多点取样,调查病虫害率、耐贮性(记载有无发芽、薯皮有无皱软)、新鲜程度、头尾干腐程度等综合提出总评,以强、中、弱表示薯块整齐度(单块重100~250 g的质量占总质量的百分比)和不完整薯率(机械损伤、虫鼠伤和自然开裂,或畸形薯块质量占总质量的百分比)以及品种纯度等。

评定品种纯度是根据田间和贮藏期检验结果综合评定,一般应取纯度的低值。如田间纯度低于贮藏期调查的纯度,就以田间检验的数据为准。

2.种子分级标准

在我国,一般将种子生产程序划分为原原种、原种和良种三个阶段,由原原种(Bacic Seed)产生原种(Priginal Seed),由原种产生良种(Seed of Commercial Variety,生产种)。由育种单位提供的某品种纯度最高、最原始的优良种子,也有叫超级原种的,相当于国外育种用的种子。用原原种直接繁殖出来的,或由正在生产上推广应用的品种经过提纯更新(或脱毒复壮)后,达到国家规定的原种质量的种子,被称为原种,相当于国外的基础种子。原种再繁殖若干代后,符合质量标准,供大田生产用的种子,被称为良种,相当于国外的检定种子或合格种子。但也有将新品种开始生产和推广时的最原始的高质量种子称为原种,把供大田生产用的种子用作生产种的。

一个优良的甘薯品种,其特征、特性应具有高度的一致性,只有这样才能充分地发挥其增产潜力。甘薯种薯质量的分级标准见表14-2。

表14-2 甘薯种薯分级标准

（单位：%）

种薯级别	最低限度		最高限度
	纯度	薯块整齐度	不完善薯块
原种	99.5	85.0	1.0
一级良种	98.0	85.0	3.0
二级良种	96.0	80.0	6.0
三级良种	95.0	75.0	10.0

14.4.3.2 严格执行检疫制度

在甘薯引种中还要特别注意检疫,否则会引起病虫害的传播,造成严重的损失。如四川省20世纪50年代后期引进甘薯品种"胜利百号",由于没有经过检疫,由薯种带进了黑斑病,传播很广。不仅种植"胜利百号"发病减产,贮藏发病损失更大,更加严重的是当地推广品种"南瑞苕"也因高感黑斑病,以致贮藏期发病成灾,损失极大。现在甘薯病害种类极多,且已广为流传。近年来,从国外引进的薯苗薯种,必须查明是否带有多种病毒。为了确保引种安全,必须加强甘薯种薯种苗调运检疫工作,严格执行检疫制度,以免甘薯病虫随种传播。新引进的种薯种苗,必须设立隔离圃分别种植,如发现检疫病虫害,应果断地采取根绝措施,及时销毁。

甘薯良种繁育工作,特别是原原种和原种的生产,必须安排在无检疫对象的土地上种植,以免在病(虫)地生产的种薯再分到非疫区,造成病(虫)害传播的严重后果。

14.5 甘薯蔓尖越冬作种研究

14.5.1 甘薯藤尖越冬苗灰霉病防治研究

西南师范学院生物系(现西南大学生命科学学院)的研究人员于20世纪70年代在西南地区大面积推广甘薯蔓尖越冬苗作种。在这个过程中,他们为解决越冬苗严重死苗的问题,开展了甘薯蔓尖越冬苗灰霉病侵染途径及防治的研究。

14.5.1.1 灰霉菌传染方式

1977年12月至1978年1月在西南师范学院生物系蔓尖越冬苗床内对"农大红"品种的健壮植株进行了两种不同方式的灰霉菌(*Botrytis cinerea*)接种试验。试验结果(表14-3)表明,带有灰霉菌的薯叶接触健叶后,病菌孢子在有一层水膜的条件下,经48~72 h即可出现褐色水渍状病斑,72 h后开始在病斑上出现灰色霉状物,即病菌的分生孢子梗和分生孢子。这种发病的叶片接触健叶后又可引起健叶发病。由此可见,灰霉菌在一定条件下是能够侵染蔓尖越冬苗健叶(或茎)而发生灰霉病的。在这种病害的传播中,接触传染是一种重要的传播方式。这种情况与研究人员在重庆市北碚、合川、巴县(现巴南区,下同)、綦江、璧山等地八个蔓尖越冬繁殖点的实地调查情况相符合。灰霉菌的分生孢子萌发需要一层水膜,在床温较高(14.7 ℃以上)的情况下,薯叶经常保持干燥状态,使用喷雾法接种均未发病,而带有灰霉菌的薯叶与健叶接触处容易形成一层水膜,故创造了分生孢子萌发需要水膜这一条件,从而迅速萌发侵染,导致发病。

表14-3 藤尖越冬苗灰霉菌接种试验结果(谈锋等,1980)

接种方法	处理	接种后的天数及发病情况				
		1 d	2 d	3 d	4 d	12 d
喷雾	对照(喷清水)	-	-	-	-	
	198个孢子/mL	-	-	-	-	
	3 960个孢子/mL	-	-	-	-	-
接触	对照(不带灰霉菌的薯叶接触健叶)	-	-	-	-	
	带灰霉菌的薯叶接触健叶	-	⊕	⊕⊕	⊕⊕⊕※	⊕⊕⊕⊕※

注:1.试验时间为1977年12月29日至1978年1月10日;2.试验苗床床土含水量25%,床内相对湿度93%,日平均温度14.7 ℃;3.接触接种均为中间保持一层水膜;4. - 表示未发病,⊕表示病斑直径在0.5 cm以下,⊕⊕表示0.5 cm≤病斑直径 < 1.0 cm,⊕⊕⊕表示1.0 cm≤病斑直径<2.0 cm,⊕⊕⊕⊕表示病斑直径在2.0 cm及以上,※表示病斑已长出分生孢子梗和分生孢子。

14.5.1.2 藤尖越冬苗灰霉病侵染途径

在接种24~48 h的薯叶的接种部位剪取约1 cm²的小块镜检,能观察分生孢子萌发产生多细胞的芽管,穿透叶片表皮,直接侵入叶肉组织。

灰霉菌菌丝在甘薯叶片组织内的发展:剪取接种后2~3 d初发病薯叶病健交界处的组织1 cm²进行组织整体透明装片镜检,可观察到染病叶片组织内分枝的有隔菌丝在叶肉组织间发展的情形。

以上结果从微观层面证明了灰霉菌是能够侵染蔓尖越冬苗的健叶,从而引起蔓尖越冬苗发病死亡。

在甘薯蔓尖越冬苗繁殖过程中,只要人为控制苗床环境条件,特别是温、湿度,使之不利于病原物的寄生性而有利于寄主植物(越冬苗)的抗病性,甘薯蔓尖越冬苗灰霉病是完全可以得到控制的。以建苗床为基础,着重抓好保温、排湿这两个环节,床内土壤含水量控制在10%~15%,床内湿度小,病菌孢子则不能萌发,平均床温保持在12~14℃,最低不能低于10℃。此外,坚持贯彻透光、培育壮苗等一系列科学管理措施,灰霉病发病率可大大降低,蔓尖越冬苗也就不发病或少发病,从而使蔓尖越冬苗的冬后成活率大大提高。

通过甘薯蔓尖越冬苗进行灰霉菌的接种试验,观察和研究病菌的侵染途径,肯定了接触传染是甘薯蔓尖越冬灰霉病传播的重要方式,从而为该病的防治提供了科学依据和有效措施。这些研究结果已有部分公开发表,李坤培、张启堂等撰写的研究论文"红苕藤尖越冬灰霉病的研究初报"于1977年发表在《重庆科学实验》第4期;谈锋、李坤培、张启堂撰写的研究论文"红苕藤尖越冬苗灰霉病侵染途径的研究"于1978年发表在《重庆科学实验》第4期,撰写的研究论文"甘薯藤尖越冬苗灰霉病(*Botrtis cinerea*)侵染途径的研究报告"发表在《西南师范大学学报》(自然科学版)第1期,其中后者于1984年获重庆市科协优秀学术论文奖;"红苕藤尖越冬苗灰霉病的研究"研究成果于1979年通过重庆市科委组织的成果鉴定,1980年该成果获重庆市科学技术四等奖。

14.5.2 甘薯蔓尖越冬苗作种退化问题研究

西南师范学院生物系的研究人员于1975—1979年开展了甘薯越冬苗作种退化问题的研究。

甘薯蔓尖越冬苗作为种源繁殖栽插苗(以下简称"越冬苗"),以薯块繁育的栽插苗(以下简称"薯块苗")作对照。

14.5.2.1 越冬苗与薯块苗作种的产量比较

1976—1978年通过在重庆市北碚区和巴县的6个试验点对"农大红""南瑞苕"品种进行产量比较试验发现,各个试验点越冬苗栽插苗的鲜薯产量高于薯块苗栽插的鲜薯产量,增产幅度为12.22%~46.15%,详见表14-4。

表14-4 越冬苗与薯块苗鲜薯产量比较

供试品种	试验年份	试验地点	大田生长期/d	越冬苗产量/(kg/hm²)	薯块苗产量/(kg/hm²)	增产率/%
农大红	1976年	重庆市北碚区蔡家公社群力大队	180	12 125.3	10 500.0	15.48
	1977年	重庆市巴县竹林公社二大队	175	11 527.5	9 975.0	15.56
	1978年	重庆市巴县竹林公社农科队	139	7 980.0	5 460.0	46.15
南瑞苕	1977年	重庆市北碚区澄江公社农科队	172	39 547.5	32 062.5	23.35
	1977年	重庆市北碚区礃上公社大力大队	159	37 072.5	30 495.0	21.57
	1978年	重庆市北碚区礃上公社大力大队	168	22 998.8	20 493.8	12.22

注:增产率即越冬苗比薯块苗的增产百分率(下同);重庆市北碚区蔡家公社系重庆市北碚区蔡家社区、重庆市巴县竹林公社二大队系重庆市巴南区天星寺镇雪梨村、重庆市北碚区澄江公社系重庆市北碚区澄江镇、重庆市北碚区礃上公社大力大队系重庆市北碚区龙凤桥镇龙车寺村(下同)。

14.5.2.2越冬苗继代作种栽插苗与薯块苗产量比较

1976—1978年连续3年对越冬苗进行继代作种繁殖,以其作为栽插苗与薯块苗进行产量比较试验,其结果显示,第1~3代越冬苗的鲜薯产量均高于薯块苗的鲜薯产量,增产幅度为14.69%~49.33%,详见表14-5。

表14-5 "农大红"世代越冬苗与薯块苗鲜薯产量比较

试验年份	越冬苗		薯块苗产量/(kg/hm²)	增产率/%
	越冬代数	产量/(kg/hm²)		
1976年	1代	19 488.0	13 050.0	49.33
1977年	2代	22 950.0	17 527.5	30.94
1978年	3代	31 500.0	27 465.0	14.69

14.5.2.3越冬苗与薯块苗作种的薯块品质比较

1976—1978年连续3年对重庆市北碚区和巴县10个试验点的"农大红""南瑞苕"品种取样,按照国家标准分析越冬苗和薯块苗作种栽插的鲜薯块干物质、淀粉、总糖、蛋白质、维生素C等的含量,其结果显示越冬苗各种成分含量均比薯块苗高,详见表14-6、表14-7。说明通过蔓尖越冬繁殖的栽插苗栽插后形成的薯块品质未变劣。

表14-6 1976年越冬苗与薯块苗鲜薯块品质比较

（单位:%）

取样地点	品种	插苗类型	总糖		淀粉		蛋白质		干物质	
			含量	+对照率	含量	+对照率	含量	+对照率	含量	+对照率
西南师范学院校内试验地	农大红	越冬苗	21.30	0.41	18.80	0.92	1.45	0.32	24.20	1.22
		薯块苗	20.89		17.88		1.13		22.98	
重庆市北碚区蔡家公社群力大队试验地	南瑞苕	越冬苗	24.23	0.53	22.50	1.64	1.33	0.28	28.90	2.10
		薯块苗	23.70		20.86		1.05		26.80	
重庆市北碚区礅上公社大力大队试验地	南瑞苕	越冬苗	24.08	1.50	21.84	0.45	1.90	0.27	28.09	0.60
		薯块苗	22.58		21.39		1.63		27.49	

注:对照即薯块苗(下同)。

表14-7 1977—1978年越冬苗与薯块苗鲜薯块品质比较

（单位:%）

取样地点	品种	插苗类型	总糖		淀粉		维生素C		干物质	
			含量	+对照率	含量	+对照率	含量	+对照率	含量	+对照率
西南师范学院校内试验地	农大红	越冬苗	22.03	0.66	20.92	0.73	27.57	0.80	26.90	0.94
		薯块苗	21.37		20.19		26.77		25.96	
重庆市巴县竹林公社二大队农科队试验地	农大红	越冬苗	24.15	0.25	19.24	0.31	23.31	1.96	24.73	0.41
		薯块苗	23.90		18.93		21.35		24.32	
西南师范学院校内试验地	南瑞苕	越冬苗	32.97	1.44	25.71	1.43	33.84	4.13	34.00	1.84
		薯块苗	31.53		24.28		29.71		32.16	
重庆市北碚区澄江公社农科队试验地	南瑞苕	越冬苗	20.26	1.00	18.65	0.82	27.83	3.68	23.98	1.08
		薯块苗	19.26		17.83		24.15		22.90	
西南师范学院校内试验地	农大红	越冬苗	20.65	3.15	21.75	1.35	20.99	3.26	27.97	1.74
		薯块苗	17.50		20.40		17.73		26.23	
重庆市巴县竹林公社二大队农科队试验地	农大红	越冬苗	23.46	1.04	20.96	1.10	25.48	1.64	26.95	1.41
		薯块苗	22.42		19.86		23.84		25.54	

取样地点	品种	插苗类型	总糖		淀粉		维生素C		干物质	
			含量	+对照率	含量	+对照率	含量	+对照率	含量	+对照率
重庆市北碚区碴上公社大力大队试验地	南瑞苕	越冬苗			21.08	0.95	23.14	3.54	27.10	1.22
		薯块苗			20.13		19.60		25.88	

14.5.2.4 越冬苗与薯块苗作种结薯习性比较

1976—1978年连续3年在重庆市北碚区和巴县的6个试验点对"农大红""南瑞苕"品种的越冬苗和薯块苗作栽插苗进行对比调查,越冬苗作栽插苗的商品薯率(单块重100 g以上薯块占总薯块的百分比)、平均单株结薯数、平均单株薯重、T/R值(藤蔓占薯块质量的比值,是衡量甘薯地上部光合作用制造养分向地下部块根转运供其膨大的重要生理指标)均比薯块苗高,即商品薯率较高,单株结薯较多,单株薯重较高,光合合成养分转运较好,详见表14-8。

表14-8 越冬苗与薯块苗结薯习性比较

供试品种	试验地点	试验年度	插苗类型	商品薯率/%	平均单株结薯数/个	平均单株薯重/g	T/R值
农大红	西南师范学院校内试验地	1976年	越冬苗	86.8	2.6	324.8	0.97
			薯块苗	83.5	2.4	217.5	1.47
		1977年	越冬苗	88.1	3.0	382.5	1.02
			薯块苗	86.5	1.9	292.1	1.50
		1978年	越冬苗	91.8	5.3	525.0	0.76
			薯块苗	90.3	4.7	457.8	0.85
	重庆市巴县竹林公社二大队农科队试验地	1978年	越冬苗	35.2	3.0	133.0	0.79
			薯块苗	15.0	2.0	91.0	0.67
南瑞苕	重庆市北碚区澄江公社农科队试验地	1977年	越冬苗	85.1	5.6	659.1	0.72
			薯块苗	82.5	5.1	534.4	0.93
	重庆市北碚区碴上公社大力大队试验地	1978年	越冬苗	85.6	5.5	383.1	0.32
			薯块苗	45.2	4.3	341.9	0.44

14.5.2.5 越冬苗与薯块苗栽插苗素质比较

1978年在西南师范学院校内和重庆市北碚区碚上公社大力大队试验点对"农大红""南瑞苕"品种的栽插苗素质进行调查,与薯块苗比较,两个品种越冬苗的栽插苗鲜重和干重均较高,在栽插苗长度一致的情况下,越冬苗节数较多、节间较短、叶片数较多、叶面积较大、百株重较高(表14-9),说明蔓尖越冬苗繁殖有利于培育壮苗。

表14-9 越冬苗与薯块苗栽插苗素质比较

试验单位	供试品种	插苗类型	插苗鲜重/g	插苗干重/g	插苗节数/个	插苗长度/cm	节间长/cm	叶片数/片	叶面积/cm²	百苗重/kg
西南师范学院校内试验地	农大红	越冬苗	9.2	1.0	6.7	16.5	2.5	7.2	44.9	1.8
		薯块苗	9.0	0.9	5.6	16.5	2.9	6.0	28.8	1.6
重庆市北碚区碚上公社大力大队试验地	南瑞苕	越冬苗	16.4	2.1	10.1	16.5	1.6	10.0	57.3	2.6
		薯块苗	16.5	1.8	7.8	16.5	2.1	7.8	43.8	2.5

注:表中数据为1978年的试验数据;在120株栽插苗中随机取样20株进行调查,表中数据为平均单株数据。

分析测定"农大红"品种栽插苗的几个生理生化指标结果显示,越冬苗栽插苗的总糖含量和干物质含量均比薯块苗高(表14-10),并且其过氧化氢酶相对活性较高、叶绿素干重率较高(表14-11)。

表14-10 1978年"农大红"品种越冬苗与薯块苗插苗总糖和干物质含量比较

(单位:%)

测定日期	总糖含量			干物质含量		
	越冬苗	薯块苗	+CK	越冬苗	薯块苗	+CK
3月31日	2.53	1.93	0.60	11.69	9.30	2.39
4月14日	2.99	2.74	0.25	10.63	10.20	0.43
4月29日	2.10	1.87	0.23	10.61	10.10	0.51

注:取样部位为生长点向下数至第4片开展叶为止;"+ck"表示越冬苗比薯块苗相应指标高出的百分点。

表14-11 1978年"农大红"品种越冬苗与薯块苗插苗过氧化氢酶活性和叶绿素含量比较

测定日期	过氧化氢酶相对活性/(l/g.s)			叶绿素干重率/%		
	越冬苗	薯块苗	+CK	越冬苗	薯块苗	+CK
3月31日	2.44	1.92	0.52	0.53	0.39	0.14
4月15日	2.89	2.24	0.65	0.66	0.41	0.25
4月30日	4.46	3.77	0.69	0.72	0.53	0.19
5月15日	5.09	4.39	0.70	—	—	—

注:测定过氧化氢酶活性的取样部位为生长点向下数至第4片开展叶为止,只取叶片和顶叶生长点(去茎和叶柄);测定叶绿素含量的取样部位为第4片开展叶的叶片;"+ck"分别表示越冬苗比薯块苗过氧化氢酶相对活性高出的量和叶绿素干重率高出的百分点。

14.5.2.6 越冬苗与薯块苗栽插苗发根习性比较

1978年4月13日至5月23日,对"农大红""南瑞苕"品种越冬苗和薯块苗栽插苗的水培发根习性进行调查,发现两个品种的越冬苗栽插苗在水培过程中均表现出发根较早、发根数较多、平均根长较长、发根力(单株发根总长度)较强的特征(表14-12)。

表14-12 越冬苗与薯块苗栽插苗的发根习性比较

供试品种	苗别	发根日期	平均发根数/(条/株)	+CK/%	平均根长/(cm/条)	+CK/%	发根力/(cm/株)	+CK/%
农大红	越冬苗	4月15日	44.2	45.87	10.9	39.74	481.8	103.89
	薯块苗	4月16日	30.3		7.8		236.3	
南瑞苕	越冬苗	4月14日	57.2	81.59	13.4	19.64	766.5	117.26
	薯块苗	4月15日	31.5		11.2		352.8	

注:水培期为1978年4月13日至5月23日;表中数据为调查20株重复4次的平均数。

14.5.2.7 越冬苗与薯块苗的苗床发病情况比较

1977年在重庆市北碚区和璧山县及西南师范学院校内对越冬苗育苗床、薯块苗育苗床的调查结果显示,"胜利百号"品种越冬苗苗床的甘薯病毒病发病率小于1%,但其薯块苗苗床的甘薯病毒病发病率在30%~40%;"农大红"品种越冬苗苗床的甘薯病毒病发病率为0,其薯块苗苗床的甘薯病毒病发病率为2%~3%;"南瑞苕"品种越冬苗苗床的甘薯黑斑病发病率为0,其薯块苗苗床的甘薯黑斑病发病率为6%~8%,详见表14-13。

表14-13　1977年蔓尖越冬育苗苗床和薯块育苗苗床发病率调查结果

调查单位	调查品种	苗床类别	甘薯病毒病发病率/%	甘薯黑斑病发病率/%
重庆市璧山县城关公社芋荷二队	胜利百号	越冬苗床	0~1	—
		薯块苗床	30~40	—
西南师范学院校内试验地	南瑞苕	越冬苗床	—	0
		薯块苗床	—	6~8
重庆市北碚区蔡家公社新井生产队	农大红	越冬苗床	0	—
		薯块苗床	2~3	—

甘薯品种退化是由内因和外因共同决定的。从内因来说,主要在于遗传基础,无性繁殖各代的遗传基础除少数基因突变外,一般是没有改变的。并且遗传基础只是性状发育的可能性,各种性状的表现是遗传基础和内外环境条件综合作用的结果。从外因来说,应包括以下几个方面:一是种薯种苗机械混杂;二是自然的或人为的有利于退化的理化因素影响;三是粗放的栽培方式。蔓尖越冬苗作种(特别是通过3个继代繁殖),其鲜薯产量未变低、薯块品质未变劣,总体没有表现种性退化的迹象。蔓尖越冬苗繁殖过程系统地执行了甘薯良种繁育方法,起到了良种提纯复壮的作用。首先,要求选用目前当地普遍使用的优良品种;二是坚持"三去一选"(去病苗、去杂苗、去退化苗,选具有本品种特征的壮苗),在从大田剪越冬栽插苗、越冬苗床繁殖"转火苗"以及用于大田栽插的栽插苗时,均坚持去病苗、去杂苗、去退化苗,选具有繁殖品种特征的壮苗;三是在越冬繁殖、"转火"繁殖和大田栽培上亦培育壮苗,并且贯彻良种良法配套技术。

李坤培、张启堂将以上研究结果撰写于"用茎蔓顶部越冬作种防止甘薯退化的研究"论文中,于1979年发表在《西南师范大学学报》(自然科学版)第2期。完成的"红苕藤尖越冬苗作种退化问题的研究"成果于1979年通过了重庆市科委组织的成果鉴定,于1981年获得四川省人民政府重大科学技术研究成果四等奖。

第十五章 甘薯生物学特性的栽培运筹

通过栽培来实现甘薯块根和藤蔓生产的过程是满足国民经济发展和社会大众物质精神文化消费对甘薯需求的主要途径,也是甘薯产业科技转化和实施的重要切入点之一,包括育苗和大田生产两个环节。甘薯栽培质量的优劣直接关系到收获对象的产量水平、品质适应性及其安全性,从而间接影响初级和衍生加工产品的市场潜力和甘薯产业的经济、生态、社会效益。

栽培质量的优劣虽然受制于甘薯本身的生物学特性,但是可以通过生物学特性的综合运筹来提高栽培质量,实现甘薯原料的优化。

本章重点围绕甘薯产业效益的提升来分析甘薯栽培过程中涉及的生物学特性。

15.1 甘薯栽培目标的生物学特性概述

甘薯栽培目标是根据消费者需求或加工要求,把培育的健康壮苗适时移栽到适宜的土壤中,围绕栽后不同阶段生长中心的差异,通过多种农事运筹,协调水、肥、气、光、热等因素,实现藤蔓合理生长、块根膨大和品质(包括观赏品质)形成的产量与品质栽培目标,同时生态、安全地降低或消除病原物、害虫和杂草对栽培目标的不利影响,形成高产、优质、高效和安全的甘薯产业。

15.1.1 甘薯产量目标的生物学特性

甘薯生物学产量来自藤叶和块根。对不同的消费部位和处于产业链不同位置的业主而言,甘薯产量的生物学内涵各不相同。

新鲜状态的所有藤蔓和叶的质量之和构成的藤叶鲜产量对于畜牧饲养具有重要意义,晒

(晾)干或烘干之后的藤蔓和叶的质量之和称为藤叶干产量。藤蔓生长点及其以下10 cm的茎尖对于人类而言是极其绿色健康的蔬菜,其质量之和构成叶菜型品种的茎尖产量。在中国南方和东南亚等地区有食用叶柄的习惯,其质量之和称为叶柄产量。

新鲜状态下的所有块根的质量之和构成的鲜薯产量对于种植者具有重要意义。而按照一定商品标准分级筛选后的块根质量之和构成的商品薯产量对于鲜食销售商和食品加工企业具有重要意义。而由鲜薯提取出的淀粉产量对于淀粉加工企业具有重要意义。

15.1.2 甘薯品质目标的生物学特性

甘薯块根、藤蔓及其初级和衍生产品满足市场需求的质量特性就是甘薯的品质,它是指甘薯的自然生物学特性符合社会需要,带有社会属性。甘薯品质因社会的复杂性和社会的发展而具有多样性和动态性。

按照用途划分,甘薯品质分为食用品质、饲用品质、工业加工品质和观赏品质等多个方面。按照性质划分,甘薯品质可划分为感官品质、营养品质、贮运品质、加工品质、观赏品质等多个方面。

感官品质指甘薯收获对象单个、集合体或其初级和衍生加工产品在大小、形状、色泽、光滑程度等由视觉、触觉感知的生物学特性和甘薯加工(含烹饪)品的风味、香气、质地、甜度、含水量、纤维、苦涩等由嗅觉、味觉、口感等感知的生物学特性。鲜食销售型和叶菜型甘薯产业对感官品质要求较高,感官品质对消费者购买的欲望具有正向作用。

营养品质指甘薯收获对象满足人类鲜食、畜牧饲用和食品加工要求的营养因子、功能因子的含量,组分种类与相对比例等生物学特性,同时规避诸如胰蛋白酶、草酸等抗营养因子和重金属、农药残留等毒素因子。营养品质是鲜食销售型和叶菜型甘薯产业的核心,决定了产业的潜力及其可持续性。

贮运品质指甘薯收获对象及其初级与衍生产品在库房、运输、货架贮藏期间的完好率,品质保持率等生物学特性。目前除了对薯块贮藏研究较多外,对甘薯的贮运生物学特性研究较少,这是今后值得关注的研究方向。

加工品质指甘薯收获对象在初级加工和再次加工过程中表现出的机械适应性、产品性能、附属产物的可利用性及其环境污染率方面的生物学特性。加工生物学特性决定甘薯加工业的门类、成本、市场前景。目前,对甘薯加工生物学特性方面的研究较少。

观赏品质指甘薯藤蔓、块根在自然状态或人工造形状态的色泽、形状、造型等表现给予人们的认知感、愉悦感、新奇感的生物学特性。目前这方面的研究主要集中在观叶的花卉型、观薯的空中结薯、盆景薯等方面,对其栽培研究较少。

随着产业化程度的提高和劳动力的缺乏,对甘薯品种在栽培过程中的机种机收适宜性要求越来越高,主要涉及藤蔓长度、整齐度,株型和块根结薯位置的深浅、集中度等生物学特性。

要达到市场要求的产量与品质要求,筛选适宜的优良品种是甘薯产业的基础,生物学特性的栽培运筹是甘薯产业的关键,即良种良法配套。

15.2 甘薯种苗生物学特性

甘薯育苗是甘薯生产过程中的首要环节。通过种薯、种苗生物学特性的育苗运筹,以得到满足栽培所需的数量充足、品质健康和适宜早栽的壮苗。

15.2.1 甘薯出苗生物学特性

15.2.1.1 薯块不定芽原基

种苗由薯块不定芽发育而来,而不定芽又由不定芽原基萌发而来。不定芽原基是在薯块膨大过程中由中柱鞘或韧皮部的薄壁细胞分裂、分化形成。不定芽原基除决定于品种本身以外,还受发育时期所处环境条件的影响。薯块不定芽原基的数量、发育质量及其萌芽习性差异很大。

1.品种出苗差异

不同品种的薯块,不定芽原基的数量多少、幼芽分化的快慢、营养物质的转化状况均有所不同。因此,萌芽性是品种的重要生物学特性。

2.薯块不同部位出苗差异

薯块顶部具有顶端生长优势的特性,萌芽时,薯块内部的养分多向顶部运转,所以薯块顶部发芽多且快,占发芽总数的65%左右;中部较慢且少,占26%左右;尾部最慢最少,占9%左右。薯块的阳面(上一季节在田间形成后,薯块朝向土壤表面的一面)发芽出苗的数量比阴面(上一季节在田间形成后,薯块朝向土壤地心的一面)多,因阳面接近地表,空气和温度等条件比阴面好,不定芽分化发育多而好。

3.薯块大小出苗差异

同一个品种,大薯萌芽而成的种苗生长粗壮,小薯萌芽而成的种苗生长细弱。薯块大小与出苗数量有关,大薯单块出苗数多,小薯单块出苗数少。若按质量计算,同为1kg,大薯出苗数少,小薯出苗数多。因此,在生产上应用中等薯块育苗较好,以免用大薯造成浪费,用过小的薯块易育出弱苗。

4.环境条件对不定芽原基影响

夏薯生长期短,生活力强,耐贮藏,感病轻,出苗早且多。采用高温愈伤处理贮藏的种薯或在育苗前采用高温催芽的种薯,能促进薯块不定芽原基的分化,出苗快且多。贮藏期温度低,会延缓薯块发芽时期,降低其发芽能力。贮藏期遭水浸泡或受湿害的薯块,发芽晚而少,或不发根萌芽,在苗床早期容易腐烂。

15.2.1.2 甘薯出苗过程

甘薯薯块出苗分为薯块萌芽、薯苗生长和种苗自然生长三个阶段。萌芽早晚与薯块不定芽分化快慢和贮藏的营养成分转化速率有关,而出苗数量和种苗的健壮程度则与营养成分的含量密切相关。对块根萌芽性影响最大的营养成分是淀粉,影响淀粉转化的 α-淀粉酶的活性直接影响薯块的萌芽性。

15.2.1.3 薯块发芽和薯苗生长需要的环境条件

1.温度

薯块在 16~35 ℃ 的范围内,温度越高发芽出苗越快越多。16 ℃ 为薯块萌芽的最低温度,最适宜温度范围为 29~32 ℃。当薯块长期处于 35 ℃ 以上的环境时,由于薯块的呼吸强度大,消耗养分多,容易发生"糖心"。当温度达到 40 ℃ 以上时,容易发生伤热烂薯。

薯块在 35~38 ℃ 的高温条件下,4 d 时间能使破伤部分迅速形成愈伤组织,并增加抗病物质(甘薯酮)的形成,提高其抗黑斑病的能力。但是,长期处于 35 ℃ 或超过 35 ℃ 的条件下对幼苗生长有抑制作用。

2.水分

床土的水分和苗床空气的湿度,与薯块发根、萌芽、长苗的关系很密切。水分的多少还影响苗床的温度和土壤通气性,因此,水分是甘薯育苗的重要条件之一。在薯块萌芽期应保持床土相对湿度和空气相对湿度均在80%左右,以使薯皮始终保持湿润为宜。在温、湿度正常情况下,薯块先发根后萌芽;如温度适宜,水分不足,则萌芽后可能发根,也可能不发根;如床土过于干燥,则薯块既不发根也不萌芽。出苗后,床土水分不足,根系难以伸展,幼苗生长慢,叶片小,茎细硬,形成老苗;床土水分过多,幼苗生长快,形成弱苗。在幼苗生长期间应保持床土相对湿度为70% ~ 80%。为使薯苗生长健壮,后期炼苗时必须减少水分,使相对湿度降到60%以下。只有这样,育出的薯苗才苗壮,利于成活。

3. 空气

育苗时薯块发根、萌芽、长苗过程中的一切生命活动都需要通过呼吸作用获得能量。氧气不足,呼吸作用受到阻碍,严重缺氧时则被迫进行无氧呼吸,进而产生酒精。由于酒精积累会引起自身中毒,导致薯块腐烂,因此在育苗过程中,必须注意通风换气。氧气供应充足,才能保证薯苗正常生长,达到苗壮、苗多的要求。

4. 光照

在薯块萌芽阶段,光照对发根、萌芽没有直接影响,但光照强弱会影响苗床温度。强光能使苗床升温快、温度高,从而促进发根、萌芽。种苗形成后,光照强度对薯苗的生长速度和品质有明显影响。光照不足,光合作用减弱,薯苗叶色黄绿,组织嫩弱,发生徒长,栽后不易成活。

5. 养分

养分是薯块萌芽和薯苗生长的物质基础。育苗前期所需的养分主要由薯块本身供给。随着幼苗的生长,逐渐转为靠根系吸收床土中的养分以供生长。采苗二三茬后,薯块里的养分逐渐减少,根系吸收的养分则相应增多。薯苗生长需要较多的氮素肥料,氮肥不足薯苗生长缓慢,叶色淡黄,植株矮小瘦弱,根系发育不良。

15.2.2 甘薯生物学特性在育苗中的运筹目标

萌芽性是甘薯品种和育苗环节的主要和重要评价指标,包括出苗早迟、出苗盛期、齐苗期、采苗期、出苗量/单薯、百苗鲜重等指标。

壮苗是移栽种苗质量评价的重要指标。壮苗根原基多且发达,栽后成活快,发根结薯多,是全苗、壮株、薯多、薯大的基础。壮苗的生物学特性要求主要有:茎粗壮,节间短,叶片肥厚且大小适中,苗高20 ~ 25 cm,苗龄30 d左右,组织充实,老嫩适度,百苗鲜重780 g左右,无病虫害,浆汁多等。

15.2.3 甘薯种苗培育的生物学特性运筹措施

15.2.3.1 排种与种薯萌芽阶段

运筹目标以催芽早出苗为主。主要措施包括采取播前高温催芽、地膜与拱膜覆盖、酿热物铺垫、火炕、电热增温等增温和保温措施,尽快使种薯早萌动、苗床温度尽快达到并保持在32~36℃,床土保持湿润等,力争早出苗。

15.2.3.2 种苗成长阶段

运筹目标以已出种苗的顺利长成为主。主要运筹措施包括催控结合,以催为主,催中有控,苗床温度保持在25~30℃,床土保持湿润等,促使种苗形态顺利建成。

15.2.3.3 种苗自然生长

运筹目标以种苗健壮、数量扩繁为主。主要运筹措施包括除草、松土、看苗增施苗肥,去杂、去病、防虫、炼苗、建立采苗圃和种苗就近供应基地等,培育数量充足的健康壮苗。

15.2.4 甘薯健康种苗快繁技术流程

重庆,特别是渝东南、渝东北地区甘薯育苗季节气温低、寒潮反复,传统育苗方式出苗质量差,导致移栽期长,移栽期干旱不利移栽等问题。同时,新品种的快速推广需要较高的种苗快繁技术,并且近年来全国较为流行的高危病毒病(SPVD)需要在苗期集中防控。西南大学、浙江省农科院和重庆慧禹农业开发公司合作研发集成了以透光增温大棚建设、新品种引进、种薯密排电热加温、苗床平膜拱膜增温、苗床去杂去病及防控、假植以苗繁苗、栽前纸册苗培育、容器供苗等为主要内容的甘薯健康种苗快繁技术。

该技术是对种薯种苗生物学特性的综合运筹,主要技术内容如下。

15.2.4.1 塑料大棚修建

同常规。

15.2.4.2 一代种苗的电热增温快速培育

(1)育苗苗床修建。在大棚内,按照长11.0 m、宽1.2 m、深0.4 m修建甘薯育苗苗床。

(2)电热线铺设。苗床铺设电热线。电热线规格长度为120 m,功率为1 000 W,接通电源检查电热线通电与否,并配套恒温调控装置。电热线铺设完毕后覆盖细土,厚度0.3 m左右。

(3)种薯排放。种薯密排(40 kg·m^{-2})。大薯放中间,小薯排四周,种薯之间两指宽。

(4)浇水、盖土、拱膜。种薯排放完毕,浇水、盖土、架拱、盖膜,种薯间插上温度计。完成甘薯种薯育苗的种薯殡种全部工作。

（5）通电升温。完成全部准备工作，接通外界电源，通电升温，加速甘薯育苗进程。

15.2.4.3 一代种苗的健康化

经过 15～20 d 的电加热，苗床进入出苗始期（30% 薯块出苗 3 cm），并较快进入出苗盛期（70% 薯块出苗 3 cm）和齐苗期（100% 薯块出苗 3 cm）。至此，甘薯健康种苗快速繁育技术集成技术体系第一个快速培育关键技术完成，进入健康种苗培育阶段。这一阶段主要围绕种苗健康开展技术管理，集成的主要技术如下。

1. 品种去杂

根据品种种苗典型特征去除非本品种的种苗及其薯块。

2. 种苗、种薯去病

感染黑斑病、软腐病的种薯薯块在苗床中容易腐烂并通过种苗传播至大田。在苗床中发现种苗较弱、发黄、倒伏现象时，及时刨开薯块覆土，检查薯块状况。如果腐烂，立即采取高剪苗措施采集种苗移栽，并将腐烂薯块及其相连土壤做移除处理。

3. 种苗种薯病毒病防控

近年来，甘薯SPVD在苗床、大田发生与流行的趋势加重，严重威胁甘薯生产及其产业化，集中育苗易于发现和控制SPVD的传播危害。苗床里一旦发现，立即拔出种薯及其种苗进行销毁，并采取在大棚内悬挂黄色粘虫板的措施控制SPVD的传播媒介蚜虫种群数量。

4. 小象甲的防控

近年来，随着甘薯产业的发展，重庆部分地区在种薯调运中引入了小象甲，严重威胁甘薯生产及其产业化。集中育苗易于发现和控制小象甲的传播危害。发现小象甲时，在苗床上撒施毒死蜱（有效成分 2 g/m²），并安装性诱剂容器防治小象甲。

5. 种苗培壮——水、温、肥管理

根据苗床土壤、种苗营养程度，有针对性地开展苗床的水分、温度、施肥管理，培育壮苗。

15.2.4.4 二代种苗——纸册种苗培育

电热育苗比传统育苗提前 20 d 左右，加上提前排种，出苗的季节更早，早出的一代种苗还不适宜露地移栽假植，需移栽入纸册，开展纸册苗培育。所用纸册（黑龙江造纸研究所有限公司生产）规格为高 5 cm，1 400 孔。按照育苗苗床长宽，平整土地，铺上相应规格的地膜，地膜上铺电热线后,覆盖细粒土壤。再在其上将压缩的纸册展开,向展开后的纸册小孔中填满育苗基质,浇水淋透,使纸册之间的黏胶融化。将融化后的纸册分隔成4大行,大行之间填充土壤,每一大行栽5~6行薯苗,移栽来自苗床的一代健康种苗。架拱覆膜,通电升温。经过3~5d后,纸册种苗生根成活。

15.2.4.5 二代纸册种苗移栽培育

成活后的二代种苗进入以下流程。

(1)如露地土温(低于20℃)与气温(低于20℃)仍不适宜栽插,将成活的二代苗在大棚内移栽。移栽方式:1 m开厢,每厢移栽2行,株距20 cm。待种苗株高长至15 cm后(20 d左右),可将其剪取进行移栽,培育第三代苗。

(2)露地土温(高于20℃)与气温(高于20℃)适宜栽插时,第二、三代种苗即可实现露地移栽。种苗公司集中育苗或种植大户、薯农自行繁苗。

种苗公司可根据供应的目的地建立就近供应种苗繁育基地。选择光照条件好、水源排灌方便、交通便利的地块,平地1 m开厢,每厢移栽4行纸册种苗,株距、行距均为20 cm。待种苗株长高至15 cm后(20 d左右),可将其剪取移栽继续扩繁。种植大户、薯农自行繁苗可按上述规格移栽,也可按大田正式栽插规格,即起垄、按亩密度4 000株栽插。种苗达到15 cm后再不断剪苗繁殖,直至满足大田面积需要为止。

(3)容器苗培育:露地土温(高于20℃)与气温(高于20℃)适宜栽插时,也可将第二、三代纸册种苗移入托盘容器(长300 mm×宽80 mm×高55 mm,可定做),运往销售门市进行销售。

15.2.4.6 高代种苗培育

二代苗、三代苗长到15 cm以上时就可以不断剪取移栽繁殖,一般而言,在大田正式移栽之前,可繁殖4代以上。

15.2.4.7 种苗大田移栽或抗旱移栽

在甘薯大田正式栽插季节,逢雨或雨前即可将纸册种苗剪取主茎和分枝的20 cm尖梢苗进行田间移栽。

如栽插季节久旱不雨,将带根的纸册苗在栽插前集中浇水,促使纸册相互分离,再将一棵一棵带有纸册与根系的种苗直接移栽至大田。移栽时用泥土将纸册完全盖住,大田短期(10 d

左右)内不再需要浇水抗旱。

15.3 甘薯产量生物学

有关甘薯产量及其相关生物学的研究和论述较多,这里只论述产量构成因素及其运筹。

15.3.1 鲜薯产量构成因素

甘薯鲜薯产量是单位面积种植株数、单株结薯数和单薯块质量三因素之积。以单株结薯数较多获得产量的品种称为多薯型品种,而以单薯质量较重获得产量的品种称为大薯型品种,介于两者之间的品种称为中间型品种。

一般而言,甘薯植株单个节上的结薯个数受品种遗传因素决定,而单株结薯数还受入土节数的影响。在内外营养条件一定的情况下,单薯块质量与单株结薯数呈负相关。

在实际生产过程中,需要综合考虑市场销售、产后利用方向和品种特性运筹三因素,以达到最佳效益。

15.3.2 鲜薯产量因素的运筹

对于满足鲜薯销售的甘薯种植而言,需要调增种植密度和单株结薯数两个因素,控制单薯块质量在 100~200 g。因此,生产中常用水平移栽法,入土节数 4~5 个,来实现结薯多且均匀、商品率高的目的。

对于甘薯食品加工产业而言,其原料的生产则需要调减种植密度和单株结薯数两个因素,调增单薯块质量在 150 g 以上,废弃的薯皮较少,薯块加工利用率高。

对于饲料用和淀粉加工用产业而言,不需要过分强调某一产量构成因素。

在实际应用中,需要针对特定的加工品种开展其产量构成因素及其运筹研究,制订具体的产量因素运筹及其配套栽培技术方案。

15.3.3 叶菜型甘薯产量构成因素

甘薯茎尖分期采摘,其产量由每个采摘时期产量之和构成。如果几个采摘时期产量的平均值称为采摘平均产量,叶菜型甘薯的茎尖产量是采摘平均产量与茎尖再生系数两因素之积。此处定义茎尖再生系数为 $10/D$,其中 10 指国家叶菜型品种区域试验规定采摘期为 10 d,D 为茎尖采摘后,70%已采茎尖可以再次采摘所需的天数。茎尖再生系数由品种遗传因素决定,该系数越高,采摘周期越短,茎尖总产量越高。

虽然茎尖产量在不同的品种和采收期间有显著差异,但对同一品种而言,在茎尖产量中,叶片产量几乎占其50%以上,而叶柄和茎的产量各占茎尖产量的25%。叶片占茎尖产量的比例在采收期间的变化大于品种间的变化,而叶柄、茎占茎尖产量的比例在品种间的变化大于采收期间的变化。

因此,在叶菜型品种的选育和栽培过程中,要对叶片予以更多的关注。

15.4 甘薯主要化学成分变化的生物学特性

甘薯茎尖和薯块含有丰富的淀粉、蛋白质、维生素、矿物质、花青素、多酚、绿原酸等化学成分,这些化学成分在品种间、生长期间和贮存期间有变化,栽培技术对其有影响。化学成分含量及其组分的变化对开发利用效益具有重要意义。

15.4.1 薯块淀粉

甘薯淀粉在食品、化工及医药行业上起着重要的作用。在食品工业上,甘薯淀粉不仅可以作为加工材料制造粉丝、粉条、凉粉、粉皮等产品外,还能在食品中作为增稠剂、稳定性或组织增强剂,以改善食品的持水性,控制水分流动和保持食品贮藏质量。

甘薯淀粉的结构、组成及其特性是决定其市场应用潜力的重要指标,而淀粉含量是决定其加工成本和提高产业效益的重要指标。

Takeda、Tian和Zhu等先后对甘薯淀粉颗粒大小、化学成分、结构及特性进行了全面的综述。影响甘薯淀粉含量、结构、化学组成及其特性的因素很多,最为重要的有甘薯品种、生长环境、作物年龄、加工方法等。甘薯淀粉的直链淀粉与聚合度含量较高,而磷和类脂物含量较低,对甘薯淀粉的性质产生重要的影响,其具体表现为:膨胀势和溶解度较低,糊化温度高,淀粉糊黏度较高,回生较快等。

陆国权对84份甘薯育种材料鲜块根淀粉含量鉴定的结果为6.00%～29.00%(平均值为18.93%);Brabet等对106份甘薯育种材料鲜块根淀粉含量鉴定的结果为11.1%～33.5%(平均值为21.6%);根据张允刚等的研究和Woolfe的综合报道,甘薯薯干淀粉含量一般为36%～80%。陆国权研究的84份育种材料的直链淀粉含量平均值为24.96%,变幅为19.65%～

32.21%，Brabet等研究的106份材料的直链淀粉含量平均值为21.8%，变幅为18.6%～27.1%。Kitahara等比较了低直链淀粉含量品种"Kyukei 89376-12"、较甜品种"Kyushu No.127"以及"Miyano No.36"三个品种淀粉的物理化学特性；Garcia等比较了7个育种材料在秘鲁两个种植地点淀粉中氮、灰分和直链淀粉含量的化学特性和淀粉糊的膨胀势、可溶性和流变等物理特性。史春余等研究了6个淀粉型品种、5个食用型品种和1个兼用型品种块根中淀粉粒的体积和数目分布、淀粉粒体积和数目分布与淀粉及其组分含量的相关性，认为食用型甘薯块根中小型淀粉粒所占比例较高，而淀粉型甘薯块根中大型淀粉粒所占比例较高。余树玺等比较了"卢选1号""徐薯22""冀薯65"和"冀薯98"4个甘薯品种中淀粉化学成分、物化特性及其对粉条品质的影响，发现甘薯淀粉的直链淀粉和脂质含量、回生黏度、峰值时间、糊化温度、膨胀势、老化值等指标与甘薯粉条品质呈正相关，而甘薯淀粉的最终黏度、溶解度和粒径等指标与甘薯粉条品质呈负相关。

淀粉含量及其理化性质除了受遗传因素决定以外，还受地点、年份、栽培措施、季节和生长期的影响，存在品种地点、品种年份互作效应。2012—2013年，在重庆市甘薯新品种区域试验北碚歇马镇、合川渭沱镇、酉阳麻旺镇、万州甘宁镇和巫溪尖山镇5个参试点中，"0841-14""9-9-1""6-24-71""0721-13"和"徐薯22"5个参试品种淀粉含量两年平均值为20.09%（2012年平均值为19.94%，2013年平均值为20.24%），酉阳麻旺镇两年平均值最高，为25.74%，北碚歇马镇两年平均值最低，为21.36%，5个参试品种中的"9-9-1"（西南大学生命科学学院选育，已通过2015年重庆市农作物品种审定委员会鉴定和2016年全国农业技术推广服务中心鉴定，定名"渝薯1号"）两年10点次淀粉含量介于22.29%～29.57%，平均值为26.24%。西南大学生命科学学院选育的高产高淀粉新品种"渝薯27"（2016年重庆市农作物品种审定委员会鉴定）在2014—2015年重庆市酉阳麻旺镇、彭水绍庆街道、北碚歇马镇和万州甘宁镇4个参试点的8个点次中，淀粉含量介于23.30%～32.29%，平均值为27.19%。傅玉凡等研究了9个甘薯品种栽后50 d、85 d、108 d、136 d和167 d块根淀粉含量及其动态变化，发现甘薯块根淀粉含量在生长过程中表现为不断增加的总趋势，但在栽插后的50～85 d和108～136 d两个阶段变化程度最大，变化速率最快，其余阶段除个别品种外，变化不大，表现较为稳定。黄华宏等研究了"徐薯18"（白心）、"浙3449"（黄心）和"浙大9201"（紫心）3个品种块根发育过程中淀粉糊化特性的变化，结果表明，随甘薯生育期的延长，3个品种的淀粉率都呈下降趋势，但直链淀粉率的变化则因品种而异。早期收获品种中，"徐薯18"和"浙大9201"的直链淀粉率较高，而"浙3449"较低。随生育期的延长，DSC（差示扫描量热分析仪）糊化峰向低温方向移动，且峰宽增大，峰逐渐消失，其糊化温度和热焓变化也随之递减,而淀粉黏滞特性(RVA)的最高黏度则呈递增趋势。相关分析发现,甘薯直链淀粉含量与各糊化特性参数间存在一定相关性,但这种相关性的大小又受品种制约。陆国权等认为施钾对淀粉糊化特性没有显著影响,说明改变淀粉品质的关键因素是基因型,不是钾肥处理。唐忠厚等研究了钾肥和长期施磷对甘薯淀粉 RVA 的影响,施钾处理加大不同基因型淀粉的 RVA 差异,长期施磷(NPK)处理与不施磷(NK)处理甘薯淀粉的 RVA 特征谱参数存在明显差异。史春余等研究认为,施钾时期显著影响直链淀粉含量、支链淀粉含量和淀粉产量。钾肥基施或封垄期追施钾肥显著提高块根干物质积累量和淀粉产量,追施钾肥显著提高支链淀粉含量、降低直链淀粉含量,基施钾肥处理的大型淀粉粒体积百分数高,高峰期施用钾肥处理的中、小型淀粉粒体积百分数高。

15.4.2 薯块可溶性糖、花色苷、胡萝卜素

甘薯薯块的风味和口感很大程度上取决于糖含量,鲜食、烘烤和果脯加工品种要求高糖含量,而相对较高的糖含量对薯片成色和淀粉产量、加工均有影响。新鲜或经蒸煮的薯块中总糖主要由蔗糖、葡萄糖、果糖三者组成,三者均为可溶性糖,同时可溶性糖也是植物应对干旱胁迫的信号分子,与甘薯的抗旱性、抗冻性等抗逆性有关。梁媛媛等对9个甘薯品种在不同生长期块根可溶性糖含量的测定与分析表明,生长前期(50 d左右)其含量特别高,随后迅速降低,一般在100 d左右达到最低,生长中期稳定波动,生长末期再缓慢上升。许森等在研究可溶性糖与淀粉的关系时发现,在薯块生长前期,由于淀粉合成加强,可溶性糖质量分数由最高状态急剧降低,在108 d时降到最低,随后逐步达到稳定状态;而淀粉的质量分数一直呈增加的态势,直至136 d时达到最高,稍后有所下降。由于可溶性糖被用于淀粉合成,薯块生长期间的淀粉质量分数与可溶性糖质量分数呈显著负相关。

紫心甘薯块根中的花色苷是矢车菊素或芍药素被槐糖和葡萄糖糖基化后再被咖啡酸、阿魏酸、对羟基苯甲酸酰基化演变而来的。研究发现,紫肉甘薯花色苷具有很好的稳定性和重要的生理保健功能,在食品、化妆品、医药方面有着广阔的应用前景。傅玉凡等利用13个紫心甘薯品系研究了块根花色苷含量在生育过程中和品种间的变化规律及其与主要经济性状的相关性,研究认为,由于花色苷积累与干物质积累存在的竞争关系在不同品种中的协调程度不同,不同品种紫心甘薯品种的花色苷含量在生长过程中产生显著差异和分化,存在缓慢增加、波动变化和曲折上升3种变化类型。花色苷含量在20 d以后逐渐产生显著差异,在40~100 d完成类型分化,与品种的分枝数、块根鲜重、块根干重、光合产物在块根中的分配比例呈显著负相

关，与块根干物质含量、最长蔓长、茎鲜重、茎干重、整株干重及光合产物在叶中的分配比例呈显著正相关。赵文婷等人发现遮阴能提高块根中花色苷的含量。

黄色、橙色、橘红色甘薯品种的薯块中含有丰富的胡萝卜素，特别是β-胡萝卜素。类胡萝卜素是有效的抗氧化剂，可以猝灭单线态氧，消除自由基，在抑制或降低癌症发生、预防心血管疾病和骨质疏松症、防止紫外线损伤等方面发挥重要作用。谢一芝等综合报道了甘薯胡萝卜素含量在品种间、品种内的差异及栽培环境对其的影响。陆国权等研究认为，甘薯基因型与地点的互作效应比较明显，需要择种择地种植胡萝卜素型品种。后猛等利用15个橘红肉色甘薯品系研究了块根类胡萝卜素含量在生育过程中和品种间的变化规律及其与主要经济性状的相关性，研究认为甘薯生长过程中有总体平稳型、一直增加型和曲折上升型3种变化类型，大多数橘红肉甘薯，尤其是一直增加型品种，其类胡萝卜素含量与最长蔓长、块根鲜重和干重、光合产物在块根中的分配比例呈显著正相关，与光合产物在叶片、叶柄的分配比例呈显著负相关，而与其他性状的相关性不高。类胡萝卜素日积累量、增长量与块根鲜重，块根干重，淀粉、可溶性糖和粗蛋白积累量等日增长量呈正相关，类胡萝卜素积累与块根膨大、干物质及营养物质积累存在协同关系。

15.4.3 茎尖黄酮、绿原酸

甘薯茎尖在营养组成上比其他热带叶类蔬菜含有更多的维生素C、铁、钙、锌和蛋白质，抗病虫性更强，更耐湿，在大田生产过程中可多次采收，可不施用或较少施用化肥和农药。甘薯历来是亚洲、拉丁美洲等地的传统绿色蔬菜。近年来，在营养成分及其生理功能的分析与比较研究中发现，茎尖还含有丰富的具有抗氧化活性、保持心血管健康的多种有效成分，如黄酮、绿原酸等。傅玉凡等研究"莆薯53""广菜薯2号"和"福薯7-6"3个叶菜型甘薯茎尖黄酮类化合物含量在不同品种、部位和采收期的变化。"莆薯53""广菜薯2号"和"福薯7-6"茎尖黄酮类化合物质量分数在采收期间的变化分别介于 $9.60 \sim 19.98 \, \text{mg} \cdot \text{g}^{-1}$, $12.93 \sim 25.08 \, \text{mg} \cdot \text{g}^{-1}$ 和 $9.33 \sim 25.16 \, \text{mg} \cdot \text{g}^{-1}$，品种之间有显著差异；3个品种叶片的平均质量分数在采收期间的变化为 $3.66 \sim 11.09 \, \text{mg} \cdot \text{g}^{-1}$，显著高于茎($4.03 \sim 7.79 \, \text{mg} \cdot \text{g}^{-1}$)，茎又显著高于叶柄($2.20 \sim 5.26 \, \text{mg} \cdot \text{g}^{-1}$)；采收前期蔓尖黄酮类化合物含量显著高于采收后期。傅玉凡等研究了"莆薯53""广菜薯2号"和"福薯7-6"3个叶菜型甘薯茎尖绿原酸的含量及其清除DPPH·的能力在采收期间和部位间的变化。不同甘薯品种6次采收期的茎尖绿原酸平均含量大小为："广菜薯2号"(0.292 0%fb) > "莆薯53"(0.275 0%fb) > "福薯7-6"(0.163 8%fb)，其中叶片(0.353 9%fb) > 茎

（0.144 4%fb）＞叶柄（0.117 3%fb），叶片绿原酸含量是叶柄和茎平均值的2.7倍；"广菜薯2号" "莆薯53"和"福薯7-6"茎尖前3个采收时期绿原酸的平均含量分别是后3个时期的2.22倍、2.68倍和2.41倍，其中叶片、叶柄和茎前3个采收期绿原酸含量的平均值分别是后3个采收期的2.49倍、2.53倍和2.20倍，差异均达到显著水平。根据3个品种6个采收期的平均值计算，叶片对茎尖绿原酸含量的贡献率为73.64%，叶柄为11.96%，茎为14.41%。茎尖6个采收期的DPPH·清除能力平均大小为："广菜薯2号"（34.99%）＞"莆薯53"（31.05%）＞"福薯7-6"（18.83%），其中叶片（32.52%）＞茎（23.64%）＞叶柄（17.91%）；前3个采收期的茎尖、叶片、茎和叶柄的DPPH·平均清除能力分别是后3个采收期的1.91倍、2.02倍、1.69倍和1.99倍。

第十六章 甘薯贮藏

16.1 甘薯安全贮藏的首要条件

16.1.1 影响甘薯安全贮藏的主要因素

影响甘薯安全贮藏的因素很多,并且这些影响因素是一个统一体,如果其中某一方面出了问题,贮藏效果便会不理想。

(1)不适宜的田间种植条件:水渍地、通透性差的黏重土壤和使用了含氯肥料的地块种植的甘薯薯块不宜贮藏。

(2)收获前的不利气候条件:用于贮藏的甘薯薯块不宜在雨天收获;在当地气温低于10℃以后收获的薯块不宜用于贮藏。

(3)贮藏病害病菌侵入为害:甘薯贮藏病害黑斑病、软腐病、镰刀菌干腐病、褐腐病等在田间、收获以及贮藏期间侵害薯块,均会引起薯块腐烂。

(4)收获过程中的薯块创伤:收挖、搬运、入窖(库)时的薯块机械损伤为甘薯贮藏病害病菌创造了侵入条件,致使薯块发生感病腐烂。

(5)化学因素引起薯块腐烂:甘薯对化学化工产品(肥料)、乙醇(含食用白酒)、氨水以及柑橘气味等均很敏感,这些物品可导致薯块腐烂。

(6)薯块入窖的不当管理:薯块入窖前期,由于薯块呼吸代谢旺盛,产热多,加之此时气温也较高,贮藏窖(库)高温、高湿容易引起薯块发芽和烧窖(库)腐烂;贮藏中期外界气温较低,如果窖(库)的保温性能差,往往会引起薯块低温受冻腐烂;贮藏后期,外界气温时高时低,如果不注意随时调节贮藏窖(库)内的温湿度,极易因冷害或热害引起薯块腐烂。

16.1.2 建贮藏窖(库)的基本原则

建贮藏窖(库)是甘薯安全贮藏的重要条件,其形式与质量的好坏直接关系到甘薯鲜薯的贮藏效果。设计甘薯贮藏窖(库)时,在结构上必须保证甘薯能安全越冬,使贮藏窖(库)尽量少受不利气候条件的影响。在窖(库)型选择上,要充分利用当地的有利条件,就地取材,因地制宜,经济实用。

建窖(库)的基本原则是:要有良好的通气设备,贮藏初期能避免高温、高湿,不使温湿度超过贮藏所需的安全指标;要有良好的保温防寒性能;结构坚固耐用,要经得住自然灾害的袭击,不至于在甘薯贮藏期间发生塌窖和漏水;管理要方便。

16.1.3 贮藏管理的基本原则

16.1.3.1 前期通风降温散湿

在不进行高温愈合处理的一般薯窖(库)中,由于薯块入窖(库)初期外界气温较高,薯块呼吸强度大,释放出大量的水汽、二氧化碳和热量,窖(库)温容易升高,湿度也大。在适宜病菌繁殖的高温、高湿条件下,易造成"烧窖"腐烂,薯块也容易发芽。这一阶段要注意通风、降温、排湿,使窖温稳定在11～14℃,相对湿度控制在90%左右。

16.1.3.2 中期保温防寒

入窖20多天到翌年立春前为贮藏中期。此期经历的时间最长,且处于严冬寒冷季节,薯块呼吸作用已减弱,产生热量少,是薯块最易受冷害的时期。因此,管理上应以保温防寒为中心,要根据窖(库)内温度的变化情况,采取封闭门窗、气眼,窖(库)外培土保温、窖(库)内薯堆盖草保温等措施。如果这些措施均已被采用,窖(库)温还是很低,就应适当加温,千方百计使窖(库)温保持在11～14℃。有条件的地方可用电热线并安装控温仪调节窖(库)温度。

16.1.3.3 后期稳定窖(库)温,及时通风换气

立春至出窖(库)这段时间为贮藏后期。立春后气温逐渐回升,但寒暖多变,且薯块经过长期贮藏,呼吸强度微弱,窖(库)对不良环境的抵御力差,极易遭受软腐病危害。这一阶段管理

上应以稳定窖(库)温、适当通风换气为主。根据天气寒暖变化,既要注意通气散热,又要注意保温防寒,使窖(库)温保持在 11 ~ 14 ℃。如果窖(库)温度偏高,湿度又大,可逐渐去除薯堆上的盖草,在晴天中午开启窖(库)门或气窗通气排湿降温,排除窖(库)内过多的二氧化碳,下午再关闭门窗。如遇寒流,应做好防寒保暖工作,防止薯块受冷。

国内已有一些单位用电热线加温进行高温愈合处理,升温快且均匀,保温无波动,薯块愈合质量高。

16.1.4 甘薯种薯收获贮藏系统操作规程

适时收获、选健薯及时入窖(库)是鲜薯安全贮藏的基础,窖(库)内科学、合理的堆放是鲜薯安全贮藏的保证,贮藏期间加强科学管理是鲜薯安全贮藏的关键。特别是种薯贮藏,应在以下各方面加以高度重视。

(1)用沙质土壤种植的甘薯作种薯,严禁用地下水位高的渍水地块的薯块和施用过含氯化肥的薯块作贮藏种薯。

(2)用作种薯的地块,其种薯纯度应达到95%以上,因此种薯收获前应对种子地进行去杂去劣,必须做到分品种收获、运输和分别堆码贮藏。

(3)种薯的收获期,以当地气温降至日最低气温为11 ~ 15 ℃时及时收获入窖(库);当地日最低气温低于9 ℃时收获的薯块不能作种贮藏。

(4)选择晴天或阴天收获种薯,严禁在大雨天收种。

(5)种薯收获时应轻挖、轻放、轻运、轻卸,防止深度损伤种薯种皮。

(6)用作种薯的薯块的质量标准为单薯重100 ~ 500 g,应留薯鼻头和薯尾,不用有机械损伤和病虫伤害的薯块作种。

(7)当天收获的薯块必须当天入窖(库)堆码整齐,不过度或多次翻动薯袋。

(8)应选择背风保温性能好的民房、仓库以及有利于安全贮藏的山洞、防空洞作种薯贮藏场所,并通过改造或改修达到便于调节贮藏温度、湿度的要求。此外,上述贮藏场所在近两年内未堆放过化肥、柑橘、酒类和其他挥发性有害气体等物质。

(9)种薯入窖(库)后应及时用保鲜剂浸种或进行高温愈合处理,杜绝病菌侵入。

(10)种薯堆码时要安好直气筒和横气筒,并且二者要相通。直气筒的安放距离为1.5 ~ 2.0 m,横气筒的安放高度为离地面1 m,种薯堆放高度一般不超过2 m,并在贮藏窖(库)内的适当位置留好管理检查人行通道。在能代表窖(库)内环境的薯堆的直气筒的上、中、下层分别挂放温度计,在每间贮藏窖(库)的适当位置分别挂上最高、最低温度计和湿度计,以便随时掌握贮藏期间的温湿度状况。

(11)在整个贮藏期,应通过关闭、开启贮藏窖(库)的通风窗、排气窗或安装控温控湿设施等措施,始终保持薯堆温度在11～14℃,空气相对湿度在85%～90%。如果湿度大于90%,应及时将干稻草等吸水材料铺在薯堆表面吸湿,并采取有效措施防止窖(库)顶棚上的水汽直接滴到薯块上;如果湿度小于85%,应在贮藏窖(库)走道地面上浇水增加湿度。

(12)严禁饮酒后和身上带有柑橘的人员进入种薯贮藏窖(库),应采取有效措施,防止老鼠进入。

(13)种薯在贮藏期间,除了薯堆表面发现腐烂薯块应及时轻轻拣出外,严禁翻动薯块,以免造成种薯新创伤感染,加重腐烂。

(14)管理人员应在种薯入窖(库)贮藏开始就每天定期观察记录窖(库)内温、湿度和种薯贮藏状况,发现问题及时采取措施,直至解决问题。

(15)管理人员应有责任心,一旦确定,就应负责到底,直至薯块出窖(库)。在不得已需要换管理人员时,必须做好上交下接工作。

16.2 甘薯贮藏期间的主要病害

甘薯病害在我国已有报道的超过30种,其中在鲜薯贮藏期间为害比较严重的有甘薯黑斑病、甘薯镰刀菌干腐病、甘薯软腐病。

16.2.1 甘薯黑斑病

甘薯黑斑病又称黑疤病,俗名黑疔、黑膏药、黑疮等。此病是造成甘薯烂窖、烂床、死苗的主要原因。

16.2.1.1 症状

甘薯黑斑病在甘薯育苗期、大田期和贮藏期都能造成危害。贮藏期薯块感病,病斑多发生在伤口和根眼上,初为黑色小点,逐渐扩大成圆形、梭形或不规则形病斑,中间也产生刺毛状物。贮藏后期,病斑可深入薯肉达2～3 cm,呈暗褐色。往往黑斑病的侵染可使其他真菌和细菌趁机侵入,引起窖(库)内各种类型的腐烂。

16.2.1.2 病原菌及其生物学特性

甘薯黑斑病菌(*Ceratocystis fimbriata*)属于子囊菌亚门,核菌纲,球壳菌目,长喙壳科,长喙壳属。菌丝初无色,老熟则呈深褐色,生于寄主细胞内或细胞间。有性阶段产生子囊壳,呈长颈烧瓶状,基部为球形。子囊壳内含子囊若干个,子囊为梨形,膜极薄,当子囊孢子成熟时,子囊膜即行消解。子囊孢子无色,单孢,钢盔状。成熟时由于子囊壳吸水,发生膨压,将子囊孢子排出孔口,成团聚集于喙端,初为白色,后呈褐色。子囊孢子不需经过休眠即可萌发,在传染上起着重要作用。无性阶段产生内生分生孢子和内生厚垣孢子。内生分生孢子无色,单孢,杆状或圆形。内生分生孢子生成后可立即发芽,发芽后有时生成一串次生内生分生孢子,如此可连续产生2~3代,然后生成菌丝;也可在萌芽后就生成内生厚垣孢子。内生厚垣孢子成熟后暗褐色,球形或椭圆形,具有厚膜。发病后期,大量厚垣孢子在病薯皮下维管束圈附近产生,能度过不良环境,可在贮藏窖(库)内或苗床及大田的土壤里越冬。

16.2.1.3 传播途径及发病条件

黑斑病菌可以厚垣孢子或子囊孢子的形式附着在种薯上,也可以菌丝体的形式潜伏在薯块内越冬,还可在茎蔓上越冬,病菌生活力较强。据测定,在室温不低于5℃的干燥条件下,厚垣孢子和子囊孢子均可存活150 d。在水中,子囊孢子可存活148 d,厚垣孢子可存活128 d。病菌在田间土壤内能存活2年9个月。病害的传播主要有三个途径:首先是种薯、种苗传病;其次是土壤和粪肥传病;再次是黑斑病在收获期可经人畜携带以及昆虫、田鼠和农具等媒介传播。

甘薯黑斑病发生的轻重与温湿度、土质、甘薯品种以及薯块伤口的多少有密切的关系。其发病温度最低为8℃,最高为35℃,最适为25℃,在10℃以下和35℃以上一般不发病。病菌的这种抗温限度是防治上的有利因素。病害的发生与土壤含水量有关,土壤含水量在14%~60%时,病害随湿度的增加而加重;当土壤含水量超过60%时,病害又随湿度的增加而递减,但湿度在14%~100%,均能发病。贮藏期间,感病最适温度为23~27℃,10~14℃发病较轻,15℃以上对发病有利,达到35℃又可抑制发病。

16.2.1.4 防治方法

1.铲除菌原

首先要做好"三查"(即查病薯不上床,查病苗不下地,查病薯不入窖)、三防(防止引进病薯病苗、防止调出病薯病苗、防止病薯病苗在本地区流动)工作。不用病土、旧床土垫圈或积肥,并做到经常更换育苗床址,对采苗圃和留种地要注意轮作换茬。

2.建立无病留种田

建立无病留种田、繁殖无病种薯是防治甘薯黑斑病的有效措施。由于黑斑病传染途径多,因此建立无病留种田要做到苗净、地净、肥净,并做好防治地下害虫的工作,从各方面防止病菌侵染危害。

3.培育无病壮苗

培育无病壮苗是综合防治的中心环节。主要措施是温水浸种、药剂浸种浸苗、高温育苗。

4.大田防治

甘薯黑斑病一般只危害薯苗白嫩的茎基部,通过一次或两次高剪苗,可减轻田间发病,提高薯苗的成活率。采用多留种、多育苗、栽头两茬苗的方法,可以达到苗壮、苗全、适时早栽、防病丰产的目的。防治地下害虫,其目的是减轻虫害传病。

5.选用抗病品种

目前尚未发现免疫品种,但品种间抗病性有差异。如"济薯7号""南京92""新大紫""91-93"等品种的抗黑斑病能力都较强。

6.安全贮藏

甘薯贮藏期菌源主要来自田间带病带菌薯块,或由于工具污染和旧窖带菌。这些病菌通过收刨和运输过程中产生的伤口侵入为害。因此,要做到安全贮藏,必须抓好入窖(库)前和入窖(库)后的各个环节。

(1)适时收获:防止霜冻,挑选好薯入窖(库),避免破伤。

(2)旧窖(库)消毒:薯块入窖(库)前,旧窖(库)要去土见新或打扫干净,铲除菌源,再用1:30的石灰水刷洗,或喷1%的福尔马林液,或用硫黄粉熏蒸消毒。此外,还要堵塞鼠洞,防止鼠害。

(3)控制窖(库)温:贮藏前期持续高温会使病害发展,中、后期受冷则会造成冷窖腐烂。15℃以上病菌发展较快,10℃以下薯块容易受冷,因此,窖(库)藏温度要保持在11~14℃之间。

(4)高温处理薯块:薯块入窖(库)后经35~38℃高温处理3~4昼夜,使薯块伤口形成愈伤组织,防病效果显著(该方法将在本章的后面详细介绍)。

16.2.2 甘薯镰刀菌干腐病

甘薯镰刀菌干腐病也是甘薯贮藏期常见的一种病害。1976年,山东历城县调查发现,此病平均发病率为49.6%,严重的甚至达到72.0%。一般损失2%左右,严重时甚至会全窖(库)发病,损失颇大。

16.2.2.1 症状

甘薯镰刀菌干腐病在收获初期和整个贮藏期均可侵染为害。初期一般在薯块一端先发病,发病部分薯皮不规则收缩,皮下组织呈海绵状,淡褐色,病斑凹陷。进一步发展时,薯块腐烂呈干腐状。后期才明显见到薯皮表面产生圆形或近圆形病斑。病斑初期为黑褐色,之后逐渐扩大,直径1~7 cm,稍凹陷,轮廓有数层,边缘清晰。剖视病斑组织,上层为褐色,下层为淡褐色糠腐。受害严重的薯块,大小病斑可达10个以上。此种类型与黑斑病很相似,但病斑以下组织比黑斑病较疏松,且呈灰褐色,而黑斑病剖面组织近墨绿色,质地硬实。在贮藏后期,此类病菌往往从黑斑病病斑处相继入侵而发生并发症。

16.2.2.2 病原

甘薯镰刀菌干腐病的病原菌有多种,都属半知菌亚门,丝孢菌纲,瘤座孢目,瘤座孢科,镰刀菌属,主要有尖镰孢(*Fusarium oxysporum*)、串珠镰孢(*Fusarium moniliforme*)、腐皮镰孢[*Fusarium solani*(Mart.)App. et Wollenw.]。病菌主要从伤口侵入,菌丝体在薯块内部蔓延,破坏组织,使之干缩成僵块。当湿度高时,在薯块空隙间产生菌丝体和分生孢子,并从组织内经表面裂缝长出白至粉红色霉状物。

16.2.2.3 侵染循环

甘薯镰刀菌干腐病的初侵染源是种薯上和土壤中越冬的病原菌。带病种薯在苗床育苗时,病菌侵染幼苗;带菌薯苗在田间呈潜伏状态,甘薯成熟期病菌可通过维管束到达薯块。发病最适温度为20~28 ℃,32 ℃以上病情停止发展。

16.2.2.4 防治方法

(1)培育无病种薯,选用三年以上的轮作地作为留种地,从春薯田剪蔓或从采苗圃高剪苗栽插夏秋薯。

（2）精心收获，小心搬运，避免薯块受伤，减少感病机会。

（3）采用高温大屋窖（库）贮藏，入窖（库）时进行高温愈合处理，具有很好的效果。

（4）采用抗菌剂"401"熏蒸，也可防止此病在贮藏期发生为害。

16.2.3 甘薯软腐病

甘薯软腐病是甘薯贮藏期比较普遍的一种病害。如果收获粗放，贮藏不善，将导致此病迅速蔓延，引起薯块腐烂，造成严重损失。

16.2.3.1 症状

甘薯软腐病病菌多从薯块两端和伤口侵入。感病后，初期外观症状不明显，仅薯块变软，呈水渍状，发黏，之后在薯块表面长出茂盛的菌丝体和孢子囊，像"篦毛"一样，用手指一触，病部即流出草黄色汁液，具有芳香酒味。如果被次生寄生物入侵，则变成霉酸味和臭味，以后干缩成硬块。病菌侵入时，开始由一点或多点横向发展，很少纵向发展。病菌有时自薯块中腰部侵入，腐烂部分称为环腐型，有时自头部侵入，半段干缩，称为领腐型。

16.2.3.2 病原

甘薯软腐病属于真菌性病害，但其病原真菌不止一种，都属接合菌亚门，接合菌纲，毛霉目，毛霉科，根霉属。其中主要有黑根霉（*Rhizopus nigricans*），当黑根霉与其他根霉共存时，常会排斥其他种类而占优势。黑根霉的菌丝体分为营养菌丝和气生菌丝。营养菌丝在被害部穿透寄主组织，深入内部；气生菌丝生长于薯皮外，每隔一定距离即做匍匐状蔓延，覆盖在薯皮上。这种菌丝初为白色，后变为暗褐色，以假根固定于寄主内。在与假根相对处生出直立暗褐色的孢囊梗，顶部着生孢子囊；孢子囊黑褐色，球形，成熟时孢子囊膜破裂，散出大量孢囊孢子，遇适宜条件，萌发生成芽管，进一步发展为无隔菌丝。有性世代产生接合孢子，但极少见，一般为黑色，球形，表面有突起。

16.2.3.3 发病条件

黑根霉菌寄生性很强，在土壤、空气、病残体和窖壁内到处都大量存在。当薯块受伤或遭受冷害，生机衰弱时，易被病菌侵入。黑根霉菌丝的生长最适温度为 23～26 ℃，最低温度为 6 ℃，最高温度为 31 ℃。产生孢囊孢子的最适温度为 23～28 ℃，最低温度为 10 ℃，最高温度为

30℃。孢子萌发的最适温度为26～28℃,最低温度为1℃,最高温度为30℃,以在20～30℃时萌发最快,约5 h即可萌发。发病的最适温度为15～23℃,最低为3℃,最高为34℃。孢子侵入并不需要饱和的湿度,故侵入以后,在较低的相对湿度下仍能继续为害,在相对湿度为93%～99%时,入侵甚少。

16.2.3.4 侵染循环

病原菌接合孢子为休眠孢子,经过休眠阶段后,萌发短形芽管,并于芽管顶端形成孢子囊,孢子囊能存活数月,度过恶劣环境,该病菌具有高度腐生性,病残体上的菌丝体也能以腐生状态存活。此菌不侵染生机旺盛的健康寄主组织,只侵染受伤的部位。侵染关系建立后,即可不断引起腐烂。

病原菌孢囊孢子附着在被害作物或贮藏薯窖壁内越冬,萌发后自寄主伤口侵入,成为初次侵染源。此病可通过薯块接触从病薯传到健薯。孢囊孢子还可借蝇类、鼠类等传播到另一薯块上。再次侵染是从患病组织所产生的孢囊孢子开始,大气和土壤中均有病菌孢子存在,因而受损伤的薯块极易发病。

16.2.3.5 防治方法

软腐病菌腐生性强,且到处都有分布,极难清除。因此,在防治上采取的措施应从防止薯块遭受冷害和损伤着手,增强薯块抗病能力,杜绝病菌侵染途径。具体措施:一是适时收获,并做到当天收获当天入窖,防止薯块受到冷害,且在收获及贮藏过程中要轻挖、轻装、轻运、轻卸,尽量减少薯块损伤,确保甘薯有良好的贮藏品质,为安全贮藏奠定基础;二是加强贮藏期管理,窖温应保持在11～14℃,贮藏期间如果在薯堆表面发现病薯,应及时拣出;三是有条件的地方可结合防治黑斑病进行高温愈合处理。

16.2.4 贮藏期其他病害

16.2.4.1 干腐病

干腐病发病症状一般是从薯块末端开始形成坚硬的、棕褐色的腐朽状,最后薯块变得皱缩干硬,表面产生丘疹状突起,黑色小点覆盖整个表面,组织内呈煤黑色。

该病由病原物(子囊菌亚门、核菌纲、球壳菌目、间座壳科)的原间座壳枯病菌(*Diaporthe*

batatatis Harter et Field）引起。其子囊壳近球形，有长须，子囊短圆柱形，基部有短柄，子囊孢子圆形或纺锤形，双细胞，无色。无性阶段为拟茎点霉茎枯病菌（*Phomopsis batatae* Ell.et Halsted）。

防治措施同镰刀菌干腐病。

16.2.4.2 空心发泡

空心发泡是甘薯贮藏期的生理病害，在高温、湿度低的情况下容易发生。其症状表现为薯块表皮布满斑疹状突起，极易剥离，破裂翘起，裸露出棕黄色的疏松木栓化组织。病薯提早出芽，芽黄白色，细长，幼茎老韧，上有疮痂状突起，病薯轻而空心。

防治空心发泡应加强贮藏期管理，调节温度湿度，使薯块保持在最佳安全贮藏的范围。

16.3 甘薯常用的贮藏方法

16.3.1 甘薯高温窖（库）贮藏

甘薯高温窖（库）贮藏就是在甘薯入窖（库）初期（易出现高温高湿）用35～38℃高温处理48 h，使薯块伤口愈合形成愈伤周皮，以防病菌侵入，从而发病腐烂。当甘薯伤口已产生愈伤周皮后立即降温，之后一直保持在11～14℃，相对湿度保持在85%～90%，就能安全贮藏。

16.3.1.1 甘薯高温窖（库）的建造

甘薯高温贮藏窖（库）式样繁多，各有特色。有地上式，有半地下式；窖（库）墙有土墙、坯墙、砖墙、石墙之分；屋顶有起脊、平顶、草顶、瓦顶、灰土顶之别；有新建的，也有用土圆仓、烤烟房、地下窖以及山区自然岩洞改建的；就贮藏数量而言，有贮藏十几万千克的，也有贮藏1 000～2 000 kg的。现以贮薯20 000～30 000 kg的中型窖（库）为例介绍其结构及修建要求（图16-1至图16-4）。

窖的外长为11.6 m（其中贮藏室8.7 m），外宽为5.0 m。

1.保温结构

保温结构包括墙脚、土墙和保温楼三部分。

（1）墙脚：高于地面约30 cm，厚或宽应大于土墙5～8 cm，石缝必须刮满灰浆，做到无缝。如用旧屋改建，应将孔洞和缝隙填满，并将墙脚里外糊严。

（2）土墙：墙的厚度在平坝和较温暖地区为40～50 cm，在半高山、高山和较冷地区，可加厚

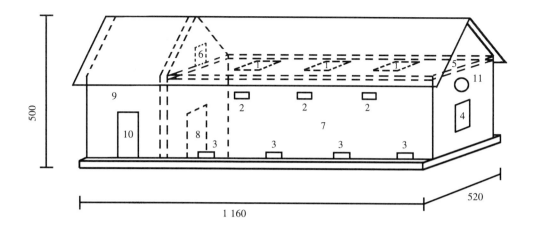

1.天窗;2.对口窗;3.地窗;4.通风窗;5.保温楼;6.楼门;
7.贮藏室;8.贮藏室门;9.管理室;10.管理室门;11.烟囱出口。

图16-1 甘薯高温大屋窖外形示意图(单位:cm)

（邵廷富,1984）

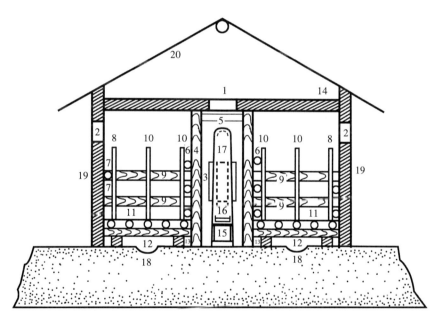

1.天窗;2.对口窗;3.通风窗;4.巷道立柱;5.立柱拉木;6.立柱上的横竹竿;
7.窖内檐墙面横树条;8.窖内檐墙面直立竹竿;9.窖内山墙面横树条;
10.窖内山墙面直立竹竿;11.枕木;12.地楼竹笆;13.石磴;14.保温楼;15.火道;
16.烟囱闸砖;17.烟囱;18.水沟;19.土墙;20.屋盖。

图16-2 甘薯高温大屋窖横切面示意图

（邵廷富,1984）

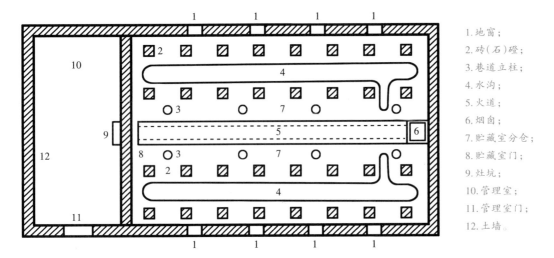

1. 地窗;
2. 砖(石)磴;
3. 巷道立柱;
4. 水沟;
5. 火道;
6. 烟囱;
7. 贮藏室分仓;
8. 贮藏室门;
9. 灶坑;
10. 管理室;
11. 管理室门;
12. 土墙。

图 16-3 甘薯高温大屋窖剖平面示意图

（邵廷富，1984）

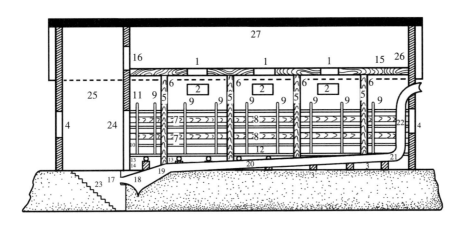

1. 天窗;2. 对口窗;3. 地窗;4. 通风窗;5. 巷道立柱;6. 立柱拉木;7. 立柱上的横竿;
8. 窖内檐墙面的横树条;9. 窖内檐墙面直立竹竿;10. 窖内山墙面横树条;
11. 窖内山墙面直立竹竿;12. 地楼竹竿竹笆;13. 枕木;14. 石磴;15. 天楼(保温楼);
16. 楼门;17. 灶门;18. 灶膛(喇叭形)、炉桥(斜角30°);19. 出火口(斜角30°);
20. 火道(坡度3%);21. 烟囱闸砖(能抽动);22. 烟囱;23. 灶坑阶梯;24. 贮藏室门;
25. 管理室;26. 土墙;27. 屋盖。

图 16-4 甘薯高温大屋窖纵剖面示意图

（邵廷富，1984）

到60 cm,才能防寒保温。筑墙前应在贮藏室门的下端先挖好灶坑,安好灶门。筑墙时要在前后两侧墙的适当位置和高度安放地窗和对口窗,在两个山墙的适当位置安好通风窗和贮藏室门。

必要时,还可在两侧墙适当的上、中、下层安装测温孔,以便于贮藏期间测定靠墙一边的上、中、下层薯堆的温度。墙体有裂缝时,应里外堵塞,然后在里、外墙壁上糊1~2 cm厚的用糠壳混合的稀泥(有条件的可在墙的外壁糊一层纸筋石灰),增强保温效果。要注意,墙内壁不能糊纸筋石灰,也不能单糊石灰,以免墙内失去调节湿度的能力。

(3)保温楼:其功能要达到既保温吸湿,又轻便和节约木、竹材料。以竹子、玉米秆、稻草、谷壳、锯木屑、草木灰等作保温材料较好。具体做法是在对口窗上70 cm或距地面315 cm的两侧檐墙上面,每隔80~100 cm横放直径约15 cm的木棒作楼梁,与楼梁垂直放一层间距2~4 cm的竹子或小树条,再依次在竹子(小树条)上放一层厚8~12 cm的稻草,稻草上铺一薄层锯木屑或草木灰,第二层放2~4 cm厚的草帘,第三层压草木灰2~3 cm,第四层盖塑料薄膜或笆簧,最上面再用牛粪或草木灰调泥糊2~3 cm厚。保温楼总厚度20~25 cm,寒冷地区可加厚到45 cm。在温暖地区,保温用两层稻草、两层谷草壳相间排列,总厚度10 cm以上也能保温。做保温楼前,要在适当的位置留出天窗洞口。整个保温楼要做到厚度均匀、平整,四周严实,保温吸湿效果才好。在管理室一端的山墙上(保温楼以上)留1个楼门,以便管理人员上楼检查。

保温楼可分段做成活动的,既可揭盖快速降温,又便于取下晾干,延长使用寿命。

屋顶用瓦或草盖均可,要求不漏雨。

2.降温结构

为了使高温窖在升温和保温后能很快降温排湿,必须要有降温结构。降温结构包括门、对口窗、通风窗、地窗和天窗等。

(1)门:包括贮藏室门和管理室门。这两道门不能对开,要成直角,才能避免冷空气进入。门高180 cm,宽75~80 cm。门不能漏气,才利于保温。

(2)对口窗:在贮藏室的两侧墙(檐墙)距墙脚高245 cm处(或保温楼下70 cm),各安对口窗3个,两窗相距150 cm。对口窗高30 cm,长50 cm。窗门做成双层印合式,嵌玻璃或塑料薄膜,也可用薄石板做成。

(3)通风窗:通风窗共3个,2个设在贮藏室左边山墙的烟囱两旁(距烟囱15 cm),1个设在管理室右墙正中距墙脚100 cm处,与贮藏室门外相对。窗高100 cm,宽80 cm,窗门也要做成嵌玻璃或薄膜的双层印合式。

(4)地窗:在前后檐墙靠地面位置,均匀设高20 cm、宽30 cm的地窗各4个,并与对口窗位置错开。为防止老鼠进入，在地窗上安放铁箅子。地窗门可用木材做，但要向外开，便于关闭。也可不做窗门，升温、保温时用稻草、谷壳等混稀泥塞堵，降温时再除去，效果也较好。

（5）天窗：在保温楼正中安天窗3个，天窗间距约200 cm，并与对口窗错开。天窗边长40～80 cm，高与保温楼的厚度一致。窗框用木板做或用竹块编成。天窗下盖用木板做成，上盖可用木板、薄石板或双层塑料薄膜做。保温期间天窗要用稻草等保温物盖严，以防散热。

3.升温结构

升温结构包括灶坑、灶、火道和烟囱等部分。以升温快慢和消耗燃料的多少作为衡量其是否合理的标准。

（1）灶坑：在紧靠贮藏室门外面的管理室内挖一个灶坑，灶坑长宽各100 cm，深165 cm。

（2）灶：在灶坑里打柴、煤两用的吸风灶。灶膛应伸入墙内，以利于节约燃料。灶膛宽和高各30 cm，长60 cm。灶膛正中架长40～50 cm、宽25～30 cm的炉桥。炉桥至平顶高45～50 cm。炉桥外高内低，坡度为30°～40°，灶门砌在墙外，高25 cm，宽20 cm。灶门对面设一出火口与火道相连。出火口坡度为30°，高、宽各25 cm，下口距炉桥底端20～30 cm。

（3）火道：如贮藏室分左右2个分仓，则火道设在贮藏室正中的走道上；如只有1个仓，火道应放在靠檐墙的一侧。火道有明火道和暗火道两种。在窖（库）容量小且当地无铁管的条件下，适合修暗火道。具体做法是在走道中间挖宽25 cm、深20～25 cm的一条沟，一头与出火口相连，一头通向贮藏室的另一山墙脚。火道的坡度，出火口后100 cm这一段为30°，100 cm以后的一段为3°。暗火道的沟底或两边可用火砖或砂石块砌好，上面最好盖没有孔隙的废铁皮，也可用砂石板或其他传热快的材料。暗火道盖好后，应与地面相平或略高于地面，要严格密封，不能漏火、漏烟。明火道应选传热快的材料，最好用直径30 cm的铸铁管或土陶管。

（4）烟囱：烟囱有明、暗烟囱之分。最好用直径20 cm的铸铁管、土陶管或火砖，在靠墙的内壁做成明烟囱。也可在墙的内壁挖一条宽、深各20 cm的烟道，用片砖全部密封，做成暗烟囱。两种烟囱均要在保温楼下20 cm处斜穿过墙体伸出墙外，并在出口上方斜盖1块瓦或铁皮，使烟横冒，避免失火。

4.贮藏室结构

火道设在正中的贮藏窖，设左右2个分仓；火道设在一侧的贮藏窖，只设1个窖仓。窖仓的结构应满足贮藏后"通"和"空"的要求。具体方法是在地面间隔40～50 cm处安放石磴，在其上横放枕木，枕木上放竹杆或树条固定，再在其上铺竹簧（密度以不漏薯块为准）。这种地楼与地面的距离一般为30～40 cm。在走道（一般宽80～100 cm）上每相距约50 cm立1根直径10 cm以上的木棒或竹子(也可用石柱或铁质的材料)立柱,立柱下端埋入土中,筑牢实,上端顶住或固定在保温楼梁上。在立柱内侧横捆间距30~40cm的竹子或树条。在竹子或树条上(直放)固定竹箦。在靠墙壁的面(包括山墙和檐墙面)立木棒或竹子,也先后固定竹子(树条)、竹箦。窖仓以高200cm为宜。做窖仓前,在即将修建的窖仓下部的正中央,与火道平行挖1条深20cm、宽35cm,长略短于窖仓的水沟。沟内要糊灰浆,以防漏水。水沟底应有一定坡度,较深一头要弯出窖仓20cm,以便于由此处加水和排水。用竹篾条编成大小两种气筒,大气筒直径为20cm,长220cm,堆薯时在窖仓正中每隔120cm立1个。小气筒直径为10cm,长与窖仓宽度相等,堆薯到1/2高度时横放于薯堆中,并且小气筒两端与直立的大气筒相连,以达到薯堆内部空气流通。

5.管理室

管理室主要用于对高温贮藏窖烧火加温、日常观察、管理和值班等。规格和大小无统一要求,根据需要而定。

16.3.1.2 高温愈合处理

高温愈合处理是甘薯高温窖藏的技术关键。高温愈合处理包括升温阶段、保温阶段和降温阶段。

1.升温阶段

甘薯鲜薯入窖并检修好窖内的结构后,把所有门窗关好,必要时用稀泥糊缝,然后点火升温。升温时要求升温快且均匀,能使湿气排得好。要在24~48h内使上层薯堆温度升到28℃,下层达到25℃,上、下层温差不超过4℃。为掌握温度,应每隔1~2h进窖检查一次。如果是旧窖干墙和晴天收获的薯块,窖内水汽又不重时,升温初期应紧闭门窗烧大火(小屋窖应一直烧小火);如是雨后或冒雨收的薯块,湿气重,或者是新窖湿墙,叩打开对口窗和天窗,烧大火2~4h排湿,然后关闭所有门窗继续烧大火。当薯堆温度达到38℃时,应打开对口窗和天窗排湿20min再关闭门窗。烧火升温2~4h,再开窗排湿。排湿次数视窖内水汽大小而定,湿汽轻的只排1~2次,湿气重的可排3~4次,多至7~8次,直至窖内空间无雾气和薯堆表面无湿汽为止。当上、下层薯堆与空间的温度相差很大时,应烧吊火或暂停烧火以缩小温差。上层温度达到34℃、底层达到32℃时,也应烧小火,使薯堆与空间的温度平衡。当上层温度达到38℃、下层达到35℃时,应立即停火,并封闭灶门和烟囱保温。升温期太长或升温很缓慢,尤其是在20~25℃维持时间太久,排湿又不好的情况下,薯块不仅易发芽,而且也给黑斑病、软腐病的病菌创造了有利的繁殖条件,从而使薯块感病腐烂。升温过程中,要勤查火道、烟囱及出火口,严防漏烟、漏火。

2.保温阶段

从温度达到35~38℃的停火时间算起,经过48h保温愈伤(对收获质量差或发病严重的薯块可保温到72h),即为保温阶段,这是甘薯高温窖藏的重要愈伤阶段,或称为愈伤期。这一阶段的技术关键是薯堆温度应始终保持在35~38℃范围内。每隔2~3h入窖检查一次,必要时还可缩短间隔时间。如检查到温度太低应补烧小火增温,当温度回升较快或呈直线上升时,应立即打开部分或全部门窗使温度降至35~38℃再关闭门窗,继续监视温度的变化。保温阶段因窖内通风不良,加之薯块呼吸旺盛耗氧多,常出现缺氧现象。简单的检查方法是点蜡烛入窖,如烛火熄灭,表示缺氧,人不能进窖内,以免发生危险,此时应立即开门窗通风换气。

3.降温阶段

当保温到48h左右时,应每隔2h检查放在薯堆表面的伤口薯的愈合情况,当用手指已能从多数伤口刮起一层薄皮时,表示伤口已完全愈合,可结束保温期进入降温阶段。降温阶段的技术要求是温度要降得快,所以应打开所有门窗快速降温。一般经1~2d,当薯堆上层温度降至14~15℃、下层温度降至12~13℃时,就可关闭所有门窗、灶门及烟囱等,并用稀泥糊好,结束降温阶段进入冬季保温贮藏阶段。

16.3.1.3 贮藏管理

高温大屋窖的管理应做到三点:一是前期通风降温散湿;二是中期保温防寒;三是后期稳定窖(库)温,及时通风换气。整个贮藏期间,通过关或开门窗,以及采取其他有效措施,使窖(库)温稳定在11~14℃,相对湿度控制在85%~90%。详见本章第一节有关内容。

除了以上介绍的高温贮藏窖外,还有根据丘陵和山区等地石头山较多的特点,选择在砂石岩边修建高温岩窖;有用贮粮的土圆仓改建的高温土圆仓窖;有利用旧土墙房子屋角改建的适合一家一户贮藏的高温小屋窖;有在坝地或较平坦的坡地,少用或基本不用木材修建的高温地下窖等。

16.3.2 甘薯保鲜剂处理贮藏

16.3.2.1 药剂处理贮藏

甘薯在收获入窖前,用可湿性多菌灵等抗菌剂药液浸种,可以起到杀菌保鲜、防止薯块腐烂的作用。药剂处理贮藏甘薯已在一些地方得到推广应用,如四川省南充地区1983年就有14万多农户用此法贮藏鲜薯$7.5×10^8$ kg,1984年春出窖时抽样调查,病薯率仅1%~7%,损失率更低。药剂处理贮藏操作简便、成本低,每处理1 000 kg薯块只花1角钱。

处理方法是用50%的可湿性多菌灵粉剂700~1 000倍液浸种,即1 g药粉兑水0.7~1.0 kg。配药时,先用少量水将药粉调成糊状,然后再将全部水加入搅匀。药液装在瓦缸、石缸或大盆里,也可在地上挖坑铺上塑料薄膜,将配好的药液倒入。把薯块用竹篓装好,在药液中浸没片刻即提起,滴干余水后趁湿入窖,药液可反复使用,100 g多菌灵药粉可浸薯块1 000 kg左右。

药剂处理时应避免注意因浸药时间短、药液浓度低导致的只杀死附着在薯块表面的病菌,对虫伤、鼠害、有病斑、锄伤等薯块防效不高的问题,因此,应选择好薯入窖。药剂处理对软腐病防治效果欠佳,也不宜对水涝渍地的薯块做药剂处理。提倡当天收获,当天浸药入窖,最长不要超过3 d。堆放时间过长,病菌已侵入薯内,会降低药效。贮藏期间窖内温度应保持在11~14 ℃之间,勿受冷冻。多菌灵尽管使用后分解较快,无残毒,但必须在处理后经过1个月以上贮藏才能食用。除用药液浸种外,也有介绍用喷雾和洒药土的方法,但防病效果较差,不宜采用。

16.3.2.2 其他保鲜剂浸种贮藏

除多菌灵外,也有用其他杀菌剂农药及各种甘薯保鲜剂、水果保鲜剂等处理贮藏甘薯薯块的。如重庆市作物研究所用AB保鲜剂、硼砂、"SE"甘薯防腐保鲜剂等处理贮藏薯块,都具有一定的防腐保鲜作用,其中以"SE"甘薯防腐保鲜剂的效果最好。

除高温窖贮藏外,药剂和保鲜剂处理可配合其他各种贮藏方法使用,更能减少薯块腐烂,提高出窖率。

16.3.3 智能库贮藏甘薯鲜薯

随着国家优惠"三农"政策的深入,国内各地涉薯企业云云而生。这些企业面对国内外市场对甘薯鲜薯的大量需求,将自动化控温控湿设备用于甘薯鲜薯的贮藏上。智能库贮藏鲜薯的优点:一是贮藏量大,一个智能库可贮藏上百吨,甚至上千吨甘薯;二是由于库内的温度、湿度以及气体实现了根据甘薯鲜薯最佳贮藏条件进行智能化调节和控制,出库率高,薯块新鲜;三是可以在高温季节入库贮藏和把贮藏期延迟到常规贮藏方法不能贮藏保存的季节,实现淡季上市。

甘薯智能库的四周(包括库地面和库顶)用保温隔热材料封面。根据库容体积配备升温设备(加热系统)、降温设备(降温系统)、湿度调节系统和空气调节系统。这些设备装置均用智能控制器实现自动调控。

16.3.4 其他传统贮藏方法

16.3.4.1 崖头窖(防空洞窖、山洞窖)贮藏

这种窖适于丘陵山区,可利用山坡、崖头建窖,贮藏洞数目根据需要决定。崖头窖结构简单、省料、保鲜性好、失重较少。要注意选择土层厚且坚固的地方建窖。崖头窖通常由窖门、走道、贮藏洞、通气井等组成。

1.窖门

在选好的山坡崖头处先砌直墙,然后开门。门高180 cm,宽80 cm。门上方土层厚度不少于200 cm,以防引起塌方,也有利于保温防寒。

2.走道

从窖门向里挖高180 cm、宽80 cm的走道,长度依贮藏洞数目多少而定。走道的地面应保持窖内略高于窖外,以免雨季进水。

3.贮藏洞

贮藏洞排列成"非"字形,即在走道两侧交错挖洞。每个贮藏洞门宽60~70 cm、高170 cm左右,顶呈半圆拱形,向里挖100 cm左右后扩大为宽170 cm、高170 cm、长200 cm。贮藏洞的地面略高于走道。两个洞门之间的距离约200 cm。第一号洞距离窖门要在200 cm以上。

4.通气井

在走道尽头处垂直向上挖一通气井筒,上口直径约65 cm,下口直径约80 cm。通气井筒要高出窖顶地面。通气井除用于在贮藏初期通气、散热、排湿外,还用于封闭窖门后检查薯窖温度。

5.排水沟

每间贮藏洞底部和四周要挖好深、宽各20 cm的排水沟,堆薯时沟面上先放竹箅,使薯不漏入沟内。贮藏期间向沟内加水或排水以调节湿度,保持薯块新鲜。

窖门要做门上锁,天气寒冷期要在门外堆堵稻草或其他防寒物,如在窖门外修一间小屋更

好,以利于保温和管理。

在我国冬天较暖和的地区,也可只挖走道形状的崖头窖,贮藏中、后期在洞口堆堵作物秸秆等防寒,也能安全贮藏。

16.3.4.2 井窖贮藏

陕北、关中地区冬季气候寒冷、持续时间长,鲜薯要在春节前上市销售或种薯早春育苗,薯农一般利用本区地下水位低、土层深厚、土质坚实的特点,因地制宜,在屋前屋后打成井窖(图16-5),贮藏甘薯。井窖是陕北、关中地区薯农贮藏甘薯的主要形式。近几年来,随着薯农栽植规模的扩大,经济条件的好转,部分农户对原有井窖进行了改建,井壁、洞壁用砖砌成,体积增大,极少数薯农建有砖混贮藏窖。

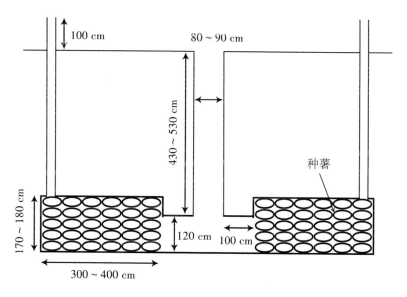

图16-5　甘薯井窖示意图
（刘明慧等,2015）

井窖贮藏甘薯,保温保湿性好,建窖简便,节省资金。缺点是甘薯的进、出窖及管理不方便,贮存量小。一般井筒直径0.8~0.9 m,井口高出地面0.3 m,井口至井底深度5.5~6.5 m,在井底一侧或两侧挖贮藏洞1个或2个。贮藏洞进出口高1.2 m,宽1 m,长0.8~1.0 m。贮藏洞高1.7~1.8 m,长3~4 m,宽2 m,上顶呈半圆形,一般2个洞可贮藏甘薯4 000~5 000 kg。贮藏洞终端有通气孔,直径0.15 m,孔口高出地面1 m。改建后的井窖增加了通气孔和半自动升降设施,井筒和贮藏洞用砖砌成,坚固耐用,使用年限长,保温性能好,贮存空间大,安全性能好。

16.3.4.3 浅屋型地窖贮藏

地窖居房屋地下2 m处,地窖进出口在房屋内,地上房屋用于居住或做他用。浅屋型地窖(图16-6)一般贮藏量大,薯块存取较井窖方便,坚固,安全性能好。缺点是由于地窖深度不够,窖温偏低,一般要求薯块的存放量要达到窖内体积的2/3。

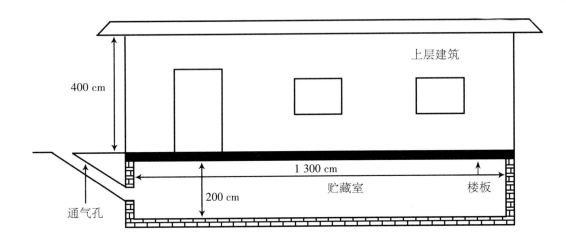

图16-6　浅屋型地窖示意图

（刘明慧等,2015）

16.3.4.4 普通大屋窖贮藏

普通大屋窖又称屋形窖,一般建在地面上,也有半地下的。其特点是墙厚、顶厚、窗小,具有较好的保温性能,同时通风散热也快,管理方便,还可一窖多用。只要严格选薯,在无黑斑病和软腐病的情况下,利用入窖初期薯堆的呼吸热,促使薯块伤口自然愈合,同样可达到安全贮藏的目的。大屋窖一般东西向,大小视贮藏种薯量而定。屋内用木桩、高粱秸秆隔开,中间留出走道,两边隔成若干分仓,四周围草。其结构、建造方法基本与高温大屋窖相同,只是没有设置加温设备。

在贮藏期间较温暖的地区(室温10℃以上)群众有在室内做栏堆薯块的习惯,实际上也属普通大屋窖贮藏的范畴。

普通大屋窖贮藏和室内堆藏,如果在入窖时用抗菌剂农药或保鲜剂处理,贮藏效果更佳。如四川省南充地区在1983年示范推广"胜南"甘薯品种时,利用普通农舍结合入窖时用可湿性多菌灵药液浸种,贮藏效果很好,黑斑病发病率3.12%,损失率仅1.38%。

16.3.4.5 种植地就地贮藏

甘薯收获后,在种植地的田边、地角挖窖就地贮藏甘薯是一种最简便、最省力、最经济的贮藏方法。这种贮藏方法适用于我国南方海拔600 m以下的平坝和浅丘暖冬地区。贮藏甘薯的窖最好选择背风、向阳、地下水位低、远离积水、略带有斜坡的地块,同时还要把四周的排水沟挖好,以利于排水。贮藏窖址选好后挖一个宽1.0~1.2 m、深1.0~1.2 m的窖坑,长度随种薯多少而定,但不要太长。窖坑挖好后,用多菌灵或托布津600倍液喷雾把整个贮藏窖四周和底部全部消毒,晾干水分。入窖的种薯收挖后放在地里摊晒,待水分干后再用甘薯保鲜剂、多菌灵或托布津800倍液消毒种薯,晾干水分后轻轻放在窖坑里,种薯不宜放得太满,以便好盖稻草和覆土,然后敞开窖口散湿1~2 d,待种薯上面的水汽散发后,再覆盖5~10 cm的稻草吸湿和保温,在稻草上面盖上薄膜,最后将挖窖坑取出的泥土回铺到薄膜上,覆土保温。覆土稍高出地面,略呈馒头形。注意轻放泥土,不要打破薄膜。若遇下雨或低温寒潮天气,则在覆土上面盖一层薄膜或草帘防湿保温,以保证种薯安全越冬。这种贮藏方法在重庆市万州区黄柏乡、丰都县以及巫溪县凤凰镇等地推广了好几年,贮藏效果很不错,一般出窖率可达60%~80%。

甘薯的传统贮藏方法,除上述窖(库)型外,还有在室内地下挖的贮薯坑、罐子窖,在竹林地下挖竹林窖等,20世纪50—60年代和70年代初,在四川省东部地区应用较多。我国北方应用较多的有拱形窖(无梁窖、永久窖、发券窖)、普通井窖、改良井窖、双筒多室井窖、浅棚窖等,只要管理得当,都可以收到较好的贮藏效果。

第十七章 甘薯加工技术

17.1 我国甘薯加工产业发展概况

甘薯的能量、脂肪含量、蛋白质含量、糖含量、磷铁含量与米饭、熟面、马铃薯和芋头等不相上下，而食用纤维、钙以及维生素A的含量远远大于上述主要食物。另外，甘薯还富含多酚、黄酮等活性成分，营养均衡全面。因此，甘薯独特的营养元素和生化结构对人体产生的生理保健功能正在被越来越多的人所青睐。加之近年来我国粮食产量的增加，甘薯的主要用途已由在"一年甘薯半年粮"的困难时期作为粮食转变为目前的粮食、饲料和工业原料等多种用途。

17.1.1 我国甘薯加工业的历史发展阶段

1988年，江苏省徐州甘薯研究中心对我国甘薯的消费形式进行了调查，结果显示，我国甘薯消费的主要用途和份额为：26.9%用于工业生产，主要用于淀粉、酒精业；35.3%用作饲料，主要用于养猪；28.0%用于食用。从各用途所占比例来看，工业、饲料和食用比较均衡。1994年，江苏省徐州甘薯研究中心再次对我国甘薯的消费形式进行了调查，结果显示，加工用甘薯的比例大幅度上升，约占45%。2015年，国家甘薯产业技术体系产业经济专家组对甘薯消费结构和市场格局进行了调研，结果显示，对薯类淀粉加工机械和加工技术的研究与推广，推动了淀粉加工业和薯区农村经济的发展，甘薯加工比例继续上升，以淀粉加工为重点的加工比例上升到50%以上，有的地方甚至达到90%。如河北省卢龙县，河南省禹州、汝阳、封丘，山东省泗水、临沂、平阴，安徽省泗县、临泉县，江苏东海县等，70%～85%的鲜薯加工成淀粉。近年来，全国每年通过淀粉加工消费鲜甘薯 3.5×10^7 t 左右。

在加工产品种类方面,20世纪80年代初期以前,我国甘薯加工产品主要为淀粉及少量的瓜干,以手工作业的家庭作坊为主,效率低,产量也不大;20世纪80年代中期以后,随着改革开放的深入进行,乡镇企业不断涌现,甘薯淀粉加工企业和甘薯酒精生产企业有所发展;20世纪90年代以后,以甘薯为原料的休闲食品加工开始出现;进入2000年以来,甘薯产后加工企业如雨后春笋般大量涌现,呈现出高速发展的态势。2010年之后,甘薯产业进入转型升级阶段。

17.1.2 我国甘薯的主要加工产品

加工是提升农产品价值的重要手段,甘薯因其产量高、淀粉含量高、分布广泛等特点,适宜加工成多种产品。甘薯可加工利用的主要成分是其所含的淀粉,最直接的产品为淀粉及衍生物淀粉;甘薯还可以通过微生物发酵将其中的淀粉转化生产酒精、饮料、饲料、调味品以及其他大宗型工业产品。随着消费者对甘薯保健功能的认可,甘薯食品的研制和生产并发得到较快的发展,质量亦不断提高,出现了甘薯方便食品、休闲食品、甘薯饮料、功能保健品等产品。目前,已报道或出现的主要甘薯加工产品见表17-1。

表17-1 甘薯加工的主要产品类型

加工方式	品种	产品
发酵类	酒精类	白酒、果酒、啤酒
	调味品类	酱油、醋、味精
	饮料类	乳酸菌发酵甘薯饮料
	饲料类	青饲料或发酵饲料
	其他工业产品	柠檬酸、丁醇、丙酮、丁酸、酶制剂、抗生素
非发酵类	淀粉类	淀粉、粉丝、粉条、粉皮
	原料粉类	颗粒全粉、雪花全粉
	饮料类	紫薯汁、茎尖饮料
	蜜饯类	红心薯干、甘薯果脯、甘薯果酱
	糖果	软糖、饴糖、葡萄糖
	油炸/膨化类	香酥薯片、油炸甘薯片、全粉膨化薯片
	糕点类	甘薯点心、薯蓉及薯类主食品
	保健品类	花青素
	蔬菜类	脱水蔬菜、盐渍菜、茎尖罐头等

虽然随着食品科技的不断发展,研发出的加工产品种类和数量不断增加,已出现一些精细加工技术和产品,但是目前我国市场上可见的甘薯加工产品品种还比较单一,淀粉、粉丝(粉条)、粉皮等"三粉"加工仍是甘薯加工的主体,未呈现"百花齐放"的局面。

17.1.2.1 淀粉

以甘薯淀粉为原料,可以制作粉丝、粉皮、粉条等传统食品。淀粉不仅是食品加工的原料,而且还应用于其他工业,是两千多种工业产品的原料,尤其是变性淀粉,不但物理性能优于原淀粉,有的产品还具有特殊性能,广泛应用于洗涤、造纸、纺织、食品、医药、化工、环保等领域。

17.1.2.2 全粉

鲜甘薯含水量较高,长时间贮藏保鲜困难较大,且贮藏过程中养分消耗较大,病害损失严重。因此,为了延长甘薯供应时间,可以将其制作成细颗粒状、片屑状或粉末状的甘薯全粉。甘薯全粉包含了新鲜甘薯中除薯皮以外的淀粉、蛋白质、糖、脂肪、纤维、灰分、维生素、矿物质等全部干物质。甘薯全粉由于其在加工过程中基本保持了细胞的完整性,因此它能够最大限度地保留甘薯中原有的营养和功能性成分,使其丰富的营养和特异的功能得以表达。复水后的甘薯全粉具有新鲜甘薯的营养、风味和口感,其含水量较低(一般为7%~8%),储藏期长,解决了甘薯储藏期间霉烂,储藏期短的问题,且在加工过程中用水少、无废料,产品用途广,可直接用于生产油炸制品、焙烤制品、松饼、面类制品、馅饼、早餐食品、婴儿食品等,或者作为添加成分调节其他加工产品的颜色、风味、甜度、营养组成等,以满足甘薯餐桌化的需求。日本每年从中国山东大量进口去皮、熟化、干燥甘薯片以加工成甘薯全粉;美国企业也开始在江苏昆山建厂,利用我国甘薯资源生产甘薯全粉。

除薯块全粉外,近年来还开发出甘薯茎叶青粉,是以新鲜甘薯茎叶为原料,经清洗、干燥、超微粉碎技术,得到的翠绿色粉末。甘薯青粉保留了甘薯茎叶原有的色泽,不添加糖、防腐剂等食品添加剂,甘薯茎叶成分为100%,富含蛋白质、多酚、膳食纤维、脂肪、矿物元素等多种营养及功能性成分,能够弥补人们日常生活中蔬菜营养成分摄取不足的问题,也可以添加到糕点、面包、冰激凌、饮料、面条、水饺、凉粉等食品中,用途极为广泛。

17.1.2.3 方便食品

除了方便粉丝外,已开发出甘薯泥、甘薯即食粥、紫薯面条、香脆薯饼、甘薯面包、甘薯蛋糕、甘薯曲奇饼干、脱水甘薯、盐渍甘薯、甘薯茎尖罐头、甘薯泡菜等方便食品。

17.1.2.4 休闲食品

甘薯制作休闲食品由来已久,由红心甘薯制成的连城地瓜干早在清朝时就作为贡品进贡皇宫,是宫廷宴席上的珍贵小点,也是著名的"闽西八大干"之首,美名曰"金薯片",连城也成为中外闻名的"红心地瓜干之乡"。随着经济的发展和消费水平的提高,作为快速消费品的休闲食品正在逐渐升格成为百姓日常的必需消费品,消费者对于休闲食品数量和品质的需求将不断提高,甘薯以其含有多种功能成分的优势,有望在休闲食品领域占据一席之地。目前利用甘薯开发出了许多休闲食品,如紫心薯干、甘薯枣、甘薯软糖、甘薯饴糖、甘薯果脯、甘薯膨化食品等。

17.1.2.5 饮料

甘薯及甘薯茎叶均可制成饮料。利用紫薯、红心薯等特色品种加工出不用任何添加剂的健康饮料,色泽鲜美,营养丰富,具有明显的抗氧化、消除自由基和活性氧、减轻肝脏机能障碍等功效。另外,甘薯还可经发酵制成啤酒,富含维生素和矿物元素,色泽金黄、鲜艳可口、营养丰富,甘薯发酵啤酒的出现为啤酒多样化发展迈出了新的一步。另外,甘薯果酒、甘薯烧酒、甘薯米酒、甘薯醋、甘薯乳、甘薯酸奶、甘薯茎尖汁等饮料也进一步丰富了甘薯饮品的市场。

17.1.2.6 燃料乙醇

随着世界各国对可再生能源研发和应用的重视,甘薯作为燃料乙醇生产原料的潜力已获得认可。美国是世界第一大燃料乙醇生产国,美国北卡罗莱那州立大学已提出了用甘薯代替玉米生产燃料乙醇的思路,并选育出了多个高淀粉的工业用甘薯品种;巴西是世界第二大燃料乙醇生产国,巴西托坎廷斯州已开展了甘薯生产乙醇的经济性评估;我国是世界第三大燃料乙醇生产国,因为以甘薯作为原料具有价格方面的优势,所以许多乙醇生产企业利用新鲜甘薯或薯干生产乙醇,科研单位在提高乙醇浓度、缩短发酵时间方面取得了一系列突破性进展,我国台湾也开展了甘薯生产燃料乙醇的研究,认为甘薯是具有潜力的乙醇生产原料;因为原料资源丰富、价格便宜,印度和印度尼西亚开展了甘薯燃料乙醇发酵的研究;乌干达政府也资助了甘薯燃料乙醇项目,开展甘薯生产燃料乙醇的能量消耗评价。总体来说,在甘薯资源丰富的国家和地区,以甘薯为原料生产燃料乙醇具有成本优势,但因贮藏问题,目前想要实现全年均衡生产,难度还比较高。

17.1.2.7 其他深加工产品

甘薯中大量活性成分的研究和功能性的确定,为甘薯高端、精细营养保健食品的开发提供了有力的理论基础。利用甘薯中抗氧化成分含量高的特性,研制开发了养颜美容、抗衰老食品,预防心血管疾病的中老年人专业食品;甘薯中的脱氢表雄甾酮可防止结肠癌和乳腺癌,高含量的膳食纤维有预防直肠癌的作用,开发甘薯预防癌症的食品有巨大的市场潜力;研究发现,甘薯中的花青素有抗高血压作用,甘薯中含有一种糖和脂的结合物具有抑制胆固醇的作用,可以分离提纯,制造抗高血压和降胆固醇药物;紫薯可用于生产红色至紫红色的天然色素。

甘薯茎叶中的多酚类物质能够预防龋齿、高血压、过敏反应,还能够抗肿瘤、抗突变、阻碍紫外线吸收;膳食纤维能够排除肠道内的毒素(肠道内的粪便如不及时排出,毒素会重新被肠壁吸收,进入血液);叶绿素能够净化血液、消炎杀菌,排除重金属、药物毒素等;SOD 等活性酶(也称活性酵素)能够排解农药、化学毒素,抵抗过氧化物自由基,防止细胞变异;钙、钾等大量矿物质碱性离子能够中和体内酸性毒素(由所摄入的其他酸性食物分解产生的酸性毒素)。因此,甘薯茎叶具有潜在的保健食品开发价值,其开发利用将会极大提高甘薯加工的附加值,具有广阔的市场前景。

甘薯向特用型高端产品转化已成为今后发展的一个方向。比如,巴西联邦国立农科大学郑西蒙教授发现的一种具有独特医疗保健作用的药用甘薯“西蒙一号”,其茎叶中含有宝贵的血卟啉、多种有益的矿质元素(如 Ca、Mg、Fe、Zn、Mn、Ni 等)和人体必需的各种氨基酸及多种维生素;其块根富含淀粉、可溶性糖、17 种氨基酸、多种维生素。这些成分的综合作用可提高人体制造红细胞的机能,净化血液,恢复体质。经国内外医学专家在临床上应用证明,该品种具有显著的止血功能,对过敏性紫癜、血小板减少性紫癜等均有显著疗效,而且对治疗非胰岛素依赖型和胰岛素依赖型糖尿病、贫血病、癌症、肾炎等疾病也有明显作用,并能防治白血病患者在化疗过程中引起的出血,使化疗顺利进行。基于上述特点,“西蒙一号”已被开发成具有药用功能的饮品。

另外,全球预计有 2 亿妇女和儿童患有维生素 A 缺乏症,其中最集中的地区为非洲。中橘红肉型品种甘薯的类胡萝卜素含量较高,而类胡萝卜素包括胡萝卜素和叶黄素。甘薯中的胡萝卜素主要是 β-胡萝卜素及其近似衍生物,其含量一般占总胡萝卜素的 80% ~ 90%,而且胡萝卜素基本上是全反式的。全反式 β-胡萝卜素表现出了最大的维生素 A 原活性。因此,这种容易获得的块根作物就成为维生素 A 的优良来源,可以用于预防和治疗维生素 A 缺乏症。2016 年,世界粮食大奖就颁发给了致力于研发和推广高胡萝卜素品种甘薯的莫桑比克的 Maria Andrade

和乌干达的 Robert Mwanga。高胡萝卜素甘薯根据食用目的的不同,对胡萝卜素含量的要求也不尽一致,通常要求作为主食型甘薯的胡萝卜素含量应少于 5 mg/100 g,副食型为 5～10 mg/100 g,而作为休闲食品胡萝卜素含量则以高于 10 mg/100 g 为佳。我国在高胡萝卜素甘薯品种选育方面虽然起步较迟,但在育种单位的努力下,已先后育成一批胡萝卜素含量相对较高的品种,如"泉薯 10 号""浙薯 81""苏薯 25""福薯 604""徐渝薯 35""烟薯 25""普薯 32""南薯 012""岩薯 5 号""龙薯 9 号""广薯 87""维多丽"等。

17.1.3 我国甘薯加工业的主要问题

17.1.3.1 龙头企业较少、生产较为分散

目前,我国甘薯加工生产规模一般较小,中小企业居多,具有国际竞争力的大型名牌企业不多。另外,由于原料供应问题,导致企业分布也不合理,过分集中或过分分散,这些情况都会造成产品成本增加,资源难以有效利用。

1.加工技术水平有待提升

大型加工企业由于资金充足、技术积累扎实,通过自主创新配合引进国内外先进的加工技术,已逐渐提升了加工装备及技术水平。而绝大多数中小型加工企业仍然采用传统的加工方法,导致一方面生产效率较低,无法扩大生产规模;另一方面生产产品的质量不高,经济效益低,没有充足的回笼资金用于扩大生产规模,无法形成龙头企业。

2.原料供应不够稳定

要实现连续稳定的生产,充足的原料是必需的保障条件。但是我国甘薯种植多以一家一户的小农生产为主,缺乏与大型生产企业生产能力相配套的原料基地,许多企业通过订单收购或自行种植等方式解决原料供应,因此没有条件扩大生产规模。

值得关注的是,2014 年中共中央办公厅、国务院办公厅印发了《关于引导农村土地经营权有序流转发展农业适度规模经营的意见》,2017 年农业部、国家发展改革委、财政部《关于加快发展农业生产性服务业的指导意见》出台,相关政策为土地流转保驾护航,让农业种植大户有了施展"拳脚"的舞台,种植大户通过土地流转,建设现代农业种植基地,改变传统种植方式,集中生产,节约成本,提高生产效率,更重要的是可以集中且规模化地为加工企业稳定地提供原料。

17.1.3.2 加工装备还不完善

有先进的技术装备保障,才会生产出高质量、低成本、强竞争力和高附加值的产品。近年来,我国甘薯加工装备生产水平虽有进步,但其内在性能、外观等方面的整体水平与国外相比仍存在较大差距。

1.自主创新率低

行业中多数企业仍然缺乏与技术发展相适应的科研手段和设施,基本不具备自主研发能力。因科研投入不足,致使市场上流行的主要还是以仿制、测绘或稍加改造形成的产品为主,产业的高端技术仍依靠进口,有自主知识产权的产品很少。

2.专业化程度不高

加工装备的低水平重复现象还比较突出,重复生产结构简单、成本低、工艺水平比较落后、易于制造的机械产品,忽略了行业发展对甘薯加工装备专用化、高效化、系列化的实际要求,这种现象在行业中非常普遍。

随着人们对食品安全与品质要求的不断提高,怎样提高加工食品的品质,有效防止食品加工过程中有关颜色、香气、滋味、质构、营养、功能、安全这七个影响食品质量的变化,是相关加工装备研发过程中需要考虑的重要因素,但是目前这些因素往往没有被充分考虑。国际上同行业的机械安全、卫生要求、结构优化、分析与风险评价等技术,在发展中国家的甘薯加工设备的设计、制造和使用中未能得到有效采用和推广。其结果致使一些产品降低了市场需求信誉,导致一些农产品加工企业宁愿花高额资金买国外设备,也不愿意买价格便宜的国产设备。

17.1.3.3 副产物资源化利用水平不高

由于缺少多层次配套的甘薯加工技术,所以甘薯加工过程中产生的含营养废水、甘薯渣、甘薯皮等副产物不能得到充分利用,使甘薯的利用率较低,没有实现其附加价值的提升。特别是在淀粉提取过程中,由于缺少有效的利用方法,甘薯加工中的废渣和废水已经成为污染源,许多地区的加工企业甚至因为副产物利用或处理不当,无法通过环境评估而被迫停产。

17.1.3.4 加工技术及产品质量标准不完善

目前,甘薯加工标准和质量控制体系不健全的问题较为突出。主要表现是缺乏合乎现实需要的质量控制体系,标准的技术含量偏低,加工装备、加工产品标准参差不齐,各地自定、各厂自定,甚至没有标准。因此,无法实行加工产品从生产到加工、储运、销售的全过程控制,从而无法真正提高加工产品的品质。这一问题已引起相关科研和管理部门的重视。对于主要的甘薯加工产品——淀粉,已于2017年颁布国家标准《食用甘薯淀粉》(GB/T 34321),为以甘薯为原料生产的食用淀粉提供了规范,对其他甘薯加工产品的标准制定也起到很好的示范作用。

17.2 甘薯加工技术

17.2.1 淀粉

17.2.1.1 产业规模

1.产能

按照目前全国鲜薯产量为 7.8×10^7 t、甘薯加工比例为50%计算,甘薯淀粉及其淀粉类制品的年产量在 7.5×10^6 t左右。但由于现阶段我国甘薯淀粉生产的规模化和集约化程度不够,仍是以植根于农村千家万户的家庭作坊、小规模家庭企业以及甘薯专业合作社联户经营为主,其产品数量和产品流向目前还无法获得全面、准确的统计数据。

2.生产方式与加工规模

目前,我国甘薯淀粉加工产业多种生产方式并存,既有手工作业的家庭作坊、半机械化生产的中小型淀粉加工厂,也有上规模的全程自动化流水线生产的大型淀粉加工企业。

(1)配备简单机械的传统型手工作业家庭作坊。

传统型手工作业从事淀粉生产加工的家庭作坊按照投资规模、产量等,又可细分为农户家庭作坊和专业户粗制淀粉厂。农户家庭作坊总投资一般在5 000～10 000元,其特点是投资小,主要以手工操作为主,辅之以简单的机械,每小时可加工鲜薯0.5～1.0 t,可提取淀粉100～200 kg,若每天进行8 h的加工作业,可生产粗淀粉1 t左右,每天可获利500～1 000元,在甘薯收获的季节持续进行加工作业30～40 d则可获利3万元左右。而农户专业户粗制淀粉厂较农户家庭作坊有一定经济实力,对于一些耗时、劳动强度大的生产环节以专业设备代替了人工作业,例如投资2万～3万元购置专业粉碎机,投资2万～3万元建造沉淀池,每小时可加工粉碎鲜薯3～5 t,提取淀粉0.6～1.0 t,若每天加工10 h,则每天可生产粗淀粉6～10 t。

(2)半机械化生产的中、小型淀粉加工企业。

小型淀粉加工厂,即初级投资规模的淀粉加工企业,其投资额基本在15万～20万元,厂房约100㎡,拥有机械加工与净洗的全套设备,可直接对甘薯进行加工,生产淀粉,每小时可以粉碎鲜薯5～10t,日产淀粉10～20t,加工1t粗干淀粉可获净利润500～600元,在甘薯收获的季节加工作业20d左右则可收回设备成本。也有企业直接从农户处收购甘薯干粗淀粉,再加工成精制淀粉。中型淀粉加工企业,即中等投资规模的淀粉加工企业,其投资额在50万～100万元,实行全机械化流程生产作业,工艺精、分工细,拥有净化、加工、烘干的成套设备,包括输送机、清洗转笼、清洗输送机、粉碎机、浆渣分离离心筛、不锈钢旋流除砂器、蛋白分离设备旋流器机组、真空过滤自动脱水机、中转泵、烘干机等,并以"酸浆"工艺代替传统净化流程。中等投资规模的淀粉加工企业每小时可加工鲜薯10～15t,日产淀粉20～30t。

17.2.1.2 全程自动化流水线生产的大型淀粉加工企业

大型甘薯淀粉加工企业投资规模一般在100万～300万元,加工设备先进,为全机械化密闭式一条龙淀粉生产线,实现电控、自控的全自动化生产。淀粉提取率一般可达85%,日加工处理鲜薯达200～500t,日淀粉产量达20t以上,有的大型企业甚至可达100t。近年来,投资规模在千万元甚至亿元的大型甘薯综合加工企业也已出现,在加工质量、加工水平上都有较大提高。

甘薯淀粉的加工过程通常采用机械粉碎的方法使淀粉从原料的细胞中游离出来,形成原料浆,再通过重力作用沉降分离或利用分离设备将淀粉从原料糊中分离出来,浓缩成淀粉乳,完成提取工序。目前主要采用传统的酸浆分离法和依赖于旋流分离设备的旋流法。

1.酸浆分离法

酸浆法是利用酸浆使粉浆中的淀粉与蛋白质、纤维素等其他杂质快速分离。酸浆法作为一种传统的淀粉提取方法,已在我国得到了广泛的应用。

(1)工艺要点。

酸浆分离法的工艺流程主要是:甘薯→清洗→粉碎→筛分→兑浆、分离、第一次沉淀→撇浆→第二次过滤→发酵、第二次沉淀、撇浆→除酸、第三次沉淀→脱水干燥→包装。

首先是制备初始酸浆。将绿豆用沸水淋洗,保持水温在42℃左右,室温在20℃左右7h,再冲上凉水,之后不需换水。待14h后,水顶上出现豆沫,即可捞出洗净,加入约10倍于绿豆质量的鲜甘薯,以及1/3甘薯质量的38～39℃的温水磨浆,料浆进入粗筛,筛渣时的用水量一般是料浆的2倍。料浆进入池里,将泡好的黄粉一并加入,加水调匀后,倒入盛浆的容器中,用木棍搅匀,待40min后,就撇头合浆,留作浆根,单独保存。头合浆一般撇2/3,等可见淀粉层面3～5cm,

然后冲水,冲水量是料浆的40%。再用120目的细筛除去粗渣,筛下的浆液入池,3~4h搅动1次。要随时观察浆液颜色变化,等浆液稍微带白色,用手一拨,顶部一层云膜状的东西在里面上下走动为正常的现象。如果没有这种现象,可等几个小时后再搅动起来看,一直到观察到浆液中有了此种反应现象为止。然后观察淀粉的沉淀情况,等淀粉座底变硬后,用木棍将浆液搅匀,用瓢撇出,用120目筛过筛到小缸(或盆)里,搅匀后,待12h,黑粉与淀粉就明显地间隔开来,将二合浆撇出,并取出黄粉,留作下次磨浆入池的引子,经过3次循环操作以后,就不需要再加豆类,纯用甘薯浆即可。

另外,还可将加工的湿淀粉或"酸浆"在低温条件(0~5℃)的冷库里保存到第二年用作引子,经多次加工鲜薯扩繁,也有用沉淀池保存的干淀粉或将新鲜未霉变的黄粉晒干后封闭起来在干燥处保存到第二年备用。用前加水溶解后,加入粉乳中作引子发酵,作为引子再经多次加工鲜薯扩繁,培养提纯为原浆。

薯浆第一次过滤、沉淀时先将除杂、清洗、粉碎、加水调浆后的薯浆过滤,一般先经100目筛粗滤,再根据产品要求将淀粉乳进行120~200目筛细滤,然后进入第一次沉淀池。

初次加工时,淀粉乳浆中加入30%~40%的酸浆、2%~4%的浆状黄粉,混匀,此时pH在6左右,使淀粉和蛋白质迅速分离。一般情况下,池内经15~30min分离可基本完成。其标准是用手轻拨水面为清澈水纹,不含浑浊物。

加入酸浆约0.5h,在淀粉完全分离后,即可排放上清液,直到见淀粉层的丝状白色线状流体为止,这一过程被称为"撇浆"。淀粉层上面的含有蛋白质、纤维和少量淀粉的混合物俗称毛粉,需要取出并过筛回收,然后合并入第一次沉淀池中,粉渣可作饲料。

第二次过滤、沉淀是在第一次沉淀获得的乳白色淀粉液(表层为半液体,下层为固体淀粉)的基础上,再加少量清水或不加清水,充分搅拌,进行二次过滤(专业淀粉厂在粉碎打浆后,连续进行第一次和第二次过滤)。待滤液进入半地下式的地缸或半地下式发酵池后,用电动搅杠沿一个方向搅拌20min左右,搅匀,静置沉淀,使泥沙能集中沉淀于底层中心,然后静置发酵,这一过程被称为"坐缸"。

在15~20℃的气温下静置发酵24h左右(温度较高,发酵时间相应短些,温度较低,发酵时间相应长些),在冬季必须保温或加热水混合。发酵前期相隔4~6h,上下搅匀1~2次,以便充分发酵。发酵好的,从液体表面看是青白色的,并浮有泡沫,略带酸味,用pH试纸检测,pH在3.5~4.0之间,浆色洁白如牛奶,淀粉层面硬而平。发酵结束后,进行"撇浆",一部分上清液取出作为酸浆保存(称为"大浆"或者"二合浆"),一部分排掉,取出黄粉层,并用清水清洗淀粉上表面的黄粉,再取出白色淀粉层,去掉底层泥沙。

除酸和第三次沉淀是在第二次沉淀成固体的淀粉中加2~3倍清水,再搅拌均匀(若加工精制粉丝,应在沉淀前,再经一次240目筛的细滤与旋流除沙器处理),静置12 h以后,待其彻底沉淀,把池上层清液(称为"小浆",也称"三合浆")取出与大浆配合留作下次分离淀粉用。不需要的上清液排去,再用清水冲洗掉淀粉层表面的黄粉,可加到第一次沉淀池里留作发酵用,将下层淀粉用铁铲取出,将淀粉底层的细小泥沙用铲子或小刀刮去,单独用水洗净。

脱水、干燥,通过日光下晾晒或烘房使淀粉干燥至含水量为14%以下,然后经粉碎、过筛、包装即为成品。

(2)生化过程。

随着研究的不断深入,对于酸浆法促进淀粉分离的机理也逐渐明确。1959年,轻工业部科学研究设计院认为,酸浆的主要作用是增加酸度,且酸浆中的浑浊成分对淀粉有絮凝作用。1974年,北京市粉丝厂和北京大学生物系提出,在整个淀粉沉淀过程中起主要作用的是乳酸乳球菌。1979年,中国科学院成都生物研究所研究认为,酸浆所起的分离作用不仅与pH有关,而且与酸浆氧化还原电位降低及微生物酶活性有关。1980年,徐浩等确认了乳酸乳球菌具有凝集沉降淀粉的能力,且发现凝集淀粉的活性物质是存在于细胞壁上的一种具有辨识和特异结合能力的功能蛋白。1980年,曹宗巽等提出酸浆凝集淀粉粒是由于微生物菌体的作用,起作用的菌经鉴定为乳酸乳球菌的某一变种,对淀粉粒的凝集起作用的是菌体表面的某种蛋白类物质,很可能是某种凝集素,并且菌体、淀粉粒和阳离子三者在凝集作用中可能是以某种方式结合在一起。1987年,魏风鸣等指出乳酸乳球菌对淀粉沉淀起重要作用,但条件是存在某些金属阳离子。1988年,卢光莹等发现,酸浆在培养过程中蛋白酶的活性持续上升,淀粉酶活性变化不大。1988年,张聚茂研究指出,在乳酸乳球菌菌量足够并固定不变的条件下,阳离子需要量随沉淀淀粉数量的增加而增加。2008年,吴江燕等分析了酸浆中金属离子的种类,表明一定浓度的K^+、Na^+、Ca^{2+}、Mg^{2+}能够促进绿豆淀粉的沉降,然而,酸浆中金属离子种类丰富,远不止上述4种,需要在鉴定其中全部金属离子种类及浓度的基础上,进一步研究金属离子的作用及其对淀粉性质的影响。

通过酸浆法生产的淀粉与旋流法生产的淀粉在理化性质方面有区别,Liu等发现酸浆法绿豆淀粉较旋流法绿豆淀粉含有更高的脂肪、蛋白质、直链淀粉,且透光率、亮度更高,膨胀度和溶解度较低。Liu等报道酸浆法绿豆淀粉比旋流法绿豆淀粉更适合制作粉条。Li等发现,与旋流法绿豆粉条相比,酸浆法绿豆粉条具有较显著的网状组织结构和较低的烹饪损失。邓福明等发现,旋流法淀粉膨胀度和溶解度与酸浆法淀粉相比明显偏低,而老化速率较高。由于旋流法淀粉本身的色泽较酸浆法淀粉暗,因此旋流法粉条的色泽也显著低于酸浆法粉条的色泽。此外,与酸浆法粉条相比,旋流法粉条的膨胀系数显著较低,而老化速率、拉伸形变及剪切应力显著较高。这两种淀粉性能及粉条品质上的差异可能与两种淀粉中直链淀粉的含量不同有关。

2.旋流法

全旋流分离器的工作原理是基于物料中淀粉颗粒在旋流管中的离心沉降作用和液体(或纤维)的上浮效果实现物料分离的,一般由多级旋流器、淀粉乳泵、除砂器和重力曲筛组成。旋流分离站采用逆流洗涤工艺,将旋流器按一定的方式连接成一个整体,每级旋流器内部又按一定规律装配不同的旋流管,达到各级流量均匀稳定。15级旋流器按照作用不同可划分为浆液分离单元、悬浮液加工单元、淀粉乳洗涤单元、淀粉浓缩单元等4部分。

薯类原料经过破碎后形成的浆料进入全旋流分离站的浆液分离单元,其功能是把原料糊浆分离成两部分:一部分为轻相物质,主要为蛋白质、渣、水及少量淀粉,它们被泵入悬浮液加工单元进一步分离加工;另一部分为重相物质,如淀粉及少量蛋白质、渣、细砂等,被泵入淀粉乳洗涤单元,进一步对淀粉乳进行清洗。

悬浮液加工单元进一步分离出悬浮液中的淀粉,使该单元溢流管流出的汁水中淀粉含量降到最低。淀粉乳洗涤单元通过逆流洗涤工艺,新鲜水与淀粉乳相向而流,淀粉乳中汁水被新鲜水置换,这样使淀粉乳得到充分洗涤。在旋流站第7级底流和清水入口汇合后进入除砂器除去淀粉乳中的细砂,再泵入重力曲筛筛洗掉淀粉乳中的细小纤维,细小纤维经曲筛冲洗后经螺杆泵排到薯渣处理车间,筛下物即为淀粉乳。淀粉乳继续泵入全旋流分离站的浓缩单元,淀粉乳浓缩到 $16 \sim 22°$ Bé,并进一步去除蛋白质和细渣。这样由浓缩单元底流管流出的淀粉乳便可直接脱水干燥,生产出符合国家标准的淀粉。

17.2.2 酒精

17.2.2.1 产业规模

1.产能

酒精行业是在我国国民经济中发挥重要作用的基础原料行业,主要用于化工、食品、军工、医药等领域,在原油价格持续高位运行的刺激下,酒精作为石油的替代品得到了越来越广泛的应用。近年来,我国酒精产量始终保持上涨态势,2014年达到了984万千升。而根据国家能源局印发的《生物质能发展十三五规划》,到2020年我国燃料乙醇产量要达到400万吨,比2015年增加了190万吨。随着乙醇产业的不断发展,以玉米等粮食作物为主的生产模式日现弊端。甘薯、木薯等薯类原料富含淀粉、资源总量丰富、资源分布区域具有互补性,已成为发酵法生产乙醇的重要原料。

根据薯块中淀粉含量的不同,每吨酒精消耗薯量差异较大。新鲜甘薯淀粉含量高达15%~30%,薯干淀粉含量为58.26%~77.00%,纤维含量仅1.80%~2.43%,易于加工利用。理论上1.8 t淀粉可生产1 t酒精,实际生产如按理论值的80%计算,2 t淀粉才能生产1 t酒精,即约10 t鲜甘薯可生产1 t酒精。如果按我国年产甘薯约7.8×10^7 t计,将其中10%用于生产酒精,则可年产甘薯酒精约8.0×10^5 t。

2.生产方式与加工规模

甘薯含水量一般都高于60%,切片耗能干燥会不可避免地额外增加乙醇生产的成本,而具备自然干燥光照条件的产区有限,历史上很多大型企业都采用过甘薯干作为原料生产酒精,如河南天冠燃料乙醇有限公司、山东酒精总厂等。

在大部分地区,仅适合以鲜薯为原料进行酒精生产,其面临的最大问题是原料的季节性收获导致的无法全年连续生产的问题。

酒精生产涉及清洗机、除杂机、粉碎、输送装置、锅炉、蒸煮罐、发酵罐、蒸馏塔、污水处理等设备,以3万吨规模的生产线为例,设备投资约上千万元。为保证生产效益,有些企业在甘薯收获季节以甘薯为原料生产酒精,其他时间以玉米或者薯干为原料生产酒精,以保障生产线的全年运行。

17.2.2.2 生产技术

1.工艺要点

目前工业上主要采用发酵法生产酒精,菌种主要是酿酒酵母。甘薯经清洗、除杂、粉碎等一系列预处理后由酵母发酵生产酒精,并通过蒸馏将酒精分离、纯化、精制。

(1)蒸煮糊化。

酵母不能直接利用淀粉进行乙醇发酵,因此,在发酵之前必须把淀粉水解为酵母可利用的糖类,这种转化目前采用淀粉酶来实现。但由于植物细胞壁的保护作用,原料细胞中的淀粉颗粒不易受到淀粉酶系统的作用。另外,酶对不溶解状态的淀粉的作用非常弱,导致水解程度低。所以淀粉原料在进行糖化之前一定要使淀粉从细胞中游离出来,并转化为溶解状态,这就需要对原料进行蒸煮。120～145℃为高温、高压蒸煮,100～120℃为中温蒸煮,低于100℃为低温蒸煮。从降低能耗和安全性的角度考虑,目前一般采用低温或中温蒸煮。

(2)液化。

蒸煮糊化后的醪液添加液化酶(系统名称为4-α-D-glucan glucanohydrolase,EC3.2.1.1,即4-α-D葡聚糖 葡聚糖水解酶,又称α-淀粉酶)进行液化,液化至碘反应为红棕色就可以终止,之后进行糖化处理,液化后的甘薯醪较生料及蒸煮后的醪液黏度有所降低。

(3)糖化。

糖化可以在糖化酶或者酸的作用下进行。由于酸水解会导致一部分糖进一步分解,因此,目前基本是由糖化酶(系统名称为4-α-D-glucan glucohydrolase,EC3.2.1.3,即4-α-D葡聚糖 葡聚糖水解酶)来实现糖化过程。

(4)降黏。

为了降低蒸馏能耗,高浓度酒精发酵技术是酒精发酵的重要趋势,该技术可以有效地提高单位时间的燃料酒精产量、单位设备的能量产出,减少发酵过程中的水耗、蒸馏过程中的能耗,降低污染杂菌的概率,从而降低酒精生产成本。但是高浓度酒精发酵势必要求原料中的糖浓度较高,为达到这一目标就不能过度添加配料水,否则会导致发酵醪黏度非常高。目前以玉米为原料的高浓度酒精发酵因其醪液黏度低已投入生产,但是以甘薯为原料的高浓度发酵还处于示范研究阶段,其工业化的瓶颈之一就是甘薯醪液黏度很大(大于$1×10^5$ mPa·s^{-1}),呈半固体状,完全没有流动性,所以传输、传热困难,这给料液的混合、运输、液化、糖化、发酵及蒸馏,特别是大规模生产的操作带来较大的困难,而且高黏度影响淀粉完全水解为可发酵的糖。另外,虽然添加更多的水能降低黏度,但发酵初总糖因稀释降低,会导致酒精浓度较低,酒精的蒸馏需要消耗更多的能量,发酵效率也不高。可见,降低甘薯的黏度是实现高浓度发酵的关键。

在薯类降黏技术方面,中国科学院成都生物研究所已获得了具有自主知识产权的降黏酶系生产菌,可将薯类原料黏度降低90%以上,从而从节水、减排、增效方面提升了薯类酒精业的技术水平。

(5)接种。

为启动酒精发酵,需要一定数量的酵母菌,随着我国活性干酵母产业的发展,目前很多酒精生产企业都已不再进行酵母的逐级扩大培养,而改为直接投加酿酒高活性干酵母。

(6)发酵。

根据微生物性能和发酵技术水平,一般发酵时间需要30～60 h,在此期间,需要将发酵醪温度控制在30～33℃,注意二氧化碳的排放及杂菌监测。

(7)蒸馏。

在现有技术水平条件下,淀粉质原料的成熟发酵醪中乙醇浓度一般在6%～12%,而蒸馏是当前全世界乙醇工业从发酵醪中回收乙醇所采用的唯一方法。其技术原理是基于欲分离各组分在相同温度条件下的挥发度不同,通过液相和气相间的质量传递来实现组分分离的。近年来,各种类型的节能蒸馏流程和非蒸馏法回收乙醇方法不断出现,但是,除少数节能型蒸馏工艺外,其他方法均处于试验室或扩大试验阶段。

根据流程不同,蒸馏分为单塔式蒸馏、双塔蒸馏、三塔蒸馏、五塔蒸馏、多塔蒸馏等几种。采用多塔蒸馏可以提高乙醇质量,但是能耗又成为突出的矛盾,因此,蒸馏过程中的节能技术是目前的研究重点。蒸馏阶段主要分为粗馏和精馏两个阶段。

甘薯发酵醪的特点是固形物含量大,流体黏度大,流动性不佳,采用原有的为稀醪液设计的精馏塔不能满足脱杂的要求,容易造成蒸馏塔堵塞、乙醇逃逸。因此,必须对原有蒸馏塔在结构上进行改造。

2.生化过程

在酒精发酵过程中,甘薯所含的淀粉在高温、酶、微生物的作用下发生一系列变化,最终转化为酒精。

(1)蒸煮。

蒸煮过程中水分子进入淀粉料中,结晶相和无定形相淀粉分子之间的氢键断裂,破坏了淀粉分子间的缔合状态,使其分散在水中成为亲水性的胶体溶液,即糊化。此过程将原料中不溶状态的淀粉变成可溶状态的糊精和少量还原糖,糊精是比淀粉分子小的多糖,能溶于水成为胶体溶液。

(2)液化。

液化在液化酶的催化下进行,液化酶广泛存在于动物(唾液、胰脏等)、植物(麦芽、山菌菜)和微生物中。该酶是一种内切酶,可作用于直链淀粉,也可作用于支链淀粉,无差别地随机切断糖链内部的α-1,4糖苷键。它作用于黏稠的淀粉糊时,能使淀粉糊黏度迅速下降,成为稀溶液状态,工业上称这种作用为"液化"。液化反应的另一个典型特征是碘反应的消失,生成的最终产物在分解直链淀粉时以葡萄糖为主,此外,还有少量麦芽三糖及麦芽糖。

(3)糖化。

糖化在糖化酶的催化下进行,糖化酶能将淀粉分子从非还原端依次切割α-1,4糖苷键,逐个切下葡萄糖残基,最终产物均为葡萄糖。

(4)降黏。

中国科学院成都生物研究所针对甘薯黏度产生机制不清楚(没有靶点)、不能获得目标样品(即与黏度相关的多糖)、随机黑箱筛选效果差的研究现状,利用哥本哈根大学针对多糖的复杂结构开发的具有世界领先优势的单克隆抗体芯片分析技术平台,采用"黏度变化+糖芯片"为核心的精确定向降黏酶筛选技术,阐明了甘薯黏度与α-1,5阿拉伯聚糖、1,4半乳聚糖、同聚半乳糖醛酸、阿拉伯半乳聚糖糖蛋白等相关,并针对黏度产生机制,在辨析原料组织结构、研究多种水解酶作用特点及协调作用规律、集成复配酶及自产酶作用特点的基础上,采用现代酶工程技术,根据糖苷键结构理性筛选复合酶系。另外,还选育获得了具有自主知识产权的复合降黏酶生产菌株(图17-1)。

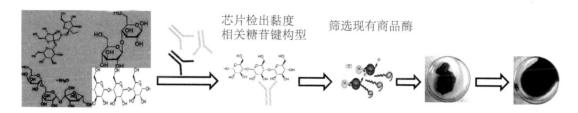

图 17-1 高效降黏复合酶系精确定向筛选技术示意图

(5)发酵。

发酵过程的本质就是酵母等微生物以糖类物质为营养,通过体内特定代谢酶,经过复杂的生化反应过程进行新陈代谢,生产酒精及其他副产物的过程。其实质为酵母在无氧条件下经过EMP途径(又称糖酵解途径)将六碳糖转化为酒精并获得能量。总体化学式为:

$$C_6H_{12}O_6 \longrightarrow 2\,C_2H_5OH + 2\,CO_2$$

$$\text{葡萄糖} \qquad \text{酒精} \quad \text{二氧化碳}$$

(6)产品指标。

中国科学院成都生物研究所利用开发的高效甘薯乙醇转化技术体系,以鲜薯为原料,在西南地区最大的乙醇生产企业——资中县银山鸿展工业有限责任公司万吨级生产线上,发酵时间由现有技术的60 h以上缩短为30 h以内,乙醇浓度达10%～12%(V/V),达到了木薯干发酵生产乙醇的水平。

17.2.3果酒、果醋

17.2.3.1 产业规模

果酒是利用水果等原料所含的淀粉和糖分经发酵生产的非蒸馏酒。经济发展催生人们的消费观念向绿色健康转变,近年来国内果酒消费量逐年提高,但仍以葡萄酒为主。非葡萄酒果酒产量还不高,2013年约为13.38万千升。在不破坏紫甘薯、红心甘薯等特色甘薯固有营养和保健价值的基础上进行深加工生产的果酒,具有特有的香味和风味,目标人群广泛。

甘薯果醋也是通过微生物发酵酿制而成的一种营养丰富、风味优良的酸味饮品、调味品。它兼有甘薯和食醋的营养保健功能。

17.2.3.2 生产技术

1.工艺要点

甘薯果酒生产工艺流程与甘薯酒精相近,其不同之处如下。

(1)原料。

为了使甘薯果酒外观吸引消费者,一般选用紫甘薯或者红心甘薯,而且这些甘薯通常较其他甘薯品种具有更高的活性功能成分,如胡萝卜素、花青素。

酒精成分是果酒香气和风味物质的支撑物,它可使果酒更醇厚、更具有结构感。酒精度对果酒的质量和商品的价值都有很大的影响。酒精度的高低还影响果酒的贮藏,酒精度低的果酒对一些酵母菌和细菌很敏感。酒精度越高,果酒越浓烈、醇厚,干浸出物含量越高。一般甘薯果酒浓度以达到10% ~ 12%(V/V)为宜,考虑到原料调浆时需要加水稀释底物,一般需要甘薯原料中可发酵总糖浓度达28%以上。

另外,因果酒对风味的要求较高,需要无病害的健康甘薯为原料,故应收获后立即加工。

(2)车间、设备、酶。

均为食品级。

(3)去皮。

鲜薯薯皮中果胶含量较高,在高温蒸煮时,果胶会分解产生甲醇。为避免产生甲醇以及皮中泥沙、霉坏部位清洗不彻底,一般需要将甘薯去皮后再进行发酵。

(4)蒸煮。

采用低温蒸煮以最低程度地破坏甘薯的活性功能成分。

（5）微生物。

不同于酒精发酵主要关注酒精产率，需要选择酸、酯等副产物产量低的微生物，果酒发酵的微生物选择需要兼顾酒精浓度和香气物质。

（6）固液分离。

通过板框压滤机等实现固液分离，且不需要蒸馏。必要时可进行澄清处理。固液分离剩余的酒渣即可作为果醋发酵的原料生产甘薯果醋。

（7）产品指标。

中国科学院成都生物研究所通过10余个甘薯品种的果酒、果醋发酵试验发现，酒精浓度平均达11%（V/V），醋酸浓度可达36 g/L，达到了《酿造食醋》（GB/T 18187–2000）对总酸度的要求。

经过酒精和醋酸发酵后的残渣热量低，基本不含糖，膳食纤维含量达到67.3%，在干燥的过程中通过美拉德反应产生香气，气味芳香，可用于生产膳食纤维保健食品。

2.生化过程

甘薯果酒发酵的生化过程与酒精发酵基本相同。而果醋发酵主要通过醋酸菌完成，因此，甘薯果酒发酵醪过滤后剩余的酒渣是果醋发酵的理想原料。在氧气充足的条件下，醋酸菌可将其中未被酵母菌完全利用的葡萄糖转化为酒精再进行醋酸发酵，当葡萄糖消耗殆尽时，醋酸菌就直接利用酒渣中残余的酒精作为底物进行醋酸发酵。具体涉及的反应如下：

$$C_6H_{12}O_6 \longrightarrow 2C_2H_5OH + 2CO_2$$

葡萄糖　　　酒精　　二氧化碳

$$C_2H_5OH + O_2 \longrightarrow CH_3COOH + H_2O$$

酒精　　氧气　　　醋酸　　　水

17.2.4 薯渣益生菌饲料

17.2.4.1 产业规模

目前，我国甘薯加工业主要集中于生产淀粉、粉丝、粉条等，生产过程中会产生大量废渣。年产3 000 t甘薯淀粉的企业，每年所产生的湿甘薯渣就高达4 000 t以上，其含水量在75%以上，不易储存和运输，且带有多种微生物，腐败变质后易造成严重的环境污染。仅2005年我国就有4.66×10⁷ t甘薯废渣被作为废物丢弃。如何开发利用这些甘薯废渣已经成为当前我国甘薯淀粉行业迫切需要解决的难题。

根据淀粉提取工艺水平不同,薯渣中残余淀粉含量一般为41.45%~67.53%,如图17-2所示,在未提取过淀粉的甘薯浆中,淀粉颗粒存在于纤维素、果胶等多糖形成的细胞壁中,而提取淀粉后的甘薯渣中仍残余大量淀粉颗粒,且基本都包埋于堆积的细胞壁中,很难再进一步提取出来,如直接丢弃将成为污染环境的主要COD(化学需氧量)来源,如作为培养微生物的原料,能为微生物提供充足碳源,维持其生长。

甘薯浆电镜照　　　　　　　　　　　　甘薯渣电镜照

图17-2 甘薯浆和甘薯渣扫描电镜照

利用薯渣生产益生菌饲料不但减少了废渣带来的环境污染、提升了甘薯淀粉加工业的附加值,而且与提取果胶等其他综合利用方式相比,还具有工艺和装置简单、利用彻底、无二次污染等优势。可进行工厂化规模加工,也可在农户作坊就地加工、就地饲喂家畜,节约集中运输的成本。

17.2.4.2 生产技术

1.工艺要点

(1)薯渣。

伴随淀粉产生的薯渣因含水量高,易受微生物污染,如在有益微生物生长前致病微生物生长成为优势菌,则会因食用不安全导致薯渣无法作为饲料饲喂动物。考虑到甘薯集中加工季节一般在冬季,气温比较低,可在薯渣产生后短暂存放,但不要超过1周。

(2)微生物。

很多微生物可以利用薯渣生长,但作为生产益生菌饲料的微生物,需要为一般公认为安全(Generally Recognized as Safe , GRAS)的微生物,即美国食品药品管理局(Food and Drug Administration , FDA)认定的加入食品中安全的微生物,而且具有益生菌功能,如鼠李糖乳杆菌等乳酸菌。

（3）外加氮源。

元素分析结果显示,甘薯淀粉加工废渣是一种高C、H含量的物质(表17-2),C、N元素比约为126:1,C元素含量丰富,能为微生物提供充足碳源维持生长,但N元素相对匮乏,需要外加氮源方可进一步促进其生长代谢。

表17-2 薯渣主要元素含量(干重)

样品指标	C	H	N
含量/%	40.34	6.16	0.32

考虑到生产成本,一般选用廉价、易得的无机氮——尿素为微生物生长提供氮源,同时,微生物通过细胞增殖,将外加无机氮源转化为自身的菌体蛋白,并利用薯渣中的碳源转化为一些有益代谢产物。需要注意的是,无机氮源添加的量要适当,以足够菌体生长且无残留为宜。

（4）酶。

为了加速微生物生长,可加入淀粉水解酶、纤维素水解酶等促进薯渣分解。

（5）产品指标。

中国科学院成都生物研究所建立了低成本、简工艺、高效率的甘薯废渣发酵同步生产益生菌和乳酸的工艺。发酵效率可达96.55%,薯渣中活菌数达$3.04×10^8$ cfu/g,乳酸浓度超过9%,氨基酸含量较发酵前增加了109%。另外,由于乳酸的生成,使薯渣pH降低至3.8,残糖降低至0.6%。低pH、低糖浓度以及成为优势菌的乳酸菌,大幅降低了薯渣被其他有害微生物污染的机会,延长了其储藏期。该工艺不仅适于工业化生产乳酸,同时可被广大甘薯淀粉加工农户就地作为家畜饲料利用。

2.生化过程

由于微生物不同,代谢途径不同,生成的产物有所不同,将乳酸发酵又分为同型乳酸发酵和异型乳酸发酵。

（1）同型乳酸发酵。

同型乳酸发酵是指嗜酸乳杆菌、德氏乳杆菌等乳酸杆菌利用葡萄糖经糖酵解途径生成乳酸的过程。因为乳酸杆菌人都没有脱羧酶,所以糖酵解途径产生的丙酮酸就不能通过脱羧作用生成乙醛,只有在乳酸脱氢酶的催化作用下(需要辅酶I),以丙酮酸作为受氢体,才能发生还

原反应生成乳酸。由此可以得出,葡萄糖经同型乳酸发酵时,1分子葡萄糖生成2分子乳酸,理论转化率为100%,总反应式为:

$$C_6H_{12}O_6+2ADP+2Pi \rightarrow +2C_3H_6O_3+2ATP$$

$$葡萄糖 \qquad\qquad\qquad 乳酸$$

(2)异型乳酸发酵。

经HMP途径(戊糖磷酸途径)、PK途径(磷酸戊糖酮解酶途径)或者HK途径(磷酸己糖酮解酶途径)的发酵,葡萄糖发酵后除主要产生乳酸外,还产生乙醇、乙酸和二氧化碳等多种产物。

17.2.5 薯渣蛋白饲料

我国是一个饲料蛋白资源严重短缺的大国,每年需从国外进口大量鱼粉等来填补国内市场的不足。2017年,鱼粉进口量为1.57×10^6 t,甘薯淀粉加工废渣虽然蛋白质含量较低,但其充足的碳源可用于培养微生物单细胞蛋白,为快速发展的养殖业提供廉价的高蛋白饲料。

中国科学院成都生物研究所开发了薯渣蛋白饲料发酵技术,工艺要点与薯渣益生菌饲料发酵接近,区别如下。

17.2.5.1 微生物

选择被认证为GRAS菌且菌体蛋白量高的单细胞蛋白生产微生物,如假丝酵母、酿酒酵母等。

17.2.5.2 保存

因使用的是单细胞蛋白微生物,其优势在于菌体增殖速度快、菌体蛋白含量高,底物更多地流向菌体而非代谢产物。所以,与乳酸益生菌发酵后薯渣pH较低、有利于薯渣贮藏不同,高蛋白薯渣可能面临易于污染杂菌的可能性。在完成微生物增殖后应尽快利用或干燥、压制成颗粒饲料保存。

17.2.5.3 产品指标

中国科学院成都生物研究所利用假丝酵母和酿酒酵母混合培养,薯渣蛋白从2.85%增加至18.00%。

17.2.6 甘薯薯干

17.2.6.1 产业规模

食用甘薯干的主要生产省份是福建省,福建连城红心地瓜干股份有限公司的产量为全国最大。据国家甘薯产业技术体系产业经济专家组不完全统计,2013年,福建省甘薯干产量为$1.55×10^5$ t,四川省为$9.0×10^3$ t,山东省为35.6 t。但还有更多的中小型甘薯食品加工企业或个体户生产出各类薯干、薯片等休闲类食品,这些产品由生产者自行销售,散布于全国各地,其数量可能达$1.0×10^5$ t之多。

17.2.6.2 生产技术

传统甘薯薯干生产工艺流程为:原料→清洗→蒸煮→刮皮→切片→干燥。后改进为:原料→刨皮清洗→原坯(片状或条状)→漂洗→蒸煮→烘干。

1.工艺要点

(1)原料。

选用无病虫害的红心优质甘薯,根据薯块大小,按大、中、小分开,分别加工,可在收获后存放一定时间再开始加工。

(2)刨皮。

将分好洗净的薯块刨皮至红色部分,再用清水洗净。

(3)原坯。

将洗净刨好的甘薯根据产品的要求切成0.5 cm厚的片、1 cm见方的块状或保持原状的小甘薯。将原坯放入水池中,按每百千克配50 g焦亚硫酸钠加入焦亚硫酸钠,加水至淹没原坯为度,浸泡至原坯中的淀粉消除干净为止。

(4)蒸煮。

按每百千克鲜薯配白砂糖6~8 kg、焦硫酸钠15 g、乙二胺四乙酸二钠20~25 g、柠檬酸50~75 g,水适量的比例配制。选用大锅先将水煮开,然后加入原坯和辅料煮至正好熟,捞起,晾在网状物中至沥干水。

(5)烘烤。

将煮熟沥干水的原坯送入烤间内烘干,经常翻动防止烘烤不均匀。

2. 生化过程

甘薯在一定的贮藏期内淀粉在淀粉酶的作用下分解为可溶性糖,于17℃条件下贮藏7d,可溶性糖含量增加0.87个百分点,贮藏28d可溶性糖含量增加3.87个百分点。10℃贮藏7d可溶性糖含量增加0.28个百分点,贮藏28d可溶性糖含量增加1.16个百分点。可溶性糖含量的增加可提升甘薯干的甜度。

储藏过程中在蒸、煮、高压蒸煮、微波处理、烘烤等加工方法处理后,甘薯的可溶性糖组成均为果糖、葡萄糖、蔗糖和麦芽糖,与生薯相比,最显著的变化是出现了麦芽糖。这是因为甘薯中α-淀粉酶和β-淀粉酶的最适温度分别为70～75℃和50～60℃,在加热过程中,甘薯淀粉在淀粉酶的作用下转化为还原糖、糊精和麦芽糖。蒸10 min后,薯块中果糖、葡萄糖、蔗糖、麦芽糖分别由1.8%、1.5%、9.1%、0增加至2.4%、1.8%、9.9%、23.5%。

17.3 我国甘薯加工业的趋势和前景

随着加工专用品种的选育、种植大户带来的原料保障、科研单位及企业对新装备和技术研发的重视,甘薯加工行业正在加快转型升级,摒弃技术落后、污染较大、低效耗能的传统方式,走向高效、集约、生态的现代农产品加工之路,未来我国甘薯加工产业市场前景十分广阔。国家甘薯产业技术体系产业经济专家组在对我国甘薯产业现状与市场进行调研后预测,"十三五"期间,我国甘薯总产量为$8.0 \times 10^7 \sim 1.0 \times 10^8$ t;淀粉加工比例约占55%,鲜薯消费量为$4.5 \times 10^7 \sim 5.5 \times 10^7$ t。甘薯产业经济产值构成方面,甘薯产业年总产值预计将达到9 100亿～10 800亿元,其中淀粉加工制品产量为$9.0 \times 10^6 \sim 1.0 \times 10^7$ t万吨,产值为1 500亿元左右,包括食用类淀粉产品(粉丝、粉条、粉皮、全粉)等$6.0 \times 10^6 \sim 7.0 \times 10^6$ t,产值1 200亿～1 400亿元;工业淀粉约3.0×10^6 t,产值200亿元左右;甘薯休闲保健加工食品约达1.0×10^6 t,产值200亿元左右。

参考文献

1 安瞳昕,李彩虹,吴伯志,等.玉米不同间作方式对坡耕地水土流失的影响[J].水土保持学报,2007,21(5):18-20,24.

2.A.Jones,P.D.Dukes.甘薯种子的贮藏寿命[J].徐仁生,杨宗广,译.园艺科学,1982,17(5):42-43.

3.北京农业大学.作物育种及良种繁育学[M].北京:农业出版社,1961.

4.北京市粉丝厂,北京大学生物系酸浆研究小组.酸浆为什么能沉淀淀粉?[J].北京大学学报(自然科学版),1974,(S1):57-66.

5.卞科,刘孝沾.甘薯中可溶性糖的HPLC法测定及其在加工中的变化研究[J].河南工业大学学报(自然科学版),2012,33(1):1-5.

6.蔡昆争,段舜山,陈荣均.南亚热带荒坡地不同作物种植方式对水土流失的影响[J].水土保持研究,1998,5(2):104-107,172.

7.蔡自建,龙虎.甘薯营养研究及食品开发[J].西南民族大学学报.自然科学版,2005,31(1):103-106.

8.曹健生,陈其恒,和云萍,等.甘薯粉渣的营养成分含量及再利用研究[J].安徽农业科学,2014,42(26):9174-9175,9179.

9.曹清河,刘义峰,李强,等.菜用甘薯国内外研究现状及展望[J].中国蔬菜,2007,(10):41-43.

10.曹宗巽,卢光莹,宋云等.乳酸链球菌凝集淀粉粒机理的进一步研究[J].微生物学报,1980,20(3):271-275.

11.陈凤翔,陈彦卿,袁照年,等.甘薯集团杂交后代主要数量性状的遗传参数、相关及通径分析[J].福建农业大学学报,1995,24(3):257-261.

12. 陈凤翔,林文新,谢灼维.甘薯新品种金山57的选育[J].福建农业大学学报(自然科学版),1994,23(3):243-248.

13. 陈京,谈锋.甘薯品种抗旱性的主成分分析[J].西南农业大学学报,1994,16(2):156-159.

14. 陈京,谈锋,李蓉涛.甘薯苗期离体叶片对水分胁迫的适应能力(简报)[J].植物生理学通讯,1994,30(4):269-271.

15. 陈丽华,李云海,李俊良.马铃薯新品系还原糖含量与油炸片片色关系研究[J].现代农业科技,2006,(12):23-24.

16. 陈月秀,宋国安.甘薯根腐病抗性遗传变异趋势浅析[J].山东农业科学,1988,(4):28-29.

17. 陈朱希昭,陈耀堂,高信曾.太谷核不育小麦花药组织和小孢子发生的超微结构研究[J].植物学报,1984,26(3):235-240,343-344.

18. 陈祖铿,周馥,王伏雄.知母雄配子体发育的研究[J].植物学报,1988,30(6):569-573,673-674.

19. 程锦贤.甘薯品种抗旱性鉴定研究[J].福建农业科技,1986,(03):8-10.

20. 程井辰,周吉源,虢华山.甘薯叶组织培养细胞分化及根的发生[J].华中师院学报,1981,(4):74-79.

21. 程坷伟,许时婴,王璋.甘薯糖蛋白的分离纯化和组成[J].食品与发酵工业,2004,30(11):130-134.

22. 程跃胜,孙赟,鲁言文,等.全旋流分离设备在薯类淀粉生产中的应用[J].粮油加工与食品机械,2006,(6):74,77.

23. 戴起伟,钮福祥,孙健,等.中国甘薯加工产业发展现状与趋势分析[J].农业展望,2016,(4):39-43.

24. 戴起伟,钮福祥,孙健,等.我国甘薯加工产业发展概况与趋势分析[J]农业工程技术,2015,(35):27-31.

25. 戴起伟,钮福祥,孙健,等.中国甘薯淀粉产业发展现状与前景展望[J].农业展望,2015,(10):40-44.

26. 戴起伟,邱瑞镰,徐品莲,等.甘薯若干数量性状遗传参数和高淀粉高产育种策略研讨[J].中国农业科学,1988,21(4):33-38.

27. 戴起伟,吴纪中,谢一芝,等.甘薯与近缘野生种I.trifida种间杂交结实率和结薯性[J].江苏农业学报,1999,15(2):82-86.

28. 戴起伟,张必泰.甘薯数量性状遗传距离在亲本选配中的初步应用[J].遗传,1988,10(3):1-3,14.

29. 邓福明,木泰华,陈井旺,等.甘薯淀粉的结构、成分及其特性研究进展[J].食品工业科技,2012,33(13):373-377.

30. 邓福明,木泰华,张苗.旋流与酸浆法甘薯淀粉性能及粉条品质比较[J].食品工业科技,2012,(17):98-101,102.

31. 邓乐.甘薯蛋白Sporamin抗肿瘤效果研究[D].北京:中国农业科学院,2009.

32. 邓良均.嫁接诱导甘薯开花杂交配组制种初探[J].湖北农业科学,1987,(6):10-12.

33. 董海洲.甘薯两次嫁接法诱导开花和结实的研究[J].山东农业大学学报,1988,(4):23-29.

34. 董玉琛.中国作物及其野生近缘植物.粮食作物卷[M].北京:中国农业出版社,2006.

35. 房伯平,张雄坚,陈景益,等.我国甘薯种质资源研究的历史与现状[J].广东农业科学,2004,(S1):3-5.

36. 方树民,陈凤翔,徐松明,等.甘薯抗蔓割病的遗传趋势探讨[J].福建农业大学学报,1997,26(4):446-448.

37. 方树民,陈玉森.福建省甘薯蔓割病现状与研究进展[J].植物保护,2004,30(5):19-22.

38. 方树民,陈玉森,郭小丁.甘薯兼抗薯瘟病和蔓割病种质筛选鉴定[J].植物遗传资源科学,2001,2(1):37-39.

39. 方树民,陈玉森,郑光武.甘薯主栽品种对甘薯瘟和蔓割病抗性评价[J].植物保护,2002,28(6):23-25.

40. 方树民,何明阳,康玉珠.甘薯品种对蔓割病抗性的研究[J].植物保护学报,1988,15(3):185-190.

41. 方树民,邬景禹,陈玉森.甘薯品种对薯瘟病抗性的研究[J].福建农业大学学报(自然科学版),1994,23(2):154-159.

42. 方正义,叶彦复,李百权,等.利用甘薯块根早期性状筛选早熟性[J].浙江农业大学学报(自然科学版),1992,18(1):96-102.

43. 冯祖虾.番薯的性状相关在杂交育种上的应用[J].广东农业科学,1978,(4):13-16.

44. 傅家瑞.种子生理[M].北京:科学出版社,1985.

45.富山宏平.植物的感染生理[M].尹福祥,译.北京:农业出版社,1986,51-100.

46.傅玉凡,陈敏,叶小利,等.紫肉甘薯花色苷含量的变化规律及其与主要经济性状的相关性[J].中国农业科学,2007,40(10):2185-2192.

47.傅玉凡,梁媛媛,孙富年,等.甘薯块根生长过程中淀粉含量的变化[J].西南大学学报(自然科学版),2008,30(4):56-61.

48.傅玉凡,杨春贤,赵亚特,等.不同叶菜型甘薯品种茎尖绿原酸含量及清除DPPH·能力[J].中国农业科学,2010,43(23):4814-4822.

49.傅玉凡,曾令江,杨春贤,等.叶菜型甘薯蔓尖黄酮类化合物含量在不同品种、部位和采收期的变化[J].中国中药杂志,2010,35(9):1104-1107.

50.高秋萍,阮红,毛童俊,等.紫心甘薯多糖的抗氧化活性研究[J].营养学报,2011,33(1):56-60.

51.高秋萍,阮红,刘森泉,等.紫心甘薯多糖对糖尿病大鼠血糖血脂的调节作用[J].中草药,2010,41(8):1345-1348.

52.高荫榆,罗丽萍,洪雪娥,等.甘薯叶柄藤多糖的免疫调节作用研究[J].食品科学,2006,27(6):200-202.

53.龚联遂,李坤培,胡文华,等.甘薯 *Ipomoeabatatas*(L.)*Lam*.的小孢子发生和雄配子体的发育[J].西南师范学院学报,1984,(3):27-34.

54.龚正初,潘银山,李坤培,等."西蒙一号"保健饮料的研制及成分分析[J].西南师范大学学报(自然科学版),1992,17(3):412-414.

55.顾红梅,张新申,蒋小萍.紫薯中花青素的超声波提取工艺[J].化学研究与应用,2004,16(3):404-405,408.

56.郭金颖,牟德华.五种甘薯多糖体外抗氧化活性比较[J].粮食与饲料工业,2012,(12):29-31,36.

57.韩永斌.紫甘薯花色苷提取工艺与组分分析及其稳定性和抗氧化性研究[D].南京:南京农业大学,2007,39-147.

58.韩永斌,朱洪梅,顾振新,等.紫甘薯花色苷色素的抑菌作用研究[J].微生物学通报,2008,35(6):913-917.

59.贺凯.紫肉甘薯的降糖及抗氧化活性研究[D].重庆:西南大学,2012.

60.何素兰,邓世枢.甘薯主要数量性状遗传参数研究[J].国外农学-杂粮作物,1995,(6):14-17.

61. 后猛,张允刚,王欣,等.橘红肉甘薯块根类胡萝卜素的变化规律及其与主要经济性状的相关性[J].中国农业科学,2013,46(19):3988-3996.

62. 胡建勋,刘小平,王钰.甘薯块根主要品质分析及相关研究[J].安徽农业科学,1997,25(1):11-12,67.

63. 胡晋.种子生物学(M).北京:高等教育出版社,2006.

64. 胡立明,高荫榆,陈才水,等.甘薯叶研究进展[J].郑州工程学院学报,2002,23(1):79-84.

65. 胡适宜.被子植物双受精发现100年:回顾与展望[J].植物学报,1998,40(1):1-13.

66. 胡适宜.被子植物胚胎学[M].北京:高等教育出版社,1982.

67. 胡适宜,朱澂.高等植物受精作用中雄性核和雌性核的融合[J].植物学报(英文版),1979,21(1):1-10.

68. 胡适宜,朱澂,徐丽云.王百合花柱通道细胞的细微结构的研究[J].植物学报(英文版),1982,24(5):395-402.

69. 黄宏城.浓硫酸处理甘薯种子的发芽试验[J].广东农业科学,2003,(5):12,15.

70. 黄洪光.甘薯抗氧化物质的分离提取及其生物活性的研究[D].大连:辽宁师范大学,2004.

71. 黄华宏,陆国权,郑遗凡.不同生育期甘薯块根淀粉糊化特性的差异[J].中国农业科学,2005,38(3):462-467.

72. 黄洁,甘学德,许瑞丽,等.21份紫肉甘薯种质资源的营养品质及其产量评价[J].福建农业学报,2011,26(2):215-222.

73. 黄龙,李惟基,周海鹰,等.应用植物生长调节剂克服甘薯种间杂种回交甘薯时的生殖障碍[J].农业生物技术学报,1998,6(2):147-154.

74. 姜平平,吕晓玲,姚秀玲,等.紫心甘薯花色苷抗氧化活性体外实验研究[J].中国食品添加剂,2002,(06):8-11.

75. 江苏省农学会.江苏旱作科学[M].南京:江苏科学技术出版社,1995.

76. 江苏省农业科学院,山东省农业科学院.中国甘薯栽培学[M].上海:上海科学技术出版社,1984.

77. 江苏省徐淮地区徐州农业科学研究所.全国甘薯品种资源目录[M].北京:农业出版社,1984.

78. 江苏徐州甘薯研究中心.中国甘薯品种志[M].北京:农业出版社,1993.

79. 江雪,吕晓玲,李津,等.紫甘薯多糖对辐射的防护作用[J].食品与生物技术学报,2010,29(5):665-669.

80. 靳艳玲,赵海,方扬.高黏度快速发酵生产燃料乙醇技术研究最终报告[J].科技创新导报,2016,(1):170-171.

81. K.伊稍.种子植物解剖学[M].李正理,译.上海:上海科学技术出版社,1982.

82. 拉夏埃尔.植物生理生态学[M].李博,等译,北京:科学出版社,1980.

83. 李爱贤,张立明,刘庆昌,等.甘薯辐射诱变育种研究进展[J].莱阳农学院学报,2002,19(4):256-260.

84. 李大跃.不同方法对诱导甘薯现蕾开花的效果观察[J].四川农业大学学报,1988,6(2):125-130,124.

85. 李国良,林赵淼,刘中华,等.高干率、高胡萝卜素型甘薯新品种福薯604的选育及特性分析[J].分子植物育种,2018,16(2):643-648.

86. 李佳银,王欢,石伯阳,等.甘薯茎叶中异槲皮苷及咖啡酰基奎宁酸类衍生物的抗氧化活性[J].食品科学,2013,34(7):111-114.

87. 李健,高崇云,李国平,等.黄土丘陵区坡面水土流失规律研究[J].干旱区资源与环境,1996,10(1):71-76.

88. 李坤培,郭惠阳.甘薯种子萌发过程中营养物质的变化[J].西南师范大学学报,1985(4):81-85.

89. 李坤培,胡文华,张启堂,等.甘薯"高自1号"开花与温、光、湿关系的研究[J].西南师范大学学报,1990,15(1):93-99.

90. 李坤培,张启堂,李仁全.甘薯种子成熟度与有机物积累的研究[J].西南农业大学学报,1995,17(1):66-67.

91. 李坤培,张启堂.甘薯的栽培贮藏与加工[M].重庆:重庆大学出版社,1989.

92. 李坤培,张启堂.甘薯胚胎及果实发育的研究[J].植物学报,1987,29(1):34-40.

93. 李坤培,张启堂.甘薯大孢子发生及雌配子体发育的研究初报[J].西南师范学院学报,1983,(3):92-100.

94. 李坤培,张启堂.用茎蔓顶部越冬作种防止甘薯退化的研究[J].西南师范学院学报(自然科学版),1979,(2):59-70.

95. 李曙光,寿诚学.甘薯块根的发育形态[J].植物学报,1956,5(2):207-222.

96. 李浅.甘薯F_1无性后代主要经济性状的相关性[J].河南农业科学,1986,(2):16-18.

97. 李树君,高源,孙贇,等.马铃薯淀粉全旋流分离系统的模拟计算[J].农业机械学报,2001,32(6):66-69.

98. 李曙轩,寿诚学.甜瓜果实发育的研究[J].浙江农学院学报,1957,2(2):177-191.

99. 李惟基,胡萍,陆漱韵,等.甘薯若干性状遗传力的分析[J].遗传,1992,14(2):8-9,7.

100. 李惟基,陆澈韵,冯启焕,等.甘薯单株鲜薯重和干薯重的遗传分析[J].遗传,1990,12(4):9-11.

101. 李惟基,陆漱韵,冯启焕,等.怎样确定甘薯配合力试验的参试亲本和组合[J].作物杂志,1988,(2):4-5.

102. 李惟基,陆漱韵,周海鹰.甘薯小孢子母细胞减数分裂过程的观察(简报)[J].北京农业大学学报,1992,18(2):146,168.

103. 李文浩,沈群.酸浆法沉降淀粉机理研究现状[J].食品工业科技,2010,31(5):382-383,386.

104. 李鑫.甘薯叶中主要多酚成分及其抗氧化性研究[D].长沙:湖南农业大学,2009.

105. 李秀英,李洪民,马代夫,等.甘薯抗茎线虫病亲本资源的筛选和利用[J].植物遗传资源科学,2000,4:37-40.

106. 李秀英,马代夫,朱崇文.甘薯常用亲本自交及杂交亲和性分析[J].作物品种资源,1998,(4):3-5.

107. 李秀英,马代夫,朱崇文,等.嫁接砧木与甘薯亲本的交互亲和性[J].作物杂志,1996,(1):35-36.

108. 李秀英,马代夫,朱崇文.不同诱导方法对甘薯亲本生长发育及开花影响的生理基础[J].作物杂志,1991,(1):38-40.

109. 李亚娜,阚建全,陈宗道,等.甘薯糖蛋白的降血脂功能[J].营养学报,2002,24(4):433-434.

110. 李亚娜,林永成,佘志刚.甘薯糖蛋白的分离、纯化和结构分析[J].华南理工大学学报(自然科学版),2004,32(9):59-62.

111. 李亚娜,赵谋明,彭志英,等.甘薯糖蛋白的分离、纯化及其降血脂功能[J].食品科学,2003,24(1):118-121.

112. 李艳花,廖采琴,魏鑫,等.嫁接与短日照处理下3种植物生长调节剂对诱导甘薯开花结实的影响[J].西南农业学报,2012,25(1):97-102.

113. 梁美凤,夏延斌.甘薯在食品工业中的研究进展[J].农产品加工,2008,(4):58-61.

114. 梁媛媛,傅玉凡,孙富年,等.甘薯块根可溶性糖含量在生长期间的变化研究[J].西南大学学报(自然科学版),2009,31(6):20-25.

115. 廖晓勇,陈治谏,刘邵权,等.三峡库区紫色土坡耕地不同利用方式的水土流失特征[J].水土保持研究,2005,12(1):159-161.

116. 蔺定运,李炜,刘晓阳.甘薯块根类胡萝卜素与薯肉色的研究[J].作物学报,1989,15(3):260-266.

117. 林娟,邱宏端,林霄,等.甘薯多糖的提取纯化及成分分析[J].中国粮油学报,2003,18(2):64-66.

118. 林平生.甘薯品种主要性状的遗传力和相互关系的研究[J].遗传,1983,5(6):12-16.

119. 林晓红,余萍,林少琴,等.甘薯品种岩$_{8-6}$凝集素的分离纯化及其性质[J].福建师范大学学报(自然科学版),2000,16(4):59-62.

120. 林智.紫薯甜菜碱醛脱氢酶基因BADH克隆及功能分析[D].重庆:西南大学,2014.

121. 林智.食品中蛋白质含量的测定[J].当代化工,2010,39(2):224-226.

122. 刘达玉,黄丹,李群兰.酶碱法提取薯渣膳食纤维及其改性研究[J].食品研究与开发,2005,26(5):63-66.

123. 刘得明,曹健生,解道斌,等.7个淀粉型甘薯品种的主要经济特性[J].江苏农业科学,2013,41(8):93-94.

124. 刘法锦,金幼兰,彭源贵,等.番薯藤化学成分的研究[J].中国中药杂志,1991,16(9):551-552,575.

125. 刘海英,王华华,崔长海,等.可溶性糖含量测定(蒽酮法,实验的改进[J].实验室科学,2013,16(2):19-20.

126. 柳洪鹃,姚海兰,史春余,等.施钾时期对甘薯济徐23块根淀粉积累与品质的影响及酶学生理机制[J].中国农业科学,2014,47(1):43-52.

127. 刘惠知,王升平,周映华,等.红薯渣及其利用[J].饲料博览,2013,(7):41-43.

128. 刘兰服,马志民,姚海兰,等.甘薯自然开花自交结实特异材料的遗传分析[J].华北农学报.2011,26(S2):24-27.

129. 刘邻渭,陶健,毕磊.双缩脲法测定荞麦蛋白质[J],食品科学,2004,25(10):258-261.

130. 刘鲁林,木泰华,孙艳丽.甘薯块根中胰蛋白酶抑制剂研究进展[J].粮食与油脂,2006,(12):

12-14.

131. 刘培娟,马文贵,杨吉华,等.鲁中南山区径流小区不同坡度条件下4种植被的水土流失规律研究[J].水土保持研究,2007,14(6):338-340.

132. 刘庆昌.甘薯及其近缘野生种原生质体的分离和培养[J].中国农学通报,1994,10(01):24-28.

133. 刘庆昌,国分祯二,佐藤宗治,等.甘薯(Ipomoea batatas)原生质体的分离、培养与根的分化[J].北京农业大学学报,1990,16(4):393-398.

134. 刘森泉,高秋萍,阮红,等.紫心甘薯多糖对四氯化碳肝损伤小鼠的保护作用[J].浙江大学学报(理学版),2010,37(5):572-576.

135. 刘少茹,聂明建,王丽虹,等.甘薯贮藏过程中淀粉与可溶性糖的变化[J].安徽农业科学,2015,43(25):274-276

136. 刘文菊,沈群,刘杰.两种绿豆淀粉理化特性比较[J].食品科技,2005,(9):39-42.

137. 刘小强.紫肉甘薯[Ipomoea batatas(L)Lam]花色素苷生物合成的分子调控研究[D].重庆:西南大学,2010.

138. 刘新裕.甘薯、树薯及马铃薯之酒精生成效益研究[J].台湾农业情况,1983,32(2):21-22.

139. 刘雪莲,杨希娟,孙小凤,等.固态发酵马铃薯渣生产菌体蛋白饲料的研究[J].中国酿造,2009,(2):115-117.

140. 刘艳如,余萍,陈凤翔.甘薯品种金山471凝集素的提取及其性质研究[J].福建农业大学学报,2000,29(3):300-304.

141. 刘叶玲,朱莉,韩志武,等.青紫薯色素保护小鼠抗^{60}Co γ-射线辐射所致氧化损伤的作用[J].青岛大学医学院学报,2005,41(1):46-51.

142. 刘用生,李保印,李桂荣,等.嫁接杂交与果树遗传的特殊性[J].遗传,2004,26(5):705-710.

143. 刘玉婷,吴明阳,靳艳玲,等.鼠李糖乳杆菌利用甘薯废渣发酵产乳酸的研究[J].中国农业科学,2016,49(9):1767-1777.

144. 刘主,刘国凌,朱必凤,等.甘薯多糖的抗肿瘤研究[J].食品研究与开发,2006,127(8):28-31.

145. 卢光莹,甘忠如,曹宗巽,等.粉丝生产中引起淀粉粒凝集的乳酸链球菌纯培养的研究[J].食品科学,1988,(1):1-4.

146. 陆国权.甘薯品质性状的基因型与环境效应研究[M].北京:气象出版社,2003.

147. 陆国权.甘薯淀粉若干重要品质性状的基因型差异研究[J].浙江大学学报(农业与生命科学版),2000,26(4):379-383.

148. 陆国权.日本甘薯生产和利用现状及其育种研究进展[J].世界农业,1997,(7):23-25.

149. 陆国权.中国甘薯育成品种系谱[J].作物品种资源,1992,(1):14-15.

150. 陆国权,黄华宏,何腾弟.甘薯维生素C和胡萝卜素含量的基因型、环境及基因型与环境互作效应的分析[J].中国农业科学,2002,35(5):482-486.

151. 陆国权,李秀玲.紫甘薯红色素与其他同类色素的稳定性比较[J].浙江大学学报(农学与生命科学版),2001,27(6):635-638.

152. 陆国权,任韵,唐忠厚,等.甘薯黄酮类物质的提取及其基因型差异研究[J].浙江大学学报(农业与生命科学版),2005,31(5):541-544.

153. 陆国权,史锋,邬建敏,等.紫心甘薯花青苷的提取和纯化及其组分分析[J].天然产物研究与开发,1997,9(3):48-51.

154. 陆国权,唐忠厚,黄华宏.不同施钾水平甘薯直链淀粉含量和糊化特性的基因型差异[J].浙江农业学报,2005,17(5):280-283.

155. 陆国权,王戈亮,李娟.不同肉色甘薯铁、锌、钙、硒有益矿物成分含量的产地差异[J].中国粮油学报,2004,19(2):57-61.

156. 卢庆善,赵廷昌.作物遗传改良[M].北京:中国农业科学技术出版社,2011.

157. 陆漱韵,李惟基,冯启涣,等.甘薯块根发育早期木质部内单位面积筛管束数与收获期淀粉含量的相关性[J].北京农业大学学报,1983,9(3):1-6.

158. 陆漱韵,刘庆昌,李惟基.甘薯育种学[M].北京:中国农业出版社,1998.

159. 陆漱韵,濮绍京,王家旭.甘薯辐射和组培相结合筛选突变体[J].作物学报,1993,19(4):309-314.

160. 罗明云.嘉陵江流域水土流失影响因子AHP法分析[J].水土保持研究,2006,13(4):250-252.

161. 吕巧枝,木泰华,孙艳丽.甘薯叶可溶性蛋白提取工艺研究[J].食品研究与开发,2007,28(3):18-22.

162. 吕晓玲,孙晓侠,姚秀玲.采用荧光化学发光法分析紫甘薯花色苷产品的抗氧化作用[J].食品与发酵工业,2005,31(9):53-55.

163.马代夫.世界甘薯生产现状和发展预测[J].世界农业,2001,(1):17-19.

164.马代夫.国内外甘薯育种现状及今后工作设想[J].作物杂志,1998,(4):8-10.

165.马代夫,李洪民,谢逸萍,等.甘薯抗茎线虫病品种的选育[J].作物杂志,1997,(2):15-16.

166.马代夫,李强,曹清河,等.中国甘薯产业及产业技术的发展与展望[J].江苏农业学报,2012,
28(5):969-973.

167.马丽利.甘薯GGDS基因克隆及功能分析[D].重庆:西南大学,2014.

168.马琴国,王引权,赵勇.蒽酮-硫酸比色法测定党参中可溶性糖含量的研究[J].甘肃中医学院
学报,2009,26(6):46-48.

169.马志民,刘兰服,姚海兰,等.适宜甘薯花粉生活力检测方法的筛选[J].河北农业科学,2011,
15(9):102-104,108.

170.毛建华.甘薯叶气孔与产量关系初步研究[J].河南农林科技,1981,(3):9-10,7.

171.明兴加,李坤培,张明,等.紫色甘薯的开发前景[J].重庆中草药研究,2006,(1):55-60.

172.木泰华,孙艳丽,刘鲁林,等 甘薯可溶性蛋白的分离提取及特性研究[J].食品研究与开发,
2005,26(5):16-20.

173.母锡金,王伏雄.白头翁的受精及组织化学研究[J].植物学报,1985,27(3):225-232,
337-338..

174.农业部科学技术委员会,农业部科学技术司.中国农业科技工作四十年[M].北京:中国科学
技术出版社,1989.

175.欧行奇,任秀娟,杨国堂.甘薯茎尖与常见蔬菜的营养成分分析[J].西南农业大学学报(自然
科学版),2005,27(5):630-633.

176.欧阳权,彭海忠,李启泉.桉树愈伤组织发生胚状体的研究[J].林业科学,1981,17(1):1-5,
7,113-114.

177.P.玛海希瓦里.被子植物胚胎学引论[M].陈机,译.北京:科学出版社,1966.

178.潘家驹.作物育种学总论[M].北京:中国农业出版社,1994.

179.潘瑞炽.植物生理学(第6版)[M].北京:高等教育出版社,2008.

180.Paulo de T.阿尔维姆,T.T.科兹洛斯基.热带作物生态生理学[M].北京:农业出版社,1984.

181.彭凤翔.河南甘薯品种资源研究与利用[J].河南农业大学学报,1987,21(1):118-126.

182.片山健二,谢国禄.利用近交系改良甘薯的可能性[J].国外作物育种,1997,(1):59-63.

183. 钱秋平,陆国权,衣申艳,等.不同干率甘薯铁、锌、钙、硒微量元素含量的产地差异[J].浙江农业学报,2009,21(2):168-172.

184. 邱才飞,彭春瑞,袁照年,等.施肥对观赏甘薯开花习性的影响[J].中国土壤与肥料,2010,(1):33-36.

185. 邱瑞镰,谢一芝,戴起伟,等.甘薯品种抗黑斑病能力的研究[J].中国甘薯,1990,(4):105-109.

186. 邱瑞镰,徐品莲,张黎玉,等.甘薯高淀粉工业用新品种-"苏薯2号"选育报告[J].中国甘薯,1990,4:137-143.

187. 邱相如.连城红心地瓜干的加工工艺[J].福建农业,1999,(3):23.

188. R.D.Lardizabal,郭小丁.水培、嫁接及生长调节剂促进甘薯开花的研究[J].国外农学-杂粮作物,1990,(3):27-30.

189. 单成俊,周剑忠,黄开红,等.挤压膨化提高甘薯渣中可溶性膳食纤维含量的研究[J].江西农业学报,2009,21(6):90-91,99.

190. 山东农学院,西北农学院.植物生理学实验指导[M].济南:山东科学技术出版社,1980.

191. 邵廷富.甘薯高温窖藏原理和技术[M].重庆:重庆出版社,1984.

192. 沈稼青,王庆南.提高甘薯杂交结实率的有效途径[J].中国农学通报,1990,6(4):32-35.

193. 沈稼青.应用自然开花材料嫁接诱导甘薯开花[J].农业科技通讯,1982,(12):6-8.

194. 沈稼青.甘薯开花结实习性及杂交技术的初步观察研究[J].中国农业科学,1963,(8):49-52.

195. 沈淞梅,沈海铭,吴建华.甘薯生长发育过程中可溶性糖含量与淀粉积累的关系[J].浙江农业大学学报,1994,20(4):400-404.

196. 沈维亮,靳艳玲,丁凡,等.甘薯淀粉加工废渣生产蛋白饲料的工艺[J].粮食与饲料工业,2017,(12):41-45.

197. 盛家廉.为什么马铃薯、甘薯不用种子播种[J].农业科学通讯,1955,(3):72.

198. 史春余,姚海兰,张立明,等.不同类型甘薯品种块根淀粉粒粒度的分布特征[J].中国农业科学,2011,44(21):4537-4543.

199. 四川省种子协会.作物良种繁育学[M].成都:四川科学技术出版社,1990.

200. 宋松泉.种子生物学研究指南[M].北京:科学出版社,2005.

201. 宋松泉,程红炎,姜孝成,等.种子生物学[M].北京:科学出版社,2008.

202. 孙册, 莫汉庆. 代谢(二)糖蛋白与蛋白聚糖结构、功能和代谢[M]. 北京:科学出版社, 1988.

203. 孙红男, 木泰华, 席利莎, 等. 新型叶菜资源-甘薯茎叶的营养特性及其应用前景[J]. 农业工程技术(农产品加工业), 2013, (11):45-49.

204. 孙健, 岳瑞雪, 钮福祥, 等. 淀粉型甘薯品种直链淀粉含量、糊化特性和乙醇发酵特性的关系[J]. 作物学报, 2012, 38(3):479-486.

205. 孙敏, 陈敏, 廖志华, 等. 甘薯毛状根植株再生研究[J]. 西南师范大学学报(自然科学版), 2000, 25(5):543-546.

206. 孙晓侠. 紫甘薯花色苷结构鉴定及抗氧化、降血糖功能的研究[D]. 天津:天津科技大学, 2006.

207. 孙艳丽, 刘鲁林, 木泰华. 甘薯叶片可溶性蛋白提取方法探索及其成分分析[J]. 食品工业科技, 2006, (11):88-91.

208. 谈锋, 兰利琼, 陈四清. 甘薯叶片发育和衰老过程中光合特性的变化[J]. 西南师范大学学报, 1990, 15(3):380-385.

209. 谈锋, 李坤培. 甘薯体细胞胚的发生和植株再生[J]. 植物生理学通讯, 1992, 28(1):67-71.

210. 谈锋, 李坤培. 三十烷醇对甘薯生理效应的探讨[J]. 西南师范学院学报, 1985, (1):52-58.

211. 谈锋, 李坤培, 兰利琼, 等. 甘薯体细胞胚的发生和植株再生[J]. 作物学报, 1993, 19(4):372-375, 388.

212. 谈锋, 李坤培, 刘晓红, 等. 甘薯杂交胚发育过程中的一些生理变化[J]. 植物生理学通讯, 1994, 30(2):154-156.

213. 谈锋, 李坤培, 张启堂. 甘薯藤尖越冬苗灰霉病(Botrytis cinerea)侵染途径的研究报告[J]. 西南师范学院学报, 1980, (1):95-98.

214. 谈锋, 张启堂, 陈京, 等. 甘薯品种抗旱适应性的数量分析[J]. 作物学报, 1991, 17(5):394-398.

215. 谭文芳, 李明, 王大一. 甘薯优良亲本8410-788的开花结实性研究[J]. 杂粮作物, 2010, 30(6):393-395.

216. 唐俊. 甘薯GGPPS基因的克隆分析及抗草甘膦半夏的获得[D]. 重庆:西南大学, 2008.

217. 唐明双, 刘莉莎, 黄迎东, 等. 食用桔红肉甘薯新品种南薯012的选育与栽培技术[J]. 贵州农业科学, 2017, 45(1):1-3.

218. 唐启宇. 中国作物栽培史稿[M]. 北京:农业出版社,1986.

219. 汤月敏,代养勇,高歌,等. 我国甘薯产业现状及其发展趋势[J]. 中国食物与营养,2010,(8): 23-26.

220. 唐云明. 甘薯小孢子发生的超微结构观察[J]. 西南师范大学学报(自然科学版),1996,21 (1):84-89.

221. 唐云明,梁昌恒. 甘薯雌蕊引导组织的超微结构研究[J]. 西南师范大学学报,1988,(2):75-80,129-2.

222. 唐忠厚,李洪民,张爱君,等. 长期施用磷肥对甘薯主要品质性状与淀粉RVA特性的影响[J]. 植物营养与肥料学报,2011,17(2):391-396.

223. 唐忠厚,李洪民,张爱君,等. 施钾对甘薯常规品质性状及其淀粉RVA特性的影响[J]. 浙江农业学报,2011,23(1):46-51.

224. 陶诗顺,王双明. 甘薯良种繁育若干问题探讨[J]. 种子,2005,24,(1):67-69.

225. 陶兴无. 发酵工艺与设备[M]. 北京:化学工业出版社,2011.

226. 藤伊正. 植物的休眠与发芽[M]. 刘瑞征,译. 北京:科学出版社,1980.

227. 田春宇,王关林. 甘薯多糖抗氧化作用研究[J]. 安徽农业科学,2007,35(35):11356,11401.

228. 王戈亮. 甘薯若干矿物质营养元素含量的基因型差异及其环境效应[D]. 杭州:浙江大学,2004.

229. 王关林,岳静,李洪艳,等. 甘薯花青素的提取及其抑菌效果分析[J]. 中国农业科学,2005,38 (11):2321-2326.

230. 王关林,岳静,苏冬霞,等. 甘薯花青苷色素的抗氧化活性及抑制肿瘤作用研究[J]. 营养学报,2006,28(1):71-74.

231. 王洪云,张毅,钮福祥,等. TSP-1甘薯浓缩口服液的安全性评价[J]. 江苏农业科学,2016,44 (6):396-399.

232. 王家万,谌创之,谭纪周,等. 甘薯杂交后代主要性状的相关趋势[J]. 湖南农业科学,1981, (3):23-25.

233. 王家旭,张宝红,李惟基,等. 甘薯叶片组织培养与植株再生(简报)[J]. 北京农业大学学报,1991,17(1):14.

234. 王兰珍,李惟基,周海鹰,等. 甘薯与低倍体种间杂种杂交低结实性的克服[J]. 作物学报,

2000,26(2):134-142,258.

235.王玫.甘薯叶黄酮类化合物的提取、分离、纯化及其挥发性化学成分的研究[D].长沙:中南大学,2010.

236.王庆美,郗光辉,王大箎,等.甘薯花粉离体萌发及不同保存方法对其生活力的影响[J].莱阳农学院学报,1996,(3):186-189.

237.王庆南,戎新祥,赵荷娟,等.菜用甘薯研究进展及开发利用前景[J].南京农专学报,2003,19(1):20-23.

238.王杉,邓泽元,曹树稳,等.紫薯色素对老龄小鼠抗氧化功能的改善作用[J].营养学报,2005,27(3):245-248.

239.王守经,邓鹏,胡鹏.甘薯加工制品的现状及发展趋势[J].中国食物与营养,2009,(11):30-32.

240.王铁华,任枢庭,张耀斌,等.甘薯"计划集团杂交"育种法研究初报[J].农业科技通讯,1987(7):10-11.

241.王文质,以凡,杜述荣,等.甘薯淀粉含量换算公式及换算表[J].作物学报,1989,15(1):94-96.

242.王欣,李强,张允刚,等.高胡萝卜素甘薯新品种徐渝薯35的选育及栽培技术[J].湖北农业科学,2016,55(24):6381-6384.

243.王瑄,郭月峰,高云彪,等.坡度、坡长变化与水土流失量之相关性分析[J].中国农学通报,2007,23(9):611-614.

244.王毅,胡适宜.棉花小孢子发生过程中细胞质的超微结构变化:着重"细胞质改组"问题[J].植物学报,1993,35(4):255-260.

245.王应想.甘薯藤沽性多糖的分离、纯化及功能研究[D].南昌:南昌大学,2005.

246.王支槐,黄继承,李坤培.水分胁迫条件下不同甘薯品种的抗旱性初探[J].西南师范大学学报,1986,(4):43-48.

247.万之秀.甘薯杂交育种中诱导开花和结蒴的观察[J].湖南农学院学报,1981,(1):21-28.

248.魏风鸣,迟玉森,赵福江.提高龙口粉丝生产中淀粉收率的研究[J].食品科学,1987,(8):34-38.

249.文一,赵国华,阚建全,等.甘薯贮藏蛋白研究进展[J].粮食与油脂,2003,(8):24-26.

250. 吴衍庸,万秀林.酸浆法生产淀粉中微生物发酵规律的研究[J].食品与发酵工业,1979,(4):34-41.

251. 吴耀武,马彩萍.甘薯(Ipomoea batatas)原生质体的分离、培养与愈伤组织的形成[J].植物学报,1979,21(4):334-338,397.

252. 吴轶勤.稻米蛋白质含量测定方法研究进展[J].宁夏农业科技,2012,53(12):73-75,95.

253. 吴雨华.世界甘薯加工利用新趋势[J].食品研究与开发,2003,24(5):5-8.

254. 吴卓生,冯顺洪,吴春莲,等.甘薯新品种普薯32号的选育及丰产栽培要点[J].农业科技通讯,2012,(10):125-127.

255. 徐浩,陈晓冬,李悦,等.一株乳酸菌细胞壁上的凝集淀粉因子I.电子显微镜观察[J].微生物学报,1980,20(3):276-279,345-346.

256. 徐是雄.植物材料的薄切片超薄切片技术[M].北京:北京大学出版社,1981.

257. 徐是雄,唐锡华,傅家瑞,等.种子生理的研究进展[M].广州:中山大学出版社,1987.

258. 西北农学院农学系.应用嫁接蒙导法促进甘薯开花的研究[J].陕西农业科学,1978,(3):26-30.

259. 席利莎.甘薯茎叶营养成分及其多酚抗氧化活性的研究[D].北京:中国农业科学院,2014.

260. 席利莎,孙红男,木泰华,等.甘薯茎叶多酚的体外抗氧化活性与加工稳定性研究[J].中国食品学报,2015,15(10):147-156.

261. 向昌国,李文芳,聂琴,等.甘薯茎叶中绿原酸提取方法的研究及含量测定[J].食品科学,2007,28(1):126-130.

262. 向仁德,丁健辛,韩英,等.引种的巴西甘薯叶化学成分研究[J].中草药,1994,25(4):179-181,222.

263. 向万胜,梁称福,李卫红.三峡库区花岗岩坡耕地不同种植方式下水土流失定位研究[J].应用生态学报,2001,12(1):47-50.

264. 小卷克已等.开发甘薯人工种子[J].广东农业科学,1989,(5):44-47.

265. 肖利贞.中国甘薯[M].中国作物学会甘薯专业委员会编印,1987.

266. 肖利贞,王裕欣.薯类淀粉制品实用加工技术[M].郑州:中原农民出版社,2000.

267. 小林正,张必泰.日本用野生近缘植物进行甘薯育种的方法[J].江苏农业科技,1978,(4):76-80.

268. 谢春生,冯祖虾,林美莺,等.我国甘薯品种种资源抗小象甲鉴定研究[J].中国甘薯,1994,7:23-29.

269. 谢逸萍,孙厚俊,邢继英.中国各大薯区甘薯病虫害分布及危害程度研究[J].江西农业学报,2009,21(8):121-122.

270. 谢逸萍,朱崇文.甘薯F₁抗茎线虫病特性遗传变异趋势[J].江苏农业科学,1995,(3):25-27.

271. 谢逸萍,朱崇文,马代夫,等.甘薯抗茎线虫特性的遗传规律[J].中国甘薯,1994,7:93-97.

272. 谢一芝,郭小丁,贾赵东,等.高胡萝卜素甘薯品种苏薯25的选育及栽培技术[J].农业科技通讯,2015(10):149-150.

273. 谢一芝,郭小丁,贾赵东,等.引进紫心甘薯资源的鉴定及种质创新[J].江西农业大学学报,2013,35(1):54-58.

274. 谢一芝,郭小丁,贾赵东,等.紫心甘薯育种现状及展望[J].植物遗传资源学报,2012,13(5):709-713.

275. 谢一芝,郭小丁,贾赵东,等.紫心甘薯品种的选育及利用[J].金陵科技学院学报,2009,25(4):48-51.

276. 谢一芝,邱瑞镰,戴起伟,等.甘薯胡萝卜素含量的变化及高胡萝卜素育种[J].国外农学-杂粮作物,1998,18(4):43-46.

277. 谢一芝,邱瑞镰,张黎玉,等.国外甘薯种质资源的利用[J].作物品种资源,1992,(4):42-43.

278. 谢一芝,吴纪中,戴起伟,等.甘薯近缘野生种资源的杂交亲和性评价及利用[J].植物遗传资源学报,2003,4(2):147-150.

279. 谢一芝,尹晴红,戴起伟,等.甘薯抗线虫病的遗传育种研究[J].植物遗传资源学报,2004,5(4):393-396.

280. 谢一芝,尹晴红,戴起伟,等.甘薯品种抗黑斑病鉴定及其遗传趋势[J].植物遗传资源学报,2003,4(4):311-313.

281. 谢一芝,尹晴红,邱瑞镰.高花青素甘薯的研究及利用[J].杂粮作物,2004,24(1):23-25.

282. 谢一芝,张黎玉,戴起伟,等.甘薯根腐病抗性在不同环境条件下的表现及遗传趋势[J].植物保护学报,2002,29(2):133-137.

283. 谢一芝,张黎玉,林长平,等.甘薯近缘野生种资源研究现状[J].作物品种资源,1989,(2):9-10.

284.谢一芝,张黎玉,吴纪中.甘薯育种研究动态及展望[J].世界农业,2000,12:21-23.

285.徐龙权,陆军,葛丽丽,等.红薯茎叶多糖提取物抑菌研究[J].食品科技,2011,36(1):163-166.

286.薛启汉.甘薯子叶愈伤组织诱导与植株分化[J].江苏农业学报,1987,3(3):23-30.

287.薛启汉,林长平,张必泰.甘薯与海滨野牵牛种间杂交亲和性及其杂种形态变异分析[J].遗传,1985,7(2):4-6,49.

288.许宏宣.紫肉甘薯花色素苷生物合成相关转录因子克隆与功能分析[D].重庆:西南大学,2012.

289.许森,王永梅,赵亚特,等.甘薯薯块生长过程中可溶性糖与淀粉质量分数的变化及其相关性分析[J].西南大学学报(自然科学版),2011,33(10):31-36.

290.盐谷格.谢国禄.利用近缘野生种改良甘薯[J].国外作物育种,1995,(2):49-51.

291.烟台地区农业科学研究所甘薯研究室.甘薯开花结实与气温的关系[J].山东农业科学,1980,(2):31-32.

292.颜振德,朱崇文,盛家廉.甘薯品种的耐旱性及其鉴定方法的研究[J].作物学报,1964,3(2):183-194.

293.杨国红.优质鲜食型甘薯郑薯20及综合栽培技术[J].中国种业,2010,(4):72.

294.杨红花,秦宏伟.甘薯中去氢表雄酮的提纯工艺研究[J].食品工业科技,2010,31(3):232-235.

295.杨立明,朱天亮.甘薯品种间杂交后代主要性状的遗传变异[J].福建农业科技,1988,(1):5-6.

296.杨贤松,杨占苗,高峰.紫色甘薯色素的研究进展[J].中国农学通报,2006,22(4):94-98.

297.杨燕平.激素等因素对甘薯块根外植体形态发生影响的研究[J].山东农学院学报,1982,(1-2):13-26.

298.阳义健.甘薯ISSR分子标记的建立与IPI基因的克隆及功能分析[D].重庆:西南大学,2006.

299.杨中萃,崔广琴,林淑娟,等.甘薯高淀粉、高产、抗病新品种选育的探讨[J].山东农业科学,1984(4):12-16.

300.杨中萃,崔广琴,林淑娟,等.甘薯主要经济性状遗传趋势的研究[J].遗传,1981,3(2):16-18,44.

301.姚璞,李坤培.甘薯开花规律的观察[J].西南师范大学学报(自然科学版),1998,23(2):

218-222.

302. 叶小利,李坤培,李学刚.酸碱度对紫色甘薯花色素稳定性影响的研究[J].食品工业科技, 2002,23(11):38-39.

303. 叶小利,李学刚,李坤培.紫色甘薯多糖对荷瘤小鼠抗肿瘤活性的影响[J].西南师范大学学报(自然科学版),2005,30(2):333-336.

304. 叶小利,李学刚,李坤培,等.紫色甘薯花色素苷色泽稳定性研究[J].西南师范大学学报(自然科学版),2003,28(5):725-729.

305. 以凡,王文质,杜述荣,等.甘薯微量变异组织培养成株及其性状观察[J].遗传,1984, 6(2):19.

306. 雍华,何素兰.对南充自然条件下甘薯有性杂交育种的浅析[J].国外农学-杂粮作物,1996, (6):19-21.

307. 余成章,傅文泽,何文中,等.高产优质高胡萝卜素甘薯新品种泉薯10号的选育[J].福建农业学报,2013,28(05):448-451.

308. 余萍,林曦,林玉满.甘薯凝集素的提取及性质研究[J].天然产物研究与开发,2001,13(6): 25-29.

309. 余忠生,詹道润.甘薯主要性状的遗传趋势研究[J].陕西农业科学,1988,(1):12-14,26.

310. 袁振宏,吴创之,马隆龙,等.生物质能利用原理与技术[M].北京:化学工业出版社,2005.

311. 袁宗飞,胡适宜,马淑芳,等.甘薯细胞质传递的研究:精细胞的质体和线粒体及其DNA存在的状况[J].植物学报,1998,40(3),200-203.

312. 曾令江.甘薯腺苷酸激酶基因的克隆分析及载体构建[D].重庆:西南大学,2007.

313. 张宝红,丰嵘.甘薯组织培养名录[J].植物生理学通讯,1991,27(3):237-240.

314. 张宝红,丰嵘.植物组织培养在甘薯上的应用[J].世界农业,1991,(6):36-37.

315. 张必泰,邱瑞镰,徐品莲,等.甘薯的产量、干率和抗病性的遗传趋势[J].遗传,1981,3(1): 28-30.

316. 张聚茂,迟献.龙口粉丝[M].北京:轻工业出版社,1988.

317. 张莉,李志西,毛加银.板栗淀粉糊的流变性研究[J].西北农业学报,2001,10(3):90-92.

318. 张立明,王庆美,马代夫,等.甘薯主要病毒病及脱毒对块根产量和品质的影响[J].西北植物学报,2005,25(2):316-320.

319. 张黎玉.促进甘薯开花和结实的方法[J].种子,1988,(5):57-58.

320. 张黎玉,邱瑞镰,徐品莲,等.甘薯F_1抗黑斑病的表现与亲本抗性水平的关系[J].江苏农业科学,1994,(6):27-29.

321. 张黎玉,谢一芝.甘薯蒸煮品质遗传的初步研究[J].种子,1993,(2):64-65.

322. 张黎玉,谢一芝.甘薯块根肉色遗传以及与其他性状的相关性分析[J].江苏农业学报,1988,4(2):30-34.

323. 张黎玉,谢一芝.甘薯块根中类胡萝卜素含量的遗传分析[J].中国甘薯,1987,1:97-98.

324. 张黎玉,徐品莲,邱瑞镰,等.甘薯近缘野生种的搜集和利用研究[J].中国甘薯,1987,1:26-29.

325. 张黎玉,徐品莲,谢一芝,等.甘薯主要经济性状的遗传参数估算及其在育种中的应用意义[J].江苏农业学报,1996,12(3):44-50.

326. 张联顺,陈群航.甘薯抗瘟新品种——闽抗330[J].福建农业科技,1989,(6):3-4.

327. 张联顺,卢同,谢春生,等.我国南方甘薯品种资源抗瘟病鉴定研究[J].江西农业大学学报,1999,21(3):347-350.

328. 张玲,许宏宣,秦白富,等.甘薯不同外植体体细胞胚的发生及植株再生[J].安徽农业科学,2012,40(19):10011-10014.

329. 张苗.甘薯蛋白酶解肽的抗氧化及结肠癌活性研究[D].北京:中国农业科学院,2012.

330. 张明生,杜建厂,谢波,等.水分胁迫下甘薯叶片渗透调节物质含量与品种抗旱性的关系[J].南京农业大学学报,2004,27(4):123-125.

331. 张明生,谈锋.水分胁迫下甘薯叶绿素a/b比值的变化及其与抗旱性的关系[J].种子,2001,(4):23-25.

332. 张明生,谈锋,谢波,等.甘薯膜脂过氧化作用和膜保护系统的变化与品种抗旱性的关系[J].中国农业科学,2003,36(11):1395-1398.

333. 张明生,谈锋,张启堂.快速鉴定甘薯品种抗旱性的生理指标及PEG浓度的筛选[J].西南师范大学学报(自然科学版),1999,24(1):74-80.

334. 张明生,谈锋,张启堂.水分胁迫下甘薯的生理变化与抗旱性的关系[J].国外农学-杂粮作物,1999,19(2):35-39.

335. 张明生,谢波,谈锋.水分胁迫下甘薯内源激素的变化与品种抗旱性的关系[J].中国农业科学,2002,35(5):498-501.

336.张启堂.中国西部甘薯[M].重庆:西南师范大学出版社,2015.

337.张宪省,席湘媛.矮生菜豆小孢子发生的超微结构观察[J].植物学报,1991,33(4):267-272.

338.张雄坚,房伯平,陈景益,等.甘薯空间诱变选育研究[J].广东农业科学,2008,(3):7-10.

339.张允刚,房伯平,等.甘薯种质资源描述规范和数据标准[M].北京:中国农业出版社,2006.

340.张彧,高荫榆,张锡彬,等.红薯茎叶多糖提取物抑菌活性的研究[J].食品与机械,2007,23(5):84-86.

341.张彧,高荫榆,张锡彬.薯蔓提取物降血糖作用机理初探[J].食品科学,2007,28(12):466-469.

342.张允刚,郭小丁.甘薯薯干高淀粉资源的鉴定及其综合评价[J].植物遗传资源学报,2003,4(1):55-57.

343.张志杰,郭了琦,朱墨,等.齿果酸模种子发芽研究[J].种子,2012,31(8):72-75.

344.张志良.植物生理学实验指导(第二版)[M].北京:高等教育出版社,1990.

345.赵国华,陈宗道,李志孝.甘薯多糖SPPS-I-Fr-Ⅱ组分的纯化及理化性质分析[J].中国粮油学报,2003,18(1):46-48.

346.赵国华,李志孝,陈宗道.甘薯多糖SPPS-I-Fr-II组分的结构与抗肿瘤活性[J].中国粮油学报,2003,18(3):59-61.

347.赵江涛,李晓峰,李航,等.可溶性糖在高等植物代谢调节中的生理作用[J].安徽农业科学,2006,34(24):6423-6425,6427.

348.赵婧,阮红,高秋萍,等.紫心甘薯多糖的分离及组分抑癌活性研究[J].浙江大学学报(医学版),2011,40(4):365-373.

349.赵婧,阮红,徐玲芬,等.紫心甘薯多糖抗疲劳活性及其机制研究[J].食品科技,2011,36(7):57-60.

350.赵梅,唐文婷,于春娣.甘薯糖蛋白的分离纯化及其性质研究[J].食品研究与开发,2008,29(7):49-51.

351.赵文婷,马谨,雷纬沙,等.遮阴对紫肉甘薯块根鲜质量、花色苷含量及产量的影响[J].西南大学学报(自然科学版),2011,33(2):6-11.

352.赵永强,张成玲,孙厚俊,等.甘薯病毒病复合体(SPVD)对甘薯产量的影响[J].西南农业学报,2012,25(3):909-911.

353. 郑光武.甘薯品种主要性状表现及其相关分析[J].福建农业科技,1984,(2):20-22.

354. 郑光武,中奕,方树民,等.抗蔓割病优质甘薯种质C180在育种中的应用[J].植物遗传资源学报,2006,7(4):474-476.

355. 中川昌一.果树园艺原论[M].曾镶,孟昭清,傅玉瑚,等译.北京:农业出版社,1982.

356. 中国科学院植物研究所.中国高等植物科属检索表[M].北京:科学出版社.1979.

357. 钟伟.红薯叶中多酚类物质的抗氧化及抗肿瘤细胞增殖作用研究[D].广州:华南理工大学,2015.

358. 周虹,张超凡,黄光荣.甘薯膳食纤维的开发应用[J].湖南农业科学,2003,(1):55-56.

359. 周佳明,刘志琼.甘薯黑斑病抗性鉴定不同分级方法效果研究[J].四川师范学院学报(自然科学版),2000,21(3):270-273.

360. 朱澂.高碘酸-锡夫反应作为一种染色方法在植物组织学上的应用[J].植物学报,1963,11(2):155-163.

361. 朱崇文.甘薯良种繁育的配套技术[J].农业科技通讯,1987,(11):10-11.

362. 朱崇文,马代夫,李秀英,等.甘薯育种亲本筛选程序的建立[J].作物杂志,1992,(2):30-32.

363. 朱崇文,袁宝忠,盛家廉.自交系在甘薯育种中应用的探讨[J].江苏农业科学,1980,(6):33-36.

364. 邹耀洪.国产甘薯叶黄酮类成分研究[J].分析测试学报,1996,15(1):71-74.

365. Ahmed M, Akter M S, Eun J B. Peeling, drying temperatures, and sulphite-treatment affect physico-chemical properties and nutritional quality of sweet potato flour[J]. Food Chemistry, 2010, 121(1):112-118.

366. Bacusono J L, Carpena A L. Morphological and agronomic traits asociated with yeld performance of sweet potato[J]. Annals of Tropical Research, 1982, 4(2):92-102.

367. Bassa L A, Francis F J. Stability of anthocyanins from sweet potatoes in a model beverage[J]. Journal of Food Science, 1987, 52(6):1753-1754.

368. Bertram J S, Vine A L. Cancer prevention by retinoids and carotenoids: independent action on a common target[J]. Biochim Biophys Acta, 2005, 1740(2):170-178.

369. Bhatnagar, S P Bhatnagar. The embryology of angiosperms[M]. Vikas Pub.House PVT Ltd, 1974.

370.Bowrke R M. Growth analysis of four sweet potato (*Ipomoea batatas*) cultivar in Papua New Guinea[J]. Tropical Agriculture, 1984, 61(3):177-181.

371.Braber C, Reynoso D, Dufour D, et al. Starch content and properties of 106 sweet potato clones from the world germplasm collection held at CIP Peru[J]. CIP Program Report, 1997-1998, 279-286.

372.Bradbury J H, Holloway W D. Chemistry of tropical root crops: significance for nutrition and agriculture in the Pacific[J]. Plant and Cell Physiology, 1988, 40(11):5938-5946.

373.Brewbaker J L. Pollen cytology and self-incompatibility systems in plants [J]. Journal of Heredity, 1957, 48(6):271-277.

374.Burri B J. Evaluating Sweet potato as an intervention food to prevent Vitamin A deficiency[J]. Comprehensive Reviews in Food Science & Food Safety, 2011, 10(2): 118-130.

375.Cantliffe D J. Somatic embryony patterns and plant-regeneration in *Ipomoea batatas* poir.[J]. Vitro Cellular & Developmental Biology, 1988, 24(9):955-958.

376.Charles W. B., Hoskn D G, Cave P J. Overcoming cross- and self-incompatibility in *Ipomcea batatas* (L) Lam. and *Ipomoea trichocarpa* (Elliot) [J]. Journal of Horticultural Science, 1974, 49 (1): 113-121.

377.Chée R P, Cantliffe D J. Embryo development from diocrcle cell aggregates in *Ipomoea Batatas* (L) Lam. in response to structural polarity[J]. In Vitro Cellular & Developmental Biology, 1989, 25(8): 757-760.

378.Chée R P, Cantliffe D J. Composition of embryogenic suspension cultures of *Ipomoea batatas* Poir. and production of individualized embryos[J]. Plant Cell Tissue and Organ Culture, 1989, 17:39-52.

379.Chée R P, Cantliffe D J. Selective enhancement of *Ipomoea batatas*, Poir. embryogenic and non-embryogenic callus growth and production of embryos in liquid culture [J]. Plant Cell Tissue &Organ Culture, 1988, 15(2):149-159.

380.Chée R P, Schultheis J R, Cantliffe D J. Plant recovery from sweet potato somatic embryos.[J]. Horticultural Science, 1990, 25(7):795-797.

381.Chen T Y, Kehr A E. Meiotic studies in the sweet potato: (*Ipomoea batatas* Lam.) [J]. Journal of Heredity, 1953, 44:207-211.

382.Cho J, Kang J S, Long P H, et al. Antioxidant and memory enhancing effects of purple sweet potato anthocyanin and cordyceps mushroom extract[J]. Archives of Pharmacal Research, 2003, 26: 821-825.

383. Chu C Y, Sen B, Lay C H, et al. Direct fermentation of sweet potato to produce maximal hydrogen and ethanol[J]. Applied Energy, 2012, 100:10-18.

384. Collado L S, Corke H. Properties of starch noodles as affected by sweetpotato genotype[J]. Cereal Chemistry, 1997, 74(2):182-187.

385. Collins W W. Potencial for increasing nutritional value of sweetpotato root traits[J]. J. Amer. Soc. Hort. Sci., 1982, 102(4):440-442.

386. Collins W W. Fusarium wilt resistance in sweet potatoes[J]. Phytopathology, 1976(4).

387. Cooke D, Gidley M J. Loss of crystalline and molecular order during starch gelatinization origin of the enthalpic transition[J]. Carbohydrate Research, 1992, 227:103-112.

388. Corriveau J L, Coleman A W. Rapid screening method to detect potential biparental inher inheritance of plastid DNA and results for over 200 angiosperm species[J]. American Journal of Botany, 1988, 75:1443-1458.

389. Denicola G M, Karreth F A, Humpton T J, et al. Oncogene-induced Nrf2 transcription promotes ROS detoxification and tumorigenesis[J]. Nature, 2012, 475(7354):106-109.

390. Dugas T R, Morel D W, Harrison E H. Dietary supplementation with beta-carotene, but not with lyco-pene, inhibits endothelial cell-mediated oxidation of low-density lipoprotein.[J]. Free Radical Biolo-gy & Medicine, 1999, 26(9-10):1238.

391. Dwyer J H, Navab M, Dwyer K M, et al. Oxygenated carotenoid lutein and progression of early othero-sclerosis the Los Angeles atherosclerosis study[J]. Circulation, 2001, 103:2922-2927.

392. Eames A J. Morphology of the angiosperms.[M]. Mcgraw-Hill Book Company, Inc, 1961.

393. Ferrari M D, Guigou M, Lareo C. Energy consumption evaluation of fuel bioethanol production from sweet potato[J]. Bioresource Technology, 2013, 136:377-384.

394. Fu Yu fan, Wang Wei qiang, Wu Jia yong, et al. Yield composition analysis of vine tip o f leaf vegetable sweet potato[J]. Agricultural Science & Technology, 2009, 10(3):88-91.

395. Garcia A M, Jr W M W. Physicochemical characterization of starch from peruvian sweetpotato selec-tions ASA alimentos S.A., Lima, Peru[J]. Starch-Stärke, 1998, 50(8):331 - 337.

396. Girard A W, Grant F, Watkinson M. Promotion of orange-fleshed sweet potato increased vitamin a intakes and reduced the odds of low retinol-binding protein among postpartum Kenyan women [J]. The Journal of nutrition, 2017, 147(5): 955-963.

397. Hakkak R, Bell A, Korourian S. Dehydroepiandrosterone (DHEA) feeding protects liver steatosis in obese breast cancer rat model [J]. Scientia Pharmaceutica, 2017, 85(13): 1-7.

398. Hammett H L. Total carbohydrate and carotenoid content of sweetpotatoes a s affected by cultivar and area of production [J]. Hortscience, 1974, 9(5): 467-468.

399. Hayward H E. The structure of economic plants. [J]. Soil Science, 1939, 48(4): 358.

400. Hayward H E. The seedling anatomy of Ipomoea batatas [J]. Botanical Gazette, 1932, 93 (4): 400-420.

401. He K, Ye XL, Li XG, et al. Separation of two constituents from purple sweet potato by combination of silica gel column and high-speed counter-current chromatography [J]. J. Chromatogr. B., 2012, 881: 49-54.

402. Hayward H. E. The seedling anatomy of Ipomoea batatas [J]. Botanical Gazette, 1932, 93 (4): 400-420.

403. Hotz C, Loechl C, Brauw A D, et al. A large-scale intervention to introduce orange sweet potato in rural Mozambique increases vitamin A intakes among children and women [J]. British Journal of Nutrition, 2012, 108(1): 163-176.

404. Hu S Y, A cytological Study of plastid inheritance in angiosperms [J]. Acta Bot. Sin., 1997, 39(4): 363-371.

405. Hu Y, Deng L, Chen J, et al. An analytical pipeline to compare and characterise the anthocyanin antioxidant activities of purple sweet potato cultivars [J]. Food Chemistry, 2016, 194: 46-54.

406. Hu Z M, Hu S. Y. Cytoplasmic nucleoids in the generative cell, sperm cell and egg cell of Calystegia hederacea [J]. Acta Bot. Sin., 1997, 39(7): 682-684.

407. Hu Z M, Hu S. Y. Study on organelle DNA within the generative cell and sperm cells in Pharbitis [J]. Acta Bot Sin., 1995, 37(5): 346-350.

408. Huang YH, Jin YL, Shen WL, et al. The use of plant cell wall-degrading enzymes from a newly isolated *Penicillium ochrochloron* Biourge for viscosity reduction in ethanol production with fresh sweet potato

tubers as feedstock[J].Biotechnology and Applied Biochemistry, 2014, 61(4):480-491.

409. Ishida H, Suzuno H, Sugiyama N, et al. Nutritive evaluation on chemical components of leaves, stalks and stems of sweet potatoes (*Ipomoea batatas* Poir.)[J]. Food Chemistry, 2000, 68(3):359-367.

410. Ishiguro K. A new sweetpotato cultivar for utilization in vegetable greens [J]. Acta Horticulturae, 2004, 637(637):339-345.

411. Islam S. Sweetpotato (*Ipomoea batatas* L.) leaf: its potential ffect on uman ealth and nutrition[J]. Journal of Food Science, 2006, 71(2):R13-R121.

412. Islam M S, Yoshimoto M, Terahara N, et al. Anthocyanin compositions in sweetpotato (*Ipomoea batatas* L.) leaves[J]. Bioscience Biotechnology Biochemistry, 2002, 66(11): 2483-2486.

413. Islam M S, Yoshimoto M, Yahara S, et al. Identification and characterization of foliar polyphenolic compostions in sweetpotato (*Ipomoea batatas* L.) genotypes [J]. Journal of Agricultural and Food Chemistry, 2002, 50: 3718-3722.

414. Islam M S, Yoshimoto M, Yamakawa O. Distribution and physiological functions of caffeoylquinic acid derivatives in leaves of sweetpotato genotypes[J]. Journal of Food Science, 2003, 68(1): 111-116.

415. Islam M S, Yoshimoto M, Yamakawa O, et al. Antioxidative compounds in the leaves of different sweetpotato cultivars[J]. Sweetpotato Research Front, 2002, 13: 4.

416. Jarret R L, Gawel N. Abscisic acid-induced growth inhibition of sweet potato (*Ipomoea batatas* L.) in vitro[J]. Plant Cell Tissue and Organ Culture, 1991, 24(1):13-18.

417. Jarret R L, Salazar S, Fernandez R. Sometic embryogenesis in sweet potato[J]. HortSciene, 1984, 19: 397-398.

418. Jin YL, Fang Y, Zhang GH, et al. Comparison of ethanol production performance in 10 varieties of sweet potato at different growth stages[J]. Acta Oecologica, 2012, 44(10):33-37.

419. Jing Chen, Wendi Wang, Feng Tan. Studies on the Drought-Resistant Adaptability in Sweet Potato [C]. Proceedings of Chinese-Japanese Symposium in Sweet Potata and Potato, Bejing China: Bejing Agricultural University Press, 1995, 204-211.

420. Jones A. Sweet potato heritability estimates and their use in breeding.[J]. Hortscience A Publication of the American Society for Horticultural Science, 1986, 21(1):14-17.

421. Jones A. Heritabilities of seven sweet potato root traits[J]. Journal of the American Society for Horticul-

tural Science, 1977.

422.Jonse A. A proposed breeding procedure for sweetpotato[J]. Crop Science, 1965, 5(2):191-192.

423.Jonse A, Dukes P D. Heritabilities of sweetpotato resistances to root knot cased by Meloidogyne incognita and M. javanica.[J]. Journal of the American Society for Horticultural Science, 1980:154-156.

424.Jones A, Dukes P D, Hamilton M G, et al. Selection for low fiber content in sweet potato.[J]. Hortscience, 1980, 15(6):797-798.

425.Jones A, Dukes P D, Schalk J M, et al. W-71, W-115, W-119, W-125, W-149, and W-154 sweet potato germplasm with multiple insect and disease resistances. [J]. Hortscience, 1980, 15 (6): 835-836.

426.Jones A, Stcinbauer G E, Pope D T. Quantitative inheritance of ten root traits in sweetpotato[J]. Journal of the American Society for Horticultural Science. 1969, 94(3):271-275.

427.Kano M, Takayanagi T, Harada K, et al. Antioxidative activity of anthocyanins from purple sweet potato, Ipomoera batatas cultivar ayamurasaki [J]. Biosci. Biotechnol. Biochem., 2005, 69 (5): 979-988.

428.Kays S J, Wang Y, Mclaurin W J. Chemical and geographical assessment of the sweetness of the cultivated sweetpotato clones of the World[J]. Journal of the American Society for Horticultural Science, 2005, 130(4): 591-597.

429.Kim H W, Kim J B, Mi N C, et al. Anthocyanin changes in the Korean purple-fleshed sweet potato, Shinzami, as affected by steaming and baking[J]. Food Chemistry, 2012, 130(4):966-972.

430.Kitahara K, Mizukami S, et al. Physicochemical properties of starches from sweetpotato cultivars [J]. J. applied Glycosci, 1996, 43(1):59-66.

431. Kitahara Kanefumi, Ueno Junko, Suganuma Toshihiko, et al.. Physicochemical properties of root starches from new types of sweetpotato[J]. Journal Applied Glycoscience, 1999, 46(4):391-397.

432.Kobayashi M, Shikata S. Anther culture and development of plantlets in sweet potato[J]. Bull Chugoku Agric Exp Stn Ser A, 1975, 24:109-124.

433. Kohyama K, Nishinari K. Effect ot soluble sugars on gelatinization and retrogradation of sweetpotato starch[J]. Journal of Agricultural and Food Chemistry, 1991, 39: 1406-1410.

434.Kokubu T, Murata T, Endo F. Anatomical observations on the fertilization and embryogenesis in sweet potato, *Ipomoea batatas*（L.）Lam.[J].Japanese Journal of Breeding, 1982, 32（3）: 239-246.

435. Kokubu T, Sato M. Protoplast fusion of Ipomoea batatas and its related species [J]. Japan J. Breed., 1987, 37（Spuppl 2）: 56-57.

436. K'osambo L M, Carey E E, Misra A K, et al. Influence of age, farming site, and -boiling on pro-vitamin A content in sweet potato [*Ipomoea batatas* （L.）Lam.] storage roots. [J]. Journal of Food Composition and Analysis, 1998, 11: 305-321.

437. Kukimura H. New sweetpotato cultivars, Benihayato and Satsumahikari, making a new turn for processing[J].Japan Agr.Res. Quarterly, 1988, 22（1）: 7-1369.

438. Kukimura H, Komaki K, Yoshinaga M. Current progress of sweet potato breeding in Japan.[J]. Jarq Japan Agricultural Research Quarterly, 1990, 24（3）: 169-174.

439. Kurata R, Adachi M, Yamakawa O, et al. Growth suppression of human cancer cells by polyphenolics from sweetpotato（*Ipomoea batatas* L.）leaves[J]. J. Agr. Food Chem., 2007, 55（1）: 185-190.

440. Kusano S, Abe H, Tamura H. Isolation of antidiabetic comonents from white-skinned sweet potato（*Ipomoea batatas* L.）[J]. Biosci. Biotedhnol. Biochem., 2001, 65（1）: 109-114.

441. Lardizabal R D, Thompson P G. Growth regulators combined with grafting increase flower number and seed production in sweet potato.[J]. Hortscience, 1990, 25（1）: 79-81.

442. Leng Jin-chuan, Fu Yu-fan, Yang Chun-xian, et al. Impact of soil texture and sweetpotato cropping system on soil erosion and nutrient loss in the Three Gorges Reservoir Area of the Changjiang River[J]. Journal of Life Sciences, 2009（5）: 30-35.

443. Leng J, Liang Y, Fu Y, et al. Effect of planting sweetpotato on dry farmland with different gradient slopes on soil erosion in Three Gorgers Reservoir Region of Yangtze River[C].Proceedings of 3rd China-Japan-Korea Workshop on Sweetpotato, 2008: 162-168.

444. Li Kun-Pei, He Ping. Studies on Testa of Sweet Potato Seeds [C]. Proceedings of Chinese-Japanese Symposium in Sweet Potata and Potato, Bejing China: Bejing Agricultural University Press, 1995, 212-217.

445. Li ZG, Liu WJ, Shen Q, et al. Properties and qualities of vermicelli made from sour liquid processing and centrifugation starch[J]. Journal of Food Engineering, 2008, 86（2）: 162-166.

446. Li P G, Mu T H, Deng L. Anticancer effects of sweet potato protein on human colorectal cancer cells

［J］. World Journal of Gastroenterology，2013，19（21）：3300-3308.

447. Li ZG，Wang B，Chi CF，et al. Purification and characterization of an antioxidant glycoprotein from the hydrolysate of *Mustelus griseus*［J］. Int. J. Biol. Macromol.，2013，52（1）：267-274.

448. Li CG，Zhang LY. In vivo Anti-fatigue activity of total flavonoids from sweetpotato［*Ipomoea batatas* （L.）Lam.］leaf in mice［J］. Indian J. Biochem. Biophys.，2013，50（4）：326-329.

449. Lieberman M，Craft C C，Audia W V，et al. Biochemical Cal Studies of Chilling Injury in Sweetpotatotoes［J］. Plant Physiol，1958，33：307-311.

450. Lily Surayya E P，Nasrulloh，Abdul H. Bioethanol Production from Sweet Potato Using Combination of Acid and Enzymatic Hydrolysis［J］. Applied Mechanics and Materials，2012，110-116：1767-1772.

451. Lim SY，Xu J T，Kim J Y，et al. Role of anthocyanin-enriched purple-fleshed sweet potato P40 in colorectal cancer prevention［J］. Mol. Nutr. Food Res.，2013，57（11）：1908-1917

452. Liu J R，Cantliffe D J. Somatic embryogenesis and plant regeneration in tissue cultures of sweet potato（*Ipomea batatas* Poir.）［J］. Plant Cell Reports，1984，3（3）：112-115.

453. Liu Q C，et al. Plant regeneration from protoplast fusions of *Ipomoea batatas*（L.）Lam and *Itriloba* L.［J］. Mem. Fac. Agr. Kagoshima Univ.，1993，29：43-47.

454. Liu Q C，et al. Plant regeneration from callus and protoplasts of sweet potato，*Ipomoea batatas*（L.）Lam［J］. Mem. Fac. Agr. Kagoshima Univ.，1992，28：47-53.

455. Liu Q C，et al. Plant regeneration from *Ipomoea triloba L.* protoplasts［J］. Japan J. Breed，1991，41：103-108.

456. Liu Q C，et al. Protoplast fusion and culture between *Ipomoea littoralis* Blune and *I. triloba* L. Proc Intl Colloquium Overcoming Breeding Barriers［J］. Miyazaki，Japan，1991，11-16.

457. Liu X Q，Chen M，Li M Y，et al. The anthocyanidin synthase gene from sweetpotato［*Ipomoea batatas* （L.）Lam］：cloning，characterization and tissue expression analysis［J］. African Journal of Biotechnology，2010，9（25）：3748-3752.

458. Liu W J，Shen Q. Studies on the physicochemical properties of mung bean starch from sour liquid processing and centrifugation［J］. Journal of Food Engineering，2007，79（1）：358-363.

459. Liu X，Xiang M，Fan Y，et al. A Root-Preferential DFR-Like Gene Encoding Dihydrokaempferol Reductase Involved in Anthocyanin Biosynthesis of Purple-Fleshed Sweet Potato［J］. Frontiers in Plant

Science , 2017 , 8:279.

460.Lópezmarure R , Zapatagómez E , Rochazavaleta L , et al. Dehydroepiandrosterone inhibits events related with the metastatic process in breast tumor cell lines [J]. Cancer Biology & Therapy , 2016 , 17 (9):915–924.

461.Losh J M , Phillips J A , Axelson J M , et al. Sweet potato quality after baking [J]. Journal of Food Science , 1981 , 46(1):283–290.

462.Lowry O H , Roscbrough N J , Farr A L , et al. Protein measurment with the folin phenol reagent [J]. J. Biol. chem. , 1951 , 193:265–275.

463.Lyons J M , Wheaton T A , Pratt H K. Relationship between the physical nature of mitochondrial membranes and chilling sensitivity in plants [J]. Plant Physiology , 1964 , 39(2):262–268.

464.Maeshima M , Sasaki T , Asahi T. Characterization of major proteins in sweet potato tuberous roots [J]. Phytochemistry , 1985 , 24(9):1899–1902.

465.Magalhaes K B , Roderigues W , Silveira M A. Social cost–benefit analysis of the production chain of ethanol from sweet potato in Tocantins State [J]. Custos E , 2012 , 8(1):143–160.

466.Maheshwari P. Introduction to the embryology of angiosperms [J]. Quarterly Review of Biology , 1950 , 18(4):185–189.

467.Marchant R , Robards A W. Membrane Systems Associated with the Plasmalemma of Plant Cells [J]. Annals of Botany , 1968 , 32:457–471.

468.Martin F W. Incompatibility in the sweet potato. A review [J]. Economic Botany , 1965 , 19(4):406–415.

469.Martin F W , Ortiz S. Anatomy of the stigma and style of sweet potato [J]. The New Phytologist , 1967 , 66:109–113.

470.Matsui T , EbuchiS , Kobaya shi M , et al. Anti－hyperglycemic effect of diacylated anthocyanin derived from *Ipomoea batatas* cultivar ayamurasaki can be achieved through the α－glycosidase inhibitory action [J]. J. Agric .Food Chem. , 2002 , 50(25): 7244–7248.

471.Matsuo T , Yoneda T , Itoo S. Identification of freecytokinins and the changes in endogenous levels during tuber development of sweet–potato (*Ipomoea batatas* Lam.) [J].Plant and Cell Physiol , 1983 , 24 (7):1305–1312.

472.Mcdavid C R , Alamu S. The effect of daylength on the growth and development of whole plants and rooted leaves of sweetpotato (*Ipomoea batatas*) [J]. Tropical Agriculture, 1980, 57(2):113-119.

473. Miller J C. Further studies of mutations of the Port Rico sweetpotato [J]. Proc. Amer. Soc. Hort. Sci., 1935, 33:460-465.

474. Misuraca S A. Effect of root-knot nematodes, Meloidogyne incognita on sweet potato cultivars [J]. 1970, 78-84.

475. Mukhopadhyay S K, Chattopadhyay A, Chakraborty I, et al. Crops that feed the world 5. Sweetpotato. Sweetpotatoes for income and food security [J]. Food Security, 2011, 3:283-305.

476. Murashige T. The impact of plant tissue culture on agriculture [J]. Frontiers of Plant Tissue Culture, 1978, 15-26.

477. Murata T, Hoshino K, Miyaji Y. Callus formation and plant regeneration from petiole protoplasts of sweet potato, *Ipomoea batatas* (L.)Lam. [J]. Japan J.Breed., 1987, 37:291-298.

478. Murata T, Akazawa T. Enzymic mechanism of starch synthesis in sweet potato roots. I. requirement of potassium ions for potassium ions for starch synthetase [J]. Archives of Biochemistry and Biophysics, 1968, 126(3):873-879.

479. Murata T, Fukuoka H, Kishimoto M. Plant regeneration from mesophyll and cell suspension protoplasts of sweet potato, *Ipomoea batatas* (L.)Lam [J]. Breeding Science, 1994, 44(1):35-40.

480. Naves M M, Silveira E R, Dagli M L, et al. Effects of beta-carotene and vitamin A on oval cell proliferation and connexin 43 expression during hepatic differentiation in the rat [J]. Journal of Nutritional Biochemistry, 2001, 12(12):685-692.

481. Nielsen L W. Elimination of the internal cork virus by culturing apical meri-stems of infected sweet potatoes [J]. Phytopathology, 1960, 50(11):840-841.

482. Nwinyi S C O. Effect of age at shoot removal on tuber and shoot yields at harvest of five sweet potato [*Ipomoea batatas* (L.) Lam] cultivars [J]. Field Crops Research, 1992, 29:47-54.

483. Oki N, Nonaka S, Ozaki S. The effects of an arabinogalactan-protein from the white-skinned sweet potato (*Ipomoea batatas* L.) on blood glucose in spontaneous diabetic mice [J]. Bioscience, biotechnoloay and biochenistry, Chemical Society of Japan, 2011, 75(3):596-598.

484. Okuno S, Ishiguro K, Yoshinaga M, et al. Analysis of six caffeic acid derivatives in sweetpotato leaves by high-performance liquid chromatography using a short column [J]. Japan Agricultural Research

Quarterly, 2012, 44(4):415-420.

485.Okuno S, Yoshimoto M, Kumagai T, et al. Simultaneous determination of content of α-tocopherol and β-carotene in new cultivars of sweetpotato[J]. Kyushu National Agricultural Experiment Station Research Paper, 1997,5:3.

486.Oluyori A P, Shaw A K, Olatunji G A, et al. Sweet potato peels and cancer prevention[J]. Nutrition and Cancer, 2016, 68(8):1330-1337.

487.Ozaki S, Oki N, Suzuki S. Structural characterization and hypoglycemic effects of arabinogalactan-protein from the tuberous cortex of the white-skinned sweet potato (*Ipomoea batatas* L.)[J]. J. Agric. Food Chem., 2010, 58(22):11593-11599.

488.Palace V P, Khaper N, Qin Q, et al. Antioxidant potentials of vitamin A and carotenoids and their relevance to heart disease[J]. Free Radical Biology and Medicine, 1999, 26(5-6):746-761.

489. Papadopoulos D, Scheiner-Bobis G. Dehydroepiandrosterone sulfate augments blood-brain barrier and tight junction protein expression in brain endothelial cells [J]. Biochimica et Biophysica Acta—Molecular Cell Research, 2017, 1864(8):1382-1392.

490.Perera S C, Ozias-Akins P.Regeneration from sweet potato protoplasts and assessment of growth conditions for flow-sorting of fusion mixtures[J]. Journal of the American Society for Horticultural Science, 1991,116(5):917-922.

491.Philpott M, Gould K S, Lim C, et al. In situ and in vitro antioxidant activity of sweetpotato anthocyanins [J]. Journal of Agricultural and Food Chemistry, 2004, 52(6): 1511-1513.

492.Philpott M, Lim C C, Ferguson L R. Dietary protection against free radicals: A case for multiple testing to establish structure-activity relationships for antioxidant potential of anthocyanic plant species [J]. International Journal of Molecular Sciences, 2009, 10(3):1081-1103.

493.Picha D H. HPLC determination of sugars in raw and baked sweet potatoes[J]. Journal of Food Science, 1985,50(4):1189-1190.

494.Ramesh M, Ali S Z, Bhattacharya K R. Structure of rice starch and its relation to cooked-rice texture [J].Carbohydrate Polymers, 1999, 38(4):337-347.

495.Rautenbach F, Faber M, Laurie S, et al. Antioxidant capacity and antioxidant content in roots of 4 sweetpotato varieties[J]. Journal of Food Science, 2010, 75(5):C400-C412.

496. Redenbaugh K. Encapsulation of somatic embryos in synthetic seed coats [J]. Hort Science, 1987, 22 (5):803-809.

497. Rosen W G, Thomas H R. Secretory cells of lily pistils. L. Fine structure and function [J]. American Journal of Botany, 1970, 57(9):1108-1114.

498. Sakatani M, Suda I, Oki T, et al. Purple sweetpotato anthocyanin reduces the intracellular hydrogen-peroxide (H2O2) level in bovine embryos caused by heat stress [J]. Sweetpotato Research Front, 2004, 18:2.

499. Schafer Z T, Grassian A R, Song L, et al. Antioxidant and oncogene rescue of metabolic defects caused by loss of matrix attachment [J]. Nature, 2009, 461(3):109-113.

500. Schultheis J R, Cantliffe D J, Chee R P. Optimizing sweet potato [Ipomoea batatas (L.) Lam.] root and plantlet formation by selection of proper embryo developmental stage and size, and gel type for fluidized sowing [J]. Plant Cell Reports, 1990, 9(7):356-359.

501. Schwartz A G, Pashko L L. Cancer prevention with dehydroepiandrosterone and non-androgenic structural analogs [J]. Journal of Cellular Biochemistry, Supplement, 1995, 22:210-217.

502. Shiotani I, Kawase T. Synthetic hexaploids derived from wild species related to sweet potato [J]. Japanese Journal of Breeding, 1987, 37(4):367-376.

503. Sihachakr D, Ducreus G. Plant regeneration from protoplast culture of sweet poatato (Ipomoea batatas Lam.) [J]. Plant Cell Reports, 1987, 6(5):326-328.

504. Sivakumar P S, Panda S H, Ray R C, et al. Consumer acceptance of lactic acid-fermented sweet potato pickle [J]. Journal of Sensory Studies, 2010, 25 (5):706-719.

505. Smith S E. Biparental inheritance of organelles and its implications in crop improvement [J]. Plant Breeding Reviews, 1988, 6:361-393.

506. Song J F, Li D J, Liu C Q, et al. Optimized microwave-assisted extraction of total phenolics (TP) from Ipomoea batatas leaves and its antioxidant activity [J]. Innovative Food Science & Emerging Technologies, 2011, 12:282-287.

507. Struble F B, Morroson L S, Cordner H B. Inheritance of resistence to stem rot and to root-knot nematode in sweet potato [J]. Phytopathology, 1966, 56:1217-1219.

508. Suda I, Oki T, Masuda M, et al. Physiological functionality of purple-fleshed sweet potatoes contain-

ing anthocyanins and their utilization in foods[J]. Japan Agricultural Research Quarterly Jarq, 2003, 37(3):167–173.

509. Suda I, Oki T, Masuda M, et al. Direct absorption of acylated anthocyanin in purple – fleshed sweet potato into rats [J]. Journal of agricultural and food chemistry, 2002, 50(6): 1672–1676.

510. Sundar J, Gnanasekar M. Can dehydroepiandrostenedione (DHEA) target PRL-3 to prevent colon cancer metastasis? [J]. Medical Hypotheses, 2013, 80:595–597.

511. Swain M R, Mishra J, Thatoi H. Bioethanol production from sweet potato (*Ipomoea batatas* L.) flour using co-culture of *Trichoderma* sp. and *Saccharomyces cerevisiae* in solid-state fermentation[J]. Brazilian Archives of Biology and Technology, 2013, 56(2):171–179.

512. Taira J, Taira K, Ohmine W, et al. Mineral determination and anti-LDL oxidation activity of sweet potato (*Ipomoea batatas* L.) leaves [J]. Journal of Food Composition and Analysis, 2013, 29(2): 117–125.

513. Tania H C, Carlos E O, Rafael M Z. 064 sugars in tropical-type sweetpotato[J]. Hortscience, 2000, 35(3): 399.

514. Terahara N, Konczak I, Ono H, et al. Characterization of acylated anthocyanins in callus induced from storage root of purple – fleshed sweet potato, *Ipomoea batatas* L.[J]. J of Biomedicine and Biotechndogy, 2004, 2004(5): 279–286.

515. Terahara N, Shimizu T, Kato Y, et al. Six diacylated anthocyanins from the storage roots of purple sweet potato, *Ipomoea batatas*[J]. Bioscienc, Biotechnology and Biochemistry, 1999, 63(8):1420–1424.

516. Tian S J, Rickard J E, Blanshard J M V. Physicochemical properties of sweet potato starch[J]. Journal of the Science of Food and Agriculture, 1991, 57(4): 459–491

517. Tian C Y, Wang G L. Study on the anti-tumor effect of polysaccharides from sweet potato[J]. Journal of Biotechnology, 2008, 136:351.

518. Tsai H S, Lin C I. Effects of the compositions of culture media and cultural conditions on growth of callus of sweetpotato anther[J]. Journal of the Agricultural Association of China, 1973, 82:30–41.

519. Tsay H S, Tseng M T. Embryoid formation and plantlet regeneration from anther callus of sweet potato [J]. Botanical Bulletin of Academia Sinica New, 1979, 20(2):117–122.

520. Tsui K H, Wang P H, Lin L T. DHEA protects mitochondria against dual modes of apoptosis and necroptosis in human granulosa HO23 cells [J]. Reproduction, 2017, 154(2): 101-110.

521. Tsuno Y, Fujise K. Studies on the production of the sweet potato VIII The factors influencing the photosynthetic activity of sweet potato leaf [J]. Japanese Journal of Crop Science, 1965, 33: 230-235.

522. Villareal R L, Griggs T D. Sweet potato: proceedings of the first international symposium [M]. AVRDC Publication, 1982.

523. Wang MM, Ma H, Tian C, et al. Bioassay-guided isolation of glycoprotein SPG-56 from sweet potato Zhongshu-1 and its anti-colon cancer activity in *vitro* and in *vivo* [J]. Journal of Functional Foods, 2017, 35: 315-324.

524. Williams D J, Edwards D, Hamernig I, et al. Vegetables containing phytochemicals with potential anti-obesity properties: A review [J]. Food Research International, 2013, 52(1): 323-333.

525. Wu Q, Qu H, Jia J, et al. Characterization, antioxidant and antitumor activities of polysaccharides from purple sweet potato [J]. Carbohydrate Polymers, 2015, 132: 31-40.

526. Wu X, Zhao R, Wang D, et al. Effects of amylose, corn protein, and corn fiber contents on production of ethanol from starch-rich media [J]. Cereal Chemistry, 2006, 83(5): 569-575.

527. Xia XJ, Li GN, Zheng J, et al. Immune activity of sweet potato (*Ipomoea batatas* L.) glycoprotein after enzymatic and chemical modifications [J]. Food and Function, 2015, 6: 2026-2032.

528. Xiao-Li Y E, Xue-Gang L I, Kun-Pei L I.Studies on the hue stability of anthocyanin in purple sweet-potato [J]. Journal of Southwest China Normal University (Natural science), 2003, 28(5): 725-729.

529. Yamaguchi M, Uchiyama S. Effect of carotenoid on calcium content and alkikine phosphatase activity in rat femoral tissues in vitro: The unique anabolic effect of beta-cryptoxanhin [J]. Biological and Pharmaceutical Bulletin, 2003, 26(8): 1188-1191.

530. Yamaguchi M, Uchiyama S. β-Cryptoxanthin stimulates bone formation and inhibits bone resorption in tissue cultures in *vitro* [J]. Molecular and Cellular Biochemistry, 2004, 258(1-2): 137-144.

531. Yamakawa, O.. Sweetpotato in Japan: production, utilization and breeding [C].In: proc. of the 1st Chinese-Japanese Symposium on Sweetpotato and Potato, 1995, Beijing, China. Liu, Q.C. and T. Kokubu (eds), Beijing Agri. Univ. Press., 163-167.

532. Yeung E C, Clutter M E . Embryogeny of Phaseolus coccineus : The ultrastructure and development of suspensor[J]. Canadian Journal of Botany, 1979, 57:120–136.

533. Yoshimoto M.. New trends of processing and use of sweetpotato in Japan [J]. Farming Japan, 2001, 35:221.

534. Yoshimoto M, Okuno S, Yamaguchi M, et al. Antimutagenicity of decylated anthocyanins in purple-fleshed sweetpotato [J]. Journal of the Agricultural Chemical Society of Japan, 2001, 65(7) : 1652–1655.

535. Zhang L, Chen Q, Jin YL, et al. Energy-saving direct ethanol production from viscosity reduction mash of sweet potato at very high gravity[J]. Fuel Processing Technology, 2010, 91:1845–1850.

536. Zhang L, Zhao H, Gan MZ, et al. Application of simultaneous saccharification and fermentation (SSF) from viscosity reducing of raw sweet potato for bioethanol production at laboratory, pilot and industrial scales[J]. Bioresource Technology, 2011, 102(6):4573–4579.

537. Zhang ZR, Qiang W, Liu XQ, et al. Molecular cloning and characterization of the chalcone isomerase gene from sweetpotato[J]. African Journal of Biotechnology, 2011, 10(65):14443–14449.

538. Zhao G H, Kan J Q, Li Z X, et al. Characterization and immunostimulatory activity of an (1→6)-α-D-Glcp from the root of *Ipomoea batatas* [J]. International Immunopharmacology, 2005, 5(9) : 1436–1445.

后记

甘薯因其高产稳产、适应性强、再生能力强、用途广泛,在我国各个历史时期都担负着不同的使命:20世纪50—60年代,人民生活条件相对较差,甘薯是主粮作物和救灾作物;20世纪70年代以后,随着国家经济的发展,甘薯成为工业原料作物;进入21世纪,人民生活水平日益提高,甘薯逐渐成为一种保健食物,并且由于世界石油供给短缺日趋严峻,甘薯将成为理想的能源原料作物。甘薯单位面积的生物产量和能量产量显著高于其他作物,我国科学家研究认为甘薯具有保障粮食安全和能源安全的双重作用,开发利用前景广阔。

我国甘薯产业发展趋势:重点领域为培育淀粉含量高、产量高、乙醇转化率高的能源原料用甘薯新品种,利用丘陵山地、旱地建立能源用甘薯生产基地,保障企业原料供应,提高企业效益;培育专用、优质鲜食甘薯品种(含菜用),研究可保障市场常年供应以及功能性食品(含胡萝卜素、花青素等)甘薯品种的综合开发技术;提升增值潜力大的甘薯方便食品和功能食品的加工技术水平,保证食品食味优美、营养丰富;同时提高企业效益、薯农效益及国民的保健水平。

据预测,我国在"十三五"期间及未来的十多年内,甘薯利用率将会有所变化:淀粉加工率可望达到55%~60%,鲜食占30%左右,饲料用占5%左右,用种占3%~5%,损耗仅占5%左右。

自2007年国家农业部实施现代农业技术体系建设以来,特别是伴随国家科技创新机制的驱动,我国已逐步培养了一支水平高、产区布局较合理、队伍稳定、学科宽广的全国甘薯研发团队。全国部分省(市、自治区)也建立了地方甘薯研发队伍。近十年来,还有不少国内科研院所和大专院校投入甘薯科研。另外,进入21世纪,特别是最近几年以来,国内大量企业和省、市、县级农业主管部门均看好甘薯的发展前景,积极投身于甘薯产品的生产销售和加工原料的组织引导。国内业内学者认为,我国甘薯产业的发展关键要靠新科技,科技是主导力量,要进一步加强新品种、新工艺和新模式的推广应用;要转变方式,加快转变生产方式和经营方式,发展适度规模经营,注重区域布局,强化产业集聚效应;要调整结构,通过品种结构、种植结构、加工结构和产品结构的调整,引导消费,拉动内需,不断适应和拓展市场多元化需求;要加强高端精致产品和优势产品的开发,以品牌提升产品质量和消费文化,提高市场竞争力。

进入 21 世纪,西南大学的甘薯科研以重庆市甘薯工程技术研究中心、重庆市甘薯研究中心、国家甘薯产业技术体系重庆综合试验站和薯类作物生物学与遗传育种重庆市重点实验室等科技平台为支撑,目前全校从事甘薯研究的在职科技人员有 50 余人。从甘薯科学技术研究的基础工作、人才及软硬件设施考量,西南大学的甘薯科研在全国乃至全世界均具有一定优势。随着国家和学校的进一步发展,西南大学的甘薯科技队伍必定更加壮大,研究领域必定更加宽广,研究成果必定更加丰硕。

作者对我国将来甘薯产业的进一步发展充满坚定的信心。以祝福西南大学未来的甘薯科研更加美好作为《甘薯生物学》一书"后记"的收笔!

编者

2019 年 10 月